中华经典名著

全本全注全译丛书

王贵祥◎译注

营造法式 上

中華書局

图书在版编目(CIP)数据

营造法式/王贵祥译注. —北京:中华书局,2023.8
(中华经典名著全本全注全译丛书)
ISBN 978-7-101-16295-0

Ⅰ.营… Ⅱ.王… Ⅲ.《营造法式》 Ⅳ.TU-092.44

中国国家版本馆 CIP 数据核字(2023)第 141616 号

书　　名	营造法式(全三册)
译 注 者	王贵祥
丛 书 名	中华经典名著全本全注全译丛书
责任编辑	刘胜利　李丽雅　肖帅帅
责任印制	陈丽娜
出版发行	中华书局 (北京市丰台区太平桥西里 38 号　100073) http://www.zhbc.com.cn E-mail:zhbc@zhbc.com.cn
印　　刷	北京中科印刷有限公司
版　　次	2023 年 8 月第 1 版 2023 年 8 月第 1 次印刷
规　　格	开本/880×1230 毫米　1/32 印张 69⅝　字数 1350 千字
印　　数	1-10000 册
国际书号	ISBN 978-7-101-16295-0
定　　价	178.00 元

总目

上册

中册

下册

目录

上册

前言

在古代中国浩如烟海的历史文献中，有关建筑设计、房屋营造与土木工程估工算料等方面的文献典籍，可谓凤毛麟角。尚存的早期古籍，除了大约在战国至西汉期间问世的《周礼·冬官考工记》之外，几乎没有更多的相关文字流传下来。相传五代末至北宋初，著名工匠喻皓所著《木经》一书，也是屋木作这一领域见于史料记载较早的专书之一，却因历史的沧桑变化，早已湮灭于世，只能在宋人沈括《梦溪笔谈》中读到与之相关的只言片语。

但值得庆幸的是，虽然历经近千年的风云变幻与朝代更迭，一部由北宋官方组织编修，并由皇帝亲自诏令颁印，一度海行天下的中国古代建筑学与房屋营造大著居然奇迹般地流传到了今日——这就是我们在这里所尝试注释与翻译的北宋将作监李诫撰修的《营造法式》。

一

从《宋史》中提到的不是很多的信息中，可以知道在北宋中晚期，实际上由朝廷下诏先后组织编撰了两部《营造法式》。

其一，今称"元祐《法式》"，见于《宋史·职官志》："元祐七年诏：敕将作监修成《营造法式》。"但是这部《法式》在其编修完成后不久，因为没有得到朝廷的肯定与正式颁行，很快就湮灭不存了。《宋史·艺文志·史类》中记载:"《营造法式》二百五十册。(注曰:元祐间,卷亡。)"

其二,今称"崇宁《法式》",见于《宋史·艺文志·子类》:"李诫《营造法式》三十四卷。"又《宋史·艺文志·子类》中亦提到:"李诫新集木书一卷。"这部由李诫编撰,卷帙总为34卷的北宋崇宁本《营造法式》,就是流传至今的中国古代最为重要,也最为完整且深入的建筑学与房屋营造古籍大书。

与李诫大约同时代的晁载之,在他所撰写的《续谈助》卷五中,留下了一点有关崇宁《法式》及其作者李诫的记述:"崇宁二年正月通直郎试将作少监李诫所编《营造法式》。其宫殿、佛道龛帐,非常所用者,皆不敢取。"又曰:"自卷十六至二十五,并土木等功限;自卷二十六至二十八,并诸作用钉、胶等料用例;自卷二十九至三十四并制度图样。"

宋以后的史料文献,也有偶然提到这部书的,距今较为晚近者,如清《四库全书总目》中有:"宋通直郎试将作少监李诫奉敕撰。初,熙宁中敕将作监官编修《营造法式》,至元祐六年成书。绍圣四年以所修之本只是料状,别无变造制度,难以行用,命诫别加撰辑。诫乃考究群书,并与人匠讲说、分列类例,以元符三年奏上之。崇宁二年复请用小字镂版颁行。诫所作总《看详》中称:今编修海行法式、总释总例共二卷、制度十五卷、功限十卷、料例并工作等共三卷、图样六卷、目录一卷、总三十六卷。计三百五十七篇。内四十九篇系于经史等群书中检寻考究。其三百八篇系自来工作相传、经久可用之法,与诸作谙会工匠详悉讲究。"

从这些略显零散的文字描述中,我们大略可以了解到,北宋崇宁年间问世且流传至今的崇宁本《营造法式》,是由当时朝廷将作监主官李诫奉敕主持编修的。这部书一共34卷,所称36卷,应是在其书34卷的基础上,将其正文前的两个附件,即由作者呈递给朝廷作为交差文档的"劄子"与作者在全书之前所写关于该书的简单内容介绍的"看详",也列入其中。这部中古时代的建筑大书,在明初所修的《永乐大典》中曾有收入。清代官方曾依宁波天一阁藏本编修,并据《永乐大典》中所收文本，对其进行过校正修订。

当下得以出版流行的《营造法式》有诸多的版本。其主要的版本，是20世纪初，由中国营造学社的创始人、晚清民初的著名学者朱启钤先生，于1919年在南京图书馆参观时发现的钱塘丁氏嘉惠堂所藏张芙川（镜蓉）影宋抄本《营造法式》文本。也就是说，这是一个在明清两季由民间藏书家传抄留存下来的古本。大喜过望的朱启钤先生当即决定将其缩印出版。民国以来的这第一部《营造法式》刊印本，一般被称为“石印本”，因其曾被钱塘丁氏嘉惠堂所收藏，故又称“丁本”。当时的上海商务印书馆也曾将这部丁本《法式》付印出版。

丁本《法式》系传抄自常熟张芙川影宋抄本，但因是传抄，其中讹误较多。在丁本问世之后，朱启钤先生又委托学者陶湘先生对其文本进行校订。据陶先生所言：“知丁本系重钞张氏者，亥豕鲁鱼，触目皆是。吴兴蒋氏密韵楼藏有钞本，字雅图工，首尾完整，可补丁氏脱误数十条，惟仍非张氏原书。常熟瞿氏铁琴铜剑楼所藏旧钞，亦绍兴本。《四库全书》内《法式》，系据浙江范氏天一阁进呈影宋钞本录入，缺第三十一卷。馆臣以《永乐大典》本补全。明《文渊阁书目》，《法式》有五部，未详卷数、撰名。《内阁书目》有《法式》二册，又五册，均不全。”

在这一基础上，陶湘先生参校各地所藏诸本，对《法式》文本做了细致的勘校复核，如其所言：“桂辛氏以前影印丁本，未臻完善，属湘蒐集诸家传本，详校付梓。湘按馆本据天一阁钞宋录入，范氏当有明中叶依宋椠过录，在述古之先，复经馆臣以《大典》本补正，尤较诸家传钞为可据。惟四库书分庋七阁，文源、文宗、文汇，已遭兵燹。杭州文澜，亦毁其半。文渊藏大内；盛京之文溯，储保和殿；热河之文津，储京师图书馆；今均完整。以文渊、文溯、文津三本互勘，复以晁、庄、陶、唐摘刊本，蒋氏所藏旧钞本，对校丁本之缺者补之，误者正之，讹字纵不能无，脱简庶几可免。”这部在丁本基础上，由陶湘先生综合包括明天一阁本、清四库本在内的多地所藏诸本，加以勘校的文本，就是陶本《营造法式》。

这部作为基础性文本的陶本《法式》问世之后，朱启钤先生曾对其做过仔细的校对批注。刘敦桢先生及中国营造学社其他成员，结合后来在故宫发现的故宫本《法式》，也对陶本与故宫本《法式》，做了十分细致而深入的勘误校正，在一定程度上弥补了陶本《法式》的某些不足。

梁思成先生在《〈营造法式〉注释序》中提到了陶本印行之后，自己所做的进一步校正工作："公元1932年，在当时北平故宫殿本书库发现了钞本《营造法式》(下文简称"故宫本")，……'故宫本'发现之后，由中国营造学社刘敦桢、梁思成等，以'陶本'为基础，并与其他各本与'故宫本'互相勘校，又有所校正。……对于《营造法式》的校勘，首先在朱启钤先生的指导下，陶湘等先生已做了很多工作；在'故宫本'发现之后，当时中国营造学社的研究人员进行了再一次细致的校勘。今天我们进行研究工作，就是以那一次校勘的成果为依据的。"

这一结合故宫本进一步校勘的陶本《法式》，应该是梁先生从事《〈营造法式〉注释》工作之初所依赖的基础性版本。在20世纪30年代末中国那个至暗时刻，梁先生在四川宜宾李庄着手《法式》的注释工作，研究之初，他和助手们仍然用力于《法式》文本的校勘工作，如梁先生所言："从'丁本'的发现、影印开始，到'陶本'的刊行，到'故宫本'之发现，朱启钤、陶湘、刘敦桢诸先生曾经以所能得到的各种版本，互相校勘，校正了错字，补上了脱简。但是，这不等于说，经过各版本相互校勘之后，文字上就没有错误。这次我们仍继续发现了这类错误。……类似的错误，只要有所发现，我们都予以改正。"

同时，梁先生还谈到："文字中另一种错误，虽各版本互校一致，但从技术上可以断定或计算出它的错误。……凡属上述类型的错误，只要我们有所发现，并认为确实有把握予以改正的，我们一律予以改正。至于似有问题，但我们未敢擅下结论的，则存疑。"

除了文字的勘核校正之外，在梁思成先生《〈营造法式〉注释》的文本中内蕴着一个极其重要的工作："是将全书加以标点符号，至少让读者能毫不费力地读断句。”这一添加标点符号的过程本身，对于一部令古今学人大都难以读懂的屋木营造类专业古籍而言，也是一个难度与体量都十分巨大的工作。

1983年，由中国建筑工业出版社出版的梁思成《〈营造法式〉注释》（卷上）甫一问世就引起了学术界的广泛关注。2001年，由中国建筑工业出版社出版的《梁思成全集》第七卷，则标志了经由梁先生及其助手反复勘校，并标注了标点符号，且由梁先生亲自撰写全书学术注释的全本《〈营造法式〉注释》的最终问世。梁先生的这一“《注释》”本，所使用的正是在陶本《法式》基础上，反复勘核校正过的《法式》文本；换言之，梁思成《〈营造法式〉注释》本（简称“梁注本”）所使用的这一《法式》文本，正是自20世纪初至20世纪60年代，积淀了包括朱启钤、陶湘、刘敦桢、梁思成诸位前辈大家对陶本《法式》文本的反复勘校，以及梁思成先生的助手们在这一基础上，花费了十数年时间，进一步深入开展的文本校正、行文断句、术语注释等多方面学术努力，进而完成的较为完善的《法式》正文文本。

二

令人感到遗憾的是，虽然撰修了这样一部在世界建造史上都堪称巨著的中国中古时代建筑学与房屋营造大著，但在一部洋洋大观的《宋史》中却没有李诫个人的传记。《宋史》中收入了李诫的父亲李南公及兄长李谌的传记。遗憾的是，其传文中亦未提及李诫。从二人的传记中，只了解到李诫的父亲是郑州人氏，进士及第，做过河北转运副使，亦曾知延安、知瀛洲，并做过吏部侍郎、户部尚书等职，一直擢升至龙图阁直学士、大中大夫、左正议大夫。李诫的兄长，则曾知熙州，并做到了陕西转运使，只是曾几度遭到贬谪。

关于李诫生平较为详细的描述，见于李诫任将作监时的属吏傅冲益撰写的《宋故中散大夫知虢州军州管句学事兼管内劝农使赐紫金鱼袋李公墓志铭》,也就是李诫的墓志铭。根据这一《墓志铭》,以及其他勉能搜集到的史料,梁思成先生在其专著《〈营造法式〉注释》的"前言"中,用了专门一节梳理出了李诫的生平。

据其《墓志铭》及梁先生所撰写的生平可知,李诫,字明仲,是郑州管城县(今河南郑州)人。其出生年月不详,卒于北宋大观四年,也就是公元1110年。他从宋元祐七年(1092),以承奉郎身份担任将作监主簿开始,直至他逝世前约3年去职,在将作监内担任职务的时间,大约有13年左右。其先后由主簿而丞,而将作少监,而将作监;级别则由承奉郎升至中散大夫,凡历16级。在这十余年间,李诫几乎都是任职于将作监内的不同任上。仅是在崇宁二年(1103)冬,曾一度调任京西转运判官,但是几个月之后,又调回将作本部,不久即升任为这一朝廷主管土木营造等官方机构的主官——将作监。

李诫是一位亲力亲为的房屋营造实践者。如梁思成先生所描述的:"在这十余年间,李诫曾负责主持过大量新建或重修的工程,其中见于他的墓志铭,并因工程完成而给他以晋级奖励的重要工程,计有五王邸、辟雍、尚书省、龙德宫、棣华宅、朱雀门、景龙门、九成殿、开封府廨、太庙、钦慈太后佛寺等十一项;在《法式》各卷首李诫自己署名的职衔中,还提到负责建造过皇弟外第(疑即五王邸)和班值诸军营房等。当然,此外必然还有许多次要的工程。由此可见,李诫的实际经验是丰富的。建筑是他一生中最主要的工作。"

李诫不仅是一位为人友善的建筑家,还是一位书画兼长的艺术家。据其《墓志铭》:"公资孝友,乐善赴义,喜周人之急。又博学多艺能,家藏书数万卷,其手钞者数千卷。工篆籀草隶,皆入能品。尝纂《重修朱雀门记》,以小篆书丹以进。有旨,勒石朱雀门下。"他不仅书法好,且"善画,得古人笔法"。

李诫还是一位藏书丰富、学广识多的学者。用梁先生的话说:"他研究地理,著有《续山海经》十卷。他研究历史人物,著有《续同姓名录》

二卷。他懂得马，著有《马经》三卷，并且善于画马。他研究文字学，著有《古篆说文》十卷。此外，从他的《琵琶录》三卷的书名看，他还可能是一位音乐家。他的《六博经》三卷，可能是关于赌博游戏的著作。从他这些虽然都已失传了的书名来看，他的确是一位方面极广，知识渊博，'博学多艺能'的建筑师。这一切无疑地都对于一位建筑师的设计创作起着深刻的影响。"遗憾的是，李诫的这些内容丰富的著述都已失传。我们仅能从梁先生自他《墓志铭》的点滴记述中梳理出的这一梗概性描述，多少能够管窥到这位中国中古时代学者兼建筑家与艺术家博学多艺的众多学术与艺术成就中的璀璨一斑。

三

在李诫的所有这些艺能博识与学术成就中，与房屋营造关联最密切，技术与文化信息最宏大，学术成就最耀眼，且对人类文化遗产贡献最大者，莫过于他奉旨编修并于北宋崇宁二年（1103）由皇帝诏令海行天下的这部崇宁本《营造法式》。

西方历史上，曾经有过许多有关建筑的重要著述。其中最为著名者，首推公元前1世纪由古罗马人维特鲁威撰写的《建筑十书》和15世纪由意大利佛罗伦萨人阿尔伯蒂撰写的《建筑论》。自15世纪之后，西方建筑学方面的著述，可谓层出不穷。但其基本的论述，在建筑原则与基础观念上，至少在19世纪之前，大略也未能超出维特鲁威与阿尔伯蒂之右。也许正因为如此，世界建筑领域似乎一直将以这两本书为基本背景的欧洲历史上的古典建筑，包括希腊、罗马的古建筑及意大利文艺复兴时期的建筑等，奉为世界建筑史上的圭臬。

以木构建筑为特征的中国古代建筑，在世界建筑史上独树一帜。中国古代建筑的影响力，遍及东亚诸国。无论是朝鲜半岛，还是日本，以及越南北半部的古代建筑，无一不是受到中国古代建筑影响，并结合了自己本地的技术与文化特征逐渐发展起来的。换言之，中国古代木构建筑,是东亚传统木构建筑的源头与典型。从这一角度观察,东亚古代木构建筑,至少是可以与堪称具有世界影响力的欧洲古典建筑相比肩的伟大建筑体系之一。从整个东亚建筑史来看,这一东亚木构建筑体系,亦可称历史悠久,技术成熟,且达到了很高的艺术水准。或者说,东亚建筑中的木构建筑体系,在世界范围的历史建筑范畴中,也堪称独树一帜的建筑艺术与技术经典。而《营造法式》这部编修并刊行于12世纪初的古代建筑学大著,所具有的世界建筑史学的学术成就与遗产价值,与具有世界影响力的维特鲁威与阿尔伯蒂的建筑学著作相比肩,也应该是毫不逊色的。

从历史建筑遗存的情况来看,中国古代建筑,或者说具有典型特征的中国古代木构建筑,保存至今的建筑遗存实例,主要涵盖了自8世纪至20世纪这一千二百余年的建造实践例证。当然,如果将砖石结构的建筑实例,甚至包括后世发掘的建筑遗址的遗存实例算进来,古代中国的木构建筑实践遗迹,至少可以追溯到距今七千余年的河姆渡遗址。而古代中国保存较为完善的石造建筑遗存,则可以追溯到二千多年前的石造汉阙。

但是,从古代建筑研究的学术层面,以现有的遗存情况,可以将古代建筑,主要是木构建筑,大致分为唐宋建筑与明清建筑两个大类。这也恰好与梁思成先生提出的研究中国古代建筑的两部文法书,即宋《营造法式》与清工部《工程做法则例》正相契合。前者是了解与研究唐宋时期建筑的基础,后者则是了解与研究明清时期建筑的钥匙。

这两部书中的内容,不仅代表了两个分别跨越了数百年,且结构体系与建筑风格差异很大,以时代划分的古代中国建筑类别:唐宋辽金建筑与明清建筑;而且,还完整地保存了两种建筑类别各自的建筑技术术语体系与造型、结构及装饰做法特征。

由于明清时代建筑的遗存比较丰富,既保留有官方的清工部《工程做法则例》,又有晚清民初诸多匠作世家秘传的房屋营造的口诀与算例,甚至还有经验丰富的匠作技术与图纸资料传承，例如著名的“样式雷”图档，从而使得明清北方官式建筑的研究、保护与传承有着十分雄厚的基础。即使是明清时期的一些地方建筑的术语与做法，也因为当地既有的匠作系统绵延不绝的世代传承，以及较为丰富的地方建筑实例遗存，从而比较容易对其加以研究、保护与修缮。

作为中国古代木构建筑早期代表的唐宋辽金建筑，甚至包括兼有承上与启下功能的元代建筑，虽然其建筑遗存在数量上远不能与明清建筑遗存相比较，但是这一时期的建筑遗存案例，跨越年代之长，分布地域之广，却也是不容小觑的。如果不包括见于7世纪初的大雁塔门楣石刻中的木构佛殿，或大量自北朝至唐代敦煌壁画及墓葬中所绘制的木构殿堂与楼阁，现存已知最早的木构建筑实例，是建造于唐建中三年（782）的山西五台南禅寺大殿，以及稍晚一点的建于唐大中十一年（857）的山西五台佛光寺大殿。之后的五代、辽、北宋、南宋、金及元代，大约600年间，在自东北、华北至江左、浙闽、荆楚，甚至岭南的广袤大地上，星星点点地留存下了一大批这一历史时段的木构建筑实例，其中也包括一些虽以砖石建造，其外观却表现为仿大木结构形式的佛塔寺幢建筑。

是否存在，以及如何面对这样一批堪称世界文化瑰宝的中国中古时代建筑遗存，在20世纪之初国际建筑史学的触角刚刚触及中国建筑的时候，还是一个历史难题。因为在那时，由中国学者参与的深入的学术考察还没有真正展开。一些先行的外国考察者，面对个别与明清时代建筑迥然不同的建筑遗存时，还处在不知所措的状态。如何对这一类建筑的造型与结构体系加以诠释？其房屋的外观造型及房屋中各种组成构件的名词术语，究竟应该如何表述？其房屋的大木作、石作、瓦作、泥作、小木作、雕作、窑作、彩画作等造作方法，包括房屋细部的装饰做法，彩画的形式与绘制方法等，与历史遗存较为丰富的明清建筑，是否是一回事？两者之间的主要差别在哪里？如果是两个不同的建筑体系，其各自的做法区别与术语差异，又将如何加以区分？这些问题，都需要得到理论与实证的双重回答。

学界前辈朱启钤先生1919年在南京发现丁本《法式》并将其影印出版，以及他随后邀请陶湘先生结合国内所藏诸本，对丁本《法式》加以勘校，并于1925年出版了经勘验校对后的陶本《法式》，以及接踵而至的1929年由朱启钤先生创办的中国营造学社，开启了回答这一学术难题的世纪门扉。

陶本《法式》甫一问世，思想敏锐的近代中国学界先驱梁启超先生就向他正在美国宾夕法尼亚大学攻读建筑学的公子梁思成寄赠了一套，其中蕴含的期待之心，应该是不言而喻的。受过当时世界上最好的建筑学教育，又有深厚世界艺术史与建筑史功底的梁思成与林徽因先生，在得到这部中国古籍大书的时候，内心中一定是充满了波澜。

之后，就是由朱启钤先生领导的中国营造学社，邀领着梁思成、刘敦桢、林徽因、莫宗江、陈明达等一众学社骨干，开启了对古代中国建筑考察、研究与探索的漫长之旅。其间，既有对唐、宋、辽、金、元各个时代建筑的不懈发现与探究，也有对《营造法式》这本古籍天书的反复研读与推敲。这一探索的两个重要节点：一是梁思成先生《中国建筑史》与刘敦桢《中国古代建筑史》的先后出版问世；二是梁思成先生《〈营造法式〉注释》全本文字与附图的最终刊印出版。

四

12世纪初的这部中国古代建筑学巨著，其内容之深广，价值之博大，是怎样形容也不为过的。从中我们可以观察到的，不仅是较为完整的古代房屋营造艺术与结构的诸多层面，也包括了建筑艺术、匠作技术、施工方法、材料加工与应用、估工用料、劳动价值计算等与房屋营造关联比较密切的内容，这其中无疑也包括了施工组织、工程预算、材料筹备与运输、物料及其运送的功限估算等关涉社会组织与社会经济层面的各方面内容。

若是仅从较为直观的建筑学或房屋营造的角度,我们或可以大略地梳理出这部书中所包含的一些主要内容:

(1)卷第一《总释上》与卷第二《总释下》,是对宋以前历代建筑术语的梳理与诠释,对于参读与理解历代古籍中有关建筑的种种历史叙述,有着重要的参考价值。

(2)卷第二《总释下》中的"总例"节,对建造工程中取圆、取方,以及求取八棱形、六棱形建筑平面或构件截面形式,给出了简单可行的方法。对于古代一些基础性的施工操作和对不同季节的劳动用工价值,以及对不同材料加工所需功限的估算,亦给出了相对比较科学的方法与依据。

(3)在全书之前的《看详》与卷第三《壕寨制度》中,对建筑施工前的方位与方向确定,以及对拟建房屋用地的标高确定,给出了合理的技术措施,也给出了当时堪称科学的仪器配置。

(4)《壕寨制度》在部分内容上,涉及了类似城市市政工程范畴的某些方面,例如,其文中给出了与城墙、围墙、沟渠、桥基,特别是房屋地基等有关的工程技术措施与施工方法。

(5)卷第三《石作制度》给出了古代石雕与石刻艺术的分类、加工技术与做法,并给出了房屋建造中用到石作技术部分的台基、勾阑、地栿及主要使用石头建造的坛壝、井台、碑碣、柱础、铺地、门砧、流盃渠等,相应的造型设计与施工制作等的技术与方法。其中首次出现的以勾阑之高"积而为法"的比例尺寸推算方法,为其后小木作部分大量比例性数据推算方法提供了一个先例。

(6)这部书中的最重要部分,是卷第四与卷第五的《大木作制度一》与《大木作制度二》。中国古代木构建筑体系的早期代表,即唐宋时期建筑的等级区分,基本平、剖面形式,房屋建构逻辑,梁柱体系,枓栱体系,屋顶结构体系,各部分主要构成名件,以及当时工匠所采用的所有与之相关的重要房屋营造及名件术语,包括房屋各部分的造型与结构比例和尺度控制方式，大体都包括在了这两卷内容中。

大木作制度中最能引起我们重视的是其“以材为祖”的概念。这是一种模数化的材分°制体系，即将房屋所用之“材”的截面尺寸分成八个不同的等级，每一等级对应于不同等级与规模的房屋，从而将建筑自最高等级、且规模尺度最大的大型殿阁，到较小等级、且规模尺度亦小的亭榭、余屋，各自的结构尺寸推算、枓栱形式、室内做法等，都巧妙地约定了下来，使工匠们无须花费过多的精力于每一独栋房屋的设计上，只要依据其房屋等级、造型及规模，确定适当的材分°值，房屋各部分名件的尺寸也就比较轻易地推算出来了。

(7) 自卷第七至卷第十一，是《小木作制度一》至《小木作制度六》。这一部分的内容，不仅包括门窗、勾阑、平棊、藻井、截间格子、胡梯及垂鱼、惹草、牌匾、障日版等较为常见且不可或缺的配属部分，也包括多种实用性或宗教性室内装置设施，如佛道帐、牙脚帐、九脊小帐、壁帐、壁藏，甚至包括带有早期机械性质的可以转动的转轮经藏，这在很大程度上，填补了我们对宋辽时代建筑室内装修等方面的实物遗存与现代认知上的空白。

小木作的文本叙述中，十分重要的内容，是其行文中给出的比例化数据。因为大小不同的小木作各部分尺寸，是难以用一个明确的数字限定的，其随房屋大小环境，无疑有着各种可能的尺寸变化。古人巧妙地依据某一制品的高度或宽度之每一尺，其所用名件应取的尺寸，特别是断面尺寸为基数，并以其制品之高或宽的实取尺寸按其比例“积而为法”，就可以十分自然地将各种情况下其制品各部分名件的主要尺寸推算出来。这一巧妙的做法，反映了古人在匠作技艺上极其娴熟的加工制作技巧。

小木作中更为令人赞叹的做法是，在一些复杂的小木作制品，如佛道帐、转轮经藏、壁藏中，采用了被称作“芙蓉瓣”的模数制方法。所谓“芙蓉瓣”，是将一个小木作制度自下而上的各个组成部分，分别纳入一个宽度为6.6寸，即一个芙蓉瓣的模数值中，从其根部的龟脚，到其平坐上的勾阑，再到其腰檐及帐顶下所用枓栱铺作，乃至其帐上的山华蕉叶，或天宫楼阁的开间尺寸，都与这一模数尺寸相对应。从而使得其在造型上，上下呼应，匀称均衡，在结构上彼此对位，严丝合缝，这在一定程度上，是对复杂制品的模数化与标准化的一种早期探索形式，其价值直至今日，仍然具有重要的批量化生产与制作的启示性意义。令人震惊的是，这样一种重要的科学与技术探索，竟发生在将近一千年之前的中国。

（8）卷第十二至卷第十三，包括了雕作、旋作、锯作、竹作、瓦作、泥作等匠作制度与做法，覆盖了房屋内各种木制名件，包括小木作中诸名件上的各种雕刻。其《雕作制度》一节所记录的雕刻内容的丰富与造型的多样，在很大程度上反映了宋式室内装饰艺术的题材内容与雕镌水准。旋作，则为房屋中，特别是小木作中各种圆形名件的制作方法与尺度，提供了相当详细的描述。锯作，涉及木料从原木到房屋各部分构件的加工过程，特别提到了巧妙利用材料、节约木材的方法。竹作，虽然只是房屋营造中的附属部分，却使我们对当时房屋的某些构造做法，以及具有典型中国特色的古代竹作技艺，有了更为早期，也更深入、具体的认识。

瓦作与泥作，都关乎房屋建造本身。从《法式》中给出的瓦作和泥作的制度与做法，可以使我们更为深刻地理解中国式坡屋顶的构造特征。而房屋内各部分的泥作，也使我们对古代营造做法，包括古代室内壁画之画壁的制作方法，有了一个具体而微的了解。

（9）卷第十四《彩画作制度》，为我们展示了一个与明清时代建筑截然不同的所谓雕梁画栋的建造时代。尽管唐宋辽金时期房屋中，能够找到的彩画残存已经十分罕见，但敦煌壁画中的一些早期建筑形象上所表现的房屋彩画做法，与我们所熟知的明清彩画有着很大的不同。《法式》之彩画作部分，给出了宋代彩画的详细做法，辅以其书之后所附的彩画线条图样，使我们对宋式彩画有了一个梗概性的认识。

《法式》中所给出的宋式彩画制度，在等级的区划，与画面的形式，画面在房屋内外的分布，以及绘画题材上，与明清官式彩画有着很大的区别。虽然，宋式彩画中也有不同房屋等级的区别，如高等级房屋，可能采用五彩遍装的做法，其所用色彩中，不乏大量的暖色调，使得房屋室内外有一种“雕焕之下，朱紫冉冉”的华贵气氛；而其等级稍低的房屋，则用了以冷色调的各种青绿做法，包括碾玉装、棱间装、解绿装等做法；等级更低的房屋，则采用了杂间装等较为简易且朴素可行的做法。其彩画的题材，虽然有龙凤、人物的点缀，但主要还是以各式的花卉花纹为主。这一点不同于明清时代，将彩画的应用严格限定在皇家建筑及宗教建筑中，且将龙、凤为主题的采用金碧形式的和玺彩画作为皇家专用的彩画形式，反而成为中国封建社会晚期，权力高度集中之社会形态的某种体现与反映。

（10）卷第十五与卷第十六中的《砖作制度》与《窑作制度》，为我们保留了中古时代房屋营造中造砖、用砖的种种做法与规则，以及砖、瓦的烧制方法，特别是具有高等级特色的琉璃瓦、青掍瓦的烧制方法。其中的一些方法，与后世已经有很大的区别，这些重要的描述，使我们对这些古代工艺与技术有了一个全新的认识。

（11）自卷第十六至卷第二十三，作者用了九卷的卷幅，用于说明如何计算各作营造中所需发生的匠作与劳作的功限及其计量方式。同“各作制度”篇一样，作者用了一卷文字记述“壕寨”与“石作”的功限；但却用了三卷文字分别叙述“大木作功限”，用了四卷文字分别叙述“小木作功限”。显然，在《法式》作者心目中，大木作与小木作是宋式营造中最为重要的部分。

（12）之后的两卷，即卷第二十四与卷第二十五的内容，是对除了壕寨、石作、大木作、小木作之外其他“诸作功限”的叙述。其中包括雕木作、旋作、锯作、竹作及瓦作、泥作、彩画作、砖作、窑作，每一道工序所需要的功限。各作功限的内容除了对当时劳动力价值的估算判断有某种经济史学的意义外，在很多细节的表述上，又是对前文所重点叙述的各作制度的补充与完善。其中隐含了很多与各作制度有关的更为深层次的细节内容。

（13）自卷第二十六至卷第二十八，是有关各作做法中用料之料例的描述。其覆盖面之宽，料例份量的计数之细，令人感叹。尤其是彩画作及窑作中的一些颜料或药料的配置，其尾数到了斤、两之后的“钱”“分”“厘”“毫”甚至“丝”“忽”。我们甚至不知道，当时人们是通过什么样的衡器称量出这么细微的份量值的。由于宋代的度量衡中，由“两”至“斤”采用的十六进位制，“两”以下的“钱”“分”“厘”“毫”则又采用了十进位方式，因此不太方便使用现代小数点后几位数的方式，表述古人这些细微的重量数据，本书在译文中则直接沿用原文的“×斤×两×钱×分×厘×毫”的叙述方式，以确保不会使读者对其计量数字产生误解。

（14）有趣的是《法式》在全书文字叙述部分的最后一卷，即卷第二十八，集中讨论了“诸作用钉料例”。其内容主要是各作中可能需要用到钉子的部分所需用钉的规格尺寸与数量。此外，在这一卷中还给出了“诸作用胶料例”，即在一些需要用到胶的地方，如小木作中诸版的黏合，榫卯处用胶，瓦作、泥作、砖作之施用墨煤材料时所需掺入少量胶的做法，以及在彩画作各种做法中使用胶的情况。如上，都使我们对宋式木构建筑各部分做法有了一个更为深入的了解。那种所谓“中国古建筑不用一颗钉”的自说自话式猜度性之语，在这里也就不攻自破了。

（15）卷第二十八即《法式》文字叙述的最后一卷的最后一节，谈的是“诸作等第”。这里的“等第”，可能是指各作制度中，不同的工序在该作中的重要性不同，其所处的等第也不相同，从而其功限的计量亦应因之有所差异。虽然这在一定程度上，也多少反映了古代等级化社会在房屋建筑中对房屋诸等级规定方面可能存在的影响，但更直接的，可能仍然是房屋营建工程中，不同匠作、不同工种，因其技术含量、用料情况，复杂程度，以及由此产生的对参与建造者技术等级与身份等级的某种要求或限制。

当然，因为这段文字比较简短，我们从中能够得到的信息也十分有限；只能理解为，这种“诸作等第”的划分，在当时房屋营造中，是一个相对比较常识性的问题，无须做过多的文字表述。

五

《营造法式》最珍贵的一点是，其书中不仅有十分缜密详慎的文字表述，与大量而充分的数据支持，而且还在其书的卷末用了整整六卷的篇幅，附上了大量珍贵的图样。

其中总例、壕寨制度与石作制度图样有一卷，大木作图样有两卷，小木作与雕木作制度图样有一卷，彩画作图样有两卷。这些图样分别包括在：

卷第二十九，总例图样、壕寨制度图样、石作制度图样；卷第三十，大木作制度图样上；卷第三十一，大木作制度图样下；卷第三十二，小木作制度图样、雕木作制度图样；卷第三十三，彩画作制度图样上；卷第三十四，彩画作制度图样下、刷饰制度图样。

尽管小木作制度与功限内容繁杂，但其所附图样却仅有不足一卷的幅面。尚存于世的宋代小木作实例遗存亦极为罕见，特别是一些具有室内配置意义的佛道藏、壁藏、牙脚帐、壁帐、九脊小帐等，更是难觅其踪。故而，这部书中数量不多的小木作图样就显得更为珍贵。

略使人感到遗憾的是，瓦作、泥作、砖作、窑作、竹作等都没有附以专门的图样。这其实也为今人对其中一些做法，特别是砖作及窑作中的一些炉灶在做法及构造的理解上增加了相当的难度。

从书后所列图样的数量也可以看出，这部《法式》中最引人关注的部分是大木作制度部分，其中，包括了枓栱铺作体系与柱额、梁架及屋槫体系。大木作部分是房屋平面、结构、剖面及外观造型与室内空间创造的根本。

事实上,弄懂了《法式》中的大木作制度,也就对宋式房屋营造的主要方法与技术有了一个基本的了解。《法式》附图中所给出的两卷大木作制度图样,与书中有关大木作制度与功限、料例等部分的叙述一样,是《法式》一书中最为核心,也最具宋代房屋营造之艺术与技术精髓价值的部分。

彩画的功能,除了对建筑的内外形式加以美化与装潢,增加建筑之美轮美奂的外观效果之外,更重要的作用之一是对房屋木结构表面的一个保护,以防止其因长年累月日晒雨淋的侵蚀而过快地遭到损坏。也正因为如此,木构建筑表面的彩画,在历史上常常会加以更新,这也在一定程度上加大了古代建筑中彩画保存与保护的困难程度。《法式》书末所附的两卷彩画作图样,在很大程度上保存或传承了宋式彩画的基本线条与构图形式,为我们了解近千年前中国不同等级的楼台屋舍,特别是高等级殿阁建筑的室内外彩画装饰的可能形式,提供了极其珍贵的图案形象依据。

当然,毋庸讳言的是,所有这些附图,很可能都已经不再是宋人最初绘制的原图,而是经过历代影抄、描摹之后的样式。也就是说,这六卷图样,未必能够十分充分地保存与展示宋代房屋营造诸作制度的种种样式与图形。但是,大致上可以肯定的是,历代的传抄、影写、描摹,不太可能是捕风捉影,而是有其样本,有其传承的图样形象的。现在所知的《法式》附图,较为早期的图样应该是明代时的摹写本。也就是说,是明代人传抄、描摹更早时代,例如可能是南宋抄本而成的图形。其传抄、描摹的图形对宋式营造理解上的差错,应该远比更为晚近的晚清时期的摹本要小一些。这也是我们大体上可以依赖这部书中所附图样的理由之一。

基于这些附图,梁思成先生与他的助手们采用现代投影学绘图方式,分别绘制了精美清晰的“壕寨制度图样”“石作制度图样”“大木作制度图样”,梁先生的助手徐伯安先生也参照《法式》行文及小木作图样，绘制了“小木作制度图样”的主要部分。本人撰著的《〈营造法式〉注释补疏》中，除了将小木作图样做了重新的系统摹绘与新绘之外，还将梁注本中尚未来得及绘制的佛道帐、牙脚帐、九脊小帐、壁帐、转轮经藏与壁藏等较为复杂的小木作造型平面与外观绘制了出来。正是在这一部分绘图中，将《法式》在小木作中提及的有关“芙蓉瓣”的模数化原理，通过图形的形式探索性地表现了出来。由于本书是一部以文字注释与翻译为主的古籍译本，无法将这些由梁先生以及我们这些后来人所绘的诸多图样，纳入其中，有兴趣的读者，依照本书所附的原书图样，或可以参看《梁思成全集》第七卷，即《〈营造法式〉注释》中梁先生及其助手所绘制的各作图样，及注释行文中的附图与插图。此外，本人在国家重点社会科学基金与国家出版基金双重支持下出版的《〈营造法式〉注释补疏》中所附的经过重新绘制的较为系统化的小木作与彩画作图样，也会对有兴趣的读者提供一定的帮助，从而使各位同好能够对宋式房屋营造，包括其小木作装修与彩画作式样的各个方面，有一个更为直观和深入的了解。

六

为《法式》这样一部重要的建筑古籍作注、作译，本是一件极其困难的事情，因为其中的诸多术语，即使遍查史籍也难以查询，更遑论能够做出恰当的词义或语义判断了。因其文本中的疑难字词充溢于字里行间，最初的阅读体会，有如天书般不知所云。这一点在梁思成先生最初的研究中也深有体会，梁先生在谈到他初获其书时也有深切的感慨：“虽然书出版后不久，我就得到一部，但当时一阵惊喜之后，随着就给我带来了莫大的失望和苦恼——因为这部漂亮精美的巨著，竟如天书一样，无法看得懂。”后来的岁月中，基于大量实例考察研究而渐次展开的对《法式》的注释研究与配图，几乎耗费了梁先生的半生精力。

需要特别指出的一点是，本书的注释与译文，是以陶湘核校本《营造法式》为原始文本,并在梁思成先生《〈营造法式〉注释》一书中经过勘核校正的《法式》文本基础上,充分依赖了梁先生的既有注释才得以进行的。而且,梁先生注释本中所采用的《法式》文本,同时也包括了朱启钤、刘敦桢先生对陶本《法式》文本的诸多修正。此外,本书还参考了稍后出版的陈明达、傅熹年等学术前辈对《法式》文本的核校研究文字。这一切的做法,都是为了保证这一全注、全译本《法式》在文本依托与字义诠释上,是根植于中国建筑史学的先驱巨擘,特别是梁思成先生既有研究成果的坚实基础之上的。

正是这些学界前辈,从朱启钤、梁思成、刘敦桢,到莫宗江、陈明达、傅熹年、徐伯安等先生,历经数十年之苦心孤诣的研究,已经对《法式》文本中最为困难的词语与术语做了相当细致缜密的梳理诠释,所余未尽的部分,虽然文字量很大,除了一些读来不知所云的个别词句外,大部分还是可以理解并做出基本词义解释的。

换言之,若没有梁思成等学界前辈不懈努力奠定的基础,我们想读懂这部天书,本已经十分困难,若再试图将整段的原文译成现代语言,显然更是难上加难。一方面,书中许多具有特指功能的专门性名词术语,几乎都是不见于同时代其他文献,甚至在许多不同时代的史料文字中也难觅其踪的。另一方面,将一些专业性、技术性的词语,直接搬过来,用在现代译文中,不做适当的铺展、叙述,即使做到了与原文的一一对应,对于许多现代普通读者而言,仍然有可能是不知所云。

当然,前辈学者的研究,多是纯学术性的,其重点在于《法式》原文本身。但若将《法式》文本翻译成现代文字,却又多了一重困难。如我们所知,古籍中的文字采用的都是繁体字,作为一部为大众阅读而准备的现代译本,当然应该选择简体字。但是,有一些字,作为繁体字,本身就可能有多种写法,不同写法之间,多少也都有其意义上的微妙差别。但是在简体字中,却往往会用一个字来覆盖其文中意义不尽相同的若干个同音字。例如"枓栱"之"枓","鬭八"之"鬭",在现代汉语中,则可用一个“斗”字代之,即“斗栱”“斗八”;但如果以更贴近原文的含义来看,还是保持“枓栱”这一术语,似更接近古人的本义。但若把“鬬八”改为“斗八”,其实与原文的意义内涵多少已经产生了一些疏离。不过,若采用简体字,这里似也只能用“斗八”一词,而不宜采用诸如“枓八”或“逗八”之类的简体字术语。这其中显然就需要做一些取舍抉择的工作。

还有个别字,简单地改为现代简体字,看起来也并无不妥,如“平棊”改为“平棋”,“平闇”改为“平暗”,或“闇栔”改为“暗栔”……但是,这几个经过修改的现代词,在词义上显然会包含某种可能令人产生歧义的内涵。“栱”字也是一样,“枓栱”是中国人专用于屋木作之檐下一种悬挑性构件的名称,现代人的一些文章中,往往用“拱”代“栱”,写成“枓拱”,粗看起来似无不妥,但“拱”者,有起拱、拱券、拱手等带有动词内涵的意义,而“栱”却仅仅是一种木制构件的名称,清代营造中,甚至可以将出挑的华栱,称为“翘”,可见其与“拱”字所代表的动作与形态在意义上并不相同。因此中国建筑史界的学者们,在自己的论文中,一般仍沿用“栱”,而非“拱”字来表述这一构件。

还有一些字,也需要做特别的斟酌。如“钩阑”,在许多现代汉语中,都习惯采用“勾栏”这一为大家所熟悉的词语。我们这里用了“勾阑”,原因是《法式》中“钩阑”之“阑”与“阑额”之“阑”,以及“压阑石”“阑槛钩窗”中的“阑”都采用了同一个字。为了保持《法式》文本在字义上的内在统一,用“勾阑”,既与其词义不相冲突,也无须在译文中对“阑额”“压阑石”“阑槛钩窗”等词有过多的犹豫。另外,如“華文”,应该是宋式营造中对“花纹”一词的习惯性专用语,以其简体字“华文”代之似乎比较恰当。同样“華版”“華栱”等,仍宜译作“华版”“华栱”,若依其本义译为“花板”“花栱”,反而会令人感觉不适。类似的情况,如《法式》中习惯使用的“华文”“云文”“琐文”“卷草文”之“文”字,若我们依照现代人的习惯用法,改为“花纹”“云纹”“琐纹”“卷草纹”,不仅使阅读者感觉到与原文的差别，还可能使其从字义理解上与古人之间多少会产生一些疏离。类似的情况，也会出现在“流盃渠”还是“流杯渠”上。用“流杯渠”代替“流盃渠”似乎并无多少不妥，但因现代文中“杯”字的过于生活化，从字面上看，“流盃渠”一词似乎更能与古代文人的禊赏雅趣之间产生某种联想。

《法式》行文中还有一些可能引起读者疑惑的类似的词语，如“雕作制度”中的“雕”，《法式》中用为“彫”，这两个字在古文中是相通的，且“彫”在意义上更接近纹样雕琢之义，但现代人已经习惯了“雕刻”这一词语，本书也就采取了“入乡随俗”的做法，采用了“雕作”这一术语。另外一个容易引人疑惑的是“版”字，《法式》中凡薄板形式的名件，一概称为“版”，如“平棊版”“枓槽版”“锃脚版”“搏风版”“版门”等。现今之人，多将轻薄类构件称为“板”，不管其材质如何，皆用“板”字，如木板、铁板、铜板、黑板之类，只是在与书籍有关的文字中，才比较习惯于用“版”字，如“版本”等。为了保持《法式》文本在术语上的内在协调，凡是涉及《法式》行文处，遇到这种情况，笔者选用了与《法式》保持一致的“版”字，但在注释文字中，则可能会用到诸如“木板”“石板”或“板材”之类的表述，以与现代人的叙述方式相一致。还有“般运功”的“般”字，或“劄子”中的“劄”字，在现代汉语习惯中，似乎应该用为“搬运功”“札子”，但在古汉语中“般运”与“搬运”，或“劄子”与“札子”，在意思上并无二致，沿用“般运”或“劄子”既保留了原文的用法，也未对其本来意义有丝毫的改动，笔者以为在引用原文处还是采用原作者习用的“般运”或“劄子”这样的表述方式，以多少保留古籍既有的用词特征，而在题解或译文中，则以现代人习用的“搬运”二字叙述之，以与今人的言说习惯相契合，似乎更好一些。

《法式》中还会经常出现的一个令人感到疑惑的字是“坐”，如“平坐”“须弥坐”“赑屃鳌坐碑”“帐坐”等，而这些“坐”若以现代人常常用到的“座”字代之，在字义上似乎更为贴切。从字之本义上看，“坐”与

“座”是有一点微妙的差别，但在古文中“坐”与“座”是相通的。为了与《法式》文本中的术语保持一致，我们这本书似乎没有必须将其文中的“坐”改为“座”的必要。

另外一个可能引起关注的词是“琐文”，这里的“琐”字是从繁体字中的“瑣”字简化而来。《法式》中用了“瑣文”，指的似乎是一种相互连锁式的纹样，但本书中依其原文，用为“琐文”应是顺理成章之事。现代人的一些文字中，会用到“锁文”一词，可能与其纹样的形式有所关联。但“锁”与“琐”在字义上有明显的不同，若我们在这里将“琐文”改为“锁文”似有以今推古的猜度之感。其实，《法式》中还有一些现代人的习惯用语不相契合的地方，比如，梁先生提到的一个例子，《法式》中的“胡梯”，可能是由当时南方人之“扶梯”的发音误差所致，但若我们将其术语“胡梯”译作“扶梯”，虽然在字义上更容易使令人容易理解，但与《法式》原文上的差异总是有一些令人不适的感觉。

字词注释中常常会遇到的一个问题是，一些技术性或概念性术语，可能会在其书的不同章节中反复出现。如果这一字词在之前文字中已经做过解释，那么在后面的文字中，再做一次或多次相同的解释，似有文字重复之嫌；但若全然不做解释，读者也会在读到该处时一时间感到懵懂不解。本书的做法是，凡在前文中已经做过诠释的术语，在后面再次遇到时，多以参见前文注释文字的方式作注，这样做，一是为了避免重复，二是也希望能够帮助读者对其术语做一个前后对应的认知与理解。

在本书的注释中，仍然会遇到对其字义与词义难解其详，甚至全然不知所云的字词，如装饰图案中的“牙鱼”，究为何种鱼？或《泥作制度》“茶炉”条中的“吵眼”究是施于茶炉的何处？其作用为何？如此等等，释文中都明确地承认对其字或其词的不解，或做一点适度的推测。这样做只是为了表达一种知之为知之，不知为不知的诚实态度。

注释中还会遇到许多具有尺寸或重量等数据化的内容，这其中会遇到两个方面的问题。一种情况是，若原书中给出的是绝对尺寸，这时，就需要将古人所标注的尺寸或重量单位，一字不差地照搬过来，以再现古代长度与计量单位的原初状态。另一种情况是，原书中给出的是具有相对性的比例尺寸，如勾阑中的构件，则是以其勾阑高为一尺时，其望柱或寻杖的尺寸为若干而表述的，这时就需要对这种具有相对性的比例尺寸加以解释，并尝试着给出某一特定勾阑高度下，其勾阑中诸构件的相应真实尺寸。类似的情况，在小木作制度中亦有大量出现、遇到这种情况，其注释文字显然难以与《法式》原文作一一对应的表述，而是需要加以适当的展开，以使读者能够理解其文的真实含义，并建立起对其构件尺寸的基本理解。

此外，因为我们面对的是一本与房屋营造有关的技术性古籍，其中无疑会遇到许多与屋木结构与构造相关的描述。在对描述这些部位的文字进行解释的时候，若仅仅是对文字本身加以注释，仍然会有许多令人难以理解的地方，故本书在注释及译文中，也会在部分行文中，对原文的表述内容加以适当的展开，通过一种常人能够理解的叙述方式，将其行文中所表述的结构与构造方式，以及诸构件之间的相互关系等，做一些稍加补充性质的描述，而不是刻意追求其注释或译文与原文在文字上的绝对一致。

对于一些普通读者而言，还会遇到一些与日常理解不相契合的词语。例如，大木作制度中出现的“生起”一词，如檐柱的高度，自当心间向两侧之次间、梢间与尽间做渐次拔高的处理，故其意思似乎与现代人所说的“升起”有一点相似之处。因其原文的表述是“生起”，为了与其原文保持一致，且避免产生不必要的歧义，在本书的注释与译文中，都直接采用了“生起”这一术语。还有个别可能令人难以充分理解的词语，如枓栱，有时用“出跳”，有时又会用“出挑”。这一点在行文的区别上，确也存在一定的困难。《法式》行文中，谈到栱、昂时，似多用“出跳”“里跳”“外跳”“跳头”等，而在谈到梁栿、屋槫、檐椽、飞子时，则会多用“出挑”“挑出”等。偶然也会出现对栱或昂做“出挑”的表述，其意义虽大体上相同，但也似乎有一点微妙的差别，这些都需要从其上下文中加以甄别。

本书在注释与翻译过程中，还遇到一个困难的事情，就是如何将篇幅比较长，且内容比较繁杂的《法式》行文，在不影响《法式》上下文逻辑联系的情况下，稍微做一点细分，以使读者在阅读上，能够适当地停顿，较容易地把握和理解《法式》内容。例如，一些小木作的章节，将小木作所造之物做一个完整的叙述，如"佛道帐"一节，"帐坐""帐身""腰檐""平坐""天宫楼阁""踏道圜桥子""山华蕉叶造"等不同的组成部分，以及作为"佛道帐"中具有模数性质的"佛道帐芙蓉瓣"等，原文会一气呵成；其中每一个组成部分，其实又有其本身的详细表述，以及对构成这一部分之各种名件的细致描述。如果依据《法式》文本原样一次列出，其下再列出一个长长的注释条目，并在其后列上一篇较长的译文，如此的做法，虽然比较忠实于原著的原貌，却在阅读上增加了许多不必要的困难。因此，注译者尝试着将《法式》行文做了一些段落切割与细分的工作，其基本的原则是：若是由多个部分组成的营造物，则每一部分都分别设立条目，如"佛道帐"一节的帐坐、帐身、腰檐、平坐等；若是一个独立的营造物，特别是小木作中一些性质比较接近的营造物，如版门、格子门等，则将其行文大体上分为"造×××之制""×××诸名件"以及该小节之结尾部分所言的"凡造×××"句，分别列为不同的小段落，并拟出与其内容相契合的小标题。需要说明的一点，凡是由注译者添加，而非《法式》文本中原有的标题，本书中均采用添加括号的形式，以使读者了解这并非原文的章节性标题，而是注译者根据其行文内容，附加的小标题。

此外，作为一部工程技术性质的古籍，《法式》行文中有着大量的数字性表述，概而言之，现代译文应当用阿拉伯数字表述书中的数字。其中有一些是长度数字，如丈、尺、寸等，这些数字多为十进位方式，可以采用带有小数点形式的数字，如1.5丈，1.45尺等，但若是整数时，也不必过分纠结于其精确到小数点后几位数，只需给出基本单位就可以了，如3丈、5尺、9寸等。但在长度尺寸中，可能会出现一些特殊的长度单位，如“里”“寻”或“步”，这些长度单位与丈、尺、寸、分、厘、毫等没有十进位制的关联，就需要特别给出其长度单位名称，如5里、120步、8寻等，以期与原文所表达的长度单位相契合。《法式》行文中更难用带有小数点形式表达的数字单位是古人的重量单位。中国的古代重量单位具有特殊的复杂性，如其1斤，为16两，而1两，则为10钱，钱以下还有进一步的划分，如分、厘、毫等，在这种情况下，若引入十进位制的小数点数字，就会引起诸多的混淆，故本书基本沿用原文的表述方式，以“×斤×两”“×两×钱”或“×钱×分×厘”，甚至“×分×厘×毫”的重量表达方式。

还有一个可能使读者感到困难的问题，就是《法式》的附图问题。作为一种工程语言，图原本是不可或缺的表达形式。梁思成先生的《〈营造法式〉注释》就附加了与《法式》行文紧密结合的十分严格而科学的壕寨制度、石作制度、大木作制度、小木作制度等图样，以及大量的插图与照片，为读者读懂这部古籍提供了重要的图形语言。但作为一本古籍注释与翻译书籍，这些附加的具有专业性质的图样或插图，与原文的出入较大，不符合这类书籍的一般性特征。但《营造法式》文本本身就附有整整6卷古人的附图，这些图虽然与现代人科学绘制的投影图或透视图有很大差别，但也大体上表达了其行文中的主要内容。作为一部古籍注译本，这些原书所附的图像文本，显然也是不可或缺的注、译组成部分。故本书将《法式》自第29卷至第34卷，共有6卷的附图，完整地附于书后，在保留其图的基本标题与简单标注的基础上，除了在每卷前仍附加必要的“题解”之外，对图中的一些必要的标题性文字，也附以图号，并采用简体形式加以标示，以帮助读者对图中的内容有更为直捷的理解。

还有一个需要特别提出的问题是，本书中的引文，都是有确切出处与文献依据的。从一部严格意义上的学术著作的角度,这些引文应当采用脚注或尾注的方式,对其所引之出处做详细的说明,或对其引文做适当的解释。因为这部全本、全注、全译本《法式》,在很大程度上,还是为了方便普通读者的阅读理解,而非严格意义上的学术探究,如果将每一引文都详加注解,势必会增加相当的篇幅,也在一定程度上增加了读者阅读的烦琐与困难。故本书的引文,尽量在注释行文中,扼要地谈及其引文的来源及引文的大意,不再附加相应的脚注或尾注,以方便读者的阅读,并力求与这样一部通俗性译本的行文特征相契合。

本书的词义注释,凡有前辈学者既有注释者,皆不敢有稍微地疏漏,都一一仔细列出。这样做的原因,一是希望将更加权威的注释表述直接呈现在读者面前;二是不希望贪天功为己有,将前辈学者们既有的重要学术贡献,湮没在这部至为繁细的全注全译本中。当然,在学术见解方面若发生与之前既有的观点有不尽相同之处时,笔者也会做较为深入的解释与说明。

以笔者的浅薄学识,对这样一部经典古籍做全注全译的工作,实在是勉为其难。起初因胆怯而再三推辞,最终因考虑到吾辈诸师为这部古籍的研究费尽如此多心血,虽深知吾资之昏,吾材之庸,皆不逮人,但也知若旦旦而学之,久而不怠,迄乎略有所成,或亦不知其昏与庸也,故亦须应当有所承当,因而才战战兢兢允诺承担了这样一件己力不逮之事。自2021年仲秋时节开始做一点试注、试译的工作,到正式签约,渐渐铺展开来,这一年多来的夙夜光阴,如铁杵磨针般被点点滴滴地斫磨而去,这部拙注、拙译的雏形,也才渐渐显露出一些粗拙的形影。

这一工作虽然琐碎无端繁细异常,却又多少有一点像是在与千年前的作者悄然对话,抑或是在倾听与品味梁思成、刘敦桢、陈明达与傅熹年等诸位前师与古人之间的睿智问答。其中的苦中之乐又是常人难以想象的。

这部古籍译本的用笔时间虽然才仅仅一年多一点,但之前由笔者承担并完成的《〈营造法式〉注释补疏》一书却是一件用了整整五年时间才完成的全过程研究。这项曾得到国家社科重点研究基金、清华大学专项科研基金与国家出版基金三重支持的研究课题,在很大程度上也为笔者顺势而为的现在的这部《营造法式》的全本、全注、全译本,做了一些比较基础性的资料、知识与思想铺垫。换言之,在这前后六年多的时间中,笔者的所闻所思心心念念都一直在这千年的时间跨度上左右徘徊,常常会在与古人交流的苦闷与无助情绪中做字斟句酌的反复纠葛,大有一种"念天地之悠悠"的寂寞与寥落感,乃至笔端渐渐触及面前这部由中华书局委托的千年古籍的全本、全注、全译本的末页之时,却陡然生出了一种无可名状的沧桑感。几如古人所云:"夫天地者,万物之逆旅;光阴者,百代之过客。"吾辈所着力付出的毫末之功,不过是对古人这千年墨踪的匆匆一览而已,其所知所获,或也仅止于历代先哲所思所想之万一。其路尚漫漫,其修且弥远。一代人或只能做一代人的事情,我们这一代人,虽然凭借了百余年来诸位前辈学术大家们的拓荒之功,对这部千年古籍的文字小有浅得,却也只是在这历经千年辗转誊抄的笔踪之上,添加了寥寥几笔浅浅的墨迹而已。

止笔于此时,不知不觉间似乎又有了一点莫名的感悟,禁不住合书而叹曰:直所谓千年一瞬,白驹过隙,世间的万事万物,皆在朝夕之间,日月虽久,勿谓有年也。今人如此,古人、前人又何尝不是如此?千年前的李诫先生、数百年来为古籍保存与流传而誊抄、影写的诸多藏书家,近百年来一代又一代学界大家,哪一位不曾以其几乎毕生之力为中华建筑文化的这一旷世古籍的编修、刊印、传播、保存、传承与研究、理解、阐释,孜孜以求夙夜难寐?

吾辈力虽绵薄,亦未敢言有所心得,但却还是以内心那点愿附骥尾的朦胧感动,尽己所能地用了一点拙力。想到此处,心中似乎多少有了一点释然,惟祈这拙注拙译一部,虽于古人古籍之智慧学识无所补益,亦仍妄祈年来日思夜想的这些点滴浅见与陋解，能够为今人与古人之间关于殿阁房舍屋木的千年对话，增添淡淡的一抹墨色，或也就会感到些许的心灵慰藉。

王贵祥

2023年5月

进新修《营造法式》序

【题解】

这篇文字是《营造法式》作者李诫在其大作完成之后，为向朝廷呈进这部新修营造大书而写的序言。序言开篇，引经据典，认为宫室建筑之意义，源自《周易·大壮卦》的卦义与卦象；且要通过辨方正位，来明确每一建筑所应遵从的礼制规则。透过经典与史籍，作者陈述了土木工程的古代管理体系，强调了国家主管宫室营造的机构由来已久，其下所辖相关部门各有不同的责属，需要按部就班地开展工程的实施与推进。

透过其序可知，传统中国社会，重大宫室的营建主要集中在帝王所居的京师及周围畿辅之地的宫苑坛庙，当然也包括朝廷直属的内外百司。其中既有帝、后日常生活的寝宫苑囿，也有帝王与群臣依据礼制规则以时朝拜的宗庙坛壝。所有这些宫室、园寝、庙堂、府廨，需要按照各自的等级秩序与礼制规范加以适当地规划与布置。

其序中，亦对中国建筑的特征及宫室营造的难度加以了描述：古代宫室房屋，是由木质梁柱结构而成。房屋檐下，有枓栱与斜昂的支撑。要保证房屋的端庄挺拔，首先需要使房屋中规中矩，并要保证房屋各部分构件做到横平竖直，各部分之间的结合要严丝合缝。然而，宫室营造是一个十分复杂的工程，不仅要有充足的材料准备、设计与施工者对各种材料性质的熟悉与运用，而且要能够及时汇聚充足的工人与匠师。重要的是，即使是有着丰富经验的工匠，也难免出现失误。从事工程管理的官员，亦可能会囿于理论，却缺乏必要的工程技术与能力。正是因为这些因素，《法式》的作者认为，如果没有充分的营建知识与工程经验，很难胜任主持宫室营造这样复杂的工程，更不用说在工作中能够有所创新了。这或也是作者强调其书之重要性的一种方法。

序言之末段，作者对这部宫室营造大书的编撰过程、内容提要及可能存在的不足加以了陈述。最后，以一种谦恭的口吻罗列了自己的身份及当时所承担与宫室营造有关的职责。

臣闻“上栋下宇”[1]，《易》为“大壮”之时[2]；“正位辨方”[3]，《礼》实太平之典[4]。“共工”命于舜日[5]，“大匠”始于汉朝[6]。各有司存[7]，按为功绪[8]。况神畿之千里[9]，加禁阙之九重[10]。内财宫寝之宜[11]，外定庙朝之次[12]。蝉联庶府[13]，棋列百司[14]。櫼栌枅柱之相枝[15]，规矩准绳之先治[16]。五材并用[17]，百堵皆兴[18]。惟时鸠僝之工[19]，遂考翚飞之室[20]。而斫轮之手[21]，巧或失真；董役之官[22]，才非兼技，不知以“材”而定“分°”[23]，乃或倍料而取长[24]。弊积因循，法疏检察。非有治“三宫”之精识[25]，岂能新一代之成规？

【注释】

①上栋下宇：《周易·系辞下》：“上栋下宇，以待风雨。”意指宫室房屋。栋，房屋之梁栋。宇，房屋之檐宇。

②《易》：《易经》。或这里特指《周易·系辞传》。大壮：为《周易》中的一卦，其卦为“下乾上震”。《说卦》曰：“震为雷。乾为天，为圜。”如上所释，《大壮》的卦象是上有雷雨，下有如穹隆天体之物，使雷雨不能侵入。《周易·系辞下》：“上古穴居而野处，后世

圣人易之以宫室，上栋下宇，以待风雨，盖取诸《大壮》。”其意为上古之人未有宫室房屋，故穴居野处，后世圣人创造了由“上栋”与“下宇”构成的宫室，从而为人遮风避雨，是取象于《大壮卦》。

③正位辨方：《周礼·天官·叙官》：“惟王建国，辨方正位。”建国，即为王者营建都城。上文意为为王者营建都城，首要之事是辨别方向，将王者的宫室与城池布置在正确的方位之上。

④《礼》实太平之典：《礼》，指《周礼》。《周礼·天官》中明确规定了营建王者都城的首要任务，是辨别方向，端正方位，以使王者能够遵循礼制的规范，从而保证天下百姓都能实行礼制的规则。故此，也可以说，《周礼》是确保社会等级秩序的基础，也是维系天下太平的圣典。

⑤“共工”命于舜日：是说共工这个官职，始自舜帝时代。据《尚书·虞书·舜典》，舜帝任命“垂”担任“共工”之职：“帝曰：‘畴若予工？’佥曰：‘垂哉！’帝曰：‘俞，咨！垂，汝共工。’垂拜稽首。”这段故事，疑即李诫所言“‘共工’命于舜日”的由来。共工，上古时代署理百工之事的官职。

⑥大匠：古代主管营建工程的官员，称“将作监”，更为古老的称谓为“将作大匠”。这里的“大匠”，即指“将作大匠”。据《史记·孝景本纪》载，汉景帝中元六年（前144），帝命：“将作少府为将作大匠。”此为“将作大匠”见于史料的最早记载，故李诫称：“‘大匠’始于汉朝”。“将作监”这一称谓，是从南北朝开始的。

⑦司存：职掌。《晋书·苻坚载记下》：“设官分职，各有司存，岂应孤任愚臣。”《隋书·百官上》：“太尉主五兵，丞相总百揆，又置御史大夫，以贰于相。自余众职，各有司存。”

⑧功绪：《周礼·天官·宫正》：“稽其功绪，纠其德行。”《周礼注疏》：“稽，犹考也，计也。功，吏职也。绪其志业。”《太平御览·工艺部》：“后群僚侍宴，言及博弈，以为妨事费日，而无益于用，劳精损

思，终无所纪，非所以进德修业、积累功绪也。”清顾炎武《日知录》卷五释“稽其功绪”：“已成者谓之功，未竟者谓之绪。”其意似包含官员本职工作的成绩与不足两个方面。

⑨神畿（jī）：梁思成先生注曰（后文简称“梁注”）：“一般称‘京畿’或‘畿辅’，就是皇帝直辖的首都行政区。”

⑩禁阙（què）：梁注：“就是宫城，例如北京现存的明清故宫的紫禁城。”

⑪内财宫寝之宜：其“财”似含“财供”“财用”之义，即给予宫寝营建与日常宫廷生活以财力的支撑。如《金史·曹望之传》：“迁本部侍郎，领覆实缮修大内财用，费用大省。”梁注：“‘财’即‘裁’，就是‘裁度’。”似从财力运筹与分配角度释之，亦为一解。

⑫庙朝：指宗庙、朝廷。如《史记·孔子世家》：“其于宗庙朝廷，辩辩言，唯谨尔。”《南齐书·百官志》：“诸立格制及详谳大事宗庙朝廷仪体，左丞上署，右丞次署。”故“庙朝”不唯指宗庙与宫殿建筑，也含有礼朝坛庙，觐拜帝王的制度、礼仪与秩序。

⑬蝉联：绵延不断的样子。庶府：《尚书·周书·立政》：“左右携仆、百司庶府。”清刘逢禄《春秋公羊经何氏释例》：“庶府，常任之属，治京师者。”指治理京城日常庶务的官吏衙署。

⑭百司：朝廷直属的内外管理机构，包括宫外文武六部署廨，及宫内服务于帝、后的诸内官衙署。如《册府元龟·帝王部·督吏》载五代后唐：“吏部侍郎卢文纪上疏，请责内外百司，各举其职，明行考课，以激其能。”《艺文类聚·人部》载沈约言梁武帝：“自居元首，临对百司，虽复执文经武，各修厥职，群才竞爽，以致和美。”

⑮欃（jiān）栌（lú）枅（jī）柱：梁释：“‘欃’音尖，就是飞昂；‘栌’就是枓；‘枅’音坚，就是栱。”这里泛指古代木构房屋的枓栱梁柱等结构与构造构件。相枝：有房屋构件之间相互支持、交叉与勾连咬合之义。《艺文类聚·杂文部》：“大匠曰：柱枅薄栌相枝持。”清纪昀《阅微草堂笔记·姑妄听之》：“各尊所闻，各行所知，两相枝

拄，未有害也。”借用“相枝”之义，言人与人之间的相互支持与协作。

⑯规矩准绳：规，画圜圆之器具。矩，求方直之工具。准绳，工匠垂绳以测器物梁柱之直挺。《韩非子·有度》：“巧匠目意中绳，然必先以规矩为度。”讲求以规矩求方正圆平，以准绳求平准竖直，是房屋营造的第一要则。

⑰五材：梁注：“‘五材’是‘金、木、皮、玉、土’，即要使用各种材料。”《周礼·冬官·总叙》：“国有六职，百工与居一焉。或坐而论道，或作而行之，或审曲面执，以饬五材，以辨民器。”可知，“百工”与“五材”有更为密切的关联，但其文中仅谈到了“攻木之工”“攻金之工”“攻皮之工”“设色之工”“刮摩之工”“搏埴之工”，其中涉及了木、金、皮、颜料（设色）、石或玉（刮摩）、土（搏埴）等材料，故“五材”泛指与百工营造有关的各种材料。

⑱百堵皆兴：《诗经·大雅·绵》：“缩版以载，作庙翼翼。……筑之登登，削屡冯冯。百堵皆兴，鼛鼓弗胜。乃立皋门，皋门有伉。乃立应门，应门将将。”可知“百堵”指正在营造的房屋，尤其是指统治者的宫室或宗庙。《诗经》中多次出现“百堵”一词，如《小雅·斯干》：“筑室百堵，西南其户。”

⑲鸠僝（jiū zhuàn）之工：梁注：“‘鸠僝’（乍眼切，zhuàn）就是‘聚集’，出自《书经·尧典》：‘共工方鸠僝功。’”梁先生所引亦即《尚书·虞书·尧典》：“共工方鸠僝功。”《尚书正义》释曰：“共工，官称。鸠，聚。僝，见也。”朱熹亦作释：“方，且。鸠，聚。僝，见也。言方且鸠聚而见其功也。”故“鸠僝之工”意为筹备聚集材料与工匠，实施并完成土木营建工程。此句“鸠僝之工”里的“工”字，似与“功”相通用。

⑳翚（huī）飞之室：意为有着飘逸舒展之屋顶的大房子。翚飞，《诗经·小雅·斯干》：“如跂斯翼，如矢斯棘，如鸟斯革，如翚斯飞。”

形容新建的宫室庙堂，其草葺屋顶，像舒展的鸟之羽翼；屋顶形态，如展翅欲飞的翚鸟。翚，雉。

㉑斫（zhuó）轮之手：典出《庄子·天道》。在庄子所讲的这个故事里，轮扁对桓公讲说了斫轮技艺之巧妙："斫轮，徐则甘而不固，疾则苦而不入。不徐不疾，得之于手而应于心"。后故以"斫轮之手"喻指能工巧匠。斫轮，制作车轮。

㉒董役之官：主持监督与实施某一土木工程的官员。如宋人叶梦得《石林燕语》卷一载："太祖建隆初，以大内制度草创，乃诏图洛阳宫殿，展皇城东北隅，以铁骑都尉李怀义与中贵人董役，按图营建。"董役，监督劳作、施工。

㉓材：梁注："关于'材''分°'，见'大木作制度'。"梁先生在卷第四《大木作制度一》中，对古代营造中的材分°制度，做了十分详细而科学的解释与说明。这里仅简而言之：材，是宋代木构建筑营造的基本模数，其用材制度，关乎房屋的等级、尺度、规模与构造。一般情况下，一座殿堂的房屋所用之材的长度，与这座殿堂屋檐下所用枓栱之栱断面高度一致。以其材之长度，作为推定整座房屋之平、立、剖面及主要构件尺寸的基本模数。分°：亦为宋代材分°制度中的一个子单位。一般是将一"材"的长度，分为15个更小的长度单位，是为一"分°"。这里的"分°"字，应该重读，故梁先生在其《〈营造法式〉注释》中，创造了一个特殊的字——"分°"，将其与常见的"分"字加以区别。

㉔倍枓而取长：意为以"枓"的某一部分之长度尺寸的倍数来确定房屋或构件的长度。这里暗示了在北宋时代，可能同时存在过以栱之断面高度所确定之"材"的长度为基本模数单位与以"枓"的某一部分之长度为基本模数单位的两种不同的房屋平、立、剖面及构件尺寸的设计与施工方法。《法式》的作者李诫认为"倍枓而取长"的做法，是一种错误的或不规范的设计或施工方法。

㉕三宫：古人关于“三宫”有多种说法：《礼记·祭义》：“古者天子诸侯，必有公桑蚕室，……卜三宫之夫人、世妇之吉者，使入蚕于蚕室。”其意似暗示，古代天子诸侯之后宫有“三宫”，每宫各有“夫人、世妇”。《公羊传·僖公二十年》：“西宫者何？小寝也。小寝则曷为谓之西宫？有西宫则有东宫矣。鲁子曰：‘以有西宫，亦知诸侯之有三宫也。’”则这里的“三宫”，又指诸侯的宫廷之内，有东、中、西三宫。梁注：“一说古代诸侯有‘三宫’，又说明堂、辟雍、灵台为‘三宫’。‘三宫’在这里也就是建筑的代名词。”这里应从梁先生注，以“三宫”泛指房屋与宫室建筑。

【译文】

臣下曾听闻“上栋下宇，以待风雨”的说法，来自《易经》中《大壮》一卦的卦义与卦象；“正位辨方”的说法，来自《周礼》中“惟王建国，辨方正位”的描述，王城规划的原则要求宫室营造谨遵礼制的规范，毋使有任何的僭越，故而这《周礼》实为保证天下太平的重要典章。专司宫室营造的官员——共工，早在上古舜帝时代就已经设立；到了汉代，这一官职又被始称为“将作大匠”。无论共工，还是将作大匠，其下都辖有各司其职的不同部门，按部就班地开展工程的实施与推进。何况京师与畿辅之地，地广千里，京城之内的帝王宫寝，又是设置有重重围护的宫阙禁地。宫内储备足够的财用，既要提供帝、后的宫寝、仪典与生活之宜，又要确保宫外宗庙、朝会的等级秩序。安抚与管理百姓庶务的官署于京城内外绵延不断，朝廷直辖的内外百司衙门在宫苑之前星列棋布。宫室宗庙的营造，需要枓栱梁柱的相互支撑与架构；起建房屋之前，先要使房屋的设计与布置中规中矩；同时，还应保证将房屋建造得方正平直。营建宫室庙堂，需要用到土木、砖石、铁器、颜料等材料；唯有材料齐备，才能保证规模恢宏的宗庙宫室能够兴建完成。唯有不失时机地聚集工匠与材料，才能使如同《诗经》中描绘的“如鸟斯革，如翚似飞”一般飞举的殿阁楼榭矗立于宫苑之中。然而，即便有巧匠轮扁的斫轮技术，但若过分追求精致巧妙，也会造成艺术品位上的格调失真；主持土木营建的官员，虽然有学富五车的知识与才干，若未能积累丰富的实践经验与技巧，不懂得“以材为祖”的模数化材分°制设计规则，就可能困顿于以“料”的长度为基本模数的设计方法。如此则会在工程中因循积弊，在方法上疏于检验校正。因此若是没有多年积累之宫室营造的丰富经验与娴熟技艺，又如何能够创立与制定房屋设计与宫室营造的一代新规？

温诏下颁①，成书入奏。空靡岁月，无补涓尘②。恭惟皇帝陛下仁俭生知③，睿明天纵④。渊静而百姓定⑤，纲举而众目张⑥。官得其人，事为之制。丹楹刻桷⑦，淫巧既除；菲食卑宫⑧，淳风斯复⑨。乃诏百工之事，更资千虑之愚⑩。臣考阅旧章，稽参众智⑪。功分三等⑫，第为精粗之差⑬；役辨四时⑭，用度长短之晷⑮。以至木议刚柔，而理无不顺⑯；土评远迩⑰，而力易以供⑱。类例相从⑲，条章具在。研精覃思⑳，顾述者之非工㉑；按牒披图㉒，或将来之有补。

通直郎、管修盖皇弟外第、专一提举修盖班直诸军营房等、编修臣李诫谨昧死上㉓。

【注释】

①温诏：指言语温和、词情恳切的诏书。“温诏”一词，始自宋代，后世亦有沿用。诏，即皇帝敕颁的诏书。

②空靡岁月，无补涓尘：是一种自谦说法。表示自己所撰写的书籍，虽然耗费了许多时日，却没有对皇帝所要求的事业有多少助益。涓尘，意为细水微尘，形容影响微小、微不足道之事。

③仁俭生知：仁义俭朴，生而知之。

④睿明天纵：上天赋予的睿智与聪慧。

⑤渊静而百姓定:《庄子·天地》:“无为而万物化,渊静而百姓定。”其意是说,统治者若能恬淡无为,则万物自生自化;若其性格仁爱宁静,则天下平和,百姓安宁。渊静,形容性格恬静,举止沉稳。

⑥纲举而众目张:《吕氏春秋·离俗览·用民》:“壹引其纲,万目皆张。”意为抓住事物根本,可以带动其余。纲,为渔网主绳。目,为渔网网眼。

⑦丹楹(yíng)刻桷(jué):梁注:“《左传》:庄公二十三年‘秋,丹桓宫之楹’。又庄公‘二十四年春,刻其桷,皆非礼也’。”其意是指营造房屋时,追求不合身份等级的奢华装饰是一种僭越行为。丹楹,将屋柱涂成红色。刻桷,对檐下的椽桷加以美化雕琢。

⑧菲食卑宫:梁注:“《论语》:子曰:‘禹,吾无间然。菲饮食,而致孝乎鬼神;恶衣服,而致美乎黻冕;卑宫室,而尽力乎沟洫。禹,吾无间然。’”孔子是在呼应《尚书》中大禹提出的统治者应谨守“正德、利用、厚生”原则。其中的“正德”,意为统治者应以道德对自身加以约束,过简朴的生活,不追求奢华的衣食宫室,这样才能做万民表率。这一思想试图以礼制规则来限制统治者追求奢靡生活与豪华宫室的内在冲动,从而得到了孔子的共鸣。菲食,指简单粗粝的食物。卑宫,指低矮简陋的居室。

⑨淳风:敦厚质朴的风气。

⑩千虑之愚:《晏子春秋·内篇杂下》:“圣人千虑,必有一失;愚人千虑,必有一得。”这里作者以自谦口吻,表达“千虑一得”的心境。

⑪稽(jī)参:考察、参考。

⑫功:此处特指古代营造制度中,用以计算匠人工作效率的“功限”。

⑬第:评定。

⑭役:此处特指工程建设过程中,劳动量较大,技术含量较少的,诸如土石搬运等普通劳作。计算这些劳作之“功限”,依据于用时

的长短、距离的远近等。

⑮长短之晷(guǐ):《周髀算经》卷下:“阴阳之数齐,冬夏之节同,寒暑之气均,长短之晷等。”晷,指日晷。这里喻指冬夏不同长度的白昼时间。

⑯理:指木材的纹理。

⑰远迩:远近。迩,近。

⑱力:这里指劳动量的付出。

⑲类例相从:《荀子·正论》:“凡爵列、官职、赏庆、刑罚,皆报也,以类相从者也。”意为以其不同的类别、型例,各相归属。

⑳研精覃思(tán sī):《尚书正义》:“于是遂研精覃思,博考经籍,采摭群言,以立训传。”意为仔细研究和周密思考。

㉑顾述者之非工:其意为文字的叙述,难免有不周详、不准确之处。这里的“工”,指工细、完善。

㉒按牒披图:《后汉书·卢植传》:“今同宗相后,披图案牒,以次建之,何勋之有?”又唐张彦远《历代名画记》卷六:“披图按牒,效异《山海》。”似喻有参考既有谱系确立等次,或按照已有图例绘制图像等意。

㉓通直郎:据《唐六典·员外郎》:“从六品下曰‘通直郎’,(晋、宋以来,诸官皆有通直,盖谓官有高下,而得通为宿直者。隋炀帝置通直郎三十人,从六品)。”所谓“通直”,意为“通为宿直”,即可以承担不同等级的主官所安排的相应职责。其本身官位为“从六品”,是自南北朝以来就有的一个官职,属尚书省吏部管辖。另据《文献通考·职官考》:“宋元丰更官制,以通直郎换太子中允、赞善大夫、洗马。自通直郎以上系升朝官。”可知,通直郎是文职散官中位于中间的一个官职,其地位仅次于能够直接面见天子的升朝官。皇弟外第:皇弟,皇族成员,疑即当时皇帝的兄弟;外第,指其在自己王宅之外,又获准营建的一座府第。因是皇族成员外

第，其修盖似获皇家支持，故李诫负责的这一修盖工程，亦被归在正式官职范畴内，作者在这里加以特别表述。提举：意为负责、主持等。班直：宋代御前当值的禁卫军。编修：官名。掌校勘文献、修国史、编纂书籍。昧死上：其语首出《史记·秦始皇本纪》载李斯语："臣等昧死上尊号。"后世成为臣子向皇帝上呈奏章时的习惯用语。

【译文】

依据当今圣上下颁的诏令，指定我编修一部与宫室营造技术与制度有关的书，书稿已经完成，今谨上呈朝廷请皇上御览。虽然耗费了数年的岁月，但以臣下的愚钝，对圣上指派任务的完善却没有多少补益。仰赖当今皇帝陛下仁爱俭朴，生而知之，又天生睿智明慧。正是因了陛下仁静恬淡的天性，百姓才有了平和安宁的生活；皇上关注了事物的关键与根本，相应的诸多疑难繁杂事务也就有条不紊地迎刃而解。朝廷安排的官员，各司其职；与营造有关的诸般事物，也各自有了相应的制度。类似丹楹刻桷的奢靡之风已然不再，一味追求不合规制之奇技淫巧的旧习也一并清除；大禹所提倡的菲食卑宫的正德思想，使淳朴之风得以恢复。于是，皇上下诏要求制定与百工之事有关的相应规则，也相信虽然愚钝如臣下，或也会有千虑一得的可能。遵照陛下的旨意，臣下参阅考证了旧有的规章，征询参考了众多工匠的经验与智慧，如此才明白地了解各作功限的计算要依据精细与粗糙的差别，分为三个不同的等第；耗费人力的普通力役劳作，其功限要依据不同季节，由日晷测度白昼时间的不同长短来加以区别。以至于木料加工要区分木材的软硬不同，以保持木质纹理的顺直；土石搬运，要依据距离的远近核定每日运送的土石方数量；唯有如此，才能够使劳动力得到较容易地提供与较充分地利用。书中的内容，以其不同的类别、型例，各相归属；并分别罗列出各自的章节、条例。虽然做了仔细研究与周密思考，但书中的表述亦难避免不够准确、周详；且书中虽参考各作制度既有做法确立了等次，并依据先前的已有图例，绘制了各作制度图样，但百密一疏之事总是有的，考虑不周的地方还有待将来的弥补。

通直郎、管修盖皇弟外第、专一提举修盖班直诸军营房等、编修臣李诫谨昧死上。

劄子

【题解】

劄子，梁注："古代的一种非正式公文。""劄子"这种公文形式，最早似出现于唐代，《全唐文》有杜光庭撰《奏于龙兴观醮玉局劄子》，似为当时臣子给朝廷所上奏本的一种形式。宋辽时期，劄子作为一种公文形式，比较常见。据《文献通考·职官考·宣抚使》："帅司用劄子，而六曹于宣司用申状。从官任使、副，合申六部，六部行移用公牒。"这里提到了"劄子""申状""公牒"三种公文形式，可知，不同等级部门，在文件呈送与申递上，需用不同的公文格式。劄子，似乎属于等级较高官员所用的公文格式。

透过这份《劄子》，可以了解《营造法式》的作者李诫当时的身份、官职：通直郎、试将作少监，及他当时所承担的主要工作：提举修置外学等。当然，他在这一时期最重要的工作，还是如《劄子》所示："编修《营造法式》所"的负责人。

宋《营造法式》的编修，始于宋神宗熙宁中，大约应该在熙宁五年至六年（1072—1073）间。此时恰值北宋时期的重要事件——王安石变法正在轰轰烈烈地推进。变法始自熙宁二年（1069），至元丰八年（1085）宋神宗薨殁之后即告结束。自神宗时代开始编撰的《法式》很可能与王安石提倡的"理财"思想有所关联。然而，其成书时间是在元祐六年

(1091),此时正处在所谓“元祐更化”时期,这是一个以反对变法的守旧人士为主导的时期,与王安石变法有所关联的书籍难以获批刊行,也属情理中之事。

又过了12年,到了绍圣四年(1097),年龄渐长的宋哲宗希望重拾父辈的变法思路,以推行神宗时期的一些新政。很可能就是在这样一种政治背景之下,与“理财”思想有关的《法式》编撰,再一次被提上了议事日程。哲宗先是检讨了元祐《法式》的一些弊病,诸如“只是料状,别无变造用材制度,其间工料太宽,关防无术”云云;然后诏令将作监,要求试将作少监李诫负责重别编修。

李诫确实不负圣望,本来就多才多艺的他,为了这样一部营造大书,进一步研读与考究了浩如烟海的经史群书,并且遍访工匠,请求人匠逐一讲说,将古人的智慧与营造匠师的经验合而为一,仅仅用了三年的时间,至元符三年(1100),就完成了新编《法式》的编修与撰写。完成全书编撰之后,李诫又将书稿传送将作监所属相关部门勘校核对,直至做到了“别无未尽未便”,才正式上呈朝廷。

《法式》成书的元符三年,也正是命运多舛的宋哲宗驾薨之年。承续大统的宋徽宗,至少在表面上,还是希望继承神宗与哲宗的某些新政的。在这部营造大书完成之后的又两年多时间后,在宋徽宗崇宁二年(1103)正月,中国历史上的这部建筑学大著终于正式获得皇帝御批,可以用小字镂版印刷,并依海行敕令颁降天下。

一篇短短的《劄子》文本,以轻松的笔触,虽然仅仅谈到《法式》的编撰过程,却也多少折射了这部《法式》问世前后的一段波澜壮阔的历史场景。

编修《营造法式》所[1]

准崇宁二年正月十九日敕[2]:通直郎试将作少监、提举修置外学等李诫劄子奏[3]:契勘熙宁中敕,令将作监编修

《营造法式》[4]，至元祐六年方成书[5]。准绍圣四年十一月二日敕[6]：以元祐《营造法式》只是料状，别无变造用材制度[7]，其间工料太宽，关防无术[8]。三省同奉圣旨[9]，着臣重别编修。臣考究经史群书，并勒人匠逐一讲说，编修海行《营造法式》[10]，元符三年内成书[11]，送所属看详[12]，别无未尽未便，遂具进呈。奉圣旨：依[13]。续准都省指挥[14]：只录送在京官司。窃缘上件《法式》系营造制度、工限等[15]，关防功料，最为要切，内外皆合通行。臣今欲乞用小字镂版，依海行敕令颁降，取进止[16]。正月十八日，三省同奉圣旨：依奏。

【注释】

①编修《营造法式》所：以上文所提《法式》作者李诫自称“编修臣”，可知“编修《营造法式》所”是一个由朝廷敕命“编修臣”李诫主持的负责编修《法式》一书的专门机构。唐代已有“编修使”或“编修官”一职，宋元以后文献中，已出现“编修所”一词，如《元史·太宗纪》载：“耶律楚材请立编修所于燕京，经籍所于平阳，编集经史。”

②准：梁注：“根据或接受到的意思。”崇宁二年：即1103年。崇宁，为宋徽宗赵佶年号（1102—1106）。敕：梁注：“皇帝的命令。”

③试：官制之一。宋代任职低于阶官名衔二等，称为“试”。文中所称“试将作少监”，似有“代理将作少监”之义。将作少监：主管宫室营造的机构“将作监”，始自秦代，其主官初称“将作少府”，汉代改称“将作大匠”。据《汉书·百官公卿表》：“将作少府，秦官，掌治宫室，有两丞、左右中候。景帝中六年更名将作大匠。”自南北朝始，其主官称“将作监”。《魏书·屈遵传》载：屈遵之孙屈垣于“太宗世，迁将作监，统京师诸署”。将作少监，为辅佐

将作监的官员。李诫曾任这一职务，据《宋史·选举志》：崇宁元年（1102），"命将作少监李诫，即城南门外相地营建外学，是为辟雍"。提举修置外学：李诫曾担任负责修建外学校舍（似又称"辟雍"）等的主官，称"提举修置外学"。提举，有掌管、管理之义。宋代成为一种官名，如"提举买马监牧""都提举汴河堤岸"等。外学，相当于太学的预科。据《宋史·选举志》："太学专处上舍、内舍生，而外学则处外舍生。今贡士盛集，欲增太学上舍至二百人，内舍六百人，外舍三千人。外学为四讲堂、百斋，斋列五楹，一斋可容三十人。士初贡至，皆入外学，经试补入上舍、内舍，始得进处太学。"奏：梁注："臣下打给皇帝的报告。"

④契勘熙宁中敕，令将作监编修《营造法式》：契勘，梁注："公文发语词，相当于'查''照得'的意思。"为宋元公文中的书面用语，其本义为"按查""考核""核对"等，行文中则有"据查""按照"之义。"熙宁中敕，令将作监编修《营造法式》"，熙宁中，约在熙宁五年至熙宁六年（1072—1073），但熙宁年间诏令将作监编修《营造法式》一事未载于正史。据《宋史·职官·将作监》："元祐七年，诏颁将作监修成《营造法式》；八年，又诏本监营造检计毕，长贰随事给限，丞、簿覆检。"则元祐七年（1092）修成之《法式》当为依熙宁诏令所编。可知"元祐《法式》"编修时间，从熙宁年间至元祐七年，前后用了近20年时间。另据《续资治通鉴长编》，哲宗元祐七年："诏将作监编修到《营造法式》共二百五十一册，内净条一百一十六册，许令颁降。"又《宋史·艺文志》载："李诫《营造法式》三十四卷。"两相比较，可知"元祐《法式》"，卷帙浩繁，但未必适用于实际营造工程。熙宁，宋神宗赵顼年号（1068—1077）。

⑤至元祐六年方成书：绍圣四年（1097）距元祐七年（1092）之"元祐《法式》"修成，仅有5年，这时可能已经发现"元祐《法式》"的

诸多不足,故宋哲宗颁下敕令,加以重修。元祐,宋哲宗赵煦年号(1086—1094)。

⑥绍圣四年:即1097年。绍圣,宋哲宗赵煦年号(1094—1098)。

⑦以元祐《营造法式》只是料状,别无变造用材制度:指"元祐《法式》"虽内容繁细,但只是详细罗列了各种建筑所需的用料情况及数量,却没有给出相应的材分°使用等设计变通及由此引起的各作制度之相应变化等具体方法。

⑧其间工料太宽,关防无术:意为"元祐《法式》"中对每一项工程的工料使用及数量规定的过于宽松,以致监督工程的机构与官员无法管理与防范,难以杜绝其中可能存在的疏漏与浪费。关防,在这里有管理、控制之义。

⑨三省:梁注:"'三省',中书省、尚书省、门下省。中书省掌管庶政,传达命令,兴创改革,任免官吏。尚书省下设吏(人事)、户(财政)、礼(教育)、兵(国防)、刑(司法)、工(工程)六部,是国家的行政机构。门下省在宋朝是皇帝的办事机构。""三省"之设,似始自东晋,如《晋书·礼志》:建武元年(317)"其令三司八座、门下三省、外内群臣,详共通议……"至元代,已无三省之设。元初曾就是否设立"三省"发生争论,见《元史·高鸣传》:至元七年(1270)"议立三省,鸣上封事曰:'臣闻三省设自近古,其法由中书出政,移门下,议不合,则有驳正,或封还诏书;议合,则还移中书;中书移尚书,尚书乃下六部、郡国。方今天下大于古,而事益繁,取决一省,犹曰有壅,况三省乎!'"

⑩海行:梁注:"普遍通用。"

⑪元符三年内成书:可知,李诫是奉宋哲宗敕令编修《法式》的。假设如前文所言,绍圣四年(1097)皇帝批评"元祐《法式》"时,即开始敕令李诫重别编修,则至元符三年(1100)成书,重修《法式》仅用了3年时间。元符三年,即1100年。元符,宋哲宗赵煦

年号（1098—1100）。

⑫看详：梁注："'看详'，对他人或下级著作的读后或审核意见。《法式》'看详'可能是对北宋以前有关建筑著述发表的意见，提出自己的看法。""看详"一词，似始于宋代，有对既有文字加以校核、审定之义。如《宋史·真宗本纪》："已镂板文集，令转运司择官看详，可者录奏。"又《宋史·高宗本纪》："辛卯，命后省官看详上书有可采者，条上行之。"故"看详"文本，可以是和所审文本相互独立的文字，参见《文献通考·经籍考》："《将作营造法式》三十四卷，《看详》一卷。"《宋史·艺文志》亦有："《大观礼书宾军等四礼》五百五卷，《看详》十二卷；《大观新编礼书吉礼》二百三十二卷，《看详》十七卷。"

⑬依：梁注："同意或照办。"

⑭都省：官署名。或称"都司""都台""都堂"，尚书省总办公厅的称呼。北齐时已有此名，隋唐沿袭。掌检核诸司文案缺失，督促官员履行工作等职责。

⑮窃缘：窃，是自谦之称。言者谦恭地表达自己的意见时，会用到此字。缘，在这里似有"以为""认为"之义。工限：疑即《法式》文本中所言的"功限"。《法式》全文，仅在《劄子》一节提到"工限"一词，其余部分均用"功限"。推测，两者当是同一词，此处之"工"与"功"字通。

⑯取进止：为古人上呈奏疏时的习惯用语。其意，似可参见明人徐官《古今印史》释"奏"之本义时所言："节训止，奏训进，取进止不越轨度之意。"或亦有"听候圣旨，以决下一步行止"之意。

【译文】

编修《营造法式》所

遵照圣上于崇宁二年正月十九日所发敕令：担任通直郎将作少监、提举修置外学等职务的臣子李诫呈递手札启奏：依据前朝熙宁年间先帝的诏敕，曾命令将作监编修一部《营造法式》，到了元祐六年，这套有关宫室营造之书才得以完成。但是，按照前朝绍圣四年十一月二日的皇帝敕令：指出这部元祐本《营造法式》只是一些材料使用情况的堆积与罗列，并没有给出相应的变造用材制度与方法，而且其所列工料，估算的数量额度过于宽松，使得相关管理部门对于其工料使用状况，没有防止可能发生浪费与舞弊现象的相应监督方法与管理策略。因为这一原因，门下等三省共同接受皇帝的圣旨，要求臣下对这部营造之书加以重新编修。臣李诫接受任务，仔细研读考究了经史子集中的众多书籍，并要求各作工匠们逐一对各自承担之匠作的体系与制度、做法一一加以说明，在此基础上，编修这部可以在各地通用的《营造法式》，这部新编《营造法式》的全部书稿是于元符三年完成的，之后又将书稿分别递送到各个相关部门加以审核校对，直至诸有关部门都认为其中没有什么重要的遗漏缺失或与工程实际不相符合等问题了，臣下于是将这部书上呈朝廷。获得皇帝的圣旨：准予发布。之后，则依据三省的指令：仅将其稿抄录传送于在京各有关部门。以臣下本人的意见，这部《营造法式》包括了与宫室营造有关的各项制度及相应劳动定额的有关规则，尤其对相关部门掌握工程进度、把握工程用料情况，有着至关重要的价值与意义，书中所提出的各作制度、功限与料例的相应规则与方法，无论在京城，还是在京城之外，各地的营造工程中都应该是适用的。因此，现在本人请求有关部门准予用小字镂刻版式将全书刊印，遵照可以在各地通用的敕令向世人公开发布，如上恳求，敬请给予回复指示。正月十八日，三省同时承奉圣旨：同意如上意见。

看详

方圜平直　取径围　定功　取正　定平　墙　举折

诸作异名　总诸作看详

【题解】

《法式》行文中的《看详》一节，在陶本与梁注本中，都被排在全书之前，与《进新修〈营造法式〉序》与《劄子》并列为全书之"卷前章"中的三个小节之一。但在故宫本《法式》中，则是将全书的"目录"排在了《看详》一节之前；而在四库本《法式》中，却是直接将《看详》一节置于了卷末书尾，作为了全书的附录部分。傅熹年先生在其中华书局版《营造法式（合校本）》中，在《看详》一节的开篇处特别就这一问题做了两个注解，其一："四库本《看详》在卷末为附录"；其二："故宫本《看详》在后，目录在前"。故傅先生在中国建筑工业出版社新版的《营造法式（合校本）》中，采用了故宫本的做法，将《看详》一节放在全书目录之后的第一节，但却未将《看详》列入全书的"总目录"之中，这显然是延续了故宫本的做法。

所谓"看详"，如傅先生在《营造法式（合校本）》的《看详》目录处引元代人徐元瑞之语所注曰："元徐元瑞《吏学指南》卷二'看详条'云：'谓审视辞理，善为处决者。'"

有一点值得注意的是，除了这里独立列出的《看详》一节诸条文之外，在全书卷前的《劄子》一节中，作者李诫也曾提到“送所属看详”一语。关于“劄子”中提到的“看详”与《法式》行文中单列出的“看详”一节，这两者之间存在的微妙差别，梁思成先生做了解释：“（劄子中的）‘看详’：对他人或下级著作的读后或审核意见。《法式》‘看详’可能是对北宋以前有关建筑著述发表的意见，提出自己的看法。”

关于这两者的区别，傅熹年先生也做了较为详细的注解：“可知此部分之‘看详’是李诫以文献考证结合现实情况和官定制度所阐述的标准定义和基本概念，与‘劄子’中之指有关方面审定之‘看详’性质不同。宋代一些具有某些法规性的书和档往往在正文外另附具有概括总说性质的‘看详’。”傅先生还特别提到，天津大学建筑学院王其亨教授曾撰写《营造法式‘看详’的意义》一文，就“看详”这一术语在《法式》行文中的性质与作用做了较为全面的阐发与诠释。

“看详”一词，在古代文献典籍中，几乎俯拾皆是，且其在不同语境中似有着诸多的不同含义，但归纳起来，比较常见的意思，恰如梁先生所解释的：一是对他人文字著述的读后看法或审核意见；二是对某些具体的事物表达自己的见解与看法。本节的内容，当属于第二种，即作者李诫“对北宋以前有关建筑著述发表的意见，提出自己的看法”。

在《看详》一节中，李诫将其后《法式》行文中可能提到的，或当时房屋营造过程中可能会较多遇到的一些概念，诸如：方圜平直、取径围、定功、取正、定平、墙、举折，以及各作制度中可能遇到的一些术语，做了一个初步的解释，并表达了自己的见解。同时，他还在本节之末的“总诸作看详”中，对全书的章节与条目数量及内容做了一个扼要的概述。

方圜平直

【题解】

方者，矩也；圜者，圆也。房屋宫室系人造而非自然环境，而世间万物凡具几何形态意义的方圆与平直，多是经过人类之手才得以实现的。古代房屋，无论是单体建筑，还是组成建筑的各部分构件，都离不开形式上的方与圆或布局上的平与直。故房屋营造过程中，最大量遇到的加工与建造问题，都离不开方与圆或平与直的问题。例如，一座建筑物，其平面或构架，当为方正的矩形，其柱子的截面，甚至某些特殊建筑的平面，亦可能是圆形；其基座当为平整的地面，其墙体亦以挺直的直线为宜，如此等等。

此外，古代中国人还会将自己的房屋与某种宇宙象征理念与造型意向联系在一起，故而就有了“天圆地方”或“外圆内方”这样一些具有象征意义的观念，这些观念也会体现在一些重要建筑的空间、造型，甚至建筑物内在的某种比例关系之中。

这或就是《法式》作者，在正文之前开篇就加入这节“方圜平直”文字的本义所在。

《周官·考工记》[①]：圜者中规[②]，方者中矩，立者中悬[③]，衡者中水[④]。郑司农注云[⑤]：治材居材[⑥]，如此乃善也。

《墨子》[⑦]：子墨子言曰[⑧]：天下从事者，不可以无法仪。虽至百工从事者，亦皆有法。百工为方以矩，为圜以规，直以绳，衡以水，正以悬[⑨]。无巧工不巧工，皆以此五者为法。巧者能中之，不巧者虽不能中，依放以从事，犹愈于已[⑩]。

《周髀算经》[⑪]：昔者周公问于商高曰[⑫]：数安从出？商高曰：数之法出于圜方。圜出于方，方出于矩，矩出于九九八十一[⑬]。万物周事而圜方用焉，大匠造制而规矩设焉。或毁方而为圜，或破圜而为方；方中为圜者谓之圜方，圜中为方者谓之方圜也。”

[《韩非子》][14]：韩子曰：无规矩之法、绳墨之端，虽王尔不能成方圜[15]。

看详——

诸作制度皆以方圜平直为准；至如八棱之类，及攲[16]、斜、羡[17]、《礼图》云："羡"为不圜之貌，璧羡以为量物之度也[18]。郑司农云：羡，犹延也[19]。以善切；其袤一尺而广狭焉[20]。陊[21]，《史记索隐》云：陊，谓狭长而方去其角也。陊，丁果切；俗作"隋"，非[22]。亦用规矩取法。今谨按《周官·考工记》等修立下条：

诸取圜者以规，方者以矩，直者抨绳取则[23]，立者垂绳取正，横者定水取平。

【注释】

①《周官》：书名。即《周礼》，又称"《周官经》"。分天官、地官、春官、夏官、秋官、冬官六篇：天官掌邦治，地官掌邦教，春官掌邦礼，夏官掌邦政，秋官掌邦刑，冬官掌邦事。是现存儒家"十三经"中一部系统、完整叙述国家机构设置、职能分工的专书，涉及古代官制、礼制、军制、田制、税制等重要政治制度，为我国西汉末以来历代国家机构建制提供了全面的参照体系。《考工记》：《冬官》一篇已亡佚，汉人取《考工记》补之。《考工记》记载了木工、金工、皮革、上色、刮摩、搏埴六门等工艺，以及都城、宫室、城市道路、堤防等制度，较全面地反映了春秋时期之前的手工业发展状况及科学技术理论。

②圜（yuán）：同"圆"。

③立者中悬：陶本《法式》此处为"立者中垂"，梁注："'立者中县（悬）'：这是《考工记》原文。《法式》因避宋始祖玄朗的名讳，'悬'和'玄'音同，故改'悬'为'垂'，现在仍依《考工记》原文

更正。以下皆同,不另注。”此处依从梁思成《〈营造法式〉注释》本(下文简称“梁注本”)中的《营造法式》文本。

④衡者中水:《周礼·冬官·舆人》:“圜者中规,方者中矩;立者中县(悬),衡者中水。”此处“衡”,为“平”之意。又据《淮南子·时则训》:“准者,所以准万物也;规者,所以员万物也;衡者,所以平万物也;矩者,所以方万物也。”这里的“衡”与“准”“规”“矩”同,都指的是某种工具性器物,系古人借用水面趋平原理,为物体找平的器物,类如今日的水平仪。此处依文意取前者。

⑤郑司农:梁注:“郑众,字仲师,东汉经济学家,章帝时曾任大司农官职,后世尊称他为‘郑司农’。”东汉时有两位名叫郑众的人:一位郑众(?—83),字仲师,开封(今属河南)人。系经学家、东汉朝臣,曾任大司农。另一位郑众(?—114),字季产,南阳郡犨县(今河南鲁山)人。东汉宦官。然汉代大儒中,另有一位东汉经学家,名郑玄(127—200)。《后汉书·儒林列传》载:“郑众传《周官经》,后马融作《周官传》,授郑玄,玄作《周官注》。玄本习《小戴礼》,后以古经校之,取其义长者,故为郑氏学。”可知,郑众(前郑)与郑玄(后郑)为东汉时期的两位经学家,且都对《周礼》(即《周官》)做过注释。《周礼注疏》一书中,书中之注凡特别说明为“郑司农云”者,当为郑玄引郑众之语,这句注并未特别注明系郑司农所云,则有可能系郑玄本人所注。《法式》作者在此处似未做深究。

⑥治材居材:《周礼注疏》:“治材居材,如此乃善也。”又《周礼·冬官·舆人》:“凡居材,大与小无并,大倚小则摧,引之则绝。”故需大材大用,小材小用,因材制宜。治材,运用材料。居材,因材适用。

⑦《墨子》:书名。是由墨子门人后学记录辑集而成。大约成书于战国后期,略晚于《孟子》。墨家内容以兼爱为核心,以节用、尚

贤为支点。同时,在先秦时期创立了以几何学、物理学、光学为突出成就的一整套科学理论。《汉书·艺文志》载七十一篇。《隋书·经籍志》为十五卷,目一卷。《四库全书》亦为十五卷。是研究墨家学派的重要著作。

⑧子墨子:墨子的弟子对老师的尊称。

⑨“百工为方以矩”五句:《墨子·法仪》:“百工为方以矩,为圆以规,直以绳,正以县。”今本《墨子》文字稍有出入,无“衡以水”三字。其语与上文所引《周礼·冬官·舆人》:“圜者中规,方者中矩,立者中县(悬),衡者中水”义同。

⑩依放(fǎng)以从事,犹愈于己:《墨子·法仪》:“放依以从事,犹逾己。”意为不巧之匠,若模仿或依照准则而为之,也会超越自己本来的水准。放,模仿。依,依照。

⑪《周髀(bì)算经》:也称“《周髀》”,算经十书之一,我国古代的天文学与数学著作。约成书于公元前1世纪。书中描述了当时人的宇宙观,还论述了勾股定理等相当复杂的算术法则,被后世奉为数学方面的经典之作。

⑫周公:姬姓,名旦,周文王之子。辅佐周武王伐纣建立周王朝。武王离世之后,周公摄政,辅佐武王之子成王,平定管叔、蔡叔叛乱,制礼作乐,完善分封制、宗法制,为西周王朝统治奠定了坚实的基础。《史记·周本纪》《史记·鲁周公世家》有载录。商高:据《周髀算经》注“昔者周公问于商高”句:“商高,周时贤大夫,善算者也。”可知,商高系西周初人。另据清人袁枚撰《子不语·纣之值殿将军》:“商高,纣王之值殿将军也。为飞廉、恶来所谮,避居此山。”飞廉、恶来亦为商纣王时人,又可知,商高为商末之人,曾遭迫害而避居深山;则周初时重新入世,受到周公恩遇,也是可能的。从《周髀算经》中与周公的对话可知,商高在数学、天文、历法及天文测量方面都有很高的造诣。一般认为他是西周初年

（前11世纪）的数学家。

⑬方出于矩，矩出于九九八十一：这里可能隐含了古人对勾股定律（勾^2+股^2=弦^2）的最早推测。若以9/2=4.5为矩形之边长，即为一个勾与股之长均为4.5的等腰直角三角形，则其弦之长的平方，当为40.5，而其弦长之平方的2倍，恰好又是9的平方，即81。古人或以此推测矩之直角与“九九八十一”之间存在某种关联。

⑭《韩非子》：此三字原文无，梁注本加之。梁注：“《法式》原文以‘韩子曰’开始这一条。为了避免读者误以为这一条也引自《周髀算经》，所以另加‘《韩非子》’书名于前。”《韩非子》，是先秦法家集大成之作，也是一部古代政治学方面的名著。其文锋犀利，议论透辟，推证事理，切中要害。下文“韩子”即指韩非子。

⑮王尔：梁注：“《法式》原文‘王尔’作‘班亦’，按《韩非子》卷四《奸劫弑臣第十四》改正。据《韩子新释》注云：王尔，古巧匠名。”《韩非子·奸劫弑臣》：“无规矩之法，绳墨之端，虽王尔不能以成方圆。”另《淮南子·本经训》：“乃至夏屋宫驾，县联房植，橑檐榱题，雕琢刻镂，……公输、王尔无所错其剞劂削锯，然犹未能澹人主之欲也。”其将公输、王尔并称，可知王尔为史上著名巧匠。

⑯攲（qī）：梁注：“和一个主要面成倾斜角的次要面：英文bevel。”《初学记·文部·文字》引汉崔瑗《草书体》：“抑左扬右，望之若攲。”故“攲”有倾斜之义。

⑰羡：梁注：“从原注理解，应该是椭圆之义。”汉扬雄《太玄经·玄错》：“中始，周旋。羡曲，毅端。”这里的“毅端”似有拉长两端之义，则“羡曲”疑即指椭圆形。

⑱璧羡以为量物之度：《周礼·冬官·玉人》：“璧羡度尺，好三寸，以为度。”《周礼注疏》中有郑玄之疏：“后郑云‘羡犹延，其袤一尺而广狭焉’者，是‘羡’为不圜之貌，造此璧之时，应圜径九寸。今减广一寸，以益上下之袤一寸，则上下一尺，广八寸，故云‘其

袤一尺而广狭焉’。狭焉，谓八寸也。以为度者，天子以为量物之度也。”

⑲羡，犹延也：此为疏中之语，《周礼注疏》中明确说明是“后郑”所言，故或可推测，《法式》作者李诫将前郑（郑司农）与后郑（郑玄）二人混淆为同一个人。

⑳袤（mào）：长。

㉑陊（duò）：梁注：“圆角或抹角的方形或长方形。”下文《法式》引《史记索隐》云：“‘陊’，谓狭长而方去其角也。”梁先生注从其义。

㉒俗作“隋”，非：意为“陊”其俗字作“隋（堕）”，这里依此理解为“倾堕”“下落”之意是不对的。隋，同“堕”。

㉓抨（pēng）绳：卷第十二《锯作制度》“抨墨”条：“抨绳墨之制：凡大材植须合大面在下，然后垂绳取正抨墨。”即将线绳上之墨，弹印于所拟加工之木材或石材之上，故“抨绳”与“抨墨”当为同义。抨，意为“弹”或“掸”。

【译文】

根据《周礼·冬官考工记》的说法：圆圜之形要合乎圆规所画之圆；矩方之形要合乎矩尺所测之角；竖立之物，要用悬垂的绳线校正其是否垂直；需要找平之物，要用水平的方式确定其是否平直。郑玄在《周礼注疏》中提到：材料加工制作，要依据材料本身的材性与尺寸大小确定，只有如此，才不会造成不必要的浪费。

《墨子》中提到：子墨子说：天下人做任何事情都不能没有法度与规矩。即使是做房屋营造或器物加工的匠人，也都各有其法则。百工之事，方形的物件，要依矩尺来加工；圆形的物件，要用圆规来定型；若求平直，需要用到绷紧的绳墨；若求水平，则要以水的趋平原理来加以找平；求端正竖直，就要用悬垂的绳线。无论巧工还是不巧之工，都是以这五种基本的方法为则的。能工巧匠，能够熟练地运用这些方法；笨拙的人，即使不能熟练地运用，只要模仿他人的做法，依照相应的规则行事，也比自己盲目地操作要好很多。

《周髀算经》中讲了一个故事：说上古时代的周公曾经问商高说："数字是从哪里来的？"商高回答说："算数的法则，来自圆与方。圆，是从方中来的；而方，是通过矩尺的角度而确定下来的；矩尺的角度，是根据九九八十一这样的推算方式求算出来的。世间万物的周流运转，诸般事物的形态加工，都需要用到圆与方的形式；大匠创造了百工的制度，从而有了各种匠作的方法与规矩。人们可以将方形的物体切割成为一个圆形，也可以将圆形的物体加工成为一个方形；外方而内圆者，被称为'圆方'；外圆而内方者，被称为'方圆'。"

[《韩非子》]中也记录了韩子所说的话："若没有依规矩而求圆方之法、以绳墨而定抨直之则，那么即使像王尔那样的巧匠，也不能将器物加工成方圆的形式。"

看详——

宫室营造之中的各作制度，都是以方圆平直为基本标准的；至于诸如八棱的形式，及有倾斜角的、或斜置的、圆而出羡的椭圆、如《礼图》中所说："羡"就是不够圆的一种形式。古人以玉璧之羡之广狭长度作为测量物体的量度。如郑玄所说："羡"，有延长之义。以善切；其长若为一尺，则其广则会短一点。陊，如《史记索隐》所言："陊"，意思是将狭长的方形抹去其角。陊，丁果切；俗字中常用作"隋（堕）"，这里依此理解为"倾堕""下落"之意是不对的。上面这几种做法，也都需要通过规与矩的方法来测定。所以今天谨按照《周礼·冬官考工记》的描述修立下条：

凡求取圆形，要用圆规；求取方形，要用矩尺；若求直线，则以绷直之绳抨墨而取之；求物之竖直于地，则用垂悬之绳而取其直正；求物之横平，则采用平稳的水平之器而求取之。

取径围

【题解】

径者，一般指圆形的直径；同时，也可以外延至一些正多边形，如八边形、六边形等的内径；围者，一般指一个圆形的周长，或亦可指一个正多边形的周长等。在实际的房屋营造过程中，也会面临诸如从方形中求其内切圆，或从圆形中求其内接方等问题。例如，将一根截面为圆形的原木加工成一根截面积最大的正方形的木料，就属于方中求圆的问题；同样，将一块截面为方形的材料加工成圆形，则是圆中求方的问题。这些都会涉及"取径围"的问题。

本节内容，涉及了古人由直径求圆周，或由圆周推算其圆之径的问题。从古代较为粗略的计算方法，到基于勾股定理的较为精确的方法，这里都有论及。同时，给出了由正方形求其外接圆直径，即方形的斜对角线长；或由八边形或六边形的边长求其对角线长度的计算方法。这些方法在古代房屋营造过程中，都是经常会遇到的计算问题。

《九章算经》[①]：李淳风注云[②]，旧术求圜，皆以周三径一为率。若用之求圜周之数，则周少而径多[③]。径一周三，理非精密。盖术从简要，略举大纲而言之。今依密率，以七乘周二十二而一即径[④]，以二十二乘径七而一即周[⑤]。

看详——

今来诸工作已造之物及制度，以周、径为则者[⑥]，如点量大小，须于周内求径[⑦]，或于径内求周[⑧]，若用旧例，以"围三径一，方五斜七"为据[⑨]，则疏略颇多。今谨按《九章算经》及约斜长等密率修立下条[⑩]：

诸径、围、斜长依下项：

圜径七，其围二十有二；

方一百，其斜一百四十有一；

八棱径六十，每面二十有五，其斜六十有五；

六棱径八十有七，每面五十，其斜一百。

圜径内取方，一百中得七十有一[11]；

方内取圜，径一得一[12]。八棱、六棱取圜准此[13]。

【注释】

①《九章算经》：书名。最早见于《隋书·经籍志》："《九章算经》二十九卷（徐岳、甄鸾等撰）。""《九章算经》二卷（徐岳注）。"未知此二书与《法式》所云《九章算经》是否有所关联。宋晁公武《郡斋读书志》后志卷二有："《九章算经》九卷：右未详撰人者姓名，或曰周公。'九章'者，一方田、二算粟、三衰分、四少广、五商功、六均输、七盈不足、八方程、九句股。魏刘徽、唐李淳风尝为之注，则此术起于汉之前矣。"由其所言"魏刘徽、唐李淳风尝为之注"，可知《法式》所说的《九章算经》，当是指这部典籍。

②李淳风：唐人。《旧唐书》卷七十九中有其传："李淳风，岐州雍人也。其先自太原徙焉。……颇有文学，自号黄冠子。注《老子》，撰《方志图》，文集十卷，并行于代。淳风幼俊爽，博涉群书，尤明天文、历算、阴阳之学。贞观初，以驳傅仁均历议，多所折衷，授将仕郎，直太史局。"

③"旧术求圜"四句：汉代张苍、耿寿昌撰，魏刘徽注《九章算术》中，多有李淳风的注疏。如"方田"节："淳风等按：术意以周三径一为率，周三十步，合径十步。今依密率，合径九步十一分步之六。"又"商功"节："此章诸术亦以周三径一为率，皆非也。"可知，李淳风对"周三径一"的算法，多有纠正。

④今依密率，以七乘周二十二而一即径：梁注："(7×周)/22=径。"《法式》在这里所用的"密率"为22/7=3.142857。密率，这里当指圆周率。

⑤以二十二乘径七而一即周：梁注："(22×径)/7=周。22/7=3.14285⁺。"这是一种古人求取较为接近圆周率之比率的简要计算方法。

⑥以周、径为则者：古代营造制度中，多有以方求圆或以圆求方的做法。这些做法不仅出现于材料断面形态的求取，也会在房屋或庭院的平面、房屋的立面或剖面的比例中出现，如所谓"外圆内方，天圆地方，上圆下方"等理念，都会面临以方求圆或以圆求方的问题。这里的"以周、径为则"，即指以圆周为基数，求取其内接方的边长；或以正方形的边长为基数，求取其外接圆的直径等做法的一个简略说法。

⑦周内求径：已知某一圆形的圆周长度，求取这一圆形的直径。

⑧径内求周：已知某一圆形直径的长度，求取这一圆形的周长。

⑨围三径一，方五斜七：此为《法式》作者提到的李淳风所称"旧术求圜"之法。其法为：将一圆形周长的长度分为三份，其径之长即为其一份的长度；若求一个正方形外接圆的直径，则以其正方形的边长为5，则其正方形对角线（斜长）的长度，即这一正方形外接圆的直径，则为7。这显然是一个过于粗疏的计算方法。这种方法，在隋唐以前，多应用于工匠之中，故称"旧例"。

⑩约斜长：这里的"斜长"，一般是指一个正多边形对角线的长度，或是这一正多边形之外接圆的直径。其言"约斜长"，说明作者也清楚，求斜长的"密率"多为难以除尽的"无理数"，多是只取前几位数，故称"约"。若求一正方形外接圆的直径，即如下文："方一百，其斜一百四十有一。"同理，求一正八边形的斜径，或这一正八边形外接圆的直径，即如下文："八棱径六十，每面二十有

五，其斜六十有五。”而求一六边形的斜径，或这一正六边形外接圆的直径，亦如下文：“六棱径八十有七，每面五十，其斜一百。”其中，正方形对角线的长度（斜长），即为这一正方形边长的$\sqrt{2}$倍，约为1.41∶1。这一比率，常常用于古代匠作中，由一正方形边长求其外接圆直径的计算中。

⑪圜径内取方，一百中得七十有一：这是一个与前文之“方一百，其斜一百四十有一”恰好相逆的求取方式，即已知一个圆形的直径长度，求这一圆形内接正方形的边长。如此，若设定其圆直径为100，则其内接正方形的边长约为71。换言之，以其圆径为1，则其内接正方形的边长即为$1/\sqrt{2}$（约为0.71）倍。

⑫方内取圜，径一得一：这是求取一个正方形内切圆直径的计算方法，即其正方形之边长为1，这一正方形内切圆的直径与其外切正方形的边长相同，亦为1。

⑬八棱、六棱取圜准此：其意是说，若求取一个正八边形或正六边形内切圆的直径，那么其圆径的长度与其外切正八边形或正六边形的直径长度是相同的，亦为“一得一”的比率。

【译文】

唐代人李淳风为《九章算经》作注时，曾经说过：“古人求取圆形的旧方法，都是以圆周长度为其圆直径的三倍来推算的。如果以这样一个比率来求圆周之长或圆径，结果往往是或周长不足，或直径偏长。”所以，以直径与圆周长的比率为1∶3的做法，显然是不精密。一般说来，计算方式宜简明扼要，或可以举出几个要点做一说明。这里所主张的圆周推算比率，是以七乘以某圆周长的二十二分之一，就可以得出这个圆的直径；反之，若知道其圆直径，则以22乘以其直径长度的七分之一，即可以得出其圆的周长。

看详——

现今各种匠作所造之物及各作制度，若以直径求圆周，或以圆周求直径的，如量取或确定圆之周或径之大小时，须由其周长求直径之长，或以直径之长求圆周之长，这时若用旧例，以旧有的“围三径一，方五斜七”做法作为推算规则，就会有比较大的误差。现在谨按《九章算经》的说法及约略斜长的计算方式等比率修定如下条款：

各种直径、周长、斜长的计算方式，依据以下各项：

圆的直径为7，其圆的周长就是22；

边长为100的正方形，其方之内的对角线斜长为141；

正八边形的直径若为60，其八个边每一边的边长为25，其两个对角间的斜线长度为65；

正六边形的直径若为87，其六个边每一边的边长为50，其两个对角间的斜线长度则为100。

在一个圆形之内，求取其内接正方形的边长，若以其圆径为100，则其内接正方形的边长即为71；

在一个正方形之内，求取其内切圆的直径，则圆的直径与其外切正方形的边长之比为1∶1。若在正八边形、正六边形内，求取其内切圆的直径，所取的比率与之相同。

定功

【题解】

现代房屋建造工程中，有所谓“估工算料”。估工，就是对一个单位工程项目所需要的劳动时间及需付出的相应劳动报酬加以估算，与这里所说的“定功”在某种程度上有一些类似。自北宋以来，古代社会统治阶层强加给劳动者的无偿劳役制度渐渐趋于淡化，给劳动者支付与其劳动价值大约相当的劳动报酬的做法，渐渐成为社会经济生活的一个组成部分。换言之，宋代已出现了将劳动力作为商品的某种萌芽状态。这显然也反映了有宋一代在社会发展上所体现的某种历史超前性。正是基于这一特征，在《法式》中才会出现具有类似现代“估工”性质的“功限”概念，及对劳动者单位时间内的劳动定额加以规范化的“定功”理念。

《法式》“定功”理念，在其文本中有关“功限”的种种规则中，既体现在一年中不同季节，白昼时间的长短不同，所应要求的劳动定额不同；也体现在，例如土石搬运过程中，顺水运输与逆水运输，所体现的劳动强度的不同。这在一定程度上，反映了《法式》作者所具有的某种科学精神。“定功”理念中特别提出要避免“枉弃日刻”，则既揭示了统治阶层对劳动者之劳动力付出的锱铢必较，又在一定程度上，曲折反映了北宋中后期历史中曾一度被强调的“理财”观念在宫室营造中的体现。

《唐六典》[1]：凡役有轻重，功有短长[2]。注云：以四月、五月、六月、七月为长功；以二月、三月、八月、九月为中功；以十月、十一月、十二月、正月为短功[3]。

看详——

夏至日长，有至六十刻者[4]。冬至日短，有止于四十刻者[5]。若一等定功，则枉弃日刻甚多[6]。今谨按《唐六典》修立下条：

诸称“功”者，谓中功，以十分为率；长功加一分，短功减一分[7]。

诸称“长功”者，谓四月、五月、六月、七月；“中功”谓二月、三月、八月、九月；“短功”谓十月、十一月、十二月、正月。

右三项并入“总例”[8]。

【注释】

①《唐六典》：书名。一名《大唐六典》。由张说、张九龄等人主持编纂而成。三十卷。是记载唐代官制的专著。

②凡役有轻重，功有短长：《唐六典·将作都水监》："凡功有长短，役有轻重。"役，即"劳役"。古代营造工程中，凡技术含量较低的土石挖掘、材料搬运等普通劳作，皆可称为"役"，以区别于具有技术含量的"作"。功，指劳动定额。

③"注云"几句：此处"功"的核心点在于营建工程中劳动量或劳动定额的计算。长功，因这一时段的白昼时间较长，劳动时间也较长，所完成的劳动量也较多，故其所计算之劳动定额——功，就称为"长功"。中功、短功，其义相类。

④夏至日长，有至六十刻者：梁注："古代分一日为一百刻；一刻合今14.4分钟。"即以一天24小时，每小时60分钟计，一昼夜总计1440分钟，将其分为100份，则每一刻为14.4分钟。以夏至日有六十刻计，其白昼时间长度为864分钟，约合今日的14.4个小时。其劳作时间亦会长，故称"长功"。

⑤冬至日短，有止于四十刻者：以冬至日有四十刻计，其白昼时间长度仅为576分钟，约合今日的9.6个小时。其劳作时间亦会相应较少，故称"短功"。

⑥若一等定功，则枉弃日刻甚多：不论夏日、冬日，都以相同的劳作时间与工作额度来计算功限，则称"一等定功"。若如此，则夏日的劳作时间会过于短，就会浪费许多时间，故称"枉弃日刻"。

⑦"诸称'功'者"五句：在将一年四季分为三种不同长短的功限标准时，以白昼时间长度比较适中的春、秋季节所计之功为"中功"，并以此功作为标准"功限"，将此功限之劳动定额定为十分，则夏季的"长功"应在此基础上增加一分，即为十一分；冬季的"短功"应在此基础上减少一分，即为九分。

⑧右：梁注本在这里改为"以上"。梁注："'以上'原文为'右'，因由原竖排本改为横排本，所以把'右'改为'以上'；以下各段同此。"本书仍从原文，不做更改，但需理解其文中的"右"字之义。

总例：指卷第二《总释下》的最后一节“总例”。在这段文字中，又将本卷“取圜径”“定功”等部分内容重新陈述了一遍，故这里称“并入‘总例’”。

【译文】

在唐代张九龄等编纂的《唐六典》中，有这样一句话：工程中各种劳作有着轻重不同的差别，计算不同劳作的每日定额也因不同季节、白昼时间的长短而有不同。有人为这句话作注说：以四月、五月、六月、七月为长功；以二月、三月、八月、九月为中功；以十月、十一月、十二月、正月为短功。

看详——

每年的夏至日，白昼时间最长，可以长达六十刻。每年的冬至日，白昼时间最短，可以短至四十刻。如果都按照相同的功限定额计算，则会浪费许多劳作的时间。现在谨按照《唐六典》的说法修立如下条款：

所谓“功”，应当以“中功”为标准，将其定为十分；则长功应加一分，短功应减一分。

所谓“长功”，指的是四月、五月、六月、七月；“中功”，指的是二月、三月、八月、九月；“短功”，指的是十月、十一月、十二月、正月。

上面说到的三项条款，一并列入《总释下》的“总例”中。

取正

【题解】

古代中国宫室建筑讲求方位，即《周礼》六官开篇所言“惟王建国，辨方正位”。《周礼注疏》解释说：“辨，别也。郑司农云：‘别四方，正君臣之位，君南面、臣北面之属。’”也就是说，除了因应地理与气候以保证室内有充分的阳光等原因之外，“辨方正位”的重要功能之一，还有维系传统社会统治阶层君君、臣臣、父父、子子等级秩序的作用。正因为“方位”问题如此重要，所以官室营造的重要环节之一，就是要按照建筑所有者各自的身份等级确定房屋的位置与朝向；同时，也须确定一座城市或建筑群的中轴线及其朝向。而这也正是古代营造中“取正”环节的重要目标之一。

古代房屋取正，首先是确定其方位的恰当与正确，这就需要利用特别的器具，通过对日出日入的观察以确定东西方向，并通过对白昼正午日影的观测及对夜空北极星或营室星的观望，以求出正南与正北的方位。

在方位的求取过程中，用于观测的相关器物是否处于水平与垂直的状态，是关系到所求取方位是否准确的一个重要因素，因此对于测量与观测器具的水平与垂直的把握与校准，也就变的十分重要。《取正》一篇，正是对宋人在方位求取上所用方法、器具及相应校准方式的详细说明。

《诗》①：定之方中；又：揆之以日②。注云：定，营室也③；方中，昏正四方也④。揆，度也，度日出日入以知东西⑤；南视定，北准极，以正南北⑥。

《周礼·天官》⑦：唯王建国，辨方正位⑧。

《考工记》：置槷以悬⑨，视以景⑩，为规识日出之景与日入之景⑪；夜考之极星，以正朝夕。郑司农注云：自日出而画其景端，以至日入既，则为规。测景两端之内规之⑫，规之交，乃审也⑬。度两交之间，中屈之以指槷，则南北正⑭。日中之景，最短者也。极星，谓北辰。

《管子》⑮：夫绳，扶拨以为正。

《字林》⑯：梩⑰，时钏切。垂臬望也⑱。

《匡谬正俗·音字》⑲：今山东匠人犹言垂绳视正为“梩”⑳。

看详——

今来凡有兴造，既以水平定地平面，然后立表测景、望星[21]，以正四方，正与经传相合。今谨按《诗》及《周官·考工记》等修立下条：

取正之制：先于基址中央，日内置圜版[22]，径一尺三寸六分；当心立表，高四寸，径一分。画表景之端，记日中最短之景。次施望筒于其上，望日景以正四方。

望筒长一尺八寸，方三寸。用版合造。两罨头开圜眼[23]，径五分。筒身当中两壁用轴，安于两立颊之内。其立颊自轴至地高三尺，广三寸[24]，厚二寸。昼望以筒指南，令日景透北，夜望以筒指北，于筒南望，令前后两窍内正见北辰极星；然后各垂绳坠下，记望筒两窍心于地以为南，则四方正。若地势偏邪[25]，既以景表、望筒取正四方，或有可疑处，则更以水池景表较之。其立表高八尺，广八寸，厚四寸。上齐，后斜向下三寸。安于池版之上。其池版长一丈三尺，中广一尺。于一尺之内，随表之广，刻线两道；一尺之外，开水道环四周，广深各八分。用水定平，令日景两边不出刻线，以池版所指及立表心为南，则四方正。安置令立表在南，池版在北。其景夏至顺线长三尺，冬至长一丈二尺。其立表内向池版处，用曲尺较[26]，令方正。

【注释】

①《诗》：即《诗经》。我国最早的一部诗歌总集，儒家"十三经"之一。最初只称为"诗"或"诗三百"，到西汉时，被尊为儒家经典，才称为"《诗经》"。《诗经》收集和保存了古代诗歌三百零五首，另有六首只存篇名而无诗文的"笙诗"。按风、雅、颂三类编辑。

"风"是周代各地的民歌，分十五国风；"雅"是朝廷乐歌，又分《小雅》和《大雅》；"颂"是宗庙祭祀的乐歌，又分为《周颂》《鲁颂》和《商颂》。《诗经》内容丰富，反映了周代社会各个方面的内容，是周代社会生活的一面镜子。

②定之方中、揆（kuí）之以日：《诗经·鄘风·定之方中》："定之方中，作于楚宫。揆之以日，作于楚室。"《毛诗正义》注曰："揆，度也。度日出日入，以知东西。南视定，北准极，以正南北。"又云："毛则'定之方中'，'揆之以日'，皆为得其制。既得其制，则得时可知。郑则'定之方中'得其时，'揆之以日'为得其制。"定，星名。又名"营室"，二十八宿之一。方中，每年小雪时，定星于黄昏时出现在正南方，所以称"方中"。揆，测度。

③定，营室也：《左传·庄公二十九年》："水昏正而栽。"其注曰："谓今十月，定星昏而中，于是树板榦而兴作。"其疏则曰："《释文》云：'营室谓之定。'孙炎云：'定，正也。天下作宫室者，皆以营室为正。'"又《太平御览·天部》："定之方中，作于楚宫。（定，营室星也。）"即这里的"定"指营室星。

④方中，昏正四方：《毛诗正义》："方中，昏正四方。……定星昏中而正，于是可以营制宫室，故谓之营室。定昏中而正，谓小雪时，其体与东壁连，正四方。"

⑤揆，度也，度日出日入以知东西：语出《毛诗正义》。意为以日出与日落所在的方位确定东、西两个方向。

⑥南视定，北准极，以正南北：语出《毛诗正义》。北极星的位置比较固定，则"北准极"，即以北极星确定正北之方向。但据《周礼注疏》注云："营室，玄武宿，与东壁连体而四星。"可知营室星亦在北方。如此，何以"南视定"？以其疏云："'与东壁连体而四星'者，营室是北方七宿，室在东，壁在西，西壁而言东壁者，据十月在南方，壁在东，故云东壁也。此星一名室壁，一名营室，一名

水。”壁者，玄武宿中与营室星相邻的一星。春分时节，营室星在东，壁星在西；秋十月，营室星在西，壁星在东。似言农历十月时，营室星转至南方，故有“南视定”之说。定，即营室星。极，指北极星。

⑦《周礼·天官》：《天官》为《周礼》中的一篇。《周礼》，见前《周官》注。

⑧唯王建国，辨方正位：《周礼》“天官”“地官”“春官”“夏官”“秋官”“冬官”诸节开篇之语，可知其中透露的礼制观念。这里的“王”，应指周天子；“国”，指天子所拟建造的都城。其意是说，周王若建造一座都城，最重要的事情之一，就是辨别方向，确定所居住之宫室的位置与方向。

⑨槷（niè）：梁注：“一种标杆，亦称‘臬’，亦称‘表’。槷长八尺，垂直竖立。”指木楔、木杆。悬：如前文梁注，《法式》原文为“垂”，以避宋始祖玄朗名讳，“悬”与“玄”同音，故改“悬”为“垂”。梁注本依《考工记》改。

⑩景：同“影”。

⑪规：即圆规。识（zhì）：梁注：“读如‘志’，就是‘标志’的‘志’。”

⑫测景两端之内规之：以日出与日入所测得表影两端，各为圆心，并以两端点距离为半径，绘出两个相交之圆。

⑬规之交，乃审也：意为将两圆的交点，固定下来。审，有安定、固定之义。

⑭度两交之间，中屈之以指槷，则南北正：量度由以上方法所确定之两圆的交点，取其中心点，与所立之测日影标杆之间连以直线，就能够确定正南正北的方向。

⑮《管子》：书名。是一部托名管仲的先秦诸子著作。内容庞杂，主要是总结阐发春秋早期政治家管仲辅佐齐桓公成就霸业的历史经验，包含有道、名、法各家的思想，涉及天文、地舆、经济、农业

等，其中最具特色的是管仲的“富国”主张和消费刺激就业的经济论。

⑯《字林》：字书名。晋吕忱撰。作者依据《说文解字》部首，分五百四十部，收一万二千八百二十四字，对《说文解字》之遗漏者有所补充。

⑰槸：《法式》注其音为“时钏切”，似有垂直之义。

⑱垂臬（niè）：垂直竖立起测日影的标杆。臬，与“槷”音同义同。梁先生释为“表”，即测日影之用的标杆。

⑲《匡谬正俗》：字书名。唐颜师古撰。前四卷凡五十五条，论《论语》《诗经》《尚书》《礼记》《春秋》诸经音义，后四卷凡一百二十七条，论诸书音义。每条一般首列被释字、词，多采用问答体，或驳正谬说，或申明音义，或推阐名义。为唐人所推重。原名《匡谬正俗》，宋人避太祖赵匡胤讳，更名“《刊谬正俗》”。梁注本依原书名改之。

⑳山东：此处所言“山东”，非今日“山东省”之“山东”。古人言“山东”，多指秦之函谷关或潼关以东的华北、淮北地区。如《韩非子·饰邪》：“古者先王尽力于亲民，加事于明法。彼法明，则忠臣劝；罚必，则邪臣止。忠劝邪止而地广主尊者，秦是也。群臣朋党比周，以隐正道，行私曲而地削主卑者，山东是也。”晋傅玄《傅子》：“秦人视山东之民，犹猛虎之睨群羊，何隔惮哉？”二者都是以“秦”对应“山东”，则“山东”指函谷关之东诸国之地。

㉑立表：竖立景表，即竖立测日影的标杆。这里的“表”，与前文的“槷”“臬”为同一义。

㉒日内：意即在太阳光下。

㉓两罨（yǎn）头：此指望筒的两端，以版“掩”之，然后再开圆孔，用以观望太阳与北极星。罨，掩盖，遮盖。

㉔广：这里的“广”指望筒两立颊的“宽”。《法式》中关于构件的三

维度量：高、宽、厚，或长、宽、厚，其中的“宽”均称为“广”，与长（高）与厚相对应。

㉕偏邪：不正的意思。

㉖曲尺：古代工匠用尺，为“L”形。其两边为直角相接，可以用来校正房屋构件或器物的转角是否垂直。尺上有标度，亦可以用于尺寸的量度。曲尺，与前文所提到的“规矩”之“矩”意思相类。

【译文】

《诗经·鄘风》中曾说过“定之方中”，这首诗中还有“揆之以日”之句。《毛诗正义》作注说：定，指的是营室星；方中，意思是说定星昏中而正，于是可以营制宫室，故谓之“营室”。并进一步解释说：定星昏中而正，谓小雪时，其体与东壁连，正四方。也就是说，“定”这颗星在每年十月的小雪节气，其位置与其东侧的壁星连为一条直线，可知这时的“定”，是位于正南的方位上，故由此星方位可以确定四方的正确方位。如此，则可以营造宫室，这也是为什么将“定”这颗星称之为“营室”的原因所在。“揆”的意思是“度”，即测度太阳晨起暮落时所立标杆的影子，就可以测出东西的方向；正南的方位，通过观测营室星而确定；正北的方位，要通过观察北极星准确地测定；这样就能确定南北的正确方位了。

《周礼·天官》中所说：在周王建立都城的时候，要辨别方向，为宫室确立正确的位置和方向。

《周礼·冬官考工记》中提到：置立标杆并悬以使标杆垂直于地面的垂线，观察标杆的影子，在日出与日入时以标杆影子的端头为圆心绘制圆形，并求出两圆交点，以正东西；夜间则通过对北极星的观测，来核定依据朝夕所定的方位是否准确。郑司农为其作注时说道：在日出的那一瞬间，画出标杆之影的端头，直至日落那一瞬间再画出标杆之影的端头，然后用圆规画圆。用圆规各以所标其端头为圆心、并以两端头间距离为半径画出两个圆，将两圆的交点固定下来。再将两个交点之间连以直线，并求出这两点连线的中点，然后将这一中点与标杆竖立处的所在点相连接，就可以确定正南正北的方向。正午时分标杆的影子是最短的。这里所说的“极星”，指的是北极星。

《管子》中有言：所谓“垂绳”，稍加扶拨即垂直于地，则可以由所垂之绳求其端正。

《字林》释“槸”字，时钏切。意思就是在标杆上垂绳，以求其直正而立。

《匡谬正俗·音字》中指出：直到当今，函谷关以东的匠人们仍然将通过垂绳求取物体之竖立直正的做法称为“槸”。

看详——

自今以来，凡有房屋营造工程，都是先以测量水平的方式确定房屋基址用地的地面是否平整，然后竖立其标杆，测量日出日落时标杆投在地面上的影子，并以望筒远望北极星与营室星，通过这种方式来确定东、西、南、北四个正方位，这样的做法，正与古人经传中记载的方式相吻合。现在谨按照《诗经》及《周礼·冬官考工记》等古籍中的描述修立如下规则：

求取端正方位的规则：先在拟建房屋之用地基址的中央，在阳光下设置一个圆形的版，圆版的直径为1.36尺；在圆版的中心竖立一根标杆，标杆的高度为0.4尺，标杆的直径为0.01尺。在圆版上画出阳光下标杆所投影子的端点，找出正午时分最短的影子，并标出其影端的位置。然后在这一点上设望筒，以望筒正对太阳，观日影来求出正确的四方方位。

望筒的长度为1.8尺，方0.3尺。望筒用木版组合相嵌而成。在望筒两端的封版上各开出一个直径为0.05尺的圆孔。在筒身当中的两个侧壁上设置一根可以转动的轴，安在两侧的立颊之内。立颊之高以望筒之轴距地面高3尺为度，立颊宽0.3尺，厚0.2尺。白昼时，将望筒指向南方，使正午的日头透过望筒而正对北方，夜晚之时，将望筒指向北方，在筒之南端望之，如此，则可以从望筒两窍内正好望见北极星；然后在每一望正之时，各自从望筒两窍心垂下一绳，标记出望筒两窍心在地面的连线，此即正南方位，如此则可以求取东、南、西、北四个正方位。如果房屋基址的地势偏斜不正,用日影标杆和望筒两种方式配合求取四个正方位之后,如果仍然有可疑的地方,就再使用水池景表,即水池影子标杆来加以校正。水池景表中所立标杆的高度为8尺,其杆宽0.8尺,厚0.4尺。标杆上端齐整,但其上端后侧应向下倾斜0.3尺,以使标杆顶端形成一个斜面。然后将标杆安置于水池池版之上。其池版的长度为13尺,池版中央的宽度为1尺,在这1尺之内,随标杆之宽,在池版上刻出两道线条;在1尺之外,开凿一条四周环绕的水道,水道的宽度与深度各为0.08尺。在水道中注水,以确定池版之平正,将水池景表置于日下,观察日影,若其日影两边不出两侧所刻边线,即可知池版所指的方向及池上标杆中心线的位置,即是正南方位,依据这一方法,亦可求出四个正方位。在设置安装水池景表的时候,要使其所立景表,即标杆,位于南侧,并使其池版位于北侧。这样在夏至日时,其景表,即标杆,在池版上所投射的影子顺着南北方向的直线长度可以达到3尺,而在冬至日时,其景表的影线长度就会达到12尺。在安置水池景表时,要在其所立景表的内侧与池版相交处,用曲尺加以校验,以确保两者之间保持相互垂直的关系。

定平

【题解】

房屋建造的要义之一,是房屋坐落的基座应该有一个平正的表面,从而保证房屋室内外地面的平整。即使地面有高差,位于不同标高上的房屋,各自也应有自身相对比较平坦的室内外地面。广而言之,如果是多层楼阁,则各层房屋的地面版之表面原则上也应该处在一个相对比较平整的面上。因此,古今中外的房屋建造中,地面找平,或各种不同标高位置的找平,都是不可或缺的技术环节之一。

本卷文字,特别增加了对“定平”做法的“看详”,进一步说明何为定平,古人是如何具体而准确地开展定平工作的,当时用到的是怎样的辅助性定平器具，是否还需要有最后的校准手段……如此等等，都给出了十分细致入微的说明。

《周官·考工记》：匠人建国，水地以悬[1]。郑司农注云[2]：于四角立植而悬，以水望其高下；高下既定，乃为位而平地。

《庄子》[3]：水静则平中准，大匠取法焉[4]。

《管子》：夫准，坏险以为平[5]。

《尚书大传》[6]：非水无以准万里之平[7]。

《释名》[8]：水，准也；平，准物也[9]。

何晏《景福殿赋》[10]：唯工匠之多端，固万变之不穷。雠天地以开基[11]，并列宿而作制[12]。制无细而不协于规景，作无微而不违于水臬。五臣注云[13]：水臬[14]，水平也。

看详——

今来凡有兴建，须先以水平望基四角所立之柱，定地平面，然后可以安置柱石，正与经传相合。今谨按《周官·考工记》修立下条：

定平之制：既正四方，据其位置，于四角各立一表[15]，当心安水平[16]。其水平长二尺四寸，广二寸五分，高二寸；下施立桩，长四尺；安鐏在内[17]。上面横坐水平。两头各开池，方一寸七分，深一寸三分，或中心更开池者，方深同。身内开槽子，广深各五分，令水通过。于两头池子内，各用水浮子一枚。用三池者，水浮子或亦用三枚。方一寸五分，高一寸二分；刻上头令侧薄，其厚一分；浮于池内。望两头水浮子之首，遥对立表处于表身内画记，即知地之高下。若槽内如有不可用水处，即于桩子当心施墨线一道，上垂绳坠下，令绳对墨线心，则上槽自平，与用水同。其槽底与墨线两边，用曲尺较，令方正。

凡定柱础取平，须更用真尺较之[18]。其真尺长一丈八尺，广四寸，厚二寸五分；当心上立表，高四尺。广厚同上。**于立表当心，自上至下施墨线一道，垂绳坠下，令绳对墨线心，则其下地面自平。**其真尺身上平处，与立表上墨线两边，亦用曲尺较，令方正。

【注释】

①悬：《法式》原文为“垂”，以避宋始祖玄朗名讳，改“悬”为“垂”。梁注本据《考工记》原文改，如前文所注。下同。

②郑司农注：下文注文“于四角立植而县，以水望其高下；高下既定，乃为位而平地”，出自汉郑玄注、唐贾公彦疏《周礼注疏》，故这里所称为“前郑”，即“郑司农注”误，当为后郑，即郑玄注。

③《庄子》：书名。道家学派代表作。与《老子》并称“老庄”。现今通行的《庄子》一书，分为内篇、外篇、杂篇三部分，共三十三篇。文章汪洋恣肆，大量采用寓言、故事，想象丰富。表达了一种顺应自然、不凝滞于物的逍遥自由的思想。

④水静则平中准，大匠取法焉：《庄子·天道》：“水静则明烛须眉，平中准，大匠取法焉。水静犹明，而况精神！”意为水为静止状态，其平面合乎水准器的标准，高明的工匠便取法于此。

⑤夫准，坏险以为平：《管子·宙合》：“夫绳，扶拨以为正；准，坏险以为平；钩，入枉而出直。”意为依平准之法，将险峻起伏之地校准修正为平整之地。

⑥《尚书大传》：书名。相传为西汉伏胜撰，东汉郑玄作注，是最早解释《今文尚书》的著作。传，解释、注释的意思，如《毛诗传》

《左传》等。

⑦非水无以准万里之平:《尚书大传·夏传》:"非水无以准万里之平,非水无以通远道任重也。"

⑧《释名》:书名。东汉刘熙撰。全书以事类为经,义类为纬,按天、地、山、水等二十七种义类广泛采用"声训"分别解释。

⑨水,准也;平,准物也:《太平御览·地部》引《释名》曰:"水,准也;平,准物也。"

⑩何晏(?—249):字平叔,南阳宛县(今河南南阳)人。东汉大将军何进(亦有言为何进之弟何苗)之孙。三国时玄学家。魏文帝时,曾官至侍中、吏部尚书,后被太傅司马懿所杀。著有《周易解》。其赋《景福殿赋》,收入《全三国文》。景福殿,当指曹魏时在许昌所建的宫殿。

⑪雠(chóu)天地以开基:其意似为对应或比像天地,以开辟营建城池与宫室的基址。雠,义为"对应"。

⑫列宿:一般特指二十八星宿。《尚书正义》中有疏曰:"五星行于列宿,犹州牧之省察诸侯也。二十八宿布于四方,犹诸侯为天子守土也。"

⑬五臣:梁注:"唐开元间,吕延济等五人共注《文选》,后世叫它做'五臣本《文选》'。"五臣,指吕延济、刘良、张铣、吕向、李周翰,曾以李善释《文选》为繁而改之,时人称"五臣注《文选》"。如宋王应麟《困学纪闻·考史》考"《东都赋》'正予乐'"提到:"《文选》李善注,亦引大予,五臣乃解为'正乐',今本作'雅乐',亦误(盖《五臣本》改为'雅')。"

⑭水臬:据《宋史·仪象》:"水臬,十字为之,其水平满,北辰正。以置四隅,……四隅水平则天地准。"可知"水臬"当为以水平原理,为房屋基址找平的一种仪器,类于今日的水平仪。

⑮表:梁注:"就是我们所谓'标杆'。"

⑯水平：指《法式》中所描述的用来为房屋基址定平而用的木制水平仪器。

⑰镞（zuǎn）：指矛、杖等杆件端部的铜、铁等金属饰物。

⑱真尺：指《法式》中所描述的为校正柱础顶面是否在同一水平标高上的长木尺。

【译文】

《周礼·冬官考工记》中说：工匠们营建城池时，是以水定平，并竖立标杆，在杆上悬绳，以求其直。郑玄作注说：就是在拟营建城池与房屋的基址四角竖立起木杆，杆上悬以垂绳，通过以水为平的仪器，向四角之杆瞄望，以确定其杆所在位置之地面的高低；用地基址范围内的地面高低明确了，就可以依据其高差加以修整，使地面变得平正。

《庄子》提到：水若处于静止状态，水的表面就会变得十分平整，如此就可以作为寻求某一表面是否平正的标准，从事房屋营建的匠师们，正是采用这种方法来求取地面平正的。

《管子》有言：以水准之器求取水平，是为了将陂险不平的地面修整为平地。

汉代人伏生在所撰的《尚书大传》中说：不用以水找平的原理，是无法判断广阔大地的地面高度是否平正的。

《释名》中说：水者，表面找平之参照标准；平者，确定拟找平之物是否平正。

何晏《景福殿赋》中写道：唯有百工匠师技艺多端，才会有变化无穷的各种器物。比像天地的序列，开辟营建城池宫室的基址；参照天上星宿的分布，确定宫室房屋的前后高低之序列与制度。房屋营造之制，无不准确到规矩方圆与四方正位；各种匠作无不与水平之准与标杆之直相吻合。五臣注《文选》说：水臬，就是测度房屋基址水平的器物。

看详——

自今往后，凡有兴建，须先用水平之器望基址四角所竖立的标杆，以确定地面是否平整，然后可以按照房屋柱基位置安置柱础石，这样的做法正与经传中所说的做法相吻合。现在谨按照《周礼·冬官考工记》中的说法修定与确立如下规则：

定平之制：在确定了房屋基址四个方向的正确方位之后，依据房屋所在的位置，在其基址四角各竖一根标杆；在基址的中央安置测度水平的仪器。这一水平仪器长2.4尺，宽0.25尺，高0.2尺；在这一水平仪器之下，安置一根立桩，其桩长4尺；固定水平仪器的端头也包含在这一长度之内。在立桩之上，横置水平之器。水平器的两端各开凿一个小池，池方0.17尺，深0.13尺。也有在水平器中心开凿小池的，其池方与池深的尺寸与两端方池相同。在水平器的两端方池之间，再开凿水槽，水槽的宽度与深度都为0.05尺，使水能够在方池与槽内自由流动。在两端的方池内，各用一枚水浮子。如果有3个水池，则也可以用3枚水浮子。水浮子方0.15尺，高0.12尺；将水浮子上端削为侧薄的形式，其端头的厚度为0.01尺；使水浮子漂浮于池内水面之上。以目望水平器两端水浮子的顶端，并将之遥对房屋基址各角所立标杆，在标杆上与两水浮子顶端正对之处画出标记，就可以知道竖立标杆这个位置的地面之高低了。如果在池槽之内无法用水，就在水平槽下立桩的中心线上弹上一道墨线，由桩之上端垂下一绳，使垂绳与立桩上的墨线彼此对准，则其上所承水平器之槽亦会自然平直，与用水找平的道理是相同的。这样做时，要用曲尺将其上水平槽之底与立桩上的墨线两边加以校正，务使其槽处于与立桩正相垂直的位置上。

凡确定了柱础位置，并将柱础安装到位后，要进一步加以找平，这时就须换用真尺进行校正。真尺的长度为18尺，宽度为0.4尺，厚度为0.25尺；在真尺的中心点上，竖立一根4尺的标杆，宽厚同上。在标杆的中心点上，自上而下弹画出一道墨线，然后沿墨线垂下有吊坠的线绳，使所垂之绳与墨线心相对正时，则其下的地面（即相邻两柱础的表面）自然处在一个水平标高上。其真尺的上表面，与尺上所置标杆的墨线两边，也应用曲尺加以校对，务使其两者间的角度彼此方正垂直。

墙

【题解】

墙者，房屋中不可或缺的阻隔之物，可以遮风避雨，可以防止屋内之人受到可能的外来侵害，亦可以别男女之礼。古人之墙，多为以土夯筑而成，亦有用土坯或砖石砌筑而成的。房屋屋檐下用于区隔室内外的墙，称为“屋墙”；环绕房屋之墙，称为“垣”或“墉”，或称“院墙”；环绕一个较大的空间或一组建筑群的围墙，称为“墽”。亦有将墙称为“壁”或“廦”的。屋墙，一般是与屋柱及户牖门窗等结合在一起筑造的，而垣、墉、墽等用来环绕外在空间的墙，则多为“露墙”。

作为一个独立的结构体，为了保持墙身的稳定，墙体的高度与厚度有其相应的比例关系，即现代人所称的“高厚比”。古代中国人，从经验中得出了“墙厚三尺，崇三之”的经验比例，即一般情况下，墙高是墙之根部厚度的3倍；若墙的高度有所增减，则其厚度亦会做相应的增减。

除了屋墙、露墙之外，古代还常常会营筑城墙。城墙属于更为复杂而规模宏大的墙。因为露墙或城墙有一定的防卫功能，所以往往会在墙体筑造过程中，添加一些木橛子或草葽，以增加墙体内在的结构稳固性。若同时在墙体内增加一些纵横交叉的木条，则称为“抽纴墙”，这仍然是出于增加墙体稳定性与坚固性的需要。

《周官·考工记》：匠人为沟洫，墙厚三尺，崇三之[①]。郑司农注云：高厚以是为率，足以相胜[②]。

《尚书》[③]：既勤垣墉[④]。

《诗》：崇墉圪圪[⑤]。

《春秋左氏传》[⑥]：有墙以蔽恶[⑦]。

《尔雅》[⑧]：墙谓之墉[⑨]。

《淮南子》[10]：舜作室，筑墙茨屋[11]，令人皆知去岩穴。各有室家，此其始也。

《说文》[12]：堵，垣也；五版为一堵[13]。墽[14]，周垣也。埒[15]，卑垣也[16]。壁，垣也。垣蔽曰墙。栽，筑墙长版也[17]。今谓之膊版[18]。榦[19]，筑墙端木也。今谓之墙师[20]。

《尚书大传》：天子贲墉[21]，诸侯疏杼[22]。注云：贲，大也；言大墙正道直也。疏，犹衰也；杼，亦墙也；言衰杀其上，不得正直[23]。

《释名》：墙，障也，所以自障蔽也。垣，援也，人所依止，以为援卫也。墉，容也，所以隐蔽形容也。壁，辟也[24]，所以辟御风寒也。

《博雅》[25]：墽、力雕切。隊、音篆。墉、院、音垣。廦[26]，音壁，又即壁切。墙垣也。

《义训》[27]：庑，音乇。楼墙也[28]。穿垣谓之腔[29]，音空。为垣谓之厽[30]，音累。周谓之墽，音了。墽谓之寏[31]。音垣。

看详——

今来筑墙制度，皆以高九尺、厚三尺为祖[32]。虽城壁与屋墙、露墙[33]，各有增损，其大概皆以厚三尺、崇三之为法，正与经传相合。今谨按《周官·考工记》等群书修立下条：

筑墙之制：每墙厚三尺，则高九尺；其上斜收，比厚减半。若高增三尺，则厚加一尺；减亦如之。

凡露墙，每墙高一丈，则厚减高之半。其上收面之广，比高五分之一。若高增一尺，其厚加三寸；减亦如之。其用葽橛[34]，并准筑城制度。

凡抽纴墙[35]，高厚同上。其上收面之广，比高四分之一。若高增一尺，其厚加二寸五分。如在屋下，只加二寸。划削并准筑城制度[36]。

右三项并入“壕寨制度”。

【注释】

①匠人为沟洫（xù），墙厚三尺，崇三之：《周礼·冬官·匠人》：“匠人为沟洫，耜广五寸，二耜为耦，一耦之伐，广尺深尺，谓之畎。……墙厚三尺，崇三之。”畎者，田间之沟渠，正与上文“匠人为沟洫”合。“墙厚三尺，崇三之”，言墙之高厚比，与沟洫无关。《法式》作者仅引这段文字之首尾两句，似以“匠人”句引出话题，再引谈墙垣之尾句，省略中间各句。崇，高。

②郑司农注云：高厚以是为率，足以相胜：语出《周礼注疏》。其注曰：“墙厚三尺，崇三之。”其疏曰：“高厚以是为率，足以相胜。”作注者，为“后郑”郑玄，非“前郑”郑众（郑司农），此处《法式》作者有误。率，标准。

③《尚书》：书名。我国第一部记言体史书。相传由孔子编纂而成，先秦时期总称为“书”，汉人改称《尚书》，意即“上古帝王之书”。西汉以来，《尚书》被奉为儒家的“五经”之一，“十三经”之一。一直被视为中国封建社会的政治哲学经典，既是帝王的教科书，又是贵族子弟及士大夫必须遵循的“大经大法”。

④既勤垣（yuán）墉（yōng）：《尚书·周书·梓材》：“若作室家，既勤垣墉，惟其涂塈茨。”《尚书正义》释之：“如人为室家，已勤立垣墙，惟其当涂既茨盖之。”其意为营建屋舍，在建立其院墙与屋墙之后，用茅草铺盖房顶，还要用泥涂补好以茅草铺盖的屋顶的漏洞。《法式》在这里所引“既勤垣墉”，实为一不完整的句子。垣、

墉，环绕房屋之墙。或称“院墙”。垣，为低矮之墙。墉，为高大之墙。

⑤崇墉圪圪（yì）：《诗经·大雅·皇矣》：“临冲茀茀，崇墉仡仡。”形容墙高大。崇墉，高墙。圪圪，《诗经》作“仡仡”，皆有“墙高貌”的意思。

⑥《春秋左氏传》：书名。一作“《左氏春秋传》”“《左氏传》”“《左传》”。是我国第一部叙事详备的编年体史书，儒家“十三经”之一。相传是春秋末年鲁国史官左丘明为解释孔子《春秋》而作，记叙范围起自鲁隐公元年（前722），迄于鲁哀公二十七年（前468），主要记载了东周前期二百五十四年间各国政治、经济、军事、外交和文化方面的重要事件和重要人物，是研究我国先秦历史文化的基本文献。

⑦有墙以蔽恶：《左传·昭公元年》：“人之有墙，以蔽恶也。”《左传正义》释之曰：“喻已为国卫，如墙为人蔽。”意为有如国家有边界之防卫，墙为人提供防卫的屏障。

⑧《尔雅》：亦作“《尔疋》”“《迩雅》”，简称“《雅》”。儒家“十三经”之一。我国第一部训诂著作。全书释古今异言、通方俗殊语，汇集许多词汇，反映了上古汉语的基本面貌。

⑨墙谓之墉：《尔雅·释宫》：“垝谓之坫，墙谓之墉。”墉，高墙。

⑩《淮南子》：又名“《淮南鸿烈》”，是西汉皇族淮南王刘安及其门客集体编写的一部哲学著作。原有内篇二十一卷、中篇八卷、外篇三十三卷，如今存世的只有内篇。《淮南子》一书以道家思想为主，在继承先秦道家思想的基础上，也糅合了儒、墨、法、阴阳等各家思想。

⑪舜作室，筑墙茨（cí）屋：《淮南子·修务训》：“舜作室，筑墙茨屋，辟地树谷，令民皆知去岩穴，各有家室。”筑墙，营筑墙垣。茨屋，以茅草覆盖屋顶。

⑫《说文》:《说文解字》,书名。东汉许慎撰。全书十四卷。首创部首分类法,依汉字形体及偏旁构造,分列五百四十部,“据形系联,引而申之”,分析字形,辨识声读,考究字源。确立六书体系,保存篆文写法及汉以前古音古训。较大限度地保存了东汉以前汉字的形、音、义等材料,同时反映了东汉以前的百科知识。

⑬五版为一堵:此处之义,似为夯筑一堵墙需要五块版宽的高度。版,指版筑墙施工过程中墙两侧的挡护版。

⑭墽(liáo):围墙。

⑮埒(liè):矮墙。

⑯卑垣:低矮的墙。

⑰栽(zài),筑墙长版也:语出《说文·木部》。指夯筑土墙时,墙之两侧所用的长版。另《左传·庄公二十九年》:“凡土功,……水昏正而栽,日至而毕。”这里的“栽”,则有立版而筑之意。

⑱膊版:此词仅见于《法式》,与“栽”同义,即筑墙之长版。与上文所言“五版为一堵”中的“版”亦为同一义,即版筑夯土墙施工中两侧的护版。

⑲榦(gàn):据《说文·木部》:“榦,筑墙耑木也,从木,倝声。”指古代筑墙时于夹版两边所竖的起固定作用的木柱。《法式》解为:“筑墙端木也。”似可理解为筑墙时墙之两端所立之木。

⑳墙师:此称谓仅见于《法式》。当是宋时对版筑之墙在夯筑施工时两侧所立固定膊版之木柱的另外一种称谓。

㉑贲(bēn)墉:《尚书大传》:“天子贲庸,(贲,大也,墙谓之庸;大墙,正直之墙。)”贲,大,盛大。

㉒疏杼(zhù):《尚书大传·多士》:“诸侯疏杼,(疏,犹衰也。杼,亦墙也。言衰杀其上,下不得正直。)”意指有衰杀收分之墙,即诸侯宫室所用之墙,其上作明显衰杀,使墙之上下有收分,使墙体外观呈倾斜状,不可直上直下。

㉓言衰杀其上，不得正直：此句为《尚书大传·多士》中“疏杼”一词的注文：“疏，犹衰也。杼，亦墙也。言衰杀其上，下不得正直。”《法式》引文中，缺“下”字。

㉔辟（bì）：躲避，防御。

㉕《博雅》：书名。即《广雅》。三国魏张揖撰。隋秘书学士曹宪“注广雅”，为避炀帝讳，将其改名为“《博雅》”。分上、中、下。此书为增广《尔雅》所未收的词或义项而作，故名“《博雅》(《广雅》)”。汉代至北魏的名物训诂据此书得以保存，又是研究文化史的重要资料。

㉖隊（zhuàn）《说文·阜部》：“隊，道边庳垣也。”指路边矮墙。廦（bì）：同“壁”。《说文·广部》：“廦，墙也。”

㉗《义训》：书名。古代训诂书。其作者可能是东晋学者顾夷，故其书亦可能名为《顾子义训》。其编排体例疑类于《尔雅》或《广雅》，其释义方式主要是以文义而训诂，故称“《义训》”。其书已佚。清马国翰从类书中重辑一卷。

㉘乇（zhái），楼墙也：乇，其字有两音：一音zhé，古义同“磔”，有断开之义；一音zhái，古义同“宅”。这里取zhái音之义，即“宅”。宅或为楼，其楼有墙，故称“楼墙”。《法式》言，其音“乇”，“乇”亦有两音：一音tuō；一音zhé。疑《法式》似取与“楼墙”无关联之音zhé，未知何因。

㉙腔（kòng）：指穿透墙之孔洞，如墙上之门洞。

㉚厽（lěi）：《说文·厽部》：“絫坺土为墙壁，象形。”段玉裁注：“像坺土积叠之形。”意为累土块为墙。

㉛撩谓之寏（huán）：撩，义为周垣。寏，义为围墙或院落。《说文·宀部》：“寏，周垣也。从宀，奂声。”《法式》注其音为“垣”，误，音当为“桓”。

㉜皆以高九尺、厚三尺为祖：以某某为祖，系古代科技常用语，如

《法式》中有“凡构屋之制，皆以材为祖”；宋人《北山酒经》中有“盖造酒以浆为祖”等。这里的“祖”，有准则、标准、基数、模数等义。

㉝屋墙：宫室、房屋四壁之围护墙，主要起到为室内保温隔热的作用，在某些情况下，或可起到承重等结构作用。露墙：环绕宫室、房屋等的围墙，如宫墙、院墙，或环护某一场地的围墙等。

㉞葽（yāo）：指以植物茎干拧结而成的草绳。橛：木橛，指一端或两端可能削为尖锐状的短木，可钉入土中或楔入木缝之中，以起到对土或木结构的加固作用。

㉟抽纴（rèn）墙：古人会在夯土墙体内适当加入纵横交叉的木条，以起到提高墙体结构强度的作用，这种墙被称为“抽纴墙”。纴，编织、纺织用的丝缕。

㊱刬（chǎn）削：意为将夯筑好的墙体表面加以铲削，使其收分适当，表面平整。

【译文】

《周礼·冬官考工记》中提到：匠人修沟洫，……及筑造墙垣，墙若厚为3尺，则墙的高度应为其厚度的3倍。郑玄为之作注说：墙的高与厚，若以这一比率为标准，墙体就足够稳固了。

《尚书》中说：辛勤地筑造屋墙与院墙。

《诗经》中说：院墙高大，气势雄伟。

《春秋左氏传》中说：有了墙垣的遮蔽，就可以防止坏人的袭扰。

《尔雅》解释道：墙，也称之“墉”。

《淮南子》中说：是舜帝创造了屋室，夯筑墙垣，用茅草铺盖屋顶，使人们都知道可以不用生活在天然的岩穴之中。人们有了各自的屋舍宅院，就是从那个时候开始的。

《说文》中说：堵，指的是墙垣；夯筑一堵墙垣，需要有五版的高度。墽，指的是周围环绕的墙垣。埒，则指低矮的围垣。壁，亦指墙垣。所谓

“垣蔽”,说的就是墙。栽,是夯筑土墙时两侧所用的长版。今天,称这种长版为“膊版”。榦,是版筑墙垣时,两侧挡护膊版的立柱。今天,称这种立柱为“墙师”。

《尚书大传》中说:天子用高大的宫墙,诸侯用低矮的衰墙。其注言:贲,意为大;这里是说天子的大墙端正挺直。疏,意为衰;杼,也指墙;“疏杼”的意思是,这种墙的墙身上下,要做倾斜状收分,使其上部宽度逐渐衰减,不能直正挺拔。

《释名》中说:墙,意为阻障,就是自设屏障,以求遮蔽。垣,意为救援,是人可以赖以为庇护,以做援助与护卫。墉,意为包容;可以隐蔽人的形貌。壁,意为躲避,以之用来躲避与防御风寒。

《博雅》解释说:墽、力雕切。隊、音篆。墉、院、音垣。廦,音壁,又即壁切。这些字词都是“墙垣”的意思。

《义训》也有释:尾,音毛。即指楼墙。穿过墙垣之洞门,称之为“腔”;音空。营筑墙垣,称之为“厽”;音累。周而环之,称之为“墽”;音了。墽,则被称为“寏”。音垣。

看详——

自今以后,营筑墙垣的制度,都应以高9尺、厚3尺为准则。虽然城墙与屋墙、院墙,各自的高低薄厚不同,但其大概的比率都可以控制在厚若为3尺,其高度就是厚度的3倍这样一个标准,如此做法,正与经传上的说法相吻合。现在谨按照《周礼·冬官考工记》等各种典籍的说法修立如下条款:

筑墙之制:每墙若其厚为3尺,其高则为9尺;墙的上部做倾斜收分,墙顶厚度要收窄到墙基厚度的一半。如果其高增加了3尺,则其墙的厚度应增加1尺;若墙高减低,则其厚度也以相应的比率减薄。

凡筑造露墙,其墙每高10尺,则其墙的厚度即为墙之高度的一半,即厚5尺。其墙顶端的厚度,相当于墙高的五分之一,即厚2尺。如果墙的高度增加1尺,则墙的厚度也相应增加0.3尺;如果墙的高度减低,则墙的厚度也以相同比率减薄。在露墙之内，亦可以用草绳与木橛等加固措施，其方法与夯筑城墙时的做法一样。

若是筑造抽纴墙，其高度与厚度的比率与露墙相同。但其墙顶经收分后所余的厚度，相当于墙高的四分之一。如果其墙的高度增加1尺，则墙的厚度亦增加0.25尺。但若是用在房屋之下的抽纴墙，则每高增1尺，则其墙的厚度仅增加0.2尺。对露墙或抽纴墙做表面铲削的做法，与夯筑城墙时对其表面铲削的做法相同。

以上的三项条款，都会在“壕寨制度”中做进一步的阐述。

举折

【题解】

中国古代建筑的主要特征之一，是以木结构为主，即使是偶然使用了砖石的结构，也往往采用了仿木结构的做法。传统木构建筑的重要特点之一，是要解决屋盖的防雨问题，因此就需要用到两坡或四坡的屋顶形式。坡屋顶是人类早期建筑、特别是古代中国建筑的重要结构与造型特征之一。

为了保证雨水尽可能迅速地排除，就需要有较为陡峻的屋顶坡度；为了使屋顶雨水能够排出得较远，以防屋檐处的雨水对房屋基座产生冲击，不仅要有较为深远的出檐距离，还要将屋顶中部处理得略显凹陷，从而造成雨水水势向外抛出的效果，因而就会采用屋顶反宇曲线。屋顶起坡高度的确定，称为“举屋之法”；而屋顶坡度反宇曲线的每一控制性点位的标高，则是通过“折屋之法”求取出来的。如此，就有了宋式建筑屋顶的“举折之制”。

起举高度的确定，是通过房屋前后橑檐方的距离或前后檐柱间的距离按比例求取的。而屋顶曲线的确定，则是通过各层屋槫与檐口橑檐方连线，在相应位置处向下折减的长度而取得的。这一求取过程，还会以按照十分之一的比例在光洁的墙面上绘制房屋梁架侧样图的方式表示出来，从而仔细地推算出每一构件的长短与屋顶曲线每一转折点的标高，并由此推算出连接两个构件的榫卯长度。这些都要求主持房屋营造的工匠，必须有清晰的技术理路与高妙的空间和造型艺术感觉。

特殊的房屋，如四角形或八角形平面的亭榭，其屋顶则会呈现为类似后世攒尖屋顶做法的“斗尖”形式，而斗尖屋顶的做法，与一般依据房屋前后进深确定其梁架举高的做法有所不同。斗尖的做法，主要是通过在每一角之角梁上再辅之以簇角梁的做法，其起举的方式与下折的方式，也因其造型而有所不同。斗尖亭榭的簇角梁做法，虽然在《法式》正文中有专门的章节加以详细描述，但在《看详》这一篇与“举折”相关的讨论中，也做了简要说明。

《周官·考工记》：匠人为沟洫，葺屋三分，瓦屋四分[①]。郑司农注云[②]：各分其修，以其一为峻[③]。

《通俗文》[④]：屋上平曰陠[⑤]。必孤切。

《匡谬正俗·音字》：陠，今犹言陠峻也。

皇朝景文公宋祁《笔录》[⑥]：今造屋有曲折者，谓之庯峻[⑦]；齐魏间以人有仪矩可喜者，谓之庯峭[⑧]，盖庯峻也。今谓之举折[⑨]。

看详——

今来举屋制度[⑩]，以前后橑檐方心相去远近[⑪]，分为四分；自橑檐方背上至脊槫背上[⑫]，四分中举起一分[⑬]。虽殿阁与厅堂及廊屋之类[⑭]，略有增加，大抵皆以四分举一为祖[⑮]，正与经传相合。今谨按《周官·考工记》修立下条：

举折之制[⑯]：先以尺为丈，以寸为尺，以分为寸，以厘为分，以毫为厘[17]，侧画所建之屋于平正壁上[18]，定其举之峻慢[19]，折之圜和[20]，然后可见屋内梁柱之高下，卯眼之远近。今俗谓之"定侧样"[21]，亦曰"点草架"[22]。

【注释】

①匠人为沟洫，葺（qì）屋三分，瓦屋四分：语出《周礼·冬官·匠人》。原文为一整段，这里仅引其文之首句"匠人为沟洫"，及末句中的"葺屋叁分，瓦屋四分"，其意为匠人营造屋舍，若是用茅草覆盖的屋顶，其屋顶起举的高度是房屋进深的三分之一；而若是用瓦覆盖的屋顶，其屋顶起举的高度是房屋进深的四分之一。

②郑司农注：其文实引自郑玄（而非郑司农）作注的《周礼注疏》。

③各分其修，以其一为峻：语出《周礼注疏》。意为将草葺房屋或瓦葺房屋的进深，各以其进深长度尺寸分别分为三份或四份，以其中的一份分别作为其屋顶梁架的起举高度。修，梁注："即长度或宽度。"这里的"各分其修"之"修"，指的是房屋的进深长度。峻，梁注："即高度。"

④《通俗文》：书名。东汉服虔所撰的训诂书。已佚。今有清人马国翰等人的辑本。

⑤陠（bū）：平顶屋。

⑥皇朝：指宋朝。景文公宋祁：北宋文人宋祁，字子京，安州安陆（今属湖北）人。天圣间与其兄宋庠同举进士，任国子监直讲、太常博士、尚书工部员外郎等职。卒谥景文，故称"景文公"。曾撰有《笔录》三卷，又称"《笔记》"。

⑦庯（bū）峻：即陠峻，指古代房屋坡屋顶的起举坡度与形式。

⑧齐魏间以人有仪矩可喜者，谓之庯峭：宋祁《笔记·释俗》（亦即《笔录·释俗》）："今造屋势有曲折者，谓之庯峻；齐魏间以人有仪矩可喜者，谓之庯峭，盖'庯峻'也。"《法式》引文中缺"势"

字。齐魏间人形容人之俊拔庄重有仪态者,为“庯峭”;而宋时称房屋屋顶起举高峻,外观形貌壮丽者,亦称“庯峭”。

⑨举折:宋代屋顶营造的结构用语。举,屋顶坡度的向上起举。折,屋顶坡度的向下折圜。通过举折的处理,形成古代建筑坡屋顶的反宇式曲面。

⑩举屋制度:指确定房屋起举高度的规则与方法。

⑪橑(liáo)檐方:是支撑有枓栱出跳之宋代房屋屋顶起坡的最下一根木方(清代建筑称“挑檐枋”),位于房屋檐椽之下,并承托出挑的檐椽。橑檐方上皮的水平标高,一般是屋顶起举的标准起点高度。心:《法式》中,多指某个中心点或某条中心线。这里指的是橑檐方上皮表面沿顺身方向的中心线。

⑫脊槫(tuán):又称“脊槫”“脊栋”“栋极”,即位于屋顶最高处的槫。一般是将脊槫的上皮标高,作为房屋屋顶起举高度顶端的标准点。槫,是房屋屋顶结构中承托屋椽与望板等的断面为圆形的木构件,相当于清式建筑中的“檩”。

⑬四分中举起一分:指屋顶起举高度,按照房屋进深(若有枓栱,则应按照前后橑檐方心)距离的四分之一高度确定。

⑭殿阁:系宋代建筑中等级最高的房屋形式。其中的“殿”,多是位于建筑群中轴线上的主要殿堂;殿阁中的“阁”,多指一个建筑群中轴线上的高等级楼阁。殿阁建筑多出现于皇家宫苑或佛道寺观等建筑群中。殿阁建筑一般都有相当复杂的高等级枓栱铺作体系。厅堂:系宋代建筑中等级较高的房屋形式之一。一般是皇家宫苑或佛道寺观中位于中轴线上的较高等级建筑,或中央及地方衙署,及高等级官员府廨中的中心建筑。厅堂建筑可以有枓栱,也可以没有枓栱。如果使用枓栱,其枓栱体系也相对比较简单。廊屋:系宋代建筑中等级较低的房屋形式。一般是一个建筑群中辅助性与交通性的建筑。可以有较为简单的枓栱,亦可不用

枓栱。

⑮大抵皆以四分举一为祖：其意是说，宋代建筑比较常见的屋顶起举形式，主要是按照其房屋进深（或前后檐橑檐方心）距离的四分之一确定其起举高度。并以这一举高计算方式作为一种基本标准，不同建筑都是在这一标准基础上加以增减计算而出的。

⑯举折之制：相对于前文所说的“举屋制度”，其既包括了屋顶起举高度的确定，也包括了在不同标高的屋榑位置上，屋顶下折尺寸的计算方式，二者的综合，即称为“举折之制”。

⑰先以尺为丈，以寸为尺，以分为寸，以厘为分，以毫为厘：意为工匠在绘制房屋侧样图时，应采用其真实尺寸十分之一的比例。

⑱侧画所建之屋于平正壁上：指在平正的墙壁上，按比例绘制拟建造房屋的柱额、枓栱与梁架的侧样图，其图与今日所绘的房屋剖面图或结构框架图比较类似。

⑲举之峻慢：指屋顶起举高度的高低。

⑳折之圜和：指依据不同标高屋榑上皮所确定的屋顶坡度折线的缓急。

㉑定侧样：侧样，是按比例绘制的房屋柱额、枓栱与梁架等的侧面组合关系图。定侧样，反映的是一个设计过程。

㉒点草架：其意与定侧样相类。即按照拟建造房屋的尺寸与规格，设计与绘制其柱梁、枓栱等侧样图。草架，指按比例绘制的房屋柱额、枓栱与梁架等的侧面组合关系图。

【译文】

《周礼·冬官考工记》中说：匠人修筑沟洫，……及营造宫室，用茅草葺盖的屋顶，举高是其进深的三分之一；用瓦覆盖的屋顶，举高是其进深的四分之一。郑玄作注说：各将房屋的进深长度分为三份或四份，以其长的三分之一或四分之一为屋顶起举的高度。

《通俗文》说：房屋屋顶若为平顶，就称为“庳”。必孤切。

《匡谬正俗·音字》解释：陠，今日还有人用“陠峻”这个词的。

本朝景文公宋祁所撰《笔录》记载：现今营造房屋，其屋顶若用了峻峭的反宇曲折样式，人们就称其为“庯峻”。北朝齐魏时代的人，若举止有仪态合规矩，令人看了感到喜悦者，人们就会称赞其人“庯峭”，其意思与“庯峻”是一样的。今天称这种高峻曲折的屋顶做法为“举折”。

看详——

自今以后，房屋起举的做法，是将前后屋檐下橑檐方中心线之间的距离长短，分为四份；并以橑檐方上皮标高为基点，以前后橑檐方心距离的四分之一为屋顶起举的高度，这一高度即是房屋脊槫上皮的标高。虽然房屋类型有殿阁、厅堂与廊屋等不同的类别，屋顶起举的高度也会略有增加，但是大体上说，都是将前后橑檐方心（若无枓栱出跳者，则以前后檐柱柱心）距离分为四份，以其一份为屋顶起举高度的标准。这一做法与经传中的说法正相吻合。现在谨按《周礼·冬官考工记》中的说法修立如下条款：

举折之制：先以十分之一的比例，即以尺为丈，以寸为尺，以分为寸，以厘为分，以毫为厘，将拟建造房屋的柱梁构架等侧样图绘制在一面平正的墙壁之上，在图中推测其屋顶起举的高低，屋顶下折曲线的缓急，然后就可以推算出屋内梁柱的高低位置，屋柱间梁栿等的长短粗细，及其所用榫与卯眼的远近大小。今日的俗语称这种做法为“定侧样”，也有称之为“点草架”的。

举屋之法：如殿阁楼台[①]，先量前后橑檐方心相去远近，分为三分，若余屋柱头作或不出跳者[②]，则用前后檐柱心[③]。从橑檐方背至脊槫背举起一分。如屋深三丈即举起一丈之类[④]。如甋瓦厅堂[⑤]，即四分中举起一分；又通以四分所得丈尺[⑥]，每一尺加八分。若甋瓦廊屋及瓪瓦厅堂[⑦]，每一尺加五分；或瓪瓦廊屋之类[8]，每一尺加三分。若两椽屋[9]，不加；其副阶或缠腰[10]，并二分中举一分。

【注释】

①殿阁楼台：是对古代高等级建筑的一种泛称。殿阁，多指位于皇家宫苑或佛道寺观建筑群中轴线上的重要殿堂与楼阁建筑。楼台，多指皇家苑囿、寺观园林及风景建筑中用来观景、纳凉、远眺或作为地标景观建筑的多层楼阁或高大台榭建筑。晚近私家园池中的楼阁台榭，或也可以被称为"楼台"。

②余屋：宋代对重要建筑群中等级较低建筑的一种泛称。一般指除了殿堂、楼阁、厅堂、廊榭、亭台等之外的辅助性建筑。多少与清代官式建筑群中轴线两侧的庑房有些类似。民间建筑中，则无论正房还是厢房，大体上都只能归在"余屋"的范畴之内。柱头作：指将房屋的屋顶梁架直接置于前后檐柱的柱头之上，在柱头与梁栿之间不设置任何枓栱的结构形式。这种做法与清式建筑中的"小式"建筑有些类似。不出跳者：这里所说的"不出跳"，指没有使用出挑枓栱承托檐椽的屋顶挑檐做法。一般指虽然在四周外檐檐柱柱头上或两柱间阑额上使用了枓栱，但其枓栱采用的是不出跳形式，如所谓"一枓三升""人字栱""枓子蜀柱""云形柱头栱"等最为简单的枓栱做法，都可以归在"不出跳者"的范畴之下。

③前后檐柱心：因为在前后檐没有使用出挑枓栱，也就不会出现被悬挑在前后檐柱中心线之外的橑檐方（类如清式建筑中的挑檐檩与挑檐枋），则其房屋屋顶前后檐最外侧承托屋檐檐椽的，就只有位于前后檐柱头缝最上端的柱头方（清式建筑中的正心枋），故这里所说的"前后檐柱心"，亦即前后檐柱柱头上所承柱头方之顺身方向的中心线。这条中心线，在投影上，与其下前后檐柱的纵向中心线是相互重叠的。

④屋深：指房屋进深的长度。这里的“屋深”，是推算房屋屋顶起举高度的一个依据。若有出挑枓栱的房屋，其屋深指前后橑檐方心的距离；若为不出跳做法者，其屋深则指前后檐檐柱中心线的距离。

⑤瓪（tǒng）瓦厅堂：意为用瓪瓦覆盖屋面的厅堂。瓪瓦，是截面为半圆形的盖瓦，其下底瓦为弧形的仰瓦。瓪瓦在清式建筑中称为“筒瓦”。

⑥通以：意为不论什么进深尺寸的瓪瓦厅堂，通过其屋深之“四分之一”计算，得出什么样的举高基本尺寸，“都要以”如下所述规则，在基本尺寸上，以每尺为基础，计算出应增加的尺寸。

⑦瓪瓦廊屋：意为用瓪瓦覆盖屋面的连廊与舍屋。瓪（bǎn）瓦厅堂：意为用瓪瓦覆盖屋面的厅堂，即盖瓦与底瓦，都用瓪瓦，并将瓪瓦做一正一反布置之瓦顶形式的厅堂。瓪瓦在清式建筑中称为“板瓦”。

⑧瓪瓦廊屋：意为用瓪瓦覆盖屋面的连廊与舍屋。

⑨两椽（chuán）屋：指进深方向仅为两步椽架的房屋。一般是起到不同房屋间连接作用的较窄的走廊，或较小庭院的门房，会用到“两椽屋”的做法。

⑩副阶：即“周匝副阶”的简称。指单层重檐屋顶的下檐部分所覆盖的空间。缠腰：在房屋腰部，直接从屋身外檐檐柱中心线上向外出挑檐椽与飞椽及覆盖望板屋瓦，而不在外檐柱外另外增加承檐柱的下层屋檐，或位于两个结构层间之附加层且无外加承檐柱的屋檐，叫作“缠腰”。有时，缠腰会做成仅在房屋某一个立面出现，而不环绕全屋的“披檐”形式。

【译文】

计算房屋屋顶起举的做法：如果是殿阁楼台等有枓栱的高等级建筑，先量其前后橑檐方中心线的距离，并将这一距离长度分为三份，如果是较低等级的余屋，且采用的是无枓栱的柱头作做法，或虽有枓栱，但其枓栱亦采用不出跳做法时，则以房屋前后檐的檐柱中心线距离为准。然后以橑檐方上皮的标高为基点，以所量前后橑檐方心（或前后檐柱柱心）距离的三分之一为其起举高度，这一高度即是该房屋脊槫上皮的标高。例如，若其屋进深距离为3丈，则其举高即为1丈，诸如此类。若是以瓪瓦覆盖的厅堂，则以其进深距离的四分之一为基础；再在这一基础高度上，每1尺增加0.08尺，并以增加后的总长度为其起举高度。若是以瓪瓦覆盖的廊屋或是以瓪瓦覆盖的厅堂，则在其进深距离四分之一的基础上，采用每1尺增加0.05尺的计算方法；或若是以瓪瓦覆盖的廊屋等更低等级的房屋，则在其进深四分之一的基础上，采用每1尺增加0.03尺的计算方法，求出其屋的起举高度。如果是进深仅为两步椽架的连廊门舍，则直接采用其进深距离的四分之一为其举高，而不再做任何增加；如果是周匝副阶或缠腰部位，其出檐屋顶则以其副阶进深距离或缠腰之檐口出挑距离的二分之一，作为其起举的高度。

折屋之法[①]：以举高尺丈，每尺折一寸[②]，每架自上递减半为法[③]。如举高二丈，即先从脊槫背上取平[④]，下至橑檐方背[⑤]，其上第一缝折二尺[⑥]；又从上第一缝槫背取平[⑦]，下至橑檐方背，于第二缝折一尺[⑧]。若椽数多，即逐缝取平[⑨]，皆下至橑檐方背，每缝并减上缝之半[⑩]。如第一缝二尺，第二缝一尺，第三缝五寸，第四缝二寸五分之类。如取平，皆从槫心抨绳令紧为则[⑪]。

如架道不匀[⑫]，即约度远近，随宜加减[⑬]。以脊槫及橑檐方为准。

若八角或四角斗尖亭榭[⑭]，自橑檐方背举至角梁底[⑮]，五分中举一分；至上簇角梁[⑯]，即二分中举一分。若亭榭只用瓪瓦者，即十分中举四分。

【注释】

①折屋之法:宋式房屋屋顶举折制度中,确定屋顶下折曲线各个关节点的方法。

②以举高尺丈,每尺折一寸:自脊槫而下的第一椽步架,即上平槫背上的标高确定,是按照屋顶举高尺寸的十分之一下折而得出的。

③每架自上递减半为法:宋式屋顶折屋之法,从脊槫向下,每一步架,其起举高度下折的尺寸,一般情况下,取上一步架下折尺寸的二分之一。例如,上平槫下之中平槫背上的标高确定,是按照屋顶举高尺寸的二十分之一下折而得出的。架,一般指的是屋顶的椽步架,即位于一步椽架两端的槫,故这里的“架”,即指支撑其上屋椽的平槫。

④先从脊槫背上取平:将以屋深之四分之一作为举高,所确定的脊槫背标高作为求取屋顶举折曲线的上端基准点。

⑤下至橑檐方背:上自脊槫背(上皮)中线点,向前后橑檐方背(上皮)中线点做连线,此一连线即为推算屋顶举折曲线的基准线。

⑥其上第一缝:指位于脊槫下侧的第一步椽架,即上平槫架。这里的“缝”,是“槫架中心线”的意思。上平槫架及其下的中平槫架、下平槫架,均为对称布置在脊槫前后两侧的两个槫架。其屋顶举折曲线,一般也是以脊槫为中心,呈对称状态求取的。

⑦又从上第一缝槫背取平:即以下折后确定的上平槫背(上皮)中线点为第二个标准点,将前后两个第一缝槫背各与前后橑檐方背(上皮)中线点做连线,作为推算下一个步架槫背标高的基准线。

⑧第二缝:指位于中平槫之下又一椽步架上的槫架,一般仍可能是一根处在稍低位置上的中平槫。这一槫架中心线,距离脊槫中心线,有两个椽步架的距离,故称“第二缝”槫架。其做法仍是从这一架槫背(上皮)中心线各向前后橑檐方背(上皮)中心线做连线,以求取下一缝槫架的下折标高。

⑨逐缝取平:即先自脊槫背取平,形成与前后橑檐方背的连线;再以前后上平槫背取平,形成与前后橑檐方背的连线;依次递推,直至由屋顶最下一层平槫,如下平槫(或牛脊槫)的中心线,所形成的与前后橑檐方背的连线。每一槫架,都是以经过推算下折后所取的标高为基准,再与前后橑檐方背加以连线的,故称"逐缝取平"。

⑩每缝并减上缝之半:这里所指的是在屋顶举折曲线中,每一槫架的下折尺寸取上一槫架下折尺寸的二分之一,即每缝下折的尺寸,都要比上一缝的下折尺寸减少一半。

⑪如取平,皆从槫心抨绳令紧为则:其意是说,在做某一槫架背(上皮)中心线与前后橑檐方背(上皮)中心线的连线时,一定要用直线,才能称为"取平"。在实际的梁架施工中,亦须通过将两点连线用绳紧绷,再在下一槫架缝上,取其下折尺寸,方能找到下一平槫上皮的准确标高点。

⑫架道不匀:一般的折屋之法,是按照均匀分布的架道尺寸确定每一槫架的下折尺寸的,但有时亦可能出现架道不均匀的情况。架道,指屋顶椽步架,即上下两根平槫之间的水平距离。

⑬约度远近,随宜加减:指在出现架道不均匀的情况时,对下一槫架上皮标高的下折尺寸,要根据其架道距离与标准架道距离的差别,加以适当的调整,以使屋顶的举折曲线比较圜和流畅。

⑭斗尖亭榭:这里的"斗尖",其繁体字为"鬬尖",即屋顶有若干斜梁,相互斗(鬬)角簇拥,形成尖顶形式,故称"斗尖"。斗尖屋顶,多出现在多角形平面的亭榭建筑中,也会出现在多角形平面的塔阁建筑中。清式建筑中,将这种斗尖式屋顶,称之为"攒尖"屋顶。

⑮自橑檐方背举至角梁底:这是斗尖亭榭屋顶起举的一种方法,是其屋顶起举的第一步,即从多角形平面亭榭各面的橑檐方背(上皮)中线为基准点,以各角角梁尾部下皮标高为第一步起举高

度。这一步的起举高度，为步架（自橑檐方心至角梁尾，亦即斗尖屋顶中心枨杆与角梁相交处的中心点）长度的五分之一。

⑯上簇角梁：即置于各角角梁之上，斗尖簇拥，形成尖状屋顶构架的角梁。

【译文】

计算房屋举折制度中各平槫位置下折尺寸的方法：以依据前文所言方法计算而出的举高尺寸，第一槫架上皮标高，按照举高尺寸的十分之一下折，之下的每一槫架各比上一槫架的下折尺寸减少二分之一。如经过计算的举高为20尺，即先以脊槫上皮中心线为基准点，与前后檐屋檐下的橑檐方上皮中心线做一连线，然后在脊槫下的第一槫缝（上平槫中心线）处下折2尺；再从这第一缝槫上皮中心线向橑檐方上皮中心线做一连线，接着在脊槫下第二缝（中平槫中心线）处下折1尺。如果屋顶梁架上槫数较多，则将每一新定槫架上皮中心线与檐下橑檐方上皮中心线做一连线，并在其下一缝槫架处，按上一缝槫架所折尺寸的二分之一计算此缝槫架的下折尺寸。如第一缝下折2尺，第二缝下折1尺，第三缝下折0.5尺，第四缝下折0.25尺，如此等等。若在各槫架上皮中心与橑檐方上皮中线做连线时，都务必要使其线为紧绷的直线。

如果屋顶各槫之间的距离分布不均，槫架之间的架道距离不同，则应依据每两槫架间的距离大小，对相应槫架下折尺寸做随宜的增加或减少。但仍应以最先确定的脊槫上皮中心线与檐下橑檐方上皮中心线的连线为基准，来进行逐点下折的尺寸推算。

如果是平面为八角形或四角形的斗尖亭榭，其屋顶举折则先从橑檐方上皮上举至角梁尾部下皮的位置，即按这两点间水平距离的五分之一计算其起举高度；在角梁背上再起上簇角梁时，则以其起举点至亭榭中心点距离的二分之一计算其起举高度，即上簇角梁的起举高度是其步架长度的二分之一。若这一亭榭是只用瓪瓦的较低等级的亭榭，则其簇角梁的起举高度仅取其步架长度的十分之四。

簇角梁之法[1]：用三折[2]，先从大角梁背自橑檐方心，量向上至枨杆卯心[3]，取大角梁背一半，并上折簇梁[4]，斜向枨杆举分尽处[5]；其簇角梁上下并出卯，中下折簇梁同。次从上折簇梁尽处，量至橑檐方心，取大角梁背一半，立中折簇梁[6]，斜向上折簇梁当心之下[7]；又次从橑檐方心立下折簇梁，斜向中折簇梁当心近下。令中折簇角梁上一半与上折簇梁一半之长同。其折分并同折屋之制[8]。唯量折以曲尺于弦上取方量之[9]。用瓪瓦者同。

右入“大木作制度”。

【注释】

①簇角梁之法：用于多角平面的斗尖亭榭屋顶，通过在各角角梁背上安置向亭榭中心上部枨杆相簇的斜梁，以形成斗尖式结构的屋顶做法。

②用三折：指多角平面亭榭屋顶各角角梁背上所施簇角梁，是通过三折的做法，形成其屋顶的反宇曲线形式的。

③枨（chéng）杆卯心：枨杆，在这里是指多角平面亭榭屋顶中心向下垂立的一根木柱，各个方向的上簇角梁尾部，会通过榫卯与这根中心枨杆的下端相连，既起到结构的相互支撑作用，也起到斗尖屋顶之中心尖顶的造型基础作用。

④并：《法式》文本中，在这里特别用了“并”的异体字“竝”字，而未用“并”之繁体字“並”，推测作者在表述中另有深意。

⑤枨杆举分尽处：多角平面亭榭中心枨杆的下端，一般是位于通过簇角梁法推算出的各角上簇角梁的上端，即上簇角梁起举高度的位置上，故这里所称“枨杆举分尽处”，是指斗尖屋顶起举的最高标准点。在这一标高点上，各个方向的簇角梁尾端榫卯与中心枨

杆下端相互交接嵌合，以形成簇角梁斗尖屋顶的核心结构。

⑥取大角梁背一半，立中折簇梁：即将多角形平面亭榭各角角梁背的中点，作为中折簇梁下端的起点，由此处向上斜置中折簇梁。

⑦斜向上折簇梁当心：指以上折簇梁的中心点为中折簇梁上端的结束点。换言之，中折簇梁的两端分别与各角的大角梁背中心点、上折簇梁背的中心点相接，以形成较为圜和圆润的斗尖屋顶举折曲线。

⑧其折分并同折屋之制：指斗尖亭榭屋顶在确定每一下折标准点时，都是自枨杆举分尽处与橑檐方背（上皮）中心线之间，先以紧绷之线做直线，再在各相应点，如各角角梁中点、上折簇梁中点等位置上，以相应的标高下折，如折角梁步架的五分之一或折上簇角梁步架的二分之一等，故称“折分并同折屋之制”。

⑨以曲尺于弦上取方量之：在确定每一下折点的尺寸时，是采用工匠习用的曲尺，以其一边贴住所拟下折的位置，如大角梁背的中心点等，以另一直角边与其上所紧绷直线相对应，量取这一直线与下折点之间的垂直距离，以作为该点下折尺寸的计算依据。

【译文】

用簇角梁架构多角平面斗尖式屋顶的做法：将角梁与其上的簇角梁按照三折的形式，形成斗尖屋顶的结构形式，先从大角梁背与橑檐方相接的位置，以橑檐方中心线为基准，向上量至位于多角平面中心上端之枨杆的中心点，作为斗尖屋顶起举之上端标准点，在大角梁背一半的位置，即大角梁的中心点，作为上折簇梁下端的起点，在各个方向的角梁背中点，并立斜向中心枨杆尾端，即之前所定之屋顶起举高度标准点；在簇角梁的上端与下端都凿出榫卯，中折簇梁与下折簇梁也一样。然后从上折簇梁尾端，即该屋顶起举高度标准点，向橑檐方心连线，自大角梁背的中点，立中折簇梁，并将中折簇梁上端斜置向上，与上折簇梁中点相接；再从橑檐方心之上立下折簇梁，将下折簇梁上端斜置向上，与中折簇梁中点偏下的位置相接。使中折簇角梁的上一半与上折簇梁一半的长度相同。其屋顶举折之各下折点的做法，与前文所说其他屋顶的折屋做法相同。只是在量度下折尺寸时应用曲尺，以曲尺之一侧紧贴于下折位置之斜面上，向上量取下折尺寸。用瓪瓦覆盖的斗尖屋顶，其下折尺寸的推定做法与之相同。

以上条款，会在“大木作制度”中做进一步阐述。

诸作异名

【题解】

所谓“诸作”，指的是古代营造过程中由各个不同工种组成的匠作体系，诸如与沟渠及墙垣、房屋地基有关的壕寨作，与石制勾阑、台基、踏阶有关的石作，与屋柱、阑额、檐下枓栱、梁架、屋盖有关的大木作，与房屋门窗、室内吊顶、院落篱笆有关的小木作，与墙面抹灰等有关的泥作，与墙体砌筑有关的砖作，与砖瓦等烧制有关的窑作，以及这篇文字中未提及的彩画作等，都属于中国古代匠作体系的组成部分。

作为一个复杂体系的房屋营造，会涉及许多不同的结构、构造与装饰组成部分，每一部分又由一些不同的构件，即所谓“名件”组成。由于中国是一个地域广大的国家，又有着数千年发展史，因此房屋营造中各组成部分、各不同匠作所面临的不同构件，其名称都曾因地域差别与历史变迁而有所不同。本篇文字即对其中一些典型构件名称之间的差异加以举证。详细的诸作名称差异，会在卷第一《总释上》、卷第二《总释下》及各作制度中加以展开论述，此处只做一个简单的介绍与梳理。

今按群书修立“总释”①，已具《法式》净条第一、第二卷内②，凡四十九篇③，总二百八十三条④。今更不重录。

看详——

屋室等名件[5]，其数实繁。书传所载，各有异同；或一物多名，或方俗语滞[6]。其间亦有讹谬相传，音同字近者，遂转而不改，习以成俗。今谨按群书及以其曹所语[7]，参详去取[8]，修立"总释"二卷。今于逐作制度篇目之下，以古今异名载于注内，修立下条：

【注释】

①总释:《法式》文本中置于全书之开篇，对于各种与房屋营造有关的古今名词术语（包括部分房屋构件及营造做法之名称）的一个总览性的陈述与解释。

②净条:此指就某一名件或做法所列的每一独立条目。第一、第二卷内:《法式》正文是从"总释"开始的，也就是说，《法式》作者并未将《总释》之前的三篇文字，即《进新修〈营造法式〉序》《劄子》《看详》纳入《法式》文本的正文之中，故这里将《总释上》与《总释下》，称为第一、第二卷。

③凡四十九篇:指《总释》所包含的第一、第二卷内，共有49篇文字，其中48篇为名词术语，另有一篇为对书中某些做法与名称加以说明的"总例"。

④总二百八十三条:以每一篇各以一个名件或做法术语为题材，罗列历史群书中有关这一名件或做法的古今名称及描述，从而形成了283个具体的条目。这283条，是《总释》部分所包括的48篇名词术语与一篇"总例"之下的全部条目。

⑤名件:《法式》中的"名件"，一般指组成房屋建筑的各个结构构件或装饰部件。

⑥方俗语滞:指《法式》中所涉及的名词术语与营作制度中所保留的某些地方俗语，或工匠之间流传的某些习惯说法的总称。

⑦其曹所语:《诗经·大雅》有言:"既登乃依,乃造其曹。"《毛诗正义》释之:"宾已登席坐矣,乃依几矣。曹,群也。"可知,"曹"有"群""类"意,则这里的"其曹所语"意为当时的营造业及工匠间所习惯之用语。

⑧参详:斟酌,仔细体会。去取:有删繁就简、去粗取精之意。

【译文】

今谨依据历代经传史籍的诸种名词术语修立"总释",已经完成了《法式》中各相关独立条目,将之罗列于第一、第二卷内,两卷内容包含49个小节,共有283个详细条目。这里不再重复列出。

看详——

宫室房屋各个方面的物件名称,其数量庞杂,定义繁细。书传中与之相关的记载,也各有异同;或一个物件,多种名称;或其名称术语中掺杂了不同地方的方言俗语或匠人间的习惯用语,这些也渐已成为人们的习惯说法。其间也有以讹传讹,未必正确的词语用法,抑或仅是发音相同字义接近者,也就将就使用,渐次流传而未加纠正,遂习用而约定成俗。现在谨按照历代书籍中的说法,以及行业惯用及工匠口传的一些术语,详加斟酌,删繁就简,去粗取精,编辑整理出"总释"二卷。现于逐作制度的篇目之下,将古今不同的名词称谓,分别罗列于每一术语的注解之内,修立如下诸条款:

墙[①]。其名有五:一曰墙,二曰墉,三曰垣,四曰獠,五曰壁。

右入"壕寨制度"[②]。

柱础[③]。其名有六:一曰础,二曰碽[④],三曰碣[⑤],四曰磌[⑥],五曰碱[⑦],六曰磉[⑧];今谓之石碇[⑨]。

右入"石作制度"[⑩]。

【注释】

①墙：关于“墙”及与之相关的诸名词术语的定义与解释，已见于本卷前文“墙”条之下，这里不再重复。

②壕寨：是自五代至宋、辽、金、元间流行的一个术语。最初指军事设施中的壕沟与堡寨，后渐渐演变成与城市、房屋营造及水利工程中的土作夯筑等工程相联系的工程术语，包括地面找平，建筑方位确定及城池、壕沟、墙垣、堤岸、道路、排水涵洞修建等类如今日市政工程所覆盖的工程范围，似均可纳入壕寨制度范畴之内。

③柱础：即房屋立柱下所设的石质基础。一般分为两个部分：一部分是埋入地面之下的较大的方形石块；另一部分是露出地表，支撑屋柱的多是圆形或其他形式的经过雕刻的柱础墩台。

④碛（zhì）：《太平御览·居处部》引《说文》曰：“碛，柱下石也。古以木，今以石。”则可知“碛”是位于柱础与其上立柱之间的一个过渡性垫托构件，有阻隔地下水分沿柱身向上渗透的功能。故在宋代以前，似也曾有用木质材料制作者，称为“椟”。亦泛指柱础。

⑤舄（xì）：亦可释为“柱下石”，与“础”义相类。如东汉张衡《西京赋》：“雕楹玉舄，绣栭云楣。”这里的“玉舄”似指柱础。

⑥磌（tián）：卷第一《总释上》“柱础”条：“《博雅》：磌，（音真，又徒年切。）碛也。”则“磌”之义，与“碛”相类。

⑦磩：其字有两音，一为“qì”，意为“台阶”；一为“zhú”，意为柱下石；故此处应以音为“zhú”读之，并理解为与柱础相类之物。

⑧磉（sǎng）：卷第一《总释上》“柱础”条：“《义训》：舄谓之磉。（音颡，今谓之石锭，音顶。）”则“磉”与“舄”相类，也可理解为“柱础”。但自元代以后的木构建筑中，往往会在柱础之下，另施石头或砖砌筑的基墩，称为“磉墩”。

⑨石碇（dìng）：岸边系船的石墩。似也曾被引申为柱础。

⑩石作：古代建筑营造中，与石材的加工与筑造有关的工程，如房屋

台基、石制勾阑、桥梁、柱础、碑碣以及山棚锭脚石等，都可纳入石作的范畴之内。

【译文】

墙。与之相类的名称有五：一为墙，二为墉，三为垣，四为墩，五为壁。

以上这一条，归入“壕寨制度”。

柱础。与之相类的名称有六：一为础，二为礩，三为碣，四为磌，五为碱，六为磉；今日称之为“石碇”。

以上这一条，归入“石作制度”。

材[①]。其名有三：一曰章[②]，二曰材，三曰方桁[③]。

栱[④]。其名有六：一曰閞[⑤]，二曰槉[⑥]，三曰欂[⑦]，四曰曲枅[⑧]，五曰栾[⑨]，六曰栱。

飞昂[⑩]。其名有五：一曰櫼[⑪]，二曰飞昂，三曰英昂[⑫]，四曰斜角[⑬]，五曰下昂[⑭]。

爵头[⑮]。其名有四：一曰爵头，二曰耍头[⑯]，三曰胡孙头[⑰]，四曰蜉蜒头[⑱]。

枓[⑲]。其名有五：一曰楶[⑳]，二曰栭[㉑]，三曰栌[㉒]，四曰楷[㉓]，五曰枓。

平坐[㉔]。其名有五：一曰阁道[㉕]，二曰墱道[㉖]，三曰飞陛[㉗]，四曰平坐，五曰鼓坐[㉘]。

【注释】

①材：是《法式》中最为重要的概念之一。梁注：“材是一座殿堂的枓栱中用来做栱的标准断面的木材，按建筑物的大小和等第决定用材的等第。除做栱外，昂、枋、襻间等也用同样的材。”材，既是房屋营造中以栱为代表的一类构件的标准断面，同时也是一座房屋设计与施工的基本模数单位。房屋内的梁、柱等构件尺寸，甚

或房屋的开间、进深等较为重要的尺寸，也多以其屋所用材的高度为基本模数而加以推算。

②章：大木材。《史记·货殖列传》："水居千石鱼陂，山居千章之材。"南朝宋裴骃《集解》引如淳曰："章，大材也。"

③方桁（héng）：桁，房屋屋顶梁架，或门框、窗框上所用横木。如清式建筑中的檩子，即称"桁"。古义中，似取其木枋之义。《文选·何晏〈景福殿赋〉》："桁梧复叠，势合形离。"唐李善注："桁，梁上所施也。'桁'与'衡'同。"这里的"桁梧复叠"，透露出"桁"类如屋柱上所叠施之柱头方、罗汉方、襻间之类，其截面与其屋所用之栱（即材）的断面相同，故这里的"方桁"与"材"有相通之义。

④栱（gǒng）：《尔雅·释宫》："杙谓之杙，在墙者谓之楎，在地者谓之臬，大者谓之栱，长者谓之阁。"杙、杙、楎，均有小木桩之义，则"栱"之本义似为较大的木桩。后渐渐形成房屋屋檐下专门承托屋檐的枓栱体系的主要构件。于立柱和横梁之间成弓形，与方形木块纵横交错层叠构成枓栱，逐层向外挑出形成上大下小的托座，兼有装饰效果。今人多有将"栱"与"拱"通用者，误。拱，与"拱券""尖拱券""拱手"等具有动感的圆弧形式有关。中国古代建筑中的"栱"不具备这一特征，故仍宜用其专用词"栱"。

⑤閞（biàn）：意似为门侧立柱上所用之栱。《尔雅·释宫》："閞谓之槉。"《尔雅注疏》："柱上欂也。亦名'枅'，又曰'楷'。"欂，即指栱，则"閞"之义亦为栱。

⑥槉（jí）：《尔雅·释宫》："閞谓之槉。"则其义与"閞"同，亦为栱。

⑦欂（bó）：《尔雅注疏》："柱上欂也。亦名'枅'，又曰'楷'。"其义为栱。

⑧曲枅（jī）：即为栱。《太平御览·居处部》引《广雅》曰："薄谓之枅。曲枅谓之栾。"又引东汉王延寿《灵光殿赋》曰："曲枅夭矫

而环勾。”似都暗示“曲枅”即柱上之栱。枅，为柱上方木。

⑨栾（luán）：《艺文类聚·居处部》引晋左思《吴都赋》：“雕栾镂楶，青锁丹楹。”又引《魏都赋》：“枌橑复结，栾栌叠施。”以“栾栌”相连，则“栾”与“栱”义十分接近。

⑩飞昂：昂，抬起，仰起，举起。古与“枊”字通。在营造制度中，指与枓栱交错叠合的斜置构件，有斜置向上的感觉，故称“飞昂”。其断面尺寸与栱相同，亦为一材。

⑪欂（jiān）：即枓拱。据《文选·何晏〈景福殿赋〉》：“欂栌各落以相承，栾栱夭蟜而交结。”唐李善注：“欂，即枊也。”又：“飞枊鸟踊。”唐李善注：“飞枊之形，类鸟之飞。……今人名屋四阿栱曰欂枊也。”

⑫英昂：指飞昂。卷第一《总释上》“飞昂”条：“刘梁《七举》：‘双覆井菱，荷垂英昂。’”此似是史料中唯一提到“英昂”的地方。但未见有提到“英昂”与木构营造中“飞昂”之关系的描述。

⑬斜角：指飞昂。卷第一《总释上》“飞昂”条：“《义训》：斜角谓之飞棉。”《法式》所引亦似文献中仅见的“斜角”与飞昂关系的一处描述。只是，此处的“昂”，用了“棉”字。

⑭下昂：即昂尖向下的飞昂。卷第一《总释上》“飞昂”条所言：“今谓之下昂者，以昂尖下指故也。下昂尖，面䫜下平。”

⑮爵头：这里的“爵头”，系位于木构营造枓栱体系中出挑枓栱最上一层栱或昂上与令栱（清式建筑称“厢栱”）相交处，并向外伸出，形如飞雀伸出的头部，即爵之前端的木构件。爵头，鸟雀的头。爵，与“雀”通，指鸟的一种，其羽毛为赤黑色。

⑯耍头：为木作营造枓栱体系中“爵头”的俗称。卷第一《总释上》释“爵头”：“《释名》：上入曰爵头，形似爵头也。（今俗谓之耍头，……）”

⑰胡孙头：意同“耍头”。卷第一《总释上》释“爵头”：“《释名》：上

入曰爵头，形似爵头也。（今俗谓之耍头，又谓之胡孙头。……）”

⑱蜉蜙（bō zōng）头：意同“耍头”，似为宋时北方人对“耍头”的称谓。仍如卷第一《总释上》释“爵头”：“《释名》：上入曰爵头，形似爵头也。（今俗谓之耍头，又谓之胡孙头。朔方人谓之蜉蜙头。蜉，音勃；蜙，音纵。）”

⑲枓（dǒu）：古代木作营造之枓栱体系中的垫托构件，类如古代衡量器具中的斗或升，多位于栱之下，以承托其上之栱，合称“枓栱”，今亦可写作“斗栱”“斗拱”。

⑳楶（jié）：木作营造枓栱体系中起垫托作用的木块。《艺文类聚·居处部》引东汉王延寿《鲁灵光殿赋序》：“云楶藻棁，龙桷雕镂。”又引晋左思《吴都赋》：“雕栾镂楶，青锁丹楹。”都似将“楶”“栱（栾）”或“端柱（棁）”并列言之，所指疑即承托栱的枓，或短柱上所承之枓（枓子蜀柱）。

㉑栭（ér）：柱上支撑大梁的方木。《尔雅·释宫》：“栭谓之楶。”《尔雅注疏》曰：“即栌也。”《艺文类聚·居处部》引东汉张衡《西京赋》：“雕楹玉碣，绣栭云楣。”“栭”与“楶”似为先秦与汉魏时人对“枓”的称谓。

㉒栌（lú）：柱头上所施大枓，系木作枓栱体系中位于一组枓栱最下面，承托整组枓栱的大枓。卷第一《总释上》“枓”条原文引《释名》：“卢在柱端。都卢，负屋之重也。”梁注本改为：“栌在柱端。都卢，负屋之重也。”宋人吴曾撰《能改斋漫录》卷六：“《新唐书·元载传》及李肇《国史补》载：‘客有赋《都卢寻橦篇》讽其危，载泣下而不知悟。’夫都卢寻橦，缘竿之伎也，见《西京杂记》。……张衡《西京赋》：‘都卢寻橦。’《唐书音训》曰：‘寻橦，卢会山名。其土人善缘橦竿。’然不著所出。予按，《汉书》曰：‘自合浦南，有都卢国。’《太康地志》曰：‘都卢国，其人善缘高。’”由此似可推测，古人想象位于柱端之大枓，如都卢人，善于缘高

而至橦竿之顶，故称“栌枓”。故“栌枓”之谓，或从“都卢”国人“善寻橦缘竿”而来，亦未可知。

㉓楷（tà）：柱上支承大梁的方木，即“枓”。《尔雅·释宫》：“閞谓之槉。”晋郭璞注：“柱上欂也。亦名‘枅’，又曰‘楷’。”郝懿行义疏：“楷，亦沓也。柱头交处横小方木，令上下合，故谓之沓。”前文指“欂”为“栱”，这里虽言“楷”与“欂”相类，但所指当为“枓”，则在汉晋时期，“枓”与“栱”在区分上似乎还不那么确定。

㉔平坐：古代多层或高层木构建筑之间用作下层之屋顶与上层之地面间的一个结构层。有时会以枓栱、木方、地面版等形成出挑，以做可登临眺望之平台者，称为“平坐”。据《隋书·何稠传》：“于内复起须弥平坐，天子独居其上。”这里的“平坐”，更像是一个台座。

㉕阁道：似指高架于半空的通道。“阁道”一词，在秦代时已出现，如《史记·秦始皇本纪》：“周驰为阁道，自殿下直抵南山。”又《三国志·吴书·刘繇传》：“下为重楼阁道，可容三千余人。”卷第一《总释上》“平坐”条：“张衡《西京赋》：阁道穹隆。（阁道，飞陛也。）”飞陛，意为凌空飞架之“陛”。“陛”有台阶、台座意，这里的“飞陛”意指“平坐”。

㉖墱（dèng）道：其意与“阁道”相类，似为高架于半空的通道。《艺文类聚·居处部》引东汉班固《西都赋》：“修途飞阁，夌墱道而超西墉。”这里的“夌”与“凌”相通，有凌空之义；则“墱道”与“平坐”“阁道”其意相通。

㉗飞陛：如上文“阁道”条所言：“阁道，飞陛也。”意为凌空飞架之台座，则可与“平坐”之义相通。

㉘鼓坐：卷第一《总释上》“平坐”条：“《义训》：阁道谓之飞陛，飞陛谓之墱。（今俗谓之平坐，亦曰鼓坐。）”可知“鼓坐”是“平坐”的又一俗称。

【译文】

材。与之相类的名称有三：一为章，二为材，三为方桁。

栱。与之相类的名称有六：一为閞，二为槉，三为欂，四为曲枅，五为栾，六为栱。

飞昂。与之相类的名称有五：一为櫼，二为飞昂，三为英昂，四为斜角，五为下昂。

爵头。与之相类的名称有四：一为爵头，二为耍头，三为胡孙头，四为蜉蜒头。

枓。与之相类的名称有五：一为楶，二为栭，三为栌，四为楷，五为枓。

平坐。与之相类的名称有五：一为阁道，二为墱道，三为飞陛，四为平坐，五为鼓坐。

梁[1]。其名有三：一曰梁，二曰杗廇[2]，三曰欐[3]。

柱[4]。其名有二：一曰楹[5]，二曰柱。

阳马[6]。其名有五：一曰觚棱[7]，二曰阳马，三曰阙角[8]，四曰角梁[9]，五曰梁抹[10]。

侏儒柱[11]。其名有六：一曰棁[12]，二曰侏儒柱，三曰浮柱[13]，四曰棳[14]，五曰上楹[15]，六曰蜀柱[16]。

斜柱[17]。其名有五：一曰斜柱，二曰梧[18]，三曰迕[19]，四曰枝樘[20]，五曰叉手[21]。

栋[22]。其名有九：一曰栋，二曰桴[23]，三曰檼[24]，四曰棼[25]，五曰甍[26]，六曰极[27]，七曰槫[28]，八曰檩[29]，九曰櫋[30]。

搏风[31]。其名有二：一曰荣[32]，二曰搏风。

柎[33]。其名有三：一曰柎，二曰复栋[34]，三曰替木[35]。

椽[36]。其名有四：一曰桷[37]，二曰椽，三曰榱[38]，四曰橑[39]。短椽[40]，其名有二：一曰栜[41]，二曰禁楄[42]。

檐[43]。其名有十四：一曰宇[44]，二曰檐，三曰樀[45]，四曰楣[46]，五曰屋垂[47]，六曰梠[48]，七曰棂[49]，八曰联櫋[50]，九曰橝[51]，十曰房[52]，十一曰庑[53]，十二曰槾[54]，十三曰檐槐[55]，十四曰庿[56]。

举折[57]。其名有四：一曰陠，二曰峻，三曰陠峭，四曰举折。

右入"大木作制度"。

【注释】

①梁：《尔雅·释宫》："宋廇谓之梁。"《尔雅注疏》释之："屋大梁也。"梁，一般为架于房屋柱或墙上，以承托其上屋顶结构的横向大木。

②宋廇（máng liù）：房屋内的大梁。《尔雅注疏》："梁，即屋大梁也。一名'宋廇'。"《说文·木部》："宋，栋也。从木，亡声。"承培元引经证例："屋制，东西架者曰'栋'，南北架者曰'梁'。宋，梁也。"

③欐（lì）：屋梁。《玉篇·木部》："欐，梁栋名。"《列子·力命》："居则连欐，出则结驷。"又《汤问》："余音绕梁欐，三日不绝。"

④柱：房屋中直立而起支撑作用的构件。《尔雅·释言》："支，柱也。相支柱。"《大戴礼记·明堂》："蒿茂大以为宫柱，名'蒿宫'也。"

⑤楹（yíng）：《尔雅注疏》释"楹"："柱也。其梁上短柱名'棁'。"厅堂的前柱，也泛指柱子。《说文·木部》："楹，柱也。"徐锴《系传》："楹之言盈，盈盈对立之状。"

⑥阳马：《艺文类聚·居处部》引三国魏卞兰《许昌宫赋》："见栾栌之交错，睹阳马之承阿。"宋人曾慥《类说·阳马》："何平叔谓屋角梁曰'阳马'。"则"阳马"即房屋屋顶结构中的角梁。

⑦觚（gū）棱：唐苏鹗《苏氏演义》："觚者，棱也。"故其本义为隆起之条棱。《清稗类钞·物品类》释农具"碌碡"："以石为圆筒形，中贯以轴，外施木匡，曳行而转压之，以平场圃，亦以辗禾麦。南

方以木为之，长椭圆形而有觚棱。”宋代木作营造术语中，将“觚棱”引申为角梁。

⑧阙角：唐苏鹗《苏氏演义》：“班固赋曰：‘上觚棱而栖金爵。’此乃阙角者也。”将“阙角”释为“觚棱”，则“阙角”即指角梁。又宋彭乘《续墨客挥犀》引时人诗句：“斜拖阙角龙千丈，潜抹墙腰月半棱。”其中的“阙角”亦似指房屋之翼角，即角梁部位。

⑨角梁：房屋四角承托其上屋顶的斜梁。一般为上、下两层相叠，即大角梁与子角梁。

⑩梁抹（mò）：据卷第一《总释上》“阳马”条：“《义训》：阙角谓之柧棱。（今俗谓之角梁。又谓之梁抹者，盖语讹也。）”则“梁抹”是宋时对“角梁”的一种别称，且是因语讹而出现的一个术语。

⑪侏儒柱：意为短柱、矮柱。侏儒，指患矮小症的人。

⑫棁（zhuō）：在梁上所立短柱。《尔雅注疏》：“其梁上短柱名‘棁’。”

⑬浮柱：卷第一《总释上》“侏儒柱”条：“扬雄《甘泉赋》：抗浮柱之飞榱。（浮柱，即梁上柱也。）”又《艺文类聚·杂文部》引晋陆机《七征》：“云阶飞陛，仰陟穹苍，耸浮柱而虬立，施飞檐以龙翔。”似暗示，“浮柱”乃立于半空之柱，即梁上短柱。

⑭棳（zhuō）：卷第一《总释上》“侏儒柱”条：“《释名》：棳，棳儒也；梁上短柱也。棳儒犹侏儒，短，故因以名之也。”与“侏儒柱”同义，亦为梁上短柱。

⑮上楹：《太平御览·居处部》引《尔雅》曰：“梁上楹谓之棁。”《法式·总释上》：“《鲁灵光殿赋》：胡人遥集于上楹。”棁，为梁上短柱，则“上楹”亦为梁上短柱。

⑯蜀柱：短柱。卷第一《总释上》“侏儒柱”条：“《鲁灵光殿赋》：胡人遥集于上楹。（今俗谓之蜀柱。）”则“蜀柱”为“棁”“上楹”等的俗语别称。

⑰斜柱：倾斜而起到支撑主要构件的斜置木柱。卷第一《总释上》

“斜柱”条：“《义训》：斜柱谓之梧。（今俗谓之叉手。）”

⑱梧：卷第一《总释上》“斜柱”条：“《义训》：斜柱谓之梧。（今俗谓之叉手。）”则“梧”即斜柱，俗称“叉手”。

⑲迕（wǔ）：有“不正”之义。用之于木作营造，则含有与“斜柱”相类之义。

⑳枝樘（chēng）：即为斜柱。卷第一《总释上》“斜柱”条：“《说文》：樘，邪柱也。”

㉑叉手：卷第一《总释上》“斜柱”条：“《义训》：斜柱谓之梧。（今俗谓之叉手。）”叉手，为宋时木作营造中对“斜柱”的俗称。唐宋建筑中，叉手常用于屋内梁架的平梁之上、脊槫之下，呈“人”字形布置，起到承托脊槫的作用。

㉒栋：房屋屋顶结构中起承载屋面功能的条状圆形断面木构件。《周易·系辞下》：“上栋下宇，以待风雨。”“栋”位于房屋上部。卷第二《总释下》“栋”条：“《说文》，极，栋也。栋，屋极也。”又：“《仪礼》：序则物当栋，堂则物当楣。（是制五架之屋也，正中曰栋，次曰楣，前曰庋，九伪切，又九委切。）”则栋，相当于房屋屋顶结构最高且居中的一根承重构件，故称“屋极”。宋时称“脊槫”，清时称“脊檩”。基于这一概念，则“栋”亦可泛指屋内梁架上承托屋盖荷载的槫（或檩）。

㉓桴（fú）：《尔雅·释宫》：“栋谓之桴。”卷第二《总释下》“栋”条：“《西都赋》：列棼橑以布翼，荷栋桴而高骧。（棼、桴，皆栋也。）”则“桴”与“栋”相类，即房屋屋顶结构中起到承重作用的槫（或檩）。

㉔櫼（yìn）：卷第二《总释下》“栋”条：“《尔雅》：栋谓之桴。（屋櫼也。）”即櫼，亦即栋。其狭义，指栋极，即脊槫；其泛义，可指屋顶结构中的“槫”（或檩）。

㉕棼（fén）：卷第二《总释下》“栋”条：“《说文》，极，栋也。栋，屋极也。櫼，棼也。”又：“《西都赋》：列棼橑以布翼，荷栋桴而高骧。

（棼、桴，皆栋也。）”则“棼”与“檼”“桴”等义相通，亦为屋顶结构中的槫（或檩）。

㉖甍（méng）：《水经注 • 渐江水》：“山中有三精舍，高甍凌虚，垂檐带空，俯眺平林。”卷第二《总释下》“栋”条：“《释名》：屋脊曰甍；甍，蒙也，在上蒙覆屋也。”又：“《义训》：屋栋谓之甍。（今谓之槫，亦谓之檩，又谓之櫋。）”则“甍”为屋脊义，可以引申为栋极、脊槫，并进一步引申为“屋栋”，即屋槫（或檩）。

㉗极：尽端，顶点，用于木作营造，可转义为栋极；并与“栋”“甍”等义通，一般指脊槫（或脊檩）。

㉘槫（tuán）：圆形物件，宋代用于指代房屋屋顶结构中的主要承重构件。其义与“栋”“檩”等通，一般位于屋顶结构的梁栿之上，以承托屋椽等屋盖荷载。

㉙檩（lǐn）：义与“槫”通，指位于屋顶结构梁栿之上，承托屋椽等屋盖荷载的长条状构件。较为常见者为圆形截面。宋式建筑中多称为“槫”，清式建筑中多称“檩”，亦称“桁”。

㉚櫋（mián）：卷第二《总释下》“栋”条：“《义训》：屋栋谓之甍。（今谓之槫，亦谓之檩，又谓之櫋。）”则“櫋”似与“栋”“甍”“槫”“檩”等之义相类。又有房屋檐口部位的连檐木之义，称“檐櫋”。见后文“檐”。

㉛搏风：卷第二《总释下》“搏风”条：“《义训》：搏风谓之荣。（今谓之搏风版。）”又：“《说文》：屋梠之两头起者为荣。”屋梠，即屋檐。屋檐两头，则指房屋两侧山面之檐，故“荣”或“搏风版”，即房屋两山屋檐处的一种建筑处理方式。一般出现于悬山或歇山屋顶的两山檐口处，略与两山檐口处的封檐版相类。

㉜荣：房屋之檐翼。如卷第二《总释下》“搏风”条：“《仪礼》：直于东荣。（荣，屋翼也。）”又：“《说文》：屋梠之两头起者为荣。”则“荣”即搏风版。

㉝柎（fù）：卷第二《总释下》“柎”条：“《鲁灵光殿赋》：狡兔跧伏于柎侧。（柎，枓上横木，刻兔形，致木于背也。）”则“柎”系房屋枓栱体系中，由枓承托之构件。其上再承其他木质构件，即所谓“致木于背”。

㉞复栋：卷第二《总释下》“柎”条：“《义训》：复栋谓之棼。（今俗谓之替木。）”棼，如上文所注，与“栋”“槫”“檩”相类，则“复栋”者，即这里指俗语所称的“替木”，为房屋枓栱体系中，置于枓口之上，并承托其上构件的一种垫托性构件。

㉟替木：依上条“柎”及“复栋”之注，“替木”为“柎”与“复栋”的俗称。

㊱椽（chuán）：位于屋槫（或檩）之上，承托屋面荷载之圆形截面条状木构件。卷第二《总释下》“椽”条：“《说文》：秦名为屋椽，周谓之榱，齐鲁谓之桷。”

㊲桷（jué）：义与“椽”通。《说文·木部》：“秦名为屋椽，周谓之榱，齐鲁谓之桷。”又卷第二《总释下》“椽”条引《说文》：“椽方曰桷。”则“桷”为方形截面之椽。

㊳榱（cuī）：《说文·木部》：“秦名为屋椽，周谓之榱。”则“榱”与“椽”之义相类。卷第二《总释下》“椽”条引《释名》：“椽，传也，传次而布列之也。或谓之榱，在檼旁下列，衰衰然垂也。”

㊴橑（liáo）：卷第二《总释下》“椽”条：“《博雅》：榱、橑（鲁好切）、桷、梀，椽也。”《太平御览·居处部》引《通俗文》曰：“屋加椽曰‘橑’。（来早切。）”橑，即屋椽。

㊵短椽：卷第二《总释上》“阳马”条：“屋四角引出以承短椽者。”可知“短椽”位于屋四角之角梁处，相当于“翼角椽”。但与接近放射状斜向布置的翼角椽不同之处在于，短椽为平行分布于檐下翼角部位的椽，因其平行布置，故椽形渐短。这种做法曾流行于中国南北朝时期的建筑中；唐宋以后，渐渐被翼角椽做法所取代；日

本古代木构建筑中,仍然较多保留了翼角短椽的做法。

㊶棟(sù):卷第二《总释下》"椽"条引《说文》:"短椽谓之棟。(耻绿切。)"又《博雅》:"榱、橑(鲁好切)、桷、棟,椽也。"棟,亦为椽,即短椽。

㊷禁楄(pián):卷第二《总释下》"椽"条:"《景福殿赋》:爰有禁楄,勒分翼张。(禁楄,短椽也。楄,蒲沔切。)"即短椽。

㊸檐:《论衡·四讳》:"毋承屋檐而坐,恐瓦堕击人首也。"则"檐"指屋顶四边悬出部分,其上覆瓦。古代建筑之檐,具有等级标识作用。卷第二《总释下》"檐"条:"《礼》:复廇重檐,天子之庙饰也。"则"重檐"即是高等级建筑的重要标志之一。

㊹宇:《周易·系辞下》:"上栋下宇,以待风雨。"卷第二《总释下》"檐"条:"《说文》:秦谓屋联櫋曰楣,齐谓之檐,楚谓之梠。……宇,屋边也。"又引《释名》:"宇,羽也,如鸟羽自蔽覆者也。"即屋之四边,亦即屋檐。

㊺樀(dí):屋檐。卷第二《总释下》"檐"条:"《尔雅》:檐谓之樀。(屋梠也。)"

㊻楣(méi):前梁,或为门框上部之横木。卷第二《总释下》"檐"条:"《仪礼》:宾升,主人阼阶上,当楣。(楣,前梁也。)"这里似转义为屋檐,亦如卷第二《总释下》"檐"条:"《说文》:秦谓屋联櫋曰楣,齐谓之檐,楚谓之梠。橝(徒含切),屋梠前也。"

㊼屋垂:卷第二《总释下》"檐"条:"《淮南子》:橑檐榱题。(檐,屋垂也。)"又:"《义训》:屋垂谓之宇。"即指屋檐。

㊽梠(lǚ):卷第二《总释下》"檐"条引《释名》:"梠,梠旅也,连旅旅也。或谓之槾;槾,绵也,绵连榱头使齐平也。"则"梠"之义亦为屋檐。

㊾棂(líng):常见之义为小木作中的条形木构件,如窗棂。这里意为屋檐。卷第二《总释下》"檐"条:"《方言》:屋梠谓之棂。(即

屋檐也。)”可知“梠”亦有“屋檐”义。

㊿联櫋(mián):卷第二《总释下》“檐”条引《说文》:“秦谓屋联櫋曰楣,齐谓之檐,楚谓之梠。”则“联櫋”与“楣”“檐”“梠”等之义相类,亦指屋檐。

51橝(diàn):卷第二《总释下》“檐”条引《说文》:“橝(徒含切),屋梠前也。”仍有屋檐义。

52房(yǎ):卷第二《总释下》“檐”条引《说文》:“房(音雅),庑也。宇,屋边也。”“房”与“庑”之义接近,指古代建筑群中等级稍低的庑房,这里似引申为屋檐。

53庑(wǔ):与“房”义近。又卷第二《总释下》“檐”条引《义训》:“屋垂谓之宇,宇下谓之庑。”则“庑”,似指房屋主檐之下较为低矮的屋檐。

54槾(màn):卷第二《总释下》“檐”条引《释名》:“或谓之槾;槾,绵也,绵连榱头使齐平也。”则“槾”似有屋檐檐口处的连檐之义。

55檐樀(pí):卷第二《总释下》“檐”条:“《西京赋》:镂槛文樀。(樀,连檐也。)”又:“《景福殿赋》:樀梠椽櫋。(连檐木,以承瓦也)。”檐樀,连檐木。宋式大木作中有大连檐与小连檐,当与“檐樀”相类。樀,指屋檐前版。《说文·木部》:“樀,梠也。”徐锴《系传》:“樀,即连檐木也。在檐之耑际。”

56庮(yóu):卷第二《总释下》“檐”条:“《义训》:屋垂谓之宇,宇下谓之庑,步檐谓之廊,嵏廊谓之岩,檐樀谓之庮。(音由。)”则“庮”与“檐樀”之义相类,亦为连檐木。

57举折:参见本卷“举折”条及相关注释。

【译文】

梁。与之相类的名称有三:一为梁,二为宊廇,三为欐。

柱。与之相类的名称有二:一为楹,二为柱。

阳马。与之相类的名称有五:一为觚棱,二为阳马,三为阙角,四为角梁,五为梁抹。

侏儒柱。与之相类的名称有六：一为棁，二为侏儒柱，三为浮柱，四为棳，五为上楹，六为蜀柱。

斜柱。与之相类的名称有五：一为斜柱，二为梧，三为迕，四为枝樘，五为叉手。

栋。与之相类的名称有九：一为栋，二为桴，三为櫋，四为棼，五为甍，六为极，七为榑，八为檩，九为櫋。

搏风。与之相类的名称有二：一为荣，二为搏风。

柎。与之相类的名称有三：一为柎，二为复栋，三为替木。

椽。与之相类的名称有四：一为桷，二为椽，三为榱，四为橑。短椽，相类的名称有二：一为栜，二为禁褊。

檐。与之相类的名称有十四：一为宇，二为檐，三为槁，四为楣，五为屋垂，六为梠，七为棂，八为联櫋，九为橝，十为房，十一为庑，十二为槾，十三为檐櫰，十四为庿。

举折。与之相类的名称有四：一为陠，二为峻，三为陠峭，四为举折。

以上这些条目，归入“大木作制度”。

乌头门①。其名有三：一曰乌头大门②，二曰表楬③，三曰阀阅④；今呼为棂星门⑤。

平棊⑥。其名有三：一曰平机⑦，二曰平橑⑧，三曰平棊。俗谓之平起⑨。其以方椽施素版者⑩，谓之平闇⑪。

斗八藻井⑫。其名有三：一曰藻井⑬，二曰圜泉⑭，三曰方井⑮；今谓之斗八藻井。

勾阑⑯。其名有八：一曰棂槛⑰，二曰轩槛⑱，三曰栊⑲，四曰梐牢⑳，五曰阑楯㉑，六曰柃㉒，七曰阶槛㉓，八曰勾阑。

拒马叉子㉔。其名有四：一曰梐柜㉕，二曰梐拒㉖，三曰行马㉗，四曰拒马叉子。

屏风㉘。其名有四：一曰皇邸㉙，二曰后版㉚，三曰扆㉛，四曰屏风。

露篱[32]。其名有五：一曰樆[33]，二曰栅[34]，三曰椐[35]，四曰藩[36]，五曰落[37]；今谓之露篱。

右入“小木作制度”。

【注释】

①乌头门：是一种大略接近清代冲天牌楼样式的门。但其上不设檐瓦，其下一般会有可以启闭的门，并置于一座建筑物或一组建筑群的前部。因其冲天柱顶端往往会冠以乌色金属或墨染柱头，故称“乌头门”。参见卷第六《小木作制度一》“乌头门”条所引梁注。

②乌头大门：应是尺度较大，当有不止一个开间的乌头门。置于重要建筑物或建筑群的前部，除了启闭护卫之外，也起到标志其建筑等级的作用。

③表楬（jié）：即为有标志性意义的立柱、门柱。其义似与“乌头门”相类。表，做标记的木柱。《管子·君臣》：“犹揭表而令之止也。”尹知章注：“揭，举也。表，谓以木为标，有所告示也。”楬，亦为作为标志物的木桩、木柱。

④阀阅：仕宦人家以身份等级而树立在门外边的柱子。《玉篇·门部》：“在左曰阀，在右曰阅。”以“阀阅”指代“乌头门”，暗示乌头门具有对建筑物所有者身份等级的标识性功能。

⑤棂（líng）星门：宋代时为“乌头门”的俗称。元以后，多将这种具有标识性的门习称“棂星门”。一般置于重要建筑，如帝王郊坛、府州文庙，或有勋官宦府邸等的前部，以起到标识性作用。明清以来，多用于孔庙或学宫之前，以尊孔子之地位。

⑥平棊（qí）：“棊”“棋”二字在古时为古今字。在《法式》文本中，“平棊”已成为一专用术语，而“棋”本身又有很强的指代性，故这里沿用《法式》中“平棊”一词。其意为如棋盘状的方形网格式天花吊顶。

⑦平机：以“平机”指代“平棊”，仅见于卷第二《总释下》“平棊”条：“《史记》：汉武帝建章后阁，平机中有驺牙出焉。（今本作“平栎”者误。）”今本所见《史记》原文为：“建章宫后阁重栎中有物出焉。”其物被东方朔称为“驺牙”，故可知汉代或称“平棊”为“重栎”，宋人抄本中误为“平乐”，《法式》作者则推测为“平机”。似为以误解误，故以“平机”释“平棊”似无史证。

⑧平橑：卷第二《总释下》“平棊”条：“《山海经图》：作‘平橑’，云今之平棊也。”暗示“平橑”一词自古有之。史籍中最早见于《晋书·五行志》：“武帝咸宁中，司徒府有二大蛇，长十许丈，居听事（指厅堂）平橑上而人不知。”平橑，即指厅堂内的天花吊顶。可知，至迟自晋代始，房屋室内吊顶曾被称为“平橑”。

⑨平起：宋代对“平棊”的俗称。据卷第二《总释下》释“平棊”：“俗亦呼为‘平起’者，语讹也。”则《法式》作者认为，以“平起”指代“平棊”，虽是俗称，亦为讹传。

⑩素版：房屋室内装饰中所用未施彩画或油漆等的木版，称“素版”。

⑪平闇（àn）：如本篇上文所言：“其以方椽施素版者，谓之平闇。”可知“平闇”是室内天花吊顶的一种形式。其形式为：“以方椽为格网，其上覆以素版。”宋式建筑中的“平闇”，一般为较为细密的小方格网，因格网细密，故覆版之下一般不施彩画，故称“素版”。这种小方格，用素版的吊顶做法被称为“平闇”，以与使用较大格网、覆版底面施以彩画的“平棊”相区别。

⑫斗八藻井：“斗八”，其繁体字为“鬭八”。“鬭”与“鬪”通。其有二义：一为“碰撞”“争斗”，一为“呼应”。唐杜牧《阿房宫赋》：“五步一楼，十步一阁；廊腰缦回，檐牙高啄。各抱地势，钩心斗角。”这里的“斗角”（鬭角），指屋檐翼角之彼此呼应，如对峙或争斗状。则“斗八（鬭八）藻井”，指其藻井为八角形平面，其角与角之间相互呼应对峙，形成一个整体，故称。

⑬藻井：卷第二《总释下》“斗八藻井”条引东汉张衡《西京赋》“蒂倒茄于藻井”句，并注：“藻井当栋中，交木如井，画以藻文，饰以莲茎，缀其根于井中，其华下垂，故云倒也。”宋人沈括《梦溪笔谈·器用》：“屋上覆橑，古人谓之绮井，亦曰‘藻井’。又谓之覆海。今令文中谓之斗八，吴人谓之罳顶。唯宫室祠观为之。”覆橑，即前文所言之“平橑”，亦即“平棊”，则“藻井”是与“平棊”相结合的一种室内吊顶形式，其形式类如倒置的井，内有装饰雕刻或彩绘图案。古人用以象征水，以起到厌火的作用。其别名，如“覆海”“罳顶”等，《法式》中未提及。

⑭圜泉：卷第二《总释下》“斗八藻井”条：“沈约《宋书》：殿屋之为圜泉方井兼荷华者，以厌火祥。”沈约《宋书·礼志》则曰：“殿屋之为圆渊方井兼植荷华者，以厌火祥也。”圆渊，即圜泉，意为圆形水池。这里的“圜泉”“方井”，指室内屋顶所悬的藻井。

⑮方井：卷第二《总释下》“斗八藻井”条：“沈约《宋书》：‘殿屋之为圜泉、方井兼荷华者，以厌火祥。’（今以四方造者，谓之斗四。）”这里的“方井”疑指“斗四藻井”。

⑯勾阑：《法式》文本中原为“钩阑”，今人亦有作“勾栏”者，兹不深论，本书统用“勾阑”。

⑰棂槛：卷第二《总释下》“勾阑”条：“《景福殿赋》：棂槛邳张，钩错矩成；楯类腾蛇，槢以琼英。”并注之：“棂槛，勾阑也。言勾阑中错为方斜之文。楯，勾阑上横木也。”又《艺文类聚·居处部》引《文选》：“况青鸟与黄雀，伏棂槛而俯听。”

⑱轩槛：卷第二《总释下》“勾阑”条：“《鲁灵光殿赋》：长涂升降，轩槛曼延。”并注之：“轩槛，勾阑也。”又《艺文类聚·居处部》引三国魏王粲《登楼赋》：“曾何足以少留，凭轩槛以遥望。”

⑲栊（lóng）：《说文·木部》：“栊，槛也。”《玉篇·木部》：“栊，槛也；牢也。”指圈养禽兽的栅栏。或可由此引申为勾阑。栊，另有窗

棂、房疏之义，兹不详论。

⑳梐（bì）牢：卷第二《总释下》“勾阑”条：“《博雅》：阑槛、栊梐，牢也。”其意似为“阑”“槛”“栊”“梐”，皆有阻隔或牢笼之义；但此解似令人生疑，故其句或可断为：“阑、槛、栊，梐牢也。”若此，则意指“梐牢”与“阑”“槛”“栊”同义，而三者都与勾阑有关，则“梐牢”亦可喻指“勾阑”。

㉑阑楯（shǔn）：卷第二《总释下》“勾阑”条：“《义训》：阑楯谓之柃，阶槛谓之阑。”《汉语大字典》释“楯”：“栏杆的横木。”则“阑楯”意亦为勾阑。

㉒柃：其义同“阑楯”，亦为勾阑。

㉓阶槛：如上文“阑楯”条引《义训》：“阑楯谓之柃，阶槛谓之阑。”《汉语大字典》释“阑”：“栅栏一类的遮拦物。”另有阻隔、阻拦义，则“阑”意为勾阑，“阶槛”亦有勾阑义。

㉔拒马叉子：拒马，原为古代战争中使用的防御性器物。如《武经总要》前集卷十二：“每敌楼、战棚上五间置一所，于两傍施木拒马、篦篱笆，隐人于下，持泥浆麻搭，以备火攻。”这里的“木拒马”即指这种防御性器物。战争中的“拒马”，又称“拒马枪”，如《武经总要》前集卷十三：“拒马枪，其制以竹若木，三枝六首，交竿相贯。首皆有刃，植地辄立。贯处以铁为索，更相勾联，或布阵立营，拒险塞空，皆宜设之，所以御贼突骑，使不得骋，故曰‘拒马’。”这里的“拒马叉子”，其形式或与“拒马木”相近，如用“交竿相贯”如“叉子”的做法，但不会在其首施刃，仅具阻隔行人的功能。

㉕梐枑（bì hù）：即指拒马叉子。古代官署前阻挡行人的障碍物，用木条交叉做成。《说文·木部》：“梐，梐枑也。”清王筠《句读》：“单言‘枑’，便是行马；连言‘梐枑’，亦是行马。”《周礼·天官·掌舍》：“掌舍，掌王之会同之舍，设梐枑再重。”

㉖梐拒：梐，有阻隔义；拒，有拒斥义；则“梐拒”仍意为阻隔，与“拒

马叉子”同义。

㉗行马:卷第二《总释下》“拒马叉子”条:“《义训》:梐枑,行马也。(今谓之拒马叉子。)”则“行马”,即“梐枑”,亦即“拒马叉子”。《艺文类聚·职官部》引《汉官仪》曰:“光禄大夫,秩比二千石,……光禄勋门外特施行马,以旌别之。”则“行马(拒马叉子)”,似有一定的等级标识功能。

㉘屏风:《初学记·器物部·屏风》:“《释名》曰:屏风,障风也;扆,在后所依倚也。”屏风为古建筑室内较为常见的一种有遮蔽功能的器物或家具,可用作前后或左右的遮护屏障,或用作座位处的背屏。

㉙皇邸:卷第二《总释下》“屏风”条:“《周官》:掌次设皇邸。(邸,后版也,谓后版屏风与染羽,象凤凰羽色以为之。)”《周礼注疏》释“皇邸”:“郑司农云:‘皇,羽覆上。邸,后版也。’”则“皇邸”似指装饰华贵且置于座位之后的屏风。

㉚后版:见上条引《周礼注疏》:“邸,后版也。”则“后版”即“皇邸”之“邸”,亦即置于座位后侧的屏风。

㉛扆(yǐ):《太平御览·居处部》引《尔雅》曰:“户牖之间谓之扆。(郭璞注曰:窗东户西也。《礼》云:斧扆,形如屏风。画为斧文置扆地,以其所名之耳。)”又《尚书正义·顾命》:“《周礼·司几筵》云,凡大朝觐,王位设黼扆,扆前南向设左右玉几。是王见群臣当凭玉几以出命。”又:“黼扆者,屏风,画为斧文,在于户牖之间。”故“扆”当指设于王位之后,并处户牖之间的屏风。

㉜露篱:卷第二《总释下》“露篱”条:“《义训》:篱谓之藩。(今谓之露篱。)”又宋人程大昌撰《雍录·职官》引宋人苏东坡言:“元祐元年,余为中书舍人。时执政患本省事多漏泄,欲于舍人厅后作露篱,禁同省往来。余白诸公:‘应须简要清通,何必栽篱插棘。’”则“露篱”即具有阻隔作用的藩篱。

㉝樆（lí）：卷第二《总释下》“露篱”条：“《释名》：樆，离也，以柴竹作之。疏离离也。”则“樆”与“篱”相类，系具隔离、阻断作用的木制或竹制设施。

㉞栅（zhà）：卷第二《总释下》“露篱”条：“栅，迹也，以木作之。上平，迹然也。又谓之撤；撤，紧也，诜诜然紧也。”《说文·木部》：“编树木也。”又清王筠《句读》：“树，一作‘竖’。”“谓立木而编绾之以为栅也。”又释“栅栏”：“用竹、木、铁条等做成的阻拦物。”

㉟椐（jū）：卷第二《总释下》“露篱”条：“《博雅》：椐（巨於切）、栫（在见切）、藩、筚（音必）、椤、篱（音落）、杝，篱也。”《释名·释宫室》：“篱，离也。以柴竹作之，疏离离也。青、徐曰椐。椐，居也，居于中也。”即有露篱之义。

㊱藩：卷第二《总释下》“露篱”条：“《义训》：篱谓之藩。（今谓之露篱。）”《说文·艸部》：“藩，屏也。”其义为篱笆、屏障，即所谓“藩篱”。

㊲落：《文选·西京赋》：“揩枳落，突棘藩。”三国吴薛综注：“落，亦篱也。”则“落”有“篱笆”之义，如《太平御览·虫豸部》言蛇、蜥类动物：“草树上行，极迅速，亦多在人家篱落间。”《农政全书·荒政》：“豇豆苗：今处处有之。人家田园多种。就地拖秧而生，亦延篱落。”

【译文】

乌头门。与之相类的名称有三：一为乌头大门，二为表楬，三为阀阅；今天习惯称其为“棂星门”。

平棊。与之相类的名称有三：一为平机，二为平橑，三为平棊。民间俗称为“平起”。若用小网格方椽，其上覆以不施彩画的素版，则称为“平闇”。

斗八藻井。与之相类的名称有三：一为藻井，二为圜泉，三为方井；今天习惯称其为“斗八藻井”。

勾阑。与之相类的名称有八：一为棂槛，二为轩槛，三为栊，四为梐牢，五为阑楯，六为柃，七为阶槛，八为勾阑。

拒马叉子。与之相类的名称有四:一为梐枑,二为梐拒,三为行马,四为拒马叉子。

屏风。与之相类的名称有四:一为皇邸,二为后版,三为扆,四为屏风。

露篱。与之相类的名称有五:一为樆,二为栅,三为椐,四为藩,五为落;今天习惯称其为"露篱"。

以上这些条目,归入"小木作制度"。

涂①。其名有四:一曰垷②,二曰墐③,三曰涂,四曰泥④。

右入"泥作制度"。

阶⑤。其名有四:一曰阶,二曰陛⑥,三曰陔⑦,四曰墒⑧。

右入"砖作制度"。

瓦⑨。其名有二:一曰瓦,二曰㼜⑩。

砖⑪。其名有四:一曰甓⑫,二曰瓴甋⑬,三曰瑴⑭,四曰甗砖⑮。

右入"窑作制度"。

【注释】

①涂:本字为"塗"。《说文新附》:"塗,泥也。从土,涂声。"清郑珍《说文新附考》:"古'塗''途'字,并止作'涂'。"其一义为"泥巴":《广雅·释诂三》:"泥也。"另一义为"粉刷物品":清郑珍《说文新附考》:"凡以物傅物皆曰涂,俗以泥涂字加土作'塗'。"其字另有"涂抹"义、"道路"义……这里取其"粉刷物品"之义。

②垷(xiàn):卷第二《总释下》"涂"条:"《说文》:垷(胡典切)、墐(渠吝切),涂也。"《说文·土部》:"垷,涂也。"清朱骏声《通训定声》:"谓黝垩墙屋也。"《广韵·铣韵》:"垷,涂泥。"

③墐(jìn):卷第二《总释下》"涂"条:"《诗》:塞向墐户。(墐,涂也。)"《说文·土部》:"墐,涂也。从土,堇声。"唐刘禹锡《武陵

观火》:“山木行翦伐,江泥宜墐涂。”另“墐”同“堇”,有黏土义。

④泥:卷第二《总释下》“涂”条:“《释名》:泥,迩近也,以水沃土,使相黏近也。”则“泥”亦有“涂”之义。

⑤阶:卷第二《总释下》“阶”条:“《说文》:除,殿阶也。阶,陛也。”则“阶”,可作“陛”解。《尚书·虞书·大禹谟》:“舞干羽于两阶。”《楚辞·九章·惜诵》:“欲释阶而登天兮,犹有曩之态也。”

⑥陛:帝王宫殿的台阶。《玉篇·阜部》:“陛,天子阶也。”东汉蔡邕《独断》卷上:“陛,阶也,所由升堂也。天子必有近臣执兵陈于陛侧,以戒不虞。”

⑦陔(gāi):《初学记·天部·天》:“九天之外次曰九陔。(居核反。陔,阶也,言其阶次有九。)”宋人李攸《宋朝事实·郊赦》有:“佳气焜于樵蒸,美光充于陔陛。”所称“陔陛”,则“陔”与“陛”当有相近之义;陔,亦为阶。

⑧墒(dì):卷第二《总释下》“阶”条:“《义训》……除谓之阶;阶谓之墒。(音的。)”意指台阶。

⑨瓦:房屋屋顶上所覆盖由土烧制的防雨水构件。卷第二《总释下》“瓦”条:“《说文》:瓦,土器已烧之总名也。”又:“《释名》:瓦,踝也。踝,确坚貌也。”踝(huái),据清段玉裁《说文解字注》:“踝,确也。居足两旁硗确然也。”以足踝确立,喻覆瓦之房屋有确坚之貌。

⑩㼾(hú):卷第二《总释下》“瓦”条:“《义训》:瓦谓之㼾,音觳。半瓦谓之瓪。(音浃。)”觳(hú),为古代量器,或为陶制器物。故与“瓦”有相近之义。瓪(jié),义为半瓦,或亦有“瓦相掩”之义。

⑪砖:以土烧制用来垒砌台阶、屋墙等的构件。其繁体字为“磚”,另有异体“塼”“甎”。《法式》中用为“塼”“甎”。《初学记·地部·井》:“甃,(责救反。)聚砖修井也。”又《初学记·居处部·殿》:“其制有陛,左城右平者,以交砖相亚。”则砖可用于砌

筑井、陛等建筑部件。

⑫甓（pì）：卷第二《总释下》“砖”条：“《诗》：中唐有甓。”又：“《尔雅》：瓴甋谓之甓。（㼾砖也。今江东呼为瓴甓。）”

⑬瓴甋（líng dì）：其义与“砖”同，或为陶制容器。

⑭毂（kū）：卷第二《总释下》“砖”条：“涂甓谓之毂。（音哭。）”即未烧的砖，砖坯。

⑮㼾（lù）砖：《尔雅·释宫》：“瓴甋谓之甓。”晋郭璞注：“㼾砖也，今江东呼‘瓴甓’。”又释“㼾”：“砖。《广雅·释宫》：‘甓，㼾砖。’王念孙疏证：‘《众经音义》卷十四引《通俗文》：‘狭长者谓之㼾砖。’《魏志·胡昭传》注引《魏略》云：‘（扈累）独居道侧，以㼾砖为障。施一厨床，食宿其中。’’”则“㼾砖”义为狭长形的砖。

【译文】

涂。与之相类的名称有四：一为垷，二为墐，三为涂，四为泥。

上条归入“泥作制度”。

阶。与之相类的名称有四：一为阶，二为陛，三为陔，四为墒。

上条归入“砖作制度”。

瓦。与之相类的名称有二：一为瓦，二为瓪。

砖。与之相类的名称有四：一为甓，二为瓴甋，三为毂，四为㼾砖。

以上两条归入“窑作制度”。

总诸作看详

【题解】

为宋代营造中不同工种的制度、功限与料例，做一点总括性、概要性说明，就有了这篇《总诸作看详》，亦即此篇文字是对李诫编修崇宁本《法式》的概要性说明。既指出为什么会在已有元祐《法式》之后，又要去重新编撰这样一部营造大书，也指出这部新《法式》是一本严肃的学术与技术之作，其中不仅参考了大量的历史典籍，也参访采纳了众多营造工匠的实践经验。重要的是，作者特别声明了他的这部新著，是在广泛研判史籍与工匠经验基础上自己“创行修立”的，纯系“不曾参用旧文”的原创之作。

其文通过所举版门尺寸与枓栱功限两个例子，对《法式》中一些具有标准性的制度与方法，如小木作各部分的比例尺寸确定方法，或大木作枓栱制作功限的计算方法等，做了扼要说明。由此可知的是，《法式》中所给出的诸如小木作各部分尺寸，或各作功限、料例，都是需要通过依据某一标准按照相应比例的做法经过推算而得出的。这也正是这部新编《法式》能够在实际应用中做到灵活变通的原因所在。

本节文字虽然只是十分轻松地用了“有须于画图可见规矩者，皆别立图样，以明制度”一句话，提及《法式》最后几卷所附各作图样；但是，这些绘制于12世纪初的建筑图样，却是中国建筑史，乃至世界建筑史上，以正式印刷的书籍形式问世的最早且十分体系化的建筑图样资料。仅仅这一点，也值得世人对我们的先辈在人类建筑史上所做的贡献，充满敬仰之心。

看详——

先准朝旨[①]，以《营造法式》旧文只是一定之法[②]。及有营造，位置尽皆不同，临时不可考据，徒为空文，难以行用，先次更不施行，委臣重别编修。今编修到海行《营造法式》“总释”并“总例”共二卷[③]，“制度”一十五卷[④]，“功限”一十卷[⑤]，“料例”并“工作等第”共三卷[⑥]，“图样”六卷[⑦]，“目录”一卷[⑧]，总三十六卷[⑨]；计三百五十七篇[⑩]，共三千五百五十五条[⑪]。内四十九篇[⑫]，二百八十三条[⑬]，系于经史等群书中检寻考究。至或制度与经传相合，或一物而数名各异，已于前项逐门看详立文外[14]，其三百八篇、三千二百七十二条[15]，系自来工作相传，并是经久可以行用之法，与诸作谙会经历造作工匠详悉讲究规矩[16]，比较诸作利害，随物之大小，有增减之法，谓如版门制度，以高一尺为法[17]，积至二丈四尺；如枓栱等功限[18]，以第六等材为法[19]，若材增减一等，其功限各有加减法之类。各于逐项"制度""功限""料例"内创行修立，并不曾参用旧文[20]，即别无开具看详[21]，因依其逐作造作名件内[22]，或有须于画图可见规矩者，皆别立图样[23]，以明制度。

【注释】

①朝旨：皇帝圣旨。这里特指前文《劄子》中所提到的"绍圣四年十一月二日敕：以元祐《营造法式》只是料状，别无变造用材制度，其间工料太宽，关防无术"。

②《营造法式》旧文：即指上文所说的元祐《法式》。一定之法：似与现代文中的"一定之法"意思不同，其意似为"一个确定之法"，即含"比较明确固定，缺乏灵活变通的方法"之意。

③海行：前文梁先生注为普遍通用之意，这里指刊行崇宁本《营造法式》。"总释"并"总例"共二卷：指《法式》正文的第一、第二两卷。这两卷分别为《总释上》与《总释下》，而"总例"只是第二卷《总释下》中的一部分文字。

④"制度"一十五卷：《法式》各作"制度"，包括了从第三卷《壕寨及石作制度》，到第十五卷《砖作制度·窑作制度》，实仅合为13卷，《法式》作者将"第一十五卷"，误为各作"制度"共15卷。

⑤"功限"一十卷：包括从第十六卷《壕寨功限·石作功限》到第二十五卷《诸作功限二》，共10卷。

⑥"料例"并"工作等第"共三卷：包括从第二十六卷《诸作料例一》

到第二十八卷《诸作用钉料例·诸作用胶料例·诸作等第》,共3卷。

⑦“图样”六卷:包括第二十九卷《总例图样·壕寨制度图样·石作制度图样》到第三十四卷《彩画作制度图样下·刷饰制度图样》,共6卷。

⑧“目录”一卷:指“《营造法式》目录”部分。这部分置于“《营造法式·看详》”之后,“正文”之前,但并未列入《法式》行文中的正式一卷。

⑨总三十六卷:梁注:“‘制度’原书为‘十五卷’,实际应为十三卷。卷数还要加上‘看详’才是三十六卷。”《法式》正文文本实际为34卷,如果加上目录之前的《进新修〈营造法式〉序》《劄子》《看详》,实为37卷,但这里显然没有将这三部分计入。较大的可能是,《法式》作者将标为“第一十五卷”的诸作“制度”计为共“15卷”,并将《法式》正文的第一卷(《总释上》)、第二卷(《总释下》)单列两卷,再加上其误算的各作“制度”15卷,则为17卷。然后加上功限10卷、料例3卷、图样6卷,则合为36卷。一般认为《法式》正文及其后所附图样,共为34卷。

⑩计三百五十七篇:梁注:“目录列出共三百五十九篇。”其中第一、第二卷,即《总释上》《总释下》共49篇,其后诸作制度、功限、料例等共310篇。《法式》作者将每一标题下的文字,称为一“篇”,大约相当于现代文字中的一个小节。

⑪共三千五百五十五条:这里的“条”,指《法式》文本中的细致条目,当与本卷前文“诸作异名”部分提到的“净条”意思相当,即《法式》正文全文共有3555个条目,即“净条”。

⑫内四十九篇:这里的“内”,指《法式》正文文本之内,即第一、第二两卷,包括《总释上》《总释下》及“总例”部分,共有49个小节。

⑬二百八十三条:指《法式》第一、第二卷内包括《总释上》《总释

下》及“总例”中的283个条目。

⑭前项逐门看详：指前文，其中包括“方圜平直”“取径围”“定功”“取正”“定平”“墙”“举折”“诸作异名”“总诸作看详”等，故称“逐门”。

⑮其三百八篇：按照《法式》作者的算法，《法式》正文共有357篇（实为359篇），除去第一、第二卷的49篇，所余即不包括第一、第二卷行文在内的其他各卷共308篇（当为310篇）。三千二百七十二条：《法式》正文中共有3555个条目，除去第一、第二卷的283个条目，所余即不包括第一、第二卷诸条目在内的其他各卷共3272个条目。

⑯诸作：指《法式》中所述及的各种匠作，包括壕寨、石作、大木作、小木作、雕作、旋作、锯作、竹作、瓦作、泥作、彩画作、砖作、窑作，共13作。谙（ān）会经历造作工匠：这里指经验丰富、技术熟练的各种匠作工匠。谙会，熟谙，熟悉。经历，意为有实践经验。详悉：详尽知悉，充分了解。

⑰以高一尺为法：这里以小木作版门制度为例，指版门中的诸尺寸是以其高度为标准按比例推算出的。以高1尺为法，即以每高1尺，与之相应诸构件的比例为一个基准。

⑱功限：宋代营造术语，指当时官方对在单位时间内，房屋营造之诸作的加工安装及相应的物料搬运、土石方的发掘等工作的劳动定额规则。

⑲以第六等材为法：这里指宋代枓栱的加工制作与安装，是以六等材的加工制作安装为基准，以推算不同材等之加工、制作及安装的功限的。

⑳不曾参用旧文：这里的“旧文”，疑指前文所说的元祐本《法式》。作者如此说，也是表示其所编撰的崇宁本《法式》的原创性。

㉑即别无开具看详：即除了《法式》正文前所单列的“看详”之外，

在《法式》正文文本中，没有再增加其他“看详”类的文字。

㉒名件：即构成房屋结构与构造中的各部分构件。这里当指《法式》文本中各作“制度”中所涉及的诸种构件。

㉓图样：即《法式》正文自第二十九卷至第三十四卷，包括各作制度与做法在内的6卷附图。这部分图样，对法式正文的文字描述，是一个极其重要的补充。

【译文】

看详——

此前，遵照先帝于绍圣四年十一月二日颁布的圣旨，以为元祐《营造法式》旧本中给出的只是一些虽具体确定但缺乏灵活变通的方法。若用在实际营造工程中，因为每一宫室房屋所处位置不同，临时不可借助其书加以考据利用，故这一旧本《法式》只是空文，难以应用于实际工程中，之前并未获得批准用于工程实践，故此，圣上又委托臣下就这一主题重新加以编修。今日编修这一可以广泛通用的《营造法式》的工作已经告成，其中包括“总释”与“总例”共2卷，各作“制度”共13卷，各作“功限”共10卷，各种“料例”及“工作等第”共3卷，与各作制度相应的“图样”共6卷，正文前的“目录”1卷，总共有36（实为34）卷；合计共有357个小节，共3555个条目。其中，有49个小节，283个条目，属于从经史子集等群书中搜检考究、寻章摘句而来的。以致其中既有其做法制度与史籍经传彼此吻合，或有一个名件而在史籍上体现为多个彼此各不相同名称的，关于这些问题，除了已在正文之前所附各个不同方面问题单独列出看详文字之外，其正文中还有308个小节，3272个条目，都是历来工匠们在自己实践工作中积累相传，并且经过长久的实践检验，可以长时期指导工程实践切实可行、方便应用的方法；这些方法都是本人与熟谙技术、经验丰富的各作工匠详细了解，讲究规矩，比较诸作之间的利弊关系推列而出的；并且，还考虑到在实际工作中，须随房屋及名物之大小变化，各有其增减之法。例如，小木作中的版门制度部分，是以门高1尺为基准，给出其门各部分构件的尺寸比例的，如此可积累至门高2.4丈；再如，枓栱加工与制作等所需劳动定额，是以采用第六等材时所用时间与劳动定额为标准而计算的，如果所用材分°每增加或减少一等，其用工时间与劳动定额都给出了各自加减的方法与数量，诸如此类。同时，对诸作各项“制度”做法，其所应计算的“劳动定额”及所需要的单位“材料清单”，本书都创立了相应的方式，修定了各自的规则，并不曾参用元祐《法式》，除了《法式》正文前单列“看详”之外，正文中不再增加其他“看详”类文字；并且，为了方便实际应用，还依据各作制度及每作制度中不同名件，凡是需要通过画图以明确其尺寸规则之处，也都分别绘制了图样，以使这些制度与做法得到更为明确恰当地应用。

卷第一　总释上

宫　阙　殿堂附　楼　亭　台榭

城　墙　柱础　定平　取正

材　栱　飞昂　爵头　枓　铺作　平坐

梁　柱　阳马　侏儒柱　斜柱

【题解】

延续数千年之久的中国古代建筑，有一个重要特征，就是自秦汉以来两千年间，中国建筑的基本结构与造型，一以贯之，小有变化。然而，中国是一个文明古国，其悠久的历史，无论对于建筑本身，还是对与建筑有关的名词术语而言，存在着无数的可能变数。历史上，一些术语出现了，另外一些术语消亡了；一些在某一地区的某种表述方式，在另外一些地区却用了截然不同的术语表达方式；一些术语曾经有着这样的能指与所指，经过若干世代以后，其能指与所指却悄然发生了变化；加之古代汉语本身的多义性，使得许多一般性的古代建筑术语也变得令人难解其意。

也许正是这个原因，宋人李诫编撰官颁《营造法式》的时候，专门用了两卷篇幅，对一些当时一般读者可能会混淆的建筑术语加以了解释。这两卷分别是：卷一《总释上》、卷二《总释下》。由此也可略窥建筑名词术语解释与甄别，在古代营造技术与艺术方面的重要性。

客观地说，仍然处于传统中国社会历史发展进程中的宋代人，对于一般性的古代建筑术语应该有更多的了解，而其难以理解的部分可能主要是建筑本身的结构性、技术性环节。故李诫的解释，更多的是在建筑设计与施工诸做法中一些技术性术语，如对“取正”“定平”“材”“栱”之类名词的解释，而对一般性的建筑术语，如“宫”“阙”“殿”“堂”“楼”“亭”“台”“榭”“城”“墙”之属，只是一般性地涉及，没有而且似乎也不必做十分深入的讨论。

正因为如此，梁思成先生在其《〈营造法式〉注释》中，对这两卷未做专门注释，只是将其正文中的遗漏做了一点弥补。基于这一点，本书亦只在其既有的术语解释基础上，做一点稍具解释意义的补缀性陈述。

《法式·总释一》虽然是依据古代典籍，由名索骥，一个词一个词地展开的，看似随手拈来，但其在内容上亦有一个大致的逻辑顺序，即：

一、古代建筑类型，涵盖了：宫、阙、殿（堂）、楼、亭、台榭；

二、壕寨制度与石作制度：城、墙、柱础、定平、取正；

三、大木作制度（枓栱）：材、栱、飞昂、爵头、枓、铺作、平坐；

四、大木作制度（梁架）：梁、柱、阳马、侏儒柱、斜柱。

宫

《易·系辞》[①]：上古穴居而野处，后世圣人易之以宫室，上栋下宇，以待风雨[②]。

《诗》：作于楚宫，揆之以日，作于楚室[③]。

《礼》[④]：儒一亩之宫，环堵之室[⑤]。

《尔雅》：宫谓之室，室谓之宫。皆所以通古今之异语，明同实而两名。室有东、西厢曰庙[⑥]；夹室、前堂。无东、西厢有室曰寝[⑦]；但有大室。西南隅谓之奥[⑧]，室中隐奥处。西北隅谓之屋漏[⑨]，《诗》曰：尚不媿于屋漏[⑩]，其义未详。东北隅谓之宧[⑪]，“宧”见

《礼》，亦未详。东南隅谓之窔[12]。《礼》曰：归室聚窔[13]。窔亦隐暗[14]。

《墨子》：子墨子曰：古之民[15]，未知为宫室时，就陵阜而居[16]，穴而处，下润湿伤民，故圣王作为宫室之法曰：宫高足以辟润湿，旁足以圉风寒，上足以待霜雪雨露[17]；宫墙之高，足以别男女之礼[18]。

《白虎通义》[19]：黄帝作宫[20]。

《世本》[21]：禹作宫[22]。

《说文》：宅，所托也[23]。

《释名》：宫，穹也，屋见于垣上，穹崇然也。室，实也，言人物实满其中也。寝，寝也，所寝息也。舍，于中舍息也。屋，奥也，其中温奥也。宅，择也，择吉处而营之也[24]。

《风俗通义》[25]：自古宫、室一也。汉来尊者以为号，下乃避之也[26]。

《义训》：小屋谓之廑[27]，音近。深屋谓之庝[28]，音同。偏舍谓之亶[29]，音亶。亶谓之庛[30]，音次。宫室相连谓之謻[31]，直移切。因岩成室谓之广[32]，音俨。坏室谓之庘[33]，音压。夹室谓之厢[34]，塔下室谓之龛[35]，龛谓之椌[36]，音空。空室谓之㝩㝗[37]，上音康，下音郎。深谓之㐴㐴[38]，音耽。颓谓之䫌㪔[39]，上音批，下音甫。不平谓之庯庩[40]，上音逋，下音途。

【注释】

①《易》：书名。此指《周易》。相传伏羲氏画八卦，周文王演为六十四卦。周公、孔子等作传，最后形成《周易》一书。《周易》是我国第一部哲学原典，儒家“十三经”之一，被奉为“群经之首”。由“经”“传”两部分组成：“经”称《易经》，包括六十四卦，每卦

都有卦象、卦辞、爻辞，是《周易》的主体；“传”称《易传》，由上彖、下彖、上象、下象、上系、下系、文言、说卦、序卦、杂卦等十篇构成，又称“十翼”。《周易》是我国古代思想智慧的结晶，被誉为“大道之源”。《系辞》为《易传》之一。

②“上古穴居而野处”四句：语出《周易·系辞下》。穴居，指上古时人生活在天然洞穴之中。野处，指生活在大自然环境之中，与野外生存的各种动物共处。易之以宫室，意为以宫室替代洞穴，作为人的生活空间。易，有改变、替代之义。栋，房屋之栋梁，即房屋屋顶结构中承托屋盖部分的圆木。宇，房屋之檐宇。这里指悬挑在房屋四周墙柱之外，起到保护房屋墙体与台基不受雨水冲击的屋檐。

③作于楚宫，揆（kuí）之以日，作于楚室：《诗经·鄘风·定之方中》：“定之方中，作于楚宫；揆之以日，作于楚室。”意为测量与确定宫室的方位。楚宫，指楚王的宫殿。楚室，指楚宫中的房屋。揆之以日，借助太阳来测度与确定宫室方位。揆，有度量、测度之义。

④《礼》：此指《礼记》，书名。“三礼”（周礼、仪礼、礼记）之一。儒家“十三经”之一。此书是由战国时期至汉初儒家著作选录而成，大约为孔子弟子及再传弟子记载讲习礼仪的著作。刘向编定时为一百三十一篇。汉宣帝时戴德选定八十五篇，称《大戴礼记》；其侄戴圣又从《大戴礼记》中选定四十九篇，称《小戴礼记》。内容既有通论礼义的篇章，也有通论与礼有关的学术思想的篇章，还有记述古代礼仪制度、阐发礼仪内涵的篇章；其中《檀弓》《礼运》《学记》《中庸》《儒行》《大学》等篇，讲述“修身”“齐家”“治国”“平天下”的道理，故为历代统治者所重视。

⑤儒一亩之宫，环堵之室：《礼记·儒行》：“儒有一亩之宫，环堵之室。”意为儒者的居所，面积约占一亩之地。宫，指居处的屋舍。环堵，房屋四周环绕的墙体。堵，指房屋的墙体。《诗经·小

雅·斯干》:"筑室百堵,西南其户。"

⑥室有东、西厢曰庙:语出《尔雅·释宫》。邢昺疏:"凡大室有东西厢、夹室及前堂有序墙者曰庙。"意为若宫室之前有左右配置的东、西厢房,就称为"庙"。庙,繁体字为"廟",本指祭祀先祖的宗庙,亦指结构配置完整成套的大房屋。

⑦无东、西厢有室曰寝:语出《尔雅·释宫》。意为没有东、西厢,仅有用于居处的内部空间"室",称为"寝"。《说文·宀部》:"室,实也。"五代徐锴《系传》:"室、屋皆从至,所止也。""室,堂之内,人所安止也。"寝,本义为躺卧、睡觉;转义为居室、卧室;又喻指君王的宫室;亦可延伸为古代宗庙中,藏有祖先衣冠等遗物的后殿,或帝王陵园中的正殿。

⑧西南隅谓之奥:语出《尔雅·释宫》。意为房屋室内的西南一隅,称为"奥"。如在这句话后所加的解释:"室中隐奥处。"

⑨西北隅谓之屋漏:语出《尔雅·释宫》。《毛诗正义》:"屋漏者,室内处所之名,可以施小帐而漏隐之处,正谓西北隅也。"则"屋漏"特指古代室内西北隅的那一部分空间。

⑩尚不媿(kuì)于屋漏:《毛诗正义》:"言不媿屋漏,则屋漏之处有神居之矣,故言祭时于屋漏。"似喻指对室内西北隅之"屋漏"处空间,不应有慢待之意。此句似引《诗经·大雅·抑》中的话,对"屋漏"加以解释,但《法式》作者,仍言"其义未详"。媿,其义与"愧"同。

⑪东北隅谓之宧(yí):语出《尔雅·释宫》。《尔雅注疏》:"释曰:李巡云:'东北者,阳始起,育养万物,故曰宧。宧,养也。'"意为房屋室内的东北一隅,称为"宧"。《法式》下文其后有注:"宧见《礼》,亦未详。"此语亦出自晋郭璞等的《尔雅注疏》:"宧,见《礼》,亦未详。"可知,早在晋时,对"宧"的含义已不很清楚。

⑫东南隅谓之窔(yào):语出同上。意为房屋室内的东南一隅,称

为“窔”。

⑬《礼》曰：归室聚窔：此句是对“窔”作释，其语见于《尔雅注疏》：“注‘《礼》曰：埽室聚窔’。”其后有：“释曰：《既夕记》云：‘朔月，童子执帚却之，左手奉之，从散者而入。比奠，举席，埽室，聚诸窔，布席如初。……’是其事也。”归，繁体为“歸”，《法式》作者误将“埽”引作“歸”，其实这句话当为：“埽室聚窔。”“埽室聚窔”之义，似为打扫室内，所扫尘土杂物聚于室内东北隅后，再清理之。埽，义同“扫”。

⑭窔亦隐暗：其意似乎暗示，古人认为房屋室内的东北隅，是一处隐蔽晦暗的处所。窔，亦有隐蔽暗淡之义。

⑮民：《法式》原文为“名”，据现行本《墨子》改“民”。

⑯陵阜（fù）：丘陵。

⑰旁足以圉（yǔ）风寒，上足以待霜雪雨露：语出《墨子·辞过》。意为宫室之四壁，要足以防御风寒；房屋的栋宇，要能够遮蔽霜雪雨露。旁，指房屋之四侧墙壁。圉，《尔雅·释言》：“御、圉，禁也。”上，指房屋之栋宇、屋盖。

⑱宫墙之高，足以别男女之礼：据《毛诗正义》：“阴礼，谓男女之礼。昏姻以时，男不旷，女不怨。”又：“谓之阴者，以男女夫妇，寝席之上，阴私之事，故谓之阴礼。”这里所引《墨子》之言：“宫墙之高，足以别男女之礼。”指屋墙要有足够的高度，以保证其空间的私密性。

⑲《白虎通义》：书名。又作《白虎通》《白虎通德论》。系班固集今文经学大成之书。主要论述白虎观会议关于经学之议论，故以名书。

⑳黄帝作宫：黄帝创造了房屋，使人们脱离了穴居野处的蛮荒时代。据《史记·五帝本纪》：“黄帝者，少典之子，姓公孙，名曰轩辕。……而诸侯咸尊轩辕为天子，代神农氏，是为黄帝。”《初学记·居处部·宫》引《白虎通》曰：“黄帝作宫室，以避寒温。”黄

帝，为传说中的上古五帝之首，亦传为中华民族的始祖之一。

㉑《世本》：书名。为古史官所记，内容记述自黄帝至春秋帝王公卿大夫的世系及事迹，有些内容为后人所增益。有《帝系谱》《诸侯谱》《卿大夫谱》《氏姓》《居》《作》《谥法》等篇。此书南宋既已失传。

㉒禹作宫：《尔雅注疏》："《世本》曰：'禹作宫室，其台榭楼阁之异，门墉行步之名，皆自于宫。'"其意为禹建造宫室，自此有了台榭楼阁的区别，并有了门墙、道途、踏阶等的设置。据《史记·五帝本纪》："自黄帝至舜、禹，皆同姓而异其国号，以章明德。……帝禹为夏后而别氏，姓姒氏。"禹，为上古五帝之一，系上古"三代"之夏代的创始人。

㉓宅，所托也：《说文·宀部》："宅，所托也。从宀，乇声。"宅，为住宅、房舍、居所，并指代"家"，或家族。亦可转义为葬所、墓地等。托，意为寄放、暂放，或仰仗、依赖等。

㉔宅，择也，择吉处而营之也：语出《释名·释宫室》。《初学记·居处部·宅》亦引《释名》曰："宅，择也，言择吉处而营之也。"择吉处，为古代相地用语。古人相宅择地，趋吉避凶。择，选择。

㉕《风俗通义》：书名。汉应劭撰。全书内容涉及考评历代名物制度、风俗、传闻，还有对古今人物的评论，涵盖了汉代生活的诸多方面，是了解汉代风俗的第一手资料。

㉖汉来尊者以为号，下乃避之也：此句当为《风俗通义》佚文。另见于《初学记·居处部·宫》："见《十洲记》。然自古宫室一也，汉来尊者以为帝号，下乃避之也。"意为"宫"与"室"本来的意思是相通的，但自汉代以来，将"宫"尊为帝王之宅，普通人则避而不用。

㉗廑（jǐn）：小屋。《说文·广部》："廑，少劣之居。"《广韵·震韵》："廑，小屋。"

㉘㝀（tóng）：深屋。《集韵·冬韵》："㝀，深屋谓之㝀。"另，"㝀"还

有屋架之义。

㉙亶(dǎn):偏舍。《玉篇·广部》:"亶,偏舍。"

㉚庛(cì):偏屋。《广雅·释宫》:"庛,舍也。"《广韵·寘韵》:"庛,偏庛,舍也。"《字汇·广部》:"庛,偏屋也。"

㉛誃(yí):同"簃",古代宫室相连叫"簃"。《集韵·支韵》:"簃,宫室相连谓之簃。通作'誃'。"

㉜广(yǎn):依山崖建造的房屋。《说文·广部》:"广,因广为屋,象对刺高屋之形。"

㉝庘(yā):倾颓毁坏的房屋。《玉篇·广部》:"庘,屋欲坏也。"《广韵·狎韵》:"庘,屋坏也。"

㉞厢:正房两侧的房屋,即左右夹室。《广韵·阳韵》:"厢,亦曰东西室。"亦指廊或堂屋的东西墙。《说文新附·广部》:"厢,廊也。"《类篇·广部》:"厢,庑也。"《玉篇·广部》:"厢,序也,东西序也。"

㉟龕(kān):塔下小室。"龕"有容纳之义。

㊱椌(kōng):塔下宫室的名称。

㊲窾㝗(kāng láng):空旷闲置的房屋。《五音集韵》:"窾㝗,宫室空貌。又凡物空者皆曰'窾㝗'。"

㊳戡戡(tán):宫室深邃的样子。《广韵·覃韵》:"戡,戡戡,室深皃。"

㊴㪗㪏:《法式》注其音为"批甫",意为屋欲颓坏。

㊵庯庩(bū tú):屋势高低不平貌。

【译文】

《周易·系辞下》:上古时代的人们栖居在洞穴之内,与野外的飞禽走兽朝夕相处,历经数世之后,终有圣人问世,创造屋舍替代洞穴,上有梁栋承托屋盖,下有檐宇环护四围,能够为人们遮风避雨。

《诗经·鄘风·定之方中》:工匠们为楚王营建宫殿,借助太阳的朝起夕落,测定方向与位置,并按照正确的方位,建造楚王日常礼仪与生活的宫室。

《礼记·儒行》：一位儒者的居处之所应当有一亩之地来建造，要用以土夯筑的四壁环护这位儒者的屋舍。

《尔雅·释宫》："宫"可以称为"室"，"室"亦可以称为"宫"。此即之所以通古今不同用语，以明确虽同一事物却有两个名称之义。若在室之东西两侧设有两厢之房，则称为"庙"；其室或有夹室、前堂。若在东西两侧，不设两厢，仅有起居之室，则称为"寝"；但是，寝之内要有大的屋室。室内的西南一隅，称为"奥"，这里是室内的隐奥之处。室内的西北隅，称为"屋漏"，按照《诗经》中的说法，崇尚礼仪之人不应晦慢室中的屋漏之地，其欲表达的意思似不很清晰。室内的东北隅称为"宧"，"宧"字亦见于《礼》，其义亦不明确。室内的东南隅称为"窔"。《礼》中提到：打扫房间，要先将灰尘杂物汇聚在室内东北角处，再做清除。则"窔"亦有隐蔽晦暗之义。

《墨子》：子墨子曾说：上古时代的先民，尚不知何为宫室时，他们往往依傍着山陵丘壑居住，利用天然坑洞，或人工凿挖洞穴，栖居于其中，这样的居处之所，地面湿潮，水渗气腾，会对身体造成伤害，因而后世的圣王创造了宫室，宫室营造的基本规则是：房屋台基高度，要足以阻隔地面以下的湿气与水分；房屋四周的墙壁，要足以防御室外的风寒；屋墙的高度，要有足够的隐蔽性，以保证人们私下所行的男女之礼不受妨碍。

《白虎通义》：宫室乃黄帝所创造。

《世本》：大禹创造了宫室。

《说文》："宅"的意思，就是"托"，使人类的生活起居有所依托。

《释名》：所谓"宫"，其义为"穹"，就如人们望见露出围垣之上的房屋，是中间隆耸高大四周下垂的样子。所谓"室"，其义为"实"，喻指人和物充实于房屋之内。所谓"寝"，就是休憩寝居，是人们寝卧歇息之所。所谓"舍"，就是在其中起卧生息。所谓"屋"，可理解为"奥"，生活于屋中之人，感觉到温暖隐奥。所谓"宅"，似与"择"通，人们往往会选择平安吉祥之地来营造自己的屋舍。

《风俗通义》：自古"宫"和"室"其实是一回事。只是自汉代以来，

"宫"这一称谓成为统治阶层居所的专用名词,普通人则只能避而不用了。

《义训》中对如下术语做了诠释:空间狭小的房间称为"廑";音近。深长邃远的房屋称为"庝";音同。偏居一侧的舍屋称为"廬";音亶。廬亦可称为"庛";音次。彼此相连的室屋称为"謻";直移切。依凭山岩建造的房屋,称为"广";音俨。倾圮颓坏的房屋,称为"庘";音压。左右夹室称为"厢";塔下小室,称为"龛";龛亦可称"椌";音空。空旷闲置的房屋称为"廉㝗";上音康,下音郎。幽深僻静之所称为"戡戡";音耽。颓废倾倒之舍,称为"㱔敝";上音批,下音甫。坡陂不平之屋,称为"庯庩"。上音逋,下音途。

阙

《周官》:太宰以正月示治法于象魏①。

[《春秋公羊传》]②:礼,天子诸侯台门③;天子外阙两观,诸侯内阙一观④。

《尔雅》:观谓之阙⑤。宫门双阙也⑥。

《白虎通义》:门必有阙者何?阙者,所以释门,别尊卑也⑦。

《风俗通义》:鲁昭公设两观于门⑧,是谓之阙。

《说文》:阙,门观也。

《释名》:阙,阙也,在门两旁,中央阙然为道也⑨。观,观也,于上观望也⑩。

《博雅》:象魏,阙也。

崔豹《古今注》⑪:阙,观也。古者每门树两观于前,所以标表宫门也。其上可居,登之可远观,人臣将朝,到此则思其所阙,故谓之阙。其上皆垩土⑫,其下皆画云气、仙灵、奇禽、怪兽，以示四方[13]，苍龙、白虎、元武、朱雀[14]，并画其形。

《义训》：观谓之阙，阙谓之皇[15]。

【注释】

①《周官》：此处当为《古文尚书》的篇名，已亡佚。太宰以正月示治法于象魏：太宰为中国古代官职，西周始设，为百官之首。《尚书正义》："《天官》卿，称'太宰'，主国政治，统理百官，均平四海之内邦国。"其疏引《周礼》云："乃立天官冢宰，使帅其属而掌邦治。治官之属，太宰卿一人。"东周以后，其职位降低，晋又一度恢复。示治法于象魏，每年正月，太宰于宫阙之前昭示国家的治理之法。如《周礼・天官・大宰》："正月之吉，始和，布治于邦国都鄙，乃县治象之法于象魏，使万民观治象。"象魏，指宫殿前所立之阙，每年正月，在阙前悬挂治国之法，称为"县（同"悬"）治象之法于象魏"。《尔雅注疏》："其上县法象，其状魏魏然高大，谓之象魏。"《艺文类聚・居处部》引《广雅》曰："象魏，阙也。"

②《春秋公羊传》：此条作者原缺出处，下文为《春秋公羊传・昭公二十五年》"设两观"注疏的文字：据此补其出处"《春秋公羊传》"。《春秋公羊传》，书名。亦称《公羊春秋》或《公羊传》，战国时齐人公羊高传。是儒家"十三经"之一，《春秋》"三传"之一。着重阐释《春秋》的微言大义。

③台门：一种代表天子或诸侯身份等级的门。《左传正义》："案《礼器》云：'天子、诸侯台门。'此以高为贵也。"《礼记正义》："台门者，两边起土为台，台上架屋曰'台门'。"

④外阙（què）两观，内阙一观：这里的"外阙""内阙"，其义不详。从字面意思推测，似乎是天子可以在宫门前立阙，且为对峙的双阙；诸侯只能在宫门内立阙，其阙仅为一座楼观。天子宫门外的阙为对峙而立的双观。《礼记正义》："何休注《公羊》：'天子两观

外阙，诸侯台门。'则诸侯不得有阙。"明丘濬《大学衍义补》："天子、诸侯台门，天子外阙两观、诸侯外阙一观，盖为二台于门外，作楼观于上，两观双植，中不为门。"可知，"阙"似与"台门"相类。

⑤观谓之阙：语出《尔雅·释宫》。《毛诗正义》："《释宫》云：'观谓之阙。'孙炎曰：'宫门双阙，旧章悬焉，使民观之，因谓之观。'"观，楼观。

⑥宫门双阙：《尔雅注疏》释"阙"，其注曰："宫门双阙。"其疏曰："刘熙《释名》云：'阙在门两旁，中央阙然为道也。'……以门之两旁相对为双，故云'双阙'。"

⑦所以释门，别尊卑也：语出《白虎通义》。意思是，为何在宫门之前设阙呢？这是为宫门所做的标识，借以区别等级尊卑。

⑧设两观于门：其语当引自《风俗通义》佚文。说鲁昭公在其宫门之前设置两观，亦即在其宫前设阙。诸侯宫前设立双阙，是为僭越。据《礼记正义》："诸侯不得有阙。鲁有阙者，鲁以天子之礼，故得有之也。"

⑨中央阙（quē）然为道也：《尔雅注疏》引刘熙《释名》云："'阙在门两旁，中央阙然为道也。'"将阙立于门之两旁，道路从中穿过，故称"阙然为道"。此处"阙"意为缺而不全貌。

⑩观，观也，于上观望也：《艺文类聚·居处部》引《释名》曰："观者，于上观望也。"因为楼观高大，可以供人登临观望，故称"观"。"观"有两义，一为悬法象于上，使人观之，称为"观"；一为登于观上，以利观望，亦称"观"。

⑪崔豹：字正能，一字正熊。晋惠帝时，官尚书左兵中郎、太傅。其所撰《古今注》，以考证名物为主，包括舆服、都邑、音乐、鸟兽、鱼虫、草木等内容。

⑫其上皆垩（è）土：此为《法式》引崔豹《古今注》之语。其注"阙"，言阙之上部涂以白土。《天工开物·陶埏》："凡白土曰垩

土,为陶家精美器用。”则“垩土”为制陶所用的白土。这里似指阙之上部的表面为垩土涂饰。

⑬其下皆画云气、仙灵、奇禽、怪兽,以示四方:阙的下部,图绘以云气、仙灵、奇禽、异兽,并以这些图像标示出四方的方位。

⑭苍龙、白虎、元武、朱雀:古人指代四方的四种灵物,即东方苍龙、西方白虎、北方玄武、南方朱雀。这里的“元武”,当为“玄武”之避讳用语。傅注:“宋人亦避‘玄’字。”

⑮阙谓之皇:此为《法式》引《义训》之语。其意为“观可以称之为‘阙’,阙可以称之为‘皇’。”这里的“皇”,有堂皇宏大之义,似与“象魏”,即“魏魏然高大”之义相近。

【译文】

《尚书·周书·周官》载:西周时代的太宰,会在每年的正月登上宫门前的门阙之上,昭示国家的治理之法。

[《春秋公羊传》]提到:依周礼,天子与诸侯的宫门前都设有台门;天子的台门,是设在宫门之外对峙而立的双观;诸侯的台门,则设于宫门之内,且仅在阙台上设置一座楼观。

《尔雅》解释说:观,亦称之为“阙”。天子的宫门之前设有双阙。

《白虎通义》中有言:为什么必须要在宫门之前设阙呢?所谓“阙”,其实是对阙内之门的一种诠释,以标明虽然同样是门,却是有着尊卑高下之差别的。

《风俗通义》:鲁昭公在其宫门前设置了对峙而立的双观,这双观就称之为“阙”。

《说文》:所谓“阙”,就是门观的意思。

《释名》解释说:阙,就是空缺之义,在门的两旁各立一阙,中央缺口恰为通道。观,就是观望之义,登临其上可以近观远望。

《博雅》有言:所谓“象魏”,指的就是宫前的门阙,其形也高,其象也巍。

晋人崔豹所撰《古今注》中说道：阙，即是观。古时的人们在每座宫门之前都树立两座楼观，用以标志出君主之宫阙的庄重与威严。阙上之观可以供人居处，亦可使人登临其上眺望远观，远来的臣子将要朝觐君王，走到这里就会反躬自省，思考一下自己的作为有何缺陷，故而人们将这里称之为“阙”。阙的上部皆用白垩之土加以涂饰，阙的下部则都图绘云气、仙灵、奇禽、怪兽，用以表示君王统领的天下四方，既有象征东方的苍龙与西方的白虎，又有象征北方的玄武与南方的朱雀，各方的灵异，都被绘出精美的形象。

《义训》中提到：“观”可以称为“阙”，“阙”可以称为“皇”。

殿堂附

《苍颉篇》[①]：殿，大堂也[②]。徐坚注云[③]：商周以前其名不载，《秦本纪》始曰“作前殿”[④]。

《周官·考工记》：夏后氏世室，堂修二七，广四修一[⑤]；殷人重屋，堂修七寻，堂崇三尺[⑥]；周人明堂，东西九筵，南北七筵，堂崇一筵[⑦]。郑司农注云：修，南北之深也。夏度以“步”，今堂修十四步，其广益以四分修之一，则堂广十七步半。商度以“寻”，周度以“筵”。六尺曰步，八尺曰寻，九尺曰筵[⑧]。

《礼记》：天子之堂九尺，诸侯七尺，大夫五尺，士三尺[⑨]。

《墨子》：尧、舜堂高三尺[⑩]。

《说文》：堂，殿也。

《释名》：堂，犹堂堂，高显貌也[⑪]；殿，殿鄂也[⑫]。

《尚书大传》：天子之堂高九雉，公侯七雉，子男五雉。雉长三尺[⑬]。

《博雅》：堂埕[14]，殿也。

《义训》：汉曰殿，周曰寝[15]。

【注释】

①《苍颉（jié）篇》：字书名。为秦时一部开蒙识字书。《太平御览·工艺部》引《书断》："秦李斯妙大篆，始省改之为小篆，著《苍颉篇》七章。"又《汉书·艺文志》："《苍颉》七章者，秦丞相李斯所作也；《爰历》六章者，车府令赵高所作也；《博学》七章者，太史令胡毋敬所作也；……汉兴，闾里书师合《苍颉》《爰历》《博学》三篇，断六十字以为一章，凡五十五章，并为《苍颉篇》。"可知，其书初由李斯等撰，后世多有补缀。今已亡佚。

②殿，大堂也：《初学记·居处部·殿》引《苍颉篇》曰："殿，大堂也。"意为殿，就是大堂。

③徐坚：字符固，湖州长城（今浙江长兴）人。博学多识，进士及第。经武则天、唐中宗、睿宗、玄宗四朝，历官刑部侍郎、左散骑常侍、太子詹事、集贤院学士等。著述颇丰，有《徐坚集》。

④商周以前其名不载，《秦本纪》始曰"作前殿"：意为商周以前未曾出现过"殿"这一名称，直至秦统一之后，才在秦都咸阳始"作前殿"。"殿"字已见于《诗经》："乐只君子，殿天子之邦。"这里的"殿"，似为一动词，如《毛诗正义》所释："殿，镇也。"《论语·雍也》中亦有："孟之反不伐，奔而殿。"这里的"殿"，有"殿后"之义。将"殿"用来特指统治者的居所，始自秦代。据《史记·秦始皇本纪》："先作前殿阿房。"自此，帝王宫殿中主要建筑，皆称"殿"，如汉初所建的未央宫前殿、长乐宫前殿等。《秦本纪》，为《史记》中的一篇。"始曰'作前殿'"一语应出自《史记》中的《秦始皇本纪》。

⑤夏后氏世室，堂修二七，广四修一：语出《周礼·冬官·考工记》，

《法式》引其书名为《周官·考工记》。其语是对夏世室的描述。“世室”是传说中夏代最高等级的祭祀建筑。这里给出了夏世室平面尺寸。《太平御览·礼仪部》:“修,南北之深也。夏度以步,令堂修十四步,其广益以四分修之一,则广十七步半也。”所谓“堂修二七”,据后人推测,意为夏世室房屋进深长十四步。广四修一,指房屋面广在进深尺寸基础上,再增加其长的四分之一,则为十七步半。

⑥殷人重屋,堂修七寻,堂崇三尺:殷商时代的重屋,其堂进深七寻,高为三尺。重屋,系商代最高等级的祭祀建筑,因为可能采用了重檐屋顶,或重层结构,故称“重屋”。堂,在这里指的是房屋台基。寻,为古代长度单位,一寻为八尺。以“堂修七寻”计,其堂进深五丈六尺。堂崇,指堂的高度。商代重屋台基高度为三尺。

⑦周人明堂,东西九筵,南北七筵,堂崇一筵:周代的明堂,东西广九筵,南北深七筵,堂的高度为一筵。明堂,系周代最高等级的祭祀建筑,是统治阶层与上天等超自然神灵间进行交流的重要空间。自汉代始,历代统治者都曾希望建造或尝试建造过明堂,以标示自己统治之“君权神授”的合法性。筵,为古代长度单位,一筵为九尺。这里给出了周代明堂的基本尺度,其东西面广为九筵(八十一尺),南北进深为七筵(六十三尺),房屋台基的高度为一筵(九尺)。

⑧六尺曰步,八尺曰寻,九尺曰筵:这段话是对古代长度单位最重要的记载之一。其意为,一步之长为六尺,一寻之长为八尺,一筵之长为九尺。今存《周礼注疏》中,仅提到“八尺曰寻”。“六尺曰步”,见于《论语注疏》,但自隋唐以后改为“一步五尺”。筵,为古时一种家具,与“几”相近,但比“几”的尺寸高大。如《考工记》所言:“室中度以几,堂上度以筵。”并言:“周人明堂,度九尺之筵。”此当为“九尺曰筵”的依据所在。

⑨天子之堂九尺，诸侯七尺，大夫五尺，士三尺：意为天子宫室台基高九尺，诸侯宫室台基高七尺，大夫宅邸台基高五尺，士者舍屋台基高三尺。这显然已是比尧、舜“堂高三尺”，或殷人重屋“堂崇三尺”，要高大许多的房屋台基，既反映了建筑因历史而发展，也反映了随社会发展而出现的明显等级制度差别。

⑩尧、舜堂高三尺：《初学记·居处部·堂》引《论衡》：“墨子称尧、舜堂高三尺。”其意为墨子提到，上古“三代”圣王尧与舜宫室的台基高为三尺。这里的“堂”指宫室的台基，其高三尺。

⑪堂，犹堂堂，高显貌也：《艺文类聚·居处部》引《释名》：“堂，犹堂堂，高显貌也。”意为“堂”就是“堂堂”的意思，以其形式的堂皇高大而显其隆耸壮丽样貌。

⑫殿，殿鄂也：其义与《急就篇》“殿，谓室之崇丽有殿鄂者也”同。清段玉裁《说文解字注》：“殿，有殿鄂也。殿鄂，即《礼记》注之‘沂鄂’。《说文》作‘垠’作‘圻’。释名，释形体亦曰：臀，殿也。高厚有殿鄂也。……堂之所以称‘殿’者，正谓前有陛，四缘皆高起，沂鄂显然，故名之‘殿’。许以‘殿’释‘堂’者，以今释古也。古曰‘堂’，汉以后曰‘殿’。古上下皆称‘堂’，汉上下皆称‘殿’。至唐以后，人臣无有称‘殿’者矣。”若堂之前有阶陛，其基四缘高起，表面有凹凸纹理，以显隆耸崇丽，则称为“殿”。另，“鄂”与“堮”之义相通，堮（è），地面凸起成界划的部分。

⑬雉（zhì）长三尺：《法式》引《尚书大传》：“雉长三尺。”又据《毛诗正义》：“《春秋传》曰：‘五版为堵，五堵为雉。’雉长三丈，则版六尺。”《初学记·居处部·堂》亦有：“《尚书大传》云：天子之堂高九雉，公侯七雉，子男五雉。（雉长三丈。）”雉，为古代长度单位。但一雉之长究竟为多少，古籍中并无定论。以《初学记》等所言，一雉长三丈，则若天子之堂高九雉，其高度超越常识。《法式》所引《尚书大传》的“雉长三尺”，未见于其他古籍，故关于

"雉"的长度,及上文"天子之堂高九雉,……"等,尚难做出较为恰当的解释。

⑭堂埠(huáng):《法式》引《博雅》:"堂埠,殿也。"但《尚书正义》有郭璞之疏:"榭,即今之堂埠也。"《尔雅注疏》补充说:"郭云'榭即今堂埠'者,堂埠,即今殿也。殿亦无室,故云'即今堂埠'。"堂埠,也作"堂皇",指广大的殿堂。《尔雅·释宫》:"堂埠,壂(殿)也。"王念孙疏证:"埠,通作'皇'。"秦以前立于高大台基上,且室内不做分隔的房屋,称"榭"。秦以后始有"殿"之称。因殿亦不做室内分隔,亦将殿称为"堂埠"。

⑮汉曰殿,周曰寝:《法式》引《义训》,意为汉代所称之"殿",即周代所称之"寝";则"殿"与"寝"同义,指供统治者居处的重要宫室建筑。《周礼·天官·宫人》:"宫人掌王之六寝之修。"所谓"六寝",即指王宫之内的殿堂。周代有"小寝""大寝""路寝"等不同殿堂。以"寝"指代建筑,还见于《诗经·小雅·巧言》:"奕奕寝庙,君子作之。"且《诗经·鲁颂·闷宫》中已见后世所言"路寝":"松桷有舄,路寝孔硕,新庙奕奕。"路寝,为天子宫内的主殿,如明清故宫太和殿。

【译文】

秦代李斯等人所撰写的《苍颉篇》中提到:所谓殿,就是大堂。唐代人徐坚对其作注说:商周以前没有"殿"这个名称,自《史记·秦始皇本纪》中最早出现了"作前殿"这样的描述。

据《周礼·冬官考工记》中的记载:上古夏代的最高等级祭祀建筑称为"世室",世室的台基,其进深为十四之步,其面广是在其进深长度的基础上,再加上进深之长的四分之一;商代的最高等级祭祀建筑称为"重屋",其台基的进深,长有七寻,基座距离地面高为三尺;周代的最高等级祭祀建筑称为"明堂",其堂之台基,东西之长有九筵,南北之深有七筵,台基的高度为一筵。郑司农对其作注说:所谓"修",指的是南北的进深。

夏代，以“步”为长度基本单位，以今日的推算，其堂进深为十四步，面广是在进深的基础上再加四分之一，则其堂面广为十七步半。殷商时代，以“寻”为基本长度单位；周代以“筵”为基本长度单位。一步之长为六尺，一寻之长为八尺，一筵之长为九尺。

《礼记》中记载：天子宫室的台基之高为九尺，诸侯宫室的台基之高为七尺，大夫厅舍的台基之高为五尺，士人舍屋的台基之高为三尺。

据《墨子》中的描述：尧、舜所居宫室之台基的高度为三尺。

《说文》解释说：所谓“堂”，指的就是殿。

《释名》中亦解释说：所谓“堂”的意思，是指“堂堂”，也就是说，其宫室修造得高大伟岸以彰显其崇丽之外貌；所谓“殿”的意思，是指在其宫室台基之前有丹陛，且台基四缘有边棱并有凹凸的雕琢纹理。

《尚书大传》中有：天子之堂的高度有九雉，公爵与侯爵之堂的高度有七雉，子爵与男爵之堂的高度有五雉。每雉的长度为三尺。

《博雅》：所谓“堂埠”，就是广大的殿堂的意思。

《义训》：汉代宫廷内所称的“殿”，就是周代宫廷内所称的“寝”。

楼

《尔雅》：狭而修曲曰楼[①]。

《淮南子》：延楼栈道，鸡栖井干[②]。

《史记》[③]：方士言于武帝曰：黄帝为五城十二楼，以候神人。帝乃立神明台、井干楼，高五十丈[④]。

《说文》：楼，重屋也[⑤]。

《释名》：楼谓之牖户之间有射孔[⑥]，慺慺然也[⑦]。

【注释】

①狭而修曲曰楼:《尔雅·释宫》:“陕而修曲曰楼。”意为狭小、修长且曲折的房屋或空间,可称为“楼”。狭,今本《尔雅》作“陕”,二字同义。

②延楼栈道,鸡栖井干:《淮南子·本经训》:“大构驾,兴宫室,延楼栈道,鸡栖井干。”指统治者大兴土木,兴建宫室。延楼,意为高大隆耸之屋宇。栈道,以木架于半空的连接通道。鸡栖,此处疑为一种树木之名。《十七史商榷》释《世说新语》中“鸡栖树”时,引颜师古《急就篇注》:“皂荚树,一名‘鸡栖’。”另《农政全书》释“皂荚”:“《广志》曰:‘鸡栖子。’……(树高大,枝间有刺,夏开花,秋后实。)”若以此理解,则“鸡栖井干”为用鸡栖之木所营建的井干楼。抑或可直接理解为“鸡栖于井干”,则其意或言井干之高,宜于鸡或鸟栖于上;或言井干楼上多横木,纵横交叉,形成井干式结构。亦未可知。井干,汉武帝时建井干楼,高五十丈。后泛指楼台。

③《史记》:由西汉著名史学家司马迁所撰写的一部纪传体史书,是我国历史上第一部纪传体通史,被列为“二十四史”之首,与后来的《汉书》《后汉书》《三国志》合称“前四史”。全书包括十二本纪、十表、八书、三十世家、七十列传,共一百三十篇,记载了自传说中的黄帝时代至汉武帝元狩元年(前122)约三千多年的历史。

④“方士言于武帝曰”五句:《艺文类聚·居处部》引《史记》曰:“方士言武帝曰:黄帝为五城十二楼,以候神人,帝乃立神明台、井干楼,高五十丈,辇道相属。”其意言汉武帝相信了方士之言,效仿黄帝,建造了神明台、井干楼,两座楼台间有相互连系的辇道。此五句应是《史记》佚文,不见于今本《史记》。方士,古代自称有方技或数术的人,亦有将占卜、医巫、耆算之人都归为方士一类。黄帝为五城十二楼,相传黄帝为了迎候神人,特别建造了“五城

十二楼”。《艺文类聚·山部》则称:“《河图》曰:昆仑之墟,五城十二楼,河水出焉。”将“五城十二楼”,归在了神仙居处的昆仑山。此说更早见于《抱朴子内篇·祛惑》:“又见昆仑山上,一面辄有四百四十门,门广四里,内有五城十二楼。”神明台、井干楼,指汉武帝建造的两座高层楼台。《史记·封禅书》:“乃立神明台、井干楼,度五十丈,辇道相属焉。”《三辅黄图·建章宫》言:“建章有神明台。”可知,神明台位于汉长安建章宫内。其又引《庙记》曰:“神明台,武帝造,祭仙人处,上有承露盘,有铜仙人,舒掌捧铜盘玉杯,以承云表之露,以露和玉屑服之,以求仙道。”《三辅黄图·建章宫》亦提到:“右神明台……高五十丈;对峙井干楼,高五十丈。”所谓“五十丈”,疑为古人粗略估计的虚言,但两楼相距较近,彼此间有相互连通的高架辇道,可能是真实的。

⑤楼,重屋也:此句释“楼”为“重屋”,似已接近后世人所称的“楼”之概念。《三辅黄图·飞廉观》载方士言于武帝:“仙人好楼居,不极高显,神终不降也。”意为“楼”是十分高显的建筑。《尔雅注疏》释“楼”:“凡台上有屋,狭长而屈曲者,曰‘楼’。”故楼有几层意思:一,二层或多层重叠之房屋;二,架于台上狭长修曲的房屋;三,建造于十分高显位置上的房屋。

⑥楼谓之牖(yǒu)户之间有射孔:这句话的意思是说,在房屋的窗与门之间有用于防卫的射孔,使人有畏惧、惶恐之感,这样的房屋就可以称作“楼”。牖,指窗。户,指门户。《尔雅·释宫》:“牖户之间谓之扆,其内谓之家。”“扆”为屏障,位于窗牖与门户之间,牖、户、扆之内,即为人户所居的房屋之内,故谓之“家”。古人或设楼以防卫,其牖户间有可窥望或发射箭矢的射孔。射孔,《初学记·居处部·楼》释“楼”引《释名》曰:“言牖户诸射孔楼楼然也。”则“射孔”为房屋的一种防御性装置,位于牖户之间,有多个孔洞。

⑦偻偻(lóu)然:言见者睹其楼有诸多射孔,则小心惶恐的样子。

【译文】

《尔雅》定义说:狭长而曲折的房间,就称为“楼”。

《淮南子》中有:高大隆耸的楼宇,高悬半空的通道;以纵横交叉之大木,搭造起高大的井干之楼。

《史记》中载:有方士对汉武帝说:“上古黄帝之时,曾建造了五座城,十二座楼,用来迎候神人的降临。”听信此言的汉武帝,就仿照黄帝的做法,建造了神明台与井干楼,这两座楼台都有五十丈之高。

《说文》解释说:所谓“楼”,就是多层重叠的房屋。

《释名》亦对“楼”作释:所谓“楼”,就是那种在窗与门之间的墙上开凿有一些可用来向外窥探与发射箭矢的孔洞,使走近这楼宇之人,一睹此一景况,就会油然生出一种惶恐恭谨之心。

亭

《说文》:亭,民所安定也①。亭有楼,从高省,从丁声也②。

《释名》:亭,停也,人所亭集也③。

《风俗通义》:谨按:春秋《国语》有寓望④,谓今亭也。汉家因秦⑤,大率十里一亭⑥。亭,留也;今语有“亭留”“亭待”,盖行旅宿食之所馆也⑦。亭,亦平也⑧;民有讼诤,吏留辨处,勿失其正也⑨。

【注释】

①亭,民所安定也:此句引《说文·高部》释“亭”,其意为使民有安定之所。据《周礼注疏》曰:“宿,可止宿,若今亭有室矣。”其疏则言:“汉法,十里有亭,亭有三老,人皆有官室,故引以为况也。”

这里所说的“亭”，似为可止宿的房舍，为过往之人提供可居之室。又其文引郑司农云：“若今时得遗物及放失六畜，持诣乡亭县廷。大者公之，大物没入公家也。小者私之，小物自畀也。”则“亭”又似为管理机构。秦末刘邦所任“泗水亭长”，疑即指负责泗水之地“乡亭”的长官。

②亭有楼，从高省，从丁声也：意为“亭”是一座有重层的房屋。“亭”字其形从“高”字而有省减，其音则与“丁”字的发声相近。从丁声也，今本《说文》作“丁声”。

③人所亭集：意思是人们停下脚步，聚集在一起。今本《释名·释宫室》作“亦人所停集也”。亭，即“停留”之义。

④春秋《国语》有寓望：春秋时的《国语》中有“寓望”一词，语见《国语·周语》：“列树以表道，立鄙食以守路，国有郊牧，疆有寓望，薮有圃草，囿有林池，所以御灾也。”《太平御览·居处部》引《风俗通》曰：“谨案春秋《国语》有寓望，谓金亭也，民所安定也。”则“寓望”亦是“亭”的一种，为民提供驻留之所。《国语》，是我国第一部国别体史书，相传为春秋末期鲁人左丘明所作，也叫《春秋外传》。《国语》记事上起周穆王十二年（前936）西征犬戎，下至智伯被灭（前453），记载了西周及春秋时期周、鲁、齐、晋、郑、楚、吴、越等八国的历史，包括各国贵族间朝聘、宴飨、讽谏、辩说、应对之辞以及部分历史事件与传说，内容涉及经济、政治、军事、兵法、外交、教育、法律、婚姻等各个方面。

⑤汉家因秦：指代秦而立的西汉王朝，继承了秦制。“汉家”，指汉代。

⑥十里一亭：《汉书·百官公卿表》解释俸禄为“百石以下”的“少吏”：“大率十里一亭，亭有长；十亭一乡，乡有三老，有秩、啬夫、游徼。三老掌教化；啬夫职听讼，收赋税；游徼徼循禁贼盗。”这里说的是汉代的基层管理部门，每十里，设一亭，有亭长；每十亭，为一乡，乡里有三老、啬夫、游徼等吏职；三老管伦理教化，啬夫管民间

诉讼及收缴赋税，游徼负责日常治安。如此可知，“亭长”是比三老、啬夫、游徼等级别更低的小吏，其管理范围仅为“十里之亭”。

⑦盖行旅宿食之所馆：其语释“亭”，为过往行旅可以驻留休憩之所。《周礼·地官·遗人》中提到：“凡国野之道，十里有庐，庐有饮食；三十里有宿，宿有路室，路室有委；五十里有市，市有候馆，候馆有积。”古时的乡郊野外，每十里，设有可提供饮食的庐舍；每三十里，设有可提供住宿的室宿（路室）；每五十里，设有可提供交易的市场；市场内有供人居留的“候馆”；馆内有储存的生活用品，以提供给过往人员使用。此即“亭留”“亭待”所包含之义。

⑧亭，亦平也：《太平御览·居处部》引《风俗通》：“亭，亦平也。”则“亭”有“平”之义。这里的“平”，指的是公平、公正。

⑨民有讼诤，吏留辨处，勿失其正也：《太平御览·居处部》引《风俗通》亦曰：“民有讼诤，吏留辩处，勿失其正也。”此语对应于《汉书·百官公卿表》中汉代基层管理机构，“十里一亭，亭有长”；而“十亭一乡，……啬夫职听讼，收赋税”。也就是说，管理亭的乡一级机构中，有负责听讼的“少吏”，即“啬夫”，则“亭”之设，可以为啬夫受理民之诉讼，提供“留办”之处。

【译文】

《说文》释“亭”：亭，其意就是使百姓能够有安定之所。亭上有楼，“亭”字之形从“高”而省，“亭”字之音从“丁”之声。

《释名》亦释：亭，就是停的意思，指的是人们停留集聚之处。

《风俗通义》中有一段话：在此处谨做如下解释：春秋《国语》中有“寓望”一词，说的就是今日所谓的“亭”。汉代因应秦代制度，大体上是每十里设一亭。所谓“亭”，就是停留的意思；今日的说法中，仍有“亭留”“亭待”之类的词语，意思都是说为行旅之人提供留宿饮食的场所与馆驿。亭，还有“平”的意思；人们之间有矛盾诉讼，亭就是基层小吏们停留处置诉讼的地方，如此才不会失去对众人的公正与公平。

台榭

《老子》[1]：九层之台，起于累土[2]。

《礼记·月令》[3]：五月可以居高明，可以处台榭[4]。

《尔雅》：无室曰榭[5]。榭，即今堂埠[6]。

又：观四方而高曰台[7]，有木曰榭[8]。积土四方者[9]。

《汉书》[10]：坐皇堂上[11]。室而无四壁曰皇[12]。

《释名》：台，持也[13]。筑土坚高，能自胜持也[14]。

【注释】

①《老子》：中国古代哲学经典之一。分道经和德经两部分，所以又称《道德经》。全书五千言，重在论述作为宇宙本体、万物之源和运动规律的天道，并以这种天道来观照人道，指导治国和修身，涉及宇宙、自然、社会、人生的各个方面。

②九层之台，起于累土：语出《道德经》第六十四章。意为高为九层之台，也是夯土累积叠造而成的。累土，指层层夯筑的土层。

③《礼记·月令》：《月令》为《礼记》中的一篇。记述了十二个月的气候与生物、农作物的生长变化情况，制定了相应保护、管理生产的各种政策措施，并规定天子每月应办的大事。

④五月可以居高明，可以处台榭：《礼记·月令》："（仲夏之月）可以居高明，可以远眺望，可以升山陵，可以处台榭。"《礼记正义》中有其疏："顺阳在上也，高明谓楼观也。"则"居高明"，即高居于楼观之上。台榭，指建造在高台之上的屋榭。一般情况下，榭多四面无墙，可以供人驻足远观。

⑤无室曰榭：意为虽为房舍却无室内区隔，可称为"榭"。如《公羊传注疏》："云'无室曰榭'者，但有大殿，无室内，名曰'榭'。"疑

其暗示榭虽形如大殿，却四面开敞，没有室内空间。又《尚书正义》："榭是台上之屋，歇前无室，今之厅是也。"则"榭"又指处于高台之上的屋舍，其前无房间，类如后世的厅。或言，后世敞厅，亦可称"榭"。

⑥榭，即今堂埠：语见《尔雅注疏》。关于"堂埠"之义，参见本卷前文"殿"条相关注释。

⑦观四方而高曰台：意为其形方而高，于上可以观望四方。《尔雅注疏》："四方而高者名台，即上阇也。"阇（dū），意为城门上之台。又《尔雅·释宫》："阇谓之台，有木者谓之榭。"《尔雅注疏》："积土四方而高者名'台'，即下云'四方而高者'也，一名'阇'。李巡云：'积土为之，所以观望。'"又《太平御览·居处部》引《尔雅》曰："观四方而高曰'台'，（积土四方者。）有木曰'榭'。"可知"台"包含两层意思：一为台之形式：积土四方而高；二为台之功能：可以远观四方。

⑧有木曰榭：《太平御览·居处部》引《尔雅》曰："观四方而高曰'台'，（积土四方者。）有木曰'榭'。"其意为在高台之上，若有木构房屋，其称为"榭"。

⑨积土四方者：语见同上。指台为累土而筑，其形四方。

⑩《汉书》：又称《前汉书》，东汉班固撰。全书包括十二帝纪、八表、十志、七十列传，主要记述了汉高祖元年（前206）至王莽地皇四年（23）共二百三十年的西汉王朝史事。为我国第一部纪传体断代史。

⑪皇堂：未见于今本《汉书》，兹谨存疑。据南朝宋裴松之注《三国志·魏书·后妃传》："及邺城破，绍妻及后共坐皇堂上。"可知，"皇堂"似与"殿堂"之义相近，但未知是否是四周无壁之殿堂。自唐宋以后，"皇堂"一词常用来指帝王陵寝。

⑫室而无四壁曰皇：其意似说，若房屋之室，四面无壁者，可称为

“皇”。除了《法式》之外,《太平御览·居处部》亦引《汉书》曰:“坐堂皇上。室而无四壁,曰皇也。”又引《广雅》曰:“堂皇,合殿也。”另《汉书·胡健传》:“于是当选士马日,监御史与护军诸校列坐堂皇上,建从走卒趋至堂皇下拜谒,因上堂皇,走卒皆上。建指监御史曰:‘取彼。’走卒前曳下堂皇。建曰:‘斩之。’遂斩御史。”可见“堂皇”似为位于高台上的建筑,其空间亦似开敞。另《太平御览·居处部》引《洛阳记》曰:“洛阳宫有桃间堂皇、杏间堂皇、柰间堂皇、竹间堂皇、李间堂皇、鱼梁堂皇、醴泉堂泉、百戏堂皇。”及《晋宫阙名》曰:“洛阳宫有水碓堂皇、择果堂皇。”由此推测,“堂皇”似与园林、水碓等景观与设施有所关联,园林中或水碓上的屋舍,形式似与“榭”相近,故其“四面无壁”的可能性很大。但未知这里所言“堂皇”与“皇堂”是否为同义词。

⑬台,持也:语出《释名·释宫室》。《初学记》《太平御览》亦引了《释名》中的这一句话。台,就是“持”的意思。

⑭筑土坚高,能自胜持也:语出同上。其意是累土夯筑,使其坚固高大,独立,能自行支撑。

【译文】

老子在《道德经》中说:高为九层的台,是通过层层累积的夯土建造而成的。

《礼记·月令》中说道:五月仲夏,顺应阳气升腾,正是可以登临高台,居处观榭的时节。

《尔雅》解释说:立房舍而不设屋壁,四面通透,内无隔室,这种开敞的厅屋就称为“榭”。榭,也就是今日所称的“堂埠”。

《尔雅》又提到:形为四方而孑然高矗,立于其上可远观四方,就称为“台”;若台上有木造的房舍,这房舍就称为“榭”。台是由累积层土夯筑而成的四方形式。

《汉书》中提到:坐皇堂上。又有“室而无四壁曰皇”之说。

《释名》：台，就是“持”的意思。亦即夯筑土台，使其坚固高挺，能够孑然自立、自行支撑。

城

《周官·考工记》：匠人营国，方九里，旁三门。国中九经九纬，经涂九轨[①]。王宫门阿之制五雉，宫隅之制七雉，城隅之制九雉[②]。国中，城内也。经纬，涂也[③]。经纬之涂，皆容方九轨[④]。轨谓辙广，凡八尺。九轨积七十二尺[⑤]。雉长三丈，高一丈[⑥]，度高以“高”，度广以“广”[⑦]。

《春秋左氏传》：计丈尺，揣高卑，度厚薄，仞沟洫[⑧]，物土方，议远迩，量事期，计徒庸[⑨]，虑材用，书馃粮，以令役[⑩]，此筑城之义也。

《公羊传》：城雉者何？五版而堵，五堵而雉，百雉而城[⑪]。天子之城千雉，高七雉；公侯百雉，高五雉；子男五十雉，高三雉[⑫]。

《礼记·月令》：每岁孟秋之月，补城郭[⑬]；仲秋之月，筑城郭[⑭]。

《管子》：内之为城，外之为郭[⑮]。

《吴越春秋》[⑯]：鲧越筑城以卫君，造郭以守民[⑰]。

《说文》：城，以盛民也[⑱]。墉，城垣也。堞，城上女垣也[⑲]。

《五经异义》[⑳]：天子之城高九仞，公侯七仞，伯五仞，子男三仞[㉑]。

《释名》：城，盛也，盛受国都也[㉒]。郭，廓也，廓落在城外也[㉓]。城上垣谓之睥睨，言于孔中睥睨非常也[㉔]；亦曰陴，言陴助城之高也[㉕]；亦曰女墙[㉖]，言其卑小，比之于城，若女子之于丈夫也。

《博物志》[27]：禹作城，强者攻，弱者守，敌者战[28]。城郭自禹始也[29]。

【注释】

①匠人营国，方九里，旁三门。国中九经九纬，经涂九轨：语出《周礼·冬官·匠人》。是中国古代都城规划的最早描述。其要点是城平面为方形，边长九里，城每面设三座门。城内街道纵横有序，纵向街道与横向街道各有九条。每条街道的宽度都可以并列通过九辆车。这里的“营国”，就是营造都城。“国中”，即指城中。在春秋战国时代，“国”除了指诸侯王的封土之外，还可指天子或诸侯的都城。

②王宫门阿之制五雉，宫隅之制七雉，城隅之制九雉：这三句话主要是描述古代王宫的门殿、宫室、城池的基本尺寸。门阿，指门屋、门房，若是君王宫殿，则应为门楼、门殿。阿，《周礼注疏》：“栋也。”这里喻指房屋。雉，在这里是指一种度量尺度，其广三丈，高一丈。以后文所谓“度高以‘高’，度广以‘广’”，则宫门五雉，其门殿广十五丈，高五丈；宫隅七雉，其宫城角楼，广二十一丈，高七丈；城隅九雉，其都城角楼，广二十七丈，高九丈。宫隅，《周礼注疏》：“宫隅、城隅，谓角浮思也。……浮思，并如字，本或作‘罘罳’，同。”其疏中亦言：“郑以‘浮思’解‘隅’者，按汉时云‘东阙浮思灾’，言灾，则浮思者，小楼也。按《明堂位》云‘疏屏’，注亦云：‘今浮思也。刻之为云气虫兽，如今阙上为之矣。’则门屏有屋覆之，与城隅及阙皆有浮思，刻画为云气并虫兽者也。”其意似言，在宫城或都城之角隅都设有角楼，其楼上有浮思（罘罳）之设。

③经纬，涂也：指纵横的街道，或道路。涂，同“途”，意为道路、街道。

④经纬之涂，皆容方九轨：城内纵横道路的宽度，都能够允许九辆

车并行通过。九轨,即其街道的宽度为九辆车的轨辙宽度之和。轨,在这里亦为一度量单位,指车的轨辙宽度。

⑤轨谓辙广,凡八尺。九轨积七十二尺:一轨之长为“八尺”,故其城内街道的宽度,则为“七十二尺”,正如其注所言。

⑥雉长三丈,高一丈:雉,作为一个度量单位,十分令人费解。若以其由城墙雉堞而来,则古时的每一雉堞,其长三丈,高一丈,尺度上也是相当大的。这里作为度量单位,用于宫门、宫隅、城隅等处的量度,似也在可以理解的范围之内。但《法式》前文提到的“天子之堂高九雉,公侯七雉,子男五雉”,就令人难以理解了,故《法式》作者在这句话后加注曰:“雉长三尺。”这一注,又与此处的描述相左。未知究应做何理解。

⑦度高以“高”,度广以“广”:《周礼注疏》:“度高以‘高’,度广以‘广’。”其疏引《书传》云:“雉长三丈,度高以高,度长以长,广则长也。言高一雉则一丈,言长一雉则三丈。”

⑧计丈尺,揣高卑,度厚薄,仞沟洫:《左传·昭公三十二年》:“士弥牟营成周,计丈数,揣高卑,度厚薄,仞沟恤,物土方,议远迩,量事期,计徒庸,虑材用,书餱粮,以令役于诸侯。”全句所言,是在成周城营造过程中,对工程、运输、后勤诸方面在数量上的估算。这里所引前四条是有关拟建城墙与沟洫的主要尺度:一,疑指计算城墙长短;二,当指城墙高低,或筑城地势高下;三,疑指城墙厚薄;四,计量环绕城墙之护城壕,或向城饮水及排除城内洪水等沟洫尺寸。这里的“仞沟洫”,意为“量测沟洫的深浅”。如《左传正义》:“仞沟洫,度深曰仞。”

⑨物土方,议远迩,量事期,计徒庸:语出同上。这里所引四条,主要涉及工作量、工程时长与用工数量:一,夯筑城墙或开挖沟洫,可能的土方量;二,运送土方,或其他物料,如石、木等的远近距离;三,诸项工程所需要的时间周期;四,完成这些工程所需要的工

徒、匠役等的用工数量。

⑩虑材用，书馁（hóu）粮，以令役：语出同上。这里所引三条，主要涉及材料与后勤方面的问题：一，工程所用木、石等材的数量；二，对后勤粮草的准备。这里的“书”，或有书写、计划之义，抑或与同音字“输”在意义上相通。馁粮，即粮草、干粮等日常生活后勤供应。馁，义同“糇”，为古代军队出征所带干粮。

⑪五版而堵，五堵而雉，百雉而城：语出《公羊传·定公十二年》。意为以五版的长度版筑而成的墙，称为“一堵”；五堵墙的长度，称为“一雉”；若其墙长有百雉，则可称为“城”。这里通过对“雉者何”的解答，完成了古人对城墙尺度的一个描述。另《公羊传疏》：“五板而堵，（八尺曰板，堵凡四十尺。）……五堵而雉，（二百尺。）百雉而城，（二万尺，凡周十一里三十三步二尺，公侯之制也。）”其文“板”与“版”通。其长当为城之周长。这里是对上文的解释，并具体到古代版筑工程中，每版的长度为“八尺”。然而，此处的一“雉”之长，已达“二百尺”，作为长度单位，其与前文所言“雉长三丈，高一丈”似乎没有什么关联。

⑫天子之城千雉，高七雉；公侯百雉，高五雉；子男五十雉，高三雉：见《公羊传疏》：“礼，天子千雉，盖受百雉之城十，伯七十雉，子男五十雉。”但其文为给出诸城之高。以上文诸侯之城百雉，其长二万尺，周十一里余，则天子之城千雉，其长当为二十万尺，周为百里之长。《公羊传疏》亦言：“天子千雉者，《春秋说》文也。云盖受百雉之城十者，谓公侯于天子，十取一之义，……似若《孟子》与《司马法》云‘天子圉方百里，公侯十里，是十取一之文也。’”这里的“圉”，疑即指天子之城，其长“百里”。公侯之城，周二万尺（百雉），伯之城，周一万四千尺（七十雉）；子男之城，周一万尺（五十雉）。隋唐以前之人以六尺为步，三百步为里，一里有一千八百尺，则公侯之城，周长十一里余；伯之城，周长近八

里；子男之城，周长五里半。问题是，这里所言诸城的高度，未见于《公羊传疏》，其高度单位"雉"，也只能以其高计"高"，则应以前文"雉长三丈，高一丈"计之，如果这一推测无误，则天子之城，高七丈；公侯之城，高五丈；子男之城，高三丈。

⑬孟秋之月，补城郭：《礼记·月令》：孟秋之月，"修宫室，坏墙垣，补城郭"。《礼记正义》对这句话解释说："象秋收敛物当藏也。"依据不同季节与月份的阴阳消长，安排与之相对应的事物，是先秦时代人依据季节与月令安排劳作等事的一种传统。

⑭仲秋之月，筑城郭：《礼记·月令》：仲秋之月，"是月也，可以筑城郭，建都邑，穿窦窖，修囷仓"。《礼记正义》解释说："论筑造城邑，收敛积聚，劝课种麦，为农为民。"

⑮内之为城，外之为郭：《管子·度地》："内为之城，城外为之郭，郭外为之土阆，地高则沟之，下则堤之，命之曰'金城'。"《法式》作者在这里借引其"城""郭"之义。古人之城，一般分为内、外两层，内层称为"城"，多为统治阶层居住；其外环绕以外郭城，主要是手工业者等普通百姓居住。

⑯《吴越春秋》：书名。东汉赵晔撰。今传世本《吴越春秋》只有十卷，前五卷主要记载吴国的兴亡史，以伍子胥佐吴王阖闾伐楚复仇及吴王夫差争霸为主线；后五卷主要记载越国的兴亡史，以勾践灭吴复仇为主线。与《国语》《左传》《史记》等史籍的记载相比，《吴越春秋》所记载的吴越争霸史内容更加丰富多彩，被视为长篇历史演义小说的滥觞。

⑰鲧（gǔn）越筑城以卫君，造郭以守民：《初学记·居处部·城郭》："鲧筑城以卫君，造郭以守民，此城郭之始也。"另《太平御览·居处部》亦有："《吴越春秋》曰：鲧筑城以卫君，造郭以居人。此城郭之始也。"鲧，传说中夏禹的父亲。据《吕氏春秋·审分览·君守》："夏鲧作城。"鲧被认为是史上造城第一人。这里的"鲧越"

一词，未见于《吴越春秋》，未知《法式》作者所据者何。疑即指“鲧”其人。

⑱城，以盛民也：《艺文类聚・居处部》引《说文》曰：“城，以盛民也，墉，城垣也。”意为城的功能是容纳与保护生活于其中的百姓。盛，此处应读为chéng，有盛放、容纳之义。

⑲堞（dié），城上女垣也：《初学记・居处部・城郭》：“《说文》所谓堞者，亦女墙也。”关于“女墙”之义，已如《法式》前文所引《释名》：“亦曰女墙，言其卑小，比之于城，若女子之于丈夫也。”堞，即“雉堞”的简称，是古代城墙上起防护作用的矮墙，其间有缺口，用于窥望与射箭等防御功能。因其墙需适应人的尺度，故较矮小，因而称为“女墙”。今日屋顶平台四周矮墙称“女儿墙”，当由此而来。

⑳《五经异义》：书名。东汉许慎撰。《后汉书・儒林传》称许慎以《五经》解说臧否不同，因著此书辨正之。原书已佚，后世有辑本。

㉑天子之城高九仞（rèn），公侯七仞，伯五仞，子男三仞：《初学记・居处部・城郭》引《五经异义》曰：“天子之城高九仞，公侯七仞，伯五仞，子男三仞。”仞，古代长度单位，其长度一说为八尺（周制），一说为七尺（汉制）。以一仞为八尺计，则天子之城，高七丈二尺；公侯之城，高五丈六尺；伯之城，高四丈；子男之城，高二丈四尺。与前文所推算的“天子之城，高七丈；公侯之城，高五丈；子男之城，高三丈”的说法，在尺度上相差不大。

㉒城，盛也，盛受国都也：《初学记・居处部・城郭》引《释名》云：“城，盛也，盛受国都也。”这里的“盛”，亦为盛放、容纳之义。

㉓郭，廓也，廓落在城外：《初学记・居处部・城郭》引《释名》：“郭，廓也，廓落在城外也。”郭，指外郭城，因其环绕于城之外廓，且空间亦较空阔，故称“廓落在城外”。郭，取其“廓落”之义。

㉔城上垣谓之睥睨（pì nì），言于孔中睥睨非常：《初学记・居处

部·城郭》引《释名》又曰:“城上垣谓之睥睨,言于孔中睥睨非常也;亦曰陴,言裨助城之高也。”这里是对城墙上的雉堞,或女墙的描述。其意为城墙上的矮墙,即“垣”,可以称之为“睥睨”。若理解为可以在雉堞的孔隙中向外窥望,以观察是否有异常的现象,则这里的“睥睨”意思是窥视、监视。

㉕陴(pí)助城之高:这里疑应据《初学记·居处部·城郭》而改为“裨助城之高”,如上文所释。

㉖女墙:城墙上的矮墙,或雉堞。如前文有关“堞”之所注。

㉗《博物志》:书名。西晋张华编撰。内容多取材于古籍,分类记录了异域、异人、异兽、动物、植物、矿物、海洋、山川、河流、药物、香料、书籍、轶闻、杂史、方术、神话等内容。原书已佚,今有辑本。

㉘禹作城,强者攻,弱者守,敌者战:《艺文类聚·居处部》引《博物志》曰:“禹作城,强者攻,弱者守,敌者战。城郭自禹始也。”意为是夏禹创造了城池建筑,强者,出而攻之;弱者,退而守之;若有敌人进犯,则依城而战之。

㉙城郭自禹始:语出同上。意为城郭的营造是从夏禹开始的。这句话与前文所言“夏鲧作城”似有矛盾。但若认为中国古代城郭建筑始创于夏代建立之前,似乎与这些记载内容的冲突不大。

【译文】

《周礼·冬官考工记》:匠人营造都城,其城平面为方形,每面边长九里,每侧开有三座城门。城内布置有九纵与九横的街道,每条街道的宽度为九辆车轨辙的宽度之和。王宫门殿制度,其广五雉;宫殿的角楼制度,其广七雉;宫城的角楼制度,其广九雉。所谓“国中”,指的是都城之内。所谓“经纬”,指的是道路。纵横交错的街道,皆为能够容纳九辆车轨的宽度。所谓车轨之宽,指的是车辙的宽度,一般是按八尺计算的。九辆车的轨辙之和为七十二尺。雉的长度为三丈,高度为一丈,测量高度时,以雉之高计量,测量长度时,以雉之长计量。

《春秋左传》中记录：周时人士弥牟在受命营造成周城时，曾计算城墙所环绕的丈尺长度，推测城墙本身的高低及其所处地形的起伏，测度城墙的厚薄尺寸，计算护城壕及连接城内外之沟渠的深度，由此推算出工程所需的土方量多少，及搬运这些土方所需的远近距离，进而计划出建城工程所需的时间表，推算出所有这些工程所需要的匠役与工徒的数量，筹划出建城所需要的木石材料，并为工程过程中所需粮草的输送列出计划，以这样一个周密的策划来安排全部的建城工役，这其实就是城池营造的要义所在。

《春秋公羊传》中有言：人们所说的“城雉”是指什么？夯筑城墙时，每五版的长度为一堵，五堵的长度就是一雉（以一版长八尺，一堵长四十尺，一雉长二百尺），累积夯筑而达一百雉之长，就围合而成了一座城池。雉以其长计长，其高计高，天子都城周长一千雉（二十万尺），城高七雉（七丈）；公侯的城周长一百雉（二万尺），城高五雉（五丈）；子男的城周长五十雉（一万尺），城高三雉（三丈）。

《礼记·月令》中提到：每年孟秋之月，应当修补城郭的墙垣；每年仲秋之月，可以修筑内城与外郭。

《管子》说：一座城池，其内城墙垣所环绕之地称为“城”，其外城墙垣所环绕之地称为“郭”。

据《吴越春秋》的说法：是大禹的父亲鲧创造了城郭之制，他夯筑内城以保卫君王，建造外郭以守护百姓。

据《说文》的解释：所谓“城”，就是容纳民众的意思。“墉”，指的就是城垣。“堞”，则指城墙之上具有防护作用的矮墙，又称“女墙”。

《五经异义》列出了不同等级城池的高度：天子都城，其高九仞（七丈二尺），公侯的城池，其高七仞（五丈六尺），伯的城池，其高五仞（四丈），子男的城池，其高三仞（二丈四尺）。

《释名》有言：所谓“城”，就是“盛”的意思，容纳与承受一国之都城。所谓“郭”，就是“廓”的意思，廓落在内城之外。城墙之上另设有墙垣，称之为“睥睨”，其意是说，从城上雉堞的空隙中向外监视，以观察有无任何非常的事件；这一墙垣也称为“陴”，其意与“裨”相同，有增加或裨助城墙高度的作用。也可以称之为“女墙”，是说这一墙垣，尺度矮小，与高大的城墙相比较，就如同是弱女子与伟丈夫之间相比较一样。

《博物志》记载：夏禹创造了城池，强者可据城而攻，弱者可赖城以守，有敌来犯，则可依城而与之交战。城与郭的建造，是自大禹开始的。

墙

《周官·考工记》：匠人为沟洫，墙厚三尺，崇三之[①]。高厚以是为率[②]，足以相胜。

《尚书》：既勤垣墉[③]。

《诗》：崇墉屹屹[④]。

《春秋左氏传》：有墙以蔽恶[⑤]。

《尔雅》：墙谓之墉[⑥]。

《淮南子》：舜作室，筑墙茨屋，令人皆知去岩穴。各有室家，此其始也[⑦]。

《说文》：堵，垣也；五版为一堵[⑧]。墩[⑨]，周垣也。埒[⑩]，卑垣也[⑪]。壁[⑫]，垣也。垣蔽曰墙。栽，筑墙长版也[⑬]。今谓之膊版[⑭]。榦，筑墙端木也[⑮]。今谓之墙师[⑯]。

《尚书大传》：天子贲墉[⑰]，诸侯疏杼[⑱]。贲，大也，言大墙正道直也。疏，犹衰也；杼，亦墙也；言衰杀其上，不得正直[⑲]。

《释名》：墙，障也，所以自障蔽也[⑳]。垣，援也，人所依止以为援卫也[㉑]。墉，容也，所以隐蔽形容也[㉒]。壁，辟也，所以辟御风寒也[㉓]。

《博雅》：墂、力雕切。隊[24]、音篆。墉、院[25]、音垣。廦[26]，音壁，又即壁反。墙垣也。

《义训》：庬[27]，音毛。楼墙也。穿垣谓之腔[28]，音空。为垣谓之厽[29]，音累。周谓之墂[30]，音了。墂谓之䆪[31]。音垣。

【注释】

①匠人为沟洫（xù），墙厚三尺，崇三之：《周礼·冬官·匠人》，原文为一整段匠人所从事的工作："匠人为沟洫，……墙厚三尺，崇三之。"包括沟洫、沟防、葺屋、瓦屋、囷、窌、仓、城等，最后谈到了筑墙，其意为，若墙之根基处的厚度为三尺，则墙的高度应为墙厚的三倍，即高为九尺。匠人，指工匠。沟洫，指包括灌水、排水及防御性水沟等沟渠设施。洫，指田间水道。崇，高。

②高厚以是为率：这里指"墙厚三尺，崇三之"，其意是若将墙体高度与厚度之比控制在3∶1，对墙体的坚固与稳定是有充分保证的。率，标准。

③既勤垣（yuán）墉（yōng）：《尚书·周书·梓材》："若作室家，既勤垣墉，惟其涂塈茨。"《尚书正义》所释："如人为室家，已勤立垣墙，惟其当涂既茨盖之。""垣""墉"二字皆有"墙"义。"垣"指低矮之墙，"墉"与"庸"通，指高大之墙。《尚书正义》言："卑曰垣，高曰墉。"

④崇墉屹屹（yì）：《诗经·大雅·皇矣》："临冲闲闲，崇墉言言。……临冲茀茀，崇墉仡仡。"其诗讲述周文王伐崇之事。据《毛诗正义》："闲闲，动摇也。言言，高大也。……茀茀，强盛也。仡仡，犹言言也。"仡仡（yì），与前句"言言"义同，亦有高大之义。陶本《法式》中引为"屹屹"，其意与"仡仡"通。

⑤有墙以蔽恶：《春秋左传·昭公元年》："人之有墙，以蔽恶也。"

《春秋左传正义》解释说:“喻己为国卫,如墙为人蔽。”意为犹如国家有边界之防卫,墙为人提供防卫的屏障。

⑥墙谓之墉:《尔雅·释宫》:“垝谓之坫,墙谓之墉。”“墉”为高墙。

⑦舜作室,筑墙茨(cí)屋,令人皆知去岩穴。各有室家,此其始也:《淮南子·修务训》:“舜作室,筑墙茨屋,辟地树谷,令民皆知去岩穴,各有家室。”意为是上古圣王舜创造了屋室,筑造墙壁,以茅茨覆盖屋顶,并学会了开垦土地,种植谷物,使民众不再栖居于岩穴之中,每个人都有了自己的庐舍。茨,这里是指用茅草覆盖屋顶之义。室家,家庭与为家庭提供的庐舍即为“室家”。“室家”一词,最早见于《尚书》,如上文提到的:“若作室家,既勤垣墉,惟其涂塈茨。”说明古代中国人很早就有了“家庭”的概念,且每个家庭各有其自己的“庐舍”。

⑧五版为一堵:《周礼注疏》引《公羊传》云:“五版为堵,高一丈,五堵为雉。”又见《法式》引《说文》。版,指版筑夯土墙时的两侧护版。据上文所提到的,一版的长度为“八尺”,则一堵墙的长度为“五版”,即长四十尺,其高一丈。

⑨墩(liáo):意为四周环绕之墙垣。

⑩埒(liè):本义为矮墙,即“卑垣”。亦有田埂、堤防等义。

⑪卑垣:低矮的墙。

⑫壁:墙壁,墙垣。

⑬栽(zài),筑墙长版:筑墙长版,即版筑墙体时两侧所用的长条护版。栽,立版筑墙。

⑭膊版:此词仅见于《法式》,义与上条所释“栽”同,指版筑墙体时的两侧护版。

⑮榦(gàn),筑墙端木也:《尔雅注疏》释“桢、翰、仪,榦也”句,其注为:“桢,正也,筑墙所立两木也。翰,所以当墙两边障土者也。……仪表亦体榦也。”则“榦”之义,来自“桢”“翰”,二字

之义均为版筑墙体时两个端头的立版，则“榦”亦可释为“筑墙端木”。

⑯墙师：此词仅见于《法式》，其义与上条所释“榦”通，亦指版筑墙体时两个端头的立版。

⑰贲（bēn）墉：《尚书大传・多士》：“天子贲庸，（贲，大也，墙谓之庸；大墙，正直之墙。）”庸，即墉，指墙。意为天子宫室的墙墉，十分高大正直。贲，大，盛大。

⑱疏杼（zhù）：《尚书大传・多士》：“诸侯疏杼，（疏，犹衰也。杼，亦墙也。言衰杀其上，下不得正直。）”意指有衰杀收分之墙，即诸侯宫室所用之墙，其上做明显衰杀，使墙体上下有明显收分，而不正不直。

⑲衰杀其上，不得正直：语出《尚书大传・多士》。其意已如上条所释。衰杀，减缩。这里指墙体随高度所做的收分处理。因有衰杀，故墙体的表面不可能呈直上直下的状态。

⑳墙，障也，所以自障蔽也：《初学记・居处部・墙壁》引《释名》云：“墙，障也，所以自障蔽也。”墙的功能，就是为居于其中的人提供保护与屏障。

㉑垣，援也，人所依止以为援卫也：《初学记・居处部・墙壁》：“垣，援也，人所依阻以为援卫也。”意为墙垣可以作为居于其中之人的防卫性屏障，有为人提供“援卫”的意思。

㉒墉，容也，所以隐蔽形容也：《初学记・居处部・墙壁》：“墉，容也，所以蔽隐形容也。”意为墙墉有为居于其中之人提供隐蔽形体容貌的作用。这与墨子所言“墙之高，足以别男女之礼”在意义上相通，即“墙墉”可以为人提供具有一定隐蔽性的私人空间。

㉓壁，辟也，所以辟（bì）御风寒也：《初学记・居处部・墙壁》引《释名》云：“壁，辟也，言辟御风寒也。”其意是以“辟”解释“壁”。辟，有防御、躲避等义。这里的意思是，墙壁可以使人躲避风寒。

㉔隊(zhuàn):意为道边的卑垣。亦有墙垣义。

㉕院:有“坚”之义,以之释“垣”,即以坚固之墙垣围绕,有保护性屏障的空间。

㉖廦(bì):古语中与“壁”同,即指墙壁;亦转义为屋室。

㉗厇(zhái):古与“宅”字同。《法式》中释为“楼墙”,即楼屋之墙壁。

㉘腔(kòng):《法式》中释为“穿垣”,疑即墙上所开洞门。

㉙厽(lěi):《法式》言“为垣谓之厽”,营筑墙垣,就称之为“厽”。这里的“厽”意为垒土修筑墙垣。

㉚周谓之獠:意即周围环绕之墙垣,即称“獠”。

㉛寏(huán):以《法式》所言:“獠谓之寏。”则“寏”意为“围墙”,亦有“院落”义。

【译文】

《周礼·冬官考工记》中提到:匠人修挖沟洫,……及筑造墙垣,墙若厚为三尺,则墙的高度应为其厚度的三倍。墙的高与厚,若以这一比率为标准,墙体就足够坚固稳定了。

《尚书》中说:辛勤地筑造屋墙与院墙。

《诗经》中说:院墙高大,气势雄伟。

《春秋左氏传》中说:有了墙垣的遮蔽,就可以防止坏人的袭扰。

《尔雅》解释道:墙,也称之“墉”。

《淮南子》中说:是舜帝创造了屋室,夯筑墙垣,用茅草铺盖屋顶,使人们都知道可以不用生活在天然的岩穴之中。人们有了各自的屋舍宅院,就是从那个时候开始的。

《说文》中说:堵,指的是墙垣;夯筑一堵墙垣,需要有五版的高度。獠,指的是周围环绕的墙垣。埒,则指低矮的围垣。壁,亦指墙垣。所谓“垣蔽”,说的就是墙。栽,是夯筑土墙时两侧所用的长版。今天,称这种长版为“膊版”。榦,是版筑墙垣时两侧挡护膊版的立柱。今天,称这种立柱为“墙师”。

《尚书大传》中说：天子用高大的宫墙，诸侯用低矮的衰墙。贲，意为大；这里是说天子的大墙端正挺直。疏，意为衰；杼，也指墙；“疏杼”的意思是，这种墙的墙身上下，要做倾斜状收分，使其上部宽度逐渐减缩，不能直正挺拔。

《释名》中说：墙，意为阻障；就是自设屏障，以求遮蔽。垣，意为救援；是人可以赖以为庇护，以做援助与护卫。墉，意为包容；可以隐蔽人的形貌面容。壁，有躲避之义，以之用来躲避与防御风寒。

《博雅》解释说：墩、力雕切。隊、音篆。墉、院、音垣。廦，音壁，又即壁切。这些字词都是墙垣的意思。

《义训》也有释：尾，音毛（疑其音当为“宅”）。即指楼墙。穿过墙垣之洞门，称之为“腔”；音空。营筑墙垣，称之为“厽”；音累。周而环之，称之为“墩”；音了。墩，则被称为“寏”。音垣（疑其音当为“桓”）。

柱础

《淮南子》：山云蒸，柱础润[①]。

《说文》：榰[②]，之日切。柎也；柎[③]，阑足也。榰[④]，章移切。柱砥也[⑤]。古用木，今以石。

《博雅》：础、碣、音昔。磌[⑥]，音真，又徒年切。磌也[⑦]。鑱[⑧]，音谗。谓之铍[⑨]。音披。镌[⑩]，醉全切，又子兖切。谓之錾[⑪]。惭敢切。

《义训》：础谓之碱[⑫]，仄六切。碱谓之磌，磌谓之碣，碣谓之磉[⑬]。音颡，今谓之石锭[⑭]，音顶。

【注释】

①山云蒸，柱础润：语出《淮南子·说林训》。又见于《初学记·天部·云》。意为山云蒸腾，湿气环绕，柱础湿润。柱础，置于房屋

柱子底部，以承托其上柱身的石块。

②榰（zhì）：此处指置于柱础之上、柱身之下，起垫托作用的木块。参见卷第五《大木作制度二》“柱”条相关注释。

③柎（fū）：其与房屋相关之义有二：一，为阑足。阑，当指勾阑，即今日所说的栏杆。凡器物之足皆可曰“柎”，则柱下之木，亦可称“柎”；二，为枓上横木。

④榰（zhī）：《说文·木部》：“榰，柱砥，古用木，今以石。”朱骏声《通训定声》：“榰，柱底也。……今以石。苏俗谓之柱磉石。”似有柱础义。

⑤柱砥（dǐ）：指置于柱根底部，且平整、安定之石，则可意指柱础。砥，有平直、平坦、平定之义。亦与“底”之义接近。

⑥磶（xì）：柱础。《玉篇·石部》：“磶，柱礩也。”《广韵·昔韵》：“磶，柱下石。”磌（tián）：亦为柱础。《广雅·释宫》：“磌，礩也。”《文选·班固〈西都赋〉》：“雕玉磌以居楹，裁金璧以饰珰。”唐李善注：“言雕刻玉礩，以居楹柱也。”

⑦礩（zhì）：意为柱础。《说文新附·石部》：“礩，柱下石也。”《正字通·石部》：“礩，础别名。”

⑧镵（chán）：其义与“铍”同，如为中医之针，或犁铁、犁头，或用来掘凿砍斫的工具等。

⑨铍（pī）：其字似与房屋无关。据《汉语大字典》，意为古兵器、大刀、大矛、锄，或刨土之工具；也有中医所用长针之义。这里提到的“镵”与“铍”，或是在提及雕斫柱础之工具。

⑩镌（juān）：镌刻，雕镌。此处言“镌”其意为“錾”。

⑪錾（zàn）：錾子、錾刀，即雕刻金石的工具；或指在金石上雕刻。这里或暗示柱础之上宜有雕刻。

⑫碱（qì）：与房屋相关之义有二：一，与“砌”相通，意为台阶。二，柱下石墩，意为柱础。

⑬磉（sǎng）：意与柱础近，如元明以来房屋基础中所用的“磉礅”，一般用来支撑柱础，础上再立以柱。《广韵·荡韵》：“磉，柱下石也。”《正字通·石部》：“磉，俗呼‘础’曰‘磉’。”

⑭石锭（dìng）：《看详》用字为“石锭”，为岸边系船的石墩，或可引申为柱础。锭，为古代盛食物有足的蒸器，形态上则“石锭”或可理解为柱下之石，有稳定柱子的作用。

【译文】

《淮南子》中提到：山云蒸腾，水气缭绕，柱础湿润。

《说文》中有释言：榰，之日切。其意为柎；柎，指的是勾阑之柱的根部。楮，章移切。意为承托柱子的石礅。古人用木头做柱下的垫墩，今则代之以石礅。

《博雅》解释如下几字：础、碣、音昔。磌，音真，又徒年切。这三个字的意思都是“硕”，亦即柱下之石。镵，音谗。其义与“铍”音披。之义相同，二者皆可释为用以雕刻金、石的金属器物。镌，醉全切，又子兖切。其意与錾惭敢切。字十分接近，意思是在金、石之上加以雕镌、斫刻。

《义训》中提到：础，意思是“碱”；仄六切。碱，意思是“硕”；硕，意思是“碣”；碣，意思是“磉”。音颡，今谓之“石锭”，音顶。这几个字，指的都是柱下之石。

定平

《周官·考工记》：匠人建国，水地以悬[①]。于四角立植而垂，以水望其高下，高下既定，乃为位而平地。

《庄子》：水静则平中准，大匠取法焉[②]。

《管子》：夫准，坏险以为平[③]。

【注释】

①悬:《法式》原文为“垂”,以避宋始祖玄朗名讳,改“悬”为“垂”。梁注本据《考工记》原文改,如前文《看详》“定平”条中所注。下同。

②水静则平中准,大匠取法焉:《庄子·天道》:“水静则明烛须眉,平中准,大匠取法焉。水静犹明,而况精神!”意为水为静止状态,就可以测量出准确的水平标高。

③夫准,坏险以为平:《管子·宙合》:“夫绳,扶拨以为正;准,坏险以为平;钩,入枉而出直。”意为依平准之法,将险峻起伏之地校准修正为平整之地。准,就是从高低不平的险峻起伏地势中,校准修正为平整之地。

【译文】

《周礼·冬官考工记》中说:工匠们营建都城时,是以水定平,并竖立标杆,在杆上悬绳,以求其直。其意是说在拟营建都城与房屋的基址四角竖立起木杆,杆上悬以垂绳,通过以水为平的仪器,向四角之杆瞄望,以确定其杆所在位置之地面的高低;用地基址范围内的地面高低明确了,就可以依据其高差加以修整,使地面变得平正。

《庄子》提到:水若处于静止状态,水的表面就会变得十分平整,如此就可以作为寻求某一表面是否平正的标准;从事房屋营建的匠师们,正是采用这种方法来求取地面平正的。

《管子》有言:以水准之器求取水平,是为了将陂险不平的地面修整为平地。

取正

《诗》:定之方中;又:揆之以日[①]。定,营室也[②];方中,昏正四方也[③]。揆,度也,度日出日入以知东西[④];南视定,北准极,以正南北[⑤]。

《周礼·天官》：唯王建国，辨方正位[⑥]。

《考工记》：置槷以悬[⑦]，视以景[⑧]，为规识日出之景与日入之景[⑨]；夜考之极星，以正朝夕。自日出而画其景端，以至日入既，则为规。测景两端之内规之[⑩]，规之交，乃审也[⑪]。度两交之间，中屈之以指槷[⑫]，则南北正。日中之景，最短者也。极星，谓北辰。

《管子》：夫绳，扶拨以为正。

《字林》：㮕[⑬]，时钏切。垂臬望也[⑭]。

《匡谬正俗·音字》：今山东匠人犹言垂绳视正为"㮕"也[⑮]。

【注释】

①定之方中、揆（kuí）之以日：《诗经·鄘风·定之方中》："定之方中，作于楚宫。揆之以日，作于楚室。"《毛诗正义》曰："揆，度也。度日出日入，以知东西。南视定，北准极，以正南北。"又云："毛则'定之方中'，'揆之以日'，皆为得其制。既得其制，则得时可知。郑则'定之方中'得其时，'揆之以日'为得其制。"定，星名，即营室星。揆，有测度方位之义。

②定，营室也：《春秋左传·庄公二十九年》："水昏正而栽。"其注曰："谓今十月，定星昏而中，于是树板榦而兴作。"其疏则曰："《释文》云：'营室谓之定。'孙炎云：'定，正也。天下作宫室者，皆以营室为正。'"又《太平御览·居处部》："定之方中，作于楚宫。（定，营室星也。）"这里"定"，即指营室星。

③昏正四方：《毛诗正义》："方中，昏正四方。……定星昏中而正，于是可以营制宫室，故谓之营室。定昏中而正，谓小雪时，其体与东壁连，正四方。"

④揆，度也，度日出日入以知东西：《毛诗正义》："揆，度也。度日出

日入，以知东西。"意为以日出与日落所在的方位确定东、西两个方向。

⑤南视定，北准极：《毛诗正义》："南视定，北准极，以正南北。"北极星的位置比较固定，则"北准极"，即以北极星确定正北之方向。但据《周礼注疏》云："营室，玄武宿，与东壁连体而四星。"可知营室星亦在北方。如此，何以"南视定"？以其疏云："'与东壁连体而四星'者，营室是北方七宿，室在东，壁在西，西壁而言东壁者，据十月在南方，壁在东，故云东壁也。此星一名室壁，一名营室，一名水。"壁者，玄武宿中与营室星相邻的一星，称"壁"。春分时节，营室星在东，壁星在西；秋十月，营室星在西，壁星在东。似言农历十月时，营室星转至南方，故有"南视定"之说。定，即营室星。极，指北极星。

⑥唯王建国，辨方正位：语出《周礼》。为其"天官""地官""春官""夏官""秋官""冬官"诸节开篇之语，可知其中透露的礼制观念的重要性。这里的"王"，应指周天子；"国"，指天子所拟建造的都城。其意是说，周王若建造一座都城，最重要的事情之一，就是辨别方向，端正王所居住之宫室的方向与位置。

⑦槷（niè）：梁注："一种标杆，亦称'臬'，亦称'表'。槷长八尺，垂直竖立。"指木楔、木杆。悬：如前文梁注，《法式》原文为"垂"，"悬"与"玄"同音，以避宋始祖玄朗名讳，故改"悬"为"垂"。梁注本依《考工记》改。

⑧景："影"的古字。

⑨规：即是圆规。识（zhì）：梁注："读如'志'，就是'标志'的'志'。"

⑩测景两端之内规之：以日出与日入所测得表影两端各为圆心，并以两点距离为半径，绘出两个相交之圆。

⑪规之交，乃审也：这里的意思是将两圆的交点固定下来。审，有安

定、固定之义。

⑫度两交之间，中屈之以指槷，则南北正：量度由以上方法所确定之两圆的交点取其中心点，与所立之测日影标杆之间连以直线，就能够确定正南正北的方向。

⑬槸：《法式》注其音为“时钏切”，似有垂直之义。

⑭垂臬：垂直竖立起测日影的标杆。“臬”与“槷”音同义亦同；梁先生释为“表”，即测日影之用的标杆。

⑮山东：古人言“山东”，多指秦之函谷关或潼关以东的华北、淮北地区。如战国《韩非子·饰邪》：“古者先王尽力于亲民，加事于明法。彼法明，则忠臣劝；罚必，则邪臣止。忠劝邪止而地广主尊者，秦是也。群臣朋党比周，以隐正道，行私曲而地削主卑者，山东是也。”晋傅玄《傅子》：“秦人视山东之民，犹猛虎之睨群羊，何隔惮哉？”二者都是以“秦”对应“山东”，则山东指函谷关之东诸国之地。

【译文】

《诗经·鄘风》中曾说过“定之方中”，这首诗中还有“揆之以日”。定，指的是营室星；方中，意思是说，定星昏中而正，于是可以营制宫室，故谓之“营室”。并进一步解释说，定星昏中而正，谓小雪时，其体与东壁连，正四方。也就是说，“定”这颗星在每年十月的小雪节气，其位置与其东侧的壁星连为一条直线，可知这时的“定”位于正南的方位上，故由此星方位可以确定四方的正确方位。如此，则可以营造宫室，这也是为什么将“定”这颗星称之为“营室星”的原因所在。“揆”的意思是“度”，即测度太阳晨起暮落时所立标杆的影子，就可以测出东西的方向；正南的方位，通过观测营室星而确定；正北的方位，要通过观察北极星准确地测定其方位，这样就能确定南北的正确方位。

《周礼·天官》中所说：在周王建立都城的时候，要辨别方向，为宫室确立正确的方位。

《周礼·冬官考工记》中提到：置立标杆并悬以使标杆垂直于地面

的垂线,观察标杆的影子,在日出与日入时以标杆影子的端头为圆心绘制圆形,并求出两圆交点,以正东西;夜间则通过对北极星的观测,来核定依据朝夕所定的方位是否准确。在日出的那一瞬间,画出标杆之影的端头,直至日落那一瞬间再画出标杆之影的端头,然后用圆规画圆。用圆规各以所标其影之端头为圆心,并以两端头间距离为半径,画出两个圆,将两圆的交点固定下来。再将两个交点之间连以直线,并求出这两点连线的中点,然后将这一中点与标杆所在点相连接,就可以确定正南正北的方向。正午时分标杆的影子,是最短的。这里所说的"极星",指的是北极星。

《管子》中有言:所谓垂绳者,稍加扶拨即垂直于地,则可以由所垂之绳求其正。

《字林》释"槸"字,时钏切。意思就是在标杆上垂绳,以求其直正而立。

《匡谬正俗·音字》中指出:直到当今,函谷关以东的匠人们,仍然将通过垂绳求取物体之竖立直正的做法,称为"槸"。

材

《周礼》:任工以饬材事[①]。

《吕氏春秋》[②]:夫大匠之为宫室也,景小大而知材木矣[③]。

《史记》:山居千章之楸[④]。章,材也[⑤]。

班固《汉书》[⑥]:将作大匠属官有主章长丞[⑦]。旧将作大匠主材吏名章曹椽[⑧]。

又《西都赋》[⑨]:因瑰材而究奇[⑩]。

弁兰《许昌宫赋》[⑪]:材靡隐而不华[⑫]。

《说文》:梨,刻也[⑬]。梨音至。

《傅子》[⑭]:构大厦者,先择匠而后简材[⑮]。今或谓之方桁[16]，桁音衡；按构屋之法，其规矩制度皆以章栔为祖[17]。今语，以人举止失措者，谓之“失章失栔”[18]，盖此也。

【注释】

①任工以饬（chì）材事：《周礼·地官·闾师》：“任工以饬材事，贡器物。”《周礼注疏》释曰：“《大宰》云：‘五曰百工，饬化八材。’故八材饬治以为器物，故此还使贡之也。”意思是说，要任用百工整饬八材制作器物，以贡奉王者。工，指百工，包括了营造宫室的匠人，所治器物中，亦包括有宫室屋舍。饬，意为依规矩而整治，使有条理，有用途。材事，当指包括珠、玉、石、木、金属、象牙、皮革、羽毛等制造器物的“八材”，宫室营造，需要用到木、石等材。

②《吕氏春秋》：是秦相吕不韦召集诸门客集体编纂的一部著作。全书分为十二纪、八览、六论，共一百六十篇，结构完整，自成其体系。

③景小大而知材木：《吕氏春秋·审分览·知度》：“犹大匠之为宫室也，量小大而知材木矣，訾功丈而知人数矣。”全句的意思是，匠人营造宫室，度量材木之大小而用之，计算房屋丈尺而推算用工数量。《法式》将“量大小”误引为“景大小”，译文从“量”。材木，指营造房屋所需的木材。

④山居千章之楸（qiū）：《史记·货殖列传》：“山居千章之材。”意为山中种有一千棵树木。章，依《法式》所注，其义为“材”，材木一根谓之“章”。卷第四《大木作制度一》“材”条：“材。（其名有三：一曰章，二曰材，三曰方桁。）”楸，指楸树，即一种高大挺拔的树木。其语似引自较为古老的《史记》版本。

⑤章，材也：章，大木材。《史记·货殖列传》：“水居千石鱼陂，山居千章之材。”南朝宋裴骃《集解》引如淳曰：“章，大材也。”《法式》中所言“材”有两义：一，可用于房屋营造的大型木材；二，作为房屋营造的基本模数单元，即宋代木构建筑之材分°制度中的

“材”。

⑥班固：东汉史学家、文学家。曾任朝廷大臣。著有《汉书》《白虎通义》等，并作有《两都赋》(《东都赋》《西都赋》)等文学作品。

⑦将作大匠：古代主管宫室、壕寨等营建工程的官员。汉代称“将作大匠”，自南北朝，改称“将作监”。参见前文《进新修〈营造法式〉序》“大匠”条相关注释。主章长丞：据《汉书·百官公卿表》：“将作少府，秦官，掌治宫室，有两丞、左右中候。景帝中六年更名‘将作大匠’。属官有石库、东园主章、左右前后中校七令丞，又主章长丞。”则“主章长丞”为将作大匠的下属官员之一。

⑧主材吏：意为“主章长丞”的职责为“主材吏”，即是负责材木供给的官员。章曹椽：《通典·职官》：“东园主章令：(汉有之，武帝更名‘木工’。如淳曰：‘章谓木材也。旧将作大匠主材史名“章曹掾”。)’”则《法式》中的“章曹椽”之“椽(chuán)”字应为“掾(yuàn)”字的误写。章曹掾，则为将作大匠治下负责材木之事分署机构的属员。章，意即“材”。曹，意为分科办事的官署。掾，意为古代官署属员的通称。

⑨《西都赋》：东汉班固所撰的一篇赋。此赋描写了作为西汉都城的长安，其地理位置、宫室台榭、田猎游览之壮丽宏大和奇伟华美。

⑩因瑰材而究奇：《后汉书·班彪传》：“因瑰材而究奇，抗应龙之虹梁，列棼橑以布翼，荷栋桴而高骧。”瑰材，珍奇的材木。究奇，穷尽宫殿的奇丽。

⑪弁兰：当为“卞兰”，三国时魏人。曾任游击将军。《隋书·经籍志》列其所存《卞兰集》二卷，录一卷。《许昌宫赋》为其为许昌宫所撰写的一篇赋文。许昌，地名。今属河南。

⑫材靡隐而不华：《艺文类聚·居处部》引三国魏卞兰《许昌宫赋》：“木无小而不砻，材靡隐而不华，懿采色而发越，玮巧饰之繁多。”全句意思是，木不会因其小而无所用途，材也不会因其不显眼而

不可以达成华美的效果,美丽的色彩可以使其发越,贵重的美玉也可以为其添加多样的装饰。《法式》仅引其中一句,以表示“材”的重要价值。靡,无。

⑬栔(qì),刻也:《法式》注其音为zhì(至)。释其意为“刻”,其语或可参见《太平御览·文部》引《释名》:“契,刻也,刻识其数也。”可见,“栔”与“契”在意义上确有相通之处。栔,在这里借“契”之“刻度”,表示一种度量单位。在《法式》材分°制度中,“栔”是比“材”低一个等级的量度:即一座建筑以其所定之“材”为基本模数,且一单材之长为15分°,一栔之长为6分°;一足材,为一单材与一栔之和,即21分°。这些量度尺寸,可作为该建筑在设计与营造过程中的基本度量单位。详见卷第四《大木作制度一》。

⑭《傅子》:西晋傅玄所撰政论、哲学类诸作。其书分内、中、外篇,凡四部六录,数十万言。隋唐时代有辑,宋以后散佚,《群书治要》《全晋文》中辑录一部分。

⑮先择匠而后简材:据《群书治要·傅子》:“故构大厦者,先择匠,然后简材;……大匠构屋,必大材为栋梁,小材为榱橑,苟有所中,尺寸之木无弃也。”其意为,凡营造大厦,要先选择匠师,并对木材进行分检,以大材作为房屋的栋梁,以小材作为房屋的榱橑,以使材尽其用。《法式》仅引其中一句。

⑯方桁(héng):在《法式》中,“方桁”有两义:一,与“材”意义相同,即为“材”的别称之一;二,房屋枓栱结构,即屋顶结构中的条形木方,如柱头方、罗汉方、襻(pàn)间等,其断面高度一般亦为一材。桁,本义为房屋中的横木,或屋顶结构中的槫(檩)。

⑰以章栔为祖:所谓“以章栔为祖”,即卷第四《大木作制度一》中所言“凡构屋之制,皆以材为祖”的同义语。章,即材,其高15分°;栔,宋代营造制度中与“材”相应的度量单位,其高6分°。

⑱失章失栔:宋人庄绰《鸡肋编》卷下引了这段话:“材上加契者,谓

之足材，其规矩制度，皆以章契为祖。今人以举止失措者，谓之失章失契，盖谓此也。”其文将“栔”引为“契”，其意相类。“失章失栔”，疑原指营造房屋时，如果不知道房屋所用的基本模数单位“材”与“栔”，那么房屋的营造就会没有规则尺度。这里比喻人若举止失措，有如失章失栔，故而盲目行事，不知分寸。由此亦可见“章栔”或“材栔”在古代房屋营造中的重要作用。

【译文】

《周礼·地官司徒》中说：制作器物要选择优秀的工匠，并对拟造器物所用之材加以整理修治，使其发挥效用。

《吕氏春秋》中有言：若有经验的匠师营造宫室，对所用材木加以量测，并按材之大小加以分类，如此则可以对拟用之材熟语在心，以期材尽其用。

《史记》：《货殖列传》篇中有“山居千章之材”句，或其语亦曾传为“山居千章之楸”，其意为山中有一千棵高大的树木或高大的楸木。这里的“章”，就是“材”的意思。

班固在其所撰《汉书》中提到：将作大匠的属官中有主章长丞之官。旧时，将作大匠下属的主材官吏中，有称为“章曹掾”的吏员。

又《西都赋》中说：长安的宫室因瑰丽的材木使其结构十分奇伟。

三国时魏人卞兰所撰《许昌宫赋》中有“材不会因其不显眼而不可以达成华美的效果”之语。

据《说文》的解释：栔，意思就是“刻”，即刻以“度”以为木作制度度量的基本单位之一。这里的“栔”，音至。

西晋人傅玄在其所撰《傅子》中说：凡营构大厦之人，要先选择优秀的工匠，而后对所用之材加以分检归类，以量其所适而用之。今日，“材”或可称之为“方桁”，“桁”的发音为“衡”；按照房屋建造的方法，其规矩制度都应该以材分°制度中的“章材”与“栔”为标准。正如今人所言，若人的行为举止缺乏规矩，有所失措之时，就会说此人“失章失栔”，大概说的就是这个意思。

栱

《尔雅》：閞谓之槉[1]。柱上欂也[2]，亦名枅[3]，又曰楮[4]。閞，音弁。槉，音疾。

《苍颉篇》：枅，柱上方木。

《释名》：栾，挛也[5]；其体上曲，挛拳然也[6]。

王延寿《鲁灵光殿赋》[7]：曲枅要绍而环句[8]。曲枅，栱也。

《博雅》：欂谓之枅，曲枅谓之挛。枅，音古妍切，又音鸡。

薛综《西京赋》注[9]：栾，柱上曲木，两头受栌者[10]。

左思《吴都赋》[11]：雕栾镂楶[12]。栾，栱也。

【注释】

①閞（biàn）谓之槉（jí）：语出《尔雅·释宫》。意为"閞"也可以称之为"槉"。"閞""槉"二字的意思都是指门侧立柱之上的栱。

②欂（bó）：《尔雅注疏》："閞谓之槉。（柱上欂也。亦名'枅'，又曰'楮'。）"《初学记·居处部·楼》有："欗木欂栌，以相支持。"欂栌，指柱子上的栱；故"欂"亦作"栱"解。

③枅（jī）：为柱上的方木，可释为"栱"。

④楮（tà）：此处意为"枓"。

⑤栾，挛也：《艺文类聚·居处部》引《吴都赋》："雕栾镂楶。"另引《魏都赋》："栾栌叠施。"并引《许昌宫赋》："见栾栌之交错。""楶（jié）""栌（lú）"二字之义都为"枓"，可知与二字组合而用的"栾"字，有"栱"之义。

⑥挛（luán）拳然：蜷曲的样子。

⑦王延寿：字文考，南郡宜城（今湖北宜城）人。东汉辞赋家。仅二十余岁时因渡湘水而溺亡。他曾随其父游鲁"观六艺"，写下了

《鲁灵光殿赋》。

⑧曲枅：以上文"枅"释为"枓栱"，这里的"曲枅"即特指"栱"。绍而环句（gōu）：意为枓与栱相连相续，环环扣结。要绍，意为连续、牵纠。环句，其意为弯曲而相连。

⑨薛综：字敬文，沛郡竹邑（今安徽宿州）人。三国时吴国儒臣。所著诗、赋、难、论数万言；并曾为张衡《西京赋》作注。

⑩两头受栌者：柱上所施曲木，即栱；其上两端，承以栌，即枓。这里的"栌"不特指柱头所施的"栌枓"，而泛指一般的"枓"。

⑪左思：字太冲，齐国临淄（今山东淄博临淄区）人。西晋文学家。曾撰有《齐都赋》，又撰有包括《魏都赋》《蜀都赋》《吴都赋》在内的《三都赋》而名于世。

⑫雕栾镂楶：《艺文类聚·居处部》引《吴都赋》："雕栾镂楶［音节］，青锁丹楹。图以云气，画以仙灵。"意为雕斫华美的栱与镂刻精致的枓。

【译文】

《尔雅》中有释：閞，就是"槉"的意思。两个字指的都是柱上的欂，也称"枅"，又称"楮"。三者都是枓栱的意思。閞，音弁。槉，音疾。

《苍颉篇》中说：枅，就是柱子上的方形木块。

《释名》中解释说：栾，与"挛"字的蜷曲之义很接近；就是其形体向上弯曲，蜷曲向上的样子。

东汉人王延寿在其所撰《鲁灵光殿赋》中提到：所谓"曲枅"，就是要将枓与栱相连相续，环环扣结。曲枅，其义为栱。

《博雅》中所言：欂，可称之为"枅"；而曲枅，则可称为"挛"。枅，古妍切，又音鸡。

三国时吴人薛综曾为张衡的《西京赋》作注，其中提到：栾，指的是柱子之上的弯曲木块，这弯曲木块的两端之上各承托有一个枓。

西晋人左思所撰《吴都赋》中有"雕栾镂楶"之句，这句话的意思是,雕斫华美的栱与镂刻精致的枓。其中的"栾",指的就是栱。

飞昂

《说文》:櫼,楔也[①]。

何晏《景福殿赋》:飞昂鸟踊[②]。

又:櫼栌各落以相承[③]。李善曰[④]:飞昂之形,类鸟之飞[⑤]。今人名屋四阿[⑥],栱曰櫼昂[⑦],櫼即昂也。

刘梁《七举》[⑧]:双覆井菱,荷垂英昂[⑨]。

《义训》:斜角谓之飞棉[⑩]。今谓之下昂者[⑪],以昂尖下指故也。下昂尖,面䫜下平[⑫]。又有上昂[⑬],如昂桯挑斡者[⑭],施之于屋内或平坐之下[⑮]。"昂"字又作"枊"[⑯],或作"棉"者,皆吾郎切。䫜,於交切,俗作凹者,非是。

【注释】

①櫼(jiān),楔也:意为"櫼"就是"楔"。櫼,《说文·木部》:"櫼,楔也。"又:"枊,即枓栱。"《集韵·盐韵》:"櫼,枊也。""櫼"之本义为"楔"。因木构房屋枓栱体系中的"昂"多取楔形,故其可转义为"枊",亦即"昂"。

②飞昂鸟踊:三国魏何晏《景福殿赋》:"飞枊鸟踊,双辕是荷。"意为房屋檐口下枓栱中的飞昂,像鸟之欲飞,跃跃踊动。枊、昂,二字义同。

③櫼栌各落以相承:《景福殿赋》:"櫼栌各落以相承,栾栱夭矫而交结。"《文选》李善注曰:"櫼,即枊也。《说文》曰:栌,柱上枅也。"意为飞举的昂与枓栱各相交接承合,形成一个完整的枓栱结构体系。各落,高而倾危的样子。各,《法式》原文为"角",《景福殿赋》作

"各",据《景福殿赋》改。

④李善:江都(今江苏扬州)人。唐代学者。《文选》学的奠基人。著有《文选注》《汉书辨惑》。

⑤飞昂之形,类鸟之飞:参见上文"飞昂鸟踊"注。《文选·景福殿赋》"飞枊鸟踊,双辕是荷",李善注曰:"飞枊之形,类鸟之飞。又有双辕,任承檐以荷众材。今人名屋'四阿',栱曰'欂枊'也。"

⑥四阿:《文选·景福殿赋》李善注曰:"今人名屋'四阿'。"意即唐时人称房屋为"四阿",指中国古代建筑四坡屋顶,又称"四注坡"屋顶。后世帝王宫殿等建筑群中等级最高的"庑殿式"建筑屋顶,即为"四阿"顶。

⑦栱曰欂昂:即唐时人称"栱"为"欂昂"。欂昂,语出同上。意即"飞昂",或"斜昂"。欂,从其义"楔"转义为"枊",即"昂"。

⑧刘梁:字曼山,一名岑,东平宁阳(今山东宁阳)人。东汉时人。"建安七子"之一刘桢的祖父。《文选·景福殿赋》中引其所著《七举》语为注。

⑨双覆井菱,荷垂英昂:语应引自《文选·景福殿赋》注:"刘梁《七举》曰:双辕覆井,芰荷垂英。"清严可均辑《全后汉文》亦收《七举》:"双辕覆井,芰荷垂英。"疑《法式》所引有误,或其语为《景福殿赋》所引《七举》的不同抄本。其句原系《景福殿赋》中"飞枊鸟踊,双辕是荷",李善作注时提到:"飞枊之形,类鸟之飞。又有双辕,任承檐以荷众材。"则"双辕",疑指外檐柱头处承托枓栱的"双阑额"。唐代木构殿堂,其柱头间习用"双阑额",双额上有枓栱以承托出挑屋檐。"荷众材"之"荷",意为承托;众材,当指枓栱,即由若干与"材"同样截面之栱与昂等木方组合成的承檐枓栱体系。但《法式》所引"双覆井菱",未解其意。"荷垂英昂",似与"芰荷垂英"义近。其"垂英",或"垂英昂"指枓栱体系中的昂,向下斜垂;然"芰荷",疑指菱叶与荷叶,而无"承托"

之义，则“荷垂”，亦难解其意。

⑩斜角谓之飞棉（áng）：斜角，称之为“飞棉”。棉，与“枊”“昂”同义。又《看详》“诸作异名”条：“飞昂。（其名有五：一曰櫼，二曰飞昂，三曰英昂，四曰斜角，五曰下昂。）”

⑪下昂：指枓栱体系中向外出挑，并向下倾斜的昂。

⑫面顱（āo）下平：指下昂端部，即下昂尖的造型：昂尖的上表面为下凹的曲面，下表面则为平直的面。顱，其意为凹。

⑬上昂：指枓栱体系中向内出挑，并向上倾斜的昂。

⑭昂桯（tīng）挑斡（wò）：指昂身尾部承托室内屋顶的结构构件。昂桯，指构成昂身的木方。桯，意为横木，或木杆。挑斡，意为上昂的端部，或下昂的尾部，承挑了房屋室内接近屋檐部位的某个构件，如平棊方、算桯方等。

⑮屋内：即室内。这里的意思是，上昂一般是用于向室内悬挑的枓栱体系中的构件。平坐：指多层房屋的下层屋顶与上层柱子之间的一个过渡性平台，既起到为下层房屋覆盖屋顶的作用，又起到作为上层房屋基座的作用。

⑯枊（àng）：义与“昂”同。见上文相关注释。

【译文】

《说文》中解释说：櫼，就是“楔”的意思。

三国人何晏撰《景福殿赋》，其中有“房屋檐下枓栱中的飞昂，像鸟欲腾飞，跃跃踊动的样子”之语。

《景福殿赋》还有：飞举的昂与枓、栱各相交接承合。李善作注说：飞昂的形式，有如鸟之飞腾状。今日之人称四注坡顶的房屋为“四阿”，承托屋顶檐口的枓栱为“櫼昂”。櫼，就是“昂”的意思。

《景福殿赋》注中又引了东汉人刘梁所撰《七举》中的话：双重的阑额周连柱头，承托着如覆盖方井的屋顶，阑额上所承的枓栱中有下垂的飞昂。

《义训》中解释说：斜角，就称之为“飞棉”。有如今天所说的“下昂”，因其以昂尖向下指，故称为“下昂”。下昂的昂尖，上面是下凹的曲面，而下面却是平直的面。此外，枓栱中还可能有上昂，上昂的形式，有如昂桯向上承挑梁方一样，直托于方子底部，上昂一般用于房屋内向内出挑的枓栱上，也可能出现在房屋平坐的内外枓栱上。“昂”字，古人也会写作“枊”，或亦写作“棉”，这几个字的发音都是“吾郎切”。𠁼，於交切，俗语中有以“凹”取代“𠁼”而用者，其实是不对的。

爵头

《释名》：上入曰爵头①，形似爵头也②。今俗谓之耍头③，又谓之胡孙头④；朔方人谓之蜉蜙头⑤。蜉，音勃，蜙，音纵。

【注释】

①上入曰爵头：意为在一组枓栱的上部插入的一种构件，称为“爵头”。

②形似爵头：枓栱的“爵头”，是位于木构营造枓栱体系中跳枓栱最上一层栱或昂上与令栱相交处的一种构件。因为其形状有如飞雀伸出的头部，故称。爵，通“雀”，鸟的一种。

③耍头：为“爵头”的俗称。指在一组枓栱上部，与令栱相交，并插入枓栱组团之内的一种构件。

④胡孙头：胡孙，本义为“猴”，如清人杭世骏《订讹类编续补》卷下：“猴形似愁胡，故曰‘胡孙’。”《本草纲目·猕猴》：“猴形似胡人，故曰‘胡孙’。”则“胡孙头”，本义为猴头，这里是指枓栱中的一种构件，即爵头，或称“耍头”。

⑤朔方：指古代北方的“朔方郡”，在今河套一带。在古代，也泛指北方地区。蜉蜙（bō zōng）头：指枓栱中的构件，即朔方人对“爵头”或“耍头”的别称。蜉蜙，一种昆虫，疑与蚱蜢相类。

【译文】

《释名》中解释说：枓栱上部插入其中的木方，称为“爵头”，因其外形与飞雀的头部相似。今日人们俗称这种构件为“耍头”，又称其为“胡孙头”；北方人则称其为“蜉蜒头”。蜉，音勃；蜒，音纵。

枓

《论语》[1]：山节藻棁[2]。节，栭也[3]。

《尔雅》：栭谓之楶[4]。即栌也。

《说文》：栌，柱上柎也[5]。栭，枅上标也[6]。

《释名》：栌在柱端[7]。都卢[8]，负屋之重也。枓在栾两头，如斗[9]，负上穩也[10]。

《博雅》：楶谓之栌[11]。节、楶，古文通用。

《鲁灵光殿赋》：层栌磥佹以岌峨[12]。栌，枓也。

《义训》：柱枓谓之楷[13]。音沓。

【注释】

①《论语》：是记述孔子及其弟子言行的语录体著作。儒家“十三经”之一。南宋时，朱熹将其与《大学》《中庸》《孟子》合编为“四书”。《论语》名称的来由，班固《汉书·艺文志》说：“《论语》者，孔子应答弟子时人及弟子相与言而接闻于夫子之语也。当时弟子各有所记。夫子既卒，门人相与辑而论纂，故谓之《论语》。”《论语》集中反映了孔子的思想，是研究孔子及其思想最重要的文献资料。

②山节藻棁（zhuō）：语出《论语·公冶长》。亦见《礼记·礼器》：“管仲镂簋（guǐ）朱纮（hóng），山节藻棁，君子以为滥矣。”意为

管仲使用雕镂的食器，系红色的帽带，房屋上用了枓栱与经过装饰的短柱，君子认为这样做是僭越之举。《礼记正义》："'山节'者，山节谓刻柱头为枓栱，形如山也。'藻棁'者，谓画梁上短柱为藻文也。此是天子庙饰，而管仲僭为之也。"山节，即柱子上的枓栱。棁，指屋内梁上的短柱。

③节，栭（ér）也：《论语注疏》："'山节'者，节，栭也，刻镂为山形，故云'山节'也。"亦见《礼记正义》："栭谓之节。"栭，义与"节"同，指柱上枓栱。《艺文类聚·居处部》引《西京赋》有"绣栭云楣"的描述。

④栭谓之楶（jié）：语出《尔雅·释宫》。意为"栭"也可以称为"楶"，两者都是"枓"的意思。楶，意即承托大梁的方木。亦指柱头上的枓，或泛指枓栱。

⑤栌（lú），柱上柎（fū）：栌，指的是柱子上的方木，即枓。栌，指栌枓，即柱端所施的大枓。柎，这里指柱上方木，即枓。

⑥栭，枅（jī）上标："栭"指的是柱上之枓所承托的枓栱。枅，意仍为柱上方木，即枓栱。标，本义为树木上的末梢，或枝节性的事物，故这里可以理解为"栭"是柱头大枓上的"标"，亦即柱头大枓之上所承托的枓栱。

⑦栌在柱端：这是对栌枓的进一步解释。栌，指栌枓，其位置就在柱子的上端，即柱头之上。

⑧都卢：《禹贡锥指》有"都卢山"，位于隋代平凉郡百泉县境。又为古国名。《西汉会要·角抵》："都卢，国名也。李奇曰，都卢轻体善缘者也。"宋人吴曾《能改斋漫录》卷六："客有赋《都卢寻橦篇》讽其危，载泣下而不知悟。夫都卢寻橦，缘竿之伎也。……张衡《西京赋》：'都卢寻橦。'《唐书音训》曰：'寻橦，卢会山名。其土人善缘橦竿。'然不著所出。予按，《汉书》曰：'自合浦南，有都卢国。'《太康地志》曰：'都卢国，其人善缘高。'"似可推测，古

人想象位于柱端之大枓,如都卢国人善于缘高而至橦竿之顶,故称“栌枓”。故位于高高柱头之上的“栌枓”,疑从“都卢”国人“善寻橦缘竿”而来。

⑨枓在栾两头,如斗:在一组枓栱中,较小的枓设置在蜷曲的横木,即栱之上端的两头,其形式与民间所用的“升斗”之“斗”一样。这句话中,特别将“枓”与“斗”加以区别,在古人那里,“枓”指“枓栱”之“枓”;而“斗”,指度量衡器中的“升斗”之“斗”。

⑩负上檼(yìn):枓在栱上的两端,其形如升斗,其作用是承托屋顶结构中的榑檩。檼,义为房屋中的榑、檩或栋。

⑪楶谓之栌:上文有“栭谓之楶”,这里又有:“楶谓之栌。(节、楶,古文通用。)”可知,在古汉语中,“栌”“栭”“楶”“节”,都有房屋枓栱中的“枓”之义;只是“栌”更多用于柱头上的大枓,“栭”“楶”及“节”或可泛指“枓栱”之“枓”。

⑫层栌磥佹(lěi guǐ)以岌峨(jí é):意为层层枓栱,堆叠如山,令人几有倾颓之感。磥佹,高耸貌。岌峨,岌岌可危,貌如倾颓。这里是形容高悬于柱头之上的层层堆叠的枓栱,样貌奇特,令人惊异。

⑬楷(tà):这里指柱上之枓,或就是指柱头栌枓。

【译文】

《论语》中有孔子批评臧文仲之居所的话:柱子上有刻镂如山的枓栱,梁上竖立着画有藻文的短柱。其文中所说的“节”,指的是枓栱。

《尔雅》解释说:栭,也可以称为“楶”。两者都是栌,亦即“枓”的意思。

《说文》中亦有释:栌,就是柱子端头之上的方木。栭,则指的是柱头大枓之上所承的枓栱。

《释名》对“栌”作释:栌,设置在柱子上部的端头。其名或借用自古人所称的“都卢”国名,以传说中的都卢土人善缘橦竿,形容其在柱子上端,以承负房屋的重量。枓,布置在栱上的两个端头,其形如升斗状,其作用则是承托房屋构架上部的榑檩。

《博雅》中提到：楶，可以称之为“栌”。“节”与“楶”二字，在古文中可以通用。

东汉人王延寿的《鲁灵光殿赋》中有“层层枓栱，垒叠如山，其形佹异，其势将倾”之语。其文中的“层栌”之“栌”，意即柱上之枓。

《义训》中有释：柱上的枓，亦可称为“楮”。音沓。

铺作

汉《柏梁诗》[①]：大匠曰，柱枅欂栌相支持[②]。

《景福殿赋》：桁梧复叠，势合形离[③]。桁梧，枓栱也，皆重叠而施，其势或合或离。

又：欂栌各落以相承，栾栱夭矫而交结[④]。

徐陵《太极殿铭》[⑤]：千栌赫奕，万栱崚层[⑥]。

李白《明堂赋》[⑦]：走栱夤缘[⑧]。

李华《含元殿赋》[⑨]：云薄万栱[⑩]。

又：悬栌骈凑[⑪]。今以枓栱层数相叠出跳多寡次序，谓之铺作[⑫]。

【注释】

①《柏梁诗》：传为汉武帝刘彻所作的七言诗。又据宋人撰《雍录》引《三秦记》：“汉武作台，诏群臣二千石能为七言者，乃得上。”

②柱枅欂栌相支持：汉武帝刘彻《柏梁诗》中有“蛮夷朝贺常会期，柱枅欂栌相枝持”句，意为房屋柱子与柱头之上的枓与栱相互咬合支撑。枅，《法式》原文为“榱”，汉武帝刘彻《柏梁诗》作“枅”，据此改。

③桁（héng）梧复叠，势合形离：语出三国曹魏何晏《景福殿赋》。意为房屋构架中的桁檩与斜柱层层错叠，其势相合，而其形相离。

桁，指屋顶结构中的槫檩。梧，指屋顶结构中的斜柱，或称“叉手”。斜柱或叉手一般是向内倾斜，与坡屋顶的屋顶起坡走势相对应，故称“势合”；但由斜柱或叉手等支撑的檩桁，则是各自独立的构件，故又称“形离”。《法式》下文将“桁梧”解释为“枓栱”也是一种理解，且枓栱亦有“势合”与“形离”的效果。

④栾栱夭矫而交结：语亦出何晏《景福殿赋》：“欂栌各落以相承，栾栱夭矫而交结。”上句主要描述柱上多立之“枓”，下句主要描述枓上所承之“栱”层叠地组合交接在一起。“栾”“栱”二字均指栱。夭矫，屈伸貌，形容柱子之上的枓栱层叠交合一起的样子。何晏《景福殿赋》作“夭蟜”。

⑤徐陵：字孝穆，东海郯（今山东郯城）人。南朝梁陈时，官尚书左仆射、中书监。编有《六代诗集钞》《玉台新咏》。另著有《徐孝穆集》。《太极殿铭》为其所撰的一篇铭文。

⑥千栌赫奕（hè yì），万栱崚（líng）层：徐陵《太极殿铭》：“千栌赫奕，万拱崚嶒。”意为太极殿内有上千只大枓，赫然端坐于柱头之上，大枓之上堆叠的上万条栱，突兀高耸。赫奕，意思是显赫，突出。崚层，义同“崚嶒”，形容山峦之高耸、峻峭，可转义为高耸突兀。

⑦李白：字太白，号青莲居士，祖籍陇西成纪（今甘肃秦安）。唐代诗人。曾任翰林院供奉。工于各种诗体，尤擅乐府、绝句，风格或豪放飘逸或明秀清新。《明堂赋》为其所撰赋文。

⑧走栱夤（yín）缘：李白《明堂赋》：“飞楹磊砢，走栱夤缘。”全句之意为凌空飞架的柱子，如石头垒砌般层层相叠；柱上的枓栱彼此勾连，绵延相接。走栱，对应“飞楹”，指柱子上的枓栱。夤缘，有攀缘、攀附，或连络、绵延等义。这里指柱子上的枓栱，彼此勾连，绵延相接。

⑨李华：字遐叔，赵郡（今河北赵县）人。开元二十三年（735）进士及

第。颇有文才，为世人称善。《含元殿赋》为其所撰写的一篇赋文。

⑩云薄万栱：李华《含元殿赋》："云薄万栱，风交四荣。"全句之意为，万朵枓栱，凌空飞架，如入云端；八方来风，呼啸交汇，在屋顶四面盘旋。薄，迫近。

⑪悬栌骈（pián）凑：李华《含元殿赋》："悬栌骈凑，竦柱奔列。"全句之意为，高悬于柱上的大枓，两两对峙；挺拔的柱子，耸列如奔。栌，指柱上的大枓。骈凑，意为相对而立。骈，有并列、对偶、相峙等义。

⑫铺作：本义为动词，有铺而作之之义。这里是宋代《法式》用语，特指房屋中的"枓栱"。

【译文】

汉武帝曾作《柏梁诗》，诗中有"将作大匠说过，房屋柱子与柱上的枓栱相互支撑"之语。

三国曹魏时人何晏所撰《景福殿赋》中有言：房屋中的欂桁与斜柱上下累叠，其势随屋顶坡度向内聚合而其构件形体却各自独立而彼此分离。其言"桁梧"，亦可能说的是枓栱，这些枓栱都是重叠而施的，其势或组合一体，或彼此分离。

《景福殿赋》中还提到：柱上的大枓与小枓各自坐落，相互承托；枓上的栾栱，如枝叶般繁茂而其形屈伸，彼此之间勾连交结。

南朝梁陈间人徐陵所撰《太极殿铭》中有：上千的大枓赫然端坐于柱头之上，数万的栾栱如山般堆叠突兀高耸。

唐代诗人李白所写《明堂赋》中描述道：柱上枓栱，彼此勾连，绵延相接。

唐代人李华撰《含元殿赋》也提到：万朵枓栱，凌空飞架，如入云端。《含元殿赋》中还有：高悬于柱上的大枓，两两对峙。今日则以柱上枓栱层数相叠出跳之多与少的次序，称之为"铺作"。

平坐

张衡《西京赋》[1]：阁道穹隆[2]。阁道，飞陛也。

又：隥道逦倚以正东[3]。隥道，阁道也。

《鲁灵光殿赋》：飞陛揭孽，缘云上征[4]；中坐垂景，俯视流星[5]。

《义训》：阁道谓之飞陛，飞陛谓之墱[6]。今俗谓之平坐[7]，亦曰鼓坐[8]。

【注释】

①张衡：字平子，南阳西鄂（今河南南阳）人。东汉科学家、文学家。善机巧，尤致思于天文、阴阳、历算；亦善为文，而尤善辞赋。辞赋以《二京赋》（《东京赋》《西京赋》）为其代表作。张衡在《西京赋》里，描述了西京长安山川形势、城池宫室、物产贸易及伎艺、百戏等内容，为汉赋中的名篇。《法式》原文为"《西都赋》"，当为"《西京赋》"。西京，指汉代西京长安城。

②阁道穹（qióng）隆：张衡《西京赋》："阁道穹隆，属长乐与明光。"意为高架的阶陛如穹隆般高耸，这些阶陛附着于长乐宫与明光宫的殿阁之下。阁道，复道，即架设在楼阁之间的通道与连廊。《法式》里释义为"飞陛"，即阶陛、殿阶，转义为后文所说的"平坐"。穹隆，长而曲折貌。

③隥（dèng）道逦倚（lǐ yǐ）以正东：语亦出自张衡《西京赋》。意为隆起的阁道与踏道，曲折连绵，趋向正东的方向。隥道，本义为阶梯、踏道，或山坡小径，这里转义为宫殿内的阁道与踏阶。逦倚，意为曲折连绵的形态。

④飞陛揭孽（jiē niè），缘云上征：语出东汉王延寿《鲁灵光殿赋》。

意为峭然隆起，高悬半空的殿陛，高高在上，如逐云端。飞陛，凌空飞架的台座，与“平坐”之义相通。揭蘖，形容极高的样貌。

⑤中坐垂景，俯视流星：王延寿《鲁灵光殿赋》：“中坐垂景，俯视流星。”意为端坐于殿陛中央，垂望面前景物，有如俯视夜空中的流星。以此句之后紧接之句为：“千门相似，万户如一。”则在这里，“流星”是形容鲁国都城内的街巷房屋，如流星一般星罗棋布。

⑥墱（dèng）：意为踏阶、台阶、踏道等。这里转义为“陛”，即大殿的台座。

⑦平坐：参见上文“飞昂”条相关注释。

⑧鼓坐：此指房屋上下层之间的结构层平坐。

【译文】

东汉张衡《西京赋》中描述：殿陛蜿蜒地延伸着。所谓“阁道”，指的是飞陛。

《西京赋》中又有：隆起的阶陛与踏道，曲折连绵，趋向正东的方向。隥道，即阁道，亦即飞陛，指登殿的阶陛。

东汉王延寿《鲁灵光殿赋》中有言：峭然隆起的殿陛高悬半空，如逐云端；端坐于殿陛中央，垂望面前景物，有如俯视夜空中的流星。

《义训》中解释说：阁道，称之为“飞陛”；飞陛，则称之为“墱”。今日的俗语，则称之为“平坐”，亦可称为“鼓坐”。

梁

《尔雅》：宲廇谓之梁①。屋大梁也。宲，武方切。廇，力又切。

司马相如《长门赋》②：委参差以槺梁③。槺，虚也。

《西都赋》：抗应龙之虹梁④。梁曲如虹也。

《释名》：梁，强梁也⑤。

何晏《景福殿赋》：双枚既修[⑥]。两重作梁也。

又：重桴乃饰[⑦]。重桴，在外作两重牵也[⑧]。

《博雅》：曲梁谓之罶[⑨]。音柳。

《义训》：梁谓之㮚[⑩]。音礼。

【注释】

①宋廇（máng liù）：房屋中的大梁。廇，亦指房屋大梁。《法式》注“宋”为“武方切”，不确。

②司马相如：字长卿，蜀郡成都（今四川成都）人。原名犬子，因慕蔺相如而更名。西汉文学家。善辞赋，以《子虚赋》《上林赋》尤为著名。《长门赋》是他为汉武帝时居长门宫的陈皇后所作之赋。

③委参差以槺（kāng）梁：司马相如《长门赋》：“施瑰木之欂栌兮，委参差以槺梁。”意为将优质的木材制成柱上的枓栱，在枓栱之上施以参差不齐的大小浮梁。委，有安置义。参差，高下不一，或长短不一。槺梁，此处的意思为悬浮于半空的大梁。槺，同“康”，虚空。《法式》原文及小字注为“糠”，据司马相如《长门赋》改。

④抗应龙之虹梁：东汉班固《西都赋》：“因瑰材而究奇，抗应龙之虹梁。”意为高高隆起的大梁，形如应龙、曲拱如虹。抗，高。应龙，一种有翼的龙。虹梁，《文选》李善注曰：“应龙虹梁，梁形如龙，而曲如虹也。”

⑤强梁：《道德经》第四十二章：“强梁者不得其死。”《老子本义》引焦竑曰：“木绝水曰梁，负栋曰梁，皆取其力之强。”故形容房屋之大梁，强固有力，足以承托庞大的屋盖。

⑥双枚既修：三国魏何晏《景福殿赋》：“双枚既修，重桴乃饰。”意为重层的梁栿既已修造，叠置于上的牵梁也应加以装饰。唐人吕延济为之作注曰：“双枚，屋内两重作梁也，重桴在外作两重牵也。”

双枚，即两重梁栿。

⑦重桴（fú）：从《法式》所释“重桴，在外作两重牵也”，可知这里的“重桴”当指大梁之上所施的小梁，或称“牵梁”，如乳栿之上的“劄牵”。

⑧两重牵：指两重牵梁。如在三椽乳栿之上，即可能施以两重牵梁。

⑨曲梁谓之罶（liǔ）：曲梁，意为曲婉之梁，疑与“虹梁”意义相近。《初学记·武部·渔》：“罶者，曲梁也。（见《广雅》。）”则“罶”有“曲梁”之义。

⑩梁谓之欐（lì）：梁，也可以称为“欐”。欐，《列子·汤问》中有：“既去而余音绕梁欐，三日不绝。”以“梁欐”称之，则“梁”亦可称为“欐”。《看详》“诸作异名”条：“其名有三：一曰梁，二曰宲廇，三曰欐。”

【译文】

《尔雅》解释说：宲廇，指的就是“梁”。即房屋内的大梁。宲，武方切。廇，力又切。

司马相如《长门赋》中有句：枓栱之上施以长短不一的大小浮梁，悬于半空中。穅，意为“虚”，有虚悬于半空之义。

班固《西都赋》中描述说：高高隆起的大梁，形如应龙，曲拱如虹。虹梁，意为曲拱如虹。

《释名》中解释：梁，从“强梁”而来，取其强壮有力之义。

何晏《景福殿赋》中有句：双重的梁栿既已修造。其意为屋内有两重大梁，层叠造作。

《景福殿赋》中又有：大梁之上重叠的小梁，也要加以装饰。重桴，指的是在双重的大梁之上，再作两重牵梁。

《博雅》中解释说：曲梁，可以称之为“罶”。音柳。

《义训》亦有释：梁，可以称之为“欐”。音礼。

柱

《诗》:有觉其楹[①]。

《春秋·庄公》[②]:丹桓宫楹[③]。

[《春秋穀梁传》]:礼,楹,天子丹,诸侯黝,大夫苍,士黈[④]。黈,黄色也。

又:三家视桓楹[⑤]。柱曰植,曰桓[⑥]。

《西都赋》:雕玉瑱以居楹[⑦]。瑱,音镇。

《说文》:楹,柱也[⑧]。

《释名》:柱,住也。楹,亭也;亭亭然孤立,旁无所依也[⑨]。齐鲁读曰轻;轻,胜也[⑩]。孤立独处,能胜任上重也。

何晏《景福殿赋》:金楹齐列,玉舄承跋[⑪]。玉为矴以承柱下[⑫];跋,柱根也[⑬]。

【注释】

①有觉其楹(yíng):《诗经·小雅·斯干》:"殖殖其庭,有觉其楹。"《毛诗正义》解释说:"殖殖,言平正也。有觉,言高大也。"意为在宽大平正的庭院中,看到高大挺拔的柱楹。有觉,因房屋柱楹粗壮高大,使人感觉震撼。楹,指房屋前部的柱子。

②《春秋》:相传为孔子依据鲁国史书加以整理修订而成。叙事起于鲁隐公元年(前722),终于鲁哀公十四年(前481)。为编年体修史之滥觞。

③丹桓宫楹:语出《左传·庄公二十三年》。意为将祭祀鲁桓公之庙的柱子涂成了红色。这在当时为僭越之举。丹,意为红色。桓宫楹,《左传正义》释曰:"桓公庙也。楹,柱也。"

④礼，楹，天子丹，诸侯黝（yǒu），大夫苍，士黈（tǒu）：这几句话不见于“三礼”（《周礼》《仪礼》《三礼》），见于《春秋穀梁传·庄公二十三年》曰：“丹桓宫楹。礼，天子、诸侯黝垩，大夫仓，士黈。”意为按照周代的礼制规范，房屋柱子的颜色有等级的差别：天子用红色，诸侯用青黑色，大夫用青色，士用黄色。黝，意为黑色，或青黑色。苍，指包含有蓝和绿的青色。黈，意为黄色。《法式》原文作者缺出处，当于此句前补文字出处“《春秋穀梁传》”。

⑤三家视桓（huán）楹：《礼记·檀弓下》：“夫鲁有初，公室视丰碑，三家视桓楹。”鲁国已有先例，公室之家下葬时可比照天子的丰碑而用之；三家下葬时，只能比照诸侯所用的桓楹而葬之。《周礼注疏》：“郑注云：“丰，大也。天子斫大木为碑，形如石碑。”又：“彼注‘四植谓之桓’者，彼据柱之竖者而言。”这里的“丰碑”与“桓楹”都是指古代天子、诸侯下葬时的辅助设施。天子下棺，用大木所斫之碑；诸侯下棺，需植四根大柱，碑或柱上都凿有孔，穿索悬棺，以将其置入墓穴中。桓，其义为大。楹，指柱子。

⑥柱曰植，曰桓：此句是对“桓楹”所做的解释，意为诸侯下葬时所用之柱，称为“植”，因其柱硕大，亦称为“桓”。另《周礼注疏》：“桓若竖之，则有四棱，故云‘四植’，植即棱也。”即以四植之柱，将棺木徐徐落入墓穴之中。

⑦雕玉瑱（tiàn）以居楹：东汉班固《西都赋》：“雕玉瑱以居楹，裁金壁以饰珰。”意为将础石加以雕琢，使其美观大方，且能承托屋柱。瑱，通“磌”，为石刻的柱础。

⑧楹，柱也：楹，本义为屋前之柱，亦泛指柱。有时也可转义为房屋的“间”，即一间房屋，即为一楹。

⑨楹，亭也；亭亭然孤立，旁无所依也：《释名·释宫室》：“楹，亭也，亭亭然孤立也，旁无所依也。”这里借“亭”之亭然孤立，解释各自如亭子一般，孑然独立，来譬喻挺立之楹，亦即屋柱。

⑩齐鲁读曰轻；轻，胜也：意为齐鲁之地的人，将“楹”读作“轻”；其“轻”有“胜”的意思。就是说，柱楹孤立独处，能够胜任其所承托的房屋重载。这里以“胜”释“轻”，疑仍是借用当时齐鲁人的解释。

⑪玉舄（xì）承跋：此为《法式》对“玉舄”所做的解释。三国魏何晏《景福殿赋》：“金楹齐列，玉舄承跋。”意为金色的柱楹，整齐布列；温润的石础，承托着柱根。舄，《文选》李善注曰：“《广雅》曰：磶，碩也。”舄，即磶，其意为“碩”，即柱础之义。其又有注“跋”曰：“《礼记》曰：烛不见跋。郑玄曰：跋，本也。”这里的“跋”，指柱之根本，即柱根之义。

⑫玉为矴（dìng）以承柱下：“玉为矴”，即以石为础；“以承柱下”，指柱础承托着屋柱之根部。矴，其义同“碇”，如《看详》“诸作异名”条释“柱础”：“今谓之石碇。”则“矴”亦意为柱础。

⑬跋，柱根也：此亦为《法式》对“跋”所做的解释，参见上文“玉舄承跋”注。

【译文】

《诗经·小雅》中有言：在宽大平正的庭院中，看到高大挺拔的柱楹。

《春秋·庄公二十三年》中记录了：鲁国人将鲁桓公之庙的柱子涂成了红色。这是僭越之举。

[《春秋穀梁传》中亦提到]：按照周礼的规范，柱子的颜色有等级的规定，天子宫殿之柱，为红色；诸侯宫室之柱，为青黑色；大夫宅邸之柱，为青色；士大夫屋舍之柱，为黄色。黈，意为黄色。

《礼记》中有载：鲁之三家所行葬仪，应当比照诸侯的做法，用四根高大的柱子，将其棺木落入墓穴。柱，其意为“植”，亦为“桓”，有直立之大柱的意思。

东汉班固《西都赋》中描述道：将精美之石雕刻为柱础，在础上竖立起宫室的柱楹。瑱，音镇。

按照《说文》的解释：楹，就是“柱子”的意思。

《释名》中有释：柱，与“住”谐音，其义亦与“住”有所关联。楹，其义类如“亭”，高高地、孤零零地立着，其旁无所依托。齐鲁之人将“楹”读为“轻”；其轻，在齐鲁人那里有“胜”的意思。意指孤立独处的柱楹，能够胜任其上所负荷的重量。

三国魏人何晏《景福殿赋》中描述殿柱及其础时说：金色的柱楹，整齐布列；温润的石础，承托着柱根。以石为础，承托着屋柱之根；跋，就是柱根的意思。

阳马

《周官·考工记》：殷人四阿重屋[①]。四阿，若今四注屋也[②]。

《尔雅》：直不受檐谓之交[③]。谓五架屋际[④]，椽不直上檐，交于穩上[⑤]。

《说文》：柧棱[⑥]，殿堂上最高处也。

何晏《景福殿赋》：承以阳马[⑦]。阳马，屋四角引出以承短椽者[⑧]。

左思《魏都赋》：齐龙首以涌霤[⑨]。屋上四角，雨水入龙口中，泻之于地也。

张景阳《七命》[⑩]：阴虬负檐[⑪]，阳马翼阿[⑫]。

《义训》：阙角谓之柧棱[⑬]。今俗谓之角梁[⑭]。又谓之梁抹者[⑮]，盖语讹也。

【注释】

①四阿重屋：《周礼·冬官·匠人》：“殷人重屋，……四阿重屋。”意为殷商时代的最高等级祭祀建筑。如《仪礼注疏》：“重屋谓路寝。”

所提到的“路寝”,系天子祭祀或起居所用的最高等级建筑。这里释其为四阿重屋形式,即一种四坡屋顶,可能是重檐,抑或是重层的造型。四阿,参见上文“飞昂”条相关注释。重屋,有两种可能:一,是重檐屋顶的房屋,通过重檐,以显示房屋等级较高;二,是重层的房屋,在首层屋架之上,再叠加一层,以造成较为高爽的空间。殷人重屋,比较大的可能是重檐形式。

②四注屋:指四阿屋顶,即四坡屋顶的房屋。如《仪礼注疏》:“郑云:四阿,四注屋。”“四注屋”或“四阿屋顶”,在古代中国曾以“庑殿顶”形式作为最高等级建筑形式而存在。

③直不受檐谓之交:《尔雅注疏》:“直不受檐谓之交。(谓五架屋际椽不直上檐,交于櫽上。)”这里的“直”,指的是直而未折的屋椽。不受檐,是说这些直椽不会延伸到房屋的檐口处。这种情况一般发生在宋代“厦两头造”或清代“悬山”式屋顶中。在宋代“九脊殿式”或清代“歇山式”屋顶的上部也会出现。这种情况就称之为“交”。

④五架屋际:语出同上。五架,指其屋顶出际部分的进深为五架梁的长度。屋际,即指屋椽不延伸至檐口处,而是交于屋槫之上。一般指厦两头造或九脊式屋顶两山山花部分。

⑤交于櫽(yìn)上:指厦两头造或九脊式屋顶出际部分,其两山上部屋椽仅交汇于屋槫之上,而不延伸至山面檐口处。櫽,参见前文“枓”条相关注释。

⑥柧棱(gū léng):本是指宫阙建筑屋顶转角处的瓦脊,如垂脊或戗脊;故《法式》中释其为:“殿堂上最高处。”另明人宋濂《潜溪前集·官岩院碑》中有“阳马四骞,柧棱高翔”句,阳马,即房屋翼角之木梁。柧棱,当指阳马上所承屋顶翼角上的瓦脊。

⑦阳马:三国魏何晏《景福殿赋》:“承以阳马,接以员方。”《文选》李善注曰:“阳马,四阿长桁也。禁楄列布,承以阳马,众材相接,

或员方也。”则“阳马”指的是房屋四角承托翼角短椽（禁楄）的木构件——长桁，即今日所称的“角梁”。

⑧短椽：短小的屋椽，如北魏杨衒之《洛阳伽蓝记》卷一中提到：“寺院墙皆施短椽，以瓦覆之，若今宫墙也。”在唐以前的木构建筑中，房屋翼角椽往往用平行的短椽，以保持檐口椽头的整齐划一，这种短椽，又称“禁楄”，如卷第五《大木作制度二》“椽”条：“短椽。（其名有二：一曰楝，二曰禁楄。）”宋以后，房屋翼角多用倾斜交汇于角梁之上的翼角椽，翼角采用短椽的做法在我国渐渐消失，但日本古代建筑的翼角做法中，较多保存了短椽做法。

⑨龙首：语出晋左思《魏都赋》。指房屋屋顶四角或台基上的排水口，这种排水口一般制成龙首式样，称为“螭首”。涌霤（liù）：《周礼·冬官·轮人》中有：“上尊而宇卑，则吐水疾而霤远。”意为房屋屋顶上部陡峻，下部卑缓，如此造成的反宇形式使得雨水冲力较大，因而冲出屋檐外较远，不易对房屋台基造成损害。“涌霤”应是借用了这一典故，意为涌排雨水。霤，指雨水。也可转义为屋檐滴水处，即檐霤。

⑩张景阳：即张协，字景阳，安平（今属河北）人。西晋文学家。擅五言诗，亦工辞赋，有《七命》等文传世。明人辑其作品为《张景阳集》。

⑪阴虬（qiú）负檐：张协《七命》：“阴虬负檐，阳马承阿。”《文选》李善注曰：“虬，龙也。《楚辞》曰：仰观刻桷画龙虬。”阴虬，这里譬喻房屋翼角处承托翼角椽及瓦脊的角梁。称其“阴”者，是因为角梁系隐于翼角之下，人眼难以看见的承重构件。虬，虬龙，即古人传说中的小龙，或无角的幼小之龙。负檐，即指承托或负载房屋翼角之檐。

⑫阳马翼阿：语出同上。《七命》原为“阳马承阿”，《法式》为“阳马翼阿”，疑引自不同的抄本，但其义相同，指角梁承托屋顶翼角之

荷重。这里的“阿”当指屋顶。

⑬阙角谓之柧棱：柧棱，宫阙建筑屋顶转角之上所施瓦脊。据《后汉书·班彪传》：“设璧门之凤阙，上柧棱而栖金雀。”这里的“柧棱”，即指凤阙之上的“柧棱”。《法式》引《义训》“阙角谓之柧棱”句，疑即由此出，指宫阙屋顶转角处的瓦脊。

⑭角梁：即“阳马”的俗称。系四坡屋顶或九脊殿式屋顶结构承托翼角荷重的木构件，形如一根木梁，与屋身呈45°方向，斜置向上延伸。角梁外端下部，在转角枓栱之上，施以承托角梁端部的木刻仙人或宝瓶；角梁外端头，则多施以装饰性兽首。

⑮梁抹（mò）：疑为宋式建筑转角处用于承托角梁的木构件“抹角梁”的简称。但“抹角梁”并非“角梁”，其作用类如“递角梁”，两者都施于房屋转角结构中，用以承托其上的角梁及角脊的荷重。故《法式》在这里特别指出，当时一些人将角梁称为“梁抹”是一种误解性语讹。

【译文】

据《周礼·冬官考工记》的记载：殷商时代的人，其殿堂采用的是四阿式的重叠屋顶形式。所谓“四阿式屋顶”，就和今天的四注坡式的屋顶一样。

《尔雅》中提到：屋顶上所覆盖的椽子，不直接伸到出际式屋顶两山檐口之上，这种做法称之为“交”。其意是说，例如进深为五个步架的房屋之两山出际做法，其屋椽并不直接搭在两山檐口之上，而是相交于两山出际处的脊槫之上。

《说文》中有言：所谓“柧棱”，指的是覆施在殿堂转角最高处的瓦脊。

三国时人何晏撰写的《景福殿赋》中有这样的描述：用阳马来承托房屋翼角。所谓“阳马”，指的是从房屋四角斜引而出的角梁，用以承托翼角处屋顶上所覆短椽及椽上所负载的荷重。

西晋人左思的《魏都赋》中写道：将房屋四角的龙头做齐整的布置以确保屋顶的雨水奔涌而下。其意是说，在房屋屋顶上的四角处，将雨水汇入龙口之中,并使之涌泻于屋外地面之上。

西晋人张协所撰之赋《七命》中有言:房屋四隅翼角之下的角梁,负载着屋檐的荷重,也正是这四隅的角梁,以向上倾斜的起翘形式,使屋顶的四角有如鸟之羽翼,若展若飞。

《义训》中解释说:宫阙的翼角,称之为“柧棱”。指的就是今人俗语中所称的“角梁”。又有人将其称之为“梁抹”,那或许是一种以讹传讹的说法了。

侏儒柱

《论语》:山节藻棁[①]。

《尔雅》:梁上楹谓之棁[②]。侏儒柱也[③]。

扬雄《甘泉赋》[④]:抗浮柱之飞榱[⑤]。浮柱即梁上柱也。

《释名》:棳,棳儒也[⑥];梁上短柱也。棳儒犹侏儒,短,故因以名之也。

《鲁灵光殿赋》:胡人遥集于上楹[⑦]。今俗谓之蜀柱[⑧]。

【注释】

①山节藻棁:《论语·公冶长》:“臧文仲居蔡,山节藻棁,何如其知也。”山节,柱上枓栱。藻棁,指画有装饰性藻文的短柱。棁,屋内梁上短柱。参见前文“枓”条相关注释。

②梁上楹谓之棁:《尔雅·释宫》:“杗廇谓之梁,其上楹谓之棁。”《礼记正义》概言之:“梁上楹谓之棁。”

③侏儒柱:《尔雅注疏》注“棁”:“侏儒柱也。”意为“棁”即侏儒柱,亦即梁上短柱。因其柱较为短小,故以“侏儒柱”言之。

④扬雄:字子云,蜀郡成都(今四川成都)人。西汉辞赋家、哲学家及语言学家。少好学,博览群书。好词赋,有《甘泉》《羽猎》《长

杨》等赋作名世。另著有《法言》《太玄》《方言》等。《甘泉赋》为其作品之一。描写的是汉成帝时的甘泉宫。

⑤抗浮柱之飞榱(cuī):扬雄《甘泉赋》:"抗浮柱之飞榱兮,神莫莫而扶倾。"《文选》李善注曰:"举浮柱之飞榱,言檐宇高峻,若神清净而扶其倾危也。"《法式》引而注之:"浮柱即梁上柱也。"这里的意思是说,高高挺立于梁上的短柱,其高已近屋顶的如飞之椽。则"抗"义为"高举","浮柱"意为梁上柱,即"棁",亦即侏儒柱。"飞榱"意为如飞之椽,或如后世所称"飞椽"。榱,椽子。

⑥棳(zhuō),棳儒也:此处是以"棳儒"释"棳",而"棳儒"意亦为梁上短柱,则"棳儒"与"侏儒"义同,都有"短"的意思。

⑦胡人遥集于上楹:东汉王延寿《鲁灵光殿赋》:"胡人遥集于上楹,俨雅跽而相对。"其注曰:"皆胡夷之画形也。人尊于鸟兽,故着在上楹。俨雅而相对,言敬恭也。"似可理解为,于梁上所立短柱的表面绘以胡人的形象以做装饰。因为人比鸟兽高贵,故将其绘于"上楹",并绘作恭敬状。遥集,从远处聚集一起。

⑧蜀柱:唐顾云《上池州庾员外启》有:"蜀柱曾题,途穷未返。"可知,唐代时已有"蜀柱"这一名词,未知是否与宋之"蜀柱"义同。《法式》中,将"蜀柱"解释为梁上所立短柱,即"棁"或"侏儒柱"的俗称。

【译文】

《论语》中孔子对臧文仲居蔡所建之居舍的批评中提到:其屋舍的柱子上用了如山一样的枓栱,屋内梁上的短柱表面也绘制了藻文。

《尔雅》解释说:屋梁之上所立的柱子,称之为"棁",其义为短柱。亦即侏儒柱的意思。

西汉扬雄撰《甘泉赋》中有:将梁上的立柱托举至半空,其高几近屋顶的如飞之椽。文中的"浮柱",指的就是梁上之柱。

《释名》中有释曰:所谓"棳",指的是"棳儒";其义是指屋梁之上所立的短柱。这里的“棳儒”与“侏儒”意思十分接近,因其柱短,故而以“棳儒”或“侏儒”而称其名。

《鲁灵光殿赋》中描绘殿内的景象时说:殿梁之上,短柱竦立,柱之表面绘胡人之像,有如群胡遥集于其上。今日的俗语中称这些短柱为“蜀柱”。

斜柱

《长门赋》:离楼梧而相樘[①]。丑庚切。

《说文》:樘,邪柱也[②]。

《释名》:梧,在梁上,两头相触牾也[③]。

《鲁灵光殿赋》:枝樘杈枒而斜据[④]。枝樘,梁上交木也。杈枒相柱[⑤],而斜据其间也。

《义训》:斜柱谓之梧[⑥]。今俗谓之叉手[⑦]。

【注释】

①离楼梧而相樘(chēng):西汉司马相如《长门赋》:“罗丰茸之游树兮,离楼梧而相撑。”意为参差错落的梁木聚合而成屋顶的架构,梁上的斜柱如枝杈相牾,彼此撑持。《文选》李善注曰:“离楼,攒聚众木貌。《汉书·音义》臣瓒曰:‘邪柱为梧。’《字林》曰:‘撑,柱也。’”梧,疑为“牾”之误写。《法式》中引为“相樘”,其义与“相撑”同。

②樘,邪柱也:樘,为斜柱。邪柱,即斜柱。

③梧,在梁上,两头相触牾(wǔ)也:意为“梧”即斜柱,施于屋梁之上,其柱的两头彼此碰触,相互抵牾。牾,有相触、相悖、相抵之义。

④枝樘杈枒而斜据:语出东汉王延寿《鲁灵光殿赋》。意为屋梁上的立柱与斜柱,或直立,或斜撑,如树木枝杈般参差交错。斜据,

意为倾斜而置。

⑤杈枒相柱：屋梁上的斜柱，如树上的枝杈，参差交错，相互支撑。杈枒，树木的枝杈。相柱，相互支撑。

⑥斜柱谓之梧：屋梁上所施斜柱，可以称为“梧”。

⑦叉手：宋代时对屋梁之上所施斜柱的俗称。

【译文】

司马相如《长门赋》中描述说：参差错落的梁木聚合而成屋顶的架构，梁上的斜柱如枝杈相梧，彼此撑持。樘，丑庚切。

《说文》中释言：樘，就是斜柱的意思。

《释名》中亦有释：梧，指的是立在屋梁上的斜柱，两柱倾斜向内，柱之端头相互碰触，彼此抵牾支撑。

《鲁灵光殿赋》中描述说：屋梁上的立柱与斜柱，或直立，或斜撑，如树木枝杈般参差交错。文中所提到的“枝樘”，指的是梁上相互交错的木柱。这些木柱，如树干上的枝杈，参差交错，其中的斜柱，倾斜设置于梁木之间，彼此抵牾，相互支撑。

《义训》解释说：屋梁之上的斜柱，可以称为“梧”。今日俗称为“叉手”。

卷第二　总释下

栋　两际　搏风　柎　椽　檐　举折

门　乌头门　华表　窗

平棊　斗八藻井

勾阑　拒马叉子　屏风　槏柱　露篱

鸱尾　瓦　涂

彩画　阶　砖　井

总例

【题解】

李诫《营造法式》,用了2卷专门的篇幅,对一般读者可能混淆的房屋营造术语加以诠释,即卷一《总释上》、卷二《总释下》。《总释上》涵盖了四个方面的内容,分别是:1.中国古代建筑类型;2.壕寨制度与石作制度;3.大木作制度中的枓栱铺作部分;4.大木作制度中的柱梁等房屋构架部分。

《总释下》在很大程度上,是对《总释上》所列术语范畴的一个延续。其逻辑顺序大略如下:

一、大木作制度(梁架):栋、两际、搏风、柎、椽、檐、举折;

二、小木作制度(门窗、天花):门、乌头门、华表、窗;

三、小木作制度(天花版):平棊、斗八藻井;

四、小木作制度（栏杆之类）：勾阑、拒马叉子、屏风、槏柱、露篱；

五、瓦作—泥作制度：鸱尾、瓦、涂；

六、彩画作—砖作制度：彩画、阶、砖、井。

这些术语范畴，是作者从历代文献中扒梳出来，并将古人对这一范畴的相关解释也罗列出来。虽然作者并没有用自己的语言对该概念做进一步的解释，但作者相信，每一位熟读古书的儒者或了解古代典籍与建造工艺的工匠，对其所列出的每一范畴，都会有自己的理解。

栋

《易》：栋隆，吉[①]。

《尔雅》：栋谓之桴[②]。屋檼也[③]。

《仪礼》[④]：序则物当栋[⑤]，堂则物当楣[⑥]。是制五架之屋也[⑦]。正中曰栋[⑧]，次曰楣[⑨]，前曰庋[⑩]，九伪切，又九委切。

《西都赋》：列棼橑以布翼，荷栋桴而高骧[⑪]。棼、桴，皆栋也。

扬雄《方言》[⑫]：甍谓之霤[⑬]。即屋檼也。

《说文》：极，栋也。栋，屋极也。檼，棼也[⑭]。甍，屋栋也。徐锴曰[⑮]：所以承瓦，故从瓦。

《释名》：檼，隐也；所以隐桷也[⑯]。或谓之望，言高可望也。或谓之栋；栋，中也，居屋之中也。屋脊曰甍；甍，蒙也，在上蒙覆屋也。

《博雅》：檼，栋也。

《义训》：屋栋谓之甍。今谓之槫[⑰]，亦谓之檩[⑱]，又谓之櫋[⑲]。

【注释】

①栋隆,吉:《尔雅注疏》:"栋,屋檼也。一名'桴',今屋脊也。《易》曰:'栋隆吉'是也。"为《周易·大过卦》的一个卦象,意为若屋之脊栋高高隆起,则其屋十分吉利。

②栋谓之桴(fú):语见《尔雅·释宫》。意即"栋"亦可以称为"桴"。桴,本义为房屋大梁之上所承小梁,这里的意思是屋梁之上所承的栋,即槫(檩)。

③屋檼(yìn):《尔雅注疏》释曰:"栋谓之桴,屋檼。"檼,屋栋,亦有脊栋之义。"栋""桴""檼"三字义同,都是指屋顶结构中的槫(檩)。

④《仪礼》:亦称《礼经》《士礼》《礼》。一说为周公制作,一说为孔子订定。"三礼"之一。儒家"十三经"之一。是春秋战国时期一部礼制的汇编。唐朝以前被尊为"礼经"。内容涉及士冠、士昏、士相见、乡饮酒、乡射、燕礼、聘礼、觐礼、丧礼等,涉及上古社会生活的各个方面,是研究先秦政治、社会、文化、历史的基础典籍。

⑤序则物当栋:语出《仪礼·乡射礼》。《仪礼注疏》:"士射于序,序则无室,故物当栋。"若于序中行乡射礼,其物位于栋之下。序,指正房两侧的厢房,其地位较低,内无室之分隔,故士行乡射之礼时,其物置于屋之中央的栋之下。

⑥堂则物当楣(méi):语亦出《仪礼·乡射礼》。《仪礼注疏》:"乡大夫射于庠,庠则有室,故物当前楣。"庠(xiáng),这里当指乡学正房,即堂。因堂有室,且位于正位,故大夫行乡射之礼时,其物置于屋前楣之下。

⑦五架之屋:指房屋的进深为五架,即由梁上所承的五个槫架,承托屋盖荷重。五个槫架,中央为栋;次之,为前后之楣;再次之,为前后之庋。如《仪礼注疏》:"凡士之庙,五架为之,栋北一楣下有室户。中脊为栋,栋南一架为前楣,楣前接檐为庋。"这里的"庋

(guǐ)”,义与“庋”同。

⑧正中曰栋:房屋正中的脊槫,又称为“栋”。

⑨次曰楣:位于脊槫之前与之后的承椽之槫,一般称“上平槫”。若房之进深为五架,则其上平槫,可称为“楣”。楣亦分为前楣与后楣。

⑩前曰庋(guǐ):指房屋前檐或后檐之下的承椽之槫,称为“庋”。庋,与“庪”义同,“庪”有檐檩之义,则“庋”亦指檐檩。

⑪列棼橑(fén liáo)以布翼,荷栋桴而高骧(xiāng):语出东汉班固《西都赋》。意为架栋排椽,搭构屋盖,布列翼角,荷重的栋桴其气势高昂。棼橑,古代阁楼屋顶的“栋”与“椽”。棼,《说文·林部》:“复屋栋也。”徐浩注笺:“施于屋梁之下而别以竹木排列承之,所谓棼也。……棼之承笮,与栋之承屋相似,故又谓之复屋栋。今之轩版承尘,即其遗制。”所谓“复屋”,意为屋内叠屋,如晚近南方屋梁之下所设轩顶,轩之顶盖中所架栋,即为“棼”的遗制。高骧,高举。

⑫《方言》:书名。西汉扬雄撰。全书仿《尔雅》体例,汇集古今各地词语,科学区分方言、共同语、古今语,详细记录方言词汇的分布等,是我国第一部系统研究方言的著作。

⑬甍(méng)谓之霤(liù):屋之脊栋,亦称为“霤”。甍,屋脊。《说文·瓦部》:“甍,屋栋也。”徐锴《系传》:“所以承瓦也。”《释名·释宫室》:“屋脊曰‘甍’。甍,蒙也,在上覆蒙屋也。”霤,为屋檐处流淌的雨水,亦有屋椽义。《法式》亦引扬雄《方言》,可知以“霤”释“甍”为古之方言。这里的“甍”与“霤”,都是指“屋檼”,即屋顶结构中的槫(栋)。

⑭檼,棼也:檼,就是棼的意思。檼,指屋栋。棼,为阁楼屋顶之栋。参见上文注。

⑮徐锴:字楚金,扬州广陵(今江苏扬州)人。五代时期文字学家。与其兄徐铉以文学知名当时,时号“二徐”。著有《说文解字系

传》《说文通释》等。

⑯所以隐桷(jué)也:此为以“隐”释“檼”。“檼”,即屋栋,隐藏于屋椽之下,故称“檼”。桷,本义为方形的屋椽,这里应是泛指屋椽。

⑰槫(tuán):房屋屋顶结构中,用以承托屋椽、望板等的长条形构件,古称“栋”“甍”“檼”及“棼”等,宋代营造术语中称其为“槫”。

⑱檩(lǐn):即宋时所称的“槫”,明清建筑中多称“檩”。

⑲櫋(mián):本义为房屋檐口部位的连檐版,《法式》在这里引《义训》的解释,认为“櫋”与“槫”“檩”等义同。但宋代营造中,已经不再将“櫋”看作是与“屋槫”相同的构件。参见后文与“櫋”的相关注释。

【译文】

《周易》中有言:若屋栋隆起,则其屋吉利。

《尔雅》中解释说:栋,亦可称为“桴”。“栋”“桴”二者指的皆是屋顶梁架上的“檼”,亦即屋顶结构中的“槫”或“檩”。

《仪礼》中描述乡射礼时说道:在两厢之屋中行其礼,物则应当置于屋栋之下;在正房之堂上行其礼,物则应当置于屋之前楣下。这里指的是五架屋的形制。其屋顶结构中的承椽之构件——槫:正中的脊槫称为“栋”,次之的屋槫称为“楣”,前(及后)之屋槫,称为“庪”,庪,九伪切,亦为九委切。

东汉班固《西都赋》中描述说:屋顶之上,架栋排椽,布列翼角;承托屋椽的栋或桴,高高在上,气势非凡。其文中的“棼”与“桴”,指的都是房屋之“栋”,即屋槫或檩。

扬雄所撰《方言》解释说:房屋之甍,亦可称为“霤”。其意是指屋顶结构中的承椽之“檼”,也就是“槫”或“檩”。

《说文》中有释:极,指的是“栋”。栋,指的是屋内最高位置的结构构件。檼,可以用来指“棼”。甍,指房屋的脊栋。徐锴解释说:因为脊栋有承屋脊之瓦的功能,故“甍”字从瓦。

《释名》：槾，有“隐”的意思；意为隐于椽桷之下。或可以称之为“望”，意思是说，屋内之槾，高高在上，仰而可望。或可以称为“栋”；栋，即为“中”的意思，位居房屋中央。屋脊之栋，称之为“甍”；甍，有“蒙”的意思，位于屋内上方，以蒙覆屋内的空间。

《博雅》解释说：槾，就是“栋”的意思。

《义训》中亦有释：屋顶结构中的栋，可以称为“甍”。今日则称其为“槫”，亦称为“檩”，还可以称为“樽”。

两际

《尔雅》：桷直而遂谓之阅[①]。谓五架屋际椽正相当[②]。

《甘泉赋》：日月才经于柍桭[③]。柍，于两切；桭，音真。

《义训》：屋端谓之柍桭[④]。今谓之废[⑤]。

【注释】

①桷直而遂谓之阅：《尔雅·释宫》：“桷直而遂谓之阅，直不受檐谓之交。”意为椽桷直而顺，称为“阅”。直而遂，即直遂，则有直顺之义。遂，顺。

②五架屋际椽（chuán）正相当：《尔雅注疏》：“屋椽长直而遂达五架屋际者，名‘阅’。郭云：‘谓五架屋际椽正相当。’”指五架屋两山屋端。这里所用椽，长直而顺，不与檐口相接，与屋端位置正相当，故称之“阅”。屋际，两坡（悬山）或九脊（歇山）屋顶的两山部分，挑出槫头，并覆以椽望及瓦，作为两山收头，这部分屋顶做法，即称“屋际”，或称“两际”。《太平广记·妖怪·张司马》描述空中有飞物：“过至堂屋，为瓦所碍，宛转屋际，遂落檐前。”其屋际，即指屋顶两山出际。正相当，《法式》原文此处为“相正当”，梁注本此处改为“正相当”，所改与《尔雅注疏》一致。

③柍桭（yǎng zhēn）：西汉扬雄《甘泉赋》："列宿乃施于上荣兮，日月才经于柍桭。"唐颜师古引东汉服虔曰："柍，中央也。桭，屋梠也。"柍，有"中央"义；亦可释为"架屋之形"；桭，义为屋檐；则"柍桭"可以理解为位于屋之中央的屋檐，即两坡屋顶之两端出际屋檐。

④屋端：两坡或九脊屋顶两山出际处，即称"屋端"。以其文"屋端谓之柍桭"，可与上文注互释。

⑤废：两际屋端即称"废"。《说文·广部》："废，屋顿也。"清朱骏声《通训定声》："按，倾圮无用之意。"又《尔雅·释诂下》："废，止也。"屋之两际，伸出两山墙之外，极易遭风雨侵蚀，亦易倾圮；且屋两际之端，乃屋顶延伸之截止处；故宋人称两际屋端为"废"。又"屋废"，见卷第五《大木作制度二》"栋·出际之制"条；"华废"，见卷第十三《瓦作制度》"结宽·燕颔版与狼牙版"条。

【译文】

《尔雅》解释说：屋之两际的椽桷长直而顺，称之为"阅"。意思是说，五架房屋的屋际椽与出际处正相当。

《甘泉赋》：太阳与月亮刚刚悄然飞经过宫室两山的屋际。柍，于两切；桭，音真。

《义训》：两坡或九脊屋顶的房屋两际端头，称之为"柍桭"。今日之人称屋之两际为"废"。

搏风

《仪礼》：直于东荣[①]。荣，屋翼也。

《甘泉赋》：列宿乃施于上荣[②]。

《说文》：屋梠之两头起者为荣[③]。

《义训》：搏风谓之荣[④]。今谓之搏风版。

【注释】

①直于东荣：《仪礼·士冠礼》："设洗，直于东荣。"意为所设之洗，顺着屋侧东荣而置。《仪礼注疏》："洗，承盥洗者弃水器也，……荣，屋翼也。"其疏作补："云'荣屋翼也'者，即今之搏风。云荣者，与屋为荣饰；言翼者，与屋为翅翼也。"荣，指房屋两山出际处所施护版，古称"荣"，唐人称"搏风"，即《法式》所言"搏风版"。东荣，指南北向房屋屋顶东侧山面上的搏风版。

②列宿乃施于上荣：参见本卷"两际"条相关注释。《文选》李善释之："荣，屋翼也。"亦即房屋屋顶两端出际处所施搏风版。

③屋梠（lǚ）：梠，即屋檐。《尔雅注疏》："屋檐，一名'樀'，一名'屋梠'，又名'宇'，皆屋之四垂也。"屋梠之两头起者，即两坡或九脊屋顶之两侧山面的屋端，这两山屋端处所施搏风版，即"荣"。

④搏风：即搏风版，位于两坡顶或九脊顶之两山屋端所施两块顺坡长度的长版，以用于遮护屋端出际槫头及槫上所承椽子与望板等。"荣""搏风""搏风版"三个术语，其意相同。

【译文】

《仪礼》中描述士冠礼时提到：为礼仪所设之洗沿房屋东侧山墙顺着搏风版的方向设置。荣，即搏风版，亦如房屋之翅翼。

《甘泉赋》中描述道：天上的星宿，星星点点，有如挂在宫室上端的"荣"之上。

《说文》解释说：两坡屋顶房屋屋檐的两侧开端位置就是"荣"。

《义训》中有释：搏风，称之为"荣"。即是今日所称的"搏风版"。

柎

《说文》：棼[①]，复屋栋也[②]。

《鲁灵光殿赋》：狡兔跧伏于柎侧[③]。柎，枓上横木，刻兔形，致木于背也。

《义训》：复栋谓之棼[4]。今俗谓之替木[5]。

【注释】

①棼：复屋屋顶的栋。参见本卷“栋”条相关注释。

②复屋：意为“重叠的房屋”，或可以指“阁楼”，抑或类如晚近南方房屋屋顶之下所施的轩顶。

③狡兔跧（quán）伏于柎（fū）侧：语出《鲁灵光殿赋》。《文选》注：“《说文》曰：跧，蹴也。……柎音父。”刻如狡兔的木制构件蜷伏在柎侧。狡兔，这里指房屋结构中的构件。跧伏，有蜷伏之义。柎，如《法式》所注：“柎，枓上横木，刻兔形，致木于背也。”则“柎”系施于枓上的横木构件。

④复栋：其意仍如上文注。为复屋内的屋栋，即棼。复，有重复、重叠之义。棼，亦可理解为一种与屋栋（槫或檩）相重叠的构件。这里或借“棼”所含“复栋”之义，喻枓上所复横木——柎。

⑤替木：系“柎”在宋代营造中的俗称。主要施于圆性长木构件，如橑风槫、脊槫等之下的枓口之内，以作为其下枓栱与其上之槫间的过渡性构件。

【译文】

《说文》中提到：棼，指的是复屋屋顶之栋。

东汉王延寿《鲁灵光殿赋》中形象地描述道：刻如狡兔般的木构件，蜷伏于柎的旁边。柎，指的是施于枓口之上的横木，可以雕刻为兔子的形状，一般是放置在其下木构件的背部，以承托上部的荷重。

《义训》中解释说：复栋，可以称为“棼”。这种复栋今日的俗称为“替木”。

椽

《易》：鸿渐于木，或得其桷[①]。

《春秋左氏传》：桓公伐郑，以大宫之椽为卢门之椽[②]。

《国语》：天子之室，斫其椽而砻之，加密石焉[③]。诸侯砻之[④]，大夫斫之[⑤]，士首之[⑥]。密，细密文理。石，谓砥也[⑦]。先粗砻之，加以密砥。首之，斫其首也。

《尔雅》：桷谓之榱[⑧]。屋椽也。

《甘泉赋》：璇题玉英[⑨]。题，头也。榱椽之头，皆以玉饰。

《说文》：秦名为屋椽[⑩]，周谓之榱[⑪]，齐鲁谓之桷[⑫]。

又：椽方曰桷[⑬]，短椽谓之楝[⑭]。耻绿切。

《释名》：桷，确也[⑮]；其形细而疏确也[⑯]。或谓之椽；椽，传也，传次而布列之也[⑰]。或谓之榱，在檼旁下列，衰衰然垂也[⑱]。

《博雅》：榱、橑、鲁好切。桷、楝[⑲]，椽也。

《景福殿赋》：爰有禁楄[⑳]，勒分翼张[㉑]。禁楄，短椽也。楄，蒲沔切。

陆德明《春秋左氏传音义》[㉒]：圜曰椽[㉓]。

【注释】

①鸿渐于木，或得其桷：语出《周易·渐卦》，此为渐卦的卦象之一。宋张载《横渠易说》："鸿为水鸟。"又宋程颐《伊川易传》："故四之处非安地，如鸿之进于木也。木渐高矣，而有不安之象。鸿趾连，不能握枝，故不木栖。桷，横平之柯。唯平柯之上，乃能安处。谓四之处本危，或能自得安宁之道，则无咎也。如鸿之于木，本不安，或得平柯而处之，则安也。"此为对其卦象与卦义的解释。

桷，当指屋檐处的椽桷。

②以大宫之椽为卢门之椽：《左传·桓公十四年》：“以大宫之椽归，为卢门之椽。”意为伐郑而获胜的宋人取郑国太庙屋顶上所用之椽而归，将其椽用于卢门之上。大宫，指太庙，即郑国的祖庙。卢门，宋郊的城门。

③天子之室，斫（zhuó）其椽而砻（lóng）之，加密石焉：《左传正义》引《晋语》：“天子之室，斫其椽而砻之，加密石焉。诸侯砻之，大夫斫之，士首之。”其强调天子、诸侯、大夫与士在屋椽的加工上也存在等级的差别。天子宫室所用椽，斫而砻之，并以密石打磨。斫，意为砍削。砻，有打磨义。加密石，《法式》引《国语》中三国吴韦昭之注：“密，细密文理。石，谓砥也。先粗砻之，加以密砥。”在粗砻打磨之后，再用石打磨，使其光洁细密。

④诸侯砻之：“诸侯宫室之椽，斫而砻之”，即在砍削成形之后，仅作粗略地打磨。

⑤大夫斫之：大夫邸屋之椽，仅将原木砍削成形即可，不做磨砻。

⑥士首之：士人庐舍之椽，将原木之端部砍斫齐整即可，不做修斫。

⑦石，谓砥（dǐ）：砥，细密的磨刀石，这里指打磨椽身的磨石。

⑧桷谓之榱（cuī）：语出《尔雅·释宫》。意为“桷”也可以称为“榱”，两者都是“椽”的意思。榱，《尔雅注疏》：“屋椽。”《左传正义》：“榱，即椽也。”

⑨璇（xuán）题玉英：语出《甘泉赋》。《文选》注引东汉应劭曰：“题，头也。榱椽之头，皆以玉饰，言其英华相烛也。”璇题，即用美玉装饰椽子的端头。璇，美玉。玉英，玉之精英。这些装饰椽头的玉石，都是玉中的精华，故而彼此交相辉映。

⑩秦名为屋椽：秦人称覆盖屋顶之长条形圆木为屋椽。椽，承托屋面望板所用的长条形木构件。

⑪周谓之榱：周时人称屋椽为榱。榱，意为椽子。如《左传·襄公

三十一年》中有“栋折榱崩”句,其榱即指椽。

⑫齐鲁谓之桷:春秋战国时齐鲁之人称“椽”为“桷”。桷,方形截面的椽子,这里指齐鲁人所称之椽。如《左传·庄公二十四年》中有“刻桓宫桷”。

⑬椽方曰桷:方形截面的椽子称为“桷”。《左传正义》:“椽,直专反,榱也。圆曰‘椽’,方曰‘桷’。”

⑭短椽谓之椒(sù):短椽称为“椒”。椒,短椽。《说文·木部》:“椒,短椽也。”徐锴《系传》:“今大屋重橑下四隅多为短椽即此也。”短椽多施于房屋翼角处。

⑮桷,确也:此以“确”释“桷”,见《法式》引《释名》:“桷,确也;其形细而疏确也。”

⑯疏确:“疏确”之义,略近虽疏而布之,却有一定之规,以此描述翼角短椽做法,十分恰到。

⑰传次而布列之:意为其椽自上而下,递相传布,形成承托屋盖顶版,如望板等的重要结构构件。

⑱在檼旁下列,衰衰然垂也:由槫承托椽或桷,则椽与桷,在槫(或檩)的承托下,沿屋顶坡度依序向下布列,如衰衰而垂的感觉。檼,指屋槫。衰衰然,下垂貌。

⑲橑:意为屋椽。《淮南子·本经训》:“橑檐榱题。”章炳麟《新方言·释宫》:“近檐则橑易见,故连言橑檐。”所见之物,即檐口部位的屋椽。

⑳爰有禁楄(pián):三国魏何晏《景福殿赋》:“爰有禁楄,勒分翼张。”《文选》李善注曰:“楄,附阳马之短桷也。《说文》曰:楄,署也。扁从户册者,署门户也。桷署虽殊,为文之义则一也。‘扁’与‘楄’同一音。”其语似由《说文·册部》“扁,署也。从户册。户册者,署门户之文也”中来。古人编竹简成书札为册之式。户,即门户。户、册两式相叠,则署门户之文,即扁之范式,此义

与“匾额”之义通。禁楄,因“楄”字通“扁”,又与编竹简成书之“册”的形式相关,则与平行布列的短椽在形态上似有相类,故而言之。但因何称“禁”,却未可知。

㉑勒分翼张:语出同上。《文选》李善注曰:“勒分翼张,言如兽勒之分,鸟翼之张。《释名》曰:‘勒’与‘肋’古字通。”其意似为,房屋翼角之处所布短椽,如兽体之肋,分而列之;又如鸟翼舒张,起而翘之。

㉒陆德明:字元朗,苏州吴(今江苏苏州)人。唐代经学家、训诂学家。著有《经典释文》三十卷、《老子疏》十五卷、《庄子文句义》二十卷、《易疏》二十卷。《春秋左氏传音义》:是陆德明《经典释文》中的一种,以“音训”的方式诠释儒家经典《左传》。

㉓圜(yuán)曰椽:圆形截面的“榱”称“椽”,即指屋椽。圜,同“圆”。

【译文】

《周易·渐卦》中有一卦象描绘:飞落屋檐的鸿鸟缓缓向上,寻找落脚之处,或能立于椽桷之上,始得安定。

《春秋左氏传》中载:鲁桓公时曾联合诸侯伐郑,获胜而返的宋人取郑国太庙屋顶上所用之椽而归,将其椽用于卢门之上。

《国语》中提到:天子宫室的屋椽,需先砍削齐整,再打磨其外形,最后需用密石琢磨,使其光洁圆润;诸侯宫室的屋椽,砍削成形后,仍需打磨表面;大夫邸宅的屋椽,则只要削斫成形即可;士人屋舍之椽,只需将椽头砍削整齐,无须再做修饰。所谓“密”,指的是细密的纹理。石,则指用于做表面磨砻的砥石。要先将椽子粗略地打磨,然后用砥石细密地琢磨,使表面现出木质的细密纹理。所谓“首之”,就是将椽头削斫整齐即可。

《尔雅》中有释:桷,可以称为“榱”。二者指的都是屋椽。

《甘泉赋》中描述:用美玉装饰的宫椽之端头熠熠生辉。题,这里指“端头”。屋檐处出露的榱椽之端头,都用玉石加以装饰。

依《说文》的解释:秦人所称的屋顶之椽,周人称为“榱”,齐鲁人称为“桷”。

还有一种说法：椽，若其截面为方形，则称为“桷”；短椽，可称为“楝”。耻绿切。

《释名》中有言：桷，有“确”的意思；因其形也细，其布列也疏，故其外观齐整明确。也可以将其称为“椽”；椽，有“传”的意思，上下接序，传而布列。也可以称为“榱”，榱有“衰”义，因其沿屋榑循序向下布列，有如人之情衰意疏，形意低垂的感觉。

《博雅》中说道：榱、橑、鲁好切。桷、楝，这四个字的字义相通，都有“椽”的意思。

《景福殿赋》：于是在宫室之翼角就有了禁槅，其形如兽肋之分布，如鸟翼之舒张。禁槅，指的是房屋转角处檐下所施短椽。槅，蒲沔切。

隋唐时人陆德明在《春秋左氏传音义》中提到：屋榑上用以承托屋盖望板之构件中，截面为圆形者，可称为“椽”。

檐余廉切。或作櫩。俗作“簷”者非是

《易·系辞》：上栋下宇，以待风雨[1]。

《诗》：如跂斯翼，如矢斯棘，如鸟斯革，如翚斯飞[2]。疏云：言檐阿之势[3]，似鸟飞也。翼言其体，飞言其势也。

《尔雅》：檐谓之樀[4]。屋梠也[5]。

《礼》：复霤重檐[6]，天子之庙饰也。

《仪礼》：宾升，主人阼阶上[7]，当楣[8]。楣，前梁也。

《淮南子》：橑檐榱题[9]。檐，屋垂也。

《方言》：屋梠谓之棂[10]。即屋檐也。

《说文》：秦谓屋联櫋曰楣[11]，齐谓之檐[12]，楚谓之梠[13]。橝[14]，徒含切。屋梠前也。房[15]，音雅。庑也。宇[16]，屋边也。

《释名》：楣，眉也，近前若面之有眉也。又曰：梠，梠旅也，连旅旅也[17]。或谓之槾；槾，绵也[18]，绵连榱头使齐平也。宇，羽也，如鸟羽自蔽覆者也[19]。

《西京赋》：飞檐辙辙[20]。

又：镂槛文梍[21]。梍，连檐也。

《景福殿赋》：梍梠椽櫋[22]。连檐木，以承瓦也。

《博雅》：楣，檐櫋，梠也[23]。

《义训》：屋垂谓之宇[24]，宇下谓之庑[25]，步檐谓之廊[26]，嵏廊谓之岩[27]，檐梍谓之䄂[28]。音由。

【注释】

①上栋下宇，以待风雨：《周易·系辞下》："上古穴居而野处，后世圣人易之以宫室，上栋下宇，以待风雨，盖取大壮。"意为宫室的屋顶，上为梁栋，下为檐宇。

②如跂（qí）斯翼，如矢斯棘（jí），如鸟斯革，如翚（huī）斯飞：语出《诗经·小雅·斯干》："如跂斯翼，如矢斯棘，如鸟斯革，如翚斯飞，君子攸跻。"其意为端庄的宫室端正伫立，屋宇的形态如鸟翼般舒展；屋宇檐口处的椽桷之端，如箭矢般向外凸显；屋盖上覆盖的茅草，如鸟的羽毛般平抚舒展；宫室的屋盖与翼角，飘飘跃跃如鸟翅飞展。跂，站立，伫立。矢，箭矢。棘，本义为"束刺"般尖锐，这里形容椽头外凸，如即发之箭矢。翚，雉，锦鸡。

③檐阿：指房屋的屋檐，即檐口部位。如明人李东阳《得文敬双塔寺和章招之不至四叠韵奉答》中有："两旬面壁西檐阿，禅心不动如祇陀。"西檐阿，即房屋西侧的檐口之下。

④樀（dí）：意为屋檐。

⑤梠（lǚ）：亦意为屋檐。

⑥复廇(liù)重檐:指重檐屋顶。廇,本义为房屋中庭,屋之中央,或屋内大梁等。古与“霤”通,屋霤,指屋檐部位接雨水的水槽,这里转义为檐。今本《礼记·明堂位》:“复庙、重檐,……天子之庙饰也。”“廇”,作“庙”字,文字上有出入。

⑦阼(zuò)阶:古代房屋因礼仪所需而设的双阶,其中“阼阶”指东阶,即位于屋前东侧的踏阶。这里是主人迎接客人时所立之阶。阼,其义为“主”。

⑧当楣:房屋前楣之下。楣,本义为门框上的横木。在建筑中,其义因上下文不同而别。前文述及五架屋时,其屋栋之前曰“楣”,指房屋屋顶结构中的“槫”或“檩”;这里的“当楣”,如《法式》释:“楣,前梁也。”当指房屋前檐柱间的“梁”或“额”。

⑨橑檐榱题:《淮南子·本经训》:“橑檐榱题,雕琢刻镂。”全句之意为,房屋檐处的椽头,加以了雕琢刻镂。橑,有“椽”义,则这里的“橑檐”,应指檐椽。在《法式》中,“橑檐”似亦可理解为“橑檐方”,即承托挑檐椽的长条方形构件,或以此亦可转义为“屋檐”。榱,亦指椽。题,意为端头。

⑩屋梠谓之棂(líng):梠,即屋檐。棂,常指长条形木构件。这里指房屋檐口处的屋椽,或如《法式》所释:“即屋檐也。”

⑪秦谓屋联櫋曰楣:秦人称房屋屋檐处的联櫋为“楣”。櫋,屋檐版,即楣。《释名·释宫室》:“梠或谓之櫋。櫋,绵也,绵连榱头使齐平也。”《法式》中在檐口部位有两根长条形构件,称“连檐”,又分为“大连檐”与“小连檐”,有连接檐椽与飞椽的作用,其义当与“櫋”相近,故这里的“屋联櫋”疑指“连檐”。其位置正在屋之前檐处,故秦人称其为“楣”。

⑫齐谓之檐:齐人称屋前之梠或屋联櫋为“檐”。这里的“檐”,似非“檐宇”之“檐”,而可能是“连檐”之“檐”,即指起到联络榱头,使之齐平的连檐。

⑬楚谓之梠：楚人称屋前之梠或屋联櫋为“梠”。

⑭橝（diàn）：指屋檐。《法式》释为：“屋梠前也。”意亦为屋檐，或连檐。《法式》言其发言为“徒含切”，即tán；若音tán，其义近“覃”；唯音为diàn，其义才与“屋檐”发生联系。

⑮庌（yǎ）：义为马棚，亦为客房，或过往宾客栖息之用的屋舍。如《法苑珠林》引《法句喻经》中有：“更作好舍，前庌后堂，……前庌待客，后堂自处。”《法式》：“庌，（音雅。）庑也。”将“庌”释作“庑”。

⑯宇：《淮南子·氾论训》：“筑土构木，以为宫室，上栋下宇，以蔽风雨，以避寒暑。”宇，指檐宇，即屋檐。《法式》：“宇，屋边也。”并引《义训》：“屋垂谓之宇。”亦将“宇”释作“檐”，即房屋屋盖的下垂四边。

⑰梠，梠旅也，连旅旅也：梠，即屋梠，有屋榑义；亦指屋檐。旅，《方言》卷十三：“旅，末也。”或可将“旅”联想为屋顶之末端，即屋檐，亦即屋梠。梠旅，似可理解为檐榑所承檐之末端；“连旅旅”即连屋檐之末端，亦即“连檐”。

⑱槾（màn），绵也：槾，绵长之义。以《法式》释：“绵连榱头使齐平也。”则槾，即指檐口处的连檐。槾，这里指屋檐。

⑲宇，羽也，如鸟羽自蔽覆者也：“宇”有屋檐义，这里以“鸟羽”喻之，则指屋檐处有茅草，或屋瓦覆盖，其形如鸟羽状。

⑳飞檐巘巘（niè）：意为房屋的檐宇，高悬如飞。巘巘，高貌。

㉑镂槛（jiàn）文棍（pí）：经过雕镂的栏槛，绘有纹饰的连檐。槛，有勾阑义。棍，《法式》：“棍，连檐也。”《说文·木部》：“棍，梠也。”徐锴《系传》：“棍，即连檐木也，在椽之耑际。”耑，意为物之一端，则“棍”是施于椽之端头的连檐木。

㉒棍梠椽櫋：三国魏何晏《景福殿赋》：“棍梠缘边，周流四极。”《文选》李善注：“言以棍梠缘屋边隅，周匝流移，至于四极。《说文》

曰：棍梠，秦名屋绵联，楚谓之梠也。”可知，其原文为“棍梠缘边”，意为“棍梠缘屋边隅”，即屋檐之义。《法式》误抄为“棍梠椽櫋”，但释其义为：“连檐木，以承瓦也。”

㉓楣，檐桯，梠也：楣，即檐口部位的桯或梠。参见本条“屋梠谓之桯”注，亦即屋檐。

㉔屋垂谓之宇：房屋之檐，垂垂而下，称之为“宇”。屋垂，即指屋檐。

㉕宇下谓之庑：屋檐之下四周所立屋，称为“庑”。庑，古代堂下周围的房子。《说文·广部》：“庑，堂下周屋。”

㉖步檐谓之廊：步檐，意即步廊，或廊子。《艺文类聚·产业部》引谢灵运所撰赋中有：“周步檐以升降。”其“周步廊”即指房屋周围的连廊。

㉗嵏（zōng）廊谓之岩：嵏廊，指依山而设廊，则其廊可称为“岩”。岩，有因岩为屋之义。

㉘棍谓之庮（yóu）：棍，有“连檐”义。庮，屋檐。《集韵·尤韵》：“庮，檐棍谓之庮。”则庮亦似有“连檐”义。

【译文】

《周易·系辞下》在谈及“大壮”的卦义时有“上为屋栋，下为檐宇，以栋宇为屋舍，为人遮风避雨”这样的描述。

《诗经》中描述道：端庄的宫室端正伫立，屋宇的形态如鸟翼般舒展；屋宇檐口处的椽桷之端，如箭矢般向外凸显；屋盖上覆盖的茅草，如鸟的羽毛般平抚舒展；宫室的屋盖与翼角，飘飘跃跃如鸟翅飞展。其注疏中谈到：这里描写的是飘逸的檐宇形态，如鸟展翅欲飞的样子。翼，说的是房屋的形体；飞，说的是屋顶的态势。

《尔雅》中提到：檐，可以称为“樀”。亦即房屋之檐梠。

《礼记·明堂位》中有：层叠的檐霤，双重的檐宇，这是天子庙堂的外观所应采用的装饰。

《仪礼》中描述道：宾客来临，欲登阶而上，站在阼阶上的主人，应当立于屋楣之下恭礼奉迎。楣,指的是房屋前檐立柱间的梁额。

《淮南子》中有这样的描述:加以雕镂的檐榱,经过装饰的椽头。檐,指的是屋顶四坡的下垂之处。

《方言》中说:屋梠,指的是檐口处的棂。亦即屋檐。

《说文》中解释说:秦人将屋檐处的联櫋称为"楣",齐人则称其为"檐",楚人称之为"梠"。另有一些术语,如橝,徒含切。指的是房屋前部的檐檩。庌,音雅。指的是屋檐之下四周的廊庑。宇,则指屋顶四周檐口的边缘。

《释名》中有释:楣,义近人眼之眉,有如就在面前,如脸面之上有眉毛的意思。又有说:梠,有"梠旅"义,旅,有"末端"义,则梠可承托屋椽之末端;连旅旅者,所连之旅即为屋椽之末端。或也可以称为"槾";槾,即绵绵之义,有如绵连椽子的端头,使其齐而平整。宇,有羽毛之义,就好像鸟儿身上的羽毛,可以将自己的身体加以遮蔽覆盖一样。

《西京赋》中有"房屋的檐宇,高悬如飞"的描绘。

还有"雕镂的勾阑,装饰的檐槐"等描述。槐,即连檐。

《景福殿赋》中有一句话:"槐梠缘边。"意为槐梠缘屋边隅。《法式》中抄为"槐梠椽櫋",误。这里所说的"槐梠"指的是连檐木,用来承托檐口处的屋瓦。

《博雅》中解释道:楣,即指檐棂,也就是"梠",即"屋檐"的意思。

《义训》对"房屋"作释,其中有:屋垂,称为"宇";宇下四周的房屋,称为"庑";步檐,称为"廊";依山而造的廊庑,可以称为"岩";檐槐,称为"庮",亦即连檐。音由。

举折

《周官·考工记》:匠人为沟洫,葺屋三分[①],瓦屋四分[②]。各分其修,以其一为峻[③]。

《通俗文》：屋上平曰㡯[4]。必孤切。

《匡谬正俗·音字》：㡯，今犹言㡯峻也[5]。

唐柳宗元《梓人传》[6]：画宫于堵[7]，盈尺而曲尽其制[8]；计其毫厘而构大厦，无进退焉[9]。

皇朝景文公宋祁《笔录》：今造屋有曲折者，谓之庯峻[10]。齐魏间，以人有仪矩可喜者，谓之庯峭，盖庯峻也。今谓之举折[11]。

【注释】

①葺（qì）屋三分：用茅草覆盖的屋顶，其起举高度为其进深跨度的三分之一。葺，意为用茅草覆盖房屋顶部。三分，指将房屋进深方向的结构跨度分为三份，取其一份为屋顶结构的起举高度。

②瓦屋四分：用瓦覆盖的屋顶，其起举高度为其进深跨度的四分之一。瓦屋，指用瓦覆盖屋顶的房屋。四分，指将房屋进深方向的结构跨度分为四份，取其一份为屋顶结构的起举高度。

③各分其修，以其一为峻：草顶或瓦顶房屋，各将其屋进深方向的结构跨度分为若干份，以其中一份为其屋顶结构的高度。修，古人指长度，这里指房屋进深方向的结构跨度。峻，古人指高度，这里指屋顶结构的起举高度。

④屋上平曰㡯（bū）：古代建筑为坡屋顶，"屋上平"意为屋顶坡度平整无曲折，则称为"㡯"。㡯，同"庯"，平顶屋。

⑤㡯峻：义同后文所言"庯峻"，指屋顶有曲折，如今日所言屋顶有"反宇"做法，即屋顶坡度呈下折曲线。

⑥柳宗元：字子厚，行八。祖籍河东（今山西永济），故世称"柳河东"。元和十年（815）出为柳州刺史，又称"柳柳州"。唐代文学家。撰有"永州八记"等脍炙人口的著作。有《柳宗元集》。其

生平可见新、旧《唐书》及韩愈《柳子厚墓志铭》。《梓人传》：是柳宗元托物寓意的一篇文章，内容涉及木匠施工的技能和大匠的风范。梓人，指木匠。

⑦堵：指屋墙之壁。

⑧盈尺而曲尽其制：指整座房屋各部分的尺寸与做法都充分合乎制度。盈尺，既有尺寸狭小义，亦有尺寸充盈义。曲尽其制，极尽可能地满足房屋营造的制度规则。

⑨计其毫厘而构大厦，无进退焉：房屋设计中各方面的尺寸关系做到了严丝合缝，无丝毫之误。无进退，指没有需要修改的余地。

⑩庯（bū）峻：与"陠峻"义同，这里指房屋屋顶之势的曲折之貌。

⑪举折：宋人庄绰《鸡肋编》卷下："举折名四：陠、峻、陠峭、举折。"陠，偏斜不平。指房屋屋顶起坡。峻，高耸，陡峭。举折，或陠峻、庯峭，指房屋屋顶起坡。举折，为宋代房屋营造中的专用术语。指经过合乎规则的"起举"与"下折"而推算出的屋顶坡度曲线。

【译文】

《周礼·冬官考工记》中有言：灌溉及排水沟渠的开凿与房屋的营造是工匠们的专务。用茅草覆盖的房屋，屋顶起举高度以其进深跨度三分计之；用瓦覆盖的房屋，屋顶起举的高度以其进深跨度四分计之。将其进深跨度尺寸分为三份或四份，以其中一份为其屋顶起举之高。

《通俗文》中说：房屋屋顶坡度平直者，称为"陠"。必孤切。

《匡谬正俗·音字》中有：陠，今日仍有人将"陠峻"作为形容词来使用的。

唐代文人柳宗元所撰《梓人传》中描述道：将营造房屋的图形绘于墙壁之上，将最为细微的尺寸也绘制出来，以使其充分符合房屋营造的各种制度；将柱额与梁栿的尺寸精确到毫厘不差，以确保没有任何考虑不周的地方。

本朝景文公宋祁所撰《笔录》中写道：在今日的房屋营造中，若其屋顶坡度有曲折者，称之为“庯峻”。这一词语也见于北朝齐魏时期，见到那些仪态端方、规矩有致，令人欣喜之人，就称其人形态“庯峭”，这一说法中也含有“庯峻”之义。今日房屋营造中，若遇“庯峻”一词，则可用“举折”一词而代之。

门

《易》：重门击柝，以待暴客①。

《诗》：衡门之下，可以栖迟②。

又：乃立皋门，皋门有闶③；乃立应门，应门锵锵④。

《诗义》⑤：横一木作门，而上无屋，谓之衡门⑥。

《春秋左氏传》：高其闬闳⑦。

《公羊传》：齿着于门阖⑧。何休云⑨：阖，扇也。

《尔雅》：闬谓之门⑩，正门谓之应门。柣谓之阈⑪，阈，门限也。疏云：俗谓之地柣⑫，千结切。枨谓之楔⑬，门两旁木⑭。李巡曰⑮：梱上两旁木⑯。楣谓之梁，门户上横木。枢谓之椳⑰。门户扉枢⑱。枢达北方，谓之落时，门持枢者，或达北檼，以为固也。落时谓之戺⑲。道二名也⑳。橛谓之闑，门阃㉑。阖谓之扉。所以止扉谓之闳㉒。门辟旁长橛也㉓。长杙即门橛也㉔。植谓之傅，傅谓之突㉕。户持锁植也㉖。见《埤苍》㉗。

【注释】

①重（chóng）门击柝（tuò），以待暴客：语出《周易·系辞下》。是对《周易》中豫卦的一个解释。柝，指古人巡夜时打更所用梆子。暴客，指盗贼等。重门，指多层门户。

②衡门之下,可以栖迟:语出《诗经·陈风·衡门》。衡门,一种位于建筑组群之前,且形式较简单的门。如《法式》后文引《毛诗义问》:“横一木作门,而上无屋,谓之衡门。”类似后世的乌头门或牌楼门。有时,亦可转义为隐者所居的简陋居所,如《太平御览·道部》载:“静处衡门,不求闻达。弹琴咏诗,顺志而已。”栖迟,或作“栖犀”,意即“栖憩”“游息”。

③乃立皋(gāo)门,皋门有闶(kàng):《诗经·大雅·緜》:“乃立皋门,皋门有伉。”皋门,《毛诗正义》:“王之郭门曰皋门。伉,高貌。”又:“诸侯之宫,外门曰皋门。”为古时王宫之前的外门。皋,高。闶,与“伉”义同,高大。

④乃立应门,应门锵锵(qiāng):《诗经·大雅·緜》:“乃立应门,应门将将。”《毛诗正义》:“王之正门曰应门。将将,严正也。美大王作郭门以致皋门,作正门以致应门焉。”“应门”为古时王宫之前的正门。应门将将,《艺文类聚·杂文部》作“应门锵锵”。锵,意为金属或玉石碰撞时所发出的声音,疑《艺文类聚》误作“锵锵”,《法式》作者或引之,《太平御览·居处部》亦引为“锵锵”,应不确。

⑤《诗义》:《艺文类聚》引为《诗义问》,疑即三国魏刘桢所撰《毛诗义问》。已佚。清人马国翰辑有《毛诗义问》一卷。

⑥横一木作门,而上无屋,谓之衡门:此句系《法式》引《毛诗义问》为“衡门”作释。

⑦闬闳(hàn hóng):《左传正义》:“闳,门也。闬,户旦反。《说文》云:‘闾也。汝南平舆县里门曰闬。’沈云:‘闭也。’闳,获耕反,杜云:‘门也。’《尔雅》云:‘衡门谓之闳。’是也。”闬,里门,即里坊之门,或里巷之门。闳,为衡门,即外门。《尔雅注疏》:“闳,长杙,即门橛也。”并疏之:“《说文》云:闬既为门,故郭氏以‘闳’为‘长杙’,即‘门橛’也。”这里所言“闬”“闳”,似都是指门。

⑧齿着于门阖（hé）：《尔雅注疏》："阖谓之扉。《公羊传》曰：'齿着于门阖。'"又释曰："宋万'搏闵公，绝其脰。仇牧闻君弑，趋而至；遇之于门，手剑而叱之。万臂摋仇牧，碎其首，齿着乎门阖'。何休云：'阖，扇也。'是矣。"意为宋万碎仇牧之首，挂其齿于门扉之上。门阖，即门扉、门扇。

⑨何休：字邵公，任城樊县（今山东兖州）人。东汉今文经学家。著有《春秋公羊传解诂》等。

⑩闬谓之门：闬，指的就是门。《初学记・居处部・门》："闬，城外郭内之里门也。"参见上文相关注释。

⑪柣（zhì）谓之阈（yù）：阈，门槛，门限。《法式》注："阈，门限也。疏云：俗谓之地柣。"则"柣"，即指门限。

⑫地柣：埋入门旁地面下，微露其端，以限制门扉转动范围的门限。

⑬枨（chéng）谓之楔（xiē）：枨，意为古时门两旁所竖立木。《尔雅注疏》："枨谓之楔。（门两旁木。）"楔，即木楔、楔子之义。《册府元龟・帝王部・立制度》：五代后晋时，为旌表功臣门间，"于李自伦所居之前，量地之宜，高其外门，门安棹楔"。棹楔（zhào xiē），意为立于门旁的木柱，以表其宅，旌其坊；故"楔"，亦有门旁之柱的意思。

⑭门两旁木：《毛诗正义》释"枨"："李巡曰：'枨，谓梱上两傍木。'"枨，即为竖立于门槛或门限两旁的木柱。参见上文相关注释。

⑮李巡：东汉末年的宦官。为人清廉忠正，留意经学，曾与诸儒刻五经于石，并请帝诏蔡邕等校正石碑文字。

⑯梱（kǔn）上两旁木："梱"指门槛之上两旁所竖之木，即上文所说的"枨"。亦有言，"梱"为门槛，或门限。如明人丘濬《大学衍义考》："外言不入于梱（门限也），内言不出于梱。"

⑰枢（shū）谓之椳（wēi）：《尔雅注疏》："枢谓之椳。（门户扉枢。）"枢，指门扉之上的转轴。椳，本义似为用来承托门扉转轴的门臼，

即凿于门墩之上,用来安设门轴的小圆坑。这里似将“椳”亦转义为门之转轴。

⑱门户扉枢:此为上文“枢谓之椳”的注,即“枢”置的是门户之扉,即门扇上的转轴。

⑲枢达北方,谓之落时,门持枢者,或达北檼,以为固。落时谓之戺(shì):《尔雅注疏》:“枢达北方,谓之落时。(门持枢者,或达北檼,以为固也。)落时谓之戺。(道二名也。……戺,音士。)”意为将门枢安于北檼之下,则门会比较稳固。这里的“北檼”当指门头部位偏北侧的木构件,而非房屋屋顶北侧的榑栋。戺,意为台阶旁所砌斜石,亦有门槛义。

⑳道二名也:《尔雅注疏》:“落时,又名‘戺’。是持枢一木,有此二名也。”即“持枢木”可以称为“落时”,亦可称为“戺”。

㉑橛(jué)谓之闑(niè)。门阃(kǔn):语出《尔雅注疏》。橛,《说文》:“橛,弋也。从木,厥声。一曰门梱也。”则“橛”有门梱义。门橛,或指古代竖于大门中央的短木。闑,《礼记正义》:“君入门,介拂闑,大夫中枨与闑之间,士介拂枨。(……君入必中门,上介夹闑,大夫介、士介雁行于后,示不相沿也。)”其疏:“闑,谓门之中央所竖短木也。枨,谓门之两旁长木,所谓门楔也。介者,副也。”其意为入门之时,各行其位,不相沿,以示君臣之礼。阃,意为门槛、门限。可知,“橛”“闑”“阃”三者,在这里似都是指位于门之中央的短木桩,即门限。

㉒阖谓之扉,所以止扉谓之闳:阖,指的是门扉或门扇。闳,指门限,或《法式》中所说的“止扉石”。此处的“闳”,与上文“高其闬闳”之“闳”,字同而义不同。

㉓门辟旁长橛:《尔雅注疏》:“于门辟旁树长橛,所以止扉者,名‘闳’。”门辟,意为将门开启;或意为开敞之门。

㉔长杙(yì):稍长的木桩,即门橛,指竖于门中央的短木。杙,小木桩。

㉕植谓之傅，傅谓之突：语出《尔雅·释宫》。其疏谓："植谓户之维持锁者也。植木为之，因名'云'。又名'傅'，又名'突'也。文见《埤苍》。"植，指的是将门户维持在闭锁的状态。因立（植）木而为之，故称"植"。植，可以称为"傅"，亦可称为"突"，都是将门户锁住的意思。

㉖户持锁（suǒ）植：即将门户维持在闭锁的状态。

㉗《埤苍（bēi cāng）》：书名。《文献通考·经籍考·经》引《隋书·经籍志》："魏世又有八分书，其字义训读，有《史籀篇》《仓颉篇》《三苍》《埤苍》《广苍》诸篇章。训诂、《说文》《字林》、音义、声韵、体势等诸书。"据载，《埤苍》为曹魏时人张揖所撰，共三卷，南北朝至隋唐著述中多有引自该书内容，自宋代始佚失。

【译文】

《周易·系辞下》在解释"豫"卦时说道：值夜之人在重重大门外敲打梆子，就是为了提防盗贼的到来。

《诗经·陈风·衡门》的诗句中有：即使在简陋的门下也可以暂作憩息。

《诗经》中还提到：竖立起王宫外的皋门吧，那皋门显得多么宏伟高大；在王宫正门的位置上，再建造起应门吧，那应门又显得那么庄严肃穆。

《毛诗义问》中解释说：在两柱的上端横施一木，就造起了一座门，在这门上却没有屋顶的覆盖，如此简陋之门，就是人们所说的"衡门"。

《春秋左氏传》有一句话说：要将里巷入口处的大门，建造得高大挺拔。

《公羊传》记载：弑君者宋万击碎对手仇牧的头，并将其牙齿悬于门阖之上。何休解释说：阖，就是门扇的意思。

《尔雅》及其"注疏"中对"门"做了详细的解释：闬，指的就是门；王宫的正门，称为"应门"。柣，可以称为"阈"，所谓"阈"，就是"门限"的意思。其注疏中解释说：俗语中也称其为"地柣"，十结切。枨，亦可称为"楔"，楔，指的是门两旁所竖立的木柱。李巡解释说：楔，即指门槛之上两旁的木柱。**楣，亦称之为“梁”**，即指门户之上所施的横木。**门的枢轴，可以称为“椳”。**即门扇之上所安的枢轴。**若将门枢设置在门之北侧，就称为“落时”**，如其疏中所解释的：门户中护持门之枢轴的立柱，若设在门头北侧上端的横木之下，这门的结构就很坚固了。**所谓“落时”，也称之为“戺”。**这里提到了“落时”与‘戺’两个名称。**门橛，可以称为“阑”**，即指“门阃”。**阖，指的是门扉。用来止扉，防止其转动过大的短木桩，称为“闳”。**指在开敞之门的旁边所立的稍长木桩。长杙，指的就是“门橛”，亦即门中央的短木桩。**将门户维持在闭锁的状态的木“植”，亦可以称之为“傅”；傅，也可以称为“突”。**意思是说，在门户处，立持木植，使其保持闭锁的状态。这一说法见于曹魏时人张揖所撰《埤苍》中的描述。

《说文》：阁，门旁户也[①]。闺，特立之门[②]，上圜下方，有似圭[③]。

《风俗通义》：门户铺首[④]。昔公输班之水，见蠡，曰：见汝形。蠡适出头，般以足画图之。蠡引闭其户，终不可得开，遂施之于门户，云人闭藏如是，固周密矣[⑤]。

《博雅》：闼谓之门[⑥]。闬、呼计切。扇，扉也[⑦]。限谓之丞、柣、橛、巨月切。机、阑，朱苦木切。也[⑧]。

《释名》：门，扪也；在外为人所扪摸也[⑨]。户，护也；所以谨护闭塞也。

《声类》曰[⑩]：庑，堂下周屋也。

《义训》：门饰金谓之铺[⑪]，铺谓之鏂[⑫]，音欧。今俗谓之浮沤钉也[⑬]。门持关谓之搴[⑭]。音连。户版谓之篰簰[⑮]，上音牵，下音先。门上木谓之枅[⑯]。扉谓之户，户谓之闬。臬谓之柣[⑰]。限谓之阃[⑱]，阃谓之阅[⑲]。闳谓之扊扅[⑳]，上音琰，下音移。扊扅谓之閰[21]，音坦。《广韵》曰[22]：所以止扉。门上梁谓之楣[23]，音帽。楣谓之阘[24]。音沓。键谓之扊[25]，音及。开谓之闶[26]。音伟。阖谓之闺[27]，音蛭。外关谓之扃[28]，外启谓之阆[29]，音挺。门次谓之阈[30]。高门谓之阃[31]，音唐。阃谓之阆[32]。荆门谓之荜[33]。石门谓之庯[34]。音孚。

【注释】

①阁（gé），门旁户也："阁"为大门旁的小门。

②闺，特立之门：《法式》原文为"持立之门"，梁注本改为"特立之门"。《说文·门部》："闺，特立之户，上圆下方，有似圭。"闺，上圆下方的小门。

③圭（guī）：古人在君臣举行典礼时所持的一种玉器，其形一般为上圆下方。

④铺首：古代大门之上的装饰，可以起到门之拉手的作用。至迟在汉代已有。如《三辅黄图·未央宫》中为"金铺玉户"作注："金铺扉上有金华，中作兽及龙蛇铺首，以御环也。"故又称"金环铺首"，系一种以狮、虎或龙、蛇之首口衔铜环的造型。

⑤"昔公输班之水"数句：《艺文类聚·巧艺部》引《风俗通》曰："门户铺首，谨案百家书云，公输班之水，见蠡，曰：见汝形，蠡适出头，般以足画图之，蠡引闭其户，终不可得开，般遂施之门户，云人闭藏如是，固周密矣。"意为公输班来到水边，见到蠡这种动物，说道：把你真实的样子显露出来！当公输班看到蠡，并对它说话时，蠡恰好伸出头来。公输班就用脚勾绘出了蠡的样貌。这时蠡又慢慢闭上了它的外壳，公输班一直没有能够打开其壳。蠡（luó），一种贝壳类动物。见，古与"现"同。

⑥闼（tà）：《礼记正义》："上圆下方，八窗四闼，布政之宫。"可知

"闼"之义为"门"。《毛诗正义》释"闼":"门内也。"又:"他达反。《韩诗》云:门屏之间曰'闼'。"则"闼"亦有"门之内"或"门屏之间"之义。

⑦阶(xiè)、扇,扉也:《法式》引《博雅》:"阶、(呼计切。)扇,扉也。""阶"与"扇",皆为门之"扉"义。阶,门扇。《说文》:"阶,门扇也,从门,介声。"

⑧限谓之丞、柣(zhì)、橛、巨月切。机、阑(niè),朱(kǔn)苦木切。也:此句意为,如上所举诸字,皆有"朱"之义。丞,门槛,门限。《尔雅・释宫》:"限谓之丞。"柣,门槛。《尔雅・释宫》:"柣谓之阈。"晋郭璞注:"阈,门限。"橛,指门橛,或竖于门中央的短木,即"门限"。机,意为门限。《尔雅・释宫》:"机,朱也。"阑,意为门橛,即门限。朱,清王念孙疏证:"朱,或作'梱',又作'阃'。界于门者曰'切',中于门者曰'梱',二者皆所以为限,故皆曰'门限'也。"

⑨门,扪(mén)也;在外为人所扪摸也:"在外为人所扪摸也",《法式》原文作"为扪幕障卫也",据今本《释文》改。扪,拍打,触摸。

⑩《声类》:书名。三国魏李登撰。我国最早的韵书。《隋书・经籍志》有著录。久佚。今有清人辑本。

⑪门饰金谓之铺:在门上施以金属装饰物,称之为"铺"。如明人王士性撰《广志绎》卷三谈及洛阳永宁寺提到:"复有金环铺首,殚土木之功,绣柱金铺,骇人心目。"

⑫铺谓之钷(ōu):铺,亦称之为"钷"。钷,指古代门上所施金属铺首或装饰。

⑬浮沤钉:指门钉,即门上所饰突出表面的钉状物,形似水上浮沤。《太平广记・菌怪・宣平坊官人》载唐长安宣平坊某宅门,"有巨白菌如殿门浮沤钉"。

⑭门持关谓之捷(liǎn):《楚辞补注》:"五臣云:又刻镂横木为文章,连于上,使之方好。[补]曰:连,《集韵》作'梿',门持关。"门持

关,指用于连接两门,将之锁闭的横木,又称为“揵”,或称“楗”。

⑮户版谓之簡䉤(qiǎn xiǎn):“户版”,称“簡䉤”。簡,《集韵·先韵》:“簡,户枢谓之簡䉤。”《玉篇·竹部》:“簡䉤,户籍也。”《周礼注疏》:“版,名籍也,以版为之。今时乡户籍谓之户版。”可知“户版”(或“簡䉤”)有两义:一为门枢;二为户籍。

⑯门上木谓之枅(jī):枅,本义为柱上方木,引申为枓栱。这里指门上的横木。

⑰臬(niè)谓之柣:臬,本义为测日影的标杆,这里指木杆,转义为门之“柣”,亦即门限。

⑱限谓之阃(kǔn):意为门槛、门限。

⑲阃谓之阅:以阃可以为之阅,可知“阅”亦有“门槛”“门限”之义。

⑳闳(hóng)谓之扊扅(yǎn yí):闳,这里为门闩之义。扊扅,意为门闩(shuān),即插在门内,使门推不开的木棍或铁棍。

㉑闫(dǎn):意为门闩。

㉒《广韵》:宋人陈彭年、丘雍等奉诏据隋代陆法言《切韵》重修而成。全书收字二万六千余,按二百零六韵排列,每字下又附有简单注释。是研究中古音以及追溯上古音的重要工具书。

㉓门上梁谓之楣(mào):疑指门楣。楣,《说文·木部》:“楣,门枢之横梁,从木,冒声。”清朱骏声《通训定声》:“门上为横木,凿孔以贯枢者,在门下即门限,楣也。”

㉔阘(tà):意为小门,或楼上之门户。

㉕键谓之扊(jí):键即门之关牡。扊,《博雅》释曰:“户牡也。”《广韵》释曰:“户键也。”清杭世骏《订讹类编》卷三:“键。关牡也。所以止扉。或谓之剡移(即扊扅)。”

㉖阌(wěi):《广韵·佳韵》:“阌,斜开门。”则有“开门”之义。

㉗阘谓之闼(dié):阘,义同“闼”,即关闭门户的意思。闼,《广韵·屑韵》曰:“闼,门闭。”

㉘扃(jiōng):意为门上的环纽。《法式》释:“外关谓之扃。”意似在外将门锁闭。亦有为门上闩,即从里将门关闭义。

㉙阌(tǐng):意为门向外开启。《集韵·回韵》:“门外启谓之阌。”

㉚门次谓之阓(jiàn):门次,即门前之义。阓,《玉篇·门部》:“门次也。”

㉛阘(táng):意为高门。

㉜阆:《广韵·唐韵》:“高门也。”

㉝荆门谓之荜(bì):“荆门”称为“荜”。荜,荜门,指用荆竹和树枝编造而成的门。

㉞庯:有两义:一为屋顶平者,二为石门。

【译文】

《说文》有释:阁,指的是大门旁的小门。闺,是一种特别设立的门,其外观轮廓为上圆下方的形式,类似于古人举行礼仪时所持的玉圭。

《风俗通义》中解释:门户之上的铺首。古时公输班来到水边,看见了蠡,就说:“把你真实的样子显露出来。”蠡恰好伸出了头,公输班就用脚将其形象画了下来。蠡又将自己的外壳封闭了起来,公输班始终无法使其重新打开,于是公输班就将这一形象用在门户的设计制作上,意思是说,人若能像蠡这样将自己闭藏起来,就十分安全周密了。

《博雅》解释说:闼,指的是门。闲、呼计切。扇,两字都是“门扉”的意思。门限,也可以分别称为“丞”“柣”“橛”巨月切。“机”“阑”,这几个字都与“朱”,苦木切。即“门限”的意思相同。

《释名》说:门,有扪,即拍打、触摸之义;是说在门之外为人们所拍打、抚摸。户,就是“保护”的意思;也就是要起到谨慎保护、密闭封塞的作用。

《声类》中提到:庑,指的是堂下四周的房屋。

《义训》为“门”作释:门上的金属装饰称为“铺”,“铺”又称为“钷”,音欧。今日俗称门扇上的“浮沤钉”。门的持关,称为“摙”。音连。门户之版，即门扇，称为“篃簶”，前一个字音牵，后一个字音先。门上所施的横木，称为“枅”。门扉，也可称为“户”；户，可以称为“闲”。臬，称为“柣”。限，称为“阃”；阃，称为“阅”。闳，称为“扊扅”；前一个字音琰；后一个字音移。扊扅，称为“阊”，音坦。《广韵》解释说：阊，是用来限止门扉的。门上的横梁称为“楣”，音帽。楣也可以称为“阘”。音沓。键，称为“扊”，音及。将门打开，称为“阏”。音伟。将门闭合，称为“闺”。音蛭。从外面将门闭锁，称为“扃”；把门向外开启，称为“阒”。音挺。门次，即门前，称为“阛”。高门，称为“阘”。音唐。阘，亦称为“阆”。由柴荆所造之门，称为“荜”。由石头所造之门，称为“庯”。音孚。

乌头门

《唐六典》：六品以上①，仍通用乌头大门②。

唐上官仪《投壶经》③：第一箭入谓之初箭，再入谓之乌头④，取门双表之义⑤。

《义训》：表楬⑥，阀阅也⑦。楬音竭，今呼为棂星门⑧。

【注释】

①六品：此指的是古代官员的品级为第六品级。官员一般从一品至九品。每一品级，又可以分为正与从两个层级。《太平御览·职官部》载，唐贞观中置太子司议郎：“正六品上，掌侍从、规谏、驳正、启奏，并录东宫记注，分判坊事。”

②乌头大门：具有某种品级象征的门，类似后世的冲天柱式牌楼门。其门柱上端或用乌色金属包裹，或以墨染为黑色。据《唐六典·左校署》：“五品已上得制乌头门。”亦可作为城市入口前标志，如《太平广记·神·张遵言》：“须臾，至大乌头门。又行数

里，见城堞甚严。”

③上官仪：字游韶，陕州陕县（今河南三门峡）人。初唐宰相、诗人。曾开创上官体诗风。历任弘文馆直学士、秘书郎、起居郎、秘书少监、太子中舍人，官至宰相。系唐代才女上官婉儿的祖父。《投壶经》：系古代杂艺类书籍。《隋书·经籍志》录有“《投壶经》一卷”。《旧唐书》中有“《投壶经》一卷（郝冲、虞谭法撰）”的记载。另据宋晁公武《郡斋读书志》后志卷二：“《投壶经》一卷：右唐上官仪奉敕删定，史玄道续注。采周颙、郝同、梁简文数家书为之。《唐志》有其目。”这里所引《投壶经》，当为上官仪删定本。

④再入谓之乌头：乌头，指乌头门。其形式为“二柱相去一丈，柱端安瓦桷墨染”，柱端为墨染。因乌头门一般为“二柱”形式，故有“再入为乌头”之语。

⑤门双表：因乌头门为两柱，故有“取门双表之义”，而其表亦称“楬”，见下条相关注释。

⑥表楬（jié）：一般为一根竖立的木柱，其上可施以横杆。楬，《周礼·秋官·蜡氏》：“若有死于道路者，则令埋而置楬焉。”东汉郑玄注引东汉郑司农云：“楬，欲令其识取之，今时楬櫫是也。”做标志用的小木柱。

⑦阀阅：仕官人家以身份等级而树立在门旁的柱子，左称“阀”，右称“阅”。建筑中所言“阀阅”，亦含身份之表达或标识义。由此与“乌头门”之标识性功能，具有某种相近含义。

⑧棂星门：宋代对“乌头门”的俗称。元以后，多将这种具有标识性的门习称为“棂星门”。一般置于重要建筑前。明清以来，多用于孔庙或学宫之前，以尊孔子之地位。形式多为冲天牌楼式样。

【译文】

据《唐六典》所载：六品以上官员的署廨或宅第门前，仍可采用乌头大门制度。

经初唐时代上官仪删改修定的《投壶经》中提到：投入壶中的第一箭，称之为“初箭”；若投入第二箭，就称为“乌头”，以取乌头门之双柱有双表之义。

《义训》中解释说：表楬，就是“阀阅”的意思。楬，音竭。表楬，今日又被人们称之为“棂星门”。

华表

《说文》：桓①，亭邮表也②。

《前汉书注》③：旧亭传于四角④，面百步⑤，筑土四方；上有屋，屋上有柱，出高丈余，有大版⑥，贯柱四出⑦，名曰桓表⑧。县所治⑨，夹两边各一桓⑩。陈宋之俗，言“桓”声如“和”，今人犹谓之和表⑪。颜师古云⑫，即华表也⑬。

崔豹《古今注》：程雅问曰⑭：尧设诽谤之木⑮，何也？答曰：今之华表，以横木交柱头，状如华⑯，形似桔槔⑰；大路交衢悉施焉⑱。或谓之表木，以表王者纳谏⑲，亦以表识衢路。秦乃除之，汉始复焉。今西京谓之交午柱⑳。

【注释】

①桓（huán）：表柱，指古人设立于官署、驿站等建筑旁，以作为其标志的立柱。

②亭邮：系古代在沿途设置的为传送文书之人与过往旅人中途歇宿的馆舍。表：这里指的是立于亭邮前的立柱，亦称“表柱”。清人李斗《扬州画舫录》卷十七：“古者亭邮立木以文其端，名曰华表，即今牌楼也。”另参见《册府元龟·令长部·屏盗》所引注：“旧亭传于四角，面百步，筑土四方，上有屋，屋上柱出高丈余，有大板

贯柱四出，名曰‘桓表’。县所治，夹两边各一桓。陈宋之俗，言‘桓’声如‘和’，今犹谓之和表，即华表也。”

③《前汉书注》：当指唐颜师古所撰《汉书注》。

④旧亭传于四角：旧亭，指旧的驿站或官署。传于四角，疑指旧之驿站分布于天下四方。如《太平御览·天部》引曾子语：“天之所生上首，地之所生下首。上首之谓圆，下首之谓方，始识天圆而地方，则是四角之不掩也。”

⑤面百步：指旧亭建筑的制度，平面四方，每面面广为百步。以汉时每步6尺计，合为600汉尺，以一汉尺约为今尺0.23米计，其亭所占面积，每边之长约合今138米左右。

⑥大版：指横贯于表柱上端的木版。

⑦贯柱四出：疑表柱上大版，为纵横交叉的两块版，故能够穿过柱心，向四个方向伸出。

⑧桓表：即亭邮前的表柱。桓，亦有“大”之义，则“桓表”有“高大之表柱”的意思。

⑨县所治：县治，县之治所，亦即后世所称的“县衙”。

⑩夹两边各一桓：指在县治前门之两侧各设立一根表柱，即桓表。

⑪和表：即桓表。南朝陈宋间人将“桓”读为“和”声，故称“和表”。如《禹贡锥指》中提到：“《水经注》：桓水出蜀郡岷山西南，行羌中，入于南海。自桓水以南为夷书所谓‘和夷底绩’也。如氏注《汉书》云：陈留之俗，言‘桓’声如‘和’。郑读‘和’为‘桓’，其说确矣。”

⑫颜师古：名籀，字师古，雍州万年（今陕西西安）人，祖籍琅邪（今山东临沂）。初唐时经学家、历史学家。系名儒颜之推之孙，颜思鲁之子。博学多才，精于训诂。官至秘书监、弘文馆学士。著有《汉书注》《匡谬正俗》《安兴贵家传》《大业拾遗》《正会图》《吴兴集》《庐陵集》等。

⑬华表：古代用于表示王者纳谏或指路的木柱，即上文所说的“桓表”“表柱”。汉时立于官署、驿馆前，作为标识之物。后世成为君王地位的标志。明清宫殿前所立华表为石柱。

⑭程雅：系崔豹《古今注》卷下“问答释义”中，提出问题之人中的一位。提问者，另有牛亨、孙兴公，以程雅所提问题最多。

⑮诽谤之木：《史记·孝文本纪》载：“上曰：‘古之治天下，朝有进善之旌，诽谤之木，所以通治道而来谏者。今法有诽谤妖言之罪，是使众臣不敢尽情，而上无由闻过失也。将何以来远方之贤良？其除之。’”又《古今注·问答释义》：“程雅问曰：‘尧设诽谤之木，何也？’答曰：‘今之华表木也。以横木交柱头，状如华也。形似桔槔，大路交衢悉施焉。或谓之表木，以表王者纳谏也，亦以表识衢路也。秦乃除之，汉始复修焉。今西京谓之交午柱也。’”可知，“诽谤之木”为古代君王立于大路交叉口上，供百姓对国家治理提出意见的表木，亦即后世的“桓表”“华表”。秦代曾废，汉代一度恢复。

⑯今之华表，以横木交柱头，状如华：《古今注》言“华表”的柱身及上端雕有华文，其上端所横之木形如开放的花朵。疑即为在柱上端，施两横木，交叉贯柱，四面出头的形式。

⑰桔槔（jié gāo）：指古代汲水灌溉农田时所用工具，形如吊杆。即在一根立柱之上，设一横杆，横杆与柱交接处可作为中心点，杆两端如杠杆般上下转动。古人利用杠杆原理将横杆之一端用来汲水，另外一端为人着力之处。

⑱交衢（qú）：主要道路的交叉口。衢，意为四通八达的宽阔道路。

⑲以表王者纳谏：通过竖立诽谤木或表柱，以表示君王能够听得进各方面的谏言。

⑳交午柱：《文献通考·乐·革之属》：“且旧制三鼓，皆以木交午相贯。”宋人周密《癸辛杂识》：“梅间有小溪，流水横贯交午，桥下多

小石，圆净可爱。”指在立柱上端，以横木贯柱，纵横交叉，即表柱或华表的早期形式。交午，纵横交错。

【译文】

《说文》解释说：桓，指的是古代驿站前作为标识的立柱。

据唐人颜师古撰《汉书注》中的描述：旧时的亭邮分布于天下四方，以利驿传；亭邮有其规制，其基址每面长为百步，用夯土筑造一个四方台座；台座之上立有屋舍，在屋舍之上另立有柱，其柱出屋的高度约为一丈有余，柱上端施以大版，其版穿过立柱，呈纵横交叉的形式，伸向四个方向，人们称此柱为“桓表”。若是在县的治所之前，则各立一根桓柱，夹立于门前两侧。南朝陈宋时人的习惯，将“桓”字之音发声为“和”，因而今日之人仍然称这种桓柱为“和表”。颜师古解释说，这里的“桓表”或“和表”指的就是“华表”。

晋人崔豹撰《古今注》“问答释义”节中有：程雅提问说：尧帝时，曾设立诽谤之木，这指的是什么？回答说：即指今日所称的“华表”，其形式是用横木在立柱上端贯穿交错，类如开放的花朵一样，外形很像是农家用来汲水灌溉所用的桔槔；在通衢大道的交叉口上，多会设立这种上有横版的立柱。也可以称其为“表木”，以表达或象征王者有虚心纳谏的意向，也可以用来标识出大路的交叉口。秦代时，将这种具有纳谏意义的表木废除了，汉代又开始恢复这一做法。今日西京长安城中所立的表木，人们称为“交午柱”。

窗

《周官·考工记》：四旁两夹窗[①]。窗，助户为明[②]；每室四户八窗也[③]。

《尔雅》：牖户之间谓之扆[④]。窗东户西也[⑤]。

《说文》：窗，穿壁以木为交窗[6]。向北出牖也[7]。在墙曰牖[8]，在屋曰窗。棂，楯间子也[9]；栊，房室之疏也[10]。

《释名》：窗，聪也，于内窥见外为聪明也[11]。

《博雅》：窗、牖，闬虚谅切。也[12]。

《义训》：交窗谓之牖[13]，棂窗谓之疏[14]，牖牍谓之篰[15]。音部。绮窗谓之廲音黎。廔音娄[16]。房疏谓之栊[17]。

【注释】

①四旁两夹窗：《周礼·冬官·匠人》："夏后氏世室，……四旁两夹窗。"意为夏代祭祀建筑"世室"的平面为矩形，其屋室的四个立面上各有两个夹窗。《毛诗正义》释"四旁"为："四方傍开。又云'两夹窗'，是一户两窗夹之。"

②窗，助户为明：语出《毛诗正义》。窗，主要起将光线透入室内的作用，以补助由门进入室内光线的不足，从而增加室内的明亮程度。户，指门。既可以供人出入，也可以为室内提供一定的光线。

③每室四户八窗：《礼记正义》："每室四户八窗，窗户皆相对，以牖户通达。"意指上古祭祀建筑分为若干室，每室四面开门，故有"四户"；每一门户两侧各有两夹窗，则四面有"八窗"。

④牖（yǒu）户之间谓之扆（yǐ）：这里所言，似指在古代祭祀建筑的门与窗之间所设置的具有遮挡作用的屏扆之墙。牖户之间，指位于门与窗之间的位置。牖，指窗户。户，指门。扆，为古人在室内所用的屏风。

⑤窗东户西：指上条注中所说的"扆"墙，位于窗之东、门之西；可知其屏扆之墙是在房屋正面的西半段。

⑥交窗：《太平御览·居处部》引《说文》曰："窗，穿壁以木为交窗，所以见日也。"其意与老子《道德经》所言"凿户牖以为室"意思

相近，即在屋之墙壁上穿凿窗洞，在窗洞之内以木相交即成窗，透过其窗可以看到室外的阳光。

⑦向北出牖：《太平御览·居处部》引《说文》释"窗"："向北出牖也。"这里所说的"向北出牖"，指的是在屋室北壁上所开的窗。

⑧在墙曰牖：又《太平御览·居处部》引《说文》释"窗"："在墙曰牖，在屋曰窗。"系古人对"窗"与"牖"的一种分类方式，即开在墙壁上的窗，称为"牖"；开在屋室之壁上的窗，称为"窗"。

⑨棂，楯（shǔn）间子：棂，意为窗子或栏杆上的棂子。楯，为栏杆上的横木，亦可泛指栏杆。这句话的意思是，"棂"指的是栏楯之间的棂子；亦可转义为窗上的棂子。

⑩栊（lóng），房室之处也：据《太平御览·居处部》引《说文》曰："……栊，房室之疏也。"则《法式》所引《说文》"栊，房室之处也"，疑为"栊，房室之疏也"之误。疏，有空疏义，全句之意为，窗栊，使得房屋之内变得通透空疏。故此处应为："房室之疏也。"据此改。栊，有窗子、窗框、窗格、窗栊、窗棂等义。

⑪窗，聪也，于内窥见外为聪明也：窗，有如房屋之耳目，可以使人"于内窥见外为聪明也"。聪，所谓耳聪，即人听闻外界信息的窗口。

⑫闳（xiàng）：即窗户。

⑬交窗谓之牖：其义与本条《法式》引《说文》"穿壁以木为交窗"同。参见本条对"交窗"的相关注释。

⑭棂窗谓之疏：其义与上文所引《太平御览》"栊，房室之疏也"同。

⑮牖牍（dú）谓之篰（bù）：牖牍，疑指窗牖的棂条。牍，为古代写字用的木片或木简。篰，为竹片等组成的简册、简牍，似亦可转义为窗牖之棂条。

⑯绮（qǐ）窗谓之廲廔（lí lóu）：绮窗，意为经过细致雕斫或绘饰的窗子。廲廔，意即经过雕饰，形状优雅，光线明亮的窗子。

⑰房疏谓之栊：其语与"栊，房室之疏也"意义相同。如《太平广

记·奢侈·同昌公主》载唐代同昌公主在广化里的住宅，其“房栊户牖，无不以众宝饰之”，这里的“房栊”即指其宅之窗。

【译文】

《周礼·冬官考工记》中描述夏世室：在室的四面墙上，每面有两个夹窗。窗，能够增加透过门户进入室内的光线；每一室都开四个门八个窗。

《尔雅》释言：在窗子与门户之间的那个地方，是可以设置为屏扆之处。这里说的是窗子之东、门户之西的那一段屏墙。

《说文》为“窗”作释：窗，就是穿透墙壁，在所开凿的墙洞口内以木交接形成交窗。交窗是在北墙上所开的窗牖。在墙上开凿的窗子称为“牖”，在房屋室壁上开凿的窗子称为“窗”。棂，就如栏楯横杆间的棂子，窗框之间亦如之；栊，或窗上的棂条，可以为房室的通风采光提供可通透的洞疏。

《释名》亦解释说：窗，就是“聪”的意思，透过窗，人能够从室内窥见室外，有如人之耳聪目明。

《博雅》有言：房屋中所设的窗子和户牖，都包含有“阏”，虚谅切。亦即“方向”“朝向”的含义。

《义训》释窗：交窗，可以称为“牖”；棂窗，可以称为“疏”；牖牍，似指窗牖之上的木片，可以称为“篰”，音部。即以“竹简”之义譬喻之；绮窗，可以称为“廲音黎。廔音娄。”，指的是经过雕琢装饰，形式精美雅丽的窗。房屋之疏，或言屋室之壁上所开的洞疏，称之为“栊”。

平棊

《史记》：汉武帝建章后阁[①]，平机中有驺牙出焉[②]。今本作“平栎”者误[③]。

《山海经图》[④]：作平橑[⑤]，云今之平棊也[⑥]。古谓之承尘[⑦]。今宫殿中，其上悉用草架梁栿承屋盖之重[⑧]，如攀额、樘柱、敦栐、方槫之类[9]，及纵横固济之物[10]，皆不施斤斧[11]。于明栿背上[12]，架算程方[13]，以方椽施版[14]，谓之平闇[15]；以平版贴华[16]，谓之平棊；俗亦呼为"平起"者，语讹也。

【注释】

①建章：汉武帝时于长安所建造的建章宫。据《史记·孝武本纪》载，汉武帝时，因柏梁台发生火灾，以方士言"越俗有火灾，复起屋必以大，用胜服之，于是作建章宫，度为千门万户"。《史记·封禅书》亦载。阁（gé）：此处当为"阁"义。《史记·滑稽列传》载："建章宫后阁重栎（指后阁（阁）屋顶之下的天花平棊）中有物出焉，其状似麋。"

②平机：据《看详》"诸作异名"条释"平棊"："其名有三：一曰平机，二曰平橑，三曰平棊。"则这里的"平机"，为古代房屋室内天花版，即"平棊"的别名之一。"平机"似为汉代时对"平棊"的称谓。驺（zōu）牙：一种古人所称的动物名。《册府元龟·总录部·博物》引东方朔言建章宫后阁所出物："昔所谓驺牙者也。……其齿前后若一，齐等无牙，故谓之驺牙。"

③平栎：陶本原文为"平乐"，傅合校本改为"平栎"，依傅先生所改。据《法式》小字注："今本作'平栎'者误。"可知，宋时史籍中曾将"平棊"或"平机"误称为"平栎"。

④《山海经图》：系后世对古籍《山海经》所编纂的图志。据《文献通考·经籍考·地理》："《山海图经》十卷，晁氏曰：皇朝舒雅等撰。雅仕江南，韩熙载之门人也。后入朝，数预修书之选。"舒雅，字子正，歙县（今属安徽）人。曾拜韩熙载为师，南唐保大八年（950）状元。入宋后，曾任将作监丞。

⑤平橑（liáo）：据《看详》"诸作异名"释"平棊"："其名有三：一曰平机，二曰平橑，三曰平棊。"则"平橑"亦为古代房屋室内天花

版，即“平棊”的别名之一。《晋书·五行志》载：“武帝咸宁中，司徒府有二大蛇，长十许丈，居听事平橑上而人不知，但数年怪府中数失小儿及猪犬之属。”听事，即厅堂；则平橑，即厅堂内的天花版。

⑥平棊（qí）：《法式》中用来专指殿阁厅堂内如棋盘状方格式天花版。其背版下多有绘饰的图案，或贴华。清人李斗《扬州画舫录》卷四中提到：“寺廊下作平棋盘顶。”棊，义与“棋”同。

⑦承尘：《后汉书·独行列传·雷义》：“义尝济人死罪，罪者后以金二斤谢之，义不受。金主伺义不在，默投金于承尘上。后葺理屋宇，乃得之。金主已死，无所复还，义乃以付县曹。”《新五代史·杂传·张允》载时人张允：“周太祖以兵入京师，允匿于佛殿承尘，坠而卒，年六十五。”所提“承尘”，即指天花版，亦即室内平棊吊顶。

⑧草架梁栿（fú）：古代殿阁厅堂等高等级建筑物室内天花版以上未经特别雕琢装饰的梁栿。

⑨攀额：房屋结构中，用来指称房屋柱头之间的联系构件，如檐柱柱头之间所施的“阑额”（清代建筑称“额枋”）及“檐额”，或沿殿身内柱柱头之间所施的屋内额等。额，物体上首接近顶端的部分。樘（chēng）柱：唐李贻孙《夔州都督府记》中有：“奇构隆敞，内无樘柱，敻视中脊，邈不可度。”指房屋室内的立柱。樘，义同“撑”，有“支撑”之义。敦桥（dùn tiàn）：意为立桩。敦，竖。桥，古式版门上的柱形构件，有立桥、拨桥。方：房屋结构中矩形截面的长条形构件，如柱头方、橑檐方、算桯方、承椽方等。方槫（tuán）：房屋屋顶结构中承托屋椽等屋盖荷载的圆形截面长条形构件，如脊槫、平槫、橑风槫等。其义与“栋”“檩”相类。

⑩纵横固济之物：泛指屋顶天花版以上用来支撑屋顶梁架的各种辅助性构件，如蜀柱、叉手、托脚、驼峰、顺脊串等构件。这些构件纵横交错，且具有稳定与加固屋顶整体结构性能的作用，故称“纵

横固济之物”。

⑪不施斤斧:意对室内吊顶以上的那些辅助性加固构件,不做装饰性的精细加工,保持其粗壮简单的纯结构性构件形象。

⑫明栿:意为露明的梁栿。指古代殿阁厅堂内不施天花版,或在天花版以下,露明可见的梁栿。这种梁栿会加以雕琢绘饰,并对其表面做较精细的加工。

⑬算桯(tīng)方:房屋室内枓栱上所施用以承托天花平棊的长条形木方。

⑭方椽:一种截面为矩形的条形木构件,相互交错,形成较为细密的格网,以承托其上的天花版。

⑮平闇(àn):殿堂建筑室内天花的一种,与平棊相类似,但其承托天花版的方椽所构成的网格比较细密,一般其背版之下不再增加绘饰性的图案。

⑯贴华:在平棊背版之下,粘贴的装饰性华文图案,以增加平棊对室内的装饰性效果。

【译文】

《史记》中记载:在汉武帝建造的建章宫后阁内,在其平棊上曾出现过一种被称为“驺牙”的异兽。当今的人们将室内的吊顶天花称作“平栎”,这种称谓是一种误说。

《山海经图》中提到:在房屋室内营作平橑,说的就是今人所称的“平棊”。古人将这种平棊称为“承尘”。在今日的宫殿室内,在平棊之上,采用的都是草架梁栿,用以承托其上屋盖的荷重,如攀拉之杆、柱头之额、屋内撑柱、矮立柱、檐方屋槫之类,以及与之相配套的纵横交叉的加固与支撑性构件,这些都是不加以精雕细琢的草架构件。如果在露明的梁栿背上,用枓栱承挑用来托架天花版的算桯方,并在细密网格的方椽之上,施以覆盖天花的背版,就称为“平闇”;若是在平展的天花背版下贴以装饰性华文图案,就称为“平棊”;俗语中也有将这种天花版称为“平起”的,这其实是一种以讹传讹的误称。

斗八藻井

《西京赋》：蒂倒茄于藻井[①]，披红葩之狎猎[②]。藻井当栋中[③]，交木如井[④]，画以藻文[⑤]，饰以莲茎，缀其根于井中[⑥]，其华下垂[⑦]，故云倒也。

《鲁灵光殿赋》：圜渊方井[⑧]，反植荷蕖[⑨]。为方井，图以圜渊及芙蓉，华叶向下，故云反植。

《风俗通义》：殿堂象东井形[⑩]，刻作荷菱。菱，水物也，所以厌火[⑪]。

沈约《宋书》[⑫]：殿屋之为圜泉方井兼荷华者[⑬]，以厌火祥[⑭]。今以四方造者，谓之斗四[⑮]。

【注释】

①蒂倒茄于藻井：经过雕饰的莲藕之茎倒植于室内屋顶藻井之上。藻井，殿阁室内凹入天花版上，形如井状，并以枓栱、华文、彩绘加以装饰的那部分天花，名为“藻井”。三国吴薛综注曰：“茄，藕茎也。……蒂，果鼻也，蒂音帝。……菱，水中之物，皆所以厌火也。”以莲为水生植物，故作为室内藻井的装饰题材，以起到厌火作用。

②披红葩（pā）之狎猎：反披向下的花朵，与莲藕之茎相接而垂。三国吴薛综注曰：“以其茎倒殖于藻井，其华下向，反披。狎猎，重接貌。”又引《说文》曰：“葩，华也。”

③藻井当栋中：藻井正位于屋内槫栋之下。室内施藻井，至迟在汉末三国时已有。三国韦诞《景福殿赋》：“芙蓉侧植，藻井悬川。”三国何晏《景福殿赋》：“缭以藻井，编以綷疏。”

④交木如井：以方形截面的木方交接如井干形式，构成藻井的基本轮廓。《文选》李善注曰：“藻井，当栋中，交木方为之如井干也。”

⑤画以藻文:《文选》李善注引孔安国《尚书传》曰:"藻,水草之有文者也。"以图绘水草藻纹,作为装饰题材,仍起厌火作用。

⑥缀其根于井中:参见《看详》"诸作异名"条相关注释。缀,连缀,接合,这里指房屋室内藻井中所雕饰的莲、菱等水生植物的根部,与藻井之顶部相接,有如倒植于其中。

⑦其华下垂:藻井中所雕斫的水生植物的花朵,反披向下,垂入室内。

⑧圜(yuán)渊方井:东汉王延寿《鲁灵光殿赋》:"尔乃悬栋结阿,天窗绮疏。圆渊方井,反植荷蕖。"可以理解为,其藻井在井口部位为方形,在井底部位即藻井穹隆的顶部为圆形。圜,同"圆"。渊,水潭,深水。

⑨反植荷蕖:《文选》李善注曰:"反植者,根在上而叶在下。《尔雅》曰:荷,芙蕖,种之于员渊方井之中,以为光辉。"意为在室内藻井中雕饰以莲荷、芙蕖等水生植物,以起厌火作用。

⑩殿堂象东井形:《艺文类聚·居处部》引《风俗通》曰:"殿堂象东井形,刻作荷菱,菱水物也,所以厌火。"东井,星宿名。为二十八宿之一。

⑪厌(yā)火:《艺文类聚》引《山海经·火部》曰:"厌火国,兽身黑色,火出其口中。(言能吐火。)"后世多以"厌火""厌火祥"等语,表达对火灾的防止、抵御。厌,压。

⑫沈约:字休文,吴兴武康(今浙江德清)人。历南朝宋、齐、梁三代。后助梁武帝登位,为尚书仆射,封建昌县侯。官至尚书令,卒谥隐。学识渊博,可称南朝文坛的领袖人物,精通音律,亦为史家。撰有《晋书》《宋书》《齐纪》《梁武帝本纪》等史书。其中《宋书》记载了南朝宋六十年的历史,被后人收入"二十四史"。

⑬圜泉:《宋书·礼志》原文为:"殿屋之为圆渊方井兼植荷华者,以厌火祥也。"《法式》将"圆渊"引为"圜泉",二者义同,为殿阁室内"藻井"的别称。《看详》"诸作异名"条:"斗八藻井(其名有

三：一曰藻井，二曰圜泉，三曰方井。今谓之斗八藻井。）”

⑭以厌火祥：义同“厌火”。参见本条“厌火”注。火祥，火灾。祥，灾异之事。

⑮斗四：斗四藻井。古代木构建筑中，转角相交处，往往称“斗角”。唐杜牧《阿房宫赋》：“廊腰缦回，檐牙高啄。各抱地势，钩心斗角。”其义或出于古代角抵游戏，参见《册府元龟·外臣部·褒异》：“角抵之戏，则龙鱼爵马之属，言两两相当，亦角而为抵对，即今之斗角，古之角抵也。”房屋室内藻井采用四方形式，构成四方形状的木方，在转角处相交如抵，故称“斗四藻井”。若为八角形平面藻井，则称“斗八藻井”。斗，繁体字为“鬭”，有斗角、搏斗、较量义。

【译文】

张衡《西京赋》在描绘宫殿的室内时说：莲藕的花蒂倒植于藻井，反披的红花重接下垂。藻井正位于房屋正中的榑栋之下，以木方相交形如井状，其内绘以藻纹，饰以莲茎，并将莲荷的根部连缀于井中，将雕刻精美的花朵向下倒垂，这就是所以称为“倒”的原因所在。

王延寿《鲁灵光殿赋》也描述说：圆形的水潭，方形的井口；反植的荷蕖，倒垂下花蒂。其注言：在室内天花版上营造成方井的形式，在井内绘以圆形的深潭和美丽的芙蓉，芙蓉的花朵与茎叶倒垂向下，因而称其为“反植”。

《风俗通义》中说：殿堂内的藻井，有如天上星宿东井的式样，井内刻以荷菱。菱，是水生植物，可以起到厌火的作用。

南朝人沈约在所撰的《宋书》中有说：在殿屋之内，营构出圆形的藻井，亦可营构为方井的形式，其内装饰以水中的荷花，用来抑制潜在的火患。现今的藻井，若采用四方形式建造，可以称为“斗四藻井”。

勾阑

《西都赋》：舍棂槛而却倚，若颠坠而复稽[①]。

《鲁灵光殿赋》：长涂升降，轩槛曼延[②]。轩槛，勾阑也。

《博雅》：阑槛、栊梐，牢也[③]。

《景福殿赋》：棂槛邳张[④]，钩错矩成[⑤]；楯类腾蛇[⑥]，槢以琼英[⑦]；如螭之蟠，如虬之停[⑧]。棂槛，勾阑也。言勾阑中错为方斜之文。楯，勾阑上横木也。

《汉书》：朱云忠谏攀槛，槛折。及治槛，上曰："勿易，因而辑之，以旌直臣。"[⑨]今殿勾阑，当中两栱不施寻杖，谓之折槛[⑩]，亦谓之龙池[⑪]。

《义训》：阑楯谓之柃[⑫]，阶槛谓之阑[⑬]。

【注释】

①舍棂槛而却倚，若颠坠而复稽（jī）：语出东汉班固《西都赋》。意为不依凭栏杆，却侧身斜倚；差一点跌倒坠下，却又勉强停立了下来。棂槛，即勾阑。东汉张衡《西京赋》："伏棂槛而俯听，闻雷霆之相激。"稽，有"停留"义。

②长涂升降，轩槛（xuān jiàn）曼延：语出东汉王延寿《鲁灵光殿赋》。长涂，《文选》李善注曰："《上林赋》曰：长途中宿。郭璞曰：途，楼阁间陛道。"这里为长长的阁道。轩槛，意为沿着厅堂开敞的轩廊边所设的栏杆。《文选》李善注曰："轩槛，所以开明也。"因其空间开敞，以栏杆分隔内外，故称"开明"。

③阑槛（lán jiàn）、栊梐（lóng bì），牢也：阑槛、栊梐，都是牢的意思。阑，栅栏一类的遮拦物。《玉篇·门部》："阑，牢也。"栊，为栅栏。梐，梐枑。亦指古代军营或官署等在门前设置的栅栏。牢，有禁锢义，也指牛羊等牲畜的栏圈。阑槛、栊梐，则转义即为勾阑。卷第八《小木作制度三》"勾阑"条："其名有八：……四曰梐牢。"

④邳（pī）张：三国魏何晏《景福殿赋》："棂槛邳张，钩错矩成。"《文

选》注引薛综曰："棍槛，台上栏也。邳，或为'丕'。孔安国《尚书传》曰：丕，大也。"意为大而伸张。这里指高台上长长的栏杆蔓延伸张。邳，义与"丕"同，有广大、宏大之义。

⑤钩错矩成：语出同上。《文选》李善注曰："钩以正曲，矩以正方也。……错，犹治也。"指栏杆或直挺方正或钩环曲折，相连接续而成。

⑥楯（shǔn）类腾蛇，：语出同上。《文选》李善注曰："荣楯雕镂，形类腾蛇。……《越绝书》曰：越王句践欲伐吴，大夫文种于是作荣楯，婴以白璧，镂以黄金，状类龙蛇，以献吴王。一曰，应劭《汉书注》曰：楯，栏横也。"这里借《越绝书》中的故事，形容景福殿台座上经过雕镂与装饰的栏杆形如腾跃的长蛇。楯，意为栏杆，或栏杆上的扶手。

⑦槢（xí）以琼英：语出同上。《文选》李善注曰："众槢文采，又似琼英。……司马彪《庄子注》曰：槢，械楔也。琼英，玉英也。此既施之于棍槛，然凡楔皆谓之槢。"在栏杆的各个接合部位，装饰以鲜丽的文采，有如玉石镶嵌于栏杆之上。槢，有多义，与"勾阑"有关者：一，柃中栓。《集韵・帖韵》："槢，柃中栓。"二，槛下横木。《集韵・帖韵》："槢，槛下横木。"二者指的都是勾阑中起接合作用的木构件。

⑧如螭（chī）之蟠（pán），如虬（qiú）之停：语出同上。意为殿基上的栏杆，如螭龙盘伏于地上，如虬龙曲卧于殿阶。螭、虬，《文选》李善注曰："《广雅》曰：无角曰螭龙，有角曰虬龙。"

⑨"朱云忠谏攀槛"数句：《太平御览・居处部》引《汉书》曰："朱云忠谏，攀槛，槛折。及治，上曰：'勿易！因而辑之，以旌直臣。'"讲述了汉臣朱云因忠谏受责打，手攀殿前栏杆，致栏杆扶手折断的故事。《晋书・段灼传》亦提及此事："云攀殿折槛，幸赖左将军辛庆忌叩头流血，以死争之。若不然，则云已摧碎矣。"

辑，整修，补合。

⑩折槛：唐太宗《帝范》载："至若折槛怀疏，标之以作戒。"朱云折断之槛，未做修补。后世帝宫主殿前留出部分断槛，称"折槛"，以为帝王纳谏之戒。宋时殿前设"折槛"已成定制，如《宋史·礼志》："前导官导皇帝升殿东阶，诣殿上折槛前，奏请拜。"

⑪龙池：宋代人对殿前"折槛"的一种俗称。如卷第八《小木作制度三》"勾阑·勾阑一般"条："如殿前中心作折槛者，（今俗谓之龙池。）"

⑫阑楯谓之柃（líng）：意为"阑楯"亦可称为栏杆。据《法式》：棂槛，指勾阑；轩槛，亦为勾阑。柃，为阑楯，亦为勾阑。楯，指勾阑上的横木。卷第八《小木作制度三》"勾阑"条："其名有八：……五曰阑楯，六曰柃，七曰阶槛，八曰勾阑。"

⑬阶槛谓之阑：意为"阶槛"可称"勾阑"，指殿阶之上的勾阑。

【译文】

《西都赋》中描述：不依凭栏杆，却侧身斜倚；差一点跌倒坠下，却又勉强停立了下来。

《鲁灵光殿赋》亦有描绘：修长的阁道，上上下下；蜿蜒的勾阑，曲折绵延。轩槛，指的就是勾阑。

《博雅》解释说：阑槛、栊槛，都有"牢"的意思，亦即"勾阑"之义。

《景福殿赋》对"勾阑"做描绘：台基上的勾阑，高大修长，蔓延伸展；勾阑上的栏版或直方或曲环，左右相连，前后接续；殿台基座上经过雕镂与装饰的勾阑宛如腾跃的长蛇，勾阑上各个接合部位的连接构件装饰以鲜丽的文采，星星点点，有如玉石般镶嵌于栏杆之上；那修长蜿蜒的勾阑，恰似螭龙盘伏于地上，又如虬龙曲卧于殿阶。棂槛，指的就是勾阑。其中还特别提到勾阑的栏版上交错而成的方斜纹样。楯，指的是勾阑上的横木，亦即栏杆的扶手。

《汉书》中记录：汉臣朱云，忠贞直谏，遭受责打，手攀勾阑，据理力争，折断栏杆。事后臣子要对勾阑加以修治，皇帝说："不用更换栏杆了，就这样修整一下，保持断槛式样，以表示对忠直谏臣的褒奖。"今日大殿前勾阑，当中两栱间位置不施寻杖，栏杆扶手在这里断开，这段断开的栏杆称为"折槛"，也有人称其为"龙池"。

《义训》中亦有释：阑楯，称为"柃"；阶槛，称为"阑"；其实指的都是勾阑。

拒马叉子

《周官·天官》：掌舍设梐枑再重[①]。故书"枑"为"拒"[②]。郑司农云：梐，榱梐也[③]；拒，受居溜水涑橐者也[④]。行马再重者[⑤]，以周卫有内外列[⑥]。杜子春读为梐枑[⑦]，谓行马者也。

《义训》：梐枑，行马也。今谓之拒马叉子[⑧]。

【注释】

①掌舍：《周礼·天官·叙官》："掌舍，下士四人、府二人、史四人、徒四十人。"周代官名。指执掌王舍保卫职能的官员。舍，指君王在外与诸侯会同时的止宿之所。《毛诗正义》："《夏官·虎贲氏》云：'舍则守王闲。'注云：'舍，王出所止宿处也。闲，梐枑也。'"设梐枑（bì hù）再重：为了保卫君王，在王舍周围设置两重梐枑。《毛诗正义》："《天官·掌舍》：'掌王之会同之舍，设梐枑再重。'杜子春云：'梐枑谓行马。玄谓行马再重者，以周卫有外内列。'"梐枑，古代官署前阻挡行人的障碍物，用木条交叉做成，俗称"行马"，或称"拒马叉子"。《说文·木部》："梐，梐枑也。"清王筠《句读》："单言'互'，便是行马；连言'梐枑'，仍是行马。"

②书"枑"为"拒"：《周礼注疏》："故书'枑'为'柜'。郑司农云：

‘梐，榱梐也。柜，受居溜水涑橐者也。’”疑指古人将“梐枑”书写为“梐柜”。《法式》原文“拒”，《周礼注疏》为“柜”，此处译文从《周礼注疏》。

③梐，榱梐（cuī bì）也：梐，意为“榱梐”。榱梐，语出同上。意为梐枑、行马或拒马叉子。

④拒，受居溜水涑橐（sù tuó）者也：意为“柜”为设于接受王舍居室屋顶雨水下滴处的位置上之物。此当为“周卫”之“内列”处。溜水，从屋顶流下雨水，如《本草纲目》：“亦有用五月茅屋溜水者。”橐，为“沰”之假借，从水。“沰”与“涿”义近，有“水流下滴”义，则涑橐，似有滴水义。

⑤行马：设置于宫殿或官署门外的护栏，即梐枑，或拒马叉子。《艺文类聚·职官部》引《汉官仪》：“曰：……光禄勋门外特施行马，以旌别之。”可知“行马”也具有区分古代官吏等级的标识功能。再重：在周卫之内列之外，再设外列，即架设两重行马。《毛诗正义》：“杜子春云：‘梐枑谓行马。玄谓行马再重者，以周卫有外内列。’”宋佚名《六州》：“帷宫宿设，梐枑相差。”元孛术鲁翀《真定路宣圣庙碑》：“自庙徂学，门垣梐枑，循序森立，瓦缦缔筑，坚丽于旧。”可知，自宋至元，“拒马叉子”（“梐枑”或“行马”）都是常见的城市管理设施。

⑥周卫：环绕宫殿或官署的护卫人员及设施。

⑦杜子春：东汉经学家，受学于西汉末经学家刘歆，东汉大儒郑众、贾逵又从杜而受业。自杜子春至郑众等，《周礼》之学始传。

⑧拒马叉子：卷第八《小木作制度三》“拒马叉子”条：“拒马叉子（其名有四：一曰梐枑，二曰梐拒，三曰行马，四曰拒马叉子。）”古代宫殿或官署前，用来拦挡行人或车马的护栏。

【译文】

《周礼·天官冢宰》有记载：执掌王舍保卫之官，会在王舍外设两重梐枑，即防护栅栏。因而有将"枑"写为"柜"的。如郑司农的解释：梐，有"榱梐"之义；柜，是将梐枑设于接受王舍居室屋顶雨水下滴处的位置之上。说行马再重，是因为王舍周围的保卫措施有内列与外列之分。东汉经学家杜子春将这种保卫性设施称为"梐枑"，指的就是"行马"。

《义训》解释说：梐枑，指的就是"行马"。也就是今天所说的拒马叉子。

屏风

《周官》：掌次设皇邸[①]。邸，后版也。谓后版屏风与染羽[②]，象凤凰羽色以为之。

《礼记》：天子当扆而立[③]。又：天子负扆南乡而立[④]。扆，屏风也。斧扆为斧文屏风于户牖之间[⑤]。

《尔雅》：牖户之间谓之扆，其内谓之家[⑥]。今人称家，义出于此。

《释名》：屏风，言可以屏障风也[⑦]。扆，倚也，在后所依倚也。

【注释】

①掌次：周代宫中官职，大概相当于为天子礼仪帐幕诸事做准备的官员。《周礼·天官·叙官》："掌次，下士四人、府四人、史二人、徒八十人。"《周礼注疏》："掌次，掌王次之法，以待张事。（法，大小丈尺。张事，刘音帐，戚如字，下'邦之张事'同。）"又："此数事，皆共帷幕幄帟绶与掌次，是以郑云'共之者，掌次当以张'也。"宋王安石《周官新义》："所掌次考之，则王出宫有掌次掌其法以待张事，幕人共张物而已。"皇邸：为天子祭天时座后所设有凤凰羽毛装饰的屏风。《周礼·天官·掌次》："王大旅上帝，则张

毡案，设皇邸。”其疏解为：“云‘王大旅上帝’者，谓冬至祭天于圆丘。‘则张毡案’者，案谓床也。床上着毡即谓之毡案。‘设皇邸’者，邸谓以版为屏风，又以凤皇羽饰之。此谓王坐所置也。”

②后版屏风与染羽：《周礼注疏》：“言后版者，谓为大方版于坐后，画为斧文。……云‘染羽象凤皇羽色以为之’者，案《尚书·禹贡》‘羽畎夏翟’，谓羽山之谷，贡夏翟之羽。后世无夏翟，故《周礼》锺氏染鸟羽，象凤皇色以为之，覆于版上。”指位于天子后方之版，上绘斧纹，并以染色鸟羽加以装饰。

③扆（yǐ）：在窗子之东、门户之西设置屏风以区隔内外，称为“扆”。《尚书正义》：“扆，屏风，画为斧文，置户牖间。”《尔雅注疏》：“释曰：牖者，户西窗也。此牖东户西为牖户之间，其处名‘扆’。”据此可知，天子设屏风于牖户之间，以其在扆处，即名此屏风为“扆”。

④负扆南乡而立：天子背倚身后屏风，面向南而站立，以显示天子的至尊地位。《周易·坤卦》象辞：“是周公始于负扆南面，以光王道。”

⑤斧扆为斧文屏风于户牖之间：《尔雅注疏》：“案《觐礼》云：‘天子设斧依于户牖之间，左右几。’郑注云：‘依，如今绨素屏风也。有绣斧文，所以示威也。斧谓之黼。’是也。”《尚书正义》：“黼扆者，屏风，画为斧文，在于户牖之间。《考工记》云：‘画缋之事，白与黑谓之黼。’是用白黑画屏风置之于扆地，故名此物为‘黼扆’。”斧文，疑即“黼文”之音转。户牖之间，为天子设斧纹屏风，即“斧扆”（或“黼扆”）之地。

⑥牖户之间谓之扆，其内谓之家：“扆”之本义为古代房屋室内隔断，扆之内为居室空间，扆之外疑为礼仪接待空间，故称“其内谓之家”。此为狭义空间上的居处之“家”，而非一般意义上的家庭之“家”。

⑦屏风，言可以屏障风也：陶本《法式》引《释名》原文：“屏风可以

障风也。”梁注本依据有关史籍改为:“屏风,言可以屏障风也。”

【译文】

据《周礼·天官冢宰》:周代宫中主管天子礼仪帐幕诸事准备的官员,称为“掌次”,负责设置皇邸事务。邸,就是天子身后所立之屏风。所谓的后版屏风与染羽,就是在天子身后的立版上用染有像凤凰羽毛一样的色彩的鸟羽加以装饰。

《礼记》中有言:天子立于屏扆前的正中。又言:天子是背倚着屏风,面向南而站立的。所谓“扆”,就是屏风。斧扆,指于屏风之上绘以斧纹,并将其置于户牖之间,即窗牖之东、门户之西的位置上。

《尔雅》解释说:窗牖与门户之间的那个位置,称为“扆”,即屏扆,在屏扆之内,就属于室家居处的空间了,故屏扆之内称之为“家”。今日之人所称的“家”,其本义就是从这一概念中演绎出来的。

《释名》亦释:所谓“屏风”,意思是对往来之风能够加以屏蔽阻障。所谓“扆”,有“倚”的意思,就是在身后有可以倚靠与倚恃之物。

槏柱

《义训》:牖边柱谓之槏①。苦减切。今梁或槫及额之下,施柱以安门窗者②,谓之㥦柱③,盖语讹也。㥦,俗音蘸,字书不载。

【注释】

①牖边柱谓之槏(qiǎn):意为窗户两侧的边柱,称为“槏”,又称“槏柱”。《说文》:“槏,户也。从木,兼声。”《广韵·豏韵》:“槏,牖旁柱也。”

②梁或槫及额之下,施柱以安门窗者:这里提到了古代房屋结构中三种重要构件:梁,即梁栿,是承托屋顶荷载的主要大木构件,一般横施于前后柱子之上;槫,或称“檩”,为屋顶梁架上部承托屋

椽与望板、屋瓦等屋盖的长条形木构件，一般为顺着屋身设置，与屋椽在水平投影上垂直相交；额，指两柱柱头之间起连接与承重作用的木方，外檐柱间，称“阑额”，内柱之间，称“屋内额”。全句之意为，在梁、槫或额之下施以边柱，可以安窗。

③痣柱：如《法式》所释：以“痣柱”来指称“槏柱”是一种语讹；这个“痣”字，俗音为“蘸”，但在诸种字书上未曾见过此字。

【译文】

《义训》中提到：窗牖的边柱称为“槏”。苦减切。现今的营造中，在梁栿或槫檩及柱头阑额或屋内额之下，若施以立柱，在两柱之间安装门窗，这种柱被称为“痣柱”，但是这种称谓其实是一种语讹。“痣”这个字，俗语中的发音为“蘸”，在各种字书上不见有与这个字相关的记载。

露篱

《释名》：樆[①]，离也，以柴竹作之。疏离离也[②]。青、徐曰椐[③]。椐[④]，居也，居其中也。栅，迹也，以木作之，上平，迹然也[⑤]。又谓之撤；撤，紧也，诜诜然紧也[⑥]。

《博雅》：椐[⑦]、巨於切。栫[⑧]、在见切。藩[⑨]、筚[⑩]、音必。椤[⑪]、落[⑫]、音落。杝[⑬]，篱也。栅谓之栫[⑭]。音朔。

《义训》：篱谓之藩[⑮]。今谓之露篱。

【注释】

①樆（lí）：同“篱”，篱笆。这里借其“离”音，似取其“离”，即“疏离”之义，故有“樆，离也”之说。

②疏离离：意为不紧密，指以柴竹所做的篱，竹木之间有间隙。疏，稀疏，空疏，与“密”相对。

③青、徐：古代“青州”与“徐州”的并称。

④椐（jū）：篱笆。《法式》原文为“裾”，据《释文》改。释为“居”，取居于其中之义。

⑤栅，迹也，以木作之，上平，迹然也：《法式》释“迹”与“栅”同，以木作之，上平。这里的“迹然”，未知是否即为“迹然”之义。其义难推知。“迹（蹟）”或为“赜”之形讹，“赜然”即为整齐的样子。

⑥诜诜（shēn）然紧也：意为众多木片紧紧相邻，故称“紧”。诜诜，众多貌。

⑦椐（jū）：这里指篱笆。疑是将“椐”与“裾”两字看作同义。《释名·释宫室》：“篱，离也。以柴竹作之疏离。离也，青、徐曰‘椐’。椐，居也，居于中也。”

⑧栫（jiàn）：意为篱笆。《左传·哀公八年》：“囚诸楼台，栫之以棘。”《册府元龟·列国君部·复邦》释曰：“栫，拥也。”以“棘”拥之，则有“篱”义。

⑨藩：有篱笆、屏障等义。

⑩箄（bì）：篱笆，或用树枝、荆条、竹子等编制而成的拦阻之物。《说文·竹部》：“箄，藩落也。”清段玉裁注：“藩落，犹俗云‘篱落’也。”清王筠《句读》：“屏蔽之以为院落也。”

⑪椤（luó）：篱笆。《广雅·释宫》：“椤，杝也。”清王念孙疏证：“杝，今‘篱’字也。”

⑫簬（luò）：篱笆。

⑬杝（lí）：与“篱”义同。《说文·木部》：“杝，落也。”又引清段玉裁注：“玄应书谓‘杝’‘樆’‘篱’三字同。……”

⑭栅谓之槊（shuò）：“栅栏”称作“槊”。

⑮篱谓之藩：《玉篇·竹部》：“篱，藩篱。”

【译文】

《释名》解释说：樆，得名于“离”，用柴木或竹子制作。稀稀疏疏的样子。青州与徐州一带的人称之为“梠”。梠，为“居住”之义，亦即居住于其中之义。栅，得名于“迹”，用木条制作，木条上部找平，如足迹般连成一线。又可称为“撤”；撤，有“紧”的意思，大概就是用众多的木条紧密相邻而接之义。

《博雅》对如下几个字作注：梠、巨於切。栫、在见切。藩、筚、音必。椤、落、音落。杝，这几个字都含有“篱笆”之义。栅，可以称为“槊”，指的也是篱笆。音朔。

《义训》解释说：篱，可以称为“藩”。今日则可称其为“露篱”。

鸱尾

《汉纪》[1]：柏梁殿灾后[2]，越巫言海中有鱼虬[3]，尾似鸱[4]，激浪即降雨。遂作其象于屋[5]，以厌火祥。时人或谓之鸱吻[6]，非也。

《谭宾录》[7]：东海有鱼虬，尾似鸱，鼓浪即降雨，遂设象于屋脊。

【注释】

①《汉纪》：由东汉荀悦所编纂。以编年体例，叙述自西汉初至王莽灭亡二百三十年间的史事。化简《汉书》，又有所补遗。对编年体史书的体例做了进一步的完善。

②柏梁殿：汉武帝时建造于汉长安城中的柏梁台。《太平御览·木部》引《汉书》曰：“武帝造柏梁殿，与群臣宴其下。（又云：作柏梁台也。）”《三辅黄图·柏梁台》：“柏梁台，武帝元鼎二年春起。此台在长安城中北阙内。”《西汉会要·火灾》：“太初元年十一月乙酉，未央宫柏梁台灾。”

③越巫：指战国时越国之地，即今浙江地区的巫觋之人。《风俗通义·怪神》："武帝时迷于鬼神，尤信越巫，董仲舒数以为言。武帝欲验其道，令巫诅仲舒，仲舒朝服南面，诵咏经论，不能伤害，而巫者忽死。"鱼虬（qiú）：即鱼龙。《青箱杂记》卷八："海有鱼虬，尾似鸱，用以喷浪则降雨。"虬，虬龙。

④鸱（chī）：鸟名，鸱鸮。《诗经·豳风·鸱鸮》："鸱鸮鸱鸮，既取我子，无毁我室。"似为一种猛禽。又《诗经·大雅·瞻卬》："为枭为鸱。"《尚书正义》："鸱，尺之反；鸱枭，恶鸟；马云：'鸱，轻也。'"又："鸱枭，贪残之鸟。《诗》云：'为枭为鸱。'枭是鸱类。"

⑤作其象于屋：仿照鸱之形象，施于房屋之上。《太平御览·居处部》引《唐会要》曰："汉柏梁殿灾后，越巫言海中有鱼虬，尾似鸱，激浪即降雨。遂作其象于屋以厌火祥。"

⑥鸱吻：宋辽以前建筑，在房屋正脊两端施以鸱鸟之尾，既起装饰作用，又借其尾似鸱的鱼虬之激浪降雨能力，隐喻厌火功能，故《唐会要》中言："时人或谓鸱吻，非也。"元明以降，房屋正脊上渐渐出现以鸱鸟之口衔正脊的形象，故明清时代高等级建筑物脊饰，多用"鸱吻"做法。宋人撰《类说》引《苏氏演义》持另一说："蚩尾：蚩，海兽也。汉武柏梁殿有蚩尾，水之精也，能却火灾，因置其象于上。谓之'鸱尾'，非也。"

⑦《谭宾录》：唐人胡璩所撰。如《郡斋读书志》言，其书多载"唐朝史之所遗"，以存有唐一代的朝野遗事。

【译文】

东汉人荀悦编撰的《汉纪》中有载：汉武帝时营造的柏梁台遭火灾之后，来自东南越地的巫师进言说：大海之中有类如鱼形的虬龙，其尾又与凶悍的鸱鸟之尾相似，这种鱼虬，若腾跃于海上，激起巨浪就能够引发空中降雨。汉武帝于是就将尾巴像鸱鸟之尾的鱼虬形象施造于殿阁屋宇之上，以起到防止或压制火灾，保证房屋平安吉祥的作用。当时的人亦有将这种鸱尾式屋顶装饰称之为“鸱吻”的，显然不正确。

唐人所撰的《谭宾录》中也提到：东海之中有鱼形的虬龙，其尾与鸱鸟之尾十分相似，此龙若掀起波浪就会在空中引发降雨，故而人们将这种有类如鸱鸟之尾的鱼虬形象施设于房屋屋脊之上。

瓦

《诗》：乃生女子，载弄之瓦[①]。

《说文》：瓦，土器已烧之总名也。瓬，周家砖埴之工也[②]。瓬，分两切。

《古史考》[③]：昆吾氏作瓦[④]。

《释名》：瓦，踝也[⑤]。踝，确坚貌也，亦言腂也，在外腂见之也[⑥]。

《博物志》：桀作瓦[⑦]。

《义训》：瓦谓之甍[⑧]。音穀。半瓦谓之㼼[⑨]。音浃。㼼谓之㼽[⑩]。音爽。牝瓦谓之瓪[⑪]。音版。瓪谓之茂[⑫]。音还。牡瓦谓之㼲[⑬]，音皆。㼲谓之䨻[⑭]，音雷。小瓦谓之甑[⑮]。音横。

【注释】

①乃生女子，载弄之瓦：《诗经·小雅·斯干》：“乃生女子，载寝之地，载衣之裼，载弄之瓦。”《毛诗正义》：“瓦非瓦砾而已，故云‘瓦，纺砖’。妇人所用瓦唯纺砖而已。”清人王应奎撰《柳南随笔》：“余见今世纺车之式，下有木一纵一横，往往以砖镇之，或于纵木上，或于横木上，盖防其摇动也。岂即所谓纺砖乎？”此处之“瓦”指“纺砖”，即泥土烧制的纺锤。

②瓬（fǎng），周家砖埴（zhí）之工也：《周礼·冬官·总叙》：“搏

埴之工，陶、旊。”唐贾公彦疏：“搏埴之工二，陶人为瓦器，甑甗之属；旊人为瓦簋。”旊，傅熹年先生改《法式》文本中的“旊”为“瓬”，并注：“瓬，故宫本，四库本。”《说文·瓦部》：“瓬，周家搏埴之工也，从瓦，方声。”本义为周代时制作瓦器的工匠。砖（塼），古通“抟（搏）”，把东西抟弄成形。埴，制作陶器之用的黏土。

③《古史考》：三国蜀谯周所撰。其书已佚，仅存辑本。

④昆吾氏作瓦：昆吾氏，为上古夏代的诸侯之一，传为先秦时的一个氏族部落，始祖名樊，系颛顼的后裔。《太平御览·杂物部》引《古史考》曰：“夏世昆吾氏作屋瓦。”

⑤瓦，踝（huái）也：语出《释名·释宫室》。其意为有瓦之屋，其立坚确。踝，脚踝。脚踝固，则站立坚稳，故言“确坚貌也”。

⑥亦言腂（guò）也，在外腂见之也：以其释文“在外腂见之也”，因其肿胀而可见之，则瓦为屋顶暴露之物，令人可见。腂，红肿。今本《释名》作“裸”字，裸露在外，此意更易理解。

⑦桀（jié）作瓦：《太平御览·居处部》引《博物志》曰：“桀作瓦。”似言夏桀时代创造了屋瓦，用于屋顶防雨与保温。桀，指上古夏代的末朝君主，因其暴虐，被商汤所灭。

⑧瓳（hú）：指瓦坯。

⑨瓴（jié）：有两义：一，未烧透的瓦。《玉篇·瓦部》：“瓴，半瓦也。”二，瓦相掩。《集韵·叶韵》：“瓴，瓦相掩。”

⑩瓾（shuǎng）：没有烧透的瓦器。《玉篇·瓦部》：“瓾，半瓦也。”

⑪牝（pìn）瓦谓之瓪：牝瓦，此处指屋瓦中的仰瓦，即瓪瓦。

⑫戹（huán）：《说文·广部》：“戹，屋牝瓦下。”清人朱骏声《通训定声》：“凡瓦下载者曰‘牝’，上覆者曰‘牡’。”意为屋上仰盖的槽瓦。

⑬牡瓦谓之甑（jiē）：牡瓦，指屋瓦中的覆瓦。甑，指牡瓦，即屋瓦中的上覆之瓦。

⑭甑谓之甂（léi）：甂，其意与“甑”，亦指屋瓦中的上覆之瓦。

⑮小瓦谓之甑（héng）：甑，意为“小瓦”。《集韵·庚韵》：“小瓦谓之甑。”

【译文】

《诗经·小雅·斯干》中有诗句：如果生下的是女孩，就让她把玩织布时用的纺砖。

《说文》中有释：瓦，是经过烧制之土器的总名称。瓬，或瓶，是周代时专门负责制作瓦器的工匠。瓬（瓶），分两切。

三国时人谯周所撰《古史考》提到：是上古时夏代的昆吾氏创造了瓦。

《释名》中有释：瓦，有“踝”的意思。踝，体现的是确立且坚固的外观；也可以将瓦形容为“腂”，因其类如腂之肿胀，在房屋之外，就可以看见。

《博物志》则认为：是上古时的夏朝末代君主桀时才创造出了瓦。

《义训》释“瓦”：瓦，可以称为“甓”。音縠。半瓦可以称为“㼪”。音泱。“㼪”又可以称为“瓹”。音爽。牝瓦或仰瓦，称为“瓪”。音版。瓪，亦可称为“茂”。音还。牡瓦或覆瓦，称为“甑”，音皆。“甑”又可称为“甋”，音雷。小瓦则可以称为“甑”。音横。

涂

《尚书·梓材篇》[①]：若作室家，既勤垣墉，唯其涂塈茨[②]。

《周官·守祧》：职其祧[③]，则守祧黝垩之[④]。

《诗》：塞向墐户[⑤]。墐，涂也。

《论语》：粪土之墙，不可杇也[⑥]。

《尔雅》：镘谓之杇[⑦]，地谓之黝[⑧]，墙谓之垩[⑨]。泥镘也，一名“杇”，涂工之作具也。以黑饰地谓之黝，以白饰墙谓之垩。

《说文》：垷、胡典切。墐[⑩]，渠吝切。涂也。杇，所以涂也。秦谓之杇，关东谓之槾[11]。

《释名》：泥，迩近也[12]，以水沃土，使相黏近也。塈犹煟[13]；煟，细泽貌也。

《博雅》：黝、垩，乌故切。垷、岘又乎典切[14]。墐、墀[15]、塈、㮍[16]、奴回切。墁[17]、力奉切。㭼[18]、古湛切。塓[19]、莫典切。培[20]、音裴。封[21]，涂也。

《义训》：涂谓之塓[22]，音觅。塓谓之墁[23]，音垅。仰涂谓之塈[24]。音洎。

【注释】

①《尚书·梓材篇》：《梓材》为《古文尚书》的篇名。据《史记·周本纪》记载，《梓材》与《康诰》《酒诰》一样，都是周公对康叔的诰辞，意在"告康叔以为政之道，亦如梓人之治材"。

②若作室家，既勤垣墉，唯其涂塈茨（xì cí）：语出《尚书·周书·梓材》。《尚书正义》："如人为室家，已勤立垣墙，惟其当涂既茨盖之。垣音袁。墉音庸，马云：'卑曰垣，高曰墉。'"垣、墉，围墙，或称"院墙"。涂，与房屋相关义有二：一，泥巴。《广雅·释诂》："涂，泥也。"二，粉刷物品。清郑珍《说文新附考》："凡以物傅物皆曰'涂'，俗以泥涂字加土作'塗'。"塈茨，指用茅草覆盖屋顶，还要用泥涂补好以茅草铺盖的屋顶的漏洞。塈，用泥涂抹屋顶。茨，用茅草或芦苇覆盖屋顶。

③祧（tiāo）：古人祭祀祖先的家庙。

④守祧黝（yǒu）垩（è）之：语出《周礼·春官·守祧》："其庙，则有司修除之；其祧，则守祧黝垩之。"《周礼注疏》："郑司农云：'黝'读为'幽'。幽，黑也。垩，白也。《尔雅》曰：'地谓之黝，墙谓之垩。'"又："凡庙旧皆修除黝垩，祭更修除黝垩，示新之，敬也。"在

举行祭祀之礼前，除了修葺祠庙，扫除灰垢外，还要将地面涂黑，将墙面刷白，以展示其庙之新，表达敬祖之意。

⑤塞向墐（jìn）户：语出《诗经·豳风·七月》。《毛诗正义》："向，北出牖也。墐，涂也。庶人荜户。笺云：为此四者以备寒。"又："塞向如字，北出牖也，《韩诗》云：'北向窗也。'"将北向的窗子堵塞，将门户加以涂抹修整，以防御冬日寒风。向，窗户。

⑥粪土之墙，不可杇（wū）也：语出《论语·公冶长》。《论语注疏》曰："杇，镘也。言……粪土之墙，易为垝坏，不可杇镘涂塓以成华美。"杇，涂刷。

⑦镘（màn）谓之杇：镘，有两义：一，泥工涂墙的工具。《尔雅·释宫》："镘谓之杇。"唐陆德明释文引李巡云："泥镘，一名'杇'，涂工之作具。"二，涂抹。杇，亦有两义：一，泥镘，俗称"瓦刀"，泥工涂墙壁的工具。后作"圬""釫"。《尔雅·释宫》："镘谓之杇。"晋郭璞注："泥镘。"郝懿行义疏："《释文》引李巡云：泥镘，一名'杇'，涂工之作具。是也。"二，涂饰，粉刷。《论语·公冶长》："朽木不可雕也，粪土之墙不可杇也。"

⑧黝：青黑颜色。

⑨垩：白色土，可用来粉饰墙壁；或用白土涂饰。亦可泛指用来涂饰墙壁的泥土。

⑩垷（xiàn）：涂抹。墐：用泥涂塞。《说文》："墐，涂也。从土，堇声。"《诗经·豳风·七月》："穹室熏鼠，塞向墐户。"毛传："墐，涂也。"

⑪关东：自先秦时期，曾泛指函谷关以东地区，即除秦以外的所谓"关东六国"。后世其内涵与外延已有变迁。槾（màn）：泥瓦工用来抹墙泥的抹子。

⑫泥，迩（ěr）近也：迩，近之义；则泥，有如《法式》引《释名》所释"以水沃土，使相黏近也"的作用。通过在土中加水，使土能够相

互黏近，达到涂抹墐塞的作用。

⑬塈（xì）犹煟（wèi）：意为经过涂抹之墙，其表面光洁整齐。塈，有涂抹义。煟，光明。

⑭垷（xiàn）、岘又乎典切：本为山名，又有"小而高的山岭"义。《法式》在这里插入"岘又乎典切"，似是将"岘"与"垷"做比较，有二字发音相同之意。

⑮墀（chí）：为古代殿堂屋室内外经过涂饰的地面或台基。

⑯幔（néi）：《法式》原文为"幔（奴回切）"，仅从发音已知，其字误，其义亦有讹。梁注本改为"幔（奴回切）"。《说文·巾部》："幔，墀地，以巾捫之。……一曰箸也。"清王筠《句读》："先云'巾捫'，是拭拭也；后云'箸也'，是涂塈也。"《玉篇·巾部》："幔，著也，涂也。"

⑰垄（lǒng）：涂泥。

⑱槭（xiàn）：涂抹。《广韵·豏韵》："槭，涂也。"

⑲塓（mì）：涂饰。《春秋左传·襄公三十一年》："圬人以时塓馆宫室。"孔疏："塓，亦泥也，使此泥屋之人，以时泥涂客馆之宫室也。"

⑳培（péi）：涂抹，粉刷。

㉑封：本义为种树，或堆土植树为界；由给封土之边界培土种树，转义为边疆、边界；又引申为授予称号或官爵，亦有为禁止、限制等义，则进一步引申为堵塞、封闭、包裹等；或可转义为涂抹、涂塞、墐封等义。

㉒涂谓之塓："涂"与"塓"皆为涂抹、涂饰之义。

㉓塓谓之垄："塓"与"垄"亦都具有涂抹、涂饰之义。

㉔仰涂谓之塈：仰涂，即为"仰泥屋"义，仰首涂饰屋室之内顶部，其义与"塈"同。塈，意为用泥涂抹屋顶。唐颜师古注："塈，如今仰泥屋也。"《说文·土部》："塈，仰涂也。"清段玉裁注："以草盖屋曰'茨'，涂塈茨者，涂其茨之下也，故必卬涂。"

【译文】

《尚书·周书·梓材篇》：如若人们要营造室家屋舍，先已辛勤造立了屋院垣墙，之后就应当将屋顶覆以茅草，涂以灰泥。

《周礼·春官·守祧》：在自家家庙举行祭祀前，除了修葺庙宇，扫除灰垢外，还要将地面涂黑，将墙面刷白，以展示其庙之新，表达敬祖之意。

《诗经·豳风·七月》：将北向的窗子堵塞，并将门户加以涂抹修整，以防御冬日的寒风。所谓"墐"，就是涂抹、涂塞之义。

《论语》中载孔子之言：以粪土垒筑之墙，极易朽烂垝坏，不可再在其外涂抹灰泥，修饰墙面，以求华美了。

《尔雅》：镘，与"杇"的意义相同，都是泥工所用的抹子，也都有涂抹、涂饰之义；地，可以涂为青黑之色；墙，应当以白土涂刷其表面。所谓"泥镘"，也称为"杇"，指的是泥瓦匠涂抹墙地表面时所用的工具。以青黑之色涂饰的地面，称为"黝"；以白土涂饰的墙面，称为"垩"。

《说文》亦有释：垷，胡典切。墐，渠吝切。两个字都是涂抹、涂饰之义。杇，涂泥之工具，亦有涂抹、涂饰之义。关中秦地之人称其为"杇"，关东之人则称之为"槾"。

《释名》释曰：泥，有贴近之义，若将水掺入土中，土会变得黏湿，使相邻之物相互黏合贴近。塈，也可以称为"煟"；"煟"之本义为光明、明亮，这里是说经过泥土涂饰的墙面或屋面，表面细泽，透出光亮。

《博雅》中解释说：黝、垩、乌故切。垷、与'蚬'字音一样，也是乎典切。墐、墀、塈、㥣、奴回切。墁、力奉切。䊋、古湛切。塓、莫典切。培、音裴。封，这十二个字都有一个共同的含义，就是"涂抹""涂饰"之义。

《义训》释曰：涂，可以称为"塓"；音觅。塓，亦可以称为"墁"；音垅。仰首涂饰屋室之内的顶部，亦可以称为"塈"。音洎。

彩画

《周官》:以猷鬼神祇[①]。猷,谓图画也。

《世本》:史皇作图[②]。宋衷曰[③]:史皇,黄帝臣。图,谓图画形象也。

《尔雅》:猷,图也,画形也。

《西京赋》:绣栭云楣,镂槛文梍[④]。五臣曰[⑤]:画为绣云之饰。梍,连檐也。皆饰为文彩。故其馆室次舍[⑥],彩饰织缛[⑦],裛以藻绣,文以朱绿[⑧]。馆室之上,缠饰藻绣朱绿之文。

《吴都赋》:青琐丹楹[⑨],图以云气,画以仙灵。青琐,画为琐文,染以青色,及画云气、神仙、灵奇之物。

谢赫《画品》[⑩]:夫图者,画之权舆[⑪];缋者,画之末迹[⑫]。总而名之为画。仓颉造文字[⑬],其体有六:一曰鸟书,书端象鸟头,此即图画之类,尚标书称,未受画名[⑭]。逮史皇作图,犹略体物[⑮];有虞作缋[⑯],始备象形。今画之法,盖兴于重华之世也[⑰]。穷神测幽[⑱],于用甚博。今以施之于缣素之类者谓之画[⑲];布彩于梁栋枓栱或素象什物之类者[⑳],俗谓之装銮[㉑];以粉、朱、丹三色为屋宇门窗之饰者,谓之刷染[㉒]。

【注释】

①《周官》:以猷(yóu)鬼神祇:此处的"《周官》"当为《古文尚书》的篇名,已亡佚。《尔雅注疏》:"猷,图也。《周官》曰'以猷鬼神祇',谓图画。"意为以图绘出鬼与神祇。猷,《法式》注:"谓图画也。"

②史皇作图:黄帝时的臣子史皇开始图绘形象。《太平御览·工艺部》引《世本》曰:"史皇作图。(史皇,黄帝臣也。谓画物像也。)"

隋唐人庾元威《论书》中有："《世本》云：史皇作图，黄帝臣也。其唐虞之文章，夏后之鼎象，则图画之宗焉。"

③宋衷：字仲子，南阳章陵（今湖北枣阳东）人。东汉末年人。治古文，善太玄，曾为《世本》作注。《世本》作者名已佚，《隋书·经籍志》："《世本》四卷（宋衷撰）。"可见隋代人已不知《世本》作者为何人，故将为其作注的宋衷视为《世本》作者。《法式》中似亦如此认为。

④绣栭（ér）云楣，镂槛文㮰：语出《西京赋》："雕楹玉碣，绣栭云楣。三阶重轩，镂槛文㮰。"《文选》注曰："绣栭云楣。（栭，枓也。楣，梁也。皆云气画如绣也。善曰：王褒《甘泉颂》曰：采云气以为楣。）"又："镂槛文㮰。（槛，栏也。皆刻画，又以大板，广四五尺加漆泽焉。重置中间兰上，名曰轩。善曰：《西都赋》曰：重轩三阶。王褒《甘泉颂》曰：编玳瑁之文㮰。《声类》曰：㮰，屋连绵也。）"意为枓与梁楣上图绘出如绣的云气，还有精雕细刻的栏槛与绘有彩纹的连檐。

⑤五臣：当指为《文选》作注的五臣。《新唐书·文艺传·吕中》："尝以李善释《文选》为繁酿，与吕延济、刘良、张铣、李周翰等更为诂解，时号'五臣注'。"

⑥馆室次舍：语出东汉张衡《西京赋》。《文选》注曰："《周礼》曰：官正掌宫中次舍。郑玄《礼记注》曰：次，自循止之处。"次舍，止息之所。《周礼注疏》："庶子卫王宫，在内为次，在外为舍。"

⑦彩饰织缛：语出同上。《西京赋》原文为："采饰纤缛。"《文选》注曰："采，五色也。纤，细也。善曰：《说文》曰：缛，繁采饰也，音辱。"又："《说文》曰：缛，彩饰也。"意为彩饰精致繁缛。此处原文从《西京赋》。

⑧裛（yì）以藻绣，文以朱绿：语出同上。意为用藻绣加以缠绕，用红绿之色绘以华文。裛，意为缠绕。

⑨青琐丹楹：语出晋左思《吴都赋》："雕栾镂楶，青琐丹楹。图以云气，画以仙灵。"《文选》注："琐，户两边，以青画为琐文。楹，柱也。"以青色为门户边描绘琐文，用红色涂刷屋柱。

⑩谢赫《画品》：谢赫，南朝齐梁时画家，亦通绘画理论。撰有《古画品录》，又称"《画品》"。宋晁公武《郡斋读书志》："《古画品录》一卷：右南齐谢赫撰。"

⑪图者，画之权舆：意为图乃绘画之始。权舆，指事物之开始。《文选》李善注《尔雅》曰："权舆，始也。"清人邹一贵《小山画谱》："六书始于象形，象形乃绘事之权舆。"

⑫缋（huì）者，画之末迹：意为绘画是图画中的次要之事。缋，指绘画。《文献通考·郊社考·郊》："作缋者，缋，画也，衣是阳，阳至轻浮，画亦轻浮故衣缋也。"

⑬仓颉：传说中黄帝时代的人，古代象形文字的始创者。《晋书·卫恒传》："黄帝之史，沮诵、仓颉，眺彼鸟迹，始作书契。"《唐六典·门下省·左散骑常侍》："宋衷《世本》云：'沮诵、仓颉为黄帝左、右史。'"

⑭尚标书称，未受画名：《法式》引谢赫《画品》："一曰鸟书，书端象鸟头，此即图画之类，尚标书称，未受画名。"指早期文字"鸟书"，仍被称以"字书"，尚无"图画"之名。

⑮犹略体物：意为尚能大体上描摹出事物的形体。体物，指描述事物或状摹事物。

⑯有虞作缋：上古有虞氏开始在物体上绘以图画。有虞氏，史前部落名。亦有说有虞氏即上古"三代"之一的舜帝。

⑰重华之世：指舜帝所处的时代。重华，即舜，姚姓，一说妫姓，名重华，史称"虞舜""虞帝"。

⑱穷神测幽：穷尽天下的神奇变化，探测世间的幽深道理。其语似出自唐张彦远《历代名画记》卷一："夫画者，成教化、助人伦、穷

神变、测幽微，与六籍同功，四时并运，发于天然，非由述作。”

⑲缣素（jiān sù）：白色细绢，又称“缣缃”“缣帛”。古人在其上写字或作画。《文史通义·内篇·篇卷》：“大约篇从竹简，卷从缣素，因物定名，无他义也。而缣素为书，后于竹简，故周、秦称篇，入汉始有卷也。”

⑳素象什物之类：指日常生活中经常遇到或用到的诸种形象及日用杂物。

㉑装銮：营造术语。指在房屋梁栋、枓栱、额榑之上，或其他细部构件及室内墙壁、雕塑等上施以彩绘。宋刘道醇《五代名画补遗》载唐人王温：“善装銮彩画，其精功妙技，为古今绝手。”

㉒刷染：在房屋墙壁、门窗或柱梁等上遍刷某种色彩以做装饰，并无特别的形象描绘，称为“刷染”。

【译文】

《尚书·周书·周官》中提到：古之巫觋以图画描绘鬼与神祇的形象。猷，为图画之义。

《世本》：黄帝时的臣子史皇开始绘作图画。东汉末人宋衷注：史皇，是黄帝的臣子。图，指的是图画形象的意思。

《尔雅》：猷，其意为图，即画事物的形象。

《西京赋》：枓与梁楣上图绘出如绣的云气，还有精雕细刻的栏槛与绘有彩纹的连檐。五臣注《文选》说：画出如绣云一般的彩饰。棍，指的是檐部的连檐木。其上都装饰以文采。故宫馆屋室，宿卫休沐之所，彩饰精致繁缛，用藻绣加以缠绕，用红绿之色绘以华文。堂馆屋室之上，缠绕装饰以藻绣纹样，并以红绿的色彩描绘出各样的华文。

《吴都赋》：用青色为门户的边缘描绘以琐文，用红色刷染涂饰房屋的柱楹，在其上图绘出空灵的云气，并勾画出腾云驾雾的神仙灵异。青琐，是以琐文为图案，用青色染为图底，并画出云气及各种神仙、灵怪、奇异之物。

南朝齐梁时画家谢赫所撰《画品》中写道：所谓“图”，是绘画的开端；所谓“缋”，是绘画中的次要之事。总称为“画”。黄帝时的仓颉创造了文字，当时的文字有六种形体：一是鸟书，其字的端头比象鸟头，这就如同图画一样，但仍称其为“字书”，并没有赋予其画名。到了同是黄帝时的史皇首创绘图，他还是描绘物体的大致外形；有虞氏开始在物体上作画，初步描绘出物体较为完备的形象。今日的绘画之法，大概兴起于上古舜帝姚重华的时代。绘画的作用，既可以穷尽天下的神奇变化，也可以探究与预测世间的幽深道理，在应用上有着十分广博的范围。今日，将图像绘于白色的细绢之上者，称为“画”；在房屋的梁栋、枓栱，或室内的器物、用品之上图绘以彩画者，俗话中可称之为“装銮”；若以粉、朱、丹三种颜色遍涂于房屋的门窗等之上，以做装饰者，则称为“刷染”。

阶

《说文》：除，殿阶也[①]。阶，陛也[②]。阼，主阶也[③]。陛，升高阶也[④]。陔，阶次也[⑤]。

《释名》：堦[⑥]，陛也。陛，卑也，有高卑也[⑦]。天子殿谓之纳陛，以纳人之言也[⑧]。阶，梯也，如梯有等差也。

《博雅》：戺、仕巳切。橉[⑨]，力忍切。砌也。

《义训》：殿基谓之隚[⑩]。音堂。殿阶次序谓之陔。除谓之阶，阶谓之墒[⑪]。音的。阶下齿谓之城[⑫]。七仄切。东阶谓之阼[⑬]。霤外砌谓之戺[⑭]。

【注释】

①除，殿阶也：除，指宫殿台阶，亦泛指台阶。《史记·魏公子列传》：“赵王扫除自迎，执主人之礼。”又《初学记·地部·总载地》：“惊风振四野，回云荫堂除。”南朝宋谢灵运《怨晓月赋》：“墀除兮镜

监，廊栊兮澄澈。”

②阶，陛也：陛，一般指宫殿的台阶。《玉篇·阜部》：“阶，登堂道也。”又：郑玄注：“阶，所乘以升屋者。……阶，梯也。”

③阼（zuò），主阶也：古时称大堂前东面主人迎接宾客的台阶。《仪礼·士冠礼》：“主人玄端爵韠，立于阼阶下。”郑玄注：“阼，犹酢也，东阶所以答酢宾客也。”

④陛，升高阶也：陛，为可借以登高之用的台阶。《说文·阜部》曰：“阶，陛也。”西汉贾谊《新书·退让》：“堂高三尺，壤陛三絫。”

⑤陔（gāi），阶次也：陔，与房屋台阶相关者，一为靠近台阶底部之处，二为踏阶的级或层。阶次，殿阶的石级次序。

⑥堦（jiē）：义与“阶”同。三国魏曹植《闺情二首》之一：“闲房何寂寞，绿草被堦庭。”又《农政全书·种植·杂种》：“筀竹根多，穿害堦砌。”

⑦陛，卑也，有高卑也：《说文·阜部》：“陛，升高阶也。”清段玉裁注：“自卑而可以登高者谓之陛。”其意为堂虽高，需由陛级而下，在堂上的太子崇，登堂之陛则卑。言“陛”有“卑”义者，似仅见于《法式》引《释名》。

⑧天子殿谓之纳陛，以纳人之言也：登天子之殿，有特别的仪式叫“纳陛”。君主站在台阶上接纳人臣之言。《初学记·居处部·殿》：“九锡之礼，纳陛以登，谓受此陛以上殿。”五代罗隐《两同书》：“是故明君者，纳陛轸处，旰食兴怀，劳十起而无疲，听八音而受谏，盖有由矣。”可知“纳陛”有“纳人之言”意。

⑨戺（shì）：与“阶”相关之义为台阶旁所砌的斜石。《尚书·周书·顾命》：“四人綦弁，执戈上刃，夹两阶戺。”孔传：“堂廉曰‘戺’，士所立处。”东汉张衡《西京赋》：“金戺玉阶，彤庭辉辉。”《新唐书·李宝臣传》：“诸将已休，独武俊佩刀立戺下。”橉（lìn）：门槛。《汉书·外戚传》：“切皆铜沓黄金涂。”唐颜师古注云：“《玉

篇·木部》：'橉，楚人呼门限曰橉。'《淮南子·氾论》：'枕户橉而卧者，鬼神蹠其首。'"

⑩陛（táng）：同"堂"，有"殿堂台基"之义。《周礼·冬官·匠人》中"堂崇三尺"之"堂"，《法式》引《义训》"殿基谓之陛"，即如其义。

⑪墒（dì）：即台阶。

⑫城（cè）：指踏阶的梯步之级，台阶，石级。《文选·班固〈西都赋〉》："于是左城右平，重轩三阶。"唐李善注引挚虞《决疑要注》："平者，以文砖相亚次也；城者，为陛级也，言阶级勒城然。"

⑬东阶谓之阼：《礼记正义》："东阶谓之阼，故曰'宾主之处'。"则屋基之双阶，西阶为宾位，东阶为主位。

⑭霤（liù）外砌谓之戺：清人徐鼒撰《读书杂释》："《说文》解'霤'字云：'屋水流也。从雨，留声。'……《文选》束皙《补亡诗》：'濛濛甘霤。'注云：'凡水下流曰霤。'"霤外，指房屋基址四周屋檐雨水滴落处之外，亦即房屋台基之外。此处或有踏阶，其阶两侧所砌斜石，即为"戺"。霤，指房屋四周的屋檐雨水滴落之处。

【译文】

《说文》：除，指的是殿堂之阶。阶，也可以称作"陛"。阼，是主人所立与所登之阶。陛，是可以使人拾级而上，登堂入室的踏阶。陔，是指踏阶的层级。

《释名》：堦，其义同"阶"，亦有"陛"之义。陛者，登临殿堂之阶，其虽位处卑下，却可以区别出高贵与卑微。天子殿堂之阶，称之为"纳陛"，以喻能够接纳人臣谏言之意。阶，踏步之阶梯，如同梯子有高下等差一样。

《博雅》：戺、仕巳切。橉，力忍切。两个字都有"砌"的意思。

《义训》：殿堂的台基，称为"陛"。音堂。登殿踏阶的次序，称为"陔"。除可以称为"阶"；"阶"可以称为"墒"。音的。踏阶层级的下齿称为"城"。七仄切。屋前东侧的踏阶称为"阼阶"。屋檐雨水滴落处之外所砌踏阶上的斜石称为“𨸝”。

砖

《诗》：中唐有甓[①]。

《尔雅》：瓴甋谓之甓[②]。𤭛砖也[③]。今江东呼为瓴甓。

《博雅》：䍃[④]、音潘。瓳[⑤]、音胡。㼷[⑥]、音亭。治[⑦]、甄[⑧]、音真。𤭖[⑨]、力佳切。瓯[⑩]、夷耳切。瓴[⑪]、音零。甋[⑫]、音的。甓、𤭛[⑬]，砖也。

《义训》：井甓谓之甗[⑭]，音洞。涂甓谓之毂[⑮]，音哭。大砖谓之䍃瓳[⑯]。

【注释】

①中唐有甓（pì）：语出《诗经・陈风・防有鹊巢》。《毛诗正义》：“中，中庭也。唐，堂涂也。甓，令适也。……令，音零，字书作‘瓴’。适，都历反，字书作‘甋’。”又引《释宫》云：“瓴甋谓之甓。”中唐，中庭至大门的路。甓，即砖。

②瓴甋（líng dì）谓之甓：瓴甋，长方砖。又有瓦沟义。甓，本义为砖，又有用砖砌筑义。《尔雅・释宫》：“瓴甋谓之甓。”晋郭璞注：“𤭛砖也，今江东呼‘瓴甓’。”

③𤭛（lù）砖：《广雅・释宫》：“甓，𤭛砖。”清王念孙《众经音义》卷十四引《通俗文》曰：“狭长者谓之𤭛砖。”又释“砖”：“《广韵・仙韵》：‘砖，砖瓦。’”

④䍃（pān）：䍃瓳，大𤭛砖，大砖。

⑤瓳（hú）：䍃瓳，意为大砖。

⑥㼷（tíng）：砖。《广雅・释宫》：“㼷，𤭛砖也。”

⑦治：砖。

⑧甄（zhēn）：砖。

⑨瓴（léi）：砖。《广雅·释宫》："瓴，甗砖也。"

⑩瓯（yí）：砖。《广雅·释宫》："瓯，砖也。"

⑪瓴（líng）：《尔雅·释宫》："瓴甋谓之甓。"《汉书·高帝纪》："譬犹居高屋之上建瓴水也。"西汉司马相如《长门赋》："致错石之瓴甓兮，象玳瑁之文章。"

⑫甋（dì）：《尔雅·释宫》："瓴甋谓之甓。"

⑬甗（lù）：砖。

⑭井甓：砌井所用之砖。甀（tóng）：井壁。《广雅·释宫》："甀，甃也。"《广韵·东韵》："甀，井甓，一云'甃'也。"

⑮涂甓：即未及烧就而成的泥砖，即砖坯。涂，有"泥"义。甓，为砖。毂（kū）：《字汇》："苦谷切，音哭。土墼也。"未烧的砖，即砖坯。《玉篇·土部》：'毂。土墼也。'"

⑯甂瓳：大砖。

【译文】

《诗经·陈风·防有鹊巢》：中庭内有用砖铺砌的至大门的路。

《尔雅》：瓴甋，可以称为"甓"。也就是说"甗砖"是一种长方形的砖。今日的江东人呼其为"瓴甓"。

《博雅》：甂、音潘。瓳、音胡。瓪、音亭。治、甄、音真。瓴、力佳切。瓯、夷耳切。瓴、音零。甋、音的。甓、甗，也都是砖。

《义训》：甃砌井壁的砖，即甓，称为"甀"，音洞。未及烧就的砖坯，即土墼，称为"毂"，音哭。大尺寸的砖称为"甂瓳"。

井

《周书》①：黄帝穿井②。

《世本》:化益作井[③]。宋衷曰:化益,伯益也,尧臣。

《易传》[④]:井,通也,物所通用也。

《说文》:甃[⑤],井壁也。

《释名》:井,清也,泉之清洁者也。

《风俗通义》:井者,法也,节也;言法制居人[⑥],令节其饮食,无穷竭也。久不渫涤为井泥[⑦]。《易》云:井泥不食。渫,息列切。不停污曰井渫[⑧],涤井曰浚[⑨]。井水清曰冽[⑩]。《易》曰:井渫不食[⑪]。又曰:井冽寒泉[⑫]。

【注释】

①《周书》:未知此《周书》究竟指《尚书·周书》,还是指《逸周书》,抑或指"二十四史"中南北朝史中的《周书》,这几本书中都未见有关"黄帝穿井"的记载。

②黄帝穿井:《初学记·地部·井》:"黄帝见百物,始穿井。(《周书》:黄帝穿井。)"

③化益作井:参见《世本·作篇》:"化益作井(《周易·释文》,《初学记》七引"伯益作井"。《御览》一百八十九引"伯夷作井")。"康有为《孔子改制考》:"夏后有化益为天子。"《毛诗正义》:"《地理志》又云:'秦之先曰伯益,助禹治水,为舜虞官,养草木鸟兽,赐姓嬴氏。'"又《尚书正义》:"伯夷,臣名,姜姓。……《郑语》云:'姜,伯夷之后也。伯夷能礼于神以佐尧。'"则可知"化益""伯益""伯夷"似乎并非指同一人。

④《易传》:此指《周易·杂卦》。《法式》此处所引文字与《周易·杂卦》文字上稍有出入。《周易》释"亨""泰"卦时,解为"通",与水有关者,见于《周易集解》孔颖达疏:为沟渎,取其水行,无所不通也。

⑤甃（zhòu）：《初学记·地部·井》："甃，聚砖修井也。（《易》云：井甃无咎。）"为用砖修砌井池之壁。

⑥井者，法也，节也；言法制居人：东汉应劭《风俗通义》佚文："井，法也，节也。言法制居人，令节其饮食，无穷竭也。"意为井之义，有如法度与节操之义，故依井而居者，需节制饮食用水，则水无穷竭。井者，其水之涌有所节制，如国家之法约束节制了依其井而居之人的饮食用水一样。

⑦渫涤（xiè dí）：除去污秽之物。

⑧不停污（wū）曰井渫：《初学记·地部·井》："不停污曰井渫，（音泄。《易》云：井渫不食。）"意为经过浚治之井，其水洁净清澈，故称"井渫"。井渫，将井做过了清理疏通。

⑨涤井：《初学记·地部·井》："涤井曰浚井。"清理、疏浚井中所积污泥。

⑩冽（liè）：《初学记·地部·井》："水清曰冽井。（《易》云：井冽寒泉。）"意为冷冽、冰凉。

⑪井渫不食：《周易正义》："'井渫不食'者，渫，治去秽污之名也。井被渫治，则清洁可食。……井渫而不见食，犹人修己全洁而不见用。"比喻洁身自持之人，却不为人所知、所用。

⑫井冽寒泉：《周易·井卦》："井冽寒泉，食。"意为清冽之井水，冰寒之泉水，其水可饮。

【译文】

《周书》：是黄帝开创了穿凿水井以提供饮用水的最先尝试。

《世本》：是夏代人化益始创水井的开凿甃砌。宋衷解释曰：化益，即伯益，上古帝尧时的臣子。

《周易·杂卦》：井，有通达之义，也表达了万物可以互通互用的意思。

《说文》：甃，指井壁。

《释名》：井，本义为清冽纯净，有如清凉洁净的泉水一样。

东汉应劭《风俗通义》中解释说：井，如同国之法度一样，亦如人之节操一般；意思是说，依据法度来节制居处之人，使得人们能够在饮食上加以节制，则井中之水就可以无穷竭了。如果一口井很久都不做清除污水杂质，就会在井中积累泥垢。《周易》中说：淤积了井泥的水是不能饮用的。渫，息列切。经过浚治之井，其水洁净清澈，故称"井渫"；对井加以清泄洗涤，称为"浚"。若井水清冷洁净，就称"冽"。《周易》中说：经过清理渫治之井，其水清洁可饮，却无人饮用。又说：清冽之井水，冰冷之寒泉，其水可饮。

总例

【题解】

在《法式》的内容构架中，对于现代人学习与了解中国古代建筑而言，最重要的部分当属各作制度，包括壕寨制度、石作制度、大木作制度、小木作制度、瓦作制度、泥作制度、砖作制度、彩画作制度，甚至雕木作、竹作、旋作、锯作，等等。这些部分的主要内容及相关名词，在《总释上》与《总释下》中，都有一些概略性述及。

除了各作制度之外，《法式》中也特别提到当时房屋营造中一些基础性的施工方法，如方位之取正、基址地面及房屋标高之取平、房屋台基及墙柱等取直等问题。这些在房屋施工中无可回避的问题，《法式》作者在《总释下》"总例"一节中用了很少的笔墨就做出了一个扼要的表述。

房屋施工中还常常会遇到确定房屋各部分比例的问题，在平面或装饰中的取圆、取方或方中圆、圆中方等问题，以及一些特殊但会较常遇到的正多边形，如正八边形、正六边形的形式确定问题等，这些都是古代工匠们必须熟知的重要技巧。《总释下》"总例"一节用了"取圜方""诸径围斜长"几个命题，将这些问题概要性的涵盖于其中。

这里特别提到的"方一百，其斜一百四十有一"，或"圜径内取方，一百中得七十一"，其实涉及的是古代的一个重要比例，即$\sqrt{2}$ ：1与

$1:\sqrt{2}$ 的问题。这一问题，甚至与古代人的宇宙观、空间观有所关联。中国人相信宇宙的模式是“天圆地方”，或大地的模式是“外圆内方”，如此就会将方圆关系，特别是源之于方圆关系的 $\sqrt{2}:1$ 或 $1:\sqrt{2}$ 的比例关系运用到房屋规划与营造的各种可能的比例之中，例如笔者在上世纪80年代发现的唐宋时期建筑中檐高（橑檐方上皮标高）与柱高（外檐檐柱柱头标高）之间存在之 $\sqrt{2}:1$ 的有趣的比例关系，就是一个典型例子。

此外，《法式》中除了各作制度之外，还用了多卷的篇幅，特别述及了宋代营造中各作做法中的功限计算与料例计算。功限与料例，既与古代营造中的施工备料，即施工结束之后的费用结算有关，也与参与施工的匠役人员的数量、每日劳动定额及对于其所付出的劳动价值的给付有所关联。这种将劳动力计入付酬范畴的计量思维，也多少反映了北宋社会已经开始出现了一点商业经济的萌芽。这一部分的内容，不仅对于了解宋代房屋营造的诸多方面有着重要的补充作用，而且对于研究宋代的经济、文化与社会形态，也有着重要的参考意义。

《总释下·总例》中有关“长功”“中功”“短功”“诸式内功限”“本功及其增减”与“取料规则”“营缮计料”正好覆盖了其正文中所专门列出的“功限”与“料例”两个方面的内容。

本节图样参见卷第二十九《总例图样》图29-1、图29-2。

诸取圜者以规①，方者以矩。直者抨绳取则②，立者垂绳取正③，横者定水取平④。

【注释】

①圜（yuán）：同“圆”。

②抨（pēng）绳：义同“抨墨”。参见《看详》“方圜平直”条相关注释。抨，意为“弹”或“捭”。

③垂绳：以重物系于绳端，使绳垂悬，以求物体之端正竖直。

④定水：指固定且平稳的水平之器，相当于今日的水平仪。

【译文】

凡求取圆形，要用圆规；求取方形，要用矩尺。若求直线，则以绷直之绳抨墨而取之；求物之竖直于地，则用垂悬之绳而取其直正；求物之横平，则采用平稳的水平之器而求取之。

诸径围斜长依下项[①]：

圜径七，其围二十有二。

方一百，其斜一百四十有一。

八棱径六十[②]，每面二十有五，其斜六十有五[③]。

六棱径八十有七[④]，每面五十，其斜一百[⑤]。

圜径内取方，一百中得七十一[⑥]。

方内取圜，径一得一[⑦]。八棱、六棱取圜准此[⑧]。

【注释】

①诸径围：圆形与各种正多边形外接圆的直径，及圆形与各种正多边形的周长。斜长：各种正多边形对角线的长度，同时也是这一正多边形外接圆的直径。

②八棱径：正八边形直径，即两对边的距离，亦即这一正八边形内切圆的直径。

③其斜：指正八边形对角线长，即这一正八边形外接圆的直径。

④六棱径：正六边形直径，即两对边的距离，亦即这一正六边形内切圆的直径。

⑤其斜：指正六边形对角线长，即这一正六边形外接圆的直径。

⑥圜径内取方，一百中得七十一：由圆的直径求内接正方形边长的方法。参见《看详》“取径围”条相关注释。

⑦方内取圜，径一得一：由正方形边长求内切圆直径的方法。参见《看详》“取径围”条相关注释。

⑧八棱、六棱取圜准此：参见《看详》“取径围”条相关注释。

【译文】

各种直径、周长、斜长的计算方式，依据以下各项：

圆的直径为7，其圆的周长就是22。

边长为100的正方形，其方之内的对角线斜长为141。

正八边形的直径若为60，其八个边每一边的边长为25，其两个对角间的斜线长度为65。

正六边形的直径若为87，其六个边每一边的边长为50，其两个对角间的斜线长度则为100。

若在一个圆形之内，求取其内接正方形的边长，则若以其圆径为100，则其内接正方形的边长，即为71。

若在一个正方形之内求取其内切圆的直径，则圆的直径与其外切正方形的边长之比为1∶1。若在正八边形、正六边形内，求取其内切圆的直径时，所取的比率与之相同。

诸称广厚者①，谓熟材②；称长者③，皆别计出卯④。

【注释】

①诸称广厚者：“广”与“厚”是《法式》中常见材料尺寸用语。多用于材料的截面尺寸计算。其广，接近今人所说材料截面的“高”度；其厚，与今人所说材料截面的“厚”度相类。如《册府元龟·帝王部·封禅》：“今请玉牒长一尺三寸，广、厚各五寸。”

②熟材：指经过加工的木材或石材，其基本形式多为矩形截面，便于按照房屋构件做进一步加工，故其截面尺寸多以“广厚”称。

③称长者：亦为《法式》中常见材料尺寸用语。多用于材料长度尺

寸计算。与今人所说材料之长意思相类。

④皆别计出卯：因为中国建筑使用的是自然材料，材料加工，主要是做减法，故在计算材料长度时，要将材料的榫卯长度尺寸计算在内，以保证经过加工完成后的构件主体，如梁、额等构件的主体部分，长度尺寸不受损失。

【译文】

诸房屋营造材料中，凡以“广”与“厚”等术语称其尺寸者，都应该是经过初步加工，截面形态主要为矩形的熟材；在计算材料的长度时，应将其两端的榫卯长度单独计算进来，以防在构件加工过程中，因榫卯加工而影响构件主体的长度。

诸称长功者[①]，谓四月、五月、六月、七月；中功谓二月、三月、八月、九月[②]；短功谓十月、十一月、十二月、正月[③]。

诸称功者谓中功[④]，以十分为率，长功加一分，短功减一分[⑤]。

【注释】

①长功：指白昼时间较长的季节，其劳动时间亦较长，故其劳动定额的计算亦应较多，故称“长功”。功，指古代营造中的劳动定额。

②中功：指白昼时间适中的季节，其劳动时间亦适中，故其劳动定额的计算亦应适中，故称“中功”。

③短功：指白昼时间较短的季节，其劳动时间亦较短，故其劳动定额的计算亦应较少，故称“短功”。

④诸称功者谓中功：即以白昼时间适中，且劳动时间亦较适中季节的劳动定额为标准。

⑤以十分为率，长功加一分，短功减一分：将作为标准劳动定额的中

功，定为十分，劳动时间较长的长功，以增加一分计；劳动时间较短的短功，以减少一分计。

【译文】

所谓"长功"，指的是四月、五月、六月、七月；"中功"，指的是二月、三月、八月、九月；"短功"，指的是十月、十一月、十二月、正月。

所谓的"功"，应当以"中功"为标准，将其定为十分，则长功应加一分，短功应减一分。

诸式内功限并以军工计定①，若和雇人造作者②，即减军工三分之一。谓如军工应计三功即和雇人计二功之类。

【注释】

①诸式内：这里的"式内"似指各作制度之内不同等级的做法，亦即"法式"。《太平御览·偏霸部》："吉凶车服制度，各为等差，具立条式，使俭而获中。"军工：指宋代厢军工匠。"厢军"是一支主要从事役作的部队，类如今天的工程兵。厢军不参与战事，专供朝廷役作。《宋史·兵志》："厢军工匠除上京修造外，其余路所差，并放还休息之。"又："材不中禁卫而足以执役为厢军。"

②和：约为"折算成"或"折合为"的意思。雇人造作：以付费方式雇佣匠人或劳役者参加的造作活动。《宋史·王安石传》："免役之法，据家赀高下，各令出钱雇人充役。"又："民患苦衙前役，诜科别人户，籍其当役者，以差人钱为雇人充，皆以为便。"

【译文】

在各种造作制度不同等级做法的匠作法式内，其功限的计算均以厢军工匠的功限为标准计算与确定，若将其折算为雇佣人匠的造作功限，即按军工功限的标准，减除三分之一后计算即可。也就是说，假如军工所做功限应计为3功，则可折合为雇佣人匠所作功限的2功计之。

诸称本功者[1]，以本等所得功十分为率[2]。

诸称增高广之类而加功者[3]，减亦如之。

诸功称尺者，皆以方计[4]。若土功或材木，则厚亦如之[5]。

【注释】

①本功：即以该作制度所用等级相应之做法计算的功限。参见卷第二十六《诸作料例一》“障日篛等”条：“其竹，若甋瓦结宽，六椽以上，用上等；四椽及瓪瓦六椽以上，用中等，甋瓦两椽、瓪瓦四椽以下，用下等。若阙本等，以别等竹比折充。”又卷十九《大木作功限三》“殿堂梁、柱等事件功限·柱”条：“柱：每一条长一丈五尺，径一尺一寸，一功。（穿凿功在内。若角柱，每一功加一分功。）如径增一寸，加一分二厘功。……若长增一尺五寸，加本功一分功。……或用方柱，每一功减二分功。若壁内暗柱，圜者每一功减三分功，方者减一分功。”

②率：《法式》原文为“准”，梁注本改为“率”。

③增高广之类：指其在正面高度与面广尺寸上的增加。

④诸功称尺者，皆以方计：以尺数所计算的各作各等功限，应按其所计尺数的“平方”或“立方”计算。

⑤若土功或材木，则厚亦如之：搬运或堆积土或材木所计功限，若以尺计其土或材木的厚度尺寸，亦应按其厚度尺寸数的“平方”或“立方”计算。

【译文】

各种称为本功的功限，都是将其作制度本等工作相应功限计为十分，以作为计算其作制度其他功限的基准比率。

凡计算功限时，若因其高与面广尺寸之增加而增加所计功限者，若其高与面广尺寸减少时，也应以同样方式减少其所计功限。

以尺寸数计算的各作各等功限，应按其所计尺寸数的“平方”或

“立方”计算。搬运或堆积土或材木所计功限，若以尺计其土或材木的厚度尺寸，亦应按其厚度尺寸数的“平方”或“立方”计算。

诸造作功[①]，并以生材[②]。即名件之类[③]，或有收旧，及已造堪就用[④]，而不须更改者，并计数于元料帐内除豁[⑤]。

诸造作并依功限[⑥]。即长广各有增减法者，各随所用细计[⑦]。如不载增减者，各以本等合得功限内计分数增减[⑧]。

【注释】

①诸造作功：指宋代营造各作制度中各种不同名件的加工制作所用功限。

②生材：是一个相对于《法式》中所说“熟材”而言的术语。指未曾做过任何加工处理的原材料。

③名件：指宋代营造各作制度中的诸种不同构件。《看详》“诸作异名”条：“屋室等名件，其数实繁。书传所载，各有异同；或一物多名，或方俗语滞。”

④已造堪就用：经过加工制作的名件，已可承当房屋构件之使用。

⑤元料：与今日所言“原料”意义接近，抑或还有“既有材料”之义。如《册府元龟·掌礼部·奉先》：“修太庙使，宰臣郑延昌奏：‘太庙大殿十一室，二十三间，十一架，功绩至大，计料支费不少。兼宗庙制度有数，难为损益，今不审依元料修奉，为复更有商量？请下礼官详议。’太常博士殷盈孙奏议言：‘如依元料，难以速成，况帑藏方虚，须资变礼。’”帐内除豁：从已经过计算的原初账单中免除，不计入元料数目之内。

⑥诸造作并依功限：各作制度中各种构件的制作加工，都依据相应构件本等功限计算。

⑦各随所用细计：凡所加工制作的构件尺寸有所增减，各随其作所依功限，详细计算尺寸增减后所用的功限。

⑧本等合得功限内计分数：即将增减之数，依据其所占各作制度中本等构件加工制作应计入功限数的比值计入。

【译文】

各作制度中各种不同名件加工制作所用功限，均以未经加工的原始材料计算。各作制度中各种不同类型的构件，若是用老旧构件，或已加工好，基本可用，不须更改者，要将其所计之功从原初计划的材料帐目中减除。

各作制度中各种构件的制作加工，都应依据相应构件本等功限计算。若其构件长、广等尺寸各有其增减计算方法者，也应各随其增减数量仔细推算计入。如没有相应增减计算方法者，则各将其增减之尺寸依据其在该构件之本等加工制作中应计入的功限数中所占比值，对所计功限加以增减。

诸营缮计料①，并于式内指定一等②，随法算计③。若非泛抛降④，或制度有异⑤，应与式不同⑥，及该载不尽名色等第者⑦，并比类增减⑧。其完葺增修之类准此⑨。

【注释】

①营缮计料：房屋营造与修缮工程中的材料统计与准备。下文所言“料例”乃指房屋营造用料之计算，即所谓“营缮计料”。

②式内：指各作制度不同名件的营作法式之内。对于各作制度，应在其制度之式内确定一个标准，以其标准之增减而推算用料。指定一等：在各作制度不同名件的营作制式之内，选择其中一等作为计算料例的基础性标准。

③随法算计：依据所选作为计料标准等级名件营作制式，以其为一

标准值，同一名件其他等级名件用料各因其尺寸增减，根据比率推算其用料计划。

④非泛抛降："抛降"，为宋代习用语。大概为政府（或官方）计划支付之义。例见《朱子语类》卷一百三十二："后其人知绍兴府，太后山陵，被旨令应副钱数万给砖为墙。其大小厚薄，呼砖匠于后圃依样造之。会其直，比抛降之数减数倍。遂申朝廷，乞绍兴自认砖墙。……遂呼砖匠于园后结墙一堵，验之。先问其砖之大小厚薄，依样烧砖而结之，费比朝廷所抛降之数减数倍云云。""泛抛降"，似为"标准计划支付"之数。若某一工序之工料，非标准计划支付之数，或其做法（制度）与标准做法有所差别，即"与式不同"者，以及虽属标准计划范畴，但名色等第与标准规定不尽相同者，按照其差别大小增减其用料计算。若房屋竣工之时或有增加内容者，亦以此标准计划之数为基础，增减其用料计算。

⑤制度有异：疑指对不同营作制度，如石作制度、大木作制度、小木作制度等，计料方法自有不同，故称"制度有异"。

⑥与式不同：意为因营造制度不同所发生的材料计算差异与在同一制度下某一名件制式尺寸不同所发生的材料计算差异不同。

⑦名色等第：意为应涵盖不同营作制度下各种不同名件中各种不同等级或等第之各组成构件的细部差异。

⑧比类增减：不同营作制度下不同名件的不同等级情况，应比照标准等式，按比例增减。

⑨完葺：意为修葺、补缮。如唐张彦远《法书要录》卷三中提到："完葺旧府，圬墁故堂。吏人以壁字昏蒙，方以垩扫涂上。"增修：意为增建、加建、扩建。

【译文】

房屋营造与修缮工程中所需材料之计算，应在各作制度下不同名件营作制式之内，选择并明确其中一个等第，作为一个用料标准，其他等第的用料计算则以各名件之不同等第与标准等第在尺寸等方面的差异,按比率逐一推算而出。若是不在标准计划之内的用料费用支付,或所应用之营作制度不同,则应与诸名件营作制式不同,以及应该列入的各种不同名件与各名件之不同等级情况,都要依据其类别、根据其等第与尺寸差异按比率增减。其他修葺、补缮及增建、扩建等工程用料计算,亦与如上所说诸多不同情况应采用的方法一样。

卷第三　壕寨及石作制度

壕寨制度

取正　定平　立基　筑基　城　墙　筑临水基

石作制度

造作次序　柱础　角石　角柱　殿阶基　压阑石地面石

殿阶螭首　殿内斗八　踏道　重台勾阑单勾阑、望柱

螭子石　门砧限　地栿　流盃渠剜凿流盃、垒造流盃

坛　卷輂水窗　水槽子　马台　井口石井盖子

山棚鋜脚石　幡竿颊　赑屃鳌坐碑　笏头碣

【题解】

本卷的内容分为两个部分：一是“壕寨制度”，二是“石作制度”。其中的壕寨制度部分，涵盖了古代建筑的施工方法、房屋基础筑造、城墙与露墙等筑造，以及与桥涵、水道有所关联的临水基的筑造工程。而石作制度部分，则涵盖了古代包括房屋基础与石构配件在内的几乎所有用石材建造的工程内容。

我们习惯上将房屋的结构与构造部分，抑或也包括房屋的施工方式与技术，纳入土木工程的范畴之中。如此看来，中国古代建筑之地面以上的部分，包括柱子、梁额、屋架以及具有装饰与装修性质的门窗格扇等，大约都属于木造工程的范畴，除此而外的地基、房屋基座、踏阶、城

墙、房屋围护墙体、柱础、石质勾阑、石质地面石、门砧石、石质地栿、桥涵，甚至马槽、碑碣、上马踩登的马台、支撑高大幡竿用的幡竿颊，以及具有娱乐游戏性质的流盃渠，祭祀用的坛台，日常生活中使用的井口石，饮马用的水槽子，或简易露宿时为搭造帐篷所用的山棚锃脚石等，大概都可归在“土木工程”之“土”的范畴之内，这里的“土”，其实是指房屋建造中，除了木造工程之外的“土石”工程部分。

进一步说，中国古代土木工程之“土”的部分，一方面涵盖了房屋的基础、墙体及相应的石造构配件部分；另一方面，则主要是指与城市、房屋、水利、桥隧、道路、地面铺装，以及与河湖港湾相关的码头、水岸、桥头摆手等接近近现代意义上的市政工程范畴的部分。

换言之，本卷为《法式》之各作制度部分的最前一卷，其内容基本覆盖了古代土木工程之“土石”部分，也基本覆盖了城市市政工程、房屋基础工程、房屋墙体等围护工程，以及房屋间道路、地面等铺装工程，房屋四周地面的排水工程，当然也包括为居民提供日常用水的水井与井台筑造等方面的内容。

壕寨制度

【题解】

“壕寨”一词似始见于五代，史载后梁寿州人刘康乂：“所向多捷，尤善于营垒，充诸军壕寨使。”（《旧五代史·梁书·刘康乂》）则“壕寨”最初似指两军对峙时的营垒工事，负责这类工程的官员，称“壕寨使”。

《法式》中所言壕寨工程，包括了诸如取正、定平、立基、筑墙、穿井等城垣筑造和房屋基础等挖土、夯土工程。其中既涉及房屋施工中取正、定平的一些古代仪器或工具，又涉及与地基、基础及墙体等相关工程的做法与构造特征。

在“壕寨制度”这一节行文中，主要论及房屋的定位、放线、找平，地基处理、基础夯筑、各种墙体筑造和各种与水体有关的工程，如穿井、凿挖沟壕、筑临水基等方面的种种规则。

本篇图样参见卷第二十九《壕寨制度图样》图29-3至图29-7。

取正

取正之制①：先于基址中央，日内置圜版②，径一尺三寸六分。当心立表③，高四寸，径一分。画表景之端④，记日中最短之景。次施望筒于其上⑤，望日星以正四方⑥。

望筒长一尺八寸，方三寸。用版合造。两罨头开圜眼⑦，径五分。筒身当中，两壁用轴安于两立颊之内⑧。其立颊自轴至地高三尺，广三寸，厚二寸。昼望以筒指南，令日景透北；夜望以筒指北，于筒南望，令前后两窍内正见北辰极星⑨。然后各垂绳坠下，记望筒两窍心于地，以为南，则四方正。

若地势偏邪⑩，既以景表、望筒取正四方。或有可疑处，则更以水池景表较之⑪。其立表高八尺，广八寸，厚四寸，上齐，后斜向下三寸。安于池版之上。其池版长一丈三尺，中广一尺。于一尺之内，随表之广，刻线两道；一尺之外，开水道环四周，广深各八分。用水定平，令日景两边不出刻线，以池版所指及立表心为南⑫，则四方正。安置令立表在南，池版在北。其景夏至顺线长三尺，冬至长一丈二尺。其立表内向池版处，用曲尺较令方正⑬。

【注释】

①取正：古代营造中的施工过程之一。即通过相应技术手段，求取

房屋基址的正确方位。"取正"一词,古已有之,当为一多义词,基本含义,似已包含"定取端正方位"之义。《周礼注疏》:"以廛里任国中之地,以场圃任园地,……"东汉郑玄注:"皆言任者,地之形实不方平如图,受田邑者,远近不得尽如制,其所生育赋贡,取正于是耳。"

②圜(yuán)版:用于测日影方向及长短的圆形木版,形式与今日故宫尚存的日晷有一点类似。圜,同"圆"。

③当心立表:在测日影圜版中心点上竖立一根细木杆。这里的"表"即指所立木杆。

④表景:圜版上的木杆在日光下形成的影子。《毛诗正义》:"于四角立植而县以水,望其高下。高下既定,乃为位而平地。于所平之地中央,树八尺之臬,以县正之。视之以其影,将以正四方也。日出日入之影,其端则东西正也。"景,梁注:"即'影'字,如'日景'即'日影'。"

⑤次施:然后再安装。施,梁注:"即'用'或'安'之义。这是《法式》中最常用的字之一。"望筒:指用于取正的仪器,形如远望的圆筒。通过望筒,白昼正午时,向南望日,并标识出望筒北侧日影;夜晚透过望筒,远望北极星,并在望筒两侧各悬垂绳于地,做出标识。结合白昼午时望日、夜晚望北极,以确定正确的南北方位,再以此为据,确定东西方位,则房屋基址的四个方位就确定了下来。

⑥望日星:透过望筒观望白昼的太阳与夜晚的北极星。参见《看详》"取正"条"望日景"相关注释。

⑦两罨(yǎn)头:指望筒的两个端头。望筒为"用版合造",两个端头各有一块方版掩住其端的筒口。罨,梁注:"即'掩'字。"

⑧轴:安于两立颊之上,用于固定并转动望筒。两立颊:用以安装望筒的两块平行的条状竖版。

⑨北辰极星：即“北辰”或“北极星”。《尔雅·释天》：“北极谓之北辰。”《毛诗正义》：“极星，谓北辰也。”

⑩地势偏邪：指房屋基址所处地形的方位不端正。邪，梁注：“‘不正’之义。”

⑪水池景表：也作“水池影表”，系一种辅助性取正仪器，对确定方位有困难的地方，以其作为校正方位的辅助工具。使用水池景表对不平整的基址进行测量与定位，可以避免地势偏斜造成的误差。

⑫立表心：圜版上所立木杆，即“立表”的中心线。心，梁注：“中心或中线都叫做‘心’。”

⑬曲尺：古代工匠用尺，为“L”形。参见前文《看详》“取正”条相关注释。

【译文】

求取端正方位的规则：先在拟建房屋之用地基址的中央，在阳光下设置一个圆形的版，圆版的直径为1.36尺。在圆版的中心竖立一根标杆，标杆的高度为0.4尺，标杆的直径为0.01尺。在圆版上画出阳光下标杆所投影子的端点，找出正午时分最短的影子，并标出其影端的位置。然后在这一点上设望筒，以望筒正对太阳和北极星，以求出正确的四方方位。

望筒的长度为1.8尺，方0.3尺。望筒用木版组合相嵌而成。在望筒两端的封版上各开出一个直径为0.05尺的圆孔。在望筒当中的两个侧壁上设置一根可以转动的轴，将望筒之轴安在两侧的立颊之内。立颊之高以望筒之轴距地面高3尺为度，立颊宽0.3尺，厚0.2尺。白昼时，将望筒指向南方，使正午的日光透过望筒而正对北方；夜晚之时，将望筒指向北方，从筒的南端远望，如此，则可以从望筒前后两窍内正好望见北极星。然后在每一望正之时，各自从望筒两窍中心垂下一绳，标记出望筒两窍心与地面连线，此即正南方位，如此则可以求取东、南、西、北四个正方位。

如果房屋基址的地势偏斜不正，就用日影标杆和望筒两种方式配合，以求取四个正方位。如果仍然有可疑的地方，就再使用水池景表，即水池影子标杆来加以校正。水池景表中所立标杆的高度为8尺，其杆宽0.8尺，厚0.4尺，标杆上端齐整，但其上端后侧应向下倾斜0.3尺，使标杆顶端形成一个斜面。然后将标杆安置于水池池版之上。其池版的长度为13尺，池版中央的宽度为1尺。在这1尺之内，随标杆之宽，在池版上刻出两道线条，在1尺之外，开凿一条四周环绕的水道，水道的宽度与深度各为0.08尺。在水道中注水，以确定池版之平正，将水池景表置于日下，观察日影，若日影两边不出两侧所刻边线，即可知池版所指的方向及池上标杆中心线的位置是正南方位，依据这一方法亦可求出四个正方位。将水池景表的立表置于南侧，池版置于北侧。若在夏至日，其立表之影顺着池版线南北方向的长度为3尺；在冬至日，其立表之影顺着池版线南北方向的长度为12尺。水池景表之立表与池版的交接部位，要用曲尺加以校正，以确保两者之间为垂直相交。

定平

定平之制[①]：既正四方，据其位置，于四角各立一表，当心安水平[②]。其水平长二尺四寸，广二寸五分，高二寸；下施立桩[③]，长四尺；安鐏在内[④]。上面横坐水平，两头各开池[⑤]，方一寸七分，深一寸三分。或中心更开池者，方深同。身内开槽子[⑥]，广深各五分，令水通过。于两头池子内，各用水浮子一枚[⑦]。用三池者[⑧]，水浮子或亦用三枚。方一寸五分，高一寸二分，刻上头令侧薄，其厚一分，浮于池内。望两头水浮子之首，遥对立表处，于表身内画记[⑨]，即知地之高下。若槽内如有不可用水处，即于桩子当心施墨线一道[⑩]，垂绳坠下，令绳对墨线心，则上槽自平，与用水同。其槽底与墨线两边，用曲尺较令方正。

凡定柱础取平[11]，须更用真尺较之[12]。其真尺长一丈八尺[13]，广四寸，厚二寸五分；当心上立表，高四尺，广厚同上。于立表当心，自上至下施墨线一道，垂绳坠下，令绳对墨线心，则其下地面自平。其真尺身上平处，与立表上墨线两边，亦用曲尺较令方正。

【注释】

①定平：古代营造中的施工过程之一。即通过相应的技术手段，求取房屋基址在用地及基础等方面的水平标高。《周髀算经·句股圆方图》："商高曰：'平矩以正绳，（以水绳之正，定平悬之体，将欲慎毫厘之差，防千里之失。）偃矩以望高，覆矩以测深，卧矩以知远，（言施用无方，曲从其事，术在《九章》。）'"以水绳之正，定平悬之体。水者，用以定水平；绳者，用以定垂直。

②当心安水平：在房屋基址用地的中央安置定平的水平器具。《法式》引《周官·考工记》："匠人建国，水地以悬。（郑司农注云：于四角立植而垂，以水望其高下，高下既定，乃为位而平地。）"意为在建造物基址四角竖立四根立杆，通过测水平器具，向四角立杆望去，各标出一个水平标志，以确定房屋基址平整与否。这里"水地以悬"的测水平器具，类如今日所用的水准仪。

③立桩：用以固定测水平器具的木桩，其根部为尖锐形式，嵌以金属端头，可以插入用地基址中央的土中。

④鐏（zuǎn）：套于杆件头部的金属端头。

⑤两头各开池：横坐于立桩上部的测水平器具，似为一长方形木方，安于立桩之上，其上表面开凿可以注水的池与槽。器具上表面两头，各开一个小池子。

⑥身内开槽子：在木方上表面顺身的中线部位开凿可以连通两头水

池的水槽，以保证注水后，彼此能够连通。

⑦水浮子：小而轻的浮木，类如后世枪械用于瞄准的准星一样的木质标志体。其形式为在一块1.5寸见方的小方木上，竖置部分为顶端向一个方向削薄其端头的木片，厚仅0.1寸，形成略似准星的端头，水浮子可以浮在水平两端（或中央）的小水池中。

⑧用三池者：即除了两头水池之外，在连接两头水池水槽的中点上，再凿挖一个水池，使测水平器具表面为一个水槽连接三个水池的形式。

⑨于表身内：这里的“表”指基址四角所立的木杆，在其杆之表面，即“表身内”，标画出代表水平高度的标记。画记：即透过测水平器具所望用地四角之杆，在各杆的表面相同标高位置上画出高度标记。

⑩桩子当心：指在立桩的竖直中心线上，用墨线画出一条直线，在无法用水的地方，以悬垂线校正立桩，使其垂直于地面，则其上横坐之木方的水槽亦能保持水平状态，仍可用以观测并标志出四角所立标杆的标高点位。

⑪定柱础取平：指测定已安置到位的房屋柱础顶面是否在一个相同的水平标高上。

⑫真尺：用于定柱础取平的长尺。梁注本仍称“真尺”。傅注：“四库本，‘真尺’作‘直尺’。”故其名尚存歧义。

⑬其真尺长一丈八尺：梁注：“从这长度看来，‘柱础取平’不是求得每块柱础本身的水平，而是取得这一柱础与另一柱础在同一水平高度，因为一丈八尺可以适用于最大的间广。”

【译文】

定平之制：在确定了房屋基址四个方向的正确方位之后，依据房屋所在的位置，在其基址四角各竖一根标杆；在基址的中央安置测度水平的仪器。这一水平仪器长2.4尺，宽0.25尺，高0.2尺；在这一水平仪器之下安置一根立桩，其桩长4尺；固定水平仪器，带有榫卯的端头，也包含在这一长度之内。在立桩之上横置水平之器，水平器的两端各开凿一个小池，池为0.17尺见方，深0.13尺。也有在水平器中心开凿小池的，其池的面方与池深的尺寸与两端方池相同。在水平器上的两端方池之间，再开凿水槽，水槽的宽度与深度都为0.05尺，使水能够在方池与槽内自由流动。在两端的方池内，各用1枚水浮子。如果有3个方池，也可以用3枚水浮子。水浮子0.15尺见方，高0.12尺；将水浮子上端削为侧薄的形式，其端头的厚度为0.01尺，使其漂浮于池内水面之上。以目望水平器两端水池子的顶端，并将之遥对房屋基址各角所立标杆，在标杆上与两水浮子顶端正对之处画出标记，就可以知道竖立标杆的这个位置的地面之高低了。如果在池槽之内无法用水，就在水平槽下立桩的中心线上弹上一道墨线，由桩之上端垂下一绳，使垂绳与立桩上的墨线彼此对准，则其上所承水平器之槽亦会自然平直，与用水找平的道理是相同的。这样做时，要用曲尺将其上水平槽之底与立桩上的墨线两边加以校正，务使其槽处于与立桩正相垂直的位置上。

凡确定了柱础位置，并将柱础安装到位后，要进一步加以找平，这时就须用真尺进行校正。真尺的长度为18尺，宽为0.4尺，厚为0.25尺；在真尺的中心点上，竖立一根高4尺的标杆，宽和厚同上。在标杆的中心点上，自上而下弹画出一道墨线，然后沿墨线垂下有吊坠的线绳，使所垂之绳与墨线心相对正时，则其下的地面（即相邻两柱础的表面）自然处在一个水平标高上。其真尺的上表面与尺上所置标杆的墨线两边，也应用曲尺加以校对，务使其两者间的角度彼此方正垂直。

立基

立基之制[①]：其高与材五倍[②]。材分°，在大木作制度内。如东西广者[③]，又加五分°至十分°[④]。若殿堂中庭修广者[⑤]，量其位置，随宜加高。所加虽高，不过与材六倍[6]。

【注释】

①立基：确立房屋基座高度的方法。梁注："以下'立基'和'筑基'两篇，所说还有许多不清楚的地方。'立基'是讲'基'（似是殿堂阶基）的设计；'筑基'是讲'基'的施工。"

②其高与材五倍：指一座房屋基座的高度，是这座房屋所用材等高度的5倍。如其屋用一等材，材高为9寸，则其屋基座以高4.5尺为宜。以一宋尺合今0.315米计，其基座高约合今1.42米。材，指大木作制度"材分°之制"的"材"。材分为八等，每座建筑各以其所用材等尺寸为这座建筑的基本模数单位之一。

③如东西广者：即与其所用材对应之房屋开间及面广较与其所用材对应的通面广要更长一些。如依卷第四《大木作制度一》"材·材有八等"条的规定，若二等材，"殿身五间至七间则用之"。然而，若使用了二等材，但其房屋开间数超过这一相应殿身开间数者，或虽开间数相当，但开间间广较一般殿堂间广宽大者，均可能造成其通面广更为宽广的情况。

④加五分°至十分°：当房屋通面广与其所用材对应的通面广更长一些时，其房屋基座高度应在"与材五倍"的基础上，再"加五分°至十分°"。这里的"分"读为重音，故梁先生以"分°"代之，以区别于"分"。以一材的高度为十五分°计，则应增加其材高的三分之一至三分之二。例如，用一等材之房屋，其基座高4.5尺，若因其通面广较广，其高增加7分°，以一等材1分°为0.6寸计，7分°为4.2寸，则其基座高应为：4.5尺+0.42尺=4.92尺，约合今1.55米。

⑤殿堂中庭修广者：殿堂前的庭院，较为修长宽阔。殿堂中庭，指殿堂前的庭院。修，庭院进深较为修长。广，指庭院面广较为宽广。

⑥不过与材六倍：若殿堂前的庭院较为修长宽阔，可以适当增加殿堂基座的高度，但虽有增高，其基座总高不宜超过其上殿堂所用材高的6倍。如其殿用一等材，材高9寸，则其台座高度不宜高过5.4尺（约合今1.7米）。

【译文】

确定房屋基座高度的方法：房屋基座高度取其屋所用材高的5倍。关于“材分°制度”，在大木作制度内有所阐述。如果其房屋东西通面广较正常水准要更宽广一些的话，应在材高5倍的基础上再增加其材的五分°至十分°，即增加其材之高的三分之一至三分之二高度。若其上所造房屋为高等级的殿堂，且殿堂前的庭院进深与面广都较修长宽大的话，则可以度量其殿堂与庭院所处位置，将殿堂基座的高度做随宜的增加。但所增加的高度虽高，却不宜超过其殿堂所用材高的6倍。

筑基

筑基之制[①]：每方一尺[②]，用土二担；隔层用碎砖瓦及石札等[③]，亦二担。每次布土厚五寸[④]，先打六杵[⑤]，二人相对，每窝子内各打三杵[⑥]。次打四杵，二人相对，每窝子内各打二杵。次打两杵。二人相对，每窝子内各打一杵。以上并各打平土头[⑦]，然后碎用杵辗蹑令平，再攒杵扇扑，重细辗蹑[⑧]。每布土厚五寸，筑实厚三寸[⑨]。每布碎砖瓦及石札等厚三寸，筑实厚一寸五分。

凡开基址[⑩]，须相视地脉虚实[⑪]，其深不过一丈，浅止于五尺或四尺。并用碎砖瓦、石札等，每土三分内添碎砖瓦等一分[⑫]。

【注释】

①筑基：营筑房屋基础。如梁先生注，相对于“立基”，“‘筑基’是讲‘基’的施工”。

②每方一尺：这里的“方一尺”，指筑基过程中，每1平方尺的范围。

③石札：梁注：“即石碴或碎石。”即由碎小石块或细密碎石组成的“石渣”。

④布土：梁注：“就是今天我们所说‘下土’。”在夯筑土基过程中，向基址内填入土。与下文“每布碎砖瓦及石札”，即向基址内填入碎砖瓦、石札的做法相对应。

⑤先打六杵（chǔ）：这里的“先打六杵”，是在夯筑土基过程中，每平方尺内一次性夯打的杵次，这样做是为了保证夯打均匀，从而保证基础密度与强度的均匀。杵，略如一端较为圆粗、另一端稍为细长的圆木棒。

⑥每窝子内：指用杵夯打土基时，在用力较集中处形成的小土坑。

⑦打平土头：“土头”是指在夯筑土基过程中，因夯杵用力分布不均匀而造成的一些略高的小土包，需要进一步将其夯打找平。“土头”与“窝子”似相对应。

⑧碎用杵辗蹑（niǎn niè）令平，再攒杵扇扑，重细辗蹑：梁注：“‘碎用’就是不集中在一点上或一个窝子里，而是普遍零碎地使用；‘蹑’就是踩踏；‘攒’就是聚集；‘扇扑’的准确含意不明。总之就是说：用杵在‘窝子’里夯打之后，‘窝子’和‘窝子’之间会出现尖出的‘土头’，要把它打平，再普遍地用杵把夯过的土层完全打得光滑平整。”辗蹑，碾压踩踏，这里是用杵碾压或拍打，使基础表面平整。

⑨筑实厚：将分层夯筑的土或碎砖瓦及石札分别夯实后得到的各层厚度。

⑩开基址：指开挖房屋地基的基坑。

⑪相视地脉虚实：梁注："就是检验土质的松紧虚实。"相当于现代施工中的"验槽"，即查验地基坑槽内的土质情况。

⑫每土三分内添碎砖瓦等一分：房基分为"地基"与"基础"两部分。地基部分，相当于基址位置上的原始状态，需要验证其土质松紧程度及承载力情况，故在地基基坑内，会用三份土与一份碎砖瓦、石札按比例混合后填入，以加强地基承载力，防止地基松软引起的房屋基础下陷。地基开挖深度，一般情况下不超过1丈，也不能浅过0.4～0.5丈。为保证地基承载力，要在地基开挖后，对地基采取相应加固措施。如向基坑内添加碎砖瓦与石札。为了地基的密实，还要在碎砖瓦与石札中掺入土。土与碎砖瓦及石札的比例为3∶1。故这里的"每土三分内添碎砖瓦等一分"，与地基之上的房屋基础部分，采用分层填入土与碎砖瓦、石札，并逐层夯实的做法是不一样的。

【译文】

营筑房屋基础台座的做法：在每1平方尺范围内，填入2担土；在每层土之间，隔以加强层，即填入碎砖瓦及石札等，也是每1平方尺用2担。每层填布土的厚度为5寸，在这1平方尺范围内，先用杵夯打6次，每2人相对而立，杵头落处形成杵窝，每一杵窝子内要用杵各打3次。之后，再在其处用杵夯打4次，仍为每2人相对而立，每窝子内各打2杵次。然后再各打2杵次。亦为每2人相对而立，每窝子内各打1杵次。完成这些动作后，再分别将土窝子旁隆起的小土包皆夯打平实，然后用零星的杵次夯打，或集中用多个杵一起拍打，将基础表面打筑平整，并反复细致地拍打踩踏。每层填入土的厚度为5寸，夯筑坚实后土层的厚度为3寸。每层填入碎砖瓦及石札的厚度为3寸，夯筑坚实后碎砖瓦及石札层的厚度为1.5寸。

凡在开挖房屋基址时，必须要先仔细观察基址范围内土层松紧及土质的虚实，房屋基址坑槽的开挖深度一般不超过1丈，土质较好者，其基址坑槽的开挖最浅者也应当有5尺或4尺的深度。无论何种深度，都要用碎砖瓦、石札等，以每3份土内掺入1份碎砖瓦等的比例，向基址坑槽内回填，以确保地基内土质的厚密坚实。

城

筑城之制①：每高四十尺，则厚加高二十尺②；其上斜收减高之半③。若高增一尺，则其下厚亦加一尺；其上斜收亦减高之半。或高减者亦如之④。

城基开地深五尺⑤，其厚随城之厚。每城身长七尺五寸，栽永定柱⑥、长视城高⑦，径尺至一尺二寸。夜叉木⑧径同上，其长比上减四尺。各二条。每筑高五尺，横用纴木一条⑨。长一丈至一丈二尺，径五寸至七寸。护门瓮城及马面之类准此⑩。每膊椽长三尺⑪，用草葽一条⑫，长五尺，径一寸，重四两。木橛子一枚⑬。头径一寸，长一尺。

【注释】

①筑城之制：这里的“筑城之制”似指城墙设计方法。作为防卫之用的城墙筑造，关键在于两个基本量度：一是城墙厚度，二是城墙高度。

②厚加高二十尺：指城墙根部的厚度尺寸比城墙的设计高度要增加20尺。按此规则，城墙高度与厚度相关。一般情况，若城墙高40尺，则城墙墙基部位厚度应在这一高度尺寸基础上再加20尺，即若城墙高40尺，则城墙基部厚为60尺。

③斜收减高之半：为确保墙体稳固，城墙断面一般为斜收的梯形。所谓“斜收减高之半”，指城墙顶部厚度应控制在城墙基部厚度的一半。若城墙高40尺，基部厚60尺，城墙顶部因斜收而应减去

高度尺寸一半，即减去20尺，则城墙顶部厚度应为40尺。

④高减者：梁注："高度减低者。"即以城墙"每高四十尺"为一基数，每增高1尺，其墙基厚度增厚1尺；同样，若每减低1尺，其墙基厚度亦减薄1尺。

⑤城基开地：为城墙主体部分开挖的地基基坑槽。因为城墙为整体夯筑，不再需要如房屋基座那样的基础，故这里的"城基"，既作为承载城墙荷重的地基，又承担了地面以上城墙主体基础的功能。只是需要对其地基做一些加固措施。

⑥永定柱：直接插入地基内并延伸至城墙墙体之内的立柱，如卷第四《大木作制度一》"平坐·永定柱与平坐"条："凡平坐先自地立柱，谓之永定柱。"这里的"先自地立柱"，即含有直接插入地基之内的意思。城墙施工过程中，为加强地基承载力及城墙的强度，也会在土中插入一定密度的立柱，这些立柱亦可称为"永定柱"。

⑦长视城高：疑指城基内所栽永定柱的高度与城墙的高度相当之意。

⑧夜叉木：交叉斜置的木柱或木方，类如地面以上结构中的斜柱。只是城基中夜叉木的设置，不一定必须与城基内的永定柱以榫卯做规则性交接，只要交错斜置，使其有阻滞地基土层发生水平位移的功能就可以了。《朱子语类》卷六十八："今人筑墙，必立一木于土中为骨，俗谓之'夜叉木'，无此则不可筑。"梁注："永定柱和夜叉木各二条，在城身内七尺五寸的长度中如何安排待考。"

⑨纴（rèn）木：横置于城基之内的木柱或木方，与永定柱、夜叉木共同起到城基内结构骨架的作用。亦可指横置于墙体中的木条。纴，为纺织布帛中的丝缕。

⑩护门瓮（wèng）城：瓮城，指古代城池的城门前附加的一个环状小城垣，起到对城门的军事防御功能，故称"护门瓮城"。马面：城墙平面中向外突出呈"凸"字形的城墙墩台，可以起到加强城

墙军事防御功能的作用。

⑪膊椽（chuán）：夯筑城墙时施于墙之两侧的模版。膊，似有以臂膊夹抱之意。椽，似有均匀分布的木椽条之义。

⑫草葽（yāo）：疑指墙体夯筑施工过程中绑扎两侧膊椽的草绳。

⑬木橛子：似为头细尾粗的木棍，其作用可能是用来绷紧草葽子，使其能够紧固两侧模版，保证城墙夯筑时，两侧挡土模版的受力强度。梁注："纴木、膊椽、草葽和木橛子是什么，怎样使用，均待考。"

【译文】

夯筑城墙的制度是：若墙每高40尺，则墙基厚度是在这一高度尺寸上再增加20尺；城墙沿墙之侧边向上斜向收分，城墙上端厚度要在墙基厚度尺寸基础上，减去墙高尺寸的一半。若城墙高度增加1尺，墙基厚度也应增加1尺；墙顶斜收尺寸，亦按其增高尺寸的一半增加。或者，若城墙高度有所减低，则每减1尺，其墙顶厚度亦以其高度减少的一半相应减薄。

营筑城墙地基，要在墙基之下的地面上开挖一个深达5尺的基槽，城基基槽的宽度要与城墙墙基的厚度相同。沿着城墙长度方向，在每长7.5尺的距离位置，向基坑中栽插永定柱，永定柱的长度与城墙高度相当，其柱的直径为1尺至1.2尺。在永定柱之间，再斜置夜叉木。夜叉木的直径与永定柱直径相当，但其长度要比永定柱减短4尺。在每一相应位置上，应各栽插永定柱2根，施夜叉木2条。在城墙夯筑过程中，每筑高增加5尺，在墙体之内，与内外墙身垂直的方向上，要横施纴木1条。纴木的长度为1丈至1.2丈，纴木的直径为5寸至7寸。若营筑城门外保护城门之用的瓮城城墙及沿城墙向外凸出的马面之类的城墙墩台，也应依照这一加固方式加以实施。在城墙夯筑时，墙两侧的膊椽，每长3尺，要用1条草葽，每条草葽长为5尺，草葽粗细以直径1寸为准，每条草葽应有4两之重。同时，在用草葽捆绑膊椽处，要用1枚木橛子加以紧固。木橛子端头的直径为1寸，橛子长1尺。

墙其名有五：一曰墙，二曰墉，三曰垣，四曰墽，五曰壁

筑墙之制[①]：每墙厚三尺，则高九尺；其上斜收，比厚减半。若高增三尺，则厚加一尺；减亦如之。

凡露墙[②]，每墙高一丈，则厚减高之半；其上收面之广，比高五分之一[③]。若高增一尺，其厚加三寸；减亦如之。其用葽、橛，并准筑城制度[④]。

凡抽纴墙[⑤]，高厚同上；其上收面之广，比高四分之一[⑥]。若高增一尺，其厚加二寸五分。如在屋下[⑦]，只加二寸。划削并准筑城制度[⑧]。

【注释】

①筑墙之制：疑指墙体的设计方法，即基于墙体设计高度的墙之厚度及高厚比例控制方式。

②露墙：所谓"露墙"，疑即袒露之墙、露天之墙的意思，也就是不附着于房屋基础之上或不附属于房屋梁柱之旁的墙。其一般为环绕宫室、房屋等，或环护某一场地的围墙。参见《看详》"墙"条相关注释。

③其上收面之广，比高五分之一：梁注："'其上收面之广，比高五分之一'含意不太明确，可作二种解释：(1) 上收面之广指两面斜收之广共为高的五分之一。(2) 上收面指墙身'斜收'之后，墙顶所余的净厚度；例如露墙'上收面之广，比高五分之一'，即'上收面之广'为二尺。"梁先生在这里是以露墙高1丈推算的。

④其用葽、橛，并准筑城制度：葽，指草葽，即捆绑墙两侧膊椽的草绳；橛，指木橛，用以紧固草葽，使膊椽能够紧贴所夯之墙的尖木

棍。这两种用材，与“筑城制度”中草葽与木橛的用材在尺寸与重量等方面应一致。

⑤抽纴墙：在夯土墙体内，适当加入纵横交叉的木条，以起到加固墙体结构强度的作用。这种墙称“抽纴墙”。参见《看详》“墙”条相关注释。梁注：“墙、露墙、抽纴墙，三者的具体用途不详。露墙用草葽、木橛子，似属围墙之类；抽纴墙似属于屋墙之类。这里所谓墙是指夯土墙。”

⑥其上收面之广，比高四分之一：参照梁先生注，可做两种解释：(1)“上收面之广”指两面斜收之广共为高的四分之一。(2)“上收面”指墙身“斜收”之后，墙顶所余净厚度；如高为1丈的露墙若“上收面之广，比高四分之一”，即“上收面之广”为2.5尺。

⑦如在屋下：疑指屋墙。墙在屋顶覆盖之下，起到隔离房屋内外或房屋之间的作用。

⑧刬（chǎn）削：意为将夯筑好的墙体表面加以铲削，使其收分适当，表面平整。参见《看详》“墙”条相关注释。

【译文】

墙体的设计：若墙体的厚度为3尺，则其高应为9尺；墙的上部做倾斜收分，墙顶的厚度要收窄到墙基厚度的一半。如果其高增加了3尺，其墙的厚度亦应增加1尺；若墙高减低，其厚度也以相应的比率减薄。

凡筑造露墙，其墙每高1丈，其墙的厚度即为墙之高度的一半，即厚5尺；其墙顶端的厚度，相当于墙高的五分之一，即厚2尺。如果，墙的高度增加1尺，墙的厚度也相应增加0.3尺；如果墙的高度减低，墙的厚度也以相同的比率减薄。在露墙之内，亦可以用草葽与木橛等加固措施，其用材及方法与夯筑城墙时的做法一样。

若是筑造抽纴墙，其高度与厚度的比率，与露墙相同；但其墙顶经收分后所余的厚度，相当于墙高的四分之一。如果其墙的高度增加1尺，墙的厚度也增加0.25尺。但若是用在房屋之下，即屋墙中的抽纴墙，则每增高1

尺,其墙的厚度仅增加0.2尺。对露墙或抽纴墙做表面铲削的做法,与夯筑城墙时,对其表面铲削的做法相同。

筑临水基[①]

凡开临流岸口修筑屋基之制[②]:开深一丈八尺,广随屋间数之广。其外分作两摆手[③],斜随马头[④],布柴梢[⑤],令厚一丈五尺。每岸长五尺,钉桩一条[⑥],长一丈七尺,径五寸至六寸皆可用。梢上用胶土打筑令实[⑦]。若造桥两岸马头准此[⑧]。

【注释】

①临水基:临近水岸所建造房屋的基座。

②临流岸口修筑屋基之制:在水岸边修造房屋基座的做法。梁先生提出,可参见本卷"石作制度·卷荤水窗"条的做法。临流岸口,即紧邻水岸的护岸墙及登岸码头。宋梅尧臣有诗句:"岸口出近郭,野径通平田。"

③两摆手:临水岸房屋的斜向地基墙,或斜向布置的水岸护墙。梁注:"'摆手'似为由屋基斜至两侧岸边的墙,清式称'雁翅'。"

④斜随马头:梁注:"'马头'即今'码头'。"疑这里的"马头"与上文的"两摆手"义近,即指水岸边房屋两侧斜置的护岸墙,墙边有可登岸的码头,亦与岸线呈斜置状。

⑤布柴梢:填埋入地基中,并通过均匀分布的木桩加以固定的木条,即"柴梢"。

⑥钉桩一条:梁注:"按岸的长度,每五尺钉桩一条。开深一丈八尺,柴梢厚一丈五尺,而桩长一丈七尺,看来桩是从柴梢上钉下去,入土二尺。是否如此待考。"

⑦梢上：即所布柴梢的顶部。用胶土打筑令实：原文为“用胶上打筑令实”，梁注本改为“用胶土打筑令实”。在所布木梢上填入具有防水功能的胶黏土，使胶黏土渗入木条缝隙之中，并通过夯筑方式，使胶黏土与木条形成一个板结而坚实的整体，以达到承托上部房屋的强度与刚度。

⑧桥两岸马头：桥梁两端沿水岸设置的与岸线呈斜向布置的护岸墙及码头。

【译文】

凡是开挖临水流的岸口，在岸口处修筑房屋基座的方法是：将房屋基址开挖至18尺的深度，其基坑的长度，与其上拟建房屋的开间数及通面广相同。屋基之外两侧分作两个斜置的护岸墙，其斜度与两侧登岸的码头一致，在房屋基址坑槽内填布柴梢，使柴梢堆积的厚度为15尺。沿着水岸线，以岸长每5尺的距离向屋基内钉插1根木桩，木桩长为17尺，木桩直径在5寸至6寸之间者，都是可以使用的。在木桩及柴梢之上，用胶黏土填入其缝隙中，并夯打拍筑使其密实坚固。如果是建造桥两岸的码头，也应按照这一方法进行。

石作制度

【题解】

石作制度一篇，是对以石头为建筑材料的房屋内外各组成部位（如台基、踏阶）及各种与房屋有关的石质构件（如柱础、勾阑等）的设计与施工的制度性、规则性讨论。中国古代建筑中的“石作”，大部分属于房屋基础部分，且大都可以纳入古代土木工程中之“土”的层面。

石作制度所涉及的问题，主要是房屋阶基、柱础、勾阑、城门石地栿等与房屋基础或基座有关的石制构件的造作与安卓。所谓“石作制度”，主要是通过对一块毛石，经过打剥、斫砟与雕琢，并形成种种不同表面形态而完成的。

一块由山岩之中直接开采而来的毛石,通过加工、制作、安装而成为房屋的组成部分,需要一套严格、细致、繁杂的设计与施工程序,故石作制度之“造作次序”节分为:一,造石作次序;二,雕镌制度;三,华文制度。而石作工程造作,亦包括了三个层面与过程:一,由毛石到料石;二,石构件表面雕镌;三,石构件表面雕镌的题材与纹样。

造石作次序,指的是将一块从山岩中采出的毛石,加工成为一块可以用作建筑构件的料石,需要六道基本工序:

工序一,打剥。其具体方式是,用铁质的錾子,将毛石表面隆起的部分削剥找平,使石块呈现出一个大致齐平的外观。

工序二,粗搏。对经过打剥的石质材料表面进一步用铁錾雕凿,使初显齐平的石材表面各个部分的凹凸变得均匀整齐,从而使石质材料整体初步成形,表面大体平整。

工序三,细漉。也就是在之前工序的基础上,做进一步的细致錾凿修斫,使石质材料的表面渐渐趋于平整。

工序四,褊棱。所谓“褊錾”,是较小而细致的铁錾。用这样的褊錾,将石质构件的边角部位加以细致的雕镌、修整,使得其外形“四边周正”,初步形成了一个与设计要求相吻合的建筑构件。

工序五,斫砟。这道工序是对石材表面的进一步精细加工,用斧刃对石材表面做细密的斫砟,使得石质构件的造型及其表面呈现一种平正而精致的外观。

工序六,磨砻。在这道工序中,不再使用任何铁质錾凿斧刃,而改用沙石,结合以水,对石质构件的表面进行细致的打磨、砻砺。而其仔细磨砺的目标,是将石质构件表面因雕凿斫砟形成的细密纹路,尽可能地消除,以形成一个光洁、整齐、平滑的表面。

《法式》中所描述的对石质建筑构件进行加工制作的六道工序,为我们了解古代工匠对石质材料的加工与石质构件的制作,包括对石质材料表面的精细处理方式，提供了一个基本的答案。

《法式》进一步给出了宋代营造石作制度中常见的四等雕镌制度：

一，剔地起突；

二，压地隐起华；

三，减地平钑；

四，素平。

这四等雕镌制度是对石制构件的四种表面雕饰处理模式，或也称作四种石雕艺术模式。用现代雕刻艺术去理解，其中包括了高浮雕（剔地起突）、浅浮雕（压地隐起华）、线刻艺术（减地平钑）及对石材表面不做任何进一步艺术性雕琢与加工，只以其赤裸的构件形式本身嵌入到建筑之中的做法（素平）。

本篇图样参见卷二十九《石作制度图样》图29-8至29-38。

造作次序①

（造石作次序之制）

造石作次序之制有六②：一曰打剥，用錾揭剥高处③。二曰粗搏④，稀布錾凿，令深浅齐匀。三曰细漉⑤，密布錾凿，渐令就平。四曰褊棱⑥，用褊錾镌棱角⑦，令四边周正。五曰斫砟⑧，用斧刃斫砟，令面平正。六曰磨�⑨。用沙石水磨去其斫文⑩。

【注释】

①造作次序：梁注："'造作次序'原文不分段，为了清晰眉目，这里分作三段。"

②造石作次序之制：古代房屋等营造工程中石作制度的先后次序。

③錾（zàn）：意为在金石之上进行雕刻，亦指雕凿金石所用的工具。

④粗搏：为石作工程的第二道工序，即下文所言："稀布鏨凿，令深浅齐匀。"意为对拟加工的石材在打剥的基础上做粗略雕斫。

⑤细漉（lù）：意为较细致地雕凿，使表面趋于平整，即下文所言："密布鏨凿，渐令就平。"

⑥褊（biǎn）棱：意即下文所言："用褊鏨镌棱角，令四边周正。"用褊鏨雕镌石材的棱角，使其四边端直周正。褊，义与"扁"同。

⑦用褊鏨镌：用扁鏨子进行雕镌。

⑧斫砟（zhǎ）：这里的意思，如下文所言"用斧刀斫砟，令面平正。"即用斧刀对石头表面做细致的斫削，使其表面平正。砟，本义为石头碎片。

⑨磨砻（lóng）：意为细致打磨，以令光洁。如下文所言："用沙石水磨去其斫文。"砻，同"砻"，磨砺。

⑩斫文：指石头表面因雕斫留下的纹理。文，纹理，纹路。

【译文】

房屋营造石作制度的营作次序分为六个阶段：第一阶段，为打剥，就是用鏨子揭剥削斫石头表面隆起的部分。第二阶段，为粗搏，用鏨子或凿子在石头表面高低不平处鏨削凿斫，使其表面凹凸变得深浅齐匀。第三阶段，为细漉，用鏨凿在石头表面做细致的斫削，逐渐使石头表面变得平整。第四阶段，为褊棱，用褊鏨雕镌石头的棱角，使其四边形端角正，渐呈石材模样。第五阶段，为斫砟，用斧子或斫刀在石材表面仔细斫削，使其材外表面趋于端正齐平。第六阶段，为磨砻，即用沙石蘸水，在石材表面反复摩擦，渐渐消除石材表面的雕斫纹理，使其平整光滑。

（雕镌制度）

其雕镌制度有四等①：一曰剔地起突②，二曰压地隐起华③，三曰减地平钑④，四曰素平⑤。如素平及减地平钑，并斫砟三遍，然后磨砻；压地隐起两遍，剔地起突一遍。并随所用描华文⑥。

如减地平钑，磨砻毕，先用墨蜡[7]，后描华文钑造[8]。若压地隐起及剔地起突，造毕并用翎羽刷细砂刷之[9]，令华文之内石色青润。

【注释】

①雕镌（juān）制度：即雕琢之意。这里指《法式》中有关在石材上进行雕琢的各种规则与方法。镌，雕刻，雕凿，或镌刻，镌镂。

②剔地起突：梁注："即今所谓'浮雕'。"

③压地隐起华：梁注："'压地隐起'也是浮雕，但浮雕题材不由石面突出，而在磨琢平整的石面上，将图案的地凿去，留出与石面平的部分，加工雕刻。"华，即"花"，这里指石材表面雕刻的花饰纹样。

④减地平钑（sà）：梁注："（钑，音涩。）是在石面上刻画线条图案花纹，并将花纹以外的石面浅浅铲去一层。"钑，本义为用金或银在器物上镶嵌装饰性花纹。

⑤素平：梁注："是在石面上不作任何雕饰的处理。"

⑥华文：指在石材表面雕镌的装饰性图案花纹。

⑦墨蜡：意指墨色石蜡。古时多用于碑刻拓片，这里是指以墨蜡打底，便于在石材上描绘图案。宋人张世南《游宦纪闻》卷三："访求其详，知篆有三：一在安仁寺仙人山，寺僧惮墨蜡之费，燎断而瘗之。……安仁者，掘而得之，仅完三字。"

⑧描华文钑造：在石材表面所涂墨蜡上描绘图案华文，并采用减地平钑的方式，加以雕造。

⑨翎（líng）羽：指鸟类动物之翅膀或尾巴上所生长的羽毛。

【译文】

房屋营造石作制度中的雕镌制度有四种不同的做法：第一种，称剔地起突，即在石材表面做出隆起的雕刻形象，类似于今日浮雕的形式。

第二种，称压地隐起华，虽然仍采用浮雕形式，但其表面并没有明显的突出，而是在磨斫平整的石材表面上，将拟表现之图案的底面，或称“地”，斫削凿去，仅留出与石面一样平的那部分，再做细致地雕镌。第三种，称减地平钑，就是在齐整的石头表面上刻画图案的线条，并将图案以外的石面浅浅地铲去一层。第四种，称素平，其意是保持其石面平素整齐的效果，不做任何雕斫或装饰的处理。如果采用的是素平或减地平钑的做法，这两种情况下都要斫砟三遍，然后做细致的磨砻；如果采用的是压地隐起的做法，则需斫砟两遍后，再做磨砻；如果采用的是剔地起突的做法，则只需斫砟一遍，即可做磨砻。所有这几种做法，在完成磨砻之后，都要随各自所要表现的题材，在石材表面上描绘图案。若是减地平钑的做法，在磨砻结束后，要先用墨蜡在石材表面加以涂刷，然后在墨蜡表面描绘华文，再做雕凿镌造的处理。如果是压地隐起或剔地起突的做法，在图形纹样雕镌完毕之后，都需要用鸟之翎羽所制作的刷子，借助细沙做细致的磨刷，以使石刻表面华文内的石色显得光滑青润为要。

（华文制度）①

其所造华文制度有十一品②：一曰海石榴华③；二曰宝相华④；三曰牡丹华⑤；四曰蕙草⑥；五曰云文⑦；六曰水浪⑧；七曰宝山⑨；八曰宝阶⑩；以上并通用。九曰铺地莲华⑪；十曰仰覆莲华⑫；十一曰宝装莲华⑬。以上并施之于柱础。或于华文之内，间以龙凤师兽及化生之类者⑭，随其所宜，分布用之。

【注释】

①华文制度：指石作制度中雕斫华文题材与式样的分类。梁注：“华文制度中的‘海石榴华’‘宝相华’‘牡丹华’，在旧本图样中所见，区别都不明显，但在实物中尚可分辨清楚。”

②十一品：品，有“品级”“等级”等义，这里的“品”似乎只是指石作中华文雕斫的题材或品式，并无明显的品级差异。这里提到的11种石刻题材，前8种为花卉、山水，通用于各种不同构件。后3种聚焦于莲花造型，是借喻释迦牟尼佛诞生时步步生莲，及佛坐于莲花上等佛教故事，主要用于佛教建筑。

③海石榴华：即海石榴花。一种装饰性花卉，疑指石榴树花或山茶花。《夷坚志·支甲卷·蔡筝娘》引诗句：“海石榴花映绮窗，碧芙蓉朵亚银塘。青鸾不舞苍虬卧，满院春风白日长。”似为一种欣赏性花木。《太平广记·草木·海石榴花》：“海石榴花，新罗多海红并海石榴。唐赞皇李德裕言，花中带海者，悉从海东来。”似指某种生长于朝鲜半岛海边的花卉。《本草纲目·安石榴》将之归为榴类木本植物：“有火石榴赤色如火。海石榴高一二尺即结实。皆异种也。”

④宝相华：“宝相”是佛教徒对佛造像的尊称，如称佛为“宝相如来”，即宝相庄严亦可。将与佛教相关的花卉装饰图案，表现得端庄、华美、富贵、神圣、肃穆，冠以“宝相”之称。“宝相华”是将某种花卉加以形式化装饰后的效果，非特指某种花卉。如清朱琰《陶说》中提到：“转枝宝相花”“青缠枝宝相花”“鸾凤穿宝相花”等不同装饰纹样。自然花卉，若生长得端正、严谨、圣洁，亦可称为“宝相”。清人陈淏子辑《花镜》“蔷薇”条目下有：“若宝相亦有大红、粉红二色，其朵甚大。”其中提到“扦插”时，还单列出一种名为“宝相”的花：“宝相、月季、荼蘼、木樨。（以上宜中旬。）”

⑤牡丹华：即牡丹花。《本草纲目·茺蔚》将牡丹、芍药、菊花等花卉并列，如：“凡物花皆有赤、白，如牡丹、芍药、菊花之类是矣。”又如：“正如牡丹、芍药、菊花之类，其色各异，皆是同属也。”在卷第十四《彩画作制度》“五彩遍装·华文九品”条中，牡丹华与宝相华同列为一类：“二曰宝相华。（牡丹华之类同。）”卷第十六《石

作功限》“流盃渠·剜凿水渠造”条，宝相华与牡丹华所计功限相同：“造压地隐起宝相华、牡丹华，每一段三功。”卷第二十四《诸作功限一》“雕木作·半混”条，牡丹与芍药所计功限相同：“牡丹，（芍药同。）高一尺五寸，六功。”作为一种花卉题材，牡丹华用于石作、木作及彩画作装饰等，其雕绘方式与功限，与宝相华、芍药华十分接近。

⑥蕙草：《本草纲目·薰香》有言：“古者烧香草以降神，故曰薰，曰蕙。薰者熏也，蕙者和也。”又言：“张揖《广雅》云：卤，薰也。其叶谓之蕙。而黄山谷言一干数花者为蕙。盖因不识兰草、蕙草，强以兰花为分别也。郑樵修本草，言兰即蕙，蕙即零陵香，亦是臆见，殊欠分明。但兰草、蕙草，乃一类二种耳。”另引：“《别录》曰：薰草，一名蕙草，生下湿地，三月采，阴干，脱节者良。又曰：蕙实，生鲁山平泽。”可知，蕙草与兰花同属一种类型，系多年生草本植物，叶呈丛生状，叶形狭长，叶端呈尖状，其花散发出淡淡香味。

⑦云文：以空中云朵为题材的装饰纹样。云文不仅用于房屋营造，也用在其他器物装饰上。《太平御览·兵部》：“陶弘景《刀剑录》曰：董卓少时，耕野得一刀，无文字，四面隐起作山云文，斫玉如木。及贵，示五官郎蔡邕，邕曰：‘此项羽刀也。’”可知，作为装饰纹样的云文，在历史上出现得很早。文，纹理，花纹。

⑧水浪：以流动的水及由水冲击造成的浪花的形象作为主题的一种装饰纹样。也许因为这一主题主要表现地面上的河水、海水等，故宋代建筑中，水浪纹样主要用在石作工程中。因为石作工程多用于基础性基座、柱础及石柱等位置，所以这些位置上的构件，较常见的是山水类题材，故采用水浪纹样较适合。《法式》木刻或彩画作中，似未提到水浪纹样装饰。

⑨宝山：对自然起伏的山体加以抽象与概括，将其作为一种装饰纹样题材。宝山文出现在赑屃鳌坐碑的碑坐上：“外周四侧作起突

宝山，面上作出没水地。”（卷第三《壕寨及石作制度》“赑屃鳌坐碑”条）亦出现在木作雕刻中，如卷第十二《雕作制度》“混作”条：“八曰缠柱龙。（盘龙、坐龙、牙鱼之类同。）施之于帐及经藏柱之上，（或缠宝山。）”另卷第十六《石作功限》“柱础”条中的柱础雕镌：“方三尺五寸，造剔地起突水地云龙（或牙鱼飞鱼。）宝山，五十功。”可知，在石刻柱础上也会出现宝山文装饰。

⑩宝阶：佛经中常用的一种术语。象征人与天的交通：“从阎浮提，至忉利天。以此宝阶，诸天来下，悉为礼敬无动如来，听受经法。阎浮提人，亦登其阶，上升忉利，见彼诸天。”（《维摩诘经·见阿闳佛品》）可知“宝阶文”主要用于佛教建筑，且多用于与基础、基座、石柱或佛座、经幢有关工程中，以象征生活在阎浮提世界之人与佛教忉利天诸天之间的交通往来。

⑪铺地莲华：即铺地莲花。佛经中有大量以莲花为主题的佛教故事，除《妙法莲华经》外，《佛说观无量寿佛经》中亦有：“见世尊释迦牟尼佛，身紫金色，坐百宝莲华。……复有国土，纯是莲华。”铺地莲华，指覆盖且匍匐于地面上的莲花雕饰图案，多用于佛教殿阁等的柱础。唐宋佛教建筑中，多见这种铺地莲华雕饰做法。

⑫仰覆莲华：即仰覆莲花。将仰莲与覆莲叠加在一起，形成一个既有仰莲也有覆莲的造型形式。是常见于柱础上的一种石刻造型，较多出现在两宋辽金时代佛教建筑实例中。因是两种造型叠加，故仰覆莲华柱础在造型高度上比一般覆盆式或铺地莲华式柱础要高出一倍：“如仰覆莲华，其高加覆盆一倍。”（卷第三《壕寨及石作制度》“柱础·造柱础之制”条）

⑬宝装莲华：即宝装莲花。“宝装”做法会用于各种带有雕饰的器物，如“宝装鞍辔”“宝装胡床”等，其所谓“宝装”，似有“诸宝装饰”之意。但“宝装莲华”所指“宝装”做法并未暗示以诸宝装饰的意思，而是与“华文制度”中所说“宝相华”纹饰相当，即冀

以表达某种端庄、严肃、圣洁的艺术氛围，多用于佛教殿堂建筑柱础之上。

⑭化生：宋代建筑的雕刻与绘画中，在不同华文间，会穿插以包括龙、凤、狮子、走兽及人物（化生）在内的雕饰或绘画造型。若其中所穿插之物，采用了人物造型，手中握有乐器、芝草、花果、瓶盘等器物者，多称“化生”。宋代建筑实例中采用化生雕刻题材的柱础，往往会在华文间穿插以孩童形象，显得十分生动活泼。

【译文】

石作营造中的华文制度分为十一种不同的类型：一为海石榴华；二为宝相华；三为牡丹华；四为蕙草；五为云文；六为水浪；七为宝山；八为宝阶。以上八种华文类型，可以通用于各种石作营造中。第九种为铺地莲华；第十种为仰覆莲华；第十一种为宝装莲华。这三种华文装饰，均可用于房屋柱础的雕刻纹样中。也可以在所雕刻的华文之内，穿插雕镌以龙、凤、狮、兽以及具有人物形象的化生之类题材，可以随其所处位置与题材需求，分别施用于房屋营造的不同部位。

柱础 其名有六：一曰础，二曰碽，三曰磶，四曰磌，五曰磩，六曰磉；今谓之石碇

【题解】

关于“柱础”诸名之义，参见前文《看详》“诸作异文”条、《总释上》“柱础”条相关注释。

础，繁体为“礎”。卷第一《总释上》“柱础”条引《淮南子·说林训》：“山云蒸，柱础润。”《周易正义》提到：“天欲雨而柱础润是也。”《周易集解》也提到同样说法。《尚书讲义》中则有：“云蒸而础润。”都是借“柱础”之润以解古义。《广雅》“释室”篇提到：“楹，谓之柱础。”清人撰《宫室考》释曰：“周而立者，谓之柱；柱最大者，谓之楹。……柱下石，谓之

础。”显然,“础”之本义,就是柱下之石,起到支撑上部柱子的重要作用。

正史中最早提到“柱础”一词,是在《隋书·经籍志》中,说的是一块载有古经文的石碑,原本立在隋代京城的国学之内:“寻属隋乱,事遂寝废,营造之司,因用为柱础。”

本节涉及两个问题:一,柱础造型;二,柱础表面雕镌纹样。

一般情况下,一个完整柱础,包括了方形础石与其上经过雕琢的圆形础顶石两个部分。方形础石,基本上被埋在了地面以下;而圆形础顶石则是柱础露出地面并与其上柱子相衔接的部分。因而,所谓“覆盆”,有时会采用诸如铺地莲华或宝相莲华的表面雕饰形式,都是在方形础石之上,再雕琢出一个露出地面的础顶石造型。

(造柱础之制)

造柱础之制①:其方倍柱之径②。谓柱径二尺,即础方四尺之类。方一尺四寸以下者,每方一尺厚八寸;方三尺以上者,厚减方之半。方四尺以上者,以厚三尺为率③。

若造覆盆,铺地莲华同。每方一尺,覆盆高一寸;每覆盆高一寸,盆唇厚一分④。如仰覆莲华,其高加覆盆一倍⑤。如素平及覆盆用减地平钑、压地隐起华、剔地起突⑥;亦有施减地平钑及压地隐起于莲华瓣上者,谓之宝装莲华⑦。

【注释】

①造柱础之制:指营造石作柱础的设计方法,尤其是柱础各部分的尺寸推算方法。

②其方倍柱之径:一个完整柱础,包括了方形础石与其上经过雕琢的圆形础顶石两部分。方形础石,被埋在地面以下;圆形础顶石,系柱础露出地面并与其上柱子相衔接的部分。所谓“覆盆”,有

时会采用诸如铺地莲华或宝相莲华的表面雕饰形式，都是在方形础石之上，再雕琢出一个露出地面的础顶石造型。这里的“其方倍柱之径”，是指这一方形础石的边长当为其上所承柱子底部直径的两倍。

③方四尺以上者，以厚三尺为率：即柱础的方形础石部分，若其方的边长超过4尺以上，则其础石不论其方尺寸再增加多少，均将其厚度尺寸定为3尺。

④每方一尺，覆盆高一寸；每覆盆高一寸，盆唇厚一分：覆盆，是柱础露出地面的主要部分，其状略如覆盖于地面上的盆形。盆唇，是凸出于覆盆上端的一个圆形薄盘。这里描述的是一种比例尺寸，即柱础的方形础石部分，每方1尺，其覆盆的高度为1寸，覆盆上端的盆唇厚度为0.1寸。例如，其础石若方3尺，则其覆盆高为3寸，覆盆上端的盆唇厚为0.3寸。但其中似仍有令人不解之处，如梁注：“这‘一分’是在‘一寸’之内，抑在‘一寸’之外另加‘一分’；不明确。”

⑤仰覆莲华，其高加覆盆一倍：若采用仰覆莲华柱础，则其高度相当于在覆盆柱础的高度上增加1倍。

⑥如素平及覆盆用减地平钑、压地隐起华、剔地起突：梁注：“末一句很含糊，‘剔地起突’之后，似有遗漏的字，语气似未了。”即这似为一句没有说完的话，或历代传抄中有所遗漏，亦未可知。

⑦亦有施减地平钑及压地隐起于莲华瓣上者，谓之宝装莲华：如梁先生所示，此句亦含糊，“宝装莲华”本是一种柱础华文式样，却又以“减地平钑”或“压地隐起华”雕镌方式雕造莲花瓣，以作为“宝装莲华”的一个特征，与上文关于石作制度之“造作次序”及“华文制度”两部分所叙述之事，似无明确关联。

【译文】

石作制度中造柱础的方法：柱础之根基即方形础石的边长，取拟立屋柱底径的2倍。也就是说，若柱径为2尺，其础石的平面应为4尺见方。若方形础石的边长低于1.4尺时，则础石的厚度以其每方1尺，厚度为8寸计；若方形础石边长大于3尺时，础石厚度取其方之边长的一半。但若础石之方大于4尺，无论其增大多少，其厚度均以3尺为标准。

如果是造覆盆式柱础，铺地莲华式柱础也一样。其础石每方1尺，其上覆盆的高为1寸；同样，若其覆盆每高1寸，覆盆之上的盆唇则厚0.1寸。若是仰覆莲华柱础，其高度应再增加覆盆之高的1倍。这里所言覆盆可能采用的是素平式，或其覆盆采用的是以减地平钑式、压地隐起华式或剔地起突式方法雕造而成的；也有通过减地平钑或压地隐起华的方式雕镌出莲花瓣形式的做法，经过这样处理的，可以称为“宝装莲华”。

（殿阶基与踏道）

【题解】

角石，是指铺砌于殿阶基之矩形平面各个转角部位顶面上的一块石构件。位于殿阶基转角部位的顶部。角石之下，一般会砌筑一块直立的石构件——角柱。但若是等级较低的厅堂等建筑，则可以不用再加设角柱。

与角石及角柱关联比较密切的是房屋的基座部分，这一节中特别给出了“殿阶基”，即殿阁建筑的踏阶与台基的相关制度与做法。殿阶基，其中的“阶”具有两个层面意义：一，殿阶基，即殿基，指大殿的基座；二，殿阶，指登堂入殿的踏阶。殿堂建筑往往比较高大，其台基或基座也会比较高显，需要设置醒目的踏阶与勾阑，既可以令人登临，也可以凸显其上殿堂之隆耸。

在宋代或更早时代的殿阶基上，若不设四周勾阑的话，会在殿阶基诸转角部位，即角石的位置上，施以经过雕镌的角兽石。其实，《法式》原文中并未特别提及角兽石，但在《法式》行文及现存实例中，确实存在有这样的角石，故梁思成先生在其《〈营造法式〉注释》中特别补充了这一构件的名称及其特征。与角石或角兽石相连的石作工程,还包含了殿阶基四周阶头位置所铺砌的压阑石及殿阶基顶面所铺砌的地面石。

《法式》中所提到的与殿阶基相关的石作构件中,还有殿阶螭首。殿阶螭首,从字面上推测,应该是布置在殿阶基的阶头部位,其位置与大殿外檐柱缝相对应,以及殿阶基的四个转角部位,随殿阶基的阶头位置向外出挑。其除了有装饰殿阶基的作用之外,似还可能有排除殿阶基顶面上之雨水的功能。

据史料记载,唐宋时代宫廷中的殿阶螭首之下,也是负责记录帝王起居诸事当值臣子的站立之处。据《新唐书·百官志》,唐宫之内"置起居舍人,分侍左右,秉笔随宰相入殿;若仗在紫宸内閤,则夹香案分立殿下,直第二螭首,和墨濡笔,皆即坳处,时号'螭头'"。宋代宫廷内,亦有类似规则:"起居郎一人,掌记天子言动。御殿则侍立,行幸则从,大朝会则与起居舍人对立于殿下螭首之侧。"(《宋史·职官志》)由此或也证明了唐宋宫廷中主要殿堂的殿阶基上都有石作殿阶螭首的做法。

角石

造角石之制①:方二尺。每方一尺则厚四寸②。角石之下别用角柱③。厅堂之类或不用④。

【注释】

①造角石之制:这里给出的是角石尺寸的确定方法。梁注:"'角石'用在殿堂阶基的四角上,与'压阑石'宽度同,但比压阑石厚。从《法式》卷二十九原角石附图和宋、辽、金、元时代的实例中知道,角石除'素平'处理外,尚有侧边雕镌浅浮雕花纹的。有上边雕刻半圆雕或高浮雕云龙、盘凤和狮子的种种。例如,河北蓟县独乐寺出土的辽代角石上刻着一对戏耍的狮子;山西应县佛宫寺残

存的辽代角石上刻着一头态势生动的异兽；而北京护国寺留存的千佛殿月台元代角石上则刻着三只卧狮。”

②每方一尺则厚四寸：这是一种比例尺寸，意为若角石为1尺见方，即其方形的边长为1尺，则其厚度为4寸。若其边长之方为2尺，则其厚度即应为8寸。如卷第十六《石作功限》“角石”条中提到：“角石：安砌功，角石一段，方二尺，厚八寸，一功。”其角石尺寸，长宽各2尺，厚为8寸。

③角柱：房屋基座转角部位的角石之下，一般会砌筑一块直立的石构件，此即“角柱”。但若是等级较低的厅堂等建筑，则可以不用再加设角柱。

④厅堂：这里的“厅堂”疑与“殿阁”相对应。《法式》中，若是殿阁或殿堂，则其房屋等级较高，一般为内外柱同高，柱头之上有一个完整的枓栱铺作层，室内多施平棊或平闇之类的天花版；而若是厅堂，则其房屋等级稍低，一般为内外柱不同高，屋内柱随房屋举势生起，室内多为不设天花版的露明造做法。

【译文】

营造房屋基座转角部位角石的做法：其石为方形，边长为2尺。以其方边长若为1尺，其厚度为4寸计。角石之下，还立有房屋台基基座转角的角柱。若是厅堂之类等级较低的房屋，其基座也有可能不使用角柱做法。

角柱

造角柱之制[①]：其长视阶高[②]；每长一尺，则方四寸[③]。柱虽加长，至方一尺六寸止[④]。其柱首接角石处[⑤]，合缝令与角石通平。若殿宇阶基用砖作叠涩坐者[⑥]，其角柱以长五尺为率[⑦]；每长一尺，则方三寸五分[⑧]。其上下叠涩[⑨]，并随砖坐逐层出入制度造。内版柱上造剔地起突云[10]，皆随两面转角[11]。

【注释】

①造角柱之制：指石作制度中造房屋基座转角处所立角柱的尺寸推算方法。

②长视阶高：角柱的长度，是依据殿堂基座即“殿阶基”的高度确定的。梁注：“‘长视阶高’，须减去角石之厚。角柱之方小于角石之方，垒砌时令向外的两面与角石通平。”

③每长一尺，则方四寸：此为角柱截面尺寸的推算方式。若角柱每长1尺，则其柱截面为4寸见方。

④至方一尺六寸止：虽然角柱截面尺寸以其长度的40%推算，但若其截面尺寸达到1.6尺之后，则即使角柱长度再有加长，截面尺寸也不再增加，保持在1.6尺见方为止。

⑤柱首接角石处：指殿阶基转角角柱的上端与其上基座表面所覆角石的接缝处。

⑥叠涩坐：梁注：“砌砖（石）时使逐层向外伸出或收入的做法叫做‘叠涩’。”则“叠涩”是指古代砖石结构营造时的一种砌筑方式，多以砖（石）层层向外伸出或向内收进垒砌。所谓“叠涩坐”，即“叠涩座”，指以叠涩方法砌筑而成的房屋基座。坐，底座。

⑦以长五尺为率：指房屋基座采用叠涩坐形式，其转角处的角柱长度，一般不超过5尺。梁注：“按文义理解，叠涩坐阶基的角柱之长似包括各层叠涩及角石厚度在内。”

⑧每长一尺，则方三寸五分：仍指房屋基座采用叠涩坐形式时，其转角处角柱，每长1尺，其柱截面尺寸为3.5寸见方。若其长5尺，则其截面尺寸应为1.75尺见方。

⑨上下叠涩：这是一种类如须弥坐式的基座。基座中部有束腰，其上下部分均是采用叠涩方式砌筑而成的。

⑩内版柱：指房屋基座在高度方向的中段，若有类如须弥坐式的收进时，所采用的间隔式内版柱，内版柱亦可能会采用石柱。

⑪皆随两面转角：指内版柱上的雕镌方式，与房屋基座转角部位角柱上所采用的雕镌方式相同。

【译文】

造房屋基座转角处角柱的尺寸推算方法：角柱的长度依据房屋基座的高度而定；方角柱每长1尺，其柱的截面应为4寸见方。但其截面尺寸，虽随其长有所增加，增至1.6尺见方时即为止，这时，即使角柱长度再有加长，其柱截面的尺寸亦不再增大。角柱的上端与其上所覆的角石相接，其接合之缝要密实平整，使角柱与角石在转角处的表面要齐平如一。如果所造殿宇阶基采用的是以砖砌筑的叠涩式基座，其角柱的长度以不超过5尺为标准；其角柱的截面尺寸，则以其柱每长1尺，截面为3.5寸见方的比例推算。若其殿阶基为上下叠涩的做法，其角柱亦都应随砖座的叠涩，按照逐层伸出或退入的方式造作。基座高度向内收入的中段，所采用的内版柱上若雕造剔地起突云文图案，也都应与基座两端转角处角柱上的云文雕造方式保持一致。

殿阶基

造殿阶基之制[①]：长随间广，其广随间深。阶头随柱心外阶之广[②]。以石段长三尺，广二尺，厚六寸，四周并叠涩坐数[③]，令高五尺，下施土衬石[④]。其叠涩每层露棱五寸[⑤]，束腰露身一尺[⑥]，用隔身版柱[⑦]；柱内平面作起突壸门造[⑧]。

【注释】

①造殿阶基之制：营造殿阁等高等级建筑之台基的设计方法。殿阶

基，这里当指大殿之台基（即基座）。

②阶头：指殿阁台基四周自檐柱中心线至基座四周边缘。从上下文看，这一部分称“柱心外阶”，似亦可称“阶头”。或也可以将“阶头”仅视作基座四周的外缘边线。梁注：“‘阶头’指阶基的外缘线。”随柱心外阶之广：梁注：“‘柱心外阶之广’即柱中线以外部分的阶基的宽度。这样的规定并不能解决我们今天如何去理解当时怎样决定阶基大小的问题。”外阶，指殿阁台基四周檐柱中心线以外部分。

③四周并叠涩坐：指殿阶基基座的四周都采用了砖（或石）叠涩砌筑的做法。

④土衬石：是介乎殿阶基与建筑物所坐落地面之间的一种石构件，是铺砌在殿阶基底部的边缘，也包括登临殿阶基之踏道的底部边缘，且微微露出地面的条石。其作用主要是加强与保护殿堂基座的稳固性，防止基座的局部下沉，也多少起到一点基座四周散水的作用。从《法式》功限部分有关殿阶基“安砌功”中提到的“土衬石、压阑石、地面石、头子石、束腰石、隔身版柱、挞涩”等名称，大体可以看出殿阶基的基本构造为：自下而上由土衬石、挞涩、束腰（包括隔身版柱）、头子（叠涩）、压阑石，层层叠压，形成一座“须弥坐”式基座。

⑤露棱：梁注：“叠涩各层伸出或退入而露出向上或向下的一面叫做‘露棱’。”

⑥束腰露身一尺：这里采用了如同束腰一样的收束形式。束腰，是指位于叠涩坐式基座之高度的中段。所谓“露身一尺”，指显露在外的束腰高度为1尺。

⑦隔身版柱：位于殿阁基座中段束腰部位，按一定尺寸间隔设置的立柱。其作用是将束腰区分为若干个方格，即“壸门”；并在壸门之内施以装饰性雕刻。

⑧起突壸(kǔn)门:梁注:"'壸门'的'壸'字音捆(kǔn),注意不是'茶壶'的'壶'。"壸,《尔雅·释宫》:"宫中衖谓之壸。"本义为古时皇宫中的路,或与"阃",即"内室"义通,引申为内官;这里指位于隔身版柱之间的方格内所施的剔地起突式雕刻。

【译文】

营造殿阁建筑之基座的设计方法是:基座的长度依据其上殿屋的通面广长度确定,基座的宽度依据其上殿屋通进深长度确定。在这一基本尺寸之上,再加上四周的檐柱柱心之外外阶至阶头的宽度,即为整座殿阁基座的长宽尺寸,其柱心外阶至阶头的宽度,与其檐柱柱心至基座外缘的长度相当。砌筑殿阶基的石段,一般采用长3尺,宽2尺,厚6寸的料石,其基座四周若都采用叠涩造的砌筑方法,则可将其基座的高度设计为5尺,基座之下四周施以土衬石。若采用叠涩造,其叠涩每层伸出或退入的尺寸宜为5寸,基座高度方向中段所施的束腰,其露出的部分高为1尺,束腰表面可用隔身版柱加以分隔;隔身版柱之间的平面上可以雕成剔地起突的壸门样式。

压阑石 地面石

造压阑石之制[①]:长三尺,广二尺,厚六寸。地面石同[②]。

【注释】

①压阑石:房屋基座四周阶头位置上所铺设的条石。梁注:"'压阑石'是阶基四周外缘上的条石,即清式所谓'阶条石'。"压阑石被铺砌在殿阶基顶面四周的边缘部位,其外侧面与角石外侧面找齐。

②地面石:指殿阶基顶面的地面铺装石。其铺设位置应涵盖了室内外除墙、柱及四周压阑石、角石、殿内斗八之外的所有暴露在外的地面。梁注:"'地面石'大概是指阶基上面,在压阑石周围以内

或殿堂内部或其他地方墁地的条石或石板。”

【译文】

造殿阶基四面阶头，即房屋基座上四周所铺压阑石，应取的尺寸为：其石长3尺，宽2尺，厚6寸。殿阶基上，除压阑石之外，其室内外凡露地面处，均应墁以地面石，地面石的长、宽、厚尺寸与压阑石相同。

殿阶螭首

造殿阶螭首之制①：施之于殿阶②，对柱③；及四角，随阶斜出④。其长七尺，每长一尺，则广二寸六分，厚一寸七分⑤。其长以十分为率，头长四分，身长六分⑥。其螭首令举向上二分⑦。

【注释】

①螭（chī）首：螭，传说中所谓龙生九子之一，据说是一种没有角的龙。以其头像雕镌而成的装饰物，即称“螭首”。螭首，亦称“螭头”，多用于古代建筑或器物装饰中，如帝王玉玺上所雕饰的执纽，或帝王出行步辇中盘龙座的四足等。建筑物台基上部阶头外沿，按照一定分布距离雕镌以螭首形式，既能起到装饰作用，也具有排雨水功能，故称之为“殿阶螭首”。梁注：“现在已知的实例还没有见到一个‘施之于殿阶’的螭首。明清故宫的螭首只用于殿前石阶或天坛圜丘之类的坛上。螭音吃，chī。宋代螭首的形象、风格，因无实物可证，尚待进一步研究。”

②殿阶：即殿阶基，也就是殿阁式房屋的基座。

③对柱：指殿阶基四周阶头处与殿阁平面中的各檐柱中点对应呈直线的位置。

④随阶斜出：指在殿阶基四角，随其角沿着与基座方位呈45°方向

斜出的螭首。

⑤每长一尺，则广二寸六分，厚一寸七分：这里是比例尺寸，以螭首每长1尺为基数，其螭首宽为2.6寸，厚为1.7寸。若以螭首总长7尺计，则其宽1.82尺，其厚1.19尺。

⑥头长四分，身长六分：这里又显示另外一种比例尺寸，即以螭首长度为10分计，螭首头部长为4分，螭首身长（其主体部分的长度）为6分。以其长7尺计，其头长2.8尺，其身长4.2尺。

⑦螭首令举向上二分：螭首伸出部分应略呈向上起翘的效果，翘起的尺寸仍按比例推算。这里的2分，仍是以螭首长为10分所计。以其长7尺计，则螭首应向上翘起1.4尺。

【译文】

造殿阶基上所施螭首的做法：螭首施设在殿阶基阶头，与殿屋檐柱中心相对之处；至殿阶基四角处，则使螭首随阶基之角所指与屋身呈45°的方向向外斜出。螭首的长度，一般为7尺，以每长1尺计，螭首之宽取为2.6寸，厚度取为1.7寸。并以螭首之长为10分计，其头部长度为4分，身长为6分。螭首向殿阶基之外伸出时，应略呈向上起翘的状态，仍以其长为10分计，其螭首端部向上举起的高度为2分。

殿内斗八

造殿堂内地面心石斗八之制[①]：方一丈二尺，匀分作二十九窠[②]。当心施云卷[③]，卷内用单盘或双盘龙凤[④]，或作水地飞鱼、牙鱼[⑤]，或作莲荷等华。诸窠内并以诸华间杂[⑥]。其制作或用压地隐起华，或剔地起突华。

【注释】

①殿堂内地面心石：即地面石的一种。当指位于室内中心位置的地

面石，故称“地面心石”。斗八：本字原为“鬬八”。鬬，这里取简化字“斗”。殿内斗八，当属地面石的一种，施于殿堂内的地面中心；其形制呈斗八式样，即在一块方形石块上，雕镌出一个八角形的图案，再在其中做进一步的图形分割。

②匀分作二十九窠（kē）：窠，本义为鸟兽或昆虫的窝，也可以借喻为人所居处之所。这里似有可雕斫装饰图案的小格子之义。梁注：“殿堂内地面心石斗八无实例可证。窠，音科。原图分作三十七窠，文字分作二十九窠，有出入。具体怎样匀分作二十九窠，以及它的做法究竟怎样，都无法知道。”

③当心：即八角形地面石的中心。云卷：这里似指弯曲如卷状的云文装饰。卷，意为“弯曲”。

④单盘或双盘龙凤：指盘龙或盘凤雕刻。单盘者，为一条龙或一只凤盘卧状；双盘者，似为两条龙或两只凤盘卧状。卷第十六《石作功限》“殿内斗八”条有述：“殿阶心内斗八，一段，共方一丈二尺。雕镌功：斗八心内造剔地起突盘龙一条，云卷水地，四十功。斗八心外诸窠格内并造压地隐起龙凤、化生诸华，三百功。安砌功：每石二段，一功。”可知其心内雕以云卷水文为地的剔地起突盘龙；心外诸窠格雕以压地隐起的龙凤造型，并雕有化生等华文。

⑤水地飞鱼：指在地面石中心，以水浪文为地，以跳动之鱼为图的雕饰图案。牙鱼：《法式》中常提到的一种装饰性鱼形，未知是何种鱼。其雕斫方式，当仍是施于地面石中心，以水浪文为地，以牙鱼为图，形成一种鱼跃于水面之上的装饰效果。

⑥以诸华间杂：指诸窠内所施各种不同的华文。

【译文】

造殿堂内中心位置上内含斗八形状的地面心石做法：其石为方形，边长12尺，其内匀分为29个小格子。地面心石的中心雕以卷云云文，卷云之内再以单盘或双盘的龙形或凤形雕刻，或是采用以水浪文为地，以飞鱼或牙鱼为图，抑或采用莲荷等华文，以形成地面心石的中心。中心之外所分出的诸多小窠格内，则以不同华文雕刻间隔布置。这些华文的雕造，可采用压地隐起华或剔地起突华等不同的雕镌形式。

踏道

造踏道之制[①]：长随间之广。每阶高一尺作二踏[②]；每踏厚五寸，广一尺。两边副子[③]，各广一尺八寸。厚与第一层象眼同[④]。两头象眼[⑤]，如阶高四尺五寸至五尺者，三层，第一层与副子平，厚五寸，第二层厚四寸半，第三层厚四寸。高六尺至八尺者，五层第一层厚六寸，每一层各递减一寸。或六层，第一层、第二层厚同上，第三层以下，每一层各递减半寸。皆以外周为第一层，其内深二寸又为一层。逐层准此。至平地施土衬石[⑥]，其广同踏。两头安望柱石坐[⑦]。

【注释】

①造踏道之制：踏道，指登殿阶基或房屋台座的踏步阶道。梁注："原文只说明了单个踏道的尺寸、做法，没有说明踏道的布局。"

②每阶高一尺作二踏：踏，即今日踏阶所称的"踏步"。这里的"每阶高一尺"是一种比例尺寸叙述方式，即若其殿阶基高1尺，可分作二级踏步。其与后文"每踏厚五寸"相对应，即每一踏步的高度为5寸。

③副子：梁注："是踏道两侧的斜坡条石，清式称'垂带'。"副子的大体形式，是一个由相互垂直的殿阶基与地面所构成的直角三角形的斜边。副子的宽度为1.8尺；厚度与第一层象眼的厚度相同；副子的长度则依据由殿阶基高度推导出的踏道阶步数、铺展长度

及其所构成之直角三角形的斜边计算出来。

④第一层象眼：指踏阶两侧用砖或石叠涩砌筑的三角形部分的最外面一层。

⑤两头象眼：梁注："踏道两侧副子之下的三角形部分，用层层叠套的池子做线脚谓之'象眼'。清式则指这整个三角形部分为象眼。"

⑥土衬石：在踏道与地面接触的位置（至平地）砌筑以土衬石。土衬石的长度与踏道的面广宽度是一样的。土衬石一般会伸出殿阶基或踏道底边外缘之外，并微微露出地面之上，主要起到殿阶基与踏道的基础作用，也兼有保护殿阶基与踏道不受雨水冲击的功能。

⑦望柱石坐：指安置于踏阶根部两侧土衬石上，承托踏阶处所施勾阑望柱的石座。

【译文】

造登殿阶基踏步阶道的做法：踏步之长与台基之上所立殿屋的开间间广相同。以殿阶基的高度计，若其阶基高1尺，需设两步踏阶；每步踏阶厚为5寸，踏阶宽为1尺。踏阶两边所施副子，每侧副子的宽度为1.8尺。副子的厚度与第一层象眼的厚度相当。踏阶两头副子之下为象眼，如果殿阶基的高度为4.5尺至5尺，则其象眼所出叠涩为三层，第一层象眼所出叠涩与副子齐平，其厚5寸；第二层象眼所出叠涩的厚度为4.5寸；第三层象眼所出叠涩的厚度为4寸。若其殿阶基的高度为6尺至8尺，则其象眼所出叠涩为五层，第一层象眼所出叠涩的厚度为6寸，之后每层象眼叠涩的厚度各递减1寸。也可以出叠涩六层，第一层、第二层的厚度与分五层时的做法一样；第三层以下，每一层的厚度比上一层的厚度各递减半寸。以上所有情况下，都是以最外面一圈象眼所出叠涩为第一层，其内向里凹入2寸，又为一层。各层都以此为准，采取与之相同的方式，即比上一层向内各凹入2寸。其踏阶与地面相接处施以土衬石，所铺土衬石的面广与踏阶的面广相同。踏阶之下的土衬石两端安置踏阶上所施勾阑之望柱的石座。

（石勾阑）

【题解】

从史料看，“勾阑”一词，自宋代以后才比较多见，多指车具或殿堂楼阁之高处起到拦护作用的一种栏杆。这里所说的“勾阑”，指的是一种用石材加工营造的扶手栏杆，尽管其中的某些构造性术语，在很大程度上是与木勾阑有相近之处的。

《看详》“诸作异名”条中有一段话，对“勾阑”做出了定义：“勾阑。（其名有八：一曰棂槛，二曰轩槛，三曰栊，四曰梐牢，五曰阑楯，六曰柃，七曰阶槛，八曰勾阑。）”可知在中国古代文献中出现的与“勾阑”这一术语意思相接近者，至少有8个之多。

卷第二《总释下》“勾阑”条中进一步对“勾阑”一词加以解释，所引古代文献中，提到与“勾阑”意思相近的词，还包括棂槛、轩槛、阑楯等。其中也对勾阑中的一些构件加以解释，如：“《博雅》：阑槛、栊梐，牢也。”“棂槛，勾阑也。言勾阑中错为方斜之文。楯，勾阑上横木也。”“阑楯谓之柃，阶槛谓之阑。”大致也是对《看详》中所列举诸名词的一个简单解释。从这些解释看，“勾阑”一词指的正是某种可以用于建筑物的高处，或车具之上，起到某种拦护作用的木质栏杆。

当然，如上所述，这里所说的“勾阑”，指的是一种以石质材料建构，主要用于殿阶基之上，或一般殿堂塔阁等台座、台基上部四周的栏杆。

宋代殿堂台基上的勾阑，主要分为“单勾阑”与“重台勾阑”两种。所谓“单勾阑”，其实只是其勾阑栏版稍微低一些，其盆唇之下的构造比较简单而已。例如，在地栿与盆唇之间，只设置一层护栏嵌版，宋代建筑中一般采用的是“万”字版。这样的勾阑，外观显得比较轻快，寻杖与盆唇之间的距离也大一些，从而使得勾阑在整体上更显通透。因此，单勾阑似乎主要用于园林建筑或等级稍低一点的亭台楼榭之上。

与单勾阑相比较，重台勾阑是一种宋代建筑中等级较高，形式较为复杂，在造型上显得比较端庄、严肃，主要应用于等级较高的大型殿阶基之上的石质勾阑形式。其勾阑版要高一些，寻杖与盆唇的距离相对较小一点，由于在盆唇与地栿之间增加了一层束腰，因此使得其结构显得十分牢固稳定。设置在束腰上下的大小华版，以其丰富的华文题材，也使得重台勾阑更显出某种高贵与隆重的艺术氛围。

此外，在踏阶与慢道上，也会设置勾阑，其勾阑的高度与形式，需要与殿阶基四周阶头上所施勾阑有恰当的衔接。下面这几条有关“造勾阑之制”的内容，将这些问题及其解决方法逐一做了恰当的说明。

重台勾阑单勾阑、望柱

（重台勾阑）

造勾阑之制：重台勾阑每段高四尺①，长七尺。寻杖下用云栱瘿项②，次用盆唇③，中用束腰④，下施地栿⑤。其盆唇之下，束腰之上，内作剔地起突华版⑥。束腰之下，地栿之上亦如之。

【注释】

①重台勾阑：这里的“重台勾阑”，指的无疑是一种用石材加工筑造的栏杆，其中的某些构造性术语很可能与木勾阑有相近之处。“重台勾阑”似为一种比单勾阑等级略高的勾阑形式，其勾阑中位于两根望柱间的构件，除了勾阑必有的寻杖、云栱、盆唇、地栿外，还会在盆唇之下，束腰之上、下，及地栿之上，嵌以上下两层石刻华版，华版上雕有石雕纹样。其盆唇、束腰与上、下华版，一般会采用剔地起突雕镌做法。

②寻杖：是一个北宋时代才出现的建筑构件名词，指的是建筑物勾

阑上的一个主要构件——扶手，位于勾阑两望柱之间。云栱瘿（yǐng）项：这里指以饱满圆润的类脖项式雕刻与云形栱结合，以承托其上的寻杖。云栱，雕镌成云文形式的承托构件。宋代建筑的勾阑，无论是石勾阑还是木勾阑中，都有云栱的设置，其主要功能是承托勾阑顶部的扶手栏杆——寻杖。瘿项，瘿者，机体组织的局部增生；项者，脖颈；亦即采用略似臃肿之脖颈造型，承托其上云栱。瘿项仅出现在重台勾阑之上。

③盆唇：位于寻杖之下，两望柱之间，用以承托其上云栱瘿项（或单勾阑中的云栱撮项）的条形长版。

④束腰：位于两望柱之间的盆唇、地栿及上、下华版之间，如腰带般的条状构件，以承托其上蜀柱、盆唇、云栱瘿项及寻杖。束腰之下会承以经过雕镌的地霞。

⑤地栿（fú）：位于两望柱之间接近望柱根部位置的地梁，以承托其上的地霞、大小华版、束腰、蜀柱、盆唇、云栱瘿项、寻杖等构件。

⑥华版：雕有各种华文饰样，并镶嵌于盆唇与束腰之间，或地栿与束腰之间的装饰版。其中，位于束腰之上、盆唇之下者，称“大华版”；位于束腰之下、地栿之上者，称“小华版”。

【译文】

石作制度中营造勾阑的方法：若造重台勾阑，位于两望柱之间的每段勾阑的高度为4尺，一段勾阑的长度为7尺。勾阑顶部施以扶手寻杖，其下以经过雕斫的云栱瘿项承之，在瘿项之下的两望柱之间连以盆唇，盆唇之下亦于两望柱之间施以束腰，在接近望柱的根部位置则以地栿承托其上整段勾阑。在盆唇之下，束腰之上，嵌以用剔地起突方式雕刻的华版。在束腰之下，地栿之上，也同样嵌以经过雕饰的华版。

（单勾阑）

单勾阑每段高三尺五寸[①]，长六尺。上用寻杖，中用盆唇，下用地栿。其盆唇、地栿之内作“万”字[②]，或透空或不透空[③]，或作压地隐起诸华。如寻杖远，皆于每间当中施单托神[④]，或相背双托神。若施之于慢道[⑤]，皆随其拽脚[⑥]，令斜高与正勾阑身齐[⑦]。其名件广厚，皆以勾阑每尺之高积而为法[⑧]。

【注释】

①单勾阑：似为等级稍低的勾阑，其勾阑段的做法较为简单，一般在盆唇之下，不再设置束腰、华版之类，仅以地栿承“万”字版，其上覆以盆唇即可。

②“万”字：即雕刻为“卍”形的勾阑版。傅注：“万，‘萬’字应作‘卍’，有附图可证。丁本、故宫本有作‘卍’者，以下各卷屡见之。”

③透空或不透空：单勾阑中所嵌的“卍”形版（“万”字版），采用镂空形式者，为透空；采用不镂空形式，仅在版面上雕刻出“卍”形纹者，为不透空。

④单托神：梁注：“‘托神’在原文中无说明，推测可能是人形的云栱瘿项。”同样术语，亦见于卷第十六《石作功限》“单勾阑·单勾阑”条中有关单勾阑造作功：“寻杖下若作单托神，一十五功。（双托神倍之。）”疑所谓“单托神”及下文“相背双托神”，指的是介乎寻杖与盆唇之间的一种过渡性构件，功能当与云栱撮项相似，形式上或有可能采用了以单人轮廓或双人背对背形轮廓的雕刻。

⑤慢道：梁注：“就是坡度较缓的斜坡道。”

⑥拽脚：梁注：“大概是斜线的意思，也就是由踏道构成的正直角三角形的弦。”

⑦斜高：如果在缓慢的斜坡坡道上，抑或在踏道两侧斜坡状副子之上设置勾阑，则其勾阑段是根据这一慢道表面即“拽脚”的斜向坡度所确定的，故其高度指这一段斜向勾阑之寻杖与其下平行之踏

道副子之间的距离。正勾阑：指位于殿阶基之上正常的勾阑段。

⑧以勾阑每尺之高积而为法：《法式》中常见的一种比例尺寸计算方法。这里的意思是，以勾阑的高度作为一个基数，比如，将“一尺”视为100%，则勾阑上所有构件的尺寸，都以勾阑高度的百分比来推算，如“一寸”，为10%，“一分”为“1%”，如此类推。

【译文】

单勾阑每段的高度为3.5尺，一段勾阑的长度为6尺。勾阑上部用寻杖，中间用盆唇，底部用地栿。在盆唇与地栿之间嵌以“万”字版，可以是镂空的“万”字勾片，也可以是没有镂空，只做成浮雕式样的“万”字版。或者嵌以不同华文样式的压地隐起华雕刻。如果寻杖较长，则在每间的中点位置施以单托神，或相背双托神，用以承托其上的寻杖。如果在慢道上设勾阑，其寻杖、盆唇、地栿都与慢道的坡度平行布置，并使斜置勾阑的高度与房屋台基上正常勾阑的高度取齐。勾阑中各个不同构件的广厚尺寸，都以其与勾阑高度尺寸的比例推算而出。

（望柱）

望柱①：长视高②，每高一尺，则加三寸③。径一尺④，作八瓣。柱头上师子高一尺五寸，柱下石坐作覆盆莲华，其方倍柱之径⑤。

蜀柱⑥：长同上，广二寸，厚一寸⑦。其盆唇之上，方一寸六分⑧，刻为瘿项以承云栱。其项，下细比上减半，下留尖高十分之二⑨；两肩各留十分中四分⑩。如果单勾阑，即撮项造⑪。

云栱⑫：长二寸七分，广一寸三分五厘，厚八分⑬。单勾阑，长三寸二分，广一寸六分，厚一寸⑭。

寻杖：长随片广⑮，方八分⑯。单勾阑，方一寸⑰。

盆唇：长同上，广一寸八分，厚六分⑱。单勾阑，广二寸⑲。

束腰：长同上，广一寸，厚九分[20]。及华盆、大小华版皆同。单勾阑不用。

华盆地霞[21]：长六寸五分，广一寸五分，厚三分[22]。

大华版[23]：长随蜀柱内，其广一寸九分[24]，厚同上。

小华版[25]：长随华盆内[26]，长一寸三分五厘，广一寸五分[27]，厚同上。

“万”字版[28]：长随蜀柱内[29]，其广三寸四分[30]，厚同上。重台勾阑不用。

地栿：长同寻杖，其广一寸八分，厚一寸六分[31]。单勾阑，厚一寸[32]。

【注释】

①望柱：是一个自宋辽时代才开始出现的建筑术语。主要指石作或小木作勾阑中的一种构件。石作中的望柱，主要施于重台勾阑或单勾阑中。正是通过两根望柱之间的诸构件，确定了一段勾阑的基本造型与组合关系，并通过望柱将多段勾阑片连接成为一个整体。小木作之胡梯、叉子等中所施的立柱，亦称“望柱”。

②长视高：梁注：“‘望柱长视高’的‘高’是勾阑之高。”即这里的“高”是指“勾阑”的高度。其意为勾阑望柱长度，是依据勾阑片的高度确定的。这里的望柱长，似为未施加柱头上石刻狮子的高度。

③每高一尺，则加三寸：意为望柱的长度是勾阑高度的1.3倍，即用上文所言“皆以勾阑每尺之高积而为法”的比例尺寸方式推算与确定望柱长度。以重台勾阑高4尺计，其望柱高5.2尺；以单勾阑高3.5尺计，其望柱高4.55尺。

④径：望柱截面可能是一个正多边形，如正八边形，这里的“径”指的是望柱截面之内切圆的直径，亦即正多边形两个对边的距离。

梁注:"'望柱'是八角柱。这里所谓'径',是指两个相对面而不是两个相对角之间的长度,也就是指八角柱断面的内切圆径而不是外接圆径。"

⑤其方倍柱之径:指勾阑望柱之柱下多边形平面石座的尺寸。这里的"方"疑指其柱下多边形石座两个对边的距离,为望柱径的两倍。

⑥蜀柱:是《法式》中对短柱的泛称。这里的"蜀柱",指的是盆唇与束腰之间或盆唇与地栿之间所立的短柱。梁注:"'长同上'的'上',是指同样的'长视高'。按这长度看来,蜀柱和瘿项是同一件石料的上、下两段,而云栱则像是安上去的。下面'螭子石'条下又提到'蜀柱卯',好像蜀柱在上端穿套云栱、盆唇,下半还穿透束腰、地霞、地栿之后,下端更出卯。这完全是木作的做法。这样的构造,在石作中是不合理的,从五代末宋初的南京栖霞寺舍利塔和南宋绍兴八字桥的勾阑看,整段的勾阑是由一块整石版雕成的。推想实际上也只能这样做,而不是像本条中所暗示的那样做。"

⑦广二寸,厚一寸:其意为若勾阑高为1尺,则其蜀柱"广二寸,厚一寸"。以重台勾阑高4尺计,其蜀柱广8寸,厚4寸;以单勾阑高3.5尺计,其蜀柱广7寸,厚3.5寸。

⑧方一寸六分:指蜀柱截面尺寸仍以勾阑高度按比例推算。重台勾阑高4尺,其蜀柱截面方6.4寸;单勾阑高3.5尺,其蜀柱截面方5.6寸。

⑨下留尖高十分之二:梁注:"'尖'是瘿项的脚;'高十分之二'是指瘿项高的十分之二。"瘿项下端刻为尖形,其长为瘿项高的十分之二。

⑩十分中四分:梁注:"'十分中四分'原文作'十分中四厘','厘'显然是'分'之误。"

⑪撮项造：以“瘿”为臃肿之意，“撮”为紧缩之意，如果将两者想象为如同脖颈一样的形式，则重台勾阑中的瘿项，为臃肿的粗脖颈；而单勾阑中的撮项，为瘦长的细脖颈。两个术语形象地表现了两种构件各自的造型特征。相对于重台勾阑中所用的“云栱瘿项”，单勾阑中所采用的“云栱撮项”，即以细长脖颈的形式承托其上的云栱。

⑫云栱：雕镌成云文形式的栱，以承托其上的寻杖。

⑬长二寸七分，广一寸三分五厘，厚八分：指以勾阑每尺之高的比例尺寸方式来推算云栱尺寸。以重台勾阑高4尺计，其云栱长1.08尺，广5.4寸，厚3.2寸。

⑭长三寸二分，广一寸六分，厚一寸：同上，以单勾阑高3.5尺计，其云栱长1.12尺，广5.6寸，厚3.5寸。因单勾阑寻杖与盆唇之间的距离较重台勾阑要大，故其云栱的实际尺寸似应略大于重台勾阑寻杖下的云栱。

⑮长随片广：这里的“片”，指一段勾阑“片”。勾阑上寻杖，即扶手的长度，与一段勾阑的长度相当。

⑯方八分：指以勾阑每尺之高计算的寻杖截面尺寸。以重台勾阑高4尺计，其寻杖方3.2寸。

⑰方一寸：同上。以单勾阑高3.5尺计，其寻杖方3.5寸。因单勾阑寻杖与盆唇的距离大，故其实际尺寸仍应略大于重台勾阑寻杖的截面尺寸。

⑱广一寸八分，厚六分：以勾阑每尺之高计算的盆唇截面尺寸。以重台勾阑高4尺计，其盆唇截面广7.2寸，厚2.4寸。

⑲单勾阑，广二寸：同上。以单勾阑高3.5尺计，其盆唇截面广7寸。这里似未给出单勾阑盆唇的厚度尺寸。

⑳广一寸，厚九分：以勾阑每尺之高计算的束腰截面尺寸。以重台勾阑高4尺计，其束腰广4寸，厚3.6寸。

㉑华盆地霞：华盆者，意为承托华版之构件；地霞者，似为华盆的轮廓形式略近地平线上的早晚霞光；故“华盆地霞”指经过雕饰，形如地霞，以承托小华版的构件。

㉒长六寸五分，广一寸五分，厚三分：以勾阑每尺之高计算的华盆地霞的尺寸。以重台勾阑高4尺计，其华盆地霞长2.6尺，广6寸，厚1.2寸。

㉓大华版：施于重台勾阑中，嵌于盆唇与束腰及两蜀柱之间，经过雕镌的勾阑版。

㉔其广一寸九分：以勾阑每尺之高计算的大华版尺寸。以重台勾阑高4尺计，其大华版广7.6寸，其厚同华盆地霞，亦为1.2寸。

㉕小华版：施于重台勾阑中，嵌于束腰之下、地栿之上及华盆地霞之间，经过雕镌的勾阑版。

㉖长随华盆内：指小华版的长度与两华盆之间的距离相当。这里小华版的“长”，疑指小华版上部的长度。

㉗长一寸三分五厘，广一寸五分：以勾阑每尺之高计算的小华版尺寸。以重台勾阑高4尺计，其小华版长5.4寸，广6寸，其厚仍同华盆地霞，为1.2寸。这里所言小华版的“长”，疑为小华版底部的长度。

㉘“万”字版：指单勾阑中所嵌的“卍”形版。

㉙长随蜀柱内：“万”字版的长，与单勾阑盆唇下、地栿上两蜀柱之间的距离相当。

㉚其广三寸四分：以勾阑每尺之高计算的“万”字版尺寸。以单勾阑高3.5尺计，其“万”字版广1.19尺。其厚与华盆地霞同，仍为1.2寸。

㉛其广一寸八分，厚一寸六分：以勾阑每尺之高计算的地栿截面尺寸。以重台勾阑高4尺计，其地栿广7.2寸，厚6.4寸。

㉜单勾阑，厚一寸：同上。以单勾阑高3.5尺计，其地栿厚3.5寸。这

里似未给出单勾阑地栿之广的尺寸。

【译文】

望柱：勾阑望柱的长度依据勾阑的高度而确定，勾阑每高1尺，则望柱长加3寸。望柱截面的直径为1尺，其截面为八边形。柱头上所施石雕狮子高1.5尺，望柱下所施雕为覆盆莲华的八边形平面石座内切圆的直径，是其上所承同是八边形截面的望柱内切圆直径的2倍。

蜀柱：施于盆唇之下、束腰之上，其长依勾阑高而定，勾阑每高1尺，则蜀柱广为2寸，厚为1寸。在寻杖之下，盆唇之上，则用云栱瘿项做法，勾阑每高1尺，取其方1.6寸的大小，雕镌出瘿项形式，瘿项之上承以云栱。瘿项的做法是，其下部的粗细相当于其上部粗细的一半，并在其下端留出一个高为其瘿项高度十分之二的尖形；瘿项上部两侧各留出其广之十分中的四分雕为两肩。如果是单勾阑，则以撮项造的形式取代这里所说的瘿项造。

云栱：仍以勾阑每高1尺，其云栱长为2.7寸，广为1.35寸，厚为0.8寸。若是单勾阑，以单勾阑每高1尺，其云栱长为3.2寸，广为1.6寸，厚为1寸。

寻杖：勾阑扶手，即寻杖之长，与其每段勾阑片的长度相同，寻杖断面尺寸，以勾阑每高1尺，其方0.8寸推计。若是单勾阑，则以其勾阑每高1尺，其方1寸推计。

盆唇：盆唇的长度与寻杖一样，相当于每段勾阑片的长度，盆唇尺寸仍依勾阑每1尺之高，其广为1.8寸，其厚为0.6寸推计。若是单勾阑，则以其勾阑每1尺之高，其广2寸推计。

束腰：施于盆唇之上，地栿之上的束腰，其长度仍同寻杖，即与每段勾阑片的长度相同，束腰截面尺寸，依勾阑每1尺之高，其广为1寸，厚为0.9寸推计。同样的推算方式，也可用于束腰下的华盆与束腰上下的大、小华版尺寸的推定。若是单勾阑，则不用束腰、华盆及大小华版。

华盆地霞：地栿之上，束腰之下，相对于其上蜀柱的位置，施以华盆地霞。其尺寸依勾阑每1尺之高，其长为6.5寸，广为1.5寸，厚为0.3寸推计。

大华版：盆唇与束腰之间，在两蜀柱之间嵌以大华版。大华版的长，即为两蜀柱间之空当的距离，大华版之广，依勾阑每1尺之高，其广为1.9寸推计，大华版之厚与华盆地霞的厚度相同。

小华版：束腰之下，地栿之上，两华盆之间施小华版，小华版之长随两华盆之间的空当长度，小华版底部之长，依勾阑每尺之高，其长1.35寸，其广1.5寸推计，小华版的厚度亦与华盆地霞的厚度相同。

"万"字版："万"字版施于单勾阑盆唇之下，地栿之上，其长为盆唇之下所施两蜀柱间的距离，"万"字版广厚尺寸，以单勾阑每1尺之高，其广为3.4寸，其厚同华盆地霞，即厚为0.3寸推计。若是重台勾阑，则不施用"万"字版。

地栿：重台勾阑与单勾阑底部均施地栿，地栿长度与勾阑上部的寻杖长度相同，地栿的广厚尺寸，依勾阑每1尺之高，其广为1.8寸，厚为1.6寸推计。若是单勾阑，则以其勾阑每1尺之高，地栿厚为1寸推计。

凡石勾阑，每段两边云栱、蜀柱，各作一半，令逐段相接①。

【注释】

①令逐段相接：即两根望柱之间的勾阑，通过望柱及紧贴望柱两侧各为一半的云栱、蜀柱，将每一段勾阑连接在一起。梁注："明清以后的栏杆都是一栏板（即一段勾阑）一望柱相间，而不是这样'两边云栱、蜀柱，各作一半，令逐段相接'。"段，勾阑段。

【译文】

凡营作石造勾阑，每段勾阑片两边的云栱、蜀柱，各作一半的造型，与望柱相接，并通过望柱，使多个勾阑片逐段相接，形成一个整体。

螭子石

造螭子石之制[①]：施之于阶棱勾阑蜀柱卯之下[②]。其长一尺，广四寸，厚七寸[③]。上开方口[④]，其广随勾阑卯[⑤]。

【注释】

①螭子石：施于勾阑段底部，疑似位于地栿之下的垫托构件。其位置，从上下文猜测，可能是与勾阑片中盆唇之下的蜀柱相对应；其作用除了承托并稳固勾阑版片之外，螭子石上的开口或两石之间的孔洞，似可以起到排雨水作用。很可能因为其功能与殿阶基之上边缘处用于装饰及排雨水的石制螭首有相类之处，故宋人称其为"螭子石"，亦未可知。梁注："无实例可证。本条说明位置及尺寸，但具体构造不详。螭子石上面是与压阑石平，抑或在压阑石之上，将地栿抬起离地面？待考。"

②阶棱勾阑：指殿阶基四周边棱上所安装的勾阑，相当于大殿台基四周的护栏。阶棱，大概相当于殿阶基四周之阶头的外沿。蜀柱卯：这里的"蜀柱卯"令人生疑。若是重台勾阑，其蜀柱下部仅至束腰，则蜀柱卯不会伸至地栿处，唯单勾阑的蜀柱施于地栿之上，其蜀柱卯向下生根，与地栿相接。这里或可理解为，螭子石的位置，与其上的蜀柱卯，即蜀柱中线相对应。

③长一尺，广四寸，厚七寸：这里给出的螭子石尺寸，似为绝对尺寸，与"勾阑每尺之高"没有关联。

④上开方口：疑在螭子石之上开凿方口，其口或有与勾阑卯相咬合的作用。卷第十六《石作功限》"螭子石"条中提到的："安勾阑螭子石一段，凿劄眼、剜口子，共五分功。"似指对螭子石上部方形卯口的加工过程。

⑤其广随勾阑卯：指螭子石上所凿的口子宽度，与勾阑卯的宽度相

同，可知螭子石上所开口子正是与勾阑卯相互咬合衔接的。

【译文】

营造殿阶基勾阑下螭子石的做法：将螭子石安置于殿阶基四周边棱所设勾阑之下，其位置与勾阑中的蜀柱相对应。螭子石长为1尺，广为4寸，厚为7寸。石之上开凿安装勾阑卯的方口，方口的宽度随勾阑卯的大小尺寸而定。

（与门相关的石构件）

【题解】

除了上文中重点谈及的与房屋营造关联比较密切的诸如柱础、殿阶基、堂阁台基、踏道、石勾阑等之外，在宋代人所需要面对的土木营造工程中，还会有一些石质构件，如进入建筑群的大门，各种城池中不可或缺的城门，与城墙或其他墙垣有关、可以起到连通水道并能够保证水道之上的道路仍然通畅的卷輂水窗，各种祭祀礼仪中需要用到的坛台，日常饮马的水槽子，官员们上下马的马台，水井的井口石，竖立幡竿的幡竿颊，以及陵墓前常常可以见到的石碑及碑座等，都可能采用石料，并依据石作制度中石材加工的方式制作。

上面提到的诸多石构件，尽管其中的一些在现代生活中已经不再具有实际的使用功能，但了解这些曾经存在于古人生活中的石作制度，对于了解宋代人的物质生活，对于保存与保护古代某些可能存在过的历史遗迹，对于修复某些可能已经失传了的古代石作做法，都具有一定的参考意义。

这里仅将《法式》石作制度中提到的一些石构件加以分析与解释。

《法式》的下面几条文字中，主要涉及的是与各种各样的“门”有关的石构件。古代中国人的门，一般情况下都是木质结构的，但为了固定门，或保证门的转动幅度不会过大，或保证门能够牢固地关闭，都需要有一些相应的石质构件与木质材料制作的门相结合，才能充分实现门的功能，故而就会出现诸如门砧、门限、止扉石、阶断砌等构件。在尺度较大且更为重要的城门位置上，还会出现城门心将军石，或承托城门之上之结构荷重的城门石地栿等石构件。

石构件与木质材料制作之门的巧妙结合，恰恰展现了古代中国人在有限的材料与技术条件下，在房屋甚至城池营造中，对不同材料之材性的深入理解，及在不同材料的恰当应用上，所显露出的机巧与智慧。

门砧限①

造门砧之制②：长三尺五寸；每长一尺，则广四寸四分，厚三寸八分③。

门限④：长随间广，用三段相接。其方二寸⑤。如砧长三尺五寸，即方七寸之类。

若阶断砌⑥，即卧柣长二尺⑦，广一尺，厚六寸。凿卯口与立柣合角造⑧。其立柣长三尺，广厚同上。侧面分心凿金口一道⑨，如相连一段造者，谓之曲柣⑩。

城门心将军石⑪：方直混棱造⑫，其长三尺，方一尺⑬。上露一尺，下栽二尺入地。

止扉石⑭：其长二尺，方八寸⑮。上露一尺，下栽一尺入地。

【注释】

①门砧限：这里指的其实是两种石构件：一种是门砧，另外一种是门限。

②造门砧之制：门砧，是指垫在门框立颊下脚的木质或石质垫墩。其形式为在一长方形石块上凿出安置门框立颊下脚的凹槽与圆

形凹洞，洞内安置支承门扇转轴的门枢，以保证门扇的稳固与转动。清代建筑中的门砧，称为“门枕石”。梁注：“本条规定的是绝对尺寸。但卷六《小木作制度》‘版门之制’则用比例尺寸，并有铁桶子鹅台石砧等。”

③广四寸四分，厚三寸八分：这里的门砧广厚尺寸，其实是以“门砧每尺之长积而为法”的比例尺寸，故这里仅给出了门砧“每长一尺”的广厚尺寸。以此推计，长度为3.5尺的门砧，其广为1.54尺，厚为1.33尺。

④门限：梁注：“即门槛。”指位于门之两侧门砧之间的长方形构件，用以限制门扇的转动角度。门限可以是木制，也可以是石制构件。

⑤其方二寸：这里的“其方二寸”，其实是以“门砧每尺之长积而为法”的比例尺寸，而非绝对尺寸，这从其后小注“如砧长三尺五寸，即方七寸之类”可以确定。

⑥阶断砌：所谓“阶断砌”，是一种活动的门限形式，其目的是在需要时将门限撤除，以露出门道出入处的地平面。在活动的门限两端，各有一个“阶断砌”做法，其作用略近于门砧。梁注：“这种做法多用在通行车马或临街的外门中。”

⑦卧柣（zhì）：阶断砌组成构件，其整体外轮廓呈“⌐”形，其上部横置部分即为卧柣。

⑧立柣：阶断砌组成构件，其整体外轮廓呈“⌐”形，其垂直于地面部分称“立柣”。合角造：在阶断砌的卧柣上开卯口，立柣上开榫，以卯接形式，使两者形成一个“⌐”形的“合角造”式连接。

⑨分心：这里指立柣顺身方向的中线。金口：即在立柣上所开凿的用于插拔活动门槛的企口。

⑩曲柣：指将阶断砌做法中的立柣与卧柣合为一体雕造，通过一块石材雕凿出“⌐”形构件，用于阶断砌门槛两端。

⑪城门心将军石：梁注：“两扇城门合缝处下端埋置的石桩称‘将军

石’，用以固定门扇的位置。”这是一种放大了的“门限”，用于城门处，防止城门转动的角度过大。因其尺度较大，且位于城门合缝处的中点，故称为“城门心将军石”。

⑫方直混棱造：梁注：“‘混棱’就是抹圆了的棱角。”意为其石形状为方直，边棱均凿磨为圆棱形式。

⑬其长三尺，方一尺：这里的尺寸为绝对尺寸。

⑭止扉石：与门限有相类似的作用，即限制门扉转动的角度，以防止其转动角度过大。梁注：“‘止扉石’条，许多版本都遗漏了，今按故宫本补阙。”

⑮其长二尺，方八寸：这里的尺寸为绝对尺寸。

【译文】

营造门砧的做法：门砧的长度为3.5尺；以每长1尺，其广4.4寸，厚3.8寸计。

门限：其长度随其门的开间面广而定，用三段石材相接的方式构造。以门砧每长1尺，其门限截面方为2寸推计其断面尺寸。如门砧长3.5尺，其门限即7寸见方，如此类推。

若采用阶断砌的方法，则其门砧处的卧柣长为2尺，广为1尺，厚为6寸。在卧柣边角凿出卯口以与立柣相咬合，做成合角造的做法。其立柣的长度为3尺，立柣的广、厚与卧柣的广、厚相同。在立柣侧面的顺身中线上开凿一道金口以安插活动门槛。如果将卧柣与立柣合为一个整段雕造而成，则称其为“曲柣”。

造城门心将军石的做法：其外形为方直状，诸棱抹为圆角，形成混棱边角形式，其石长3尺，石之截面为1尺见方。上端露出地面1尺，其下栽入地面之下2尺。

用以限制门扉转动角度的止扉石：其长为2尺，其截面为8寸见方。上端露出地面1尺，其下栽入地面之下亦为1尺。

地栿

造城门石地栿之制①：先于地面上安土衬石②，以长三尺，广二尺，厚六寸为率。上面露棱广五寸③，下高四寸。其上施地栿，每段长五尺，广一尺五寸，厚一尺一寸；上外棱混二寸④；混内一寸凿眼立排叉柱⑤。

【注释】

①城门石地栿：地栿，即地梁。"地栿"一词可以指房屋柱根部位或勾阑底部，即小木作诸多制度中的底部，且可以是木制构件，亦可以是石制构件。这里的城门石地栿，是施于城门内两侧墙根部位的石梁。

②土衬石：亦为《法式》中常见术语。多见于殿阶基及踏阶的底部。这里是指施于城门石地栿之下，用以作为城门石地栿之基础的条状石构件。

③露棱：指土衬石露出地面的边棱。

④外棱混二寸：即土衬石露出地面之外棱棱角部位，从边棱向内2寸的部分抹成圆角，这抹成圆角的棱，即称"混"，其"混"之圆的半径约为2寸。

⑤混内一寸凿眼：指抹成圆角的外棱之"混"内边线向里再加1寸距离的位置，凿以用来安插排叉柱的孔洞。排叉柱：指置于城门内两侧墙根部地栿之上的孔洞内，且成排直立，以承托其上梯形梁架及梁架上所承城门台等荷重的木柱。《法式》文本中没有给出排叉柱的尺寸与密度。相信其柱的断面尺寸与柱子间隔距离，是根据城门洞的大小及上部所承载之城门楼的不同尺度而确定的。

【译文】

营造城门石制地栿的做法：先在城门洞内两侧壁的地面上安砌用以

承托石地栿的土衬石，土衬石的尺寸，标准一般为长3尺，宽2尺，厚6寸。土衬石上部露出地面的部分宽为5寸，其下部埋入土中的部分高为4寸。在土衬石之上施安石地栿，地栿每段的长度为5尺，其宽1.5尺，厚为1.1尺；石地栿上部外棱凿抹为圆混的边棱，其圆混的边宽为2寸；自边棱混线向里1寸处凿剜柱眼，在柱眼之内竖立用以支撑城门上部结构的排叉柱。

(特殊性石作)

【题解】

除了与门相关的一些石质材料的构件之外，古代中国人还会将石材应用在诸如具有修禊礼仪与文化娱乐性质的曲水流觞类游戏中，这类活动中最重要的场所性器具就是流盃池。流盃池的雕刻营造，不仅是历代文人雅士所追逐的乐趣之一，也影响到统治阶层的生活。历代帝王在其宫殿或苑囿中营造流盃渠的传统，一直延续到晚清时代。

以儒家思想为正统的古代中国人十分重视人与天、人与自然之间的关系，因之而产生的各种祭祀礼仪，都需要设置特定的祭祀场所，诸如祭祀苍天所用的圜丘坛，祭祀大地所用的方泽坛，以及日坛、月坛、先农坛、先蚕坛等。在各地还分布有祭祀当地山川河流的坛壝，或地方官员求雨的雩坛；甚至在灾荒年间，各地还会设立厉鬼坛，为因为天灾人祸而不幸罹难的人们的魂灵做安抚性的祭祀仪典。这些都需要“坛”的营造。或许因为历代史籍中，有关各种坛壝的记载十分详细，所以《法式》中关于坛之营造的描述并未充分展开。但作为一个建筑类型，其基本的构造方式与施工方法，在这里交代得却是十分清晰的。

《法式》中特别展开的一条有关卷輂水窗之构造与做法的描述，让我们对古人在营造与通水的河渠相关的设施上所采取的一些重要的工程手段，有了一个较为深入的了解。卷輂水窗的结构与构造，在很大程度上，与欧洲传统建筑中最为大量使用的拱券结构有着相当紧密的相似性。由此可知，古代中国人在充分掌握了砖石材料的材性之后，对拱券结构也有十分深入与独到的了解。这在7世纪初所创造性地建造的世界上最早的大跨度石拱桥——隋代营建的赵州永济桥上，得到了充分的印证。卷辇水窗，是古代中国人将砖石拱券技术应用于日常生活设施中的最为常见的一个例证。

古代中国人没有发展出像欧洲人那样宏伟的拱券结构的巨大建筑物，并非技术上或经济上的原因，更多可能是出于文化上的考虑。古代中国人对木材青睐，并对使用土与木两种材料为人们创造阴阳协和的温润的居住环境充满了信心与向往，故而除了将石材应用在桥梁、涵洞以及陵寝、墓穴的营造上之外，几乎从未将冰冷的石材作为现世生活之人居住性房屋的主要用材。换言之，安土重迁，主张与自然和谐共处的古代中国人，似乎从未产生过追求以石质材料营造高大隆耸之巨构的冲动。也就是说，古代中国人在建筑领域所具有的与欧洲人截然不同的这一倾向，其真实的原因是：非不能也，是不为也。

流盃渠 剜凿流盃、垒造流盃

造流盃石渠之制[①]：方一丈五尺，用方三尺石二十五段造[②]。其石厚一尺二寸。剜凿渠道广一尺，深九寸。其渠道盘屈，或作“风”字，或作“国”字。若用底版垒造[③]，则心内施看盘一段[④]，长四尺，广三尺五寸；外盘渠道石并长三尺[⑤]，广二尺，厚一尺。底版长广同上[⑥]，厚六寸。余并同剜凿之制。出入水项子石二段[⑦]，各长三尺，广二尺，厚一尺二寸[⑧]。剜凿与身内同。若垒造，则厚一尺，其下又用底版石，厚六寸。出入水斗子二枚[⑨]，各方二尺五寸，厚一尺二寸；其内凿池[⑩]，方一尺八寸，深一尺。垒造同。

【注释】

①流盃石渠：流盃渠，源于中国古代先民在三月上巳节举行的传统修禊仪式。东晋永和九年（353）三月上巳日，王羲之等人雅集于浙江山阴（今浙江绍兴）的兰亭，“修禊”仪式得以强化，形成一种称为“曲水流觞”的文人游戏。为举行修禊礼仪或为文人雅集时饮酒赋诗而造的石制流觞曲池，即称“流盃渠”。梁注：“宋代留存下来的实例到目前为止知道的仅河南登封宋崇福宫泛觞亭的流盃渠一处。”此外，近年考古发掘中，广西桂林亦发现一处宋代流盃亭遗址及宋代流盃渠残石，这或也是对《法式》中所描述流盃渠例证的一个补充。

②用方三尺石二十五段造：筑造流盃渠的基本做法是，用25块3尺见方的石版，以“田”字形方式拼合而成。拼合后的石制流盃渠整体长宽尺寸为15尺见方。

③用底版垒造：一种区别于用3尺石25段造剜凿渠道式的流盃渠做法，其方法是先在地面满铺“底版”石，再在底版之上，按照渠道形式垒造出流盃渠的形象。

④心内施看盘：流盃渠表面中心的一块经过雕镌的石头，称“心内看盘”。在用底版垒造做法中，心内看盘石可能是一块位于中心的上下层一体的整石，也可能是垒砌于底版之上中心位置的一块石盘。

⑤外盘渠道石：环绕心内看盘石，在其外按照流盃渠渠道走势垒砌石块，将渠道部分留出空隙，以形成表面流盃渠渠道的效果。

⑥底版：指满铺于地面之上的流盃渠底层石版。

⑦出入水项子石：相当于出入“水口”，亦凿为渠道形式，与外来水连接并使水流入或流出，以造成流盃渠内水的流动。因其位于流盃渠出入口，且如脖颈般与外部水源连接，故称“水项子石”。

⑧长三尺，广二尺，厚一尺二寸：这里的尺寸为绝对尺寸。本条所提

到的其他尺寸，亦为绝对尺寸。

⑨出入水斗子：在盘屈渠道的出入口处，各嵌入一个石刻的水斗子。水斗子为2.5尺见方，厚为1.2尺。这里是用于流觞游戏之随水漂流之酒觞的出入口。

⑩其内凿池：水斗子内凿出一个方1.8尺，深1尺的小方池，以容纳出入水渠的酒觞。

【译文】

营造流盃渠的方法如下：流盃渠整体尺寸为15尺见方，这是用25块3尺见方的石块组合砌造而成的。筑造流盃渠的石块，其厚度为1.2尺。将石块拼接为一个整体后，再在其中剜凿渠道，渠道宽为1尺，深为9寸。其渠道为盘屈的曲圜形式，可以凿为"风"字的轮廓，亦可以凿为"国"字的轮廓。如果是用底版垒造，那么在流盃渠的中心位置施砌一块经过雕饰的看盘（或在底版之上的中心垒砌一块心内看盘），心内看盘石长为4尺，宽为3.5尺；心内看盘石之外，则环以渠道石，渠道石均采用长3尺，宽2尺，厚1尺的石块垒砌。底版的长与宽与剜凿之制的做法一样，也是15尺见方，底版石的厚度为6寸。其他做法与尺寸与剜凿之制的做法亦相同。在流盃渠出入水口处，施出入水项子石2段，其石各长3尺，宽2尺，厚1.2尺。水项子中渠道剜凿的宽度与深度，与流盃渠本身渠道的宽度与深度相同。如果是垒造，则其上层用厚1尺的石块砌筑，其下层仍用底版石，底版石的厚度为0.6尺。与水项子相接处，即流盃渠出入水口处，垒砌两块水斗子石，其石各方2.5尺，石块的厚度为1.2尺；在水斗子石内凿出方池，其池方1.8尺，深1尺。若采用垒造的方式，其所留出方池的深广尺寸与之相同。

坛

造坛之制[①]：共三层，高广以石段层数[②]，自土衬上至平面为高[③]。每头子各露明五寸[④]，束腰露一尺[⑤]。格身版柱造作[6]，作平面或起突作壸门造[7]。石段里用砖填后[8]，心内用土填筑[9]。

【注释】

①坛：指古代中国人祭祀神灵的一种坛台状构筑物，一般在祭祀之坛台周围，还环以壝垣，故称“坛壝”。梁注“坛：大概是如明清社稷坛一类的构筑物。”今日北京城，尚存明清时代的坛有圜丘坛、方泽坛、社稷坛、日坛、月坛、先农坛、先蚕坛等。

②高广以石段层数：《法式》行文并未给出坛的高度与长、宽尺寸，只是说明坛的制度一般为3层，由若干层石段垒砌而成。其高广尺寸，以石段层数确定。这样说表达的意思是，这里的“坛”只是一般意义上的“坛”，并非特指某一类坛，故其尺寸应随坛之不同而有所变化。

③土衬：即土衬石，位于坛之根部，其石主要部分埋入地面以下，地面微露出其边棱部分，主要起加强坛台地基强度，承托其上坛台的作用。上至平面：其意是说，坛之高度，指的是土衬石表面至坛台顶部表面之间的标高差。这里的“平面”，指的是坛台的表面。

④每头子各露明五寸：梁注：“‘头子’是叠涩各层挑出或收入的部分。”这里的“头子”，当指三层石台中，每层石台边缘的外露部分为0.5尺。

⑤束腰露一尺：每层石台中部收进的腰部，即称“束腰”。束腰的高度为1尺。

⑥格身版柱：这里的“格身版柱”，与卷第三《壕寨及石作制度》“石作制度・殿阶基”条中所提到的“隔身版柱”为同一义，即将束腰通过凸出束腰表面的小壁柱分隔成若干个方格，以做装饰。

⑦作平面：指格身版柱之内不做雕饰，保持素平的形式。起突作壸门造：原文为“壶门造”，梁注本改为“壸门造”。壸，《尔雅・释

官》:“宫中衖谓之壸。”衖(xiàng),其意与“巷”近,多指宫中的小路,则“壸门”本义,似有宫中小巷之门的意思。“起突作壸门造”,意为以剔地起突的雕刻手法,雕刻出一个类如门形的装饰形象。

⑧石段里用砖填:意为坛台之外用石段垒砌,石段以里用砖加以衬砌,以增加坛台四周的强度。这里的“用砖填”,疑为以砖填砌之意。

⑨心内用土填筑:坛台的中心部位,即用石头与砖所垒砌的外侧四壁以内,是用土逐层夯筑而成的。

【译文】

营造坛台的做法是:坛台一般垒叠为3层,其坛的高度与长宽尺寸,以砌筑坛台所用石段的尺寸及层数推计,一般是从坛台根基部位的土衬石面起计,自土衬石面至坛台顶面的垂直距离,即为坛台的高度。坛台由若干层石段垒砌而成,坛之向内收退或向外出挑的叠涩,每层出头的长度为0.5尺,上下叠涩出头之间的束腰,露出的高度为1尺。束腰内采用格身版柱的做法,将束腰分为若干方格,方格之内可以是素平的表面,或是雕凿为起突壸门造,即用剔地起突的雕刻方式雕作壸门的样式。坛台四周所砌石壁之内贴着外廓石段,用砖填砌,再向内则用夯土填筑而成。

卷輂水窗

造卷輂水窗之制①:用长三尺,广二尺,厚六寸石造。随渠河之广。如单眼卷輂②,自下两壁开掘至硬地③,各用地钉木橛也。打筑入地,留出镶卯④。上铺衬石方三路⑤,用碎砖瓦打筑空处,令与衬石方平;方上并二横砌石涩一重⑥;涩上随岸顺砌并二厢壁版⑦,铺垒令与岸平。如骑河者⑧,每段用熟铁鼓卯二枚⑨,仍以锡灌。如并三以上厢壁版者⑩,每二层铺铁叶一重[11]。于水窗当心平铺石地面一重[12]；于上下出入水处侧砌线道三重[13]，其前密钉擗石桩二路[14]。于两边厢壁上相对卷輂，随渠河之广，取半圜为卷輂棬内圜势[15]。用斧刃石斗卷合[16]；又于斧刃石上用缴背一重[17]；其背上又平铺石段二重；两边用石随棬势补填令平。若双卷眼造[18]，则于渠河心依两岸用地钉打筑二渠之间[19]，补填同上。若当河道卷輂[20]，其当心平铺地面石一重[21]，用连二厚六寸石[22]。其缝上用熟铁鼓卯与厢壁同。及于卷輂之外，上下水随河岸斜分四摆手，亦砌地面令与厢壁平。摆手内亦砌地面一重[23]，亦用熟铁鼓卯。地面之外，侧砌线道石三重，其前密钉擗石桩三路。

【注释】

①卷輂（jú）：类似于"拱券"之意，其上可以承载重物。輂，本有两义：一为古代一种大马车，二为古人盛运土石的器具。《尚书正义》："輂，直辕车也。"另据西汉扬雄《方言》卷十二："堪、輂，载也。（輂舆，亦载物者也。）"这里的"輂"，或取其"载物"之义。水窗：梁注："'輂'居玉切，jú。所谓'卷輂水窗'也就是通常所说的'水门'。"这里的"水窗"当即"水门"之意。

②单眼卷輂：意为单孔洞的拱券。单眼，梁注："即'单孔'。"

③硬地：此指具有承载力的地基。

④鐏（zuǎn）卯：意为木杆尽端所套的金属端头。明茅元仪《武备志·阵练制·教艺七》："杆后不宜安鐏，恐自击腹胁。"

⑤衬石方：与殿阶基或城门石地栿中所用土衬石意思相类，为铺砌于地基中的条状石块，用以增加地基的结构强度。只是土衬石施于地面处，有露出地面的边棱，衬石方会埋入土中，在地面上一般似难以看到。

⑥并二：梁注："'并二'即两个并列。"指两块石条并列砌筑。横砌：疑为与岸线呈垂直方向砌筑。涩：这里似指其石叠涩而砌，类如齿状。

⑦随岸顺砌：顺着水岸的边线砌筑。并二厢壁版：以二石并列的砌筑方法砌造卷輂水窗两侧竖直的石筑壁版。

⑧骑河：疑即跨河营造之意。

⑨熟铁鼓卯：用熟铁浇筑而成的鼓形卯，镶嵌于相邻两石之间，起到将两石紧密连接为一体的作用。

⑩并三以上厢壁版：指卷輂水窗两侧石壁为3块条石并列砌筑而成。

⑪铺铁叶：在所砌石层间铺以薄铁皮，利用铁皮的抗拉性质，增强砌石筑体的整体结构性能。

⑫水窗当心：指卷輂水窗两厢立壁之间连线的中点。这里或应覆盖了水窗两壁之间的空隙之处的地面。

⑬上下出入水处：指水流方向，流入的方向为"上"，流出的方向为"下"。这里指水窗前后两侧出入水的水口处。侧砌：似指将条石较窄的一面着地，使条石侧立而砌。线道：即由侧立而砌的条石形成如齿状的水岸条石边线。梁注："即今所谓'牙子'。"

⑭密钉擗（pǐ）石桩：这里的"擗石桩"似为钉入岸边侧砌线道内侧泥土中的立桩，可挡住所砌线道砌体，防止其向水中滑动。擗，有"撇挡"义。金董解元《西厢记诸宫调》卷二："擗过钢枪，刀又早落。"

⑮卷輂棬（quān）内：指卷輂的发券之内，即砌筑拱券之结构层内。棬，圆圈形，此处与"券"同义，指卷輂的孤形部分。

⑯斧刃石：梁注："即发券用的楔形石块vousoir。""斧刃石"似有将石材表面以斧刃凿为波棱状，以增加石材间摩擦力之意；抑或将石材雕为类如斧之楔形形状，以利于拱券的砌筑。尤其是位于卷輂棬内圜势中心的斧刃石，类如拱券结构中的"拱心石"，其截面

形状必为楔形。斗卷合：这里的“斗”，繁体字为“鬬”，本义有两组建筑结构间“彼此相斗”，即相互咬合之意；故“斗卷合”意为将卷輂水窗两侧拱券相“斗”而合为一体。

⑰缴背：梁注：“即清式所谓‘伏’。”古代营造结构中，为增加结构强度与刚性，在既有的结构层之上再叠加一层与其下结构顺身方向，犹如“伏”于其上的构件，如在梁栿之上，顺梁栿方向增加的木构件。这里的“缴背”，指在设置斧刃石之拱券层上，再紧贴拱券伏砌一层石，以增强拱券的整体结构性能。

⑱双卷眼造：即采用并列的双拱券做法砌筑的卷輂水窗，其水窗有两孔水窗券洞。

⑲地钉：指双卷眼造的中心石壁底部地基上钉入河床底部的木桩，以起到加强地基承载力，承托其上所砌拱券石壁的作用。

⑳当河道卷輂：在河水流经的河床底部直接砌筑卷輂水窗两壁，使河水恰从卷輂水窗中心通过。

㉑平铺地面石：原文为“平铺石地面”，梁注本改为“平铺地面石”。

㉒连二：梁注：“即两个相连续。”

㉓摆手：参见本卷“筑临水基”条相关注释。

【译文】

营造卷輂水窗之制：用长3尺，宽2尺，厚6寸的条石砌造。其水窗大小需按照渠道或河流的水道宽度确定。如果砌筑单孔形式的卷輂水窗，自其水窗两侧壁处要开挖地基，直至土质较硬的土层处，然后在两壁之下分别用地钉也就是木橛子。打筑入水底地基之中，地钉的端头要留出安镶的卯头。地钉之上铺砌3路衬石方，在衬石方之间的空当处要填入碎砖瓦并夯打固实，所夯填的碎砖瓦上表面要与衬石方找平；在衬石方之上并列2块条石，与岸线相交，横向砌筑条石1层，使其边棱类如叠涩状；横砌条石之上再随顺岸线并列2块石条，砌筑水窗两侧直立的石壁，层层铺砌垒叠，使其与河渠之岸的高度找平。若是跨河渠建造卷輂水窗，并列两石之间，每段都需用熟铁鼓卯2枚，将二者紧密连接为一体，铁卯与石材之间的缝隙需用熔化的锡水灌入，以保证铁卯没有任何松动的可能。如果是3枚条石并列砌筑的两厢石壁，则除了用铁卯连接外，还应在每两层之间铺上一层薄铁叶片，以增强石壁的整体结构性能。在水窗两侧壁中间的河渠底部，要平铺地面石1层；在水窗上下出入水口的位置上，还应将条石侧立砌筑3层类如叠涩状牙子的线道，在线道之前应密排2路擗石木桩，并将其钉入河渠岸边的泥土中，以确保线道牙子不会向水中滑动。在砌筑好水窗两侧石壁之后，再在两边石壁之上相对砌筑圜券状卷輂，卷輂的跨度需随渠道或河道的宽度而定，以半圆的曲线作为卷輂所发拱券之内的曲线走势。卷輂拱券采用楔形断面的斧刃石沿拱券之曲势卷合；再在斧刃石之上伏砌一层缴背石；缴背之上再平铺条石2重；卷輂两边需用石随券势补填其低洼之处，将卷輂表面补砌平整。如果采用的是并列双孔的拱券做法，则需要在河渠中心线处，顺着两岸的岸线方向，在两道拱券之间的河渠底部用地钉打筑，卷輂水窗之拱券上部补填的做法，与单孔卷輂的做法相同。如果是正当河道所砌筑的卷輂，其两侧石壁之间的河床上要平铺1层地面石，地面石采用两石相连的做法砌筑，地面石的厚度为6寸。两石相连的地面石之间缝隙，亦需采用熟铁鼓卯的做法，将相邻条石连接在一起，其用铁卯及灌注锡水等做法，与砌筑两厢侧壁时的做法相同。至于卷輂之外，在水流之上下水口处，要随河岸斜分为四摆手八字抹角形式，以作为卷輂前后河岸的护岸，四摆手之地面的砌筑要与卷輂两侧石壁与地面相接处找平。斜分之两岸摆手的内侧河床上，亦应铺砌地面石1重，地面石之间相接处，也需要用熟铁鼓卯加以紧密连接。在河床上所铺地面石之外，还应侧砌3道如牙子状的线道石，线道石前亦应密排3路钉入河岸底部泥土中的擗石桩，以确保卷輂前后之河岸及卷輂下的河床底面稳固。

（实用性石作）

【题解】

宋代石造构件，除了用于建筑物的附属部分之外，也有其他一些与日常生活相关的物件。本卷石作制度中，自“水槽子”以下诸条，已非建筑构件，而是古人的一些实用性日常器物或构件。

这些器物或构件中的大部分，与人们的生活需求已经渐行渐远，与大部分现代人的生活似乎不再有什么关联；但是其作为历史文物，仍具有重要的历史文化价值。透过对《法式》的阅读，对它们有一些了解，也是对古人的物质文化有一些理解，对于一个现代人而言，这既是一种历史知识，也是一种文化素养。

水槽子

造水槽子之制①：长七尺，方二尺②。每广一尺，唇厚二寸③；每高一尺，底厚二寸五分④。唇内底上并为槽内广深⑤。

【注释】

①水槽子：石刻水槽，其内可储水。梁注：“供饮马或存水等用。”

②长七尺，方二尺：这一尺寸当为绝对尺寸。其中的“方二尺”，指水槽所用石材的截面，为2尺见方。

③唇厚二寸：这里的厚度尺寸为比例尺寸，水槽子之广，即为其方，则其唇厚实为4寸。唇，指水槽的侧帮。

④底厚二寸五分：指经过剜凿后所余槽底的厚度，这一尺寸仍为比例尺寸，以其方2尺，则水槽高亦为2尺，其槽底厚度实为5寸。

⑤唇内底上：指水槽之内槽底与侧帮。槽内广深：指槽内所凿槽池的宽度与两侧槽帮内侧的高度。由行文可知，其槽唇内壁为直立

状，槽底长宽尺寸与槽口长宽尺寸完全相同。以如上尺寸推计，其槽内长为6.2尺，宽为1.2尺，槽深1.5尺。

【译文】

雕造石制水槽子的做法：槽长为7尺，开凿水槽之石的截面为2尺见方。以其槽每宽1尺，槽之侧唇的厚度为2寸；其槽每高1尺，所留槽底的厚度为2.5寸。槽唇以内之槽底的长、宽尺寸及槽底距唇之上沿的高度，即为水槽之内的长、宽与深。

马台

造马台之制①：高二尺二寸，长三尺八寸，广二尺二寸②。其面方③，外余一尺八寸④，下面分作两踏⑤。身内或通素⑥，或叠涩造⑦，随宜雕镌华文。

【注释】

①马台：旧称“下马石”或“马蹬石”。梁注：“上马时踏脚之用。清代北京一般称‘马蹬石’。”

②高二尺二寸，长三尺八寸，广二尺二寸：这里的尺寸，当为绝对尺寸。

③面方：以其广2.2尺计，则其所留之方面，亦应为2.2尺见方，此与后文所言“外余一尺八寸”似有矛盾。疑其长度方向仍留2尺，宽度方向，通过将边棱抹为圆角，两侧每侧各抹0.1尺，所余表面，仍为2尺。

④外余一尺八寸：如果未加处理，仍以其广2.2尺，留出顶面方形，则其外当仅余1.6尺。

⑤两踏：即将其石分为两步踏阶。以外余1.8尺计，每步踏深0.9尺，以外余1.6尺计，每步踏深0.8尺。每踏高度，疑将其高2.2尺

约分为三等份，即每踏高为0.7尺余。

⑥身内：当指马台的外表面。通素：即将其外表面均做素平处理，不加雕饰。

⑦叠涩造：这里所言“叠涩造”，疑似将三块石头垒叠砌筑为马台形状，而非用一块整石雕凿而成。

【译文】

雕造马台的做法：其高2.2尺，长3.8尺，宽亦2.2尺。顶面留出一个方形的平台，其外所余长度为1.8尺，将所余部分分作两步踏阶。马台的外表面，或均采用不加任何雕琢的素平外观；亦可用石以叠涩造做法，垒叠砌筑出上述马台形式；亦可在马台的外表面，随宜雕镌出不同形态的华文装饰。

井口石井盖子

造井口石之制[①]：每方二尺五寸，则厚一尺[②]。心内开凿井口，径一尺[③]；或素平面，或作素覆盆[④]，或作起突莲华瓣造。盖子径一尺二寸[⑤]，下作子口[⑥]，径同井口。上凿二窍[⑦]，每窍径五分。两窍之间开渠子[⑧]，深五分，安讹角铁手把[⑨]。

【注释】

①井口石：即置于水井顶端，用作井口的石构件。常见的多为在砖砌水井之井口部位覆盖的井口石。梁注：“无宋代实例可证，但本条所叙述的形制与清代民间井口石的做法十分类似。”

②每方二尺五寸，则厚一尺：此似为比例尺寸，即井口石每方2.5尺，其石厚为1尺；若井口尺寸有所增减，则其厚度亦当按比例相应增减。

③径一尺：从上下文看，此当为绝对尺寸，即井口是所留井口内径，一般以1尺为宜。

④素覆盆：指井口石环绕井口部分做隆起的覆盆形式，其覆盆之外表面为不做雕饰的素平形式。当然，也可以做覆莲华瓣的形式，如下文所述。

⑤盖子径一尺二寸：井口上所覆可以活动的井盖子，这里的尺寸为绝对尺寸，井盖子外径为1.2尺。

⑥子口：井盖子下部雕出可以嵌入井口内的子口，径与井口同。则"子口"是指井盖子内与井口相合，以保证井口得到充分覆盖的圆形凸出部分。

⑦二窍：即井盖子上所凿，用以安装提拿井盖之铁手把的两个孔洞。

⑧开渠子：这里的"渠子"指沟槽，其目的是不使铁把手突出于井盖之上，以减少铁手把的磨损。

⑨安讹角铁手把：《法式》原文为"安锐角铁手把"，梁注本改为"安讹角铁手把"。讹角，即圆角，指将铁手把的弯曲部分折为圆角，而非方直角的做法。讹，似为书法用语，为"藏锋隐迹"之义。此处引申而用之，意为抹去。

【译文】

制作井口石的做法：其石每2.5尺见方，则其厚为1尺。井口石中心开凿出井口孔，其孔的内径为1尺；井口石可以为平整的形式，其表面为素平，亦可雕为覆盆的式样，覆盆表面亦为无雕饰的素平形式，或者将覆盆雕为起突莲华瓣的造型。井盖子的外径为1.2尺，盖子下部雕出可以嵌入井口内的子口，径与井口同。在井盖子上要凿出两个孔窍，每个孔窍的内径为0.5寸。两个孔窍之间要开凿一条凹槽，凹槽的深度亦为0.5寸，在凹槽与孔窍中安装两端转角处理为圆角的铁手把。

山棚锃脚石

造山棚锃脚石之制[①]：方二尺，厚七寸[②]；中心凿窍，方一尺二寸[③]。

【注释】

①山棚锃（zhuó）脚石：用来固定山棚的石头块。梁注："事实上是七寸厚的方形石框。推测其为搭山棚时系绳以稳定山棚之用的石构件。"山棚，可能是指在野外临时搭起的棚子。锃，本义为"锁足"，亦有锁足之器具义。

②方二尺，厚七寸：这里所给尺寸，应为绝对尺寸。

③方一尺二寸：其石的中心孔窍为方形，其方1.2尺，则其所留每侧边框的宽度为0.4尺。

【译文】

制造山棚锃脚石的做法是：石2尺见方，厚7寸；在方石的中心凿出孔窍，孔窍之方为1.2尺。

幡竿颊

造幡竿颊之制[①]：两颊各长一丈五尺，广二尺，厚一尺二寸[②]，笋在内[③]。下埋四尺五寸。其石颊下出笋，以穿锃脚[④]。其锃脚长四尺，广二尺，厚六寸[⑤]。

【注释】

①幡（fān）竿颊：即为固定幡竿的石制底座。梁注："夹住旗杆的两片石，清式称'夹杆石'。"据梁先生的研究，其两颊上还应凿有

用以将两颊与旗杆锁固的“闭栓眼”。幡，指挑在长竿上的长条形旗；则“幡竿”当指挂幡的长杆。

②一丈五尺，广二尺，厚一尺二寸：这里所给的尺寸，为绝对尺寸。

③笋（sǔn）：同“榫”，器物制作中两个构件以凹凸形式相接，其中凸的部分，称为“笋”。这里或指两石颊底部留出的外凸之“笋”，用以插入所拟固定两颊之锟脚上预留的凹孔，以起到固定两石颊的作用。

④锟脚：这里指垫托于幡竿颊下的石构件，其作用是承托并固定幡竿颊的根部，以防止两颊发生位移，或下沉。

⑤长四尺，广二尺，厚六寸：这里给出的是幡竿颊下所施锟脚石的绝对尺寸。

【译文】

制造幡竿颊的做法是：两侧石颊，分别雕斫为长15尺，宽2尺，厚1.2尺的条石状，其长度中包含了与锟脚相接的笋头之长。两石颊对峙安置在平施于两颊底部的一块锟脚石上，石颊埋入土中的深度为4.5尺，在两石颊下凿出脚笋头，用以穿入两石颊下所施锟脚上预留的孔洞。石刻锟脚尺寸，其长4尺，宽2尺，厚6寸。

赑屃鳌坐碑

造赑屃鳌坐碑之制[1]：其首为赑屃盘龙[2]，下施鳌坐。于土衬之外[3]，自坐至首，共高一丈八尺。其名件广厚，皆以碑身每尺之长积而为法。

碑身：每长一尺，则广四寸，厚一寸五分[4]。上下有卯[5]，随身棱并破瓣[6]。

鳌坐：长倍碑身之广[7]，其高四寸五分[8]；驼峰广三分[9]。

余作龟文造[10]。

碑首:方四寸四分,厚一寸八分[11]。下为云盘[12],每碑广一尺,则高一寸半[13]。上作盘龙六条相交[14];其心内刻出篆额天宫[15]。其长广计字数随宜造。

土衬:二段,各长六寸,广三寸,厚一寸[16];心内刻出鳌坐版[17],长五尺,广四尺[18]。外周四侧作起突宝山[19],面上作出没水地[20]。

【注释】

①赑屃(bì xì)鳌(áo)坐碑:赑屃,东汉张衡《西京赋》:"巨灵赑屃,高掌远跖,以流河曲,厥迹犹存。"描绘了一个想象中的巨灵。唐人解释其为河神:"巨灵,河神也。……此本一山,当河水过之而曲行,河之神以手擘开其上,足蹋离其下,中分为二,以通河流。"唐人还释曰:"赑屃,作力之貌也。"明代人焦竑:"俗传龙生九子不成龙,各有所好。……一曰赑屃,形似龟,好负重,今石碑下龟趺是也。"梁注:"'赑屃'音备邪。这类碑自唐以后历代都有遗存,形象虽大体相像,但风格却迥然不同。其中宋碑实例大都属于比较清秀的一类。"

②赑屃盘龙:这里的"赑屃盘龙",若将赑屃理解为"形似龟",则似无法理解,因作为"龟趺"的赑屃,位于碑座处,碑首上未见有龟形雕刻;而将赑屃理解为"作力之貌"则较易理解,即其碑首有如巨灵般用力盘绕的龙形雕刻。

③土衬:即土衬石,铺砌于鳌坐之下,起到承托鳌坐与碑身荷载的作用,土衬石埋入地面土中,仅将部分边棱露出地面。

④广四寸,厚一寸五分:碑的广厚尺寸,是以碑身每尺之长推算的比例尺寸。但这里并未给出碑身的长度。以碑总高18尺计,从后

文中可知，其鳌坐高为碑身每尺之长的4.5寸，碑首高为碑身每尺之长的4.4寸，云盘高以碑身每尺之广推计而出，而碑身广为碑身每尺之长的4寸，故云盘之高可折合为碑身每尺之长的0.6寸。三者之和，相当于碑身每尺之长的9.5寸，则碑之总高约为碑身之长的1.95倍，由此推算出，碑身之长约为9.23尺，继而推知碑身广约3.69尺，碑身厚约1.38尺。

⑤上下有卯：可知碑身与碑座、碑首各为独立的石材。碑身上下凿留出石刻之卯，以分别与碑座和碑首相互连接。

⑥随身棱：意似为碑身上下所留之卯，是顺着碑身四角边棱向上或向下凸出的，卯之外缘与碑身边棱是相连续的，故称其为“随身棱”。破瓣：是《法式》中出现较多的术语。这里似乎是指碑身上下所留之卯上刻有凹凸之瓣，以增加碑座与碑首连接处的摩擦力。

⑦长倍碑身之广：指鳌坐的长度是碑身之广的2倍，以碑身广约3.69尺计，其座长约7.38尺。

⑧高四寸五分：鳌坐之高是以碑身每尺之长推算的比例尺寸，以碑身长9.23尺计，其鳌坐高度约为4.15尺。

⑨驼峰广三寸：驼峰之广，是以碑身每尺之长推算的比例尺寸，以碑身长9.23尺计，其广约为2.77尺。驼峰，亦为《法式》中常见术语。因其位置不同，所指构件亦不相同。这里的“驼峰”，似指施于鳌坐之上承托其上碑身的石台。

⑩龟文造：以龟背上的华文，并加以抽象化、图案化后形成的一种装饰纹样雕刻题材。

⑪方四寸四分，厚一寸八分：碑首是以碑身每尺之长推算的比例尺寸，以碑身长9.23尺计，其碑首约为4.06尺见方，厚为1.66尺。

⑫云盘：施于碑身之上，碑首之下，承托其上碑首，表面雕有云文的石刻托盘。

⑬每碑广一尺，则高一寸半：云盘之高，以碑身每尺之广推而计之。以其碑身广3.69尺计，云盘高度约为0.55尺。

⑭盘龙六条相交：似为碑首两侧，每侧雕有三条龙，左右共六条龙相互盘绕。

⑮篆额天宫：碑首，似亦可称碑“额”，其上留出篆刻有文字的石面，因其处于碑身之上，故称“篆额天宫”。

⑯长六寸，广三寸，厚一寸：每段土衬石仍是以碑身每尺之长推算出的比例尺寸。以碑身长9.23尺计，一段土衬石，长约5.54尺，宽2.77尺，厚0.92尺。

⑰鳌坐版：在土衬石中间雕凿出的用以承托其上鳌坐的石版。

⑱长五尺，广四尺：这里的鳌坐版尺寸当为绝对尺寸，版长5尺，版宽4尺。

⑲外周四侧：疑指鳌坐版周围四侧边帮。起突宝山：以剔地起突方式雕凿的宝山纹样。

⑳面上：指鳌身底边线之外的鳌坐版上表面。出没水地：以暗喻鳌之出没水中所造成的波浪纹样作为鳌坐版的顶面雕刻。

【译文】

雕造石刻赑屃鳌坐碑的做法如下：碑之上端的碑首部分，雕为赑屃盘龙；碑身之下，施以鳌形碑座。鳌坐之下铺砌土衬石，土衬石之外，从鳌坐底至碑首上端，碑总高18尺。构成鳌坐碑各部分名件的广厚尺寸，都是以其与碑身每尺之长的相关比例累计推算而出的。

碑身：每长1尺，则碑身之广为4寸，厚为1.5寸。碑身上下有卯，其卯随碑身边棱延伸，并在卯上刻以破瓣。

鳌坐：鳌坐之长是碑身之广的两倍，鳌坐的高度则以碑身每尺之高，鳌坐高4.5寸积而计之；鳌坐上所施驼峰，其广以碑身每尺之高，驼峰广为3寸积而计之。驼峰以外的鳌身表面，刻作龟文装饰。

碑首：以碑身每尺之高推计，碑首由一块方4.4寸的方形石材雕镌而成,碑首的厚度,以碑身每尺之高,其厚1.8寸积而计之。碑首之下为刻有云文的石盘,以碑身广1尺,云盘之高为1.5寸计之,由此可知,若以碑身每尺之高,其云盘之高当以0.6寸积而计之。碑首之上雕刻有六条盘龙,盘绕相交;碑首中间位置留出石面,刻以文字,此刻字石面即称"篆额天宫"。篆额天宫的长与宽,根据其内所拟刻字数随宜设定。

土衬:鳌坐落于碑底所铺土衬石上,土衬石分为2段,仍以碑身每尺之高,每段土衬石长为6寸,宽为3寸,厚为1寸推而累计之;土衬石中心部位刻出鳌坐版,其版长为5尺,宽为4尺,兹为绝对尺寸。鳌坐版外周四侧以剔地起突方式刻为宝山纹样,鳌坐版上表面露出部分,刻为如鳌之出没水面的波浪纹样。

笏头碣

造笏头碣之制①:上为笏首,下为方坐,共高九尺六寸。碑身广厚并准石碑制度②。笏首在内。其坐,每碑身高一尺,则长五寸,高二寸③。坐身之内,或作方直④,或作叠涩⑤,随宜雕镌华文。

【注释】

①笏(hù)头碣(jié):即形象如古人所持笏版一样的石碑。梁注:"没有赑屃盘龙碑首而仅有碑身的碑。"笏,古代臣子上朝时手中所执手版,其功能或可用来记录君主教训之语。后渐成大臣觐见天子的礼仪性器物。其形长方,笏头或刻为圆讹角状。碣,竖立的柱状石,转义为顶部为圆形的石碑。

②碑身广厚并准石碑制度:这里的"石碑制度"当指上文所言"赑屃鳌坐碑"的碑身。其碑诸名件以碑身每尺之高积而为法,则其

碑身“每长一尺,则广四寸,厚一寸五分”。此一比例尺寸,似可应用于笏头碣之碑身尺寸。以笏头碣碑总高9.6尺计,其碑身每高1尺,碑座高2寸,可以推知,其碑身高为8尺。如此可积而推计出,其碑身广3.2尺,厚1.2尺。

③长五寸,高二寸:以碑身高8尺计,其座长4尺,高1.6尺。

④方直:指其碑座形为简单的方直形石台。

⑤垒涩:傅注:改“垒(壘)”为“叠(疊)”,并注:“疊,依本卷‘角柱’‘殿阶基’二条更正。”依傅先生所改,则笏头碣碑座,或可将石雕斫(或以石垒砌)成下大上小、分层渐次退进的叠涩状形式。译文从傅先生所改。

【译文】

营作笏头碣的做法:其碑身之上端为笏首,碑身之下为方形碑座,碑座与碑身高度之和为9.6尺。碑身的宽度与厚度,皆与赑屃鳌坐碑碑身制度相同,即以碑身每长1尺,其广为4寸,厚为1.5寸计之。碑身长度中,包含了笏首的尺寸。碑座尺寸,亦以碑身每尺之高推而计之,则碑身每高1尺,其座之长为5寸,其座之高为2寸。碑座座身,可以雕斫为方直的形式,亦可以雕为逐层收进的叠涩形式,其座之表面可以随宜雕镌出各式华文。

卷第四　大木作制度一

材　栱　飞昂　爵头　枓　总铺作次序　平坐

【题解】

与世界上绝大多数古代建筑是以砖石材料为其房屋结构主体的做法不同，中国古代建筑，当然也包括受到中国古代建筑直接影响的朝鲜半岛、日本以及越南等东亚地区的传统建筑，都采用了以木材为房屋结构主体的做法。这就是人们常说的古代东亚的木构建筑体系。这一体系的核心与起源，即是中国古代木构建筑。

在中国古代木构建筑建造的诸多匠作制度中，木作部分是这些匠作制度的核心。中国古代建筑中的木作制度，又可以进一步区分为大木作制度与小木作制度。中国古代建筑的大木作制度，又进一步分为两个部分：一个是房屋的主体构架部分，包括房屋的立柱、阑额、地栿等柱子之间的横向联系构件，梁栿、槫方、椽子、望板等屋顶构架与屋面覆盖部分；另一个则是施于房屋屋顶与柱额之间的枓栱部分，或亦可称作房屋柱头之上的铺作部分。这第二个部分，即枓栱铺作部分，成为了构成房屋支撑构架的立柱、横额与构成房屋室内空间顶盖的梁栿、槫方、椽望等之间的过渡性部分。

东亚古代建筑中特有的枓栱铺作部分，既有其结构上的不可或缺性，如承托房屋四周挑檐的出跳部分，以加大挑檐的出跳长度，防止雨水对房屋墙体与基座的侵蚀,也有其社会表征意义上的功能。不同用材等级的枓栱,或枓栱出跳层数的多少,在一定程度上,是与房屋居住者或使用者的身份等级密切关联的。任何不适当的僭越性构造做法,在传统社会中都是不被允许的。正是这样一个看似具有结构性质的枓栱体系,以及与之相关的诸多房屋建造形式等,将中国延续数千年之君君、臣臣、父父、子子的严格社会等级制度,表达得充分而百不失一。

在实际的建造中,一座房屋的枓栱用材,即这座房屋所用枓栱之栱断面的高度尺寸,在很大程度上,起到了这座房屋之基本模数的作用。此即所谓"构屋之制,以材为祖"的思想。不同等级的房屋,其所采用的材分°等级是不一样的,高等级的房屋,其用材等级较高,其材之断面高度值也较大,故这座房屋各方面的用料尺寸,也会因材分°等级而变得比较长大,房屋的尺度与体量自然也就显得高伟雄硕。相反,用材等级较低的房屋,其相应的构件尺寸也会较为短小,其房屋也自然会显得低矮卑微。尤其是在一个大的建筑群中,基于这样一种材分°等级的差异而形成的整组建筑群大小适配,高低错落,前后呼应,左右相拥的空间与体型特征,会使整组建筑群在建筑的空间与造型上,体现某种内在的和谐与统一。

可能正是因为中国古代建筑之枓栱铺作体系所具有的这样一个特殊的功能,所以《法式》的作者将房屋枓栱部分的各种做法放在了大木作制度的第一篇,而将更为基础性的房屋大木构架部分放在了大木作制度的第二篇。

本卷图样参见卷第三十《大木作制度图样上》图30-1至图30-108,卷第三十一《大木作制度图样下》图31-1至图31-26。亦可将卷第三十附、卷第三十一附作为参考。

材其名有三：一曰章，二曰材，三曰方桁

【题解】

关于宋式营造中“材”这一概念的诸种异名，参见《看详》与卷第一《总释上》中有关“材”条的注释。

宋代营造中的材分°制度在中国古代建筑中具有重要意义与作用。“材”在一定程度上，起到中国古代木构建筑的“模数”作用，从而使中国建筑彼此之间，特别是在一个较大建筑群中，在等级、规模与尺度上，有了某种内在的协调与和洽，也多少反映出中国建筑与欧洲古典建筑之间，存在某种思维与创作逻辑上的相互呼应。因为，被西方建筑史尊崇为经典的希腊建筑“柱式（order）”的概念，恰恰也表现为某种建筑模数的价值与意义。

与宋代材分°制度中的八等材关联最为密切的，是对宋代房屋等级的认知。透过这段文字，我们至少对使用枓栱的八种等级的宋代建筑有了一个基本判断。

一等材，用于殿身为九间至十一间的殿阁式建筑，其副阶与挟屋所用材分°等级为二等。

二等材，用于殿身为五间至七间的殿阁式建筑，其副阶与挟屋所用材分°等级为三等。

三等材，用于殿身三间的殿阁式建筑，其副阶与挟屋所用材分°等级为四等；及五间殿堂（疑无副阶或挟屋）或七间厅堂式建筑。

四等材，用于三间殿堂（疑无副阶或挟屋），或五间厅堂式建筑。

五等材，用于小三间殿堂（无副阶或挟屋），或大三间厅堂式建筑。

六等材，用于亭榭或小厅堂建筑。

七等材，用于小殿及亭榭等。

八等材，用于殿内藻井或施枓栱多的小亭榭。

与“材”密切相关的是“栔”。“栔”在《法式》中，其本来的意思是

枓栱体系中之"枓"的"平"和"欹"部分，但在材分°制度中，"栔"同样起到与"材"之模数意义相关联的作用，即所谓与"材"相补充的"栔"之概念，及与"材"相叠加的"足材"概念。

对《法式》材分°制度中的"分°"，梁思成先生在《〈营造法式〉注释》中，特别加以了说明："材分之'分'音符问切，因此应读如'份'。为了避免混淆，本书中将'材分'之'分'一律加符号写成'分°'。"为了使读者在阅读中能够明确此"分"与彼"分"的不同，凡在《法式》原文、注释与译文中，遇到材分°之"分°"时，都依照梁先生的意见，将原文之"分"，书写为"分°"，并读之为"份"。

（构屋之制，以材为祖）

凡构屋之制，皆以材为祖①；材有八等②，度屋之大小，因而用之③。

【注释】

①凡构屋之制，皆以材为祖：其意为，凡房屋营造，都是以其房屋所用之"材"，即其房屋所用栱之断面高度，为整座房屋的基本模数单位，并以此作为该房屋各部分比例与权衡的基本量度依据。梁注："'凡构屋之制，皆以材为祖'，首先就指出'材'在宋代大木作之中的重要地位。其所以重要，是因为大木结构的一切大小、比例，'皆以所用材之分°，以为制度焉''所用材之分°'除了用'分°'为衡量单位外，又常用'材'本身之广（即高15分°）和栔广（即高6分°）作为衡量单位。'大木作制度'中，差不多一切构件的大小、比例都是用'×材×栔'或'××分°'来衡量的。例如足材栱广21分°，但更多地被称为'一材一栔'。"材，为多义词。在房屋建筑中，其本义为原材料、木料，甚至也可以用于石

料，如石材等。但在《法式》的这一部分内容中，“材”则具有了某种建筑学中的模度概念，与古希腊人将不同柱式（order）的“柱径”作为一座建筑的基本模数相类似，古代中国人将一座房屋所用栱的断面高度，即“材”，作为这座建筑设计与施工的基本模数。如梁先生注：“材是一座殿堂的枓栱中用来做栱的标准断面的木材，按建筑物的大小和等第决定用材的等第。除了做栱外，昂、方、襻间等也用同样的材。”

②材有八等：指宋代房屋营造制度中所使用的八个不同的材高（即栱断面高度）等级。

③度屋之大小，因而用之：将上文所提到的八等材，即八种不同的基本模数单位，根据房屋的不同等级，分别应用于不同大小的房屋设计与施工之中。度，这里的“度”有依据、根据、测度等义。

【译文】

凡是构建房屋的制度，都是以其所用材为基本模数标准的；材可以分为八个等级，在房屋营造过程中，要根据房屋的等级高低与规模大小，选用适当的材等，应用于房屋的设计与施工中。

（材有八等）

第一等[①]：广九寸，厚六寸。以六分为一分°[②]。右殿身九间至十一间则用之[③]。若副阶并殿挟屋[④]，材分°减殿身一等[⑤]，廊屋减挟屋一等[⑥]。余准此。

第二等：广八寸二分五厘，厚五寸五分。以五分五厘为一分°。右殿身五间至七间则用之[⑦]。

第三等：广七寸五分，厚五寸。以五分为一分°。右殿身三间至殿五间或堂七间则用之[⑧]。

第四等：广七寸二分，厚四寸八分。以四分八厘为一分°。

右殿三间，厅堂五间则用之⑨。

第五等：广六寸六分，厚四寸四分。以四分四厘为一分°。右殿小三间⑩，厅堂大三间则用之⑪。

第六等：广六寸，厚四寸。以四分为一分°。右亭榭或小厅堂皆用之⑫。

第七等：广五寸二分五厘，厚三寸五分。以三分五厘为一分°。右小殿及亭榭等用之⑬。

第八等：广四寸五分，厚三寸。以三分为一分°。右殿内藻井或小亭榭施铺作多则用之。

【注释】

①第一等：指最高等级的用材。从第一等材到第八等材，指的是宋代房屋营造中从高到低八种等级所用不同断面高度的材等。梁注："'材有八等'，但其递减率不是逐等等量递减或用相同的比例递减的。按材厚来看，第一等与第二等，第二等与第三等之间，各等减五分。但第三等与第四等之间仅差二分。第四等、第五等、第六等之间，每等减四分。而第六等、第七等、第八等之间，每等又回到各减五分。由此可以看出，八等材明显地分为三组：第一、第二、第三等为一组；第四、第五、第六三等为一组；第七、第八两等为一组。"梁先生还进一步提到："我们可以大致归纳为：按建筑的等级决定用哪一组，然后按建筑物的大小选择用哪等材。但现存实例数目不太多，还不足以证明这一推论。"

②以六分为一分°（fèn）：这里的前后两个"分"字意义不同。前一个"分"，为尺寸单位，即尺、寸、分、厘的"分"，其长度为0.1寸。后一个"分"，是材分°单位，即将一个等级的材等，分成15份，其中的一份，为1分°，为了加以区分，梁先生将"材分°"之"分°"

标为“分°”,其发音为重读。上文这句话的意思是,一等材,其材高为9寸,则9寸/15=6分(0.6寸),即为一等材的1分°。

③殿身:有周围环廊(周匝副阶)的重檐殿阁式建筑之上檐屋顶下所覆盖的结构与空间,为“殿身”部分。没有周围环廊(周匝副阶)的单檐殿阁,其结构本体部分似也可以称为“殿身”。需要特别指出的是,其文中所言的“间”数,均为面广开间数。下同。

④副阶:梁注:“殿身四周如有回廊,构成重檐,则下层檐称‘副阶’。”则“副阶”一般指殿阁式建筑重檐屋顶的下檐部分,这部分大概相当于重檐屋顶的周围环廊。但也可以将其围入室内空间,形成室内四周较为低矮的环绕性空间。殿挟屋:唐宋时期较为常见的一种建筑形式,其基本形态为中间有一座较为高大的殿屋,两侧并列紧贴两座较为低矮的殿屋,形成一种中间高、两侧低的房屋造型形式。梁注:“宋以前主要殿堂左右两侧,往往有与之并列的较小的殿堂,谓之挟屋,略似清式的耳房。但清式耳房一般多用于住宅,大型殿堂不用;而宋式挟屋则相反,多用于殿堂,而住宅及小型建筑不用。”

⑤材分°:这里的“分°”,即房屋所用之材等,及由其材等高度尺寸划分为15份而得出的分°值。每座建筑所用材等不同,其材分°值也是不同的。

⑥廊屋减挟屋一等:这里的“廊屋”,指连接主要房屋的连廊,或穿廊等附属性房屋。连廊可以是封闭的廊屋,也可以是开敞的走廊。挟屋,即指紧贴主殿两侧所建的稍低等级的殿屋。在一组建筑群中,主殿的等级最高,主殿两侧的挟屋次之,联系周围殿阁或厅堂的连廊更次之。故有殿挟屋所用材等,减殿身一等;廊屋所用材等,减挟屋一等。前提应当是:这里提到的三类建筑的材等差异,应当是发生在一个完整建筑群中的情形。

⑦殿身五间至七间:这里所提到的两种情况,都应是重檐殿阁,殿身

五间者,其副阶当为七间;殿身七间者,其副阶当为九间。

⑧殿五间:这里的“殿”,疑指单檐屋顶殿阁,其开间数,即为其殿本身的开间数。堂七间:唐宋时代较高等级的建筑,分为两种基本的结构与造型形式:其一为殿阁式,其二为厅堂式。殿阁式房屋,屋内柱一般不生起,内外柱同高,柱头之上有一个完整的枓栱铺作层,且室内多设有平棊或平闇类天花装饰;厅堂式房屋,内外柱不同高,屋内柱随房屋举势生起,柱头枓栱多为各自独立,或与梁栿结合的形式,室内多为不设天花的彻上露明造做法。这里的“堂七间”,指的就是七开间的厅堂式建筑。

⑨厅堂五间:其意同上,指五开间的厅堂式建筑。

⑩殿小三间:指开间与进深尺度都较小,但结构与造型仍为殿阁形式的三开间殿屋建筑。

⑪厅堂大三间:似指开间与进深较大的三开间厅堂式建筑。

⑫亭榭或小厅堂:这里的“亭榭”与下文的“亭榭”,当为尺度不同的亭与榭。此处的“亭榭”,为园林中正常尺度的亭与榭;小厅堂,亦为布置在园林之中,规模与尺度较小的厅堂式建筑。这两种建筑,在所用材分°等级上是相同的。

⑬小殿及亭榭:这里的“小殿”,定义不很明确,疑为位于建筑群次要轴线上,规模与尺度较小的殿屋建筑。如唐张彦远《历代名画记》卷三载:“东廊从南第三院小殿柱间,吴画神,工人装,损。”这里的小殿,即为建筑群侧院中的小型殿屋。这里的亭榭,也应该是规模与尺度稍小,适合布置在较小园林或较为次要的庭院环境中的亭榭。

【译文】

第一等材:其高9寸,厚6寸。以6分为1分°。**这种材等用于殿身为九间至十一间的重檐殿屋中。**如果用于其副阶或主殿两侧的殿挟屋中,所用材分°应比殿身所用材分°低一等,若是用于廊屋中,则应比挟屋所用材分°再减一等。

其他的情况，以此类推。

第二等材：其高8.25寸，厚5.5寸。以5.5分为1分°。这种材等用于殿身为五间至七间的重檐殿屋中。

第三等材：其高7.5寸，厚5寸。以5分为1分°。这种材等用于殿身为三开间的重檐殿屋，或五开间的单檐殿屋中，亦可用于七开间的厅堂中。

第四等材：其高7.2寸，厚4.8寸。以4.8分为1分°。这种材等用于三开间的单檐殿屋，或五开间的厅堂中。

第五等材：其高6.6寸，厚4.4寸。以4.4分为1分°。这种材等用于尺度较小的三开间单檐小殿中，或用于尺度较大的三开间厅堂中。

第六等材：其高6寸，厚4寸。以4分为1分°。这种材等在一般的亭榭及规模或尺度较小的厅堂中都可以使用。

第七等材：其高5.25寸，厚3.5寸。以3.5分为1分°。这种材等用于小尺度殿屋及亭榭等房屋中。

第八等材：其高4.5寸，厚3寸。以3分为1分°。若在殿屋之内施有藻井，或在尺度较小的亭榭中需施用较多枓栱铺作时，多采用这种材等。

（栔、足材、闇栔）

栔①：广六分°，厚四分°。材上加栔者谓之足材②。施之栱眼内两枓之间者③，谓之闇栔④。

【注释】

①栔：其音为qì。《法式》注其音读zhì（至）。“栔”在《法式》中的本义，指上下两层栱之间的枓，但不包括枓耳部分的高度。即枓欹与枓平两部分的高度之和。一般情况下，栔的高度，为其屋所用之材分°尺度的6分°。

②材上加栔：指在枓栱铺作中，在栱的断面高度上，再加上其上之枓

的枓攲与枓平，即栔的高度。足材：一般称一座建筑之一栱的断面高度，即为一个单材的高度；相对于单材而言，若在单材之上，加上栔，即栱上所施枓之枓攲与枓平的高度，则称为“足材”。

③栱眼：指一条栱上所施诸枓之间留出的空隙，亦可指其枓之下的栱身上部所剜凿的凹入曲面部分。

④闇（àn）栔：一般的栔，指施之于栱心或栱头之上的上下两层栱之间的枓攲与枓平部分。但若将栱上两枓之间相当于栔之高度的栱眼部分，与其下之栱合为一体，则这部分填补了两枓之间的栱眼空隙，这个在上下两层栱之间的栱身之上两枓之间所添补的与栔同高的部分，即称“闇栔”。

【译文】

上下层栱之间的栔：其高6分°，其厚4分°。如果在材之上再加上栔的高度，就称之为“足材”。若将栱身之上两枓之间的栱眼内，施以与枓身之栔同样高度的栔，并将之与其下的栱合为一体，这部分的栔，即称为“闇栔”。

（材分°制度之“分°”）

各以其材之广分为十五分°①，以十分°为其厚②。凡屋宇之高深③，名物之短长④，曲直举折之势⑤，规矩绳墨之宜⑥，皆以所用材之分°，以为制度焉。凡分寸之“分”皆如字，材分°之“分°”音符问切⑦。余准此。

【注释】

①其材之广：指该房屋所用之“材”的高度，即其檐下所用之栱的截面高度。分为十五分°：这里的两个“分”字各有其义，前一个“分”为动词，指“分割”之“分”；后一个“分”，其意原本为“份”，但同时也转义为宋代材分°制度之“分°”的意思。

②十分°为其厚：因一座房屋所用材之“分°”为其屋所用材之高的1/15，其材之高即为15分°，而其材之厚则为10分°。换言之，宋代所用材的高厚比为3∶2。

③屋宇之高深：指房屋平面的开间与进深的长宽尺寸，及房屋剖面的梁柱与屋顶的高下尺寸。

④名物：《法式》文本中，与“名物”意思相近且更为常用的术语为“名件”。二者皆是用来指代组成房屋各部分的构件。

⑤曲直举折之势：曲直者，指构成房屋的各种名物的形态，有曲有直；举折者，指建构房屋的各种名物所处的位置，有高有下。在《法式》中，举折尤其特指覆盖房屋的屋顶部分各主要名物的高下位置。所谓“势”，或指因名物形态之曲直、屋顶高下之举折形成的曲折之态势。

⑥规矩绳墨之宜：房屋营造中，凡涉及方位是否不偏不斜，名物是否端正平直时，都需要用规矩与绳墨为标准加以校正。

⑦材分°之“分°”音符问切：梁注：“材分之‘分’音符问切，因此应读如‘份’。为了避免混淆，本书中将‘材分°’之‘分’一律加符号写成‘分°’。”

【译文】

在房屋营造中要将其屋所用材的高度分为15份，此即为其材之分°，以其中的10分°为其材的厚度。有了该房屋的这一“材分°”标准值，则其屋平面的面广与进深尺寸，或剖面的梁柱与屋顶的高低上下，房屋各个组成部分中不同名件的长短粗细，房屋建造中的方位是否端正，墙宇柱梁是否平直，屋顶峻起的举折之势是否恰当，构成房屋诸多名件是否平正或垂直，所有这些问题都需要依据该房屋所用之材的分°值，作为确定如上各种相关尺寸的依据。凡分寸的“分”，就是尺、寸、分之“分”字；凡材分°之“分°”，其发音为“符问切”，即读为重音。本书中所有材分°之“分°”皆以此为准。

栱其名有六：一曰閞，二曰槉，三曰欂，四曰曲枅，五曰栾，六曰栱

【题解】

与栱意义相近者，有閞、槉、欂、曲枅、栾。关于这几个词的词义，参见卷第一《总释上》“栱”条的相关注释。

本节所述及的“栱”，包括了铺作中与外檐柱缝呈正交方向布置的出跳华栱，转角铺作中的角华栱，沿檐柱缝顺身布置的泥道栱，及施于铺作出跳跳头上的横栱，包括瓜子栱、慢栱，以及主要出现在铺作最外一跳跳头，承托其上橑檐方或平棊方的令栱。至于各种不同形式的栱之加工制作，本节中特别提及的诸如栱头卷杀做法及开栱口之法等，都给出了十分具体详细的描述。

需要特别强调的一点是，本节中所有与栱相关的尺寸，例如不同形式之栱的长度，不同栱栱头卷杀的分瓣尺寸等，采用的都是宋式营造中材分°制度之材的“分°”。透过这一节，读者或可对宋代营造中的材分°制度有更为具体与深入的理解。

这一节中也分别谈到了出跳华栱之偷心造与计心造的问题，及铺作出跳跳头上所施为单栱造还是重栱造的问题。其中，单栱造的情况下，铺作跳头上所施的横栱，一般都采用令栱的形式；而重栱造的情况下，铺作跳头上所施的横栱，则采用瓜子栱与慢栱相叠布置的做法。

本节文字中还提到了一些特殊的枓栱形式，诸如“骑槽檐栱”“丁头栱”“虾须栱”等，可使读者对宋代营造中的“栱”有一个更为全面的认知。

转角铺作中出现的“列栱之制”，是理解宋式营造中转角铺作枓栱体系的一把钥匙。“列栱之制”中出现的诸如“切几头”“华头子”及“鸳鸯交手栱”等的处理方法，也使我们对宋式营造中枓栱体系的灵活性与适用性有了更为深入的了解。

（华栱）

造栱之制有五[①]**：一曰华栱**[②]，或谓之杪栱[③]，又谓之卷头[④]，亦谓之跳头[⑤]。**足材栱也**[⑥]。若补间铺作[⑦]，则用单材[⑧]。**两卷头者**[⑨]**，其长七十二分°**。若铺作多者[⑩]，里跳减长二分°[⑪]。七铺作以上[⑫]，即第二里外跳各减四分°。六铺作以下不减。若八铺作下两跳偷心[⑬]，则减第三跳，令上下两跳交互枓畔相对[⑭]。若平坐出跳[⑮]，杪栱并不减。其第一跳于栌枓口外[⑯]，添令与上跳相应。

【注释】

①造栱之制有五：这里所言的5种造栱之制，分别指的是：华栱、泥道栱、瓜子栱、令栱、慢栱。其中慢栱最长，令栱、华栱次之，瓜子栱最短；泥道栱的长度，以其是单栱还是重栱而有所差别。

②华栱：从柱头缝或补间缝向外或向内出跳，并在其跳头上承托其上枓栱荷重的栱，称“华栱”。华，有“花”之意，向内外挑出之栱，疑有类如花瓣向外伸展之义。另“华”字的繁体字为“華”，其字之基本轮廓与古代建筑柱头上所处枓栱的形式十分相似，此或亦为将出跳栱称为“华栱”的原因之一。未可知。

③杪（miǎo）栱：《法式》文本中，既有“杪栱”，又有“抄栱”。两种称谓何者为确，一直是学术界有争议的问题。梁注本中有徐伯安先生补注：“许多版本把‘杪栱’误写成‘抄栱’是不对的。‘杪’作末梢讲，更符合华栱的性质和形态。经查，有的版本用‘杪’，有的版本用‘抄’，差不多各占一半，有的版本‘杪’和‘抄’并存。在手抄本时代，将‘杪’字误写成‘抄’字，可能性极大。这一研究成果是王璞子提供的。”据本卷“总铺作次序·计心与偷心”条中所言：“凡出一跳，南中谓之出一枝；计心谓之转叶，偷心谓之不转叶，其实一也。”“杪”字本义为树枝，这里将“出一跳”

与“出一枝”相联系，且与树枝上的“叶”发生关联，可知《法式》文本中华栱的原义，似更接近具有树枝之义的“杪”字。故徐先生的理解似更接近《法式》作者的原意。

④卷头：华栱跳头处之栱头下部通过卷杀形成的弯曲部分，称为“卷头”。

⑤跳头：由外檐柱轴线向屋之内外出挑（亦称“出跳”）的华栱之内外端头，称“跳头”。跳头之上，一般会承托上层枓栱，如上一跳华栱或令栱等。

⑥足材：梁注：“广一材一栔，即广21分°之材。”足材栱一般出现在出跳华栱中，即将栱上所承两枓之间的栱眼部分，补以阇栔的高度，使华栱出跳部分截面高度从单材的15分°增至足材的21分°，以增强出跳华栱的截面刚度，提高华栱的承载能力。

⑦补间铺作：指位于两柱间阑额之上成组的枓栱。梁注：“铺作有两个含义：(1)成组的枓栱称为‘铺作’，并按其位置之不同，在柱头上者称‘柱头铺作’，在两柱头之间的阑额上者称‘补间铺作’，在角柱上者称‘转角铺作’；(2)在一组枓栱之内，每一层或一跳的栱或昂和其上的枓称‘一铺作’。”

⑧单材：梁注：“即广为15分°的材。”也就是不在栱上两枓之间填补阇栔，故其截面高度仅为15分°的栱。单材栱，一般多用于包括令栱在内的跳头上的横栱。

⑨两卷头者：这里似指里外各出跳仅为一跳的华栱，其栱两头各有卷杀的曲线，其跳头上，一般会承托上层枓栱。铺作中的第一跳出跳华栱，一般都属于两卷头做法。

⑩铺作多者：梁注：“这里是指出跳多。”

⑪里跳：梁注：“从栌枓出层层华栱或昂。向里出的称里跳，向外出的称外跳。”

⑫七铺作：本卷“总铺作次序”条所言：“出四跳谓之七铺作。”可知，

所谓“七铺作”枓栱，其一般形式为，在枓栱外跳上会有四跳出挑的华栱或飞昂。其栱或昂的具体出挑形式，详见后文。

⑬偷心：这里的“心”，指华栱内外跳头，其位置正与该组枓栱铺作的中心线在一条直线上，故称“心”。梁注：“每跳华栱或昂头上都用横栱者为‘计心’；不用横栱者为‘偷心’。”

⑭交互枓畔：这里的“交互枓畔”，指上下两跳跳头上所施交互枓的边沿相互对应。交互枓，指位于出跳华栱跳头上的枓。畔，梁注：“就是边沿或外皮。”

⑮平坐：指多层楼阁的下层与上层之间的过渡性基座，也可以指直接伫立于地面或水中，承托其上房屋的木构基座。梁注本于本卷“平坐”条中有关于“平坐”条的详细注释，详见后文。

⑯栌（lú）枓：柱头铺作或补间铺作最底层所施大枓。参见《看详》“诸作异名”条相关注释。

【译文】

房屋营造中栱的造作制度有五种：其一称为“华栱”，或称之为“杪栱”，又称为“卷头”，也可以称之为“跳头”。**华栱一般是足材栱。**但若是用于补间铺作中的华栱，则使用单材栱。**若是位于铺作底层，内外各出一跳的两卷头华栱，其标准的长度为72分°。**但如果是在枓栱上再叠压枓栱，形成多铺作枓栱的形式，则华栱里跳的出跳长度会减少2分°。若其上枓栱叠压至七铺作以上，则其华栱第二跳的里外跳都需要各自减少4分°。若其枓栱为六铺作或更少，则出跳华栱的长度不减。如果其枓栱为八铺作，且其下两跳华栱的跳头为偷心的做法，则将第三跳华栱的长度减少，使得第二与第三上下两跳跳头上所施交互枓的边沿线上下相互对应。如果是平坐枓栱中的出跳华栱，其出跳华栱的长度都不做减短的处理。其第一跳华栱于栌枓口外，做适当延长，使其出跳长度与其上一跳的出跳长度相当。

（华栱卷杀与出跳）

每头以四瓣卷杀[①]，每瓣长四分°。如里跳减多，不及四瓣者，只用三瓣，每瓣长四分°。与泥道栱相交[②]，安于栌枓口内，若累铺作数多，或内外俱匀[③]，或里跳减一铺至两铺[④]。其骑槽檐栱[⑤]，皆随所出之跳加之。每跳之长，心不过三十分°[⑥]；传跳虽多，不过一百五十分°。若造厅堂，里跳承梁出楷头者[⑦]，长更加一跳。其楷头或谓之压跳[⑧]。

【注释】

①瓣：除了"花瓣"之"瓣"之义外，《法式》中所说的"瓣"，主要是指工程造作中所细分的若干小段直线或曲线。制作栱头曲线时，将其曲线通过几段直线组成的折曲线形式来表现，这几段组成折曲线的直线线段，就称为"瓣"。卷杀：求取以若干段直线段构成之曲线的方式，就称为"卷杀"。

②泥道栱：位于柱头缝上的柱头或阑额之上，与出跳华栱相交，承托其上柱头方等构件的横栱。

③内外俱匀：意为里跳与外跳枓栱的出跳数相同。

④里跳减一铺至两铺：指里跳华栱出跳数比外跳华栱或飞昂的出跳数少一跳至两跳的情况。

⑤骑槽檐栱：梁注："与枓栱出跳成正交的一列枓栱的纵中线谓之'槽'，华栱横跨槽上，一半在槽外，一半在槽内，所以叫'骑槽'。"

⑥心：梁注："'心'就是中线或中心。"这里的"心"，指出跳华栱跳头的中心，其与华栱之上所承枓底的中心相重合。

⑦楷（tà）头：梁注："方木出头的一种型式。楷，音'塔'或'答'。"

⑧压跳：指从华栱头上所承枓口内出挑的方木端头，但未斫成栱头的形式，其上直接承托梁栿的底部，这一压在梁栿之下的方木出

头，即称"压跳"。

【译文】

华栱的两个端头，每一端头的下部以四段称为"瓣"的直线斫切为折曲线的栱头形式，每一直线段的长度为4分°。如果里跳华栱出跳长度减少得比较多，无法形成四段直线组成的折曲线，就只用三段折曲线，每段的长度仍为4分°。华栱与泥道栱呈正交的形式，其交合部位安于栌枓口内，如果出跳的铺作数多，那么可以使其里跳与外跳的出跳数相同，也可以将里跳的出跳数比外跳出跳数减少一跳或两跳。横跨里外跳诸横栱缝上的华栱，即称"骑槽檐栱"，其栱长度要随所出之跳长度，增加栱身的长度。每跳的出跳长度，从中心线到中心线的距离不超过30分°；出跳总数的积累虽然多，但其上所施骑槽檐栱的总长不宜超过150分°。如果是营造厅堂屋，其里跳最末一跳的跳头承托梁栿处是以出楷头的形式结束的，则其栱身长度可以再增加一跳之长。这里所出的楷头亦可以称之为"压跳"。

（缝与角华栱）

交角内外①，皆随铺作之数，斜出跳一缝②。栱谓之角栱，昂谓之角昂。其华栱则以斜长加之③。假如跳头长五寸④，则加二寸五厘之类⑤。后称斜长者准此。

【注释】

①交角内外：在这里指的是房屋转角处的内外檐枓栱，即转角铺作的里跳与外跳部分。转角铺作要随铺作出跳数，沿45°方向斜出一缝枓栱及昂，若是栱，则称"角（华）栱"；若是昂，则称"角昂"。

②缝：梁注："就是中线。"

③斜长：角华栱的长度，参照华栱标准出跳长度，按其斜长出跳，即角华栱的出跳长度，是同一层位柱头华栱标准出跳长度的$\sqrt{2}$倍。

④跳头长五寸：这里的“跳头”，指的是与屋身或屋山呈正交的华栱出跳的跳头长度。这里或可称其为标准华栱出跳长度。

⑤加二寸五厘：梁注：“原文作‘二分五厘’，显然是‘二寸五厘’之误。但五寸的斜长，较准确的应该是加二寸零七厘。”若标准华栱跳头距离栌枓心的长度为5寸，则角华栱就要在此基础上增加2.05（2.07）寸的长度，其长约为7.05（7.07）寸，即角华栱长当为同一层标准华栱长度的$\sqrt{2}$倍。

【译文】

房屋枓栱转角铺作的内外檐枓栱，都需要随铺作出跳数，在转角45°线上斜出一缝角枓栱。栱，称之为“角栱”；昂，称之为“角昂”。转角45°缝上的角华栱需加长，其长度相当于以标准栱之长度为边长的正方形的斜长，亦即其角华栱出跳长度，是该铺作同一层普通华栱出跳长度的$\sqrt{2}$倍。假如标准栱的跳头长5寸，则应在此基础上加长2.05寸，如此类推。后文中凡称“斜长”者，都以此为标准。

（丁头栱与虾须栱）

若丁头栱①，其长三十三分°②，出卯长五分°③。若只里跳转角者，谓之虾须栱④，用股卯到心⑤，以斜长加之。若入柱者，用双卯⑥，长六分°或七分°⑦。

【注释】

①丁头栱：是一种仅在里跳或外跳单一方向所出的栱，其栱尾或插入柱子中，或伸入铺作中，其作用类似华栱。梁注：“丁头栱就是半截栱，只有一卷头。”

②长三十三分°：概念上讲，一个方向的出跳华栱，从栌枓心到出跳华栱栱头心，为30分°，但多跳情况下，出跳长应减4分°，则从心

到心为26分°。如加上后文所说的“出卯长五分°”，其长当为31分°，故这里的长33分°令人生疑。从后文所言，丁头栱入柱卯长6～7分°。这里的丁头栱33分°的长度，似为其卯长为7分°时的长度。或者说，丁头栱最长，可以达到其所用之材的33分°长。

③出卯长五分°：指丁头栱栱尾出卯的长度为5分°。梁注：“‘出卯长五分°’，亦即出卯到相交的栱的中线——心。按此推算，则应长31分°，才能与其他华栱取齐。但原文作‘三十三分°’，指出存疑。”关于这一疑问，或可参见本条注②所做的尝试性分析。

④虾须栱：仅在转角铺作里转的45°方向所出栱，其位置类似角华栱的里转部分，因其为单方向出跳，故属于转角铺作中向内斜出的丁头栱。

⑤股卯：指虾须栱栱尾用以插入转角铺作中的卯。疑这种卯非一般截面为矩形之卯的做法，其卯截面或为圆圜，如绳索之股状，较便于插入铺作之内，故称“股卯”。未可知。

⑥若入柱者，用双卯：丁头栱可以直接从柱身上出跳，其栱尾所留插入柱身之卯为双卯。

⑦长六分°或七分°：指入柱丁头栱栱尾所留双卯的长度，为其栱用材之分°的6～7分°。换言之，入柱卯较插入铺作中的卯，要长1～2分°。

【译文】

如果是丁头栱，其长为33分°，其中出卯的长度为5分°。如果只是在转角铺作里转处所施，则称为“虾须栱”，其栱用的是股卯，并将其卯插入转角铺作的中心位置，因虾须栱位处转角里转45°线上，故其栱长应依普通虾须栱长度的$\sqrt{2}$倍之斜长加长之。如果是插入柱子之内的丁头栱，则其插入柱中的栱尾应用双卯，其卯的长度为其栱所用材分°的6分°至7分°。

（泥道栱）

二曰泥道栱[①]，其长六十二分°。[②] 若枓口跳及铺作全用单栱造者[③]，只用令栱[④]。每头以四瓣卷杀，每瓣长三分°半[⑤]。与华栱相交，安于栌枓口内。

【注释】

①泥道栱：指位于房屋四周檐柱柱头缝上的顺身栱。参见本卷“栱·华栱卷杀与出跳”条注②。因长度不同，泥道栱可以分为泥道瓜子栱、泥道令栱与泥道慢栱。这里所说的“泥道栱”，当指泥道瓜子栱。

②长六十二分°：这里所给出的泥道栱长度为泥道瓜子栱的长度，其长与里外跳头上所施瓜子栱的长度相同。

③枓口跳：最为简单的枓栱形式之一，其构造与“四铺作出一跳”做法有一点接近，但在跳头上不施令栱，直接通过跳头所施枓承橑檐方。梁注：“由栌枓口只出华栱一跳，上施一枓，直接承托橑檐方的做法谓之‘枓口跳’。”单栱造：梁注：“跳头上只用一层瓜子栱，其上再用一层慢栱，或槽上用泥道栱，其上再用慢栱者，谓之‘重栱’。只用一层令栱者谓之‘单栱’。”

④只用令栱：这里说的是泥道单栱的情况。泥道单栱的栱长与令栱的栱长相同，都为72分°，故又称为“泥道令栱”。

⑤瓣长三分°半：由于泥道栱在长度上会出现与瓜子栱、令栱，甚至慢栱相同的情况，故分瓣数量与每瓣长度似乎是区别泥道栱与里外跳头上所施瓜子栱、令栱、慢栱的基本方法之一。瓜子栱，为4瓣卷杀，每瓣长4分°；令栱，为5瓣卷杀，每瓣长4分°；慢栱，为4瓣卷杀，每瓣长3分°。而泥道栱，不论其为单栱、重栱，亦不论其栱身长度，其栱头应均为4瓣卷杀，每瓣长3.5分°，以示区别。

【译文】

造栱之制中的第二种，称为“泥道栱”，其栱的长度为62分°。如果檐下枓栱采用的是枓口跳的做法，或者虽有出跳铺作，但其跳头横栱均为单栱造的情况下，其檐柱缝上所施泥道栱就都只用泥道令栱。泥道栱栱头的折曲线，以4个小直线段做卷杀瓣，每一瓣的长度为其栱所用材分°的3.5分°。位于铺作底层的泥道栱与同一层的华栱相交，安于承托其上整组铺作的栌枓口之内。

（瓜子栱）

三曰瓜子栱[①]，施之于跳头。若五铺作以上重栱造[②]，即于令栱内、泥道栱外用之[③]，四铺作以下不用[④]。其长六十二分°；每头以四瓣卷杀，每瓣长四分°。

【注释】

①瓜子栱：施于铺作里外跳华栱跳头上的横栱，一般出现在重栱造中的下一层，瓜子栱上会叠施慢栱。明清建筑枓栱中，位于这一位置的栱，称“瓜栱”。

②重栱造：参见本卷“栱·泥道栱”条相关注释。

③令栱内、泥道栱外：梁注：“‘令栱内，泥道栱外’，指令栱与泥道栱之间的各跳。”

④四铺作以下不用：四铺作以下，除了四铺作枓栱本身之外，还包括仅有出跳华栱但其跳头不施令栱的枓口跳做法，及不施出跳栱的“一枓三升”或“枓子蜀柱”等做法。四铺作枓栱，仅在华栱跳头上施令栱；枓口跳时，则连令栱也省去。故四铺作以下枓栱，均不用瓜子栱。

【译文】

造栱之制中的第三种，称为“瓜子栱”，其栱施之于铺作里外跳华栱的跳头之上。如果采用的是五铺作以上，且为重栱造的做法时，瓜子栱用于位于橑檐方缝的令栱之内与位于柱心缝的泥道栱之外，这两者之间的几跳跳头上，但四铺作枓栱，及比四铺作等级更低的枓栱中，是不用瓜子栱的。瓜子栱的长度为62分°；瓜子栱栱头折曲线，以4个小直线段做卷杀瓣，每一瓣的长度为其栱所用材分°的4分°。

（令栱）

四曰令栱①，或谓之单栱②。施之于里外跳头之上，外在橑檐方之下③，内在算桯方之下④。与耍头相交⑤，亦有不用耍头者。及屋内槫缝之下⑥。其长七十二分°。每头以五瓣卷杀，每瓣长四分°。若里跳骑栿⑦，则用足材。

【注释】

①令栱：一般指位于铺作里外跳最外一跳跳头之上的横栱，其上或承方（橑檐方或算桯方），或通过其上替木以承槫（橑风槫）。其长度为72分°，与华栱的标准长度相同。

②或谓之单栱：因令栱为单栱形式的跳头横栱，故称“单栱”。若泥道栱或出跳跳头所施横栱为单栱造做法时，也多将其栱长度加至令栱的长度。

③橑（liáo）檐方：位于铺作外跳枓栱最外一跳的跳头之上，承托出挑檐口荷重的长条形木方。

④算桯（tīng）方：位于铺作里跳枓栱最外一跳的跳头之上，承托屋内平棊或平闇荷重的长条形木方。

⑤耍头：参见卷第一《总释上》“爵头”条相关注释。耍头为“爵头”

的俗称，一般位于铺作里外跳之最外一跳的跳头之上，与跳头上的令栱相交并出头。

⑥屋内槫（tuán）缝之下：承托屋盖荷重的屋顶梁架诸槫，其下可施襻间，或在槫之下，以令栱所承替木的形式承托屋槫。

⑦里跳骑栿（fú）：梁注："横跨在梁上谓之'骑栿'。"若令栱骑栿，则其栱底或与梁栿背相抵，使令栱承受反向力；甚至可能会斫削令栱部分底面，以使其与栿背相契。故骑栿令栱，需要使用足材栱。

【译文】

造栱之制中的第四种，称为"令栱"，或也可称其为"单栱"。一般施之于铺作里外跳之最外一跳的跳头之上，若是外跳跳头上，则施于橑檐方之下；若是里跳跳头之上，则施于算桯方之下。并与位于同一层的耍头相交，也有不用耍头的做法。以及施于屋内梁架之上所承诸槫的槫缝之下。令栱的长度为72分°。令栱栱头的折曲线，以5个小直线段做卷杀瓣，每一瓣的长度为其栱所用材分°的4分°。如果铺作里跳最外一跳令栱横跨于梁上，即所谓处于骑栿的状态，则其令栱需采用足材的做法。

（慢栱）

五曰慢栱[①]，或谓之肾栱[②]。施之于泥道、瓜子栱之上。其长九十二分°；每头以四瓣卷杀，每瓣长三分°。骑栿及至角[③]，则用足材。

【注释】

①慢栱：宋式枓栱中长度最长的栱，系施于泥道柱缝及里外跳头上的横栱。一般仅出现在重栱造的做法中，施于泥道瓜子栱及里外跳瓜子栱之上。

②肾栱：肾，有"坚固"的意思。以重栱形式出现的慢栱，具有对既

有单栱形式的加固作用，故称慢栱为“肾栱”，或与肾的这一意思有所关联。

③骑栿：指里转铺作跳头上的慢栱横跨于梁上。至角：指转角铺作中所施的慢栱。

【译文】

造栱之制中的第五种，称为“慢栱”，或也可以称之为“肾栱”。其位置，或在泥道栱之上，或在内外跳头上所施的瓜子栱之上。慢栱的长度为92分°；其栱头的折曲线，以4个小直线段做卷杀瓣，每一瓣的长度为其栱所用材分°的3分°。如果里转铺作跳头上的慢栱横跨于梁栿之上，或施之于转角铺作中的慢栱，则这种慢栱的截面应采用足材尺寸。

（造栱之制）

凡栱之广厚并如材[①]。栱头上留六分°，下杀九分°[②]；其九分°匀分为四大分[③]；又从栱头顺身量为四瓣。瓣又谓之胥[④]，亦谓之柧[⑤]，或谓之生[⑥]。各以逐分之首，自下而至上。与逐瓣之末，自内而至外。以真尺对斜画定[⑦]，然后斫造[⑧]。用五瓣及分数不同者，准此。栱两头及中心，各留坐枓处[⑨]，余并为栱眼[⑩]，深三分°。如造足材栱，则更加一栔，隐出心枓及栱眼[⑪]。

【注释】

①栱之广厚并如材：意为每座建筑所用栱的截面高度与宽度，与这座建筑所选用的基本模数单位——“材”的长、厚尺寸相同。

②栱头上留六分°，下杀九分°：是将栱之断面高度15分°中的上面6分°留为直面，其下9分°按卷杀的方式斫为折曲线。

③匀分为四大分：这句话中的前一个“分”字为动词，意为“划分”；后一个“分”字，意为“份”，仍应重读。

④胥（xū）：这里的“胥”与卷杀分瓣的“瓣”之间的联系，尚不明晰。胥，有小吏之义，以“小吏”分管一些小的事务，及“胥”与形容时间很短的“须臾”相通，并有“疏”之义，或其与将木构件的某部分分成若干个小段，彼此又相分疏的卷杀之意之间似乎有一点关联。未可知。

⑤枨（chéng）：斜柱，木杖。也有“触动”与“支撑”义。卷杀，似有将木构件局部斫削为折曲线，其斫削的过程，即“卷杀”本身，有“触动”其物的内涵。亦未可知。

⑥生：“生”何以与卷杀之“瓣”发生联系，亦难理解。或与“生成”“生产制作”等义有关，将一段木材斫削成若干小段，即有“生成”折曲线之意。以上三字与“卷杀”之“瓣”意义的关联，难以做出明确解释，待考据。

⑦以真尺对斜画定：其意为，以直尺依据上文所说两点，对斜画出一段直线段，作为栱头卷杀的一瓣之长。傅合校本改“真尺”为“直尺”，并注：“直，故宫本。”梁注本仍为：“以真尺对斜画定。”据卷第三《壕寨及石作制度》“壕寨制度·定平”条：“凡定柱础取平，须更用真尺较之。其真尺长一丈八尺，广四寸，厚二寸五分。”可知，真尺是用于柱础取平的长尺，这里似当傅先生所更正之“直尺”为确。译文暂从傅注。

⑧斫（zhúo）造：意为雕琢、刻削，使其达到某种所需要的形式。

⑨各留坐枓处：指将栱之顶面凡拟施上部小枓的位置，皆留出平面，不做斫削。

⑩并为栱眼：指栱中心两侧的每两枓之间偏上部分均斫为凹曲面，即称“栱眼”。

⑪如造足材栱，则更加一栔，隐出心枓及栱眼：指在需用足材情况下，将其栱身之上相当于栔之高度的部分，不加削斫，仅隐刻出齐心枓及两侧栱眼，与两侧栱头上所承的上层枓，合为一个枓栱层。

隐出，梁注："隐出就是刻出，也就是浮雕。"心枓，梁注："栱中心上的枓，正名'齐心枓'，简称'心枓'。"

【译文】

凡造栱之时，其栱的截面高度与厚度尺寸，应与其屋所选定之材的高度与厚度相同。栱之端头，上部留出6分°保持直面；下部9分°做卷杀的处理；一般是将下部9分°依上下方向分为4大份；再在栱底从栱头顺身向内量出4瓣。瓣，也可以称为"胥"，或称为"枨"，亦可称为"生"。然后将栱头竖直面上所分线段每段端头，由下而上。与栱身底面上所分线段的每段之末尾，由内而外。用直尺将两点对斜画出其连线，然后斫造。若是其底分为5瓣，其端头直面所分份数与上不同时，亦按如上方法求之。栱身顶面的两头及中心，要分别留出施放其上所承之枓的位置，其余部分则斫为栱眼，其栱眼凹入栱身3分°。如果是制作足材栱，则需在栱身之上再加上一栔的高度，除两栱头仍留出其上所承之枓的位置外，其栱上部的中心隐刻出心枓的轮廓，同时刻出心枓两侧的栱眼。

（列栱之制）

凡栱至角相交出跳[①]，则谓之列栱[②]。其过角栱或角昂处[③]，栱眼外长内小[④]，自心向外量出一材分，又栱头量一枓底。余并为小眼[⑤]。

泥道栱与华栱出跳相列。

瓜子栱与小栱头出跳相列[⑥]。小栱头从心出，其长二十三分；以三瓣卷杀，每瓣长三分；上施散枓[⑦]。若平坐铺作[⑧]，即不用小栱头，却与华栱头相列[⑨]。其华栱之上，皆累跳至令栱，于每跳当心上施要头[⑩]。

慢栱与切几头相列[⑪]。切几头微刻材下作两卷瓣[⑫]。如角内足材下昂造[13]，即与华头子出跳相列[14]。华头子承昂者，在昂制度内。

令栱与瓜子栱出跳相列。承替木头或橑檐方头[15]。

【注释】

①至角相交出跳：以矩形平面房屋为例，这里指的是檐下转角铺作顺身方向的泥道栱或出跳跳头上所施横栱，至转角45°斜缝之后，与山面檐下的泥道栱与出跳跳头上的横栱相交，转过角斜缝之后，成为该方向上的出跳栱。如顺身方向的泥道栱，成为山面的华栱；山面的泥道栱，成为顺身方向的华栱；顺身方向跳头上的瓜子栱，成为山面出跳的小栱头；同样，山面跳头上的瓜子栱，也可能成为顺身方向出跳的小栱头，如此等等。

②列栱：梁注："在转角铺作上，正面出跳的栱，在侧面就是横栱。同样在侧面出跳的栱，正面就是横栱，像这种一头是出跳，一头是横栱的构件叫做'列栱'。"所谓"列栱"，就是在转角铺作中，正、侧两面之出跳栱与横栱同时出现的情况，即同是一个构件，在正面为出跳栱，在侧面即为横栱，两者并存，称为"列栱"。

③角栱：位于转角铺作45°斜缝上的栱。角昂：位于转角铺作45°斜缝上的昂。这里的"栱"或"昂"，是屋身两个方向所施列栱之两侧的分界线。

④栱眼外长内小：转角铺作之栱在过角栱或角昂处时，其栱眼外长内小，呈不对称状。如瓜子栱，其栱眼按62分°栱长推算栱眼，而与之出跳相列之华栱，其栱眼按72分°栱长推算。这里的"内"与"外"，指的是一个顺身栱，在与其屋身平行的那一部分栱身为"内"，转过转角45°线之后，向外出跳栱的那一部分栱身为"外"，其栱两侧各有栱眼，出跳部分栱身较长，其栱眼也可能较长，顺身部分的栱身较短，其栱眼亦较小，故称"外长内小"。

⑤小眼：其意是说，虽然出跳部分栱身较长，但其所留栱眼也可与未出跳前的顺身部分栱眼长度保持一致，都采用小眼的做法。如相列出跳华栱较瓜子栱长，其自角栱或角昂中心线，向外量出一材（15分°）的长度，再在栱头量出一个枓底的宽度，余下部分，为角栱或角昂外侧栱眼长度，称为“小眼”。

⑥小栱头：与瓜子栱出跳相列的出跳部分，不足以构成一跳华栱之长，仅接近一个栱头的长度，其形式亦施有栱头卷杀式样，故称“小栱头”。

⑦散枓：梁注：“‘施之于栱两头’的枓。见下文‘造枓之制’。”一组枓栱中，除了栌枓、交互枓、齐心枓之外，施于泥道栱或出跳横栱两头的小枓，称为“散枓”。

⑧平坐铺作：施于平坐之下，承托房屋平坐及平坐以上荷载重量的枓栱。

⑨与华栱头相列：平坐枓栱转角铺作与瓜子栱出跳相列的部分，虽不足一跳华栱之长，但因其出跳部分稍长，故不用小栱头，而采用华栱头做法。

⑩于每跳当心上施耍头：平坐枓栱、瓜子栱与华栱头出跳相列，华栱头之上，再施出跳华栱，直至令栱。所累与令栱相交处，其当心皆施耍头。

⑪切几头：梁注：“短短的出头，长度不足以承受一个枓，也不按栱头形式卷杀，谓之‘切几头’。”

⑫两卷瓣：梁注：“原本作‘面卷瓣’，‘面’字显然是‘两’字之误。”即将切几头的端部斫作两卷瓣的形式。

⑬足材下昂造：因转角铺作所承荷载重量较大，其出跳之下昂宜采用足材，即材高为21分°的昂身截面。

⑭与华头子出跳相列：指与足材下昂造相交的慢栱，在转过角昂缝之后，与之相列的部分，不采用切几头的做法，而采用曲线形式的

华头子做法。华头子,意为“花头子”,即其出跳相列部分的端头处理得较为艺术化、曲面化。

⑮承替木头:原文为“乘替木头”,梁注本改为“承替木头”。替木,指施于令栱之上所承诸枓的枓口之内的木方,以承托其上起承檐作用的槫。橑檐方:外檐铺作枓栱最外跳令栱之上(或不施令栱之华栱跳头之上)所施起到承檐作用的长条形木方。

【译文】

凡一个方向上的横栱,至转角铺作45°角斜缝与角栱或昂相交之后,变成了另外一个方向上的出跳栱,这种一头是横栱,另一头是出跳栱的栱,被称作“列栱”。列栱在跨过角栱或角昂之后,其应留栱眼部分的栱身,外长内小,自角栱或角昂中心向外量出一材15分°的长度,再在栱头部位量出一枓底的长度。所余部分,与其内所留栱眼部分一样,都斫为小栱眼的形式。

在一组转角铺作中,一个方向上的泥道栱,在转过45°角斜缝之后,即成为另外一个方向上的出跳华栱,两者相列为一完整构件。

同是在这组转角铺作中,一个方向上的瓜子栱,在转过45°角斜缝之后,即成为另外一个方向上的小栱头,两者相列为一完整构件。小栱头从角栱或角昂中心向外出跳,其出跳长度为23分°;其端头分为三段小直线段卷杀为瓣,每瓣的长度为3分°;小栱头上施以散枓。如果是平坐铺作,则与瓜子栱出跳相列的部分,不用小栱头的做法,而采用华栱头的形式,华栱头与瓜子栱亦相列为一完整构件。华栱头之上,再跳华栱,直至令栱,所累与令栱相交处,其当心皆施耍头。

仍是在这组转角铺作中,一个方向上的慢栱,在转过45°角斜缝之后,即成为另外一个方向上的切几头,两者相列为一完整构件。切几头的端头需稍做刻斫,将其下部斫成两卷瓣形式。如果转角铺作之昂采用的是足材下昂造的做法,则与这一慢栱出跳相列之另外一个方向的昂身之下,采用华头子做法,慢栱与华头子相列为一完整构件。华头子承昂的做法,见于飞昂制度内的文字描述。

还是在这组转角铺作中,一个方向上的令栱,在转过45°角斜缝之后，即成为另外一个方向上的瓜子栱，两者相列为一完整构件。彼此相列的令栱或瓜子栱之上，或承替木头，或承橑檐方头。

（开栱口之法）

凡开栱口之法[①]：华栱于底面开口，深五分°，角华栱深十分°[②]。广二十分°。包栌枓耳在内[③]。口上当心两面，各开子荫通栱身[④]，各广十分°，若角华栱连隐枓通开[⑤]。深一分°。余栱谓泥道栱、瓜子栱、令栱、慢栱也。上开口，深十分°，广八分°。其骑栿、绞昂栿者[⑥]，各随所用。若角内足材列栱[⑦]，则上下各开口。上开口深十分°，连栔[⑧]。下开口深五分°。

【注释】

①栱口：栱与栱或栱与枓相交时，需在栱身上开口，以相互咬合。栱上开口做法：华栱，于栱的底面上开口，口深5分°，长20分°。其他栱，包括泥道栱、瓜子栱、令栱、慢栱，都在栱身上部开口，其口深10分°，宽8分°。

②角华栱：指转角铺作45°角斜缝上所施的华栱。

③包栌枓耳在内：栌枓，即施于一组铺作的底部，承托其上所有枓栱的大枓，清式建筑中称“坐枓”。角华栱的开口长度为20分°，这一开口长度可将其下栌枓之耳的厚度包括在内，故称“包栌枓耳在内”。

④子荫（yìn）：在木构件上所凿斫的浅凹槽。梁注：“是指在构件上凿出以固定与另一构件的相互位置的浅而宽的凹槽，只能防止偏侧，但不能起卯的作用将榫固定‘咬’住。”通栱身：指浅凹槽在栱身表面的上下贯通。

⑤角华栱连隐枓：转角铺作45°角斜缝上的华栱一般为足材栱，其

上所施枓可以采用在足材栱表面刻出其枓轮廓的连隐枓形式。

⑥骑栿：指铺作里转部分所施之瓜子栱、令栱或慢栱等，横跨于屋内梁栿之上。绞昂栿：梁注："与昂或与梁栿相交，但不'骑'在梁栿上，谓之'绞昂'或'绞栿'。"

⑦角内足材列栱：指转角铺作诸列栱，因为有出跳相列的部分，故为了强化其结构，将这些栱的断面采用了高为21分°的足材截面形式。

⑧连栔：指在足材列栱的栱身上下开口时，其上部开口，应将栱身部分与足材上部所增之栔的部分连同在一起凿出开口。

【译文】

凡开凿栱口的方法：华栱于栱之底面上开口，口深5分°，若是角华栱，其口深10分°。口宽20分°。华栱开口宽度包括了其下栌枓的两耳厚度。华栱开口上部中心的两侧，要各凿一道浅浅的凹槽，凹槽应贯通栱身上下，两侧凹槽各宽10分°，如果是角华栱连其上所刻隐枓上下通开凹槽。其槽深1分°。在其他的栱指的是泥道栱、瓜子栱、令栱、慢栱。上开口，开口深度为10分°，开口宽度为8分°。如果这些栱中有骑栿，或与昂或梁栿相交时，其开口则随交接方式而定。如果是转角铺作之内所施的足材列栱，则可以在栱之上下各开一口。上部所开之口，深为10分°，其口一直延伸到栱身上部栔的位置上。其足材列栱的下部所开之口，深为5分°。

（鸳鸯交手栱）

凡栱至角相连长两跳者[①]，则当心施枓[②]，枓底两面相交[③]，隐出栱头[④]，如令栱只用四瓣。谓之鸳鸯交手栱[⑤]。里跳上栱同[⑥]。

【注释】

①至角相连长两跳：一般指转角铺作中45°角斜缝与转角两侧柱心

缝之间出现的列栱，因两缝间的距离稍大，可能会出现相当于出跳华栱“连长两跳”的长度。

②当心：这里的“当心”指转角铺作中“连长两跳”栱之长度的中心点。

③枓底两面相交：连长两跳之栱各自的栱头折曲线交叉汇合，其栱头端点各自达于其上所施散枓枓底的另一侧。

④隐出栱头：连长两跳之栱的栱头卷杀折曲线，是隐刻在相连木方的表面的，形成两跳栱交叉承枓的形式，故称“隐出栱头”。

⑤鸳鸯交手栱：亦属转角铺作列栱之制中的一种，其栱至角相连，当其长度达到两跳之长时，在栱之中心上部施加一枓，其枓底为两栱相交处，隐隐雕刻出一对交叉枓栱，即上文所言隐出栱头的连长两跳之栱。这里的“鸳鸯交手”，疑其本字当为“鸳鸯交首”，未知是作者原文如此，抑或是古人传抄为“鸳鸯交手”，故仍沿用之。

⑥里跳上栱同：里跳转角处若有两条长连栱时，也应在当心所施散枓之下隐刻出两栱相交状，亦称“鸳鸯交手栱”。

【译文】

凡出跳华栱跳头上所施横栱，至转角铺作并与另一方向的栱形成出跳相列形式，若其位于距离稍大的角斜缝与角柱柱心缝之间，相连长度为两跳时，其栱之上的中心位置应施以散枓，枓下之栱相交于枓底两侧，并隐刻出栱头卷杀折曲线，如果是令栱，则只采用4瓣卷杀的隐出栱头形式。**这种将栱头卷杀曲线交叉于其上枓底两侧的做法，称之为“鸳鸯交手栱”。**若是转角铺作里转部分出现连长两跳的列栱之时，亦应采用同样的处理方式。

飞昂 其名有五：一曰櫼，二曰飞昂，三曰英昂，四曰斜角，五曰下昂

【题解】

关于“飞昂”五种不同名称的讨论，参见卷第一《总释上》之“飞昂”

条的相关注释。

昂，作为枓栱体系中的一个重要组成部分，一般分为下昂与上昂。下昂主要用于外檐铺作，上昂则多见于内檐铺作。这里的“飞昂”，主要是指下昂。下昂的作用有二：一是通过杠杆原理，承托向外悬出的深远屋檐；二是在保证檐口出挑深度的前提下，不影响檐口的下垂坡度，也不会因为华栱的内外均衡，而增加里跳华栱的出跳层数。

如梁先生在《〈营造法式〉注释》中解释的：“在一组枓栱中，外跳层层出跳的构件有两种：一种是水平放置的华栱；一种是头（前）低尾（后）高，斜置的下昂。出檐越远，出跳就越多。有时需要比较深远的出檐，如果全用华栱挑出，层数多了，檐口就可能太高。由于昂头向下斜出，所以在取得出跳的长度的同时，却将出跳的高度降低了少许。在需要较大的檐深但不愿将檐抬得过高时，就可以用下昂来取得所需的效果。”

梁先生在这里通过解释下昂相对于屋檐的关系，以说明下昂之作为檐口悬挑构件的必要性。梁先生还进一步解释说：“从一组枓栱受力的角度来分析，下昂成为一条杠杆，巧妙地使挑檐的重量与屋面及槫、梁的重量相平衡。从构造上看，昂还解决了里跳华栱出跳与斜屋面的矛盾，减少了里跳华栱出跳的层数。”

昂，作为一种上下倾斜的构件，在受力状态下，有可能发生向下的滑动位移；因此需要增加一个隐藏于昂身之内的构件——昂栓。昂栓贯穿于上下昂身之内，并将一部分插入其下承昂的栱身之内，从而将昂固定于铺作之中，以防止其因受力而发生的可能位移。

这一节也多少透露了《法式》中关于下昂使用的一些信息，如五铺作中，可以出现单杪单下昂的做法；而六铺作中，或可有双杪单下昂，或单杪双下昂的做法；七铺作中，一般为双杪双下昂做法，但未知是否有单杪三下昂的做法；八铺作中，会出现双杪三下昂做法，似乎未见有单杪四下昂的做法。

除了下昂之外，在一些铺作的里转部分，还可能出现斜戗向上的上昂。据梁先生的分析，上昂的特征：一是，其作用与下昂相反，主要是起到在较短的距离内，有较高的承挑高度；二是，上昂只用于铺作的里转部分。上昂上端的昂头要向外伸出，昂身则应向铺作内斜收，甚至可能通过柱心。实例中，仅用一跳上昂者，似不必一定要通过柱心。若施两跳以上上昂者，则其第二跳之上的昂身，可能需要通过柱心。

（下昂）

造昂之制有二：一曰下昂①，自上一材②，垂尖向下③，从枓底心下取直，其长二十三分°④。其昂身上彻屋内⑤。

【注释】

①下昂：枓栱体系中沿铺作中心缝呈上下斜置状态的长条形木方，其截面一般为一材，昂的前端下垂，伸出枓栱之外，形成昂头，昂身之上于出跳位置施枓，以承上层枓栱；昂之后端一般会上延至铺作里转，可承挑室内平綦或平闇；若施于柱头铺作中，其昂尾亦可起到承托梁栿的作用。

②自上一材：指一组铺作中昂的斜度，自上一跳的枓栱中缝斜伸向其下一层的下一跳的枓栱中缝，承托其昂的前后两枓间，一般仍保持一跳的水平距离与一材的垂直距离。

③垂尖向下：这里的“垂尖向下”并非指垂直于地面，只是将昂之端头沿昂身斜度向下延伸的意思。

④长二十三分°：这里的长度为昂尖出挑长度，指昂尖与承托昂头部分之枓底中心线的水平距离为23分°。

⑤上彻屋内：指昂身自铺作之外，向铺作里转部分的上层枓栱逐层斜向延伸，昂尾直接上延至屋内，与其他构件，如挑斡或梁栿，相互搭压，以形成杠杆效应。

【译文】

铺作中所施昂的造作制度有两种：一种称为“下昂”，其斜度是自上一层枓栱中缝延伸至其下一跳的下一层枓栱中缝，昂之斫为昂尖的端头斜伸向下，挑出铺作之外，其挑出的长度，自承托昂头部分之枓的枓底中心线与外挑昂尖的水平距离为23分°。其昂身沿铺作逐层向内向上延伸，直至屋内所承托的相应构件处。

（琴面昂、批竹昂）

自枓外斜杀向下[①]，留厚二分°[②]，昂面中顱二分°[③]，令顱势圜和。亦有于昂面上随顱加一分°，讹杀至两棱者[④]，谓之琴面昂[⑤]；亦有自枓外斜杀至尖者，其昂面平直，谓之批竹昂[⑥]。

【注释】

①斜杀向下：这里的“斜杀”，有斜向切割之义，即将昂头部分的矩形截面做一个斜向的切割，留出一个斜面枓口形式。

②留厚二分°：将昂头的端部留出厚为2分°的昂嘴。

③中顱（āo）：意即“中凹”。梁注：“顱：音坳，头凹也。即杀成凹入的曲线或曲面。”

④讹杀：梁注：“杀成凸出的曲线或曲面。”讹，有圆圜之义，即将本已有中顱的曲面，再刻作自中线向两侧的曲面。

⑤琴面昂：指将其昂头部位的曲线与曲面，削斫如同古琴的表面一样，略呈中缝稍加隆起，两侧曲圜低下的感觉。

⑥批竹昂：指将其昂头部位直接削斫为一个挺直的斜面，其表面如刀斧所劈开的竹片一样直挺。关于“琴面昂”与“批竹昂”，梁先生做了特别的解释：“在宋代‘中顱’而‘讹杀至两棱’的‘琴面昂’显然是最常用的样式，而‘斜杀至尖’且‘昂面平直’的‘批

竹昂’是比较少用的。历代实例所见，唐辽都用批竹昂，宋初也有用的，如山西榆次雨花宫；宋、金以后多用标准式的琴面昂，但与《法式》同时的山西太原晋祠圣母殿和殿前金代的献殿则用一种面中不顱而讹杀至两棱的昂。我们也许可以给它杜撰一个名字叫‘琴面批竹昂’吧。”

【译文】

下昂最外端的挑出部分，自其上所承之枓的底边之外向昂的端头，斫作一个向下的斜面，至尽端处留出2分°的厚度，形成昂嘴，这一斜面的中部稍做凹入，下凹的深度亦为2分°，要使昂面的凹势曲缓圜和。也有在昂面上，随其凹曲面的走势再增加1分°的厚度，并由凹曲面的中线向两边的侧棱做曲缓斜面，以形成中间隆起、两棱低缓的曲面感，这样的昂头形式，称之为“琴面昂”；或由自昂上所承枓底的边线向昂之端头尖口处，直接砍削作一个平直的面，其昂头表面犹如批竹般直挺，称之为“批竹昂”。

（昂之上下安枓）

凡昂安枓处，高下及远近皆准一跳[①]。若从下第一昂，自上一材下出，斜垂向下；枓口内以华头子承之。华头子自枓口外长九分°；将昂势尽处匀分，刻作两卷瓣，每瓣长四分°。如至第二昂以上，只于枓口内出昂[②]，其承昂枓口及昂身下，皆斜开镫口[③]，令上大下小[④]，与昂身相衔。

凡昂上坐枓，四铺作、五铺作并归平[⑤]；六铺作以上，自五铺作外，昂上枓并再向下二分°至五分°[⑥]。如逐跳计心造[⑦]，即于昂身开方斜口[⑧]，深二分°，两面各开子荫[⑨]，深一分°。

【注释】

①高下及远近皆准一跳：指一般情况下，昂上所施枓的位置，在水平

距离与垂直高度上,都与出一跳华栱的跳头上所施枓的水平距离与垂直高度相当。

②只于枓口内出昂:即自第二昂之上,若再从枓口内出昂,则不用再施华头子,直接从枓口内向外出挑。

③斜开镫(dèng)口:这里指在承昂枓口与所承昂之昂身底部各开出一个类似马镫一样的凹口,其口表面呈与昂身斜度相同的倾斜状。镫,挂在马鞍两旁的铁制脚踏。

④上大下小:指镫口的开口为上大下小,既方便昂身嵌入,又能够将昂身与枓口衔接紧密。

⑤归平:指将昂之出跳跳头上所施枓的枓底标高与其上一跳跳头上所承横栱之上的枓底标高找平。其所表达的意思与昂上安枓之"高下及远近皆准一跳"的说法相同。

⑥昂上枓并再向下二分°至五分°:若铺作出跳为六铺作以上,则自五铺作之外,每一跳跳头所施枓的枓底标高要向下沉2分°至5分°,以确保各层昂的昂身斜度相同。

⑦逐跳计心造:即在出跳枓栱的每一跳跳头之上,都施以横栱。关于"计心",参见本卷"栱·华栱"条相关注释。

⑧于昂身开方斜口:在昂身两侧所开,用以与计心横栱相衔接的凹口。

⑨子荫:浅凹槽。参见本卷"栱·开栱口之法"条相关注释。

【译文】

凡在向外出挑的昂身之上安枓,其枓的出跳高度与距离,与假设在同一层出一跳华栱之上所施之枓的高度与距离相同。如果是铺作中所出最下第一层昂,则其昂自华栱跳头的上一层栱身之下出挑,使昂身呈倾斜向下的态势;所出昂之枓口内,用华头子承托昂身。华头子自枓口向外伸出的长度为9分°;将其与昂身相接之伸出枓口的部分做均匀的划分,并斫刻为两卷瓣形式,每一卷瓣的直线长度为4分°。**若是铺作中第二层昂以上,则只需**

从枓口内直接出昂，其承昂的枓口及昂身之下，都要顺着昂身方向斜开镫口，并使其镫口上大下小，以使枓口与昂身相互衔接紧密。

凡在昂身之上坐以出跳之枓，若是仅为四铺作或五铺作的情况，其枓底标高皆与出一跳华栱之上所施之枓的枓底标高是一样的；但若是采用了六铺作，或者更多铺作的情况，则自五铺作之外，其昂身上所坐之枓，都要较假设是在同层出一跳华栱之上所施枓的枓底标高基础上，下沉2分°至5分°的高度。为了锁定昂身，在逐跳计心造的情况下，还应通过在昂身上开深度为2分°的方斜口，并在昂身两个侧面开深度为1分°的浅凹槽，以使昂身与跳头上所施计心横栱有更为紧密与贴切的咬合。

（角昂）

若角昂①，以斜长加之②。角昂之上别施由昂③。长同角昂，广或加一分°至二分°。所坐枓上安角神④，若宝藏神⑤，或宝瓶⑥。

【注释】

①角昂：指转角铺作内在45°角斜缝上所出之昂。

②斜长：角昂的长度，是同一座房屋中同层标准昂长度的$\sqrt{2}$倍，即相当于以标准昂长度所构成之正方形的对角线之长。

③由昂：在《法式》的术语中，凡在既有构件基础上，又增加了一个相类构件的时候，往往会称之为“由×”，如在转角铺作中，角昂之上增加一昂，即称为“由昂”。这如同在阑额之下，若再增设一额，即称“由额”一样。梁注：“在下昂造的转角铺作中，角昂背上的耍头作成昂的形式，称为‘由昂’，有的由昂在构造作用上可以说是柱头铺作、补间铺作中的耍头的变体。也有的由昂上彻角梁底，与下昂的作用相同。”

④坐枓：这种坐于转角由昂之上，承托其上角梁的枓，一般被加工成

没有枓耳的形式，称为“平盘枓”。梁注：“由昂上安角神的枓，一般都是平盘枓。”角神：在转角铺作45°角斜缝最上一层由昂之上所施外廓如人形的木质雕刻，以起到承托其上角梁的作用。

⑤宝藏神：《佛说瑜伽大教王经》中提到：“大智化成大夜叉主，名宝藏神。身黄色二臂三面，顶戴宝冠，内有五佛。于冠左边少有所损。坐于莲花上。”又《佛说一切如来金刚三业最上秘》有：“如是药叉主，大力宝藏神。”可知，是指佛教中所言的一种大力神。

⑥宝瓶：施于转角铺作由昂之上外廓如宝瓶状的木质雕刻。

【译文】

如果是转角铺作角斜缝之上所施的角昂，其长度应该是以其同层标准昂长度为边长之方形的对角线斜长。角昂之上再施以由昂。由昂的长度与角昂相同，其截面高度或在角昂截面高度基础上再加高1分°至2分°。在由昂之上所坐之枓上安以角神，角神的形式有如宝藏神的式样，抑或在其枓上安以宝瓶。

（插昂 挣昂、矮昂）

若昂身于屋内上出①，皆至下平槫②。若四铺作用插昂③，即其长斜随跳头④。插昂又谓之挣昂⑤，亦谓之矮昂。

【注释】

①昂身于屋内上出：指铺作中的下昂后半段伸入屋内部分，这一部分的昂身向上延伸，形成挑斡的形式，以承托其上的槫或方。

②下平槫：平槫为屋盖结构中的重要构件，其形式为圆形截面的长木，相当于明清建筑中的檩或桁，施于梁架之上，承托屋盖中的椽子、望板及泥背与屋瓦等的荷重。“下平槫”是外檐柱缝之内所起的第一层平槫。

③插昂：梁注：“昂身不过柱心的一种短昂头，多用在四铺作上，亦有

用在五铺作上的或六铺作上的。”

④其长斜随跳头：指插昂虽为斜置，但其长度仍依一跳之长的水平距离计算其斜长。

⑤插昂又谓之挣昂：傅合校本：改“挣”为“枨”。枨（chēng），本义为“木束”。另宋庄绰撰《鸡肋编》卷上有载：“定州织‘刻丝’，不用大机，以熟色丝经于木枨上，随所欲作花草禽兽状，以小梭织纬时，先留其处，方以杂色线缀于经纬之上，合以成文，若不相连。”可知“枨”，又似为古式织机上的一个部件。“插昂”或“矮昂”，或与这种“枨”有相类之处。暂从原文。

【译文】

如果在铺作里转部分的昂身，其尾部向屋内上部延伸，都会伸至下平槫之下。如果是四铺作用插昂的做法，其插昂的长度，依据其出一跳之跳头的距离求其斜长。插昂又可以称为“挣昂”，也可以称为“矮昂”。

（昂栓）

凡昂栓[①]，广四分°至五分°，厚二分°。若四铺作，即于第一跳上用之；五铺作至八铺作，并于第二跳上用之。并上彻昂背[②]，自一昂至三昂，只用一栓，彻上面昂之背[③]。下入栱身之半或三分之一[④]。

【注释】

①昂栓：昂作为一种上下倾斜的构件，在受力状态下，有可能发生向下的滑动位移。昂栓，是上下贯穿于昂之横断面内，将昂固定于铺作之中，以防止其因受力而发生可能位移的一种构件。

②上彻昂背：用以固定昂与枓栱的昂栓，要一直贯穿昂身，直抵昂背。

③彻上面昂之背：虽然无论一昂，还是三昂，每一组铺作中仅用一根

昂栓，但其栓要穿透所有昂身，直抵最上一层昂的昂背。

④下入栱身：为防止昂的滑动，昂栓下端要插入承托其昂的栱身之内，但无须穿透栱身。

【译文】

凡使用昂栓，其栓宽约4分°至5分°，厚仅2分°。若是用于四铺作枓栱，就在第一跳上使用；若是用于五铺作至八铺作枓栱中，都从第二跳之上使用。在铺作多的情况下，其昂栓都要贯穿昂身，直抵昂背，无论是用一昂，乃至用到三昂，都只用一根昂栓，并需贯穿所有昂的昂身，直抵最上面一层昂的昂背。昂栓之下端插入其下承昂之栱的栱身之内，深入栱身的深度，或为栱身截面高度的一半，或为其高的1/3。

（昂尾搭压做法）

若屋内彻上明造[①]，即用挑斡[②]，或只挑一枓，或挑一材两栔[③]。谓一栱上下皆有枓也。若不出昂而用挑斡者，即骑束阑方下昂桯[④]。如用平棊[⑤]，即自槫安蜀柱以叉昂尾[⑥]；如当柱头，即以草栿或丁栿压之[⑦]。

【注释】

①彻上明造：梁注："屋内不用平棊（天花版），梁架枓栱结构全部显露可见者，谓之'彻上明造'。"

②挑斡（wò）：意为上昂的端部，或下昂的尾部，承挑了房屋室内接近屋檐部位的某个构件，如平棊方、算桯方等。参见卷第一《总释上》"飞昂"条相关注释。

③挑一材两栔：指挑斡之上所承为断面高一材之方，其材之上下各有一枓，故称"一材两栔"。

④束阑方：《法式》中，除了此处提到"束阑方"之外，再也未见这一

术语，实例中也未找到与之相应的构件，故无法确定这里的“束阑方”究竟是一种什么样的构件。昂桯：其在卷第一《总释上》“飞昂”条中所引《义训》之文中也有出现：“又有上昂，如昂桯挑斡者，施之于屋内或平坐之下。”故“昂桯”或可理解为“上昂昂身”。

⑤平棊（qí）：《法式》中用来专指殿阁厅堂内如棋盘状方格式天花版。参见卷第二《总释下》“平棊”条相关注释。棊，同“棋”。

⑥自槫安蜀柱：蜀柱，是《法式》中常见术语。一般指短柱。这里当指挑斡之上所承的短柱，其下端插于挑斡之上，上端承托屋内下平槫，故称“自槫安蜀柱”。

⑦草栿：屋顶梁架中位于屋内平棊或平闇之上的梁栿，这里的“梁栿”，因为隐于天花之内，故一般不做艺术的雕琢处理，故称“草栿”。丁栿：一般是出现在屋内梁架中两山部位的梁栿，其一端由山墙上的柱子与枓栱承托，另外一端则搭在屋内次间或梢间的横向大梁上，形成“丁”字形搭配，故称“丁栿”。

【译文】

如果屋内是不用平棊或平闇，梁架呈露明状态的彻上明造做法，就会在昂之尾端使用挑斡的做法，可以是只挑一枓的做法，也可以是上挑一材两栔的做法。意思是说挑斡上承一栱，栱之上下各有一枓。如果不出昂而用挑斡时，则采用使其上之栱骑于束阑方下的昂桯之上的做法。如果屋内使用了平棊，则自平棊之上的下平槫下安以蜀柱，蜀柱的下端则叉在昂尾之上；如果正好是在柱头铺作缝上，其昂尾可以用遮隐于平棊之上的草栿或丁栿压之。

（上昂）

二曰上昂[①]：头向外留六分[②]。其昂头外出[③]，昂身斜收向里[④]，并通过柱心[⑤]。

【注释】

①上昂：梁注："上昂的作用与下昂相反。在铺作层数多而高，但挑出须尽量小的要求下，头低尾高（实为头高尾低）的上昂可以在较短的出跳距离内取得挑得更高的效果。上昂只用于里跳。实例极少，甪直保圣寺大殿、苏州玄妙观三清殿都是罕贵的遗例。"

②头：这里的"头"，其实是上昂的上部端头，其头除承托其上之枓栱外，应自其上所承枓底之外，再留出6分°的长度。

③昂头外出：这里的"昂头"，当指上昂的上端。所谓"外出"，实际为伸向铺作之外，但因上昂一般多出现在内檐铺作中，故这里的"外出"，实际上是向室内方向伸出。

④斜收向里：这里的"向里"，指的是斜向插入铺作之里，相对于房屋空间而言，其实是将上昂昂尾插向屋外的方向。

⑤柱心：指铺作中的柱心缝，而非真正意义上的柱子中心。

【译文】

铺作中所施昂的造作制度之第二种称为"上昂"：上昂的端头要自其上所承枓之枓底边缘向外伸出6分°的长度。上昂的昂头向铺作之外伸出，其昂身则斜收向铺作之里，并需将其昂的尾端穿过该组铺作的柱心缝。

（五铺作单杪用上昂）

如五铺作单杪上用者[①]，自栌枓心出[②]，第一跳华栱心长二十五分°[③]；第二跳上昂心长二十二分°[④]。其第一跳上，枓口内用靴楔[⑤]。其平綦方至栌枓口内[⑥]，共高五材四栔[⑦]。其第一跳重栱计心造[⑧]。

【注释】

①五铺作单杪:以出两跳为五铺作,则这里所说的“五铺作单杪”,当为一栱一上昂的做法,即第一跳出华栱,第二跳出上昂,昂上施令栱承橑檐方。杪,这里指出跳华栱。

②栌枓心:这里的“栌枓心”,当与檐柱柱心缝相重叠。无论是柱头铺作,还是补间铺作,其栌枓都位于檐柱的柱心缝上。

③第一跳华栱心长二十五分°:一般情况下,铺作数少于五铺作时,出跳栱或昂,每一跳的出跳距离为30分°。如果出跳为五铺作以上,则自第一跳起,每一跳出跳长度减少4分°,亦即当为26分°。这里仅有五铺作,其第一跳华栱的出跳长度应为30分°,而此处规定其长仅为25分°,显然,铺作中使用上昂时,各层华栱的出跳长度与使用下昂时有明显的不同。

④第二跳上昂心:第二跳为上昂,这里的“上昂心”,指的是上昂上所承枓之枓底中心,或称第二跳跳头中心。长二十二分°:亦即五铺作单杪单上昂的情况下,第二跳出跳长度为22分°。

⑤靴楔(xiē):类如靴子一样的木楔。五铺作单杪单上昂,在第一跳跳头上的枓口内用靴楔,使其枓口与上昂昂身之间有紧密的咬合,且能增加某种装饰的功能。

⑥平棊方:承托室内天花平棊的条形木方,一般呈方格网状。梁注:“平棊方是室内组成平棊骨架的方子。”

⑦共高五材四栔:这里指五铺作单杪单上昂枓栱的高度,是由五材四栔组成的。五材分别是:(1)华栱(及与之相交的泥道栱);(2)华栱跳头所施瓜子栱(及泥道慢栱);(3)华栱跳头上所施重栱(即慢栱);(4)上昂跳头上所施令栱;(5)令栱上所承平棊方。在与平棊方相一平处,在铺作内还会施以衬方头。如上诸名件,其截面高度均为1材,其高为15分°。四栔分别是:(1)华栱跳头上所施交互枓;(2)华栱跳头上所承瓜子栱上的散枓;(3)上昂跳

头上所施交互枓（及出跳华栱所承慢栱上的散枓）；(4) 上昂跳头所承令栱上的齐心枓与散枓。每一层枓，在铺作高度中，仅计算其枓欹与枓平的高度，其高为6分°。“五材四栔”的高度之和为99分°。

⑧重栱：指铺作中的横栱，包括檐柱柱心缝上的泥道栱与跳头上的瓜子栱之上，都施以慢栱。计心：即在出跳华栱的跳头上，施以横栱。

【译文】

如果在五铺作出一跳华栱，其上用上昂的做法，则华栱从栌枓心向外出跳，栌枓心至第一跳华栱心的长度为25分°；第二跳用上昂出跳，自华栱心至第二跳上昂心的出跳距离为22分°。在第一跳华栱跳头上所施枓的枓口内，使用靴楔。从铺作最上层的平棊方上皮至铺作底层的栌枓口内，各跳枓栱累积的高度为五材四栔。其第一跳华栱跳头上所施横栱，采用的是重栱计心造做法。

（六铺作重杪用上昂）

如六铺作重杪上用者[①]，自栌枓心出，第一跳华栱心长二十七分°[②]。第二跳华栱心及上昂心共长二十八分°[③]。华栱上用连珠枓[④]，其枓口内用靴楔，七铺作、八铺作同。其平棊方至栌枓口内，共高六材五栔[⑤]。于两跳之内，当中施骑枓栱[⑥]。

【注释】

①重杪：即自栌枓口内向外出两跳华栱之意。“重杪”与“重栱”的差别：单杪、重杪或三杪，指铺作自栌枓口出跳华栱的层数；单栱、重栱，指铺作出跳跳头上（或泥道栱缝上）所施横栱的层数。

②第一跳华栱心长二十七分°：第一跳华栱出跳长度为27分°。由此可知，铺作中用上昂时，其下华栱的出跳长度与用下昂时不同，

似每一种出跳方式，各有其规定的长度，而不像出下昂时那样有规律。

③第二跳华栱心及上昂心共长二十八分°：在六铺作重杪的情况下，第二跳上昂的出跳长度是自第一跳华栱心至第三跳上昂心的距离为28分°，其中也将第一跳华栱心至第二跳华栱心之间的距离包含在内，但这里没有给定两跳华栱之间的距离。

④连珠枓：因采用上昂的原因，第二跳跳头所施枓之栔的高度不足以达到承托上昂昂身的高度，故会采用两枓相叠的做法，这种两枓相叠的形式，称为"连珠枓"。

⑤共高六材五栔：在五铺作单杪单上昂之"五材四栔"的高度基础上，再增加第二跳华栱之一材一栔，即为"六材五栔"的做法。当然，其铺作内出跳跳头上的横栱做法，会因铺作出跳华栱的多寡而有所变化。"六材五栔"的高度之和为120分°。

⑥于两跳之内，当中施骑枓栱：这里所言的"两跳之内"，似指第二跳华栱心之内；第二跳华栱上未施横栱，但其跳内的上部若施枓栱，则有可能落在上昂昂身的中心，故称"当中"；因其横跨于上昂中心的昂背之上，故称"骑枓栱"。

【译文】

如果是六铺作自栌枓心出两跳华栱，其上用上昂者，则其第一跳华栱自栌枓心向外出跳的距离为27分°。第二跳华栱心与第三跳上昂心，两跳出跳的总长度为28分°。第二跳华栱之上采用连珠枓的形式以承昂身，连珠枓枓口之内用靴楔上承上昂昂身，这种使用连珠枓与靴楔的做法，也同样会出现于七铺作与八铺作用上昂的情况下。**从铺作最上层的平棊方上皮至铺作底层的栌枓口内，各跳枓栱累积的高度为六材五栔。在第二跳华栱心之内，在上昂昂背上的中心施以横栱，这里的"横栱"，因其横跨于上昂昂身之上，故称"骑枓栱"。**

(七铺作重杪用上昂两重)

如七铺作于重杪上用上昂两重者①,自栌枓心出,第一跳华栱心长二十三分°②,第二跳华栱心长一十五分°③;华栱上用连珠枓。第三跳上昂心④两重上昂共此一跳⑤。长三十五分°。其平棊方至栌枓口内,共高七材六栔⑥。其骑枓栱与六铺作同⑦。

【注释】

①七铺作于重杪上用上昂两重:此为七铺作出双杪双上昂的做法,即自栌枓口内出两跳华栱,第二跳华栱之上,再施两重上昂。

②第一跳华栱心长二十三分°:栌枓心至第一跳华栱跳头中心的距离为23分°。

③第二跳华栱心长一十五分°:第一跳华栱心至第二跳华栱心的距离为15分°。这里仍然可以看出,铺作中出上昂的做法,在枓栱出跳长度上,不像仅出栱或出栱与下昂做法那样,在出跳长度上存在明显的规律性。

④第三跳上昂心:这里的"第三跳上昂心",其实是第四跳上昂心,因为后文小注中明确说明"两重上昂共此一跳"。这里的"第三跳",意为能够起到实质上的承托上部构件作用的出跳上昂,并非实际的出跳层。

⑤两重上昂共此一跳:即如上条所言,两重上昂相叠,仅在上层昂之上承以令栱,故两重昂仅承担了一跳的承挑功能。

⑥共高七材六栔:在六铺作双杪单上昂之"六材五栔"的高度基础上,再增加第二跳上昂之一材一栔,形成"七材六栔"的铺作高度,其铺作总高为141分°。

⑦其骑枓栱与六铺作同:原文"其平棊方至栌枓口内,共高七材六

栔”，其后原无注。梁注本添加后注：“其骑枓栱与六铺作同。”傅合校本亦加后注：“其骑枓栱与六铺作同。”并注：“据故宫本、四库本补入注文九字。”其意为在七铺作双杪双上昂的情况下，其使用骑枓栱的做法，与六铺作双杪单上昂的做法一样，即仅在最外跳跳头上昂心缝与栌枓心缝之间施加一组骑枓栱，其枓栱恰施于上昂昂背的中心。

【译文】

如果是七铺作自栌枓心出两跳华栱，其上用上昂两重者，则其第一跳华栱自栌枓心向外出跳的距离为23分°，第二跳华栱心与第一跳华栱心的距离为15分°；在第二跳华栱跳头之上用连珠枓。第三跳落在了最上一重上昂的端头，两重上昂合为一跳。其上昂跳头上所承枓底之心与第二跳华栱心的距离为35分°。从铺作最上层的平棊方上皮至铺作底层的栌枓口内，各跳枓栱累积的高度为七材六栔。其第二重昂背中心施骑枓栱的做法，与六铺作双杪单上昂情况下，在昂背上施骑枓栱的做法相同。

（八铺作三杪用上昂两重）

如八铺作于三杪上用上昂两重者①，自栌枓心出，第一跳华栱心长二十六分°②；第二跳、第三跳并华栱心各长一十六分°③；于第三跳华栱上用连珠枓。第四跳上昂心④两重上昂共此一跳⑤。长二十六分°。其平棊方至栌枓口内，共高八材七栔⑥。其骑枓栱与七铺作同⑦。

【注释】

①八铺作于三杪上用上昂两重：此为八铺作出三杪双上昂的做法，即自栌枓口内出三跳华栱，第三跳华栱之上，再施两重上昂。

②第一跳华栱心长二十六分°：八铺作出三杪用上昂两重，其第一跳

华栱出跳长度，与六铺作以上用下昂时，第一跳华栱出跳的长度相同，为华栱标准出跳长度30分°减4分°，即出跳26分°的做法。

③第二跳、第三跳并华栱心各长一十六分°：第一跳华栱心至第二跳华栱心的距离，以及第二跳华栱心与第三跳华栱心的距离，均为16分°。

④第四跳上昂心：这里的“第四跳”，其实是“第五跳”上昂心，因为后文小注中明确说明“两重上昂共此一跳”。这里的“第四跳”，意为能够起到实质上的承托上部构件作用的出跳上昂，并非实际的出跳层。

⑤两重上昂共此一跳：即如上条所言，两重上昂相叠，仅在上层昂之上承以令栱，故两重昂仅承担了一跳的承挑功能。这一跳与第二跳栱心的距离，亦为26分°。

⑥共高八材七栔：在七铺作双杪双上昂之“七材六栔”的高度基础上，再增加第三层上昂之一材一栔，形成“八材七栔”的铺作高度，其铺作总高为162分°。

⑦其骑枓栱与七铺作同：在八铺作三杪双上昂的情况下，其使用骑枓栱的做法，与七铺作双杪双上昂的做法一样，即仅在最外跳跳头上昂心缝与栌枓心缝之间，施加一组骑枓栱，其枓栱恰施于上昂昂背的中心。

【译文】

如果是八铺作自栌枓心出三跳华栱，其上用上昂两重者，则其第一跳华栱自栌枓心向外出跳的距离为26分°；第一跳华栱心至第二跳华栱心的距离、第二跳华栱心与第三跳华栱心的距离，均为16分°；在第三跳华栱跳头之上用连珠枓。第四跳落在了最上一重，即第二重上昂的端头，第一与第二两重上昂合为一跳。其上昂跳头上所承枓底之心，与第三跳华栱心的距离为26分°。从铺作最上层的平棊方上皮至铺作底层的栌枓口内，各跳枓栱累积的高度为八材七栔。其第二重昂背中心施骑枓栱的做法，与七铺作双杪双上昂情况下，在最上层昂背上施骑枓栱的做法相同。

（飞昂做法）

凡昂之广厚并如材[①]。其下昂施之于外跳[②]，或单栱或重栱[③]，或偷心或计心造[④]。上昂施之里跳之上及平坐铺作之内[⑤]；昂背斜尖，皆至下枓底外；昂底于跳头枓口内出[⑥]，其枓口外用靴楔。刻作三卷瓣[⑦]。

【注释】

①昂之广厚并如材：意为一组铺作中所用的昂，其截面的宽度与高度与这组铺作中所用栱（即其所用材）的截面宽度与高度是一致的。但有一个例外，如陈明达先生特别指出的，在转角铺作内所用昂，至少角内枓栱外跳所用下昂，似可能会采用足材断面形式。

②外跳：房屋外檐铺作中出跳的栱与昂，称为“外跳”。

③或单栱或重栱：凡称“单栱”或“重栱”者，皆言其出跳华栱跳头上所施的横栱，或为单栱（仅有瓜子栱），或为重栱（在瓜子栱上叠施慢栱）。同样的情况也会出现在泥道栱缝上。

④或偷心或计心造：所谓“偷心”或“计心”，仍指其出跳华栱跳头上的构造处理情况，若在出跳华栱跳头上不施横栱，直接承托上层栱昂，则称“偷心”；若在出跳华栱跳头上施一层瓜子栱，则称“计心单栱造”；若在出跳华栱跳头上同时施瓜子栱与慢栱，则称“计心重栱造”。这里的“造”字，是《法式》中的常用语，意为某种构造做法。

⑤上昂施之里跳之上：这里的“里跳”，对应于上文的“外跳”，指房屋外檐铺作里转部分出跳的栱与昂。上昂一般仅出现在铺作里转的情况之下。平坐铺作：指承托房屋平坐的枓栱，其枓栱虽主

要为外跳做法，但其铺作中可能会用到上昂的做法。

⑥昂底于跳头枓口内出：与下昂昂底于跳头枓口外侧向外出挑的做法相反，上昂昂底则于跳头枓口内侧向外出挑，其枓口之外则嵌以靴楔，以确保上昂不发生位移。

⑦刻作三卷瓣：这里的"卷瓣"，似与枓栱栱头等之卷杀之瓣的意思不尽相同。枓栱卷杀之瓣，实为几段直线段构成的折曲面，而这里的"卷瓣"，当有如"卷"之曲线（曲面）的造型。故"三卷瓣"，疑为三段曲线（如混枭线脚之曲面）相连而成的形式。

【译文】

铺作中所施飞昂，无论是上昂，还是下昂，其截面高宽的尺寸，与其铺作中所用栱（材）的截面尺寸是一样的。其下昂施于外檐铺作向檐口之外出跳的枓栱之上，其跳头上可以是仅施瓜子栱的单栱做法，也可以是叠施瓜子栱与慢栱的重栱做法；或其跳头上可以是不施横栱的偷心造做法，也可以是施以横栱的计心造做法。若在铺作中使用上昂，则其上昂仅用于铺作里转部分的出跳枓栱之上，上昂亦有可能用于平坐铺作之中；上昂昂头，即上昂昂背的斜尖部分，皆要伸出其上所承之枓的枓底之外；上昂的底部是自其下出跳跳头上所施枓的枓口内侧向外出挑的，其枓口之外则嵌入靴楔，以使上昂昂身与其下之枓有紧密的契合。靴楔镌刻作三卷瓣的曲面形式。

（骑枓栱）

凡骑枓栱，宜单用①；其下跳并偷心造②。凡铺作计心、偷心，并在总铺作次序制度之内③。

【注释】

①凡骑枓栱，宜单用：其意不甚明确。梁注："原图所画全是重栱。"

所谓“原图”指《法式》原文中所附图。可以推测,梁先生理解的“宜单用”,意为“单栱造”。从文意上推测,是否亦有可能理解为,骑枓栱不必与铺作中的出跳枓栱组合在一起使用,而宜单独施设。

②其下跳并偷心造:即骑枓栱之下所施出跳华栱,无论出几跳,都应采用偷心造的做法。这里的“并”字,有“都”的意思。

③总铺作次序制度:参见本卷下文“总铺作次序之制”条。这段话的意思,或并非仅仅是就骑枓栱而言的,而是指不论如何施设枓栱,包括计心造、偷心造,都应将各跳枓栱计算在总铺作次序制度之内。亦即无论采用下昂还是上昂做法,其枓、栱、昂之出跳,均应计入总铺作次序制度之内。

【译文】

凡在上昂上施以骑枓栱时,宜将骑枓栱单独施用;骑枓栱之下诸出跳栱,均采用跳头不施横栱的偷心造做法。凡铺作中的计心、偷心等做法,不论下昂造与上昂造,都应计入总铺作次序制度之中。

爵头其名有四:一曰爵头,二曰耍头,三曰胡孙头,四曰蜉蜒头

【题解】

关于“爵头”各种不同名称的讨论,参见《看详》“诸作异名”条、卷第一《总释上》“爵头”条。标题上的“蜉蜒头”,《看详》《总释上》中皆作“蜉蜒头”。

按照梁先生的解释,爵头,又称“耍头”。这里给出了宋式耍头的一般做法:耍头与令栱相交,并安于齐心枓下。耍头与令栱之上,承橑檐方或平棊方。其断面为足材,但与令栱相交且伸出令栱之外的出头部分,仅为单材。其出头部分,通过斜杀、斜抹、开龙牙口等做法,留出“鹊

台”“锥眼”等细部形态，大致的外形轮廓与清式建筑中与厢栱相交的蚂蚱头十分接近。

若耍头之下铺作数多，耍头的长度应随所出之跳加长。如遇转角铺作斜角方向之耍头，则更应以斜长加之。一般情况下，耍头应与铺作内外跳头上的令栱相交。但若铺作中有下昂或上昂，则应随昂之斜势，斜杀耍头尾部，使两斜贴切，并放过昂身。这时，枓栱内外跳头上所施耍头，是两根构件，且很可能不在同一跳高度上。

若遇不出耍头做法时，则耍头仅伸至铺作内外令栱之内，但应通过“到心股卯”，使耍头之卯深入令栱之心，令两相交接。这时的耍头所用之木方，其断面无需用足材，仅用单材即可。

（造耍头之制）

造耍头之制①：用足材自枓心出②，长二十五分°③，自上棱斜杀向下六分°④，自头上量五分°，斜杀向下二分°。谓之鹊台⑤。两面留心，各斜抹五分°⑥，下随尖各斜杀向上二分°⑦，长五分°。下大棱上⑧，两面开龙牙口⑨，广半分°，斜梢向尖⑩。又谓之锥眼⑪。开口与华栱同⑫，与令栱相交，安于齐心枓下⑬。

【注释】

①耍头：一组铺作中位于出跳枓栱上部的构件，一般与令栱相交，并外挑出头。梁注：“清式称‘蚂蚱头’。”

②用足材：指耍头的主要部分，出于受力时的考虑，其截面应采用足材的高宽尺寸，但其与令栱相交之后的出头部分，一般似为单材。

③自枓心出，长二十五分°：指耍头出头长度，自其下承托耍头的交互枓的枓心至耍头出头之最外端，其长为25分°。

④上棱：耍头木方端头的上棱，这条棱最终会被抹掉。

⑤鹊台：耍头端头上部所留的三角形斜面。

⑥两面留心，各斜抹五分°：指中心部位留出，向两侧各斜抹出两个宽为5分°的斜面，以形成中心的尖棱。

⑦下随尖各斜杀向上二分°：所谓"随尖"，即随中心尖棱的下端，各向上斜抹出一个斜宽为2分°的斜面。

⑧下大棱：似指耍头木方底部两边的侧棱。

⑨龙牙口：龙牙口的形式及做法不详，亦未见实例。疑为在耍头端头底部凿一个开口。

⑩斜梢向尖：疑指龙牙口的开口，斜向耍头端头下部的尖头处。

⑪锥眼：这里究竟是指"龙牙口"做法的别名，还是指龙牙口"斜梢向尖"的尖头，似难以判断。

⑫开口与华栱同：指在耍头与交互枓相交处所开之口，与自交互枓出挑之华栱相交之处所开之口相同。

⑬齐心枓：指令栱上所承位于中心的枓。

【译文】

造铺作中耍头的制度：耍头的主体部分应采用足材断面，其出头部分长度，自出挑耍头的枓心计量，其长25分°，耍头端部，自上棱至下棱向内斜抹出6分°的深度，再自端头向内量5分°，向下斜抹2分°的高度，以形成一个三角斜面。这一斜面称为"鹊台"。在向内斜抹的6分°处，留出中心线，向两侧各斜抹5分°之宽，形成两个斜面，两个斜面的下端，随其斜尖各向上再斜抹2分°，其斜面的长度为5分°。耍头底部大棱上，两面开龙牙口，宽0.5分°，斜梢向下形成一个尖头。又称为"锥眼"。耍头与其下交互枓相咬合的开口，与同是自交互枓出跳之华栱的开口相同，耍头与令栱相交，并安于令栱之上所施的齐心枓之下。

（耍头安装或不出耍头）

若累铺作数多，皆随所出之跳加长[①]，若角内用[②]，则以斜长加之。于里外令栱两出安之[③]。如上下有碍昂势处，即随昂势斜杀，放过昂身[④]。或有不出耍头者，皆于里外令栱之内，安到心股卯[⑤]。只用单材[⑥]。

【注释】

①皆随所出之跳加长：这里所加之长，仅指耍头本身之长，而非指前文所言耍头出头部分的25分°之长。

②角内：指转角铺作45°斜缝之内的构件，包括耍头。

③于里外令栱两出安之：意为外檐铺作外挑部分与里转部分的上部都可以与令栱相交并出头的形式，施安耍头。关于"两出安之"，梁注："与令栱相交出头。"

④即随昂势斜杀，放过昂身：原文"即随昂势斜杀，于放过昂身"，梁注本改为"即随昂势斜杀，放过昂身"。傅合校本注："'于'字应删。"放过昂身，梁注："因此，前后两耍头各成一构件，且往往不在同跳的高度上。"

⑤安到心股卯：梁注："这'心'是指跳心，即到令栱厚之半。"傅注："'股'当作'鼓'。"即改"股卯"为"鼓卯"。"鼓卯"一词，见于卷第三《壕寨及石作制度》"壕寨制度·卷葦水窗"条："如骑河者，每段用熟铁鼓卯二枚，仍以锡灌。"故傅先生所改，有一定道理。暂从原文。

⑥只用单材：指不出耍头的情况下，这一构件的断面仅用单材的断面形式。

【译文】

如果枓栱出跳数较多，累积的铺作层数亦多，则其上耍头本身的长度，都应随所出之跳的长度加长，如果是在转角铺作45°斜缝中施用耍头，其长度当按以该组铺作标准耍头长度为边长之方形的对角斜线长度而加长。耍头安于内外铺作最上端的令栱处，并与令栱相交出头。如果铺作中所用耍头有妨碍飞昂斜向走势的地方，就要随昂之斜度加以切割，以放过昂身。也有不出耍头的做法，则都将其方施于里外跳头上的令栱之内，并在方之端头凿斫出到令栱中线的股卯，以使之插入令栱之中。在耍头不出头的情况下，其方仅采用单材的断面。

枓其名有五：一曰楶，二曰栭。三曰栌，四曰楮，五曰枓

【题解】

关于"枓"之五种不同名称的讨论，参见卷第一《总释上》"枓"条。

枓，《说文·木部》："枓，勺也。从木，从斗。"勺子，舀水用具。如宋人叶梦得《避暑录话》卷下所云："枓，食器，正今之杓也。"《通典·沿革》云："浴水用盆，沃水用枓。"古人生活中亦有一种常见的衡器，称为"斗"。如《孔子集语·论人》引《韩诗外传》："升斗之粮，使两国相亲如弟兄。"又西汉刘向《说苑·政理》："顺针缕者成帷幕，合升斗者实仓廪。"可知，"升斗"之"斗"，或在外轮廓之形态上更接近房屋建筑所用"枓栱"之"枓"。换言之，"枓"之形式或与古代衡器中"升斗"之"斗"十分相近，故"枓"或亦通古人之"斗"。

宋式营造中的"枓"，有位于铺作底部的栌枓，位于铺作出跳华栱跳头上的交互枓，位于令栱上之中心位置的齐心枓，及位于出跳华栱或昂之上所施横栱，如瓜子栱、慢栱之上两头的散枓。此外，若铺作为偷心造，则华栱跳头之上所施之枓，亦为散枓。除了枓栱铺作内所施各种不同形式的枓之外，房屋室内梁架中，承托诸槫替木或襻间之下，所施承槫栱上之枓，亦用散枓。

枓之形式，上为枓耳，中为枓平，下为枓欹。无耳之枓，为平盘枓。枓之平与欹，又构成了宋式营造“材分°制度”中的“栔”。

在转角铺作中，其角华栱或角昂跳头上所施齐心枓，如转角由昂上所施齐心枓，上应承角神，或称宝瓶，故其枓当为不用耳的平盘枓。不同的枓，又各有不同的开口方式，特殊的枓，如交互枓，还会在枓口之内留隔口包耳。

（栌枓）

造枓之制有四[①]**：一曰栌枓**[②]**。施之于柱头，其长与广，皆三十二分°。若施于角柱之上者，方三十六分°。**如造圜枓[③]，则面径三十六分°，底径二十八分°。**高二十分°；上八分°为耳**[④]**；中四分°为平**[⑤]**；下八分°为欹**[⑥]。今俗谓之“溪”者非。**开口广十分°，深八分°。**出跳则十字开口，四耳；如不出跳，则顺身开口，两耳。**底四面各杀四分°，欹䫜一分°**[⑦]。如柱头用圜枓，即补间铺作用讹角枓[⑧]。

【注释】

①造枓之制有四：这里所言的“造枓之制”，指宋代营造中常见的四种枓：栌枓、交互枓、齐心枓、散枓。

②栌枓：位于铺作底部，承托一组铺作中所有枓栱荷重的大枓。一般分为柱头铺作栌枓、转角铺作栌枓与补间铺作栌枓。清式建筑中，称“坐枓”。关于“栌枓”之“栌”的诠释，参见卷第一《总释上》“枓”条相关注释。

③圜（yuán）枓：指平面为圆形的栌枓。圜，同“圆”。

④耳：枓之上部所斫凿留出的两侧或四角部分，用以包裹其枓所承托的栱、昂、方、耍头、替木等构件。

⑤平：枓之造型中位于枓耳与枓欹之间的部分。

⑥欹（qī）：枓之造型中，位于枓平与枓底之间，向内倾斜或凹陷的部分。枓欹与枓平的高度之和，即为材分°制度中之“絜”的高度。欹，倾斜，侧向一边。

⑦欹䫜（āo）：枓平以下至枓底之间倾斜且略有内凹的做法，称为“欹䫜”。䫜，与“凹”义近。

⑧补间铺作：外檐铺作中除柱头铺作与转角铺作之外的第三种铺作形式，施于两柱之间，由柱头间所施阑额及其上普拍方承托其荷重的枓栱铺作，称为“补间铺作”。相当于清式建筑中的平身科枓栱。讹角枓：梁注：“讹角即圆角。”圜枓的平面形式为圆圜状，讹角枓则仅将方形枓之四角抹杀为圆圜形式，即仅“讹”圆其“角”，故称“讹角”。

【译文】

造枓的制度有四种：第一种枓称为“栌枓”。施之于柱头之上的栌枓，其枓的长与宽相同，都为32分°。但若是施之于角柱之上的栌枓，其枓仍为方形，方之边长为36分°。如果是斫造平面为圆形的圜枓，则其枓之顶面的直径为36分°，枓之底面的直径为28分°。**栌枓的高度为20分°；其中上8分°为“枓耳”；中4分°为“枓平”；下8分°为“枓欹”。**今日俗语中将“欹”称为“溪”，是不对的。**栌枓上部的开口，宽为10分°，深为8分°。**若是枓口内有出跳栱，其枓为十字开口，上留4耳；如果其枓口不出跳，则其枓仅开顺身口，上留2耳。**枓底的四面各向内斜杀入4分°，其斜面上再向内斫削出深为1分°的欹䫜。**如果柱头铺作栌枓采用的是圜枓的形式，则其两柱之间所施的补间铺作栌枓采用讹角枓的形式。

（交互枓）

二曰交互枓[①]。亦谓之长开枓[②]。施之于华栱出跳之上。十字开口，四耳；如施之于替木下者[③]，顺身开口，两耳。其长十八分°,广十六分°[④]。若屋内梁栿下用者,其长二十四分°,广十八分°,厚十二分°半,谓之交栿枓[⑤];于梁栿头横用之。如梁栿项归一材之厚者[⑥],只用交互枓[⑦]。如柱大小不等,其枓量柱材随宜加减[⑧]。

【注释】

①交互枓:位于华栱出跳跳头上的枓,也会出现于梁栿与柱子相交的部位。清式建筑中,称"十八枓",如《清式营造则例》中提到:"在翘或昂之两端,托着上一层栱与翘昂交点的叫'十八枓'。"陈明达先生注意到这一点,认为清式枓栱中的"十八枓"与宋式枓栱中交互枓枓身之长为"十八分°"之间,可能有所关联。

②长开枓:其意似乎是,较之其他小枓,交互枓的正面较长,开口亦较大,故称"长开枓"。对于"交互枓"的这一称谓仅见于此处,在《法式》行文的其他部分,再未见此词,可能是一个在宋代已很少使用的术语。

③替木:施于枓上所承圆形截面构件的过渡性短木方。

④其长十八分°,广十六分°:这里的"长",当指其枓身的正面;"广",指其枓身的侧面。这里并未给出交互枓的高度,其高见于下文:"凡交互枓、齐心枓、散枓,皆高十分°。"

⑤交栿枓:与梁栿的端部相交的交互枓,称为"交栿枓"。

⑥梁栿项:这里的"梁栿项",指的是梁栿端部细如脖颈的部分,这一部分往往会嵌入枓栱铺作之中,与铺作形成一组完整的结构体。项,即脖颈。归一材之厚:指梁栿之项,被凿斫为一材(即10分°)的厚度,以方便其与铺作中其他枓栱构件的相互衔接咬合。

⑦只用交互枓:其意是说,在梁栿之项"归一材之厚"的情况下,不必使用尺寸加大的交栿枓,而只用可以与华栱等交接的正常尺寸的交互枓即可。

⑧其枓量柱材:梁注:"按交互枓不与柱发生直接关系(只有栌枓与

柱发生直接关系），因此这里发生了为何‘其枓量柱材’的问题。‘柱’是否‘梁’或‘栿’之误？如果说：‘如梁大小不等，其枓量梁材’，似较合理。假使说是由柱身出丁头栱，栱头上用交互枓承梁，似乎柱之大小也不应该直接影响到枓之大小，谨此指出存疑。”这句话似乎是说，与梁栿相交之交互枓，以其所承梁栿项之断面大小而确定。这里的《法式》行文，很可能有讹误。

【译文】

第二种枓称为“交互枓”。也可以称其为“长开枓”。**交互枓一般施之于出跳华栱的跳头之上。**其枓为十字开口，上有四耳；如果施之于替木之下，则采用顺身开口，两耳的形式。**交互枓正面的长度为18分°，侧面的宽度为16分°。**如果是在屋内梁栿下使用交互枓，其正面的长度则为24分°，侧面的宽度为18分°，而其枓的高度也有12.5分°，这时则应称其为“交栿枓”；这种情况下，其枓是在梁栿的端头之下，横向施用的。如果其上梁栿端头与枓相交之项，削斫为仅有一材的厚度时，就只需使用标准尺寸的交互枓即可。如柱（梁栿）的大小不等，其下之枓的尺寸则应量柱（梁栿）之材的大小，做随宜的加减。

（齐心枓）

三曰齐心枓①。亦谓之华心枓②。施之于栱心之上③，顺身开口，两耳；若施之于平坐出头木之下④，则十字开口，四耳。其长与广皆十六分°。如施由昂及内外转角出跳之上⑤，则不用耳，谓之平盘枓⑥；其高六分°。

【注释】

①齐心枓：齐心，意似为“与中心齐”，其枓施之于华栱跳头上所施横栱的栱心之上，如令栱栱心之枓。

②华心枓：华，繁体为“華”，其字形与柱上两端出跳华栱的形式十

分相似。若此理解可以成立，则位于枓栱之中心，即“華”字字形的中心，称为“华心栱”似有道理。或也可将“华”理解为“花”，“华心”则可理解为“花之心”。《史记·律书》云：“言万物始生，有华心也。”则将枓栱铺作看作一朵花，位于其中心部位的“齐心枓”，似亦可称“华心枓”。

③栱心：指位于华栱跳头上所施横栱的栱心。

④出头木：指与平坐枓栱最上层令栱之上所承木方相交，且向外出头，承托平坐版的木方。

⑤如施由昂：此处原文为“如施由昂”，傅合校本改为“如施之于由昂”，并注：“‘之于’二字，据故宫本补。”译文从傅注。内外转角出跳：这里的“转角”，当指转角铺作中45°角斜缝中的出跳栱或昂。

⑥平盘枓：即没有枓耳，仅有枓欹与枓平的枓，多用于转角铺作角斜缝上的出跳华栱或角由昂之上。

【译文】

第三种枓称为“齐心枓”。也可以称其为“华心枓”。**齐心枓施之于华栱跳头所施横栱的栱心之上**，齐心枓为顺身开口，留有两耳；若将其施之于平坐枓栱的出头木之下，则为十字开口，留四耳。**齐心枓为方形，其枓身的长与宽都是16分°。**如果将齐心枓施于转角铺作的由昂上，或施于转角铺作45°角斜缝的出跳角华栱或角昂上，则不用留耳，仅有枓平和枓欹，这种枓称之为“平盘枓”；平盘枓高为6分°。

（散枓）

四曰散枓[①]。亦谓之小枓[②]，或谓之顺桁枓[③]，又谓之骑互枓[④]。**施之于栱两头**[⑤]。横开口，两耳；以广为面[⑥]。如铺作偷心，则施之于华栱出跳之上[⑦]。**其长十六分°，广十四分°。**

【注释】

①散枓：指除了栌枓、交互枓与齐心枓之外的枓，其枓主要散施于铺作两侧及屋内外槫方之下，此或即其称为“散枓”的原因。

②小枓：从尺寸上讲，散枓也是所有四种枓中尺寸最小的，故亦称其为“小枓”。

③顺桁（héng）枓：因散枓多为顺屋身（以及桁槫之走向）布置，有时也会布置在桁槫之下，故可称为“顺桁枓”，但施于两山铺作内外檐枓栱中的散枓，未必是顺桁布置的。

④骑互枓：以散枓多施于出跳华栱跳头上所承横栱，如瓜子栱与慢栱上的两端，而其下承托华栱者主要为交互枓，则散枓似有“骑”在交互枓之上的意味，此或为将其称为“骑互枓”的原因之一。

⑤施之于栱两头：这里的“栱两头”，指的是铺作中所施横栱，包括泥道栱、瓜子栱、慢栱及令栱的两头。

⑥以广为面：上文中所言其他三种枓，如栌枓、交互枓、齐心枓，均是以其长为正面，以其广为侧面；唯有散枓，是以其广（14分°）为正面，以其长（16分°）为侧面。

⑦如铺作偷心，则施之于华栱出跳之上：一般情况下，华栱出跳跳头之上所施之枓为交互枓，其枓呈十字开口，承托其上出跳的栱、昂及跳头上的横栱。但若其华栱为偷心造，跳头上无横栱，即不会有横栱交叉，则可施以仅为横开口的散枓。但这时的散枓，相信其正面当为其枓身之长（16分°）而非其枓身之宽（14分°）。

【译文】

第四种枓称为“散枓”。也可以称之为“小枓”，或称其为“顺桁枓”，也有称其为“骑互枓”的。**散枓一般施之于铺作中所施横栱的两头。**散枓的上部为横开口，留出两耳；其以枓身之宽为正面。如果是铺作偷心造的做法，则可以将散枓施之于华栱出跳的跳头之上。**散枓的枓身，长为16分°，宽为14分°。**

（诸枓形制）

凡交互枓、齐心枓、散枓，皆高十分°；上四分°为耳，中二分°为平，下四分°为欹。开口皆广十分°，深四分°[①]，底四面各杀二分°，欹䫜半分°。凡四耳枓，于顺跳口内前后里壁[②]，各留隔口包耳[③]，高二分°，厚一分°半；栌枓则倍之。角内栌枓[④]，于出角栱口内留隔口包耳[⑤]。其高随耳[⑥]，抹角内荫入半分°[⑦]。

【注释】

①开口皆广十分°，深四分°：由此可知，虽然交互枓、齐心枓、散枓在枓身外形上尺寸不尽相同，但其开口的尺寸却是一样的。原因是其开口宽度恰为一材的厚度（10分°），而其开口深度也应满足其下留有6分°之栔的高度。故这三种枓均采用了宽10分°、深4分°的开口尺寸。

②顺跳口内：指与出跳华栱或昂方向一致的开口口内。

③隔口包耳：是一种凿留于顺跳口内前后里壁左右耳之间的较为低矮的包耳，可以起到防止出跳栱或昂前后滑动的作用。

④角内栌枓：当指转角铺作中同时承托柱头缝上的正、侧及45°角斜线三个方向上所出华栱或昂的角栌枓，其枓身长、宽各为36分°。

⑤出角栱口内：角内栌枓，一般会在正、角、侧三个方向同时出跳华栱，这里的“出角栱口”，疑指这三个方向出跳栱的栱口处。

⑥其高随耳：角栌枓之耳，因其出跳栱较为复杂，难以保持简单的两耳或四耳的做法，故其各出跳栱之栱口内所留“隔口包耳”，应留出相当于栌枓之耳的高度，以起到稳固其枓中所出跳之栱的作用。

⑦抹角内荫入半分°：在栌枓出跳斜栱（或昂）栱口所留隔口包耳相

接的抹角处，疑在隔口包耳内侧的角栱或角昂两侧面，削斫一道深0.5分°的浅凹槽，使隔口包耳与出跳栱、昂有更紧密的契合，以防止出跳角华栱或角昂出现前后滑动的可能。

【译文】

凡交互枓、齐心枓、散枓，其高度均为10分°；其中上部的4分°留为枓耳，中部的2分°留为枓平，下部的4分°则斫为枓欹的形式。这三种枓的开口，都是宽10分°，深4分°的做法，三种枓的枓底四面也都是向内各斜杀2分°，并削斫出0.5分°的欹鰤曲面。凡是在上部留出四耳的枓，其在出跳栱口内的前后里壁，要各留一个隔口包耳，其耳高2分°，厚1.5分°；如果是栌枓，则其上所留隔口包耳的尺寸加倍，即栌枓之隔口包耳高4分°，厚3分°。若是转角铺作的角内栌枓，则在其各个方向的出角栱口内均留隔口包耳。这里的隔口包耳的高度，随其上应留枓耳的高度而定，并在角栌枓上抹角处隔口包耳内侧之角栱或角昂的两个侧面，各斫削一道深0.5分°的浅凹槽，以确保其栱或昂与隔口包耳之间有紧密的契合。

总铺作次序

【题解】

铺作，是《法式》大木作制度枓栱体系中的一个核心概念。梁思成先生在《〈营造法式〉注释》中对此有较为详细的注释。梁先生关于“铺作”的解释是对宋式营造制度最具创见性的发现之一。

宋人所称“铺作”一词，无论在《法式》原文中，还是在历来与营造有关的各种史料文献中，从未见过任何相应的解释。这一术语及《法式》行文中所云“出一跳谓之四铺作”之表述，成为一个难解之谜。基于大量宋辽建筑实例与《法式》文本研究，梁先生恰当而逻辑地为这一中国古代建筑史上的疑难问题找到了合理而科学的解释，系中国古代建筑史研究领域的一项重大突破。梁先生的解释，详见本节中有关“铺作”

条的注释。

多层楼阁或重檐殿阁中施用铺作，大致有如下四种情况：

一，楼阁上层所用铺作，与下层所用铺作相同；

二，楼阁上层所用铺作，比下层铺作减少一铺；如上层为六铺作，下层为七铺作，如此等等。

三，殿阁副阶或缠腰所用铺作，与上檐殿身所用铺作相同；

四，殿阁副阶或缠腰所用铺作，比上檐殿身所用铺作减少一铺。

这里透露出一些有趣的信息：

如果是楼阁，则其上层屋檐枓栱，有可能比下层屋檐枓栱减少一铺；相反，如果是重檐殿阁，则其下层副阶或缠腰，有可能比上层殿身屋檐枓栱减少一铺。

但多层楼阁也可能会出现缠腰（而非下屋）做法，从这里的行文分析，楼阁缠腰铺作，似亦应比上层屋檐铺作减少一铺。

梁先生从《法式》行文有关补间铺作分布的描述中敏锐地抓住了宋代建筑的一个核心问题，即“建筑物开间的比例、组合变化的规律”。《法式》中这段行文，多少透露了一点宋式建筑之开间比例问题，例如：

其一，文中提到：“若逐间皆用双补间，则每间之广，丈尺皆同。”反映出宋代木构建筑，有可能采取将每间开间面广均匀分布的做法。

其二，文中亦提到：“如只心间用双补间者，假如心间用一丈五尺，则次间用一丈之类。”或也多少透露了宋式建筑有可能采用当心间开间比较宽广，而自次间始，开间或有减少的趋势。

这些情况在《法式》中，未做进一步表述，但在实例中，各种不同情况，如诸间间广相同；或诸次间间广相同，而当心间间广尺寸较大；以及自当心间向两侧，其间广逐间递减等情况，似都有存在。故而《法式》中未给出硬性规定，以使当时工匠有自主设计之可能，亦未可知。

这一节行文中，还给出了自五铺作至八铺作，不同枓栱出跳，且外跳跳头为单栱造情况下，其当柱头缝之影栱（扶壁栱）的相应做法：

其一，五铺作一杪一昂，下一杪偷心；其影栱为泥道重栱，上施素方，方上再施令栱，令栱上所施柱头方，为承椽方。

其二，单栱六铺作一杪两昂，或六铺作两杪一昂，若其下一杪偷心，其影栱为单栱素方做法；即于栌枓口上施一层令栱，以承素方；在素方之上，再施一层令栱，令栱之上，再用素方。方上可平铺遮椽版。其铺作之第二跳跳头，应为单栱造。

其三，同样情况，也可以用于单栱七铺作两杪两昂，若下一杪偷心，其影栱亦可以为单栱素方做法，即于栌枓口上施一层令栱，以承素方，再在素方之上，再施一层令栱，令栱之上，再用素方。方上可平铺遮椽版。其铺作之第二跳跳头，亦应为单栱造。

其四，上面三种情况，七铺作两杪两昂、六铺作一杪两昂、六铺作两杪一昂，其影栱均亦可采用在栌枓口内施泥道重栱（泥道瓜子栱与泥道慢栱相叠），再在泥道重栱之上，施柱头方的形式。这种情况下，如六铺作两杪一昂时，其柱头缝泥道重栱上所承素方，可能出现斜安遮椽版的做法。

其五，单栱八铺作两杪三昂，若其下两杪偷心，其影栱为，在栌枓口内出泥道令栱，上承素方，方上再施泥道重栱，于泥道慢栱之上再承柱头方。方上亦可平铺遮椽版。其铺作第三跳跳头，为单栱造。

以如上所述方法推知，若单栱四铺作出一杪，或出一昂，其跳头为单栱造，则其影栱亦可以为，在栌枓口内施泥道重栱，上承素方，方上平铺遮椽版做法。

此外，若自五铺作至八铺作，逐跳为计心重栱造做法，则其影栱亦应采用在栌枓口内施泥道重栱，上承素方，素方之上施以散枓，散枓之上再承素方的形式。只是《法式》行文中，对于这种逐跳计心重栱造铺作之影栱做法，没有做出特别的说明。

（总铺作次序之制）

总铺作次序之制[①]：凡铺作自柱头上栌枓口内出一栱或一昂，皆谓之一跳；传至五跳止[②]。

出一跳谓之四铺作[③]，或用华头子，上出一昂。

出两跳谓之五铺作，下出一卷头，上施一昂。

出三跳谓之六铺作，下出一卷头，上施两昂。

出四跳谓之七铺作，下出两卷头，上施两昂。

出五跳谓之八铺作，下出两卷头，上施三昂。

自四铺作至八铺作，皆于上跳之上，横施令栱与耍头相交[④]，以承橑檐方[⑤]；至角，各于角昂之上[⑥]，别施一昂，谓之由昂，以坐角神。

【注释】

①总铺作次序之制：总铺作次序之制，实为从四铺作至八铺作，各种不同铺作之构成方式的总说。从这一次序观察，《法式》中似未将不出跳的“一枓三升”或“枓子蜀柱”做法，及仅有出跳华栱，但无令栱与耍头的“枓口跳”式做法，纳入“总铺作次序之制”中。

②传至五跳止：其意似暗示，在宋代木构营造中，出跳枓栱最多可达到五跳，即铺作数最多可累积至八铺作。

③出一跳谓之四铺作：这里的“出一跳谓之四铺作”，一般是指自栌枓口出一跳华栱，其后小注，则注明四铺作“出一昂”的情况；同样，“出两跳谓之五铺作”，一般指的是自栌枓口出两跳华栱，其后小注，则注明五铺作“下出一卷头，上施一昂”的情况。如此类推。

但为什么会称“出一跳谓之四铺作”？这一问题本是《法式》中的一个谜。梁思成先生及其团队，经过长期探索与研究，解开了这个谜团，即如下文所引梁先生注：

“铺作”这一名词，在《法式》“大木作制度”中是一个用得最多而含义又是多方面的名词。在“总释上”中曾解释为“今以枓栱层数相叠，出跳多寡次序谓之铺作”。在“制度”中提出每“出一栱或一昂”，皆谓之“一跳”。从四铺作至八铺作，每增一跳，就增一铺作。如此推论，就应该是一跳等于一铺作。但为什么又“出一跳谓之四铺作”而不是“出一跳谓之一铺作”呢？

我们将铺作侧样用各种方法计数核算，只找到一种能令出跳数和铺作数都符合本条所举数字的数法如下：

从栌枓数起，至衬方头止，栌枓为第一铺作；耍头及衬方头为最末两铺作；其间每一跳为一铺作。只有这一数法，无论铺作多寡，用下昂或用上昂，外跳或里跳，都能使出跳数和铺作数与本条中所举数字相符。例如：“出一跳谓之四铺作”，在这组枓栱中，前后各出一跳；栌枓（1）为第一铺作，华栱（2）为第二铺作，耍头（3）为第三铺作，衬方头（4）为第四铺作；刚好符合“出一跳谓之四铺作。”

再举“七铺作，重栱，出双杪双下昂；里跳六铺作，重栱，出三杪”为例，在这组枓栱中，里外跳数不同。外跳是“出四跳谓之七铺作”；栌枓（1）为第一铺作，双杪（栱2及3）为第二、第三铺作，双下昂（下昂4及5）为第四、第五铺作，耍头（6）为第六铺作，衬方头（7）为第七铺作；刚好符合“出四跳谓之七铺作”。至于里跳，同样数上去：但因无衬方头，所以用外跳第一昂（4）之尾代替衬方头，作为第六铺作（6），也符合“出三跳谓之六铺作”。

这种数法同样适用于用上昂的枓栱。这里以最复杂的“八铺作，重栱，出上昂，偷心，跳内当中施骑枓栱”为例。外跳三杪六铺作，无须赘述。单说用双上昂的里跳。栌枓（1）及第一、第二跳华栱（2及3）为第一、第二、第三铺作；跳头用连珠枓的第三跳华栱（4）为第四铺作；两层上昂（5及6）为第五及第六铺作，再上耍头（7）和衬方头（8）为第七、第八铺作；同样符合于“出五跳谓之八铺作”。但须指出，这里外跳和里跳各有一道衬方头，用在高低不同的位置上。

④皆于上跳之上，横施令栱与耍头相交：这种于上跳之上，横施令栱与耍头相交的做法，是一般枓栱出一跳至出五跳情况下的一种常见做法。其中，仍然不包含诸如“枓口跳”等较为简单的枓栱形态。因此，对于较“四铺作”枓栱等级更低的“枓口跳”“一枓三升”“枓子蜀柱”等枓栱形态，是否能够纳入“铺作”的范畴，仍然是一个未解之谜。

⑤橑檐方：外檐铺作最外端令栱上所承的长条形木方，其作用是承托出挑的檐椽。除了橑檐方之外，宋辽建筑中，还常常出现以橑风槫承托出挑檐椽的做法。其形式为，在铺作最外端，以令栱承替木，替木之上承以橑风槫。

⑥角昂：指转角铺作45°角斜缝上所施之昂。

【译文】

总铺作次序的制度：凡铺作每从柱头栌枓口内挑出一栱或一昂，都可称为“一跳”；直至累积到五跳为止。

出一跳者，称为“四铺作”，也可以用华头子，其上挑出一昂。

出两跳者，称为“五铺作”，下面出一跳栱，栱之跳头上再施一昂。

出三跳者，称为“六铺作”，下面出一跳栱，栱之跳头上再施两重昂。

出四跳者，称为“七铺作”，下面出两跳栱，第二跳栱的跳头上再施两重昂。

出五跳者，称为“八铺作”，下面出两跳栱，第二跳栱的跳头上再施三重昂。

从四铺作到八铺作，都要在最上一跳之上，横施一枚令栱，使令栱与耍头相交，其上承以橑檐方；至转角铺作，要分别在每一转角铺作角斜缝上最上一层角昂之上，再加施一重昂，这重昂称为“由昂”，由昂之上用以安置承托角梁的角神。

（补间铺作）

凡于阑额上坐栌枓安铺作者[①]**，谓之补间铺作**[②]。今俗谓之步间者非。**当心间须用补间铺作两朵**[③]**，次间及梢间各用一朵**[④]。**其铺作分布，令远近皆匀。**若逐间皆用双补间，则每间之广，丈尺皆同[⑤]。如只心间用双补间者，假如心间用一丈五尺，则次间用一丈之类[⑥]。或间广不匀，即每补间铺作一朵，不得过一尺[⑦]。

【注释】

①阑额：宋代营造中，施于两柱柱头之间的木方，既起到柱头之间的联系作用，也起到承托其上枓栱及屋檐荷重的作用。清式建筑中称“额枋”。

②补间铺作：坐于两柱头缝之间所施阑额之上的枓栱。清式建筑中称“平身科”。

③当心间：位于房屋面广方向正中的一个开间，称“当心间”。清式建筑中称“明间”。用补间铺作两朵：即在开间稍大的情况下出现的所谓“双补间”做法。这里的“朵”，是一个量词，指一组枓栱。未知这里的“朵”，与宋式建筑中主殿两侧并列设置，称为“朵殿”的较小殿阁二者之间是否有什么联系。清式建筑中，称一组枓栱为一“攒”。

④次间：指房屋面广方向之当心间两侧的房屋开间。宋式建筑中的“次间”，可能包括了面广方向除了“当心间”与“梢间”之外的所有其他开间。梢间：一般意义上，指的是房屋面广方向位于左右两次间之外侧的两个房屋开间。但在宋代营造中，“梢间”或还指位于房屋面广方向最外两侧的两个房间。这两个房间，在清式建筑中称为“尽间”。但《法式》中未见“尽间”这一说法，却有“凡转角铺作须与补间铺作勿令相犯。或梢间近者，须连栱交隐”

的表述，由此似可推测，宋式建筑中的“梢间”与清式建筑中的“尽间”，在意义上有接近之处。各用一朵：此即所谓“单补间”的做法，一般出现在开间较为狭窄的次间或梢间中。

⑤若逐间皆用双补间，则每间之广，丈尺皆同：这里透露了宋式营造平面布局中的某种可能处理方式，即在面广方向，包括当心间、次间与梢间，所有开间都采用相同尺寸的平面柱网处理方式。

⑥只心间用双补间者，假如心间用一丈五尺，则次间用一丈之类：这里透露了宋式营造平面布局中的另外一种可能处理方式，即在面广方向，自当心间，向次间、再次间，直至梢间，其开间尺寸存在某种递减情况。如当心间开间为1.5丈，次间开间为1丈，如此等等。在这种情况下，其柱头之阑额上所施枓栱，就会有双补间与单补间的差别。

⑦每补间铺作一朵，不得过一尺：梁注：“‘每补间铺作一朵，不得过一尺’，文义含糊。可能是说各朵与邻朵的中线至中线的长度，相差不得超过一尺；或者说两者之间的净距离（即两朵相对的慢栱栱头之间的距离）不得超过一尺。谨指出存疑。”

【译文】

凡是在两柱头之间的阑额上所施安的枓栱铺作，称之为“补间铺作”。今人的俗语中称其为“步间”者，是不对的。**若是在当心间的阑额之上，则须施用补间铺作两朵，次间以及梢间的阑额上各施一朵补间铺作。这些补间铺作的分布，要使其与相邻铺作之间的距离保持均匀。**如果一座房屋面广方向各个开间的补间铺作都采用了双补间的做法，则可以知道这座房屋在各个开间的尺寸上是相同的。但如果只是在当心间使用了双补间，例如，其当心间的开间为1.5丈，而其次间的开间为1丈，如此类推，或者其面广方向的开间尺寸分布不均匀，那么每施用补间铺作一朵，其与相邻铺作之间宜保持不超过1尺的距离。

（计心与偷心）

凡铺作逐跳上①下昂之上亦同②。**安栱，谓之计心；若逐跳上不安栱，而再出跳或出昂者，谓之偷心。**凡出一跳，南中谓之出一枝③；计心谓之转叶④，偷心谓之不转叶⑤，其实一也。

【注释】

①铺作逐跳上：这里指的是每一出跳华栱的跳头之上。

②下昂之上：这里指出跳下昂接近昂头部位所施以承托其上之昂或栱的枓，即每一下昂的跳头之上。

③南中：其意指“南方”。如《艺文类聚》引《南越志》：“广州有树，可以御火，山北谓之慎火，或谓戒火，多种屋上，以防火也，但南中无霜雪，故成树。”出一枝：即从枓口挑出一跳栱，亦即“出一杪”，“杪”即树枝之意。

④转叶：指在“计心造”枓栱中，在出跳栱或昂的跳头之上施以横栱，如瓜子栱及慢栱，犹如在树枝端头，横出枝叶，故称“转叶”。

⑤不转叶：指在“偷心造”枓栱中，出跳栱或昂的跳头之上，不施横栱，仅有一枓，即如其枝头没有长出枝叶一般，故称“不转叶”。

【译文】

凡铺作出跳华栱的每跳跳头之上出跳下昂的跳头之上也一样。**施安横栱，就称其为“计心造”做法；如果在出跳栱或昂的逐跳跳头上不施安横栱，直接从跳头枓口处出跳上一层华栱或昂者，就称其为“偷心造”做法。**铺作中每出一跳栱或昂，在南方地区就称之为出挑了“一枝”；如果是计心造的做法，就称其为“转叶”，若是偷心造的做法，就称其为“不转叶”；如此，则所谓计心、偷心，或转叶、不转叶，其意思是一样的。

（单栱与重栱）

凡铺作逐跳计心，每跳令栱上[1]，只用素方一重[2]，谓之单栱[3]；素方在泥道栱上者，谓之柱头方[4]；在跳上者[5]，谓之罗汉方[6]；方上斜安遮椽版[7]。**即每跳上安两材一栔[8]**。令栱、素方为两材，令栱上枓为一栔。

若每跳瓜子栱上[9]至橑檐方下，用令栱。**施慢栱[10]，慢栱上用素方，谓之重栱[11]**；方上斜施遮椽版。**即每跳上安三材两栔[12]**。瓜子栱、慢栱、素方为三材；瓜子栱上枓、慢栱上枓为两栔。

【注释】

①每跳令栱上：一般情况下，令栱指铺作最外一跳跳头上所施承托橑檐方的横栱，其长72分°。但若铺作出跳采用单栱造时，其每一跳跳头所施横栱，亦应采用长72分°的令栱，故这里所说的“每跳令栱上”，即指每一跳跳头上所施的单层横栱。

②素方：未加雕饰的长条形木方，其方的截面尺寸与该房屋所用材的断面尺寸相同，恰为一材。

③单栱：这里所言“单栱”，指的是逐跳枓栱的跳头之上采用的是“单栱造”，即仅施一层令栱的做法。

④柱头方：位于泥道栱缝上的素方，称“柱头方”。类如清式建筑中的“正心枋”。

⑤在跳上者：指外檐铺作外跳部分与里转部分向屋外或屋内出跳的栱或昂的跳头之上。

⑥罗汉方：指位于外檐铺作外跳部分与里转部分向屋外或屋内出跳的栱、昂跳头之上的素方。原文“谓之罗汉方”之“汉”，傅合校本中有注：“漫，故宫本作‘漫’，陶本作‘汉’，孰是待考。”又注：“故宫本、四库本、张蓉镜本，均作‘漫’，可不改。”若称“罗汉方”

为确，或可猜测，系因这种方位于柱头方之内外两侧，犹如佛殿室内造像中，罗汉造像一般会分列于屋内之两侧，故称其为“罗汉方”。未可知。

⑦遮椽（chuán）版：斜铺于不同标高的柱头方与罗汉方之间，以起到遮护屋盖下所施屋椽作用的斜版。

⑧每跳上安两材一栔：指在“单栱造”做法中，每一出跳栱或昂之上，所施的一层令栱与栱上所承的一层素方（两材），及栱与素方之间所施的一层枓（一栔）。

⑨每跳瓜子栱：指铺作中每一出跳栱或昂上所施的长度稍短，但不会独立出现的横栱，瓜子栱长62分°。

⑩慢栱：指铺作中每一出跳栱或昂上所施“瓜子栱”上所承的一层长度稍长的栱，慢栱长92分°，叠施于瓜子栱上。

⑪重栱：这里所言的“重栱”，指在逐跳枓栱跳头之上采用的是“重栱造”，即在铺作出跳栱或昂的跳头上，同时施以瓜子栱与慢栱的做法。

⑫每跳上安三材两栔：指在“重栱造”做法中，每一出跳栱或昂之上，所施的一层瓜子栱与其上所承的一层慢栱，慢栱上所承素方（三材），及在瓜子栱与慢栱之间和慢栱与素方之间，所施的两层枓（两栔）。

【译文】

凡铺作出跳华栱或昂上，每一跳跳头施以令栱，令栱之上只用素方一重者，称之为“单栱造”；若施之于泥道栱之上的素方，则称之为“柱头方”；而施之于内外出跳跳头横栱之上的素方，则称为“罗汉方”；在柱头方与罗汉方之上斜安遮椽版。如此的做法，即是在每一出跳栱或昂上施安了一材一栔。其中，令栱与素方为两材，令栱上所施之枓为一栔。

如果是在铺作出跳华栱或昂之上施以瓜子栱，至橑檐方之下，则应施以令栱。在瓜子栱上再施慢栱，慢栱之上用素方者，称之为“重栱造”；仍在柱头方与罗汉方之上斜安遮椽版。如此的做法,就是在每一出跳栱或昂上施安了三材两栔。其中,瓜子栱、慢栱、慢栱上所承素方,合为三材;瓜子栱上所施料、慢栱上所施料,则合为两栔。

(连栱交隐)

凡铺作,并外跳出昂[①];里跳及平坐,只用卷头[②]。若铺作数多,里跳恐太远[③],即里跳减一铺或两铺[④];或平棊低,即于平棊方下更加慢栱[⑤]。

凡转角铺作,须与补间铺作勿令相犯[⑥];或梢间近者[⑦],须连栱交隐[⑧];补间铺作不可移远,恐间内不匀[⑨]。或于次角补间近角处,从上减一跳[⑩]。

【注释】

①并外跳出昂:其意似为,凡是铺作,一般情况下,外跳都会采用出昂做法。

②里跳及平坐,只用卷头:指铺作里转部分的出跳及平坐的里跳与外跳,都只采用以华栱出跳的形式。

③里跳恐太远:意为若铺作数多时,里跳向室内挑出的距离,即最上一跳距离檐柱缝的距离,就会太远,这不利于室内空间的设计与利用。

④里跳减一铺或两铺:在外檐铺作数多时,如恐里跳出跳层数过多,影响室内所施平棊高度时,可以将里跳的跳数比外跳减少一跳或两跳。

⑤于平棊方下更加慢栱:指若里跳最外跳高度偏低,与室内拟施平棊的高度不相匹配时,采用的补救方法。梁注:“即在跳头原来施令栱处,改用瓜子栱及慢栱,这样就可以把平棊方和平棊升高一

材一栔。”

⑥与补间铺作勿令相犯：指房屋梢间同时有转角铺作与补间铺作时，要使转角铺作与补间铺作保持一定距离，勿使两组铺作的布置发生冲突。

⑦梢间近者：意即房屋梢间的开间距离偏小，则其阑额上的补间铺作与角柱支承的转角铺作之间，可能会难以拉开距离的情况。

⑧连栱交隐：梁注：“即鸳鸯交手栱。”所谓“连栱”指左右栱头相连接；所谓“交隐”，是将栱头形式隐刻在柱头方或罗汉方上。也就是说，这里的“连栱”，并非两栱相连，而是在一根方子上刻出相连两横栱（两令栱或两慢栱）的栱头。这种连栱做法，又称“鸳鸯交手栱”。

⑨恐间内不匀：意即若在梢间开间偏小、补间铺作与转角铺作距离偏近的情况下，亦勿将补间铺作与转角铺作之间的距离拉远，以避免造成檐口之下各开间中所施补间铺作在视觉上感觉分布不均匀的不当效果。

⑩于次角补间近角处，从上减一跳：若在梢间开间偏小、补间铺作与转角铺作距离偏近的情况下，可以在与梢间相邻之次间靠近转角一侧的补间铺作中，减少一跳；如此，则转角处橑檐方下诸铺作之间承方之令栱，彼此的距离会变得稍微稀疏一点，且其下一层罗汉方下原本为重栱之瓜子栱与慢栱的位置，在这一铺作中也改用了单栱之令栱做法，同样减少了这一层铺作之间可能相犯的情况。

【译文】

凡是铺作，外跳都会采用出昂做法；其里跳及平坐枓栱的里跳与外跳，一般情况下，只采用以华栱出跳的做法。如果该房屋所采用的铺作数较多，其屋室内枓栱向内悬挑的距离恐怕会太远，这时就需要将里跳枓栱的出跳数减少一跳或两跳；但若因里跳铺作数减少，造成了里跳最上一层令栱所承平棊在室内的空间感觉上偏低，则可以将里跳最上一层令栱改为由瓜子栱与慢栱组合的重栱形式，借以提高平棊方的空间高度。

凡房屋各角所施转角铺作，都必须与相邻的补间铺作保持适当距离，不要使两者相互影响；如果是因为其屋梢间的开间偏小，补间铺作与转角铺作的距离难以拉开，则须将两者相接处采用连栱交隐的鸳鸯交手栱形式；即使在这种情况下，也不宜将补间铺作移动到远离转角的位置上，因为若如此，则檐下各开间内所施补间铺作，就会显得相互之间分布不够均匀。同样情况下，也可以采用将与梢间相邻之次间靠近角柱缝的补间铺作的出跳数从上减少一跳的做法，如此，则会使铺作在最上一层彼此之间的距离稍显均匀，从而防止相邻两铺作最外跳横栱发生彼此相犯的情况。

（**影栱**扶壁栱）

凡铺作当柱头壁栱①，谓之影栱②。又谓之扶壁栱③。如铺作重栱全计心造④，则于泥道重栱上施素方⑤。方上斜安遮椽版。

【注释】

①当柱头壁栱：即处在檐柱缝上之栱，一般指叠施于柱头与阑额之上的栱。梁注："即在阑额上的栱；清式称'正心栱'。"当柱头，处在檐柱缝上。

②影栱：意即"当柱头壁栱"，也就是位于柱头及阑额之上的栱。或因其栱正处于内外跳栱之中心，似未起到出跳栱的作用，类如出跳栱的"影子"一般，所以得名。

③扶壁栱：即"当柱头壁栱"，与"壁栱""影栱"义同。其栱正当檐柱缝，与檐下之屋壁上下重叠，似有扶壁而立之意，抑或是扶持了屋壁之上部的意思。未可知。

④重栱全计心造：宋代营造术语。意为其铺作从柱头壁栱到里外跳

每一跳的跳头，都施以由瓜子栱与慢栱相叠的重栱造做法。

⑤泥道重栱：指当柱头壁栱（即扶壁栱）亦采用了重栱造的做法，即在泥道栱之上，再施泥道慢栱，慢栱之上承以素方。实例中也可能会在泥道栱之上承以柱头方，再在柱头方表面隐刻泥道慢栱，以形成泥道重栱的外观形式。素方：这里的“素方”，当指柱头方。

【译文】

凡一组铺作中正位于柱头缝之上的壁栱，称之为“影栱”。又可称其为“扶壁栱”。如果这一组铺作，采用的是全计心重栱造的做法，则其柱头壁栱，亦应采用重栱造做法，即在泥道栱上施以泥道慢栱，慢栱之上再施以柱头方。柱头方与两侧罗汉方之间，则斜安遮椽版。

（与五铺作至八铺作几种做法相对应的柱头壁栱做法）

五铺作一杪一昂，若下一杪偷心①，则泥道重栱上施素方②，方上又施令栱③，栱上施承椽方④。

单栱七铺作两杪两昂及六铺作一杪两昂或两杪一昂，若下一杪偷心⑤，则于栌枓之上施两令栱、两素方⑥。方上平铺遮椽版⑦。或只于泥道重栱上施素方。

单栱八铺作两杪三昂，若下两杪偷心⑧，则泥道栱上施素方⑨，方上又施重栱素方⑩。方上平铺遮椽版。

【注释】

①若下一杪偷心：这里指的是五铺作单杪单昂的情况。其下一杪，即第一跳华栱为偷心造，第二跳跳头，即昂上所施枓上当承令栱，令栱之上承橑檐方。

②泥道重栱：即其柱头壁栱为泥道瓜子栱与泥道慢栱相叠的重栱造做法。

③方上又施令栱：其柱头缝上先施泥道重栱承素方，方上又施泥道单栱，即泥道令栱。

④承椽方：位于柱头缝最上一层素方。这里可以是承椽方，也可以是压槽方。但压槽方的实例，未曾发现，较多的情况是采用承椽方的做法。

⑤若下一杪偷心：这里提到了七铺作双杪双昂、六铺作单杪双昂或双杪单昂三种情况。这三种情况中，从栌枓口所出第一跳华栱跳头，都采用了偷心造的做法，其第二跳应为计心做法，其或为出跳栱，或为出跳昂，跳头之上施以横栱；其铺作最上一跳跳头上，则施以令栱，承橑檐方。七铺作时，其第三跳，亦可能采取偷心做法，即第三跳昂头枓上不施横栱，这种做法称为"隔跳偷心"做法。

⑥施两令栱、两素方：指在如上所描述的七铺作与六铺作的三种情况下，其柱头壁栱的做法为，在栌枓上施一层令栱，上承一层素方，素方之上再承令栱，令栱之上再施素方，即所谓"单栱素方"重叠的做法。

⑦方上平铺遮椽版：两层单栱素方重叠，其高为四材三栔，其第二层柱头方上皮，与六铺作单杪双昂之第二跳出跳昂头令栱上所承罗汉方，及与七铺作双杪双昂之第二跳华栱跳头令栱上所承罗汉方上皮（均为四材三栔的高度），恰在同一标高上，故在这种情况下，其两方之间平铺遮椽版。

⑧若下两杪偷心：这里指的是八铺作双杪三下昂的情况，其下两跳华栱跳头均采用不施横栱的偷心造做法，仅在第三跳昂所承枓上施横栱，并在最外跳昂所承枓上施令栱，称"橑檐方"。

⑨泥道栱：这里所说的"泥道栱"，因为是泥道单栱，故当为长72分°的泥道令栱形式。

⑩又施重栱素方：指在泥道栱缝上，自栌枓上施以单栱素方之后，在素方之上再施以重栱素方的做法。其重栱当为泥道瓜子栱与泥

道慢栱相叠合的形式。其上层素方的上皮标高恰位于五材四栔的高度，可与出跳栱之下两杪偷心第三跳昂上所承横栱（亦为令栱）承罗汉方上皮高度（亦为五材四栔）找平，故仍可采用方上平铺遮椽版的做法。

【译文】

五铺作出一华栱一下昂，如果下面的一条华栱为偷心做法，则其柱头壁栱可以采用泥道重栱上承以柱头方，柱头方上再承令栱，令栱之上施承椽方的做法。

七铺作双杪双昂单栱造，以及六铺作单杪双昂或双杪单昂单栱造的做法中，如果其铺作第一跳华栱为偷心造，则其柱头壁栱可以采用单栱素方重叠的做法，但其承方之栱应为泥道令栱。这时其铺作中的柱头方与罗汉方上可以平铺遮椽版。或者其柱头壁栱亦可以采用自栌枓口内施泥道重栱，即泥道瓜子栱与泥道慢栱相叠，再在泥道慢栱上施以柱头方。

八铺作双杪三下昂单栱造，若其下面两跳华栱均为偷心造的做法，则其柱头壁栱宜采用自栌枓口用泥道令栱，上承柱头方，方上再施泥道重栱，再于泥道慢栱之上施柱头方的做法。这时亦可在泥道缝上的柱头方与出跳横栱上所施罗汉方上平铺遮椽版。

（楼阁铺作）

凡楼阁上屋铺作①，或减下屋一铺②。其副阶缠腰铺作③，不得过殿身④，或减殿身一铺⑤。

【注释】

①楼阁上屋铺作：习惯上称之为“上檐铺作”，其大体上可以分为两种情况：一种是重檐殿堂之上重屋檐下的铺作；另外一种是重层楼阁或多层楼阁之上层楼屋屋顶檐口下的铺作。这里应该说的

是第二种情况。

②或减下屋一铺：其意是说，上层楼屋屋檐下枓栱出跳，要比下层屋檐下枓栱出跳减少一跳。因其言“或”，那也可以不减，如梁注：“上下两层铺作跳数可以相同，也可以上层比下层少一跳。”

③副阶缠腰：指周匝副阶围廊上所覆盖的屋檐。也可以将“副阶”与“缠腰”两词分别加以理解：副阶，指重檐屋顶之下檐，即副阶檐；而缠腰，可能是指腰檐，而腰檐多系从屋身上直接出挑出檐枓栱，并未形成房屋四周的周围廊。这里究竟是指一种做法，还是同时指两种做法，从上下文中似乎难以判断；但可以肯定的是，无论是副阶檐还是腰檐，其檐下铺作都应符合下文之“不得过殿身，或减殿身一铺”的规定。

④不得过殿身：梁注：“指副阶缠腰铺作成组枓栱的铺作跳数不得多于殿身铺作的铺作跳数。”这条规定或是针对上一条规定，即楼阁上屋铺作要比下屋铺作减一跳之做法说的。即在不是楼阁的情况下，仅为重檐殿堂，或房屋中间施以腰檐的情况下，其上檐枓栱出跳数，或与下檐枓栱出跳数相同，或较其下檐枓栱出跳数多一跳。所谓“殿身”，这里指重檐殿堂，其上檐屋顶所覆盖的空间与结构，称为“殿身”，殿身周围之下檐屋顶覆盖部分，则称为“副阶”。

⑤减殿身一铺：指副阶檐或缠腰檐下所施铺作，与殿身檐下铺作的出跳数可以相同，亦可以减少一跳，但不能超过其殿身檐下的铺作数。

【译文】

凡楼阁之上层楼屋的屋檐下所施铺作的出跳数，或者可以比其下层楼屋屋檐下所施铺作的出跳数减少一跳。如果是殿阁房屋，其下檐副阶或缠腰上所覆屋檐下的铺作，出跳数不得超过殿身檐下所施铺作的出跳数，或者比殿身檐下所施铺作的出跳数减少一跳。

平坐其名有五：一曰阁道，二曰墱道，三曰飞陛，四曰平坐，五曰鼓坐

【题解】

卷第一《总释上》“平坐”条引：“《义训》：阁道谓之飞陛，飞陛谓之墱。（今俗谓之平坐，亦曰鼓坐。）”几乎覆盖了有关“平坐”的各种称谓：阁道、墱（道）、飞陛、平坐、鼓坐。平坐，当是宋时较为流行的说法，故曰“今俗”。简而言之，宋式建筑中的“平坐”，是由枓栱与梁方承托的一个平台。平台之上或有上层屋身。造平坐枓栱的一般规则如下：

其一，平坐枓栱，比其上所承屋身枓栱，减少一铺或两铺。如上屋为七铺作时，平坐为六铺作，或五铺作。

其二，因为平坐所特有的承载功能，其下之枓栱结构体应更为坚实、稳固，故平坐枓栱宜用宋式枓栱中最为完善细密的“逐跳计心重栱造”做法。

至于平坐上所承屋柱与平坐铺作的联系，有两种基本做法：

一种是叉柱造。其做法是将上层柱根叉于平坐栌枓之上；上层柱所承荷载，大体上可直接传递于下层柱身之上。

另一种是缠柱造。其做法是在平坐转角普拍方上栌枓两侧，各安一枚附角栌枓，再在附角栌枓内，施铺作一缝，与转角栌枓上所出铺作合为一体。以三枚栌枓所出铺作，形成围绕上层角柱根部的环护结构。上层柱所承荷载，通过下层柱头上所施之柱脚方，传递于下层柱上。

关于殿屋与平坐铺作下所施普拍方的做法，大量见诸宋、辽、金、元时代的殿阁屋身柱头阑额之上，或承托平坐之柱头阑额之上。但在《法式》文本之大木作制度中，仅在有关“平坐”部分提到普拍方。在大木作功限与小木作制度中，亦提到普拍方。但其所附大木作侧样图，却未见绘有普拍方。或可推测，宋辽时期，虽然普拍方已经十分普及，但因其增加房屋所用木料，似仍未必是木构建筑中不可或缺的构件，故《法式》

中未做充分强调。然而，普拍方确有强化结构之作用，现存较为完好的宋、辽、金、元木构建筑遗存，或恰是因为其结构较为强固，而侥幸保存了下来，其中普拍方在加强其结构性能方面，功不可没。这或许是现存宋、辽等遗构中，多有普拍方的原因之一。

普拍方上所坐枓栱，即为平坐铺作；其上承平坐、上屋柱及上层地面方、铺板方、地面版等。

平坐为上屋基座，其生起幅度应明显小于殿堂等屋身柱。以平坐四角生起，比角柱减半，则平坐生起，以三间生高一寸，五间生高二寸，七间生高三寸，九间生高四寸，十一间生高五寸，十三间生高六寸等，以此为则。

平坐乃一独立结构体，其内如殿屋厅堂之梁架结构，故平坐之内，应逐间下草栿。草栿应施于前后平坐铺作之间，如房屋之前后檐之间所施梁栿。以本卷“平坐·地面方、铺版方与雁翅版”条中所称，“逐间下草栿，前后安地面方，以拘前后铺作”，则地面方似应施于草栿前后两端。是否可将地面方理解为房屋檐柱缝最上一层柱头方，即压槽方？即地面方为平坐铺作柱头缝上之方，前后铺作间之草栿，长度当为前后柱头缝间之距离。地面方上安铺版方，铺版方上铺地面版。

平坐四周安雁翅版。雁翅版的主要功能是对平坐的遮护作用，类如山面的搏风版，故其广尺寸较大，而其厚尺寸较小。

（造平坐之制）

造平坐之制[①]：其铺作减上屋一跳或两跳[②]。其铺作宜用重栱及逐跳计心造作。

【注释】

①平坐：可以是一层房屋之基座，也可以是多层楼阁中承托上层楼屋的平台。梁注：“宋代和以前的楼、阁、塔等多层建筑都以梁、柱、枓、栱完整的构架层层相叠而成。除最下一层在阶基上立柱

外，以上各层都在下层梁（或枓栱）上先立较短的柱和梁、额、枓栱，作为各层的基座，谓之‘平坐’，以承托各层的屋身。平坐枓栱之上铺设楼板，并置勾阑，做成环绕一周的挑台。河北蓟县独乐寺观音阁和山西应县佛宫寺木塔，虽然在辽的地区，且年代略早于《法式》成书年代约百年，也可藉以说明这种结构方法。平坐也可以直接‘坐’在城墙之上，如《清明上河图》所见；还可‘坐’在平地上，如《水殿招凉图》所见；还可作为平台，如《焚香祝圣图》所见；还可立在水中作为水上平台和水上建筑的基座，如《金明池图》所见。”

②上屋：这里的“上屋”，指的是立于平坐之上的殿屋，而并不一定是多层楼阁的上层楼屋。如梁先生所释，平坐可以是层叠坐落在下层房屋的屋顶之上，也可以通过永定柱及柱上枓栱而坐落在平地之上，或立在水中作为水上平台和水上建筑的基座。

【译文】

营造平坐的制度：其平坐下所施铺作之枓栱出跳数，宜比其上所承殿屋檐下所施铺作之枓栱的出跳数减少一跳或两跳。且平坐铺作中的出跳栱昂上所施横栱，既宜采用重栱造的做法，也宜采取逐跳计心造的做法。

（平坐铺作）

凡平坐铺作，若叉柱造①，即每角用栌枓一枚，其柱根叉于栌枓之上。若缠柱造②，即每角于柱外普拍方上安栌枓三枚③。每面互见两枓④，于附角枓上⑤，各别加铺作一缝。

【注释】

①叉柱造：叉柱造的做法是将上层柱根叉于平坐栌枓之上，上层柱

所承荷载及其自重可以直接传递于下层柱身之上。

②缠柱造:缠柱造的做法是在平坐转角普拍方上栌枓两侧,各安一枚附角栌枓,再在附角栌枓内施铺作一缝,与转角栌枓上所出铺作合为一体。以三枚栌枓所出铺作形成围绕上层角柱根部的环护结构。上层柱所承荷载通过下层柱头上所施之柱脚方传递于下层柱上。梁注:“用缠柱造,则上层檐柱不立在平坐柱及枓栱之上,而立在柱脚方上。按文义,柱脚方似与阑额相平,端部入柱的枋子。”

③普拍方:梁注:“普拍方,在《法式》‘大木作制度’中,只在这里提到,但无具体尺寸规定,在实例中,在殿堂、佛塔等建筑上却到处可以见到。普拍方一般用于阑额和柱头之上,是一条平放着的板,与阑额形成‘丁’字形的断面,如太原晋祠圣母庙正殿(宋,与《法式》同时)和应县佛宫寺木塔(辽),都用普拍方,但《法式》所附侧样图均无普拍方。从元、明、清实例看,普拍方的使用已极普遍,而且它的宽度逐渐缩小,厚度逐渐加大。到了清工部《工程做法》中,宽度就比阑额小,与阑额构成的断面已变成‘凸’字形了。在清式建筑中,它的名称也改成了‘平板枋’。”

④每面互见两枓:平坐缠柱造做法中,位于转角铺作下层柱头之上,会以“L”形平面布置三枚栌枓,以将平坐上屋角柱“缠”而固定住,这时在平坐枓栱的转角部位,每面就会露出两枚栌枓及枓上所出枓栱。

⑤附角枓:指缠柱造做法中,位于转角铺作两侧,且与角栌枓紧密相邻的两组铺作的栌枓。附角枓并不坐落在柱头之上,而是如补间铺作一样,位于与角柱柱头相连的阑额之上所承的普拍方上。

【译文】

凡在平坐上施以枓栱铺作,如果是叉柱造的做法,则在平坐转角每一角柱上施用栌枓1枚,然后就平坐上屋角柱的柱根直接叉于这一栌枓之上。但如果是缠柱造的做法,则需要在平坐转角每一角柱所施普拍方上,即在平坐上屋角柱的外侧,沿转角两侧柱缝施安3枚栌枓。使平坐转角铺作每面能够看到两枚紧密相邻的栌枓,除了在角栌枓上施转角枓栱外,在两侧相邻的附角枓上也应分别增加一缝铺作。

(普拍方与柱脚方)

凡平坐铺作下用普拍方①,厚随材广②,或更加一栔③;其广尽所用方木④。若缠柱造⑤,即于普拍方里用柱脚方⑥,广三材,厚二材,上生柱脚卯⑦。

【注释】

①平坐铺作下用普拍方:《法式》行文中,在大木作制度部分,仅在平坐铺作中提到了"普拍方",而在房屋内外檐铺作中却未提及,而实际宋辽建筑遗构中,在外檐铺作阑额上,施以普拍方是十分常见的做法,未知《法式》如此叙述的原因何在。

②厚随材广:意为普拍方的厚度与该平坐所用材(即其平坐所施之栱)的截面宽度相同,即普拍方的厚度为10分°。

③或更加一栔:此言在普拍方厚度为材广(10分°)的基础上,在特殊情况下,如其上楼屋层数较多、承荷重较大的情况下,会将普拍方再增加1栔(6分°)的厚度,如此,这一平坐中所用普拍方,则可以达到较其屋所用材的高度(15分°)尺寸还要大的厚度(16分°)尺寸。

④其广尽所用方木:与清式建筑中大额枋上所施的平板枋不一样,普拍方的宽度似无具体规定,而以"广尽所用方木"这一模糊的规定加以限定。换言之,在宋代营造思想中,平坐上所施的普拍方在材料允许的范围内似乎越宽越好。

⑤若缠柱造：原文“若缠柱边造”，梁注本无“边”字。傅合校本注：“边，故宫本无‘边’字。”

⑥柱脚方：指施于普拍方之内侧，与平坐柱柱头相连，起到承托平坐上屋柱根作用的木方。其方断面较大，方之高度为3材（45分°）厚度为2材（30分°），其截面尺寸堪与房屋梁架结构中的梁栿相比较。若在平坐转角处，其“柱脚方”，大概类似于平坐构架转角处的“递角栿”。

⑦柱脚卯：指在平坐柱脚方之上要留出与平坐上屋柱根相接的柱脚卯。梁注：“柱脚方与普拍方的构造关系和它的准确位置不明确。‘上坐（应为‘生’）柱脚卯’，显然是用以承托上一层的柱脚的。”

【译文】

凡在平坐柱头及阑额之上、平坐铺作之下施以普拍方时，其方的厚度与该平坐所用之材的高度相同，或者在其材高度基础上再增加1栔的尺寸，以作为其方之厚；至于普拍方的宽度，则尽其所用方木的宽度使用就好。如果平坐与上屋的连接是采用缠柱造的做法，则需要在普拍方里侧，在平坐柱柱头位置上，施以柱脚方，柱脚方的截面高度为3材，厚度为2材；柱脚方上，还应留出与平坐上屋柱根相接的柱脚卯。

（永定柱与平坐）

凡平坐先自地立柱①，谓之永定柱②；柱上安搭头木③，木上安普拍方，方上坐枓栱。

【注释】

①平坐先自地立柱：梁注：“这里文义也欠清晰，可能是‘如平坐先自地立柱’或者是‘凡平坐如先自地立柱’或者是‘凡平坐先自地立柱者’的意思，如在《水殿招凉图》中所见，或临水楼阁亭榭

的平台的画中所见。"

②永定柱：系自地所立并直接承托平坐枓栱的立柱，有时，永定柱也可以从水底土基中竖立，如滨水亭台的基座就是如此。

③搭头木：梁注："相当于殿阁厅堂的阑额。"

【译文】

如果平坐是先从地上土基中立柱，则这种结构方式的柱子就称为"永定柱"；在永定柱的柱头之间需施安搭头木，搭头木之上再安以普拍方，然后在普拍方之上施以承托平坐版及上屋柱梁等的枓栱。

（地面方、铺版方与雁翅版）

凡平坐四角生起[①]，比角柱减半[②]。生角柱法在柱制度内。平坐之内，逐间下草栿[③]，前后安地面方[④]，以拘前后铺作。铺作之上安铺版方[⑤]，用一材。四周安雁翅版[⑥]，广加材一倍，厚四分°至五分°。

【注释】

①四角生起：宋代营造制度中，屋柱高度有自当心间平柱向转角处的角柱逐渐升高的做法。殿阁屋角柱生起，卷第五《大木作制度二》中的"柱·角柱生起"："至角则随间数生起角柱。若十三间殿堂，则角柱比平柱生高一尺二寸。（平柱谓当心间两柱也。自平柱叠进向角渐次生起，令势圜和；如逐间大小不同，即随宜加减，他皆仿此。）十一间生高一尺；九间生高八寸；七间生高六寸；五间生高四寸；三间生高二寸。"这里的"四角生起"，指平坐柱四角比位于中间的柱子，在高度上亦类似屋柱之生起的做法。

②比角柱减半：平坐柱至角生起的幅度，较殿屋柱要小一些，故有"比角柱减半"之说。这里的"角柱"，指的是殿屋角柱。依上条注

所引《法式》有关殿屋角柱生起方式的行文，平坐柱生起比角柱减半，则平坐生起，以三间生高一寸，五间生高二寸，七间生高三寸，九间生高四寸，十一间生高五寸，十三间生高六寸等；如此为则。

③逐间下草栿：因平坐一般是不会有容人出入的内部空间的，故其梁栿可采用未加修饰的草栿。"逐间下草栿"，即在平坐每一开间的前后柱之间，都要施以草栿。

④地面方：地面方当施于草栿之上、前后铺作之间，其方有"以拘前后铺作"之作用。其位置似应与铺作中的某一层枓栱相连接，如与令栱相交、平坐铺作里转令栱相交。尚难确定。梁注："地面方怎样'拘前后铺作'？它和铺作的构造关系和它的准确位置都不明确。"

⑤铺版方：相当于平坐结构中承托平坐表面所铺地面版的木方，其言"铺作之上安铺版方"，则其方所处的标高，约在平坐枓栱里跳最上一层令栱之上，大约与外跳的出头木在一个标高上。但其方如何铺设，铺版方与地面方是什么关系，仍是一个不甚了了的问题。

⑥雁翅版：施于平坐四周外沿上，雁翅版的宽度为两材（30分°），能够起到遮护平坐枓栱上部、增加平坐版的视觉厚度及某种相应的装饰作用。

【译文】

凡平坐柱至四角亦有生起做法，但其生起的幅度较殿屋柱的生起幅度稍低，如其角柱较平柱的生起高度，要比殿屋平柱至角柱的生起高度减少一半。关于殿屋角柱的生起方法，可参见大木作制度中有关柱子制度的行文。平坐之内，在每一开间的前后柱之间都要施安草栿，草栿之上还应施以地面方，以将平坐的前后铺作加以固定。在铺作之上则施安铺版方，铺版方的截面高度则为该平坐所用之材的一材高。平坐四周应安以雁翅版，雁翅版的上下宽度相当于该平坐所用之材高度的两倍，其版厚则为其平坐所用之材的4分°至5分°的厚度。

卷第五　大木作制度二

梁　阑额　柱　阳马　侏儒柱斜柱附　栋　搏风版　柎　椽

檐　举折

【题解】

《法式·大木作制度二》是对组成宋代房屋主体构架各个部件的详细表述，主要包括房屋的立柱、阑额、地栿等屋柱之间的横向联系构件和梁栿、角梁、槫方、屋椽等屋顶构架与房屋屋盖部分的构件与做法。

根据构成本卷诸小节及其条目的内容，大致可以看出，作者大体上是按照房屋结构的不同部位展开叙述的。首先，给出的是房屋结构中最为重要的梁栿部分。这部分即是支撑房屋屋顶或上层构架的主要构件。“梁”与“栿”，其实是同一种构件的两种称谓方式。俗语中多称“大梁”。宋代房屋梁栿又分为明栿与草栿，明栿多采用经过了艺术加工的“月梁”式造型，草栿则尽可能保持基于木材原始材料自身尺寸的合理截面，以承受其应当承受的上部荷载。月梁与草栿的位置关系，通过室内平棊所在位置的上部与下部加以区分。在屋顶梁架的特殊部位，还会出现两种特殊的梁栿：一种是一头搭在主梁梁背之上，另外一头插入外檐枓栱中的“丁栿”；另一种是施于转角部位的角梁之下、明栿之上的“隐衬角栿”，这种隐衬角栿，即是梁先生所解释的“草角梁”。

与屋顶梁栿关联比较密切的枓栱或天花平棊与梁栿之间的过渡性

构件，如枓栱铺作最上一层所施的衬方头，或承托平棊吊顶的平棊方等，在这一部分的行文中也得到了阐述。

构成本卷内容的第二个部分，是房屋立柱之间所施的横向拉结构件，即屋柱柱头部位所施的阑额、由额、檐额或屋内额，以及屋柱柱根部位所施的地栿。其实，在施有门窗的柱与柱之间，还会施以门额或腰串，但因门额、腰串与小木作门窗的关联比较密切，故作者将这两种构件归在了小木作制度的范畴之内。

本卷中所表述的最为重要的一类构件，当推承托上部梁额及屋顶，并形成房屋室内空间基本格局的屋柱。中国古代木构建筑的基本形态就是"梁柱结构"，即由按照房屋开间或进深，依据房屋平面需求而布置的立柱，构成了房屋的主要支撑结构。梁思成先生所形容的中国建筑之"墙倒屋不塌"的结构特征，主要是由房屋立柱及柱头之上的额与梁栿所形成之结构逻辑极其简单明快的柱梁体系所提供的。

为了充分体现这种柱梁结构的稳定性与坚固性，中国古代建筑不仅采用了极其坚实稳固的房屋基座与石质柱础，以确保将每一根屋柱柱基的可能沉降降到最低，而且，巧妙地采用了柱子的"侧脚"做法，在屋柱施工伊始，就将所有屋柱向室内空间的中心方向做出某种预设性的微微倾斜，以使房屋整体结构产生一种预先施加的向内汇聚的预应力，从而抵抗由风力或地震力可能造成的水平冲击，将这种水平荷载对房屋结构造成破坏的可能性降到最低。

此外，本卷的内容中，还依序叙述了构成具有中国特色之"如鸟斯革，如翚斯飞"的屋顶转角处翼角角翘形式之阳马，即大角梁，以及子角梁、隐角梁等构件及其做法，还给出了较高等级的四阿式屋顶与九脊殿式屋顶之翼角处理的一些具体构造方式。

中国式木构建筑屋顶构架，除了不同长度的梁栿之外，还需要有在梁栿之间施以能够起到过渡性支撑或垫托作用的短柱，即侏儒柱与斜柱。此外，由屋顶梁栿及侏儒柱、斜柱等承托的主要构件，是形成房屋屋盖的屋栋或平槫，亦称“檩子”。平槫之下可能会采用替木，即柎，以将屋盖的荷载通过替木之下的枓栱传递到屋顶梁架之上。屋顶平槫之上，则需施以密排的椽子，以形成承托屋面望板与屋顶泥背与屋瓦荷载重量的基本结构层。在房屋的屋檐部位，则通过椽子与飞子的结合，形成房屋屋顶四周的檐口。

更为重要的是，中国古代建筑的屋顶，采用的是反宇式造型，即将屋顶坡度的中段向下做微微塌凹的处理，以形成一种凹曲式的屋顶样貌。这样做的目的，主要是透过这一特别造成的屋顶曲面，形成屋顶之“上尊而宇卑，则吐水疾而霤远”的效果，以期在雨季时，能够将降落在屋顶的雨水抛洒到距离房屋外墙或基座更远的位置上，从而减少雨水冲刷对房屋墙体或基座可能造成的损害。宋代大木作制度中，反宇式屋顶的坡度曲线是由经过严格推算的举折制度所形成的。本卷行文中，有关屋顶举屋之法与折屋之法的详细叙述，十分明白地解决了宋代建筑屋顶坡顶曲线的确定方式。

除了两坡或四坡式屋顶的举折做法之外，本卷末尾还给出了八角或四角亭榭屋顶的起举方式，以及宋代时这类屋顶所特别采用的簇角梁式屋顶的详细做法。需要说明的一点是，这种斗尖式簇角梁屋顶的做法，其现实中的实存例证早已难觅其踪，正是透过《法式》的描述，梁思成先生大致还原出了其基本的做法与构造。

本卷图样参见卷第三十《大木作制度图样上》图30-1至图30-108，卷第三十一《大木作制度图样下》图31-1至图31-26。亦可将卷第三十附、卷第三十一附作为参考。

梁其名有三：一曰梁，二曰宲廇，三曰欐

【题解】

《法式·大木作制度二》是关于宋式营造中的大木结构柱梁关系，

即房屋屋身（柱额）与屋顶（梁架）之结构与构件做法的描述，是对宋代木构建筑乃至中国古代木构建筑最核心、最基础部分，即柱额、梁架部分的一个全面阐释。

“梁”作为房屋构架最重要的组成部分，被列为本卷的开篇内容。关于“梁”条所附三种不同名称的讨论，参见卷第一《总释上》“梁”条相关内容。

《法式》行文将“梁”分为五种类型，前四种按梁的位置分类，第五种按房屋类型归属分类。事实上，从其行文中，也可以梳理出几种与不同房屋类型相关的分类模式。

一是，殿堂梁栿，即其行文中提到的前四种梁。其中包含了三重意思：一，位置的不同，故有四种类型之说；二，长度的不同，故有“×椽栿”之说；三，形式的不同，故有“明栿”与“草栿”的区别。

二是，厅堂梁栿。

三是，余屋梁栿。

作为承重构件的“梁”，除了其长短必须与屋顶结构有相应的匹配关系之外，因其长短及位置不同，所承负的屋顶荷载也有很大不同。故不同的梁，须以其不同的横截面高度与厚度，来负担其所承托的不同荷载。

这段行文中还给出了一个重要的数据性结论：宋代木构建筑主要结构构件的断面尺寸，是根据这座建筑所采用的材分°等级确定的。例如，一座殿阁的殿身部分主梁，可以为四椽栿或五椽栿，其断面高度为2材2栔，折合为42分°。但是，这个42分°，从一等材（0.06尺为1分°）到五等材（0.044尺为1分°）可以有不同的断面尺寸。

重要的是，宋式建筑中梁的基本断面比例，一般控制在广（截面高度）为3分°，厚（截面厚度）为2分°，即宋式建筑梁栿的断面高厚比为3∶2。

明栿中的月梁，以其长短及位置，分为乳栿、三椽栿、四椽栿、五椽栿、六椽栿及六椽以上的长度。其造型本身，又分为梁首、斜项、梁身及梁尾。梁首，系与出跳枓栱相结合部分。梁尾，则为插入屋内柱身中的部分。梁首与梁尾的上背皆有卷杀，其下梁底起䫜。

月梁断面并非一个方正的矩形，而更像是一个其背略显宽厚圜和，两颊微凸向外，梁底渐向内收的圆润轮廓形式。一根月梁，特别是房屋中的主梁或位于房屋脊槫下的平梁，因其两端呈对称的处理，故其梁在纵长方向，以隆起的梁背与凹入的底䫜，结合两端斜项与插入两侧结构的梁首与梁尾，多少有一点微微起拱的感觉。这种起拱效果，使室内空间中的厚重大梁，有了轻盈而飘逸的感觉。也就是说，古代工匠从审美感觉与受力效果两方面，创造并完善了大木作明栿月梁的形式与做法。

位于屋顶脊槫之下的两椽栿，称为“平梁”。从《法式》行文推测，无论是否采用平綦或平闇，平梁都有可能采用月梁形式，但或也可能存在不采用月梁形式的做法。若不采用月梁形式，则其平梁的断面似略小一些。

从《法式》文本中可知，大木作梁栿，若采用草栿形式，其断面尺寸应大于相同长度的明栿。隐于平綦或平闇上的平梁，可以采用草栿形式，其尺寸理应大于彻上明造中的月梁式平梁。但《法式》文本中在这里提到的月梁式平梁，断面尺寸却大于草栿式平梁做法，令人颇有不解。

宋式营造中，长度最短的梁，称为“劄牵”。从劄牵这一构件的特点分析，因劄牵不受力，故其尺寸大小并无关键影响。若露明劄牵，则其形式上应饱满、粗壮、圆润一些，故其尺寸亦似应略大一些。若草栿劄牵，则因其仅仅起到连接作用，故断面尺寸小一些，也是合乎合理使用材料的基本原则的。

这段行文中所提到的与梁栿有关的构件，除了平綦、平闇之外，还有与梁之端头可能有所交集的柱头铺作中的压槽方、柱头方、橑檐方，以及两山出际及房屋转角中可能出现的丁栿、抹角栿等大木结构构件。

平綦是用较大方格构成的类如棋盘的天花版，平闇则是用密集小方格构成的天花版。方格由纵横交叉如矩形或正方形网格状“方椽”组成，方椽之上施素版。

（造梁之制）

造梁之制有五[①]：

一曰檐栿[②]。如四椽及五椽栿[③]；若四铺作以上至八铺作，并广两材两栔；草栿广三材[④]；如六椽至八椽以上栿，若四铺作至八铺作，广四材；草栿同。

二曰乳栿[⑤]。若对大梁用者[⑥]，与大梁广同。三椽栿[⑦]，若四铺作、五铺作，广两材一栔；草栿广两材。六铺作以上，广两材两栔；草栿同。

三曰劄牵[⑧]。若四铺作至八铺作出跳，广两材；如不出跳，并不过一材一栔。草牵梁准此[⑨]。

四曰平梁[⑩]。若四铺作、五铺作，广加材一倍；六铺作以上，广两材一栔。

五曰厅堂梁栿[⑪]。五椽、四椽，广不过两材一栔；三椽广两材。余屋量椽数[⑫]，准此法加减。

【注释】

①造梁之制有五：指下文提到的5种梁栿：分别是：(1) 檐栿；(2) 乳栿；(3) 劄牵；(4) 平梁；(5) 厅堂梁栿。梁注："这里说造梁之制'有五'，也许说'有四'更符合于下文内容。五种之中，前四种——檐栿，乳栿，劄牵，平梁——都是按梁在建筑物中的不同位置，不同的功能和不同的形体而区别的，但第五种——厅堂梁栿——却以所用的房屋类型来标志。这种分类法，可以说在系统性方面有不一致的缺点。下文对厅堂梁栿未作任何解释，而对前四种都作了详尽的规定，可能是由于这原因。"

②檐栿（fú）：房屋屋顶结构中的大梁。这里的"檐栿"，指其梁的长

度横跨前后檐。

③如四椽（chuán）及五椽栿：指长度为4个或5个椽架的大梁。梁注："我国传统以椽的架数来标志梁栿的长短大小。宋《法式》称'×椽栿'；清工部《工程做法》称'×架梁'或'×步梁'。清式以'架'称者相当于宋式的椽栿；以'步'称者如双步梁相当于宋式的乳栿，三步梁相当于三椽栿，单步梁相当于劄牵。"

④草栿：梁先生在此处特别有注："草栿是在平棊以上，未经艺术加工的、实际负荷屋盖重量的梁。下文所说的月梁，如在殿阁平棊之下，一般不负屋盖之重，之承平棊，主要起着联系前后柱上的铺作和装饰的作用。"

⑤乳栿：疑指短小之梁。宋式营造中，用于前后檐廊或周匝副阶中的梁，即为乳栿。其长多仅为两栿，相对于屋架上所施大梁，即为小梁。梁注："乳栿即两椽栿，梁首放在铺作上，梁尾一般插入内柱柱身，但也有两头都放在铺作上的。"

⑥若对大梁用者：原文"若对大角梁者"，梁注本改为"若对大梁用者"。傅合校本注：加"用"，并注"角"字："用，据四库本，改'用'字。"所谓"对大梁用者"，多指厅堂建筑中前后檐廊中所用的乳栿，其与室内中央所用的大梁，如四椽栿、六椽栿等，多同时对应出现，如厅堂梁栿中有"前后乳栿对四椽栿用四柱"的情况，就是一个例子。这里的"对"，似有"对应施设"之义。

⑦三椽栿：即长度为三个椽架的梁栿。三椽栿亦常用于房屋前后檐廊或副阶檐下，故有时也称其为"三椽乳栿"。

⑧劄（zhā）牵：长度仅为一个椽架的小梁，多施于乳栿之上。梁注："劄牵的梁首放在乳栿上的一组枓栱上，梁尾也插入内柱柱身。劄牵长仅一椽，不负重，只起到劄牵的作用。梁首的枓栱将它上面所承槫的荷载传递到乳栿上。相当于清式的单步梁。"

⑨草牵梁：指施于前后檐廊内所悬平棊或平闇之上，未经过艺术加

工的劄牵,亦仅有一个梁架之长。

⑩平梁:处于屋顶梁架结构中最上一层,主要用以承托脊槫及屋脊荷重的梁。梁注:“平梁事实上是一道两椽栿,是梁架最上一层的梁。清式称‘太平梁’。”

⑪厅堂梁栿:正如梁先生所言,厅堂梁栿之分类,与其他因其长度而分类的四种梁栿不一样。厅堂梁栿,意即厅堂建筑中所施梁栿,其中仍有诸如劄牵、乳栿、四椽栿之类的具体区分,这里却概而言之为“厅堂梁栿”。但有一点可以肯定,《法式》作者在这里要强调的是,较之殿阁梁栿,厅堂梁栿在断面尺寸上要小一些,如殿阁屋中的四椽栿、五椽栿,其截面高度为2材2栔,其草栿,截面高度达到了3材,而厅堂梁栿四椽、五椽,其截面高度不过2椽1栔。这或即是《法式》作者特别将“厅堂梁栿”列为一条的原因所在。

⑫余屋:宋式营造中,除了殿阁、厅堂、亭榭之外的普通房屋,即称“余屋”。又或可细分为如卷第十九《大木作功限三》中提到的“仓廒、库屋”“常行散屋”“营屋”。

【译文】

造梁的制度有五种:

第一种称为“檐栿”。如为四椽栿及五椽栿;如果其屋采用了四铺作以上乃至八铺作枓栱,其栿的截面高度为2材2栔;若是草栿,其截面高度为3材;如为六椽栿至八椽栿,甚至更长的梁栿时,如果其屋采用了四铺作以上乃至八铺作枓栱,其栿截面高度则为4材;这种情况下,若用草栿,其截面高度与之相同,仍为4材。

第二种称为“乳栿”。如果是与屋内大梁对应施用,其截面高度与屋内大梁的截面高度相同。若使用的是三椽栿,且在檐下使用了四铺作或五铺作枓栱的情况下,其栿的截面高度为2材1栔;如果是草乳栿,或三椽草栿,其截面高度为2材。但若其檐下使用的是六铺作以上的枓栱,则其乳栿或三椽栿的截面高度当为2材2栔;这时所施用草乳栿或三椽草栿,其截面高度亦然，仍为2材2栔。

第三种称为“劄牵”。如果其屋采用了四铺作以上乃至八铺作枓栱，劄牵截面高度为2材；如果其屋仅用不出跳枓栱，或不用枓栱施，其劄牵截面高度不过1材1栔。施于檐廊平綦之上的草牵梁，也采用与上一致的做法。

第四种称为“平梁”。如果其屋采用的是四铺作、五铺作枓栱，平梁的截面高度为2材；但若其屋采用的是六铺作以上的枓栱，其所用平梁的截面就需要有2材1栔的高度。

第五种称为“厅堂梁栿”。这是一种施用于厅堂屋舍中的梁栿，其屋所用五椽栿或四椽栿，截面高度不超过2材1栔；若用三椽栿，其截面高度仅为2材。较厅堂等级更低的余屋，其梁栿截面高度则应依据其梁之长的椽架数，按照这一方法做适当的加减。

（梁断面比例及缴贴方式）

凡梁之大小，各随其广分为三分，以二分为厚[①]。凡方木小，须缴贴令大[②]。如方木大，不得裁减，即于广厚加之[③]。如碍槫及替木[④]，即于梁上角开抱槫口[⑤]。若直梁狭[⑥]，即两面安槫栿版[⑦]。如月梁狭[⑧]，即上加缴背[⑨]，下贴两颊；不得刻剜梁面。

【注释】

①分为三分，以二分为厚：这里的“分”既非“尺、寸、分”之“分”，也非宋式营造中材分°制度之“分°”，而是比例之“分”。即将其梁之截面高度，设定为3分，则其梁的厚度为2分，亦即梁的高厚比为3∶2。这是十分切合木材材性的木构件截面高厚比。

②缴贴：缴，这里或借用了其“缠绕”“垫衬”之义，并加以转义；“缴贴”，或有“衬贴”“贴补”，或“缠绕而贴”之义。

③于广厚加之：梁注："总的意思大概是即使方木大于规定尺寸，也不允许裁减。按照来料尺寸用上去，并按构件规定尺寸把所缺部分补足。"

④碍槫（tuán）及替木：指梁栿的两个端头，其上部的结构高度，可能与屋盖中所施平槫或平槫下承托其槫的替木所在的结构位置相碍。

⑤梁上角开抱槫口：在梁栿两端的结构高度，与由屋盖举折曲线确定的相应位置之平槫或承槫替木的位置发生冲突时，需要保证屋盖曲线的完整，即保证其槫的标高位置合乎既有的举折设计，故需在梁端上角开抱槫口，以消解与槫相碍部分的梁端高度。

⑥直梁：这里所言的"直梁"，似指未经艺术加工的草栿，其截面为简单的矩形，且梁栿形式比较单一平直，故称"直梁"。

⑦槫栿版：其意似为，若直梁的截面厚度较为狭小，则在其梁两侧用木版加以"缴贴"，并在其梁两端所贴版处亦开出抱槫口。如梁注："在梁栿两侧加贴木板，并开出抱槫口以承槫或替木。"

⑧月梁：即经过艺术加工，且暴露于室内空间中之平綦或平闇之下的明栿。在彻上露明造的厅堂建筑中，因其梁栿均为明栿，故亦皆采用月梁做法。

⑨缴背：即在梁栿的上部加以"缴贴"，以增加梁之截面高度，从而增强梁之结构性能的做法。

【译文】

关于梁的大小，是分别将梁的截面高度分为三分，其二分为其截面的厚度。凡是所用之料，其方木截面大小，不合乎一根梁所需的截面，就必须在其上下或两侧加以衬贴，使其截面增大，以合乎其所承担的结构功能。如所用之料，方木截面稍大一些，也不必再加裁减，只需将原来设计的梁栿截面之高厚尺寸略有增加即可。如梁栿的两端于屋槫相接处，其梁高度与屋槫或承槫替木之间发生冲突，则应在梁端上角开凿出抱槫口，以保证屋槫的位置不发生偏移。如果是未经装饰处理的直梁，其截面的厚度不够充分，则应在梁之两侧安贴木版，其版至梁端，亦应随梁端做法开出抱榑口。如果是露明的月梁狭窄，则应在梁之上部贴以缴背，并在梁之两侧贴以两颊，以增加梁的结构强度；但不得刻剜梁之外表面。

（造月梁之制）

造月梁之制①：明栿②，其广四十二分°。如彻上明造③，其乳栿、三椽栿各广四十二分°；四椽栿广五十分°；五椽栿广五十五分°；六椽栿以上，其广并至六十分°止。梁首④谓出跳者。不以大小从⑤，下高二十一分°。其上余材，自科里平之上，随其高匀分作六分⑥；其上以六瓣卷杀，每瓣长十分°。其梁下当中䫜六分°。自科心下量三十八分°为斜项⑦。如下两跳者长六十八分°。斜项外，其下起䫜⑧，以六瓣卷杀，每瓣长十分°；第六瓣尽处下䫜五分°。去三分°，留二分°作琴面⑨。自第六瓣尽处渐起至心⑩，又加高一分°，令䫜势圜和。梁尾⑪谓入柱者。上背下䫜⑫，皆以五瓣卷杀。余并同梁首之制。

梁底面厚二十五分°⑬。其项入科口处。厚十分°⑭。科口外两肩各以四瓣卷杀⑮，每瓣长十分°。

【注释】

①月梁：梁注："月梁是经过艺术加工的梁。凡有平棊的殿堂，月梁都露明用在平棊之下，除负荷平棊的荷载外，别无负荷。平棊以上，另施草栿负荷屋盖的重量。如彻上明造，则月梁亦负屋盖之重。"

②明栿：梁注："明栿是露在外面，由下面可以看见的梁栿；是与草栿（隐藏在平闇、平棊之上未经细加工的梁栿）相对的名称。"

③彻上明造：梁注："屋内不用平棊（天花版），梁架科栱结构全部显

露可见者，谓之‘彻上明造’。”参见卷第四《大木作制度一》“飞昂”条相关注释。

④梁首：将梁分出首尾，一般是指屋内柱生起，梁之一端置于外檐铺作上，另外一端插入屋内柱柱身之上。故这时的“梁”，不仅是月梁明栿，而且是施于彻上露明造的厅堂式建筑之内。若内外柱同高，且有完整铺作层的殿堂式建筑，其梁则无法分出梁首与梁尾。这里的“梁首”，指梁伸入外檐铺作一端的端头部位。

⑤不以大小从：因“梁首”伸入外檐铺作之中，须与铺作内的枓栱系统结合为一体，从而其梁的截面高度一般至多可以达到其屋所用材的足材，即21分°之高；故不论其梁大小，在梁首之伸入铺作部分，其梁的截面仅为21分°高。

⑥匀分作六分：这里的“分”，本义为“份”，即将其高均匀地分为6份。

⑦斜项：自梁首或梁尾向梁之主体部分过渡的部分。因梁的主体为尽量保持木材原始截面的圆润的“月梁”形式，但梁首或梁尾，不论梁之大小，其截面高度都仅为21分°，故两者之间的过渡需通过一个脖颈。这一与伸入铺作（或入柱）部分截面接近的脖颈，与圆润粗大的月梁主体之间，需要通过一道梁两侧表面之斜向的线条加以区别并过渡，这一斜向线条，即为“斜项”。梁注：“斜项的长度，若‘自枓心下量三十八分°’，则斜项与梁身相交的斜线会和铺作承梁的交栿枓的上角相犯。实例所见，交栿枓大都躲过这条线。个别的也有相犯的，如山西五台山佛光寺大殿（唐）的月梁头；也有相犯而另作处理的，如山西大同善化寺山门（金）月梁头下的交栿枓做成平盘枓；也有不作出明显的斜项，也就无所谓相犯不相犯了，如福建福州华林寺大殿（五代）、江苏苏州甪直保圣寺大殿（宋）、浙江武义延福寺大殿（元）的月梁头。”

⑧其下起顱（āo）：自斜项以外，即偏向梁身中央部分的梁底部位，做向上凹进的处理。

⑨琴面：自斜项至梁底起𩑶曲面的过渡部分，镌刻为如古琴之表面的圆润曲折之面。其与卷第四《大木作制度一》“飞昂”条中所说的“琴面昂”，在意义上有相类之处，但具体做法却截然不同。

⑩至心：这里的“心”，指的是月梁底部之长度方向的中心点。

⑪梁尾：指月梁伸入屋内柱柱身之上的梁端。

⑫上背下𩑶：自月梁的斜项处作为一个分界线，斜项以外（即朝向梁之中心部位）的梁背，隆起并做卷杀状曲面；斜向以外的梁底，则做自下向上的起𩑶，以形成月梁之底部的凹曲面，故称“上背下𩑶”。

⑬梁底面厚二十五分°：月梁梁底面的厚度为其屋所用之材的25分°。梁注：“这里只规定了梁底面厚，至于梁背厚多少，‘造梁之制’没有提到。”

⑭项：这里的“项”仍指梁首处，即梁伸入铺作之中的“项”，其高虽为足材之21分°，但其厚仍应保持与标准材厚同样的尺寸，即厚为10分°。

⑮枓口外两肩：指梁首出了铺作枓口之外（朝向屋外方向）的梁身之两面侧上边棱，即称“两肩”。

【译文】

营造月梁的形制：月梁为明栿，梁的截面高度为42分°。如果是彻上露明造的做法，其屋前后所施乳栿或三椽栿，各自的截面高度亦为42分°；若是屋内大梁之长为四椽栿，其截面高度为50分°；若为五椽栿，其截面高度为55分°；若是其大梁长度为六椽栿及以上，则其截面高度都采用60分°就可以了。其梁首部分指梁之端头与外檐枓栱结合且向外出跳的。则不论其梁截面大小如何，其梁之下部伸入铺作部分的截面高度，都为其屋所用材的21分°高。其梁上部所余的木料高度，自承梁之枓的枓平之里侧以上，随其所余高度匀分为6份；其上亦作6瓣卷杀，每瓣的长度为10分°。其梁的下部当中部位向上起𩑶，即将梁底向上凹进6分°。再自承梁首之枓的枓心之下向梁的中心方向量38分°为斜项。如果其梁下有两跳出跳科者，则应向该方向量68分°。斜项之外，即朝向梁的中心处，自梁之底起䫜，其䫜以6瓣卷杀，每瓣的长度为10分°；第六瓣的尽头处下䫜5分°。其中凹去3分°，留出2分°，斫削作琴面形式。自第六瓣的尽头处，渐渐向上隆起直至梁心，又加大䫜深1分°，但应使其䫜曲之势圜和。其梁之尾即屋内插入柱中者。应处理得上有隆起之背，下亦有䫜曲之面，其背与面都要以5瓣做卷杀。梁尾处其余做法与梁首的做法相同。

梁之底面的厚度为25分°。梁首之项伸入枓口的位置。厚度为10分°。出枓口之外的梁之两侧上棱各以4瓣卷杀，每瓣的长度为10分°。

（平梁）

若平梁，四椽六椽上用者[①]，其广三十五分°；如八椽至十椽上用者[②]，其广四十二分°[③]。不以大小从[④]，下高二十五分°[⑤]，上背下䫜皆以四瓣卷杀[⑥]，两头并同[⑦]。其下第四瓣尽处䫜四分°。去二分°，留一分°作琴面。自第四瓣尽处渐起至心，又加高一分°。余并同月梁之制[⑧]。

【注释】

①四椽六椽：指四椽栿与六椽栿。

②八椽至十椽：指八椽栿至十椽栿。

③其广四十二分°：梁注："这里规定的大小与前面'四曰平梁'一条中的规定有出入。因为这里讲的是月梁型的平梁。"本卷前文"梁·造梁之制"条："四曰平梁。若四铺作、五铺作，广加材一倍；六铺作以上，广两材一栔。"在用四或五铺作时，其平梁广2材（30分°）；用六铺作及以上时，其平梁广2材1栔（36分°），按照这里的规定，若以月梁形式的平梁，用于四椽栿或六椽栿之上时

（即房屋进深较小时），其广35分°（2材加5分°）；用于八椽栿至十椽栿之上时（即房屋进深较大时），其广42分°（2材2栔）。可知，采用月梁形式时，梁栿的截面高度要高一些。

④不以大小从：与上条注的意义相近，即不论其平梁截面高度是35分°还是42分°，都以其下高25（亦或15）分°为梁端做法的高度值。

⑤下高二十五分°：陈注：改"二"为"一"，并注："一，故宫本。"傅合校本：改"二十五分°"为"一十五分°"，并注："一，故宫本作'一十五分°'，依图亦应作'一'。"若改为"下高一十五分°"，其意似为将平梁之两端深入一组枓栱中，并将梁端入枓口内之截面斫为1材的高度。平梁之两端虽有承托上平槫的枓栱，但是否一定要使梁端与枓口内之材保持一致，似难以确定。故究竟其文为"下高25分°"，还是"下高15分°"，仍有待进一步的探究。暂从原文。

⑥上背下顱：原文"背上下顱"，梁注本改为"上背下顱"。傅合校本注：改"背上"为"上背"，并注："上背，依上条改正。"

⑦两头并同：即使是月梁做法的平梁，也不再有梁首与梁尾之分，故其两头之"上背下顱"的做法是一样的。

⑧余并同月梁之制：梁注："按文义无论有无平棊，是否露明，平梁一律做成月梁形式。"但梁注本原文所附图样38、图41剖面图样中的平梁，并未绘为月梁形式。

【译文】

如果平梁，用于四椽栿、六椽栿之上者，其梁的截面高度为35分°；如平梁用于八椽栿至十椽栿之上者，其梁的截面高度为42分°。不论其梁身截面高度为多少，其两端下部都留出25分°的高度为梁端，梁身两端之上下都做4瓣卷杀，其上有隆起的卷杀为背，底面有凹入的卷杀为顱，梁之两个端头的做法一样。其下自第四瓣尽头开始向梁身之内顱入4

分°。其中，起𩑶除去2分°，留1分°斫为琴面状。至第四瓣尽头处，渐渐向上凹进直至梁的中心，再加大凹入的深度1分°。平梁的其余做法，都与月梁制度相同。

（劄牵）

若劄牵①，其广三十五分°②。不以大小从，下高一十五分°③，上至枓底。牵首上以六瓣卷杀④，每瓣长八分°；下同⑤。牵尾上以五瓣⑥。其下𩑶，前后各以三瓣。斜项同月梁法。𩑶内去留同平梁法。

【注释】

①劄牵：梁注："劄牵一般用于乳栿之上，长仅一架，不承重，仅起固定槫之位置的作用。牵首（梁首）与乳栿上驼峰上的枓栱相交，牵尾出榫入柱，并用丁头栱承托。但元代实例中有首尾都不入柱且高度不同的劄牵，如浙江武义延福寺大殿。"劄，同"扎"，有捆扎、缠束、钻刺之意；牵，有连接、扯动之意。从字义上讲，"劄牵"系一连接性构件，主要起到将承槫枓栱与柱子间加以连接的作用。其本身不承重，且因多位于前后檐之内，视觉上较易引起注意，故多采用月梁形式，以形成某种装饰效果。

②其广三十五分°：梁注："这里的'三十五分°'与前面'三曰劄牵'条下的'广两材'（三十分°）有出入。因为这里讲的是月梁型式的劄牵。"

③下高一十五分°：劄牵的一端会伸入承槫枓栱的枓口之内，故其截面高度需与其屋所用之材相匹配，故其牵首"下高一十五分°"恰为一材之高。

④牵首：指劄牵伸入承槫枓栱之枓口内的一端。劄牵与月梁式乳栿

一样，一端可能伸入枓口内，另外一端可能插入柱中，故有牵首与牵尾的差别。

⑤下同：这里的“下同”意义不详。若理解为梁下起䫜分瓣，则与后文“前后各以三瓣”相矛盾。较大的可能是与上文“下高一十五分°”之间有所关联，即其梁端除了卷杀部分之外，其余部分的截面尺寸，仍为15分°。

⑥牵尾：指劄牵插入柱中的一端。

【译文】

如果是劄牵，其截面的高度则为35分°。不论其截面高度大还是小，其端头下部均应留出15分°的高度，这一高度的顶面上达枓底。劄牵之首的上部以6瓣卷杀，每瓣的长度为8分°；其牵首之下部与入枓口处的截面相同。劄牵之尾的上部则以5瓣卷杀。其牵之底亦起䫜，起䫜处前后各以3瓣卷杀。牵首与牵尾亦有斜项，其做法与月梁做法相同。䫜内的去留高度，与平梁的做法相同。

（屋内彻上明造）

凡屋内彻上明造者[①]，梁头相叠处须随举势高下用驼峰[②]。其驼峰长加高一倍[③]，厚一材[④]，枓下两肩或作入瓣[⑤]，或作出瓣[⑥]，或圜讹两肩，两头卷尖[⑦]。梁头安替木处并作隐枓[⑧]；两头造耍头或切几头，切几头刻梁上角作一入瓣。与令栱或襻间相交[⑨]。

【注释】

①屋内彻上明造：梁注：“室内不用平棊，由下面可以仰见梁栿、槫、椽的做法，谓之‘彻上明造’，亦称‘露明造’。”参见本卷“梁·造月梁之制”条相关注释。

②梁头相叠处:指上层梁的梁头与下层梁相叠处。这一相叠处,恰与屋顶举折曲线中的折线点,即屋顶平槫中缝相重叠。举势:由屋顶举折曲线所确定的各层平槫的位置与槫上皮标高,确定了屋顶的举势。驼峰:一种垫托式构件,其作用是弥补梁头与其上所承平槫上皮设计标高的差距;故需随屋顶举势高下来使用驼峰,并确定驼峰的大小。宋式营造中的“驼峰”,作用与清式建筑中的“柁墩”相近,形式却与清式建筑中的“角背”有点相似。梁注:“驼峰放在下一层梁背之上,上一层梁头之下。清式称‘柁墩’,因往往饰作荷叶形,故亦称‘荷叶墩’。至于驼峰的形制,《法式》卷三十原图简略,而且图中所画的辅助线又不够明确,因此列举一些实例作为参考。”梁先生所举实例,参见梁思成《〈营造法式〉注释》。

③其驼峰长加高一倍:驼峰的关键尺寸是其高度,即要使其高与其上所承梁头与平槫的举势高度相匹配。确定驼峰高度之后,其长即为其高的2倍。

④厚一材:这里的“厚一材”有两种可能的理解。一是,其厚与1材之厚相当,即驼峰之厚为其屋所用材的10分°;二是,其厚为1材之高,即厚为其屋所用材的15分°。从其驼峰上一般都会施以散枓,其驼峰之厚度当与其上所承枓的枓底尺寸相吻合,则这里的“厚一材”较大可能是指材之厚度,即驼峰之厚为其屋所用材的10分°。

⑤枓下两肩:指驼峰之上承以枓,枓下之驼峰的顺身两侧,即为两肩,这里可以做简单的斜角处理,亦可斫为曲线。作入瓣:指驼峰曲线形成向内弯曲的卷瓣,形如混线线脚。

⑥作出瓣:指驼峰曲线形成向外弯曲的卷瓣,形如枭线线脚。

⑦圜讹两肩,两头卷尖:指仅在驼峰的梁肩及两端处加以装饰处理,两肩作圆讹,如圆形抹角状,两端斫为起卷尖状形式。

⑧隐枓：即在梁头所安替木上隐刻出枓的轮廓，有如以枓承托替木的形式。

⑨襻（pàn）间：屋顶结构中，施于屋内平槫之下的长条形木方构件，起到联系两间之间梁架、稳定梁上所承平槫的作用。

【译文】

凡屋内为彻上露明造者，其屋顶梁架之上下梁头相叠处，须随由屋顶举折曲线之势所确定的其梁头所施平槫的上下标高使用驼峰。其驼峰的长度，是其高度的2倍，驼峰的厚度相当于其屋所用之材的1材之厚，驼峰上所施枓之枓底两侧的驼峰两肩可以刻为入瓣，或出瓣的曲线，亦可将其两肩修斫为圆润的抹角状，再将驼峰两端修斫成卷尖的形式。梁头之下或以替木相承，所安替木上可以隐刻出枓的形式；梁两头出驼峰上所承枓之枓口处，可以斫为耍头，亦可斫为切几头形式，若作切几头，只需将梁端上棱一角削斫为一个入瓣的圆角即可。梁之两头所出耍头或切几头，与枓上所施令栱或襻间相交。

（屋内施平棊）

凡屋内若施平棊①，平闇亦同②。在大梁之上③。平棊之上，又施草栿；乳栿之上亦施草栿，并在压槽方之上④，压槽方在柱头方之上。其草栿长同下梁，直至橑檐方止⑤。若在两面⑥，则安丁栿⑦。丁栿之上，别安抹角栿⑧，与草栿相交。

【注释】

①平棊（qí）：梁注："后世一般称天花。按《法式》卷八'小木作制度三'，'造殿内平棊之制'和宋、辽、金实例所见，平棊分格不一定全是正方形，也有长方格的。"棊，同"棋"。

②平闇（àn）：梁注："'其以方椽施素版者，谓之平闇。'平闇都用很

小的方格。”

③在大梁之上：这里的“大梁”，当指位于平綦之下的月梁，其主要起到承托平綦、联系前后屋内柱的作用，并不起承托屋顶荷重的作用。

④压槽方：梁注：“压槽方仅用于大型殿堂铺作之上以承草栿。”卷第四《大木作制度一》“总铺作次序・单栱与重栱”条有：“素方在泥道栱上者，谓之柱头方。”这里提到“压槽方在柱头方之上”，则压槽方应为位于泥道栱缝之最上方的木方。压槽方上承以草栿，因草栿仅出现于有平綦或平阇的大型殿堂中，故压槽方似亦仅见于大型殿堂铺作之上。以压槽方承草栿，则其截面或比柱头方大。实例中尚未发现压槽方做法。

⑤直至橑（liáo）檐方止：指草栿的两端伸入并穿过前后檐铺作顶部，并直抵前后檐橑檐方的里皮。

⑥两面：这里的“两面”，指房屋的两个山面。

⑦丁栿：一般施于房屋两侧梢间之内，一端搭入两山外檐铺作中，一端落在梢间内柱缝所施大梁之上，其平面布置形式为“丁”字形，故称“丁栿”。梁注：“丁栿梁首由外檐铺作承托，梁尾搭在檐栿上，与檐栿（在平面上）构成‘丁’字形。”

⑧抹角栿：房屋室内转角处所施的梁栿，其梁与房屋转角两侧的平面投影恰构成一个三角形，犹如在一转角中抹了一道斜边，故称“抹角栿”。抹角栿两端，分别与前后檐铺作上的草栿及两山铺作上的丁栿相交。

【译文】

凡在殿屋内屋顶之下所施平綦，平阇也一样。都应悬于屋内大梁之上。平綦之上，再施以草栿；房屋前后檐廊中的乳栿之上，也同样会施以草栿，大梁之上的草栿或乳栿之上的草栿，都应在前后檐铺作中的压槽方之上，压槽方则位于柱头方之上。其草栿与其下所施大梁或乳栿的长度相同，草栿向室外的一端，要穿过外檐铺作直抵橑檐方里皮处为止。若在屋内两山梢间中，则应施安丁栿。位于山面前后转角开间的丁栿之上，还会另外施以抹角栿，抹角栿的另外一端与梢间前后檐处所施草栿相交。

（隐衬角栿）

凡角梁之下[①]，又施隐衬角栿[②]，在明梁之上[③]，外至橑檐方，内至角后栿项[④]；长以两椽材斜长加之[⑤]。

【注释】

①凡角梁之下：原文为"凡角梁下"，梁注本补为"凡角梁之下"。

②隐衬角栿：梁注："隐衬角栿实际上就是一道'草角栿'。"似为附属于房屋角梁之下的一根加强性构件。释为"隐衬角栿"，是因其贴加、补衬于角梁之下，隐于房屋转角的角梁结构之内，外观看不到，故也无须做艺术的加工处理。现存实例中，尚未发现与《法式》文本所称"隐衬角栿"相一致的构件。隐，原文为"檼"，梁注本改为"隐"。

③明梁：意即与草栿相对应的"明栿"，可能是乳栿，或檐栿，但应为月梁形式。

④内至角后栿项：梁注："这几个字含义极不明确。疑有误或脱简。"从字面推测，"角后栿项"意为"角后栿之端头"。"角后栿"，应不是一种构件名称，而是一根构件所处的位置。其意似为转角铺作上所承角梁之后的梁栿。若此推测成立，则这根"角后栿项"可能伸至房屋梢间内柱柱头之上。这根柱头上的枓栱，会承托一根檐栿的梁首（或梁尾）。隐衬角栿伸至这根梁之梁首（或梁尾）的端头（角后栿项），既起到了将外檐转角结构与屋内梢间柱及

其上檐栿拉结在一起的作用;又起到了负担其上的角梁荷载,以承托房屋翼角的作用。

⑤长以两椽材斜长加之:隐衬角梁之尾当在一个进深两椽架(一根乳栿)之前檐廊(或后檐廊)的屋内柱柱头之上。从长度看,这根隐衬角栿位于外檐角柱与内檐梢间屋内柱之间所构成的矩形平面的对角线上,故称“长以两椽材斜长加之”。其平面投影,大约与转角结构中常见的递角梁相重叠。

【译文】

凡在角梁之下,又施以隐衬角栿时,其角栿位于明栿之上,隐衬角栿的外端仍直抵橑檐方里皮,其里端则伸至与角柱在一条斜线上的梢间屋内柱柱头之上的角后栿之端头处;这一隐衬角栿的长度,相当于前后檐廊或两山所施两椽乳栿所围成之矩形的对角线长度,故其所用木材长度应以两椽材长所围之矩形的斜长加之。

(衬方头)

凡衬方头[①],施之于梁背耍头之上[②],其广厚同材。前至橑檐方,后至昂背或平棊方。如无铺作,即至托脚木止[③]。若骑槽[④],即前后各随跳[⑤],与方、栱相交,开子荫以压枓上[⑥]。

【注释】

①衬方头:衬方头施于与铺作相交之梁背上所安耍头之上,即外檐铺作最上一层的位置上。其断面尺寸恰为1材,前端伸至橑檐方,后端与昂背相切,或伸至内檐的平棊方。《法式》卷第四有关枓栱的行文,并未提及“衬方头”这一构件。卷第十七《大木作功限一》“殿阁外檐补间铺作用栱、枓等数·自八铺作至四铺作各通用”条中,将衬方头与栌枓、令栱、耍头等并列叙述,并将其

归在铺作构件体系内："衬方头，一条；（足材，八铺作、七铺作，各长一百二十分°；六铺作，五铺作，各长九十分°；四铺作，长六十分。）"这是《法式》行文中提到"衬方头"，并给出较为详细描述之处。

②梁背要头之上：这里的"梁背"，似指柱头铺作缝上插入外檐铺作之中的梁首上皮。在有些情况下，其梁首伸入枓栱后以一材的截面形式而成为外檐铺作的组成部分，梁背之上可能会有要头，衬方头则会施于这一要头之上。

③如无铺作，即至托脚木止：其文意为，在没有外檐铺作的情况下，衬方头内侧一端会伸至房屋檐栿梁背之上承托房屋下平槫（或牛脊槫）的托脚木处。托脚木，宋式营造中在房屋屋顶梁架之各层梁的两端所施的用以承托梁端，防止其梁发生位移的斜木方。

④骑槽：指衬方头横跨外檐柱缝（即槽）的做法。

⑤前后各随跳：指衬方头里外的长度，应与铺作里跳与外跳之最外一跳所悬出的距离相当。

⑥子荫：指若衬方头与栱、方相交，应在衬方头与栱、方相交处的下方开出较浅的凹槽，以与其下承托栱或方的枓相契合。参见卷第四《大木作制度一》"栱・开栱口之法"条相关注释。

【译文】

凡是衬方头，可施之于伸入外檐铺作中梁首上的要头之上，衬方头截面的高度与厚度相当于其屋所用材的高度与厚度。衬方头之前端，延至橑檐方里侧，后端则伸之昂背，或直抵室内的平棊方处。如果没有铺作，其衬方头的里侧，则可延至屋内最下一层平槫与梁端相交处所施的托脚木处。如果衬方头两端跨越外檐柱槽缝，则其方前后各随铺作的里外跳最上一层的跳头，若与方、栱相交，则应在相交处之衬方头下侧开出浅凹槽，以与承托栱或方的枓相契合。

（平棊之上）

凡平棊之上，须随槫栿用方木及矮柱敦㮇[1]，随宜枝樘固济[2]，并在草栿之上[3]。凡明梁只阁平棊[4]，草栿在上承屋盖之重。

【注释】

①随槫栿："槫"与"栿"是互为横竖垂直方向的两种屋顶结构构件。这里的"随槫栿"，指的是其所用方木及矮柱敦㮇，包括了梁栿之上与平槫之下两个方向的方木与短柱。矮柱敦㮇（tiàn）：《法式》行文中不止一次提到"矮柱敦㮇"，本卷"栋"条谈到"牛脊槫"，有："安于草栿之上，至角即抱角梁，下用矮柱敦㮇。"疑指位于梁栿之间，用于支撑或垫托的短柱或木方。敦㮇，竖立之柱。

②枝樘（chēng）固济：意为起到支撑与加固的作用。枝樘，即支撑。樘，梁注："含义与'撑'同。"

③草栿之上：梁注："这些方木短柱都是用在草栿之间的，用来支撑并且固定这些草栿的。"

④只阁平棊：意为明栿的作用，只是用来承托平棊，并不承担屋盖的荷载。阁，有"架起""支撑"之义。

【译文】

凡平棊（或平闇）之上，须因应屋顶结构中之平槫与梁栿的布置，使用方木及短柱敦㮇，并将这些方木、短柱随宜做支撑与加固的处理，这些方木与短柱都施于草栿之间的屋顶梁架之中。凡是露明的梁栿，只是起到承托平棊或平闇的作用，草栿在平棊或平闇之上承托屋盖的荷载重量。

（平棊方）

凡平棊方在梁背上[1]，其广厚并如材，长随间广。每架下平棊方一道[2]。平闇同[3]。又随架安椽以遮版缝。其椽，若殿宇[4]，广二寸五分，厚一寸五分；余屋[5]，广二寸二分，厚一寸二分。如材小，即随宜加减。绞井口并随补间[6]。令纵横分布方正。若用峻脚[7]，即于四阑内安版贴华[8]。如平闇，即安峻脚椽[9]，广厚并与平闇椽同[10]。

【注释】

①平棊方：承托殿堂式建筑室内天花平棊的长条形木方，其截面与其屋所用材的断面高度与厚度相同。

②每架下平棊方一道：梁注："平棊方一般与槫平行，与梁成正角，安在梁背之上，以承平棊。"

③平闇：是以小方格组成的室内天花。梁注："平闇和平棊都属于小木作范畴。"

④殿宇：这里似是对宋式营造中殿阁式与厅堂式等高等级建筑的泛称。

⑤余屋：当是对除了殿阁式与厅堂式等高等级建筑之外一般屋舍的泛称。

⑥绞井口：梁注："'井口'是用桯与平棊方构成的方格；'绞'是动词，即将桯与平棊方相交之义。"梁先生所说的"桯"，疑即指这段行文中所说的"椽"。

⑦峻脚：室内所悬之较低的平棊或平闇与较高的平棊或平闇之间的相邻处，出现的由倾斜的木方及格版组成的倾斜式天花。

⑧四阑：指由绞井口处四面峻脚椽组成的四条斜置的井口边际。安版贴华：在四阑之内的平棊格中安平棊版，并在版底贴饰华文。

⑨峻脚椽：于四阑倾斜式天花处安置的斜向木方，其形式类如屋椽。

⑩平闇椽：四阑之内平置的平闇天花中组成平闇小方格的条形木方。

【译文】

凡平棊方都施于明梁的梁背之上，平棊方的截面高度与厚度与其屋

所用材的高度与厚度相同，方的长度与房屋开间的间广尺寸相同。在每一槫架之下都应施一道平棊方。平闇也一样。同时，平棊或平闇还应随槫架施安椽，以遮蔽平棊或平闇版的版缝。其椽的尺寸，如果是等级较高的殿阁堂宇，截面高度为2.5寸，厚度为1.5寸；如果是等级稍低的余屋，则截面高度为2.2寸，厚度为1.2寸。如果其屋所用的材分°值较小，则其椽的截面尺寸也应随宜加减。**平棊或平闇的绞井口方格，都需要与补间铺作缝相对应。**要使得其井口方格纵横分布，形式方正。如果需要用斜面的峻脚，就在四阑之内的方格上安平棊版，格内版底贴饰华文。如果是平闇，在四阑峻脚处应安峻脚椽，峻脚椽的截面高度与厚度都与平闇椽的截面高度与厚度相同。

（额与地栿）

【题解】

额，本义为人之面部上端，古人借以喻指房屋或门窗上的构件，如大木作中的檐额、阑额，或小木作中的门额、窗额等。檐额、阑额、屋内额等，属于房屋屋身结构部分，主要用于房屋檐柱或屋内柱柱头间的连接。

与“额”比较接近的构件是地栿。如果说，“额”主要是起到柱头之间的连接作用，那么“地栿”则主要起到柱根之间的连接作用。与之相类的构件，还有施于柱子中间的腰串。三者都能够起到加强屋柱之间联系的作用，以形成较为稳固的屋身结构。

与大木作中的梁栿一样，阑额的断面高厚比亦为3∶2。阑额之广（截面高度）为2材（30分°），其厚为广的2/3，则厚为20分°。但是，如果房屋外檐柱间不施补间铺作，则其阑额厚度为其广之半，即厚15分°，这时阑额的高厚比为2∶1。

檐额是与房屋通面广长度相当的长大之额，檐额横跨于前檐柱顶之上，类如一根纵贯檐下柱顶上的长梁；但其功用仍与施于柱头之间的阑额相去不远。

施于檐额之下的绰幕方，很可能是清式营造中常见的雀替之前身，但二者之间亦有区别。雀替，虽以榫卯入柱，但难以起到缩短额枋之跨距的结构性作用，更多的是视觉上的装饰性功能。而绰幕方，却能够起到承托其上檐额重量及檐额上所承荷载的结构性作用。

从历史图像中可知，唐代以前的殿阁楼台中，在前檐柱顶的阑额之下多施以由额，这种做法，与清式建筑中在大额枋下施以小额枋、两者之间再连以由额垫版的做法多少有些类似。但是，在阑额下施用由额的做法，在宋式营造中已不多见。一般情况下，宋式殿阁建筑副阶檐柱的阑额之下，无须施用由额。但是，在无副阶的单檐殿堂（或厅堂）檐柱的阑额之下，仍有可能施加由额。

至于"地栿"，在现存北方宋辽金时期遗构中，已难见实例。南方晚近建筑，仍有使用地栿的做法。其原因可能是，在寒冷的北方地区，房屋之北墙及两山多以厚重的砖（或土坯）墙体围合，屋身结构十分稳定强固，故无须再增设地栿；而在气候温润的南方地区，房屋墙体或用版壁、竹笆，或四面透空，结构上似乎显得轻盈一些，故多设地栿以增强屋身结构的强度及稳定性。

阑额

（造阑额之制）

造阑额之制[①]：广加材一倍[②]，厚减广三分之一[③]，长随间广，两头至柱心[④]。入柱卯减厚之半[⑤]，两肩各以四瓣卷杀[⑥]，每瓣长八分°。如不用补间铺作，即厚取广之半[⑦]。

【注释】

①阑额：施于外檐柱柱头之间，起到联系两柱，并承托其上补间铺作

及檐口荷载的木方。梁注:"'阑额'是檐柱与檐柱之间左右相联的构件,两头出榫入柱,额背与柱头齐。清式称'额枋'。"阑,其义近"拦"或"栏"。南宋朱熹《论语集注》:"阑也,所以止物之出入。"

②广加材一倍:这里的"广",指的是阑额的截面之高,其高相当于其屋所用材的2倍,即为30分°。

③厚减广三分之一:阑额截面的厚度为其高度的2/3,故可知阑额与其屋所用材的厚度相同,为20分°。

④两头至柱心:梁注:"指两头出榫到柱的中心线。"

⑤入柱卯减厚之半:指阑额伸入柱中之卯的厚度为阑额厚度的一半,则其卯厚10分°。

⑥两肩各以四瓣卷杀:梁注:"阑额背是平的。它的两'肩'在阑额的两侧,用四瓣卷杀过渡到'入柱卯'的厚度。"这里的"两肩",指的是阑额入柱前之两端的里侧与外侧。其入柱两端之两侧,各从额之厚度向卯之厚度分以四瓣卷杀。

⑦如不用补间铺作,即厚取广之半:梁注:"补间铺作一般都放在阑额上。'如不用补间铺作',减轻了荷载,阑额只起着联系左右两柱头的作用,就可以'厚取广之半',而毋需'厚减广三分之一'。"即若阑额之上不施补间铺作者,则其阑额厚度会适当减薄。这时阑额厚度为其截面高度的1/2,即其厚为15分°。

【译文】

营造阑额的制度:阑额的截面高度为其屋所用材之高度的两倍,以其材高15分°,则阑额高为30分°;阑额的截面厚度为减去其高度1/3,即其厚为其高的2/3,厚为20分°;阑额之长,随开间之广,额之两头伸至左右两柱的柱心。入柱之卯的厚度,减阑额厚度的一半,则其卯厚为10分°;额之两肩,即阑额的内、外两侧各分为四瓣卷杀形式,每瓣的长度为8分°。如果在阑额之上不施补间铺作,则其额之厚度取额之截面高度的一半,即厚度为15分°。

（檐额）

凡檐额[1]，两头并出柱口[2]；其广两材一栔至三材；如殿阁即广三材一栔或加至三材三栔[3]。檐额下绰幕方[4]，广减檐额三分之一[5]，出柱长至补间[6]，相对作楷头或三瓣头[7]。如角梁[8]。

【注释】

①檐额：梁注："檐额和阑额在功能上有何区别，'制度'中未指出，只能看出檐额的长度没有像阑额那样规定'长随间广'，而且'两头并出柱口'；檐额下还有绰幕方，那是阑额之下所没有的。在河南省济源县济渎庙的一座宋建的临水亭上，所用的是一道特大的'阑额'，长贯三间，'两头并出柱口'，下面也有'广减檐额三分之一，出柱长至补间，相对作楷头'的绰幕方，因此推测，临水亭所见，大概就是檐额。"以梁先生的推测，檐额疑是通贯房屋某个立面上诸檐柱柱头之上的阑额。其断面高度为2材1栔（36分°）至3材（45分°）。

②两头并出柱口：指檐额两端伸出房屋两侧梢间柱子的外皮之外，各自形成一个出头。

③殿阁：这里的"殿阁"，泛指宋代营造中的高等级殿堂或殿阁建筑。这种建筑一般的特征是内外柱同高，柱头之上有一个铺作层，梁栿会分为明栿与草栿，室内屋顶一般都会施以平棊或平闇。

④绰幕方：梁先生又注："绰幕方，就其位置和相对大小说，略似清式中的'小额枋'。'出柱'做成'相对'的'楷头'，可能就是清式'雀替'的先型。"

⑤广减檐额三分之一：指绰幕方的截面高度是减去檐额截面高度1/3之后的高度，即绰幕方截面高度为檐额截面高度的2/3，则一

般情况下，其广24分°或30分°，若殿阁上用，其广为34分°或42分°。

⑥出柱长至补间：指绰幕方伸出柱头之外的长度，要延至补间铺作处。但这里没有给出延至补间铺作的什么位置。未知是延至补间铺作泥道栱的端头，还是慢栱的端头。

⑦相对：指左右两柱柱头处所伸出的绰幕方及其楷头相对而置。楷（tà）头：其形式略如将一个方木尽端斫为一个斜抹的端头。三瓣头：指将绰幕方的端头雕琢为三道曲线相连的形式，其形式类如房屋翼角之大角梁底部端头的做法。

⑧如角梁：指绰幕方的端头，刻为类似大角梁端头底部之三卷头的形式。

【译文】

凡是与房屋通面广长度相当的檐额，其两尽端的端头都要伸出柱头外皮之外；檐额的截面之高为其屋所用材之2材1栔（42分°）至3材（45分°）的高度；若是在高等级的殿阁式房屋中使用檐额，则其额截面之高为其屋所用材之3材1栔（51分°）或者加到3材3栔（63分°）的高度。檐额之下用绰幕方，其方的截面高度为减去檐额截面高度1/3后的高度，即其高为檐额高度的2/3（则其高分别约为28分°、30分°、34分°和42分°不等）；从柱头所出之绰幕方的长度，需延至补间铺作处；两个相向而对的绰幕方的端头，一般可以斫为楷头的形式，或雕镌为三瓣头的形式。略如大角梁端头底部之三卷头曲线。

（由额）

凡由额[1]，施之于阑额之下。广减阑额二分°至三分°。出卯、卷杀，并同阑额法。如有副阶[2]，即于峻脚椽下安之[3]。如无副阶，即随宜加减，令高下得中。若副阶额下，即不须用[4]。

【注释】

①由额：在宋式营造的《法式》术语中，凡在既有构件基础上增加一个相类构件时，会称其为"由×"。如转角铺作角昂之上，增加一昂，称为"由昂"。同理，在阑额之下，再增一额，可称"由额"。故由额施于阑额之下。其断面高度（广）减阑额2～3分°。以阑额一般高为2材（30分°），则由额断面高度约为27～28分°。

②如有副阶：若为有副阶的殿阁或殿堂式建筑。这里并不是指副阶柱上之额，而是指在有副阶的情况下，其殿身上所施阑额或由额的情况。

③峻脚椽：指有平棊或平闇的殿阁式或殿堂式房屋室内平棊所施峻脚椽，即若是在有副阶的殿堂建筑中，其由额应施安于殿身柱之室内平棊或平闇的峻脚椽下。

④若副阶额下，即不须用：即使是高等级的殿阁或殿堂式建筑，其副阶檐柱之间，也仅施以阑额，而不必施以由额。

【译文】

凡所谓由额者，指的是施于两柱之间柱头处所施阑额之下的长条形木方。由额的截面高度，要比其上所施阑额的截面高度减少2分°至3分°。但由额之两端所出榫卯，两肩入柱前所施卷杀，都与阑额的做法相同。如果其殿屋是有副阶的，则其由额可施安于殿屋之内所悬平棊的峻脚椽之下。若其殿屋没有副阶，则其由额所施位置可随宜加减，只要使其高下的位置适中即可。但若是在副阶檐下，则其阑额之下不必施用由额。

（屋内额）

凡屋内额[①]，广一材三分°至一材一栔[②]；厚取广三分之一[③]；长随间广，两头至柱心或驼峰心[④]。

【注释】

①屋内额：指殿阁式或厅堂式建筑的内柱柱头之间所施的长条形木方。梁注："从材、分°大小看，显然不承重，只作柱头间或驼峰间相互联系之用。"

②广一材三分°至一材一栔：指屋内额的截面高度为其屋所用材的1材3分°（18分°）至1材1栔（21分°）。

③厚取广三分之一：指屋内额的截面厚度为其截面高度的1/3，即其厚6分°至7分°。可知屋内额的断面尺寸比较单薄，故其只起联系作用，不会起承重作用。

④柱心：指屋内柱的中心。驼峰心：驼峰系宋式营造中的一种垫托性构件，多施于梁栿之上的平槫缝之下，以承其上槫架；或施于屋内额上所施的枓栱之下，以承其上的梁或方。疑这里所指伸入驼峰厚度之中心的木方，也可以称作"屋内额"。故屋内额的长度，可随其所施之屋内柱开间间广而定。然而，在两驼峰间施屋内额之做法，尚未见实例。

【译文】

凡殿阁或厅堂室内柱柱头之间所施的屋内额，其额的截面高度为其屋所用之材的1材3分°至1材1栔；其额的截面厚度为其额截面高度的1/3；屋内额的长度为其房屋室内柱子之间的间广距离，其额两个端头的榫卯应伸至两柱的柱心，或两柱柱缝之上所施驼峰的中心。

（地栿）

凡地栿①，广加材二分°至三分°②；厚取广三分之二③；至角出柱一材④。上角或卷杀作梁切几头⑤。

【注释】

①地栿：施于柱与柱之间的柱根部位的长条形木方，其形式类如梁

栿，故称“地栿”。梁注：“地栿的作用与阑额、屋内额相似，是柱脚间相互联系的构件。宋实例极少。现在南方建筑还普遍使用。”

②广加材二分°至三分°：原文为“广如材二分°至三分°”，傅合校本：改“如”为“加”。陈注：“‘如’疑为‘加’，故官本作‘加’。”又梁注：“原文作‘广如材二分°至三分°’。‘如’字显然是‘加’字之误，所以这里改作‘加’。”其意为地栿的截面高度为其屋所用材的1材2分°（17分°）至1材3分°（18分°）。

③厚取广三分之二：指地栿的截面厚度为其截面高度的2/3，即其厚为11.3分°至12分°。

④至角出柱一材：若地栿的一端与房屋平面转角中的角柱相接，则其栿应伸出角柱柱根之外，伸出柱外的长度为1材（15分°）。

⑤上角：这里的“角”，指的是伸出角柱之外的地栿尽端的上棱，及地栿外端的上角。卷杀作梁切几头：将地栿外端的上角做卷杀的处理，其卷杀形式类如将梁之端头斫作切几头的形式。

【译文】

凡在柱子之间的柱根位置施以地栿，其栿的截面高度为其屋所用材的1材2分°至1材3分°；其栿之厚度相当于其栿截面高度的2/3；若地栿与房屋转角处的角柱相接，其栿应伸出角柱根部之外1材的长度。其栿伸出角柱柱根之外的端头上角或做卷杀，其卷杀的外观类如对出头之梁首所做的切几头形式。

柱其名有二：一曰楹，二曰柱

【题解】

柱，最早见于《尚书·夏书·禹贡》中所言“底柱”；《史记·夏本纪》中又引其文，但用为“砥柱”。两处所指，均似为地名。《尔雅》：“楮，柱

也。”“楮”之义，为柱底，或柱下之础。柱，似由最初的“柱底”之义，渐次引申为房屋的立柱。

楹，最早见于《诗经·小雅·斯干》：“殖殖其庭，有觉其楹。”《诗经·小雅·斯干》的主题是“筑室百堵”，故这里的“楹”，当指房屋的柱楹。

宋式营造中的“柱”，一般为粗而长、截面为圆形的木构件，《法式》行文中给出了殿阁、厅堂、余屋所用柱子的直径：

殿阁，柱径2材2栔（42分°）至3材（45分°）；

厅堂，柱径2材1栔（36分°）；

余屋，柱径1材1栔（21分°）至2材（30分°）。

每座房屋所用柱之直径，当按其所用材等的不同而有所变化。如殿阁用一等材，分°值为0.06尺；则其柱径约为2.52尺至2.7尺；如厅堂用二等材，分°值为0.055尺，则其柱径约为1.98尺；若余屋用四等材，其分°值为0.048尺，则其柱径约为1.008尺至1.44尺。

但《法式》文本中未给出柱高尺寸，亦未给出求取柱高的方式，只是给出了三个基本原则：

一，厅堂等屋内柱，依屋顶举折之势，确定其柱长短；

二，屋内柱长短，以房屋下檐檐柱长短尺寸为基础而定；

三，若为主要建筑附属的周匝副阶，或廊舍，其下檐檐柱尺寸，不论多长，似也不应超过其（当心间）间广尺寸。

这里的“下檐柱虽长不越间之广”，似有十分重要的立面比例控制意义。或可推测，依照这一原则，宋式建筑，比较接近人之视线的房屋副阶檐柱的柱高尺寸，原则上应该小于或等于其（当心间）间广尺寸。

这一原则或也适用于单檐殿堂或厅堂建筑外檐檐柱的柱高。如辽代遗构辽宁义县奉国寺大殿，一座单檐九开间大殿。其当心间间广尺寸，恰与其檐柱的平柱高度尺寸相当。唐代遗构五台佛光寺大殿，是一座单檐七开间大殿，其当心间间广尺寸与其檐柱平柱柱高尺寸亦很接近。开间较少的单檐殿堂，如唐代的五台南禅寺大殿，或辽代的蓟县独乐寺山门，其前檐平柱高度，明显小于当心间间广尺寸。这些单檐建筑，也都大体上遵循了“下檐柱虽长不越间之广”的基本比例原则。

此外，《法式》行文中还给出了两个概念：平柱与角柱。平柱者，当心间两柱；角柱者，转角之柱。与之相关的是外檐柱子的生起问题，即柱子高度自当心间平柱向两侧角柱的生起做法，是叠进渐次增加的。

在外檐柱生起的做法中，还提到了另外两个原则：一，升高之趋势要“令势圜和”；二，逐间大小不同，即随宜加减。例如，开间间广若明显减小，则其生起高度似亦应略有所减。

将柱两头卷杀，使柱两头较细，中段较粗，略似梭形的做法，在日本飞鸟与奈良时代的古建筑遗存中可以看到。相信中国南北朝时期的建筑中，亦采用这种梭柱卷杀方法。南方民间建筑中，应是沿袭了这些早期做法。

除了柱身卷杀之外，宋式营造中，与柱子相关的做法，还有一个侧脚问题。但实际施工中，侧脚的具体推算，究竟是以柱脚之中心为标准，将柱首向内？还是以柱首之中心为标准，将柱脚向外？似乎是由工匠在现场确定的。

侧脚的基本原则是，每一柱在正面（东西相向），各向内作1%的倾斜（如柱高1.5丈，其斜1.5寸）；在侧面（南北相向），各作0.8%的倾斜（如柱高1.5丈，其斜1.2寸），从而形成向室内中心点的空间倾斜，以增加房屋的整体稳定性。这一做法似为宋式营造过程中不可或缺的一个程序。

侧脚的具体实施，需要通过下侧脚墨来操作。换言之，通过下直角墨，使得其柱脚、柱首与柱中垂线各有了东西向1%、南北向0.8%的倾斜面，而其柱脚与柱首本身，与柱础顶面却是完全平行的。

若是多层楼阁或塔，每层的柱子都各有其侧脚，即每层柱子的侧脚，是以该层柱脚之下的柱首（下层柱的“柱上”）为基准向内倾侧的；如此，则从整体上保证了各层结构向中心的倾斜，以增强这一多层结构的整体强度与稳定性。

此外,依据这一规则反推,似也可以将前文所述之单层房屋的侧脚做法,理解为是以其柱脚之下的柱础为基准向内倾斜的。这样其柱础在平面柱网中各自的准确定位,就比较容易把控了。

(用柱之制)

凡用柱之制[①]:若殿阁[②],即径两材两栔至三材[③];若厅堂柱即径两材一栔[④],余屋即径一材一栔至两材[⑤]。若厅堂等屋内柱[⑥],皆随举势定其短长[⑦],以下檐柱为则[⑧]。若副阶廊舍[⑨],下檐柱虽长不越间之广[⑩]。

【注释】

①用柱之制:指宋式营造中各种殿堂与屋舍的用柱制度。梁注:"'用柱之制'中只规定各种不同的殿阁厅堂所用柱径,而未规定柱高。只有小注中'若副阶廊舍,下檐柱虽长不越间之广'一句,也难从中确定柱高。"

②殿阁:原文"殿间",梁注本改为"殿阁"。傅合校本:改"间"为"阁"。这里的"殿阁",更像是指宋式营造中的一种建筑类型,即最高等级的建筑,其特征是内外柱同高,可能有周匝副阶,殿身柱柱头之上有一层相互连接的铺作层。

③径两材两栔至三材:指殿堂式建筑,其所用柱之径为其殿屋所用材的2材2栔(42分°)至3材(45分°)。

④厅堂:这里的"厅堂",亦似指宋式营造中的一种等级相对比较高的建筑类型,其特征是内外柱不同高,一般没有周匝副阶,室内多为彻上明造,枓栱无法形成一个铺作层,外檐柱头上所施乳栿的里端多插于屋内柱柱身之上。径两材一栔:指厅堂式建筑,其所

用柱之径为其厅屋所用材的2材1栔(36分°)。

⑤余屋:这里的“余屋”,似指宋式营造中除了殿阁式与厅堂式等高等级建筑之外的一般房屋廊舍等建筑。余屋的建筑等级较低,一般用于建筑群中的辅助性屋舍。径一材一栔至两材:指余屋建筑,其所用柱之径为其屋舍所用材的1材1栔(21分°)至2材(30分°)。

⑥厅堂等屋内柱:凡称为“屋内柱”者,其屋当为厅堂或余屋之类等级稍低的建筑物,其屋内柱也多随举势有所生起。而殿阁等高等级建筑,其室内用柱称之为“殿身内柱”,以做区别。

⑦随举势定其短长:梁注:“‘举势’是指由于屋盖‘举折’所决定的不同高低。关于‘举折’,见下文‘举折之制’。”

⑧以下檐柱为则:这里虽然指的只是厅堂或余屋之屋内柱的柱高,是以其外檐柱的高度为一个标准,通过举势推算出来的,但也说明了在宋式营造中,下檐柱的高度在较高等级的建筑中,如在殿阁式建筑或多层楼阁建筑中,都可能会起到一个基本尺度参照的作用。

⑨副阶廊舍:指殿阁式建筑的副阶,或与殿阁或厅堂相互组合成为一个建筑群的连廊、屋舍。这些大致似可纳入“余屋”的范畴。

⑩下檐柱虽长不越间之广:这里虽然只是在说厅堂等的下檐柱,但亦带有一般意义,即殿阁之副阶柱或厅堂或余屋之外檐柱等最接近人之视线的檐柱,其柱高与柱间距是有一定比例的,这里给出的比例就是“柱虽长不越间之广”。这里所说的“间之广”,可能主要说的是当心间的“间广”。事实上,在许多情况下,其次间、梢间的间广尺寸,因为间广尺寸递减,可能会小于檐柱的柱高尺寸。

【译文】

凡殿阁、厅堂、屋舍等房屋的用柱制度:如果是殿阁,其殿屋所用柱的直径为其屋所用材的2材2栔至3材;如果是厅堂,其厅屋所用柱的直径为其屋所用材的2材1栔;如果是余屋,其舍屋所用柱的直径为其屋所用材的1材1栔至2材。如果是厅堂等建筑，其屋内柱会有所生起，故其屋内柱要随其屋顶的举折之势确定其长短，屋内柱的长短应以其屋外檐的下檐柱之长短为一个参照的标准。如果是殿屋的副阶廊舍组群中的连廊与屋舍，其下檐柱的长度不应超过其屋开间的间广。

（角柱生起）

至角则随间数生起角柱①。若十三间殿堂，则角柱比平柱生高一尺二寸②。平柱谓当心间两柱也③。自平柱叠进向角渐次生起，令势圜和；如逐间大小不同④，即随宜加减，他皆仿此。十一间生高一尺；九间生高八寸；七间生高六寸；五间生高四寸；三间生高二寸。

【注释】

①角：指的是房屋平面的转角处。随间数生起：所谓“生起”，是宋式营造术语。其意大致是将某一柱子的高度较相邻柱子的高度“拔高”一些。所谓“随间数生起”，就是“自平柱叠进向角渐次生起”，即以当心间平柱为则，向两侧渐次加长柱子高度，至角时柱子长度尺寸达最高值。至角后的角柱生起高度，是按照开间数累积的高度。梁注：“唐宋实例角柱都生起，明代官式建筑中就不用了。”角柱：房屋平面转角处所立柱，称“角柱”。有“生起”做法的宋式建筑，其角柱往往是其屋柱网中长度最长的外檐柱。

②平柱：一般指房屋正面当心间的左右两柱。这两根柱子是其屋柱网中长度最短的外檐柱，其他柱子的生起，是以这两根平柱为基数开始的。宋式建筑中两个山面的柱高也应有生起，但其位于进深方向中央一间的柱子，是否与前后檐当心间平柱的柱子高度一样，尚不确定。

③当心间：房屋正面或背面的正中间一间，相当于清式建筑中的“明间”。

④逐间大小不同：指房屋开间间广非均匀分布，而多是自中间的当心间向两侧的次间与梢间，其间广的尺寸呈递减的趋势。也有缺乏明显递减规律的非均匀开间分布做法。

【译文】

房屋至其转角处的角柱，需随房屋平面的间数，将其角柱的柱子高度加以提升。如果是通面广为十三间的殿堂，其前檐转角处的角柱，要比中间的平柱拔高1.2尺。所谓“平柱”，指的是当心间的左右两柱。以平柱的高度为基准，自平柱向两侧转角积叠累进渐次地拔高其相邻之柱，但要将拔高的态势尽可能保持圜和平稳；如果各个开间的间广大小不一，则其相邻柱子拔高的尺寸应作随宜的加减，其他情况下，则依仿这一做法。生起的高度是，若其通面广为十一间，至角的总生起高度为1尺；若为九间，至角的总生起高度为8寸；若为七间，至角的总生起高度为6寸；若为五间，至角的总生起高度为4寸；若仅有三间，其至角的生起高度仅为2寸。

（杀梭柱之法）

凡杀梭柱之法[①]：随柱之长，分为三分[②]，上一分又分为三分[③]，如栱卷杀[④]，渐收至上径比栌枓底四周各出四分°；又量柱头四分°，紧杀如覆盆样[⑤]，令柱头与栌枓底相副[⑥]。其柱身下一分[⑦]，杀令径围与中一分同[⑧]。

【注释】

①杀梭柱之法：梁注：“将柱两头卷杀，使柱两头较细，中段略粗，略似梭形。明清官式一律不用梭柱，但南方民间建筑中一直沿用，实例很多。”

②分为三分：将柱子整体在高度上作三段划分。

③上一分又分为三分：将柱子整体所分的三段划分中的上一段，即上一份再作进一步的三段划分。

④如栱卷杀：即如栱头卷杀一样，将经过划分的两段的端点之间做直线的连线，从而将在三段划分的基础上所形成的连线形成一个连续的折线，但其折线的连接应圜和。

⑤覆盆：类如覆盖于地的盆状形态。"覆盆"是宋式营造中经常遇到的一个术语。主要指的是圆形截面构件顶端的处理模式，如覆盆式柱础。这里是将柱子顶端雕镌成为覆盆的样式。

⑥令柱头与栌料底相副：原文为"令柱项与栌料底相副"，梁注本改为"令柱头与栌料底相副"。陈注：改"项"为"头"。

⑦柱身下一分：指柱子在整体高度上所做三段划分的下面一段。

⑧与中一分同：梁注："这里存在一个问题。所谓'与中一分同'的'中一分'，可释为'随柱之长分为三分'中的'中一分'，这样事实上'下一分'便与'中一分'径围相同，成了'下两分'径围完全一样粗细，只是将'上一分'卷杀，不成其为'梭柱'。我们认为也可释为全柱长之'上一分'中的'中一分'，这样就较近梭形。《法式》原图上是后一种，但如何杀法未说清楚。"

【译文】

凡为营作梭柱而将立柱做卷杀的方法如下：按照柱子的长度，将全柱做三段等分划分，上一段再进一步做三段等分划分，如同在栱头上做卷杀那样，在上一段的三段划分中，通过诸段划分之间做连线，渐渐向内收，收到最上一段之上端的柱径比栌料底四周各多出4分°；再从柱头顶端向下量出4分°，在这一高、宽各为4分°的范围内，做一紧杀式削斫，使其形如覆盆的式样，并使其紧杀之后的柱头顶端与其上所承栌料的底部尺寸相符。其柱整体划分之三段的下一段，也需作卷杀，使其柱子的直径与中一段的柱子直径相同。

（造柱下櫍）

凡造柱下櫍[①]，径周各出柱三分°[②]；厚十分°，下三分°为平[③]，其上并为欹[④]；上径四周各杀三分°[⑤]，令与柱身通上匀平[⑥]。

【注释】

①櫍（zhì）：施于柱子底面与柱础顶面之间的垫托性构件，以防止地面水分等对柱子造成侵蚀。梁注："'櫍'是一块圆木板，垫在柱脚之下，柱础之上。櫍的木纹一般与柱身的木纹方向成正角，有利于防阻水分上升。当櫍开始腐朽时，可以抽换，可使柱身不受影响，不致'感染'而腐朽。现在南方建筑中还有这种做法。"

②径周：指柱下櫍的圆周。

③平：柱下櫍分为平与欹两部分，柱櫍之"平"，位于櫍的下端，厚度为其屋所用材的3分°，其形式为一扁平的圆形。

④欹：柱櫍之"欹"，位于柱櫍之平的上面，为一向内凹的曲面状，类如枭曲线线脚，"欹"与"平"两者是连为一体的。

⑤上径四周各杀三分°：指柱櫍之欹的上端四周3分°的范围内向内做卷杀状。

⑥与柱身通上匀平：使柱櫍之欹的顶部与柱身底部均匀衔接，并使上下平整一致。

【译文】

凡营造房屋立柱之下的柱櫍，其櫍的圆周直径每面都要比柱脚底径多出3分°；柱櫍的厚度为其屋所用材的10分°，其中下面的3分°为柱櫍之平，平以上的部分均为柱櫍之欹；櫍之上径的四周各向内圜讹而入杀3分°，使櫍之上口与柱身通上匀平相接。

（侧脚）

凡立柱，并令柱首微收向内，柱脚微出向外，谓之侧脚①。每屋正面谓柱首东西相向者。随柱之长②，每一尺即侧脚一分③；若侧面④谓柱首南北相向者。每长一尺即侧脚八厘⑤。至角柱，其柱首相向各依本法⑥。如长短不定，随此加减。

凡下侧脚墨⑦，于柱十字墨心里再下直墨⑧，然后截柱脚柱首，各令平正。

若楼阁柱侧脚，只以柱以上为则⑨，侧脚上更加侧脚⑩，逐层仿此。塔同。

【注释】

①侧脚：梁注："'侧脚'就是以柱首中心定开间进深，将柱脚向外'踢'出去，使'微出向外'。但原文作'令柱首微收向内，柱脚微出向外'，似乎是柱首也向内偏，柱首的中心不在建筑物纵、横柱网的交点上，这样必将会给施工带来麻烦。这种理解是不合理的。"

②正面：这里的"正面"，指位于房屋南北中轴线上之主要殿阁或厅堂等房屋的正面，故指坐北朝南房屋之沿东西方向排布的柱列。

③每一尺即侧脚一分：这里的"分"，为尺、寸、分的"分"，故房屋正面柱子的侧脚，即其柱子顶端在东西方向的倾斜度，当取其柱高的1%。

④侧面：每屋的"侧面"，通常指坐北朝南房屋的东西两个山面，但在侧脚的处理中，则指凡南北向排布的柱列。由这一概念或可理解，其柱其实是在"正面"与"侧面"，同时都有侧脚处理的。

⑤每长一尺即侧脚八厘：意为房屋侧面柱列的侧脚，即其柱子顶端

在南北方向的倾斜度，当取其柱高的0.8%。

⑥至角柱，其柱首相向各依本法：意为角柱的做法与柱列中其他柱子的做法一样，既有沿房屋“正面”的东西向侧脚，又有沿房屋“侧面”的南北向侧脚。其实，每一根柱子的侧脚都是空间侧脚，其柱顶都向房屋平面的中心微微地倾斜。

⑦侧脚墨：指将已经修斫完成的标准柱身，在其柱底与柱顶按照侧脚的倾斜度所下的墨线，其目的是在柱脚与柱顶的顶面保持与地面及屋顶结构平行的状态下，使其柱身有轻微的倾斜。

⑧柱十字墨心：在柱子的底部与顶部画十字墨线，以确定柱底与柱顶的中心点，便于明确柱子在直立时的倾斜方向。下直墨：为了得到基于柱身倾斜角度而计算出的柱底与柱顶倾斜面所弹画的拟切割去除部分的边际墨线。梁注：“由于侧脚，柱首的上面和柱脚的下面（若与柱中心线垂直）将与地面的水平面成1/100或8/1000的斜角，站立不稳，因此须下‘直墨’，‘截柱脚柱首，各令平正’，与水平的柱础取得完全平正的接触面。”

⑨只以柱以上为则：梁注：“这句话的含义不太明确。（如按本条注①对“侧脚”的理解）‘柱以上’应改为‘柱上’，是指以逐层的柱首为准来确定梁架等构件尺寸。”陈注：“柱以上”之“以”：“故宫本无此字。”傅注：“柱以上”之“以”，衍文。三位前辈学者都认为此句应当改为“只以柱上为则”。

⑩侧脚上更加侧脚：即在楼阁建筑中，每一层的侧脚是独立计算的，上一层的侧脚，仍以下一层为基座，按照既有的侧脚规则进行侧脚的计算及实施。

【译文】

凡是为房屋结构树立屋柱时，都要将柱子的顶端微微向内倾斜，同时将柱子的根部微微向外推移，这样的做法称之为“侧脚”。每一殿阁厅堂屋舍的正面即柱子的顶端做东西相向的排布者。应随柱子的长度，每1

尺之长向柱列的中心倾斜1分；如果是殿阁厅堂屋舍的侧面即柱子的顶端做南北相向排列者。应随柱子的长度，每1尺之长向柱列的中心倾斜8厘。依照这一做法依次延伸到房屋转角部位的角柱之上，角柱的柱子上端之相向的方向及倾斜的程度，应各自依据如上的方法处理。如果柱子的长短不确定，应依照如上的方法做必要的增加或减少。

为保证柱子有准确的侧脚倾斜度，应在柱脚与柱首弹画侧脚墨，即在柱之底面与柱之顶面弹画出十字墨，以十字墨所确定的柱底与柱顶的圆心，依其柱在两个方向的倾斜角，在柱脚与柱首各弹画出拟切割部分的直线墨，然后截去柱脚与柱首之拟去除的部分，以令其柱底与柱顶保持平正。

如果是楼阁柱子做侧脚的处理，只以柱子以上为基准，每一层柱子各有其自身的侧脚，在下层侧脚之上，上层仍依其法做相同的侧脚，使得各层侧脚层层累加，每一层都按同一方法做侧脚。多层之塔也采用同样的做法。

阳马其名有五：一曰觚棱，二曰阳马，三曰阙角，四曰角梁，五曰梁抹

【题解】

中国古代建筑的主要特征之一，是其造型优雅端庄的屋顶。重要的高等级建筑，屋顶多为四注坡式的“五脊殿”，或带有厦两头造做法的“九脊殿”。此外，如多边形平面的亭阁建筑，还会出现多角坡形式的屋顶。凡有屋顶转角处理者，都不可避免地需要通过施于转角柱头或铺作之上的角梁来承托屋顶的翼角结构。

角梁，其实是一种俗称，宋式营造中更为正式的称谓为“阳马”。关于“阳马”五种不同名称，可见本书卷第一《总释上》“阳马”条的讨论。

阳马，即角梁。关于清式建筑的“角梁”，梁思成先生在《清式营造

则例》中有较为具体的定义:"'角梁'是向下倾斜,而在平面投影上也是斜角放置的木梁,与建筑物正侧面的檐桁各成四十五度角的。角梁共有两层,上层称为'仔角梁',伏在下层'老角梁'上面,其关系正同飞椽之伏在檐椽上面一样。"宋式建筑中的"角梁",亦有两层,上层角梁称为"子角梁",下层角梁称为"大角梁";不同的是,宋式屋顶角梁结构中,在子角梁之后,还会施以隐角梁。

大角梁是角梁中的主梁,其断面高度(广)为其屋所用材之分°的28分°至2材(30分°);断面厚度为18分°至20分°。例如,若殿阁建筑用一等材,其分°值为0.06尺,大角梁断面高度约为1.68～1.8尺,厚度约为1.08～1.2尺;若是采用三等材的厅堂式建筑,其分°值为0.05尺,其大角梁断面高度约为1.4～1.5尺,断面厚度则约为0.9～1尺。如此类推。

贴伏于大角梁之上的子角梁,其断面高度为其屋所用材之分°的18分°至20分°;其断面厚度,比大角梁的厚度减3分°,则应为15分°至17分°。

隐角梁,有点类似清式小角梁的后半段,其梁亦贴伏于大角梁背上,自子角梁尾即角柱中心向后延伸。自下平槫后,若再有接续者,则称为"续角梁"。

隐角梁断面高度为其屋所用材之分°的14分°至16分°;厚与大角梁相同,为18分°至20分°。或比大角梁略薄2分°,即厚16分°至18分°。

大角梁之长,从其下架檐头向后延伸至下平槫交角,以平面45°斜长,辅以由橑檐方至下平槫之标高差造成的高度方向斜长推算而出。

子角梁的长度明显小于大角梁。子角梁头随飞檐头向外伸至小连檐下,其梁尾向内斜至柱心。自角柱柱心缝接续的隐角梁之长,随架之广,由子角梁尾向后延至下平槫。其长度皆以平面与高度方向的斜长加之。

四注坡式屋顶的四阿式建筑,一般可归在殿阁式建筑范畴之内,四阿殿阁之特点,是"其角梁相续,直至脊槫,各以逐架斜长加之",这里其实引申出了“续角梁”的概念。

这里给出了四阿殿阁的进深与开间的大致关系。进深四椽、五椽者，一般为五开间；进深八椽者，可为七开间；进深十椽者，可为九开间。在一些特殊情况下，似亦应有进深八椽，仅为五开间者；亦可有进深十椽，仅为七开间者。虽然这里只给出了一个大致范围，但由此似可推测，房屋进深尺寸与开间间数之间，很可能存有某种关联性。

与清式歇山屋顶相类似的厦两头造做法，一般用于宋代厅堂式建筑中。其屋顶造型，是将两侧梢间在角梁处转过两椽（如果是亭榭建筑，则仅转过一椽）。如此，其屋顶最下两椽架，形式上为四坡顶，两椽以上，又形成两坡屋顶。若殿阁式建筑也采用这种厦两头造的屋顶形式，就称之为“九脊殿”，还可以称为“曹殿”，或“汉殿”。

宋式营造中的四阿式屋顶的殿阁似乎已经有了推山的做法，这一做法主要发生在进深较深且面广间数不够多的情况下。因为有了脊槫向外增出的情况，所以其最后一架之续角梁，并非沿着之前续角梁的45°直线延伸，而是呈斜向向外伸至两山山尖增出的脊槫头部。

开间与进深关系较为正常者，如进深四椽、六椽，开间五间；进深八椽，开间七间；或进深十椽，开间九间者，是否还需要采用在两山山尖增出脊槫之“推山”做法，《法式》行文中并未给出一个十分明确的说明。

（大角梁）

造角梁之制[①]：大角梁[②]，其广二十八分°至加材一倍[③]；厚十八分°至二十分°[④]。头下斜杀长三分之二[⑤]。或于斜面上留二分[⑥]，外余直[⑦]，卷为三瓣[⑧]。

【注释】

①造角梁之制：本节内容包括大角梁、子角梁、隐角梁及角梁之长

等。梁注："在'大木作制度'中造角梁之制说得最不清楚，为制图带来许多困难，我们只好按照我们的理解能力所及，作了一些解释，并依据这些解释来画图和提出一些问题。为了弥补这样做法的不足，我们列举了若干唐、宋时期的实例作为佐证和补充。"

②大角梁：宋式营造中的"大角梁"，是房屋转角之角梁及翼角结构体系中的主要承重构件，相当于清式建筑中的"老角梁"。

③加材一倍：大角梁的最大截面高度可以达到其屋所用材的2倍，即30分°。

④厚：因为大角梁的"广"是指大角梁的截面高度，故这里的"厚"其实是指大角梁的截面宽度。

⑤斜杀长三分之二：梁注："'斜杀长三分之二'很含糊。是否按角梁全长，其中三分之二的长度是斜杀的？还是从头下斜杀的？都未明确规定。"

⑥斜面上留二分：这里的"分"未知是材分°之"分°"还是比例之"分"。若理解为比例之"分"，结合上下文，疑指其斜面的上部留出2/3的高度，所余1/3的截面高度，再按其长度的2/3作角梁底部的斜杀。

⑦外余直：除了经过斜杀处理的部分之外，其余部分保持其直方截面的完整性。

⑧卷为三瓣：这里的"瓣"，当为圜曲的"瓣"，即将其角梁端头作三段曲圜式卷杀而形成的三卷瓣。

【译文】

营造大角梁的制度：大角梁，其截面高度为其屋所用材的28分°或至其屋所用材的2倍；其截面宽度为18分°至20分°。角梁头的下部要做斜向的卷杀处理，其斜杀的长度为其梁出头长度的2/3。或者在斜面上留出2/3的厚度，其余部分保持平直，并将所留部分斫为三卷瓣的形式。

（子角梁）

子角梁[①]，广十八分°至二十分°[②]，厚减大角梁三分°[③]，头杀四分°[④]，上折深七分°[⑤]。

【注释】

①子角梁：系施于大角梁之上的一根长条形木方，既有对大角梁结构强度的加强作用，也有使房屋翼角产生起翘的作用。相当于清式建筑中的“仔角梁”或“小角梁”。

②广十八分°至二十分°：子角梁的截面高度为其屋所用材的18分°至20分°。

③厚减大角梁三分°：子角梁的截面宽度比大角梁的截面宽度（18分°至20分°）要减少3分°，即子角梁宽15分°至17分°。

④头杀四分°：因子角梁当为一折线形木方，其端头向上翘起，故其角梁端头底部要削杀出一条高度为4分°的斜线。

⑤上折深七分°：为造成其端头向上的起翘，子角梁上部梁背要斫削为一个向上起折的折线，其上折的高度（弯折深度）为7分°。

【译文】

施于大角梁之上的子角梁，其截面高度为其屋所用材的18分°至20分°，其梁的横向宽度比大角梁的横向宽度要窄入3分°，子角梁端头的底部要斜杀一条尽端高为4分°的斜线，使其底部呈一向上翘起的斜面，子角梁的上皮，即其梁背上要斫削出一条向上起折的折线，使其梁背亦呈向上翘起状，而其上折的高度为7分°。

（隐角梁）

隐角梁[①]，上下广十四分°至十六分°[②]，厚同大角梁，或减二分°[③]。上两面隐广各三分°[④]，深各一椽分[⑤]。余随逐架接续[⑥]，隐法皆仿此[⑦]。

【注释】

①隐角梁：梁注："隐角梁相当于清式小角梁的后半段。在宋《法式》中，由于子角梁的长度只到角柱中心，因此隐角梁从这位置上就开始，而且再上去就叫做'续角梁'。这和清式做法有不少区别。清式小角梁（子角梁）梁尾和老角梁（大角梁）梁尾同样长，它已经包括了隐角梁在内。《法式》说'余随逐架接续'，亦称'续角梁'的，在清式中称'由戗'。"

②上下广十四分°至十六分°：指隐角梁的截面高度为14分°至16分°。

③厚同大角梁，或减二分°：指隐角梁的截面宽度与大角梁相同，即宽18分°至20分°，或比大角梁截面宽度窄入2分°，即16分°至18分°。故陈注："隐角梁截面是扁的？"

④上两面隐广：梁注："凿去隐角梁两侧上部，使其截面成'凸'字形，以承椽。"这里的"隐"，带有"消隐"之意，即上两面各向下隐入3分°的高度，故其"凸"字形截面下部较宽处所留的高度为11分°至13分°。

⑤深各一椽分：这里的"深"，指隐角梁上两面；这里的"一椽分"，当为将其屋所用椽之截面直径定为10分，其每侧凹入隐角梁内的深度为3分，以用来承托角梁上所施的椽尾。椽分，疑即其屋所用椽之直径的1/10。

⑥余随逐架接续：这里所说的"逐架接续"，指自下平槫后，若再有接续者，即所谓"余随逐架接续"者，则可称为"续角梁"。续角梁可能会依其屋诸平槫至角相交处的槫架接缝，即所谓"逐架"，向上延伸。

⑦隐法皆仿此：其意似乎暗示了，续角梁与隐角梁做法相同，也采用

了“上两面隐”其广的“凸”字形截面。

【译文】

隐角梁，其截面上下高度为14分°至16分°，截面宽度与其下的大角梁相同，或比大角梁的宽度减少2分°。隐角梁上部两面各向下消隐3分°的高度，其向隐角梁内消隐的深度为其屋所用椽之尺度的1椽分。隐角梁之后，随屋角槫架接缝，逐架向上接续，其接续之角梁上部的内隐方式与隐角梁做法相同。

（角梁之长）

凡角梁之长①，大角梁自下平槫至下架檐头②；子角梁随飞檐头外至小连檐下③，斜至柱心④。安于大角梁内⑤。隐角梁随架之广⑥，自下平槫至子角梁尾，安于大角梁中⑦。皆以斜长加之⑧。

【注释】

①角梁之长：梁注：“角梁之长，除这里所规定外，还要参照‘造檐之制’所规定的‘生出向外’的制度来定。”梁先生所指，当为本卷“檐·造檐之制”条：“其檐自次角补间铺作心，椽头皆生出向外，渐至角梁。”即房屋翼角椽在平面投影中有“生出向外”的曲线，其椽头生出向外的趋向是“渐至角梁”，故角梁之长应在其屋角既有的45°斜线基础上，再增加这一向外“生出”的长度。

②下架檐头：指其檐至角生出向外之檐椽的外端尽头。

③飞檐头：指其檐至角生出向外之檐椽上所施飞椽的外端尽头。小连檐：古代建筑檐口处之长条形三角截面连檐木方，分为大连檐与小连檐。小连檐当为施于飞椽头之上的长条形三角木方。

④柱心：梁注：“这‘柱心’是指角柱的中心。”

⑤安于大角梁内：梁注："按构造说，子角梁只能安于大角梁之上。这里说'安于大角梁内'，这'内'字难解。"

⑥随架之广：这里的"架"，指的是槫架，或清式建筑中所说的"步架"。这里的"架之广"疑指橑檐方缝至下平槫缝之间的距离。

⑦安于大角梁中：梁注："'安于大角梁中'的'中'字也同样难解。"

⑧以斜长加之：所谓的"斜长"似有两个层面的意思：其一是，其依槫架之广至角形成的45°投影斜线长度；其二是，其角梁沿屋角槫架的高度变化，形成的高低方向的斜线长度。故这里的"斜长"应该是一个空间斜长。

【译文】

关于角梁的长度，大角梁的长度是自下平槫缝至其下一架椽子的出挑檐椽端头；子角梁的长度则随之延伸到飞檐头外的小连檐之下，其尾部则斜伸到其屋转角处的角柱中心缝之上。小角梁尾安于大角梁内。隐角梁的长度则依随槫架之间的距离，自下平槫架缝延至子角梁尾，其尾亦安于大角梁中。无论大角梁、小角梁、隐角梁，都应在前述标准距离的基础上，以其45°斜线的平面投影及其随屋顶举折生起之标高差所造成的坡度斜线所形成的斜长，作为最后确定其梁长度尺寸的依据。

（四阿殿阁角梁）

凡造四阿殿阁[①]，若四椽、六椽五间及八椽七间[②]，或十椽九间以上[③]，其角梁相续[④]，直至脊槫[⑤]，各以逐架斜长加之。如八椽五间至十椽七间[⑥]，并两头增出脊槫各三尺[⑦]。随所加脊槫尽处，别施角梁一重[⑧]。俗谓之吴殿[⑨]，亦曰五脊殿[⑩]。

【注释】

①四阿：即四注坡，亦即四坡式屋顶，明清建筑中的庑殿式屋顶即为

四注坡,或称"四阿形式"。四阿屋顶建筑是一种高等级的建筑物,一般布置在一个重要建筑群的中轴线上。

②四椽、六椽五间:意为其殿屋的进深为4个椽架或6个椽架,面广为5个开间。八椽七间:其殿屋的进深为8个椽架,面广为7个开间。

③十椽九间:其殿屋的进深为10个椽架,面广为9个开间。

④角梁相续:接续于角梁之后的角梁,当为续角梁。

⑤直至脊槫:四阿式屋顶的角梁,一直延续到其殿屋的最高一缝平槫即脊槫处。脊槫,就是清式建筑中的"脊檩"或"脊桁"。

⑥八椽五间:其殿屋的进深为8个椽架,面广为5个开间。十椽七间:其殿屋的进深为10个椽架,面广为7个开间。

⑦两头增出脊槫各三尺:梁注:"这与清式'推山'的做法相类似。"如上两种情况的进深与面广之比较大,其续角梁与脊槫相交处所留出的正脊长度会明显较短,故需将脊槫的两头各向外增出3尺的长度。这一做法在古代建筑营造术语中称为"推山"。由此可知,宋代进深较大的四阿式屋顶建筑已经有推山做法。至明清时期,庑殿顶建筑推山做法已经十分常见。关于"推山",梁先生在《清式营造则例》中曾做过分析:"假使两山的坡度与前后的坡度完全相同,则垂脊的平面投影及四十五度角线上之立面投影都是直线。为求免去这种机械性的呆板,所以将正脊两端加长,使两山的坡度,较峻于前后坡度,于是无论由任何方面看去,垂脊都是曲线了。"

⑧别施角梁一重:由于屋顶脊槫向外增出造成的"推山"现象,其最后一个槫架上所施的续角梁,已经不是其下角梁与续角梁的直线延伸,而是出现一个向外的折线,故这里称"别施角梁一重",其意似指不是既有角梁之直线延伸的角梁。

⑨吴殿:梁注:"四阿殿即清式所称'庑殿','庑殿'的'庑'字大概是本条小注中'吴殿'的同音别写。"这显然是一个十分贴切的

解释。

⑩五脊殿：四阿式屋顶共由包括4条垂脊与1条正脊在内的5条脊，以形成“四注坡”的屋顶形式，故称“五脊殿”。

【译文】

凡营造四阿屋顶式殿阁，如果是进深为4个椽架、6个椽架，面广为5个开间，以及进深为8个椽架，面广为7个开间，或进深为10个椽架，面广为9个开间及以上者，其角梁之后接续以续角梁，直至屋架最高处的脊槫缝上，其续角梁各以逐架之间距的平面与空间的斜长确定其梁的长度。如果是进深为8个椽架，面广为5个开间，乃至进深为10个椽架，面广为7个开间的情况，其脊槫的两头需要分别向外各增出3尺的长度。随着脊槫所增加长度的尽端，要再施一重续角梁。这种四阿式屋顶的殿阁形式，俗语中称为“吴殿”，也有称其为“五脊殿”的。

（厦两头造九脊殿角梁）

凡厅堂若厦两头造[①]，则两梢间用角梁转过两椽[②]。亭榭之类转一椽[③]。今亦用此制为殿阁者[④]，俗谓之曹殿[⑤]，又曰汉殿[⑥]，亦曰九脊殿[⑦]。按《唐六典》及《营缮令》云[⑧]：王公以下居第并厅厦两头者[⑨]，此制也。

【注释】

①凡厅堂若厦两头造：原文“凡堂厅并厦两头造”，梁注本改为“凡厅堂若厦两头造”，并注：“相当于清式的‘歇山顶’。”陈注：改“堂厅”为“厅堂”。傅合校本改“并”为“若”。并注：“若，故官本‘并’作‘若’。四库本、张蓉镜本亦均作‘若’。”歇山屋顶，梁先生在《清式营造则例》中有过更为形象的表述：“由结构上看来，歇山可以说是庑殿和悬山联合而成的。假使把一个悬山顶，

套在庑殿顶之上，悬山的三角形垂直的山，与庑殿山坡的下半相交，即成为歇山。”

②两梢间：这里指房屋平、立面中最外侧的两个开间，相当于清式建筑中的“两尽间”。转过两椽：意为厅堂式厦两头造的做法，在两个山面是自两山檐柱缝向内各退入两个椽架的距离，其上形成厦两头造的屋顶形式。这与清式建筑歇山式屋顶，仅从两山檐柱缝向内退进一步架，其搏风版仅自山面檐柱缝向内收入一椽径的做法显然不同。

③亭榭之类转一椽：指亭榭之类建筑，若出现厦两头造做法，则其山面向内退入仅为一个椽架的距离。

④殿阁：《法式》中的“殿阁”或“殿堂”，是与厅堂不同的一种结构与建筑形式。这里特别提出“殿阁”，是说殿阁式与厅堂式都可能会采用厦两头造的屋顶形式。

⑤曹殿：“曹殿”本义不详，《北史·尉瑾传》中有：“子长寿，位右曹殿中尚书。”《册府元龟·台省部一》中亦有：“其六尚书分纠六曹吏部，统三曹吏部，掌褒崇选补等事，考功、掌考等及秀孝贡士等事，主爵掌封爵等事，殿中统四曹，殿中掌驾行百官，留守名帐，官殿禁卫，供御衣食等事仪，曹掌吉凶礼制事。”则“曹”似为一种略低于尚书的官阶；“殿中”似为官名。但“曹殿”在这里又似乎与官阶没有关联，只是一种建筑形式。

⑥汉殿：宋郭若虚《图画见闻志》：“设或未识汉殿、吴殿、梁柱、枓栱、叉手、替木……”将汉殿与吴殿并列，可知在宋人那里，“汉殿”与“曹殿”意思相同，且都是与吴殿可以并列相称的一种建筑类型或形式。从曹殿、汉殿、吴殿三种名称观察，似乎与三国时的魏、蜀、吴三国有所关联，是否可以猜测，曹殿或汉殿，是三国时北方宫廷中常见的建筑形式，而吴殿则是当时江南地区宫廷中常见的建筑形式，未可知。

⑦九脊殿：宋式营造中的厦两头造屋顶，与清式建筑中的歇山式屋顶十分相近。其主要特点是，有1条正脊、4条垂脊、4条戗脊，共9条屋脊线，故古人称之为“九脊殿”。

⑧《营缮令》：这里所说的“《营缮令》”，当指唐代的《营缮令》。《唐会要·舆服》：“准《营缮令》，王公已下，舍屋不得施重栱、藻井。三品已上堂舍，不得过五间九架，厅厦两头；门屋不得过五间五架。”

⑨王公以下居第并厅厦两头者：傅合校本：改“厅［廳］”为“听［聽］”。其注为：“听［聽］，据故宫本、四库本改。”若亦此句，则其意为：“王公以下居第，可以听任其屋做厦两头式屋顶。”似也可以说得通。此处从原文。

【译文】

凡厅堂式堂舍，如果采用了厦两头造的做法，则其两梢间要用角梁转过山面，使其在两山各收进两个椽架的距离。如果是亭榭一类的建筑采用了厦两头造的做法，则只需在两山各收进一个椽架的距离。今天也有将这种厦两头造做法用于更高等级的殿阁式建筑中的，俗语中称这种屋顶的殿阁为“曹殿”，又有人称其为“汉殿”，也有人称其为“九脊殿”。按照《唐六典》及《营缮令》中所说的：王公以下官员的居宅邸第，都采用了厅堂式厦两头造的做法，指的就是这种营造制度。

侏儒柱

其名有六：一曰棁，二曰侏儒柱，三曰浮柱，四曰棳，五曰上楹，六曰蜀柱。斜柱附其名有五：一曰斜柱，二曰梧，三曰迕，四曰枝樘，五曰叉手

【题解】

关于“侏儒柱”与“斜柱”的讨论，参见本书卷第一《总释上》“侏儒柱”条与“斜柱”条。“侏儒柱”，在宋式营造中使用更多的术语是“蜀

柱”；同样，“斜柱”在宋式营造中使用更多的术语是“叉手”。此外，同是屋顶梁架中出现的“托脚”与“叉手”之间，似有某种相似性，也归在斜柱范畴之内。

五台山佛光寺大殿所见唐代建筑脊槫下，在平梁之上仅施一组叉手，并无蜀柱之设，其叉手直接起到承托脊槫作用。宋式营造中的叉手，则安于蜀柱两侧，起到辅助蜀柱承托脊槫的作用。

屋顶脊槫下所施蜀柱的直径，是通过量其所用梁栿粗细，随宜加减而得出的。构架较雄硕者，蜀柱较粗拙；构架较细挺者，蜀柱亦较纤细。蜀柱两侧各顺脊槫下的平梁方向，随着屋顶坡度（举势）斜安叉手。

叉手断面尺寸，比其所撑扶的蜀柱直径并没有小多少。其尺寸选择，也取决于是施于高等级的殿阁建筑，还是施于等级较低的余屋建筑，两者之间是有差别的。如在殿阁建筑中，蜀柱断面直径为其屋所用材的1.5材（22.5分°），而其叉手的断面高度（广）为1材1栔（21分°）。

仍以其殿采用一等材计，分°值0.06尺，其蜀柱直径为1.35尺（22.5分°），而其叉手断面之广为1.26尺（21分°）。若用二等材，分°值0.055尺，则其蜀柱直径约为1.24尺，叉手断面之广约为1.16尺。

若是余屋建筑，其槫下蜀柱的直径，量栿厚加减，其叉手断面高度（广）约为17～18分°，厚度仍取其广的三分之一，约厚6分°。若用四等材，分°值为0.048尺，其蜀柱径为1.3材（19.5分°），约合0.94尺，叉手之广为18分°，约合0.86尺，叉手之厚则为6分°，约合0.29尺。以此类推。

与其脊槫下用蜀柱及叉手相对应，宋式屋顶的中平槫与下平槫缝上，也会各施斜柱，称为“托脚”。其方式是，自下一层梁首，向里斜安至上一层梁首，转过上层梁角，出卯直接抱托层梁所承之槫。

凡屋内彻上明造者，其脊槫下之蜀柱上需安枓，枓内安随间襻间。襻间广厚，恰为1材；襻间之长，随间之广。屋内所施襻间，可以是1材，也可以是2材。

若屋内施平棊（或平闇），则其屋槫之下所施襻间，称为“草襻间”。

而为草襻间时,需用全条木。

在脊槫下除了施于槫下的襻间之外,还可能在两缝梁架之上所立蜀柱之间施以顺脊串。襻间与顺脊串间的不同之处是:襻间安于蜀柱柱首的枓之上;顺脊串则需量所用蜀柱长短,于其中心安之。顺脊串之长,随间之广,且隔间用之。

梁上所施"矮柱",其柱径与其下和其相对且承屋梁之立柱的直径相同。矮柱的长短,随屋顶举势高下而定。显然,这里的"矮柱"与前文所提用以承托脊槫的蜀柱并不相同。

在这一节中,还提到了顺栿串,其断面高度为其屋所用材的一个足材(21分°),厚为其材之厚(10分°)。顺栿串的两端出柱,斫成丁头栱的形式以承其上之梁。或也可以斫为楷头形式。

(造蜀柱之制)

造蜀柱之制[①]:于平梁上[②],长随举势高下[③]。殿阁径一材半[④],余屋量栿厚加减[⑤]。两面各顺平栿[⑥],随举势斜安叉手[⑦]。

【注释】

①蜀柱:梁注:"蜀柱是所有矮柱的通称。例如勾阑也有支承寻杖的蜀柱。在这里则专指平梁之上承托脊槫的矮柱。清式称'脊瓜柱'。"

②平梁:宋式屋顶梁架结构中处于最上一层的梁,其长为两个椽架,其上承前后上平槫与脊槫。

③长:指平梁上所立蜀柱的高度。举势:以屋顶举折线推定的屋顶诸平槫的标高。

④殿阁径:指殿阁式建筑之屋顶平梁上所施蜀柱的直径。

⑤余屋量栿厚:意为除了殿阁以外,厅堂、亭榭、舍屋等房屋的蜀柱直径需要根据其下平梁的厚度确定。

⑥平栿:梁注:"即平梁。"

⑦叉手：梁注："叉手在平梁上，顺着梁身的方向斜置的两条方木，从南北朝到唐宋的绘画、雕刻和实物中可以看到曾普遍使用过。"

【译文】

营造屋顶梁架中所施蜀柱的制度：蜀柱施于脊槫之下，平梁之上；蜀柱的长度随房屋举势的高下而确定。殿阁式建筑屋顶，其所用蜀柱的直径为1.5材（22.5分°），除了殿阁式建筑之外的厅堂、亭榭、舍屋等建筑，其脊槫下所用蜀柱直径，应当通过量其所用梁栿的粗细尺寸随宜加减。蜀柱两侧分别顺着平梁的延伸方向，随屋顶坡度斜安叉手。

（造叉手之制）

造叉手之制①：若殿阁②，广一材一栔；余屋③，广随材或加二分°至三分°；厚取广三分之一。蜀柱下安合楷者④，长不过梁之半⑤。

【注释】

①造叉手之制：唐代殿阁式建筑脊槫下，平梁之上仅施一组叉手，并不施设蜀柱，其叉手直接起承托脊槫作用。宋式营造中，叉手安于蜀柱两侧，起辅助蜀柱承托脊槫的作用。

②殿阁：指殿阁式建筑屋顶梁架中所施叉手。

③余屋：指除了殿阁之外，厅堂、亭榭、舍屋等余屋建筑屋顶梁架中所施叉手。

④合楷：平施于平梁之上，起到支垫叉手作用的木方。

⑤梁：指施有蜀柱、叉手的屋顶平梁。

【译文】

营造屋顶梁架上之叉手的制度：如果是殿阁式建筑，其叉手的截面宽度是其屋所用材的1材1栔（合21分°）；除了殿阁之外的其他建筑，包括厅堂、亭榭、余屋等，其叉手的截面宽度，则是在其屋所用材高尺寸的基础上再增加2分°至3分°（即其广为17分°至18分°）；两种情况下的叉手厚度都取其宽度尺寸的1/3（则殿阁内叉手厚为7分°，余屋内叉手厚为约5.3分°至6分°）。如果在蜀柱之下再施以合楷，那么其合楷的长度不应超过其下平梁长度的一半。

（托脚）

凡中、下平槫缝[①]，并于梁首向里斜安托脚[②]，其广随材，厚三分之一，从上梁角过抱槫[③]，出卯以托向上槫缝[④]。

【注释】

①中、下平槫缝：宋式营造中屋顶结构中的平槫，除了脊槫之外，一般分为前后对应配置的上平槫、中平槫、下平槫等。上平槫缝一般与平梁两端相合，其上施叉手，故托脚始于中、下平槫缝上。

②梁首：这里的"梁首"，指梁之两端，而无月梁式做法中的梁首与梁尾的差别。托脚：从下一平槫缝所在的梁栿之两端，并向上一平槫缝的梁栿两端所承平槫下斜置，起到对上一平槫的承托与支撑作用的木方。

③从上梁角过抱槫：托脚从上一层梁的两端斜伸向其梁所承的平槫，并以其上端抱住上一层平槫，以确保平槫不会发生位移。

④出卯：从下文"以托向上槫缝"可知，似仅在托脚上端出卯，其卯插入其上平槫内，起到抱住平槫的作用。

【译文】

凡是在屋顶梁架的中、下平槫缝上，都需要自梁的端头向屋架之内的方向斜安托脚，托脚的截面宽度相当于其屋所用材的高度（15分°），托脚的截面厚度则相当于其宽度的1/3，即厚为5分°，托脚从其所依托的上梁梁端延伸至梁上所承平槫，并以托脚端头抱住平槫槫身，托脚的上端还需出卯，以向上托住其所承平槫缝，防止槫缝发生位移。

（彻上明造与襻间）

凡屋如彻上明造[1]，即于蜀柱之上安枓[2]。若叉手上角内安栱，两面出耍头者，谓之丁华抹颏栱[3]。枓上安随间襻间[4]，或一材，或两材；襻间广厚并如材[5]，长随间广，出半栱在外[6]，半栱连身对隐[7]。若两材造，即每间各用一材，隔间上下相闪[8]，令慢栱在上，瓜子栱在下。若一材造，只用令栱，隔间一材。如屋内遍用襻间[9]，一材或两材，并与梁头相交[10]。或于两际随槫作楷头以乘替木[11]。

凡襻间，如在平棊上者，谓之草襻间[12]，并用全条方[13]。

【注释】

①彻上明造：参见本卷“梁·造月梁之制”条相关注释。梁注：“屋内不用平棊（天花版），梁架枓栱结构全部显露可见者，谓之‘彻上明造’。”

②蜀柱：这里的“蜀柱”并不仅仅是指屋顶梁架平梁之上所施承托脊槫的蜀柱，应也包括了屋顶梁架中所有因高度差的原因在下一层梁上所施以承上一层梁之梁端及平槫缝的短柱。

③丁华抹颏栱：这里提到的是屋顶叉手上角内所安的特殊形式的栱，其栱上承脊槫，并于栱心横施木方，其方伸出栱身两侧的部分斫为耍头形式。陈注“颏”：“额？”傅注：“颏，应作‘额’。故宫本、四库本、张蓉镜本均作‘颏’，故未改。”

④襻间：梁注：“襻间是与各架槫平行，以联系各缝梁架的长木枋。”其作用是加强平槫的结构性能，类似于清式建筑中屋顶檩子之下所施的长条木枋。襻，系衣裙的带子；有结系，联缀之意。

⑤广厚并如材：指襻间的截面高度与厚度，都恰如其屋所用材的高度与厚度。这里的“并”，有“都”的意思。

⑥出半栱在外：因襻间多为隔间施用，故未施襻间的槫缝外侧，将襻间伸出部分斫为半条栱的形式，其栱上施枓及替木，亦承平槫。

⑦半栱连身对隐：指隔间施用襻间的槫缝内侧，需在襻间木方表面隐刻出与其槫缝外侧所用栱相对应的栱身形式。

⑧隔间上下相闪：若襻间为两材造做法，每间的襻间与相邻一间的襻间不在一个标高上，而是上下相互错开，各以其向相邻一间伸出半栱，形成与相邻开间襻间的联系。

⑨屋内遍用襻间：意为在室内屋顶梁架的各个平槫下都施用了襻间。

⑩并与梁头相交：凡使用襻间的槫缝处，都会与其槫之下用以承槫的梁栿端头相交。

⑪两际：仍指两坡式（悬山）屋顶，或厦两头造（九脊式）屋顶两山槫头出跳部分。随槫作楷头：指在出际缝之外的襻间，在随平槫向两际外伸出的情况下，将出挑襻间斫为楷头形式。乘：这里的“乘”疑为“承”之误。陈注“乘”：“承？”傅合校本：“乘，疑作‘承’。”

⑫草襻间：因被遮挡于平棊之上，其襻间不需施用枓栱或雕刻隐栱等视觉装饰性处理，仅以长条形木方起到稳固平槫的作用，故称“草襻间”。

⑬全条方：梁注：“‘全条方’的定义不明，可能是未经细加工的粗糙的襻间。”从上下文观察，“全条方”似有其襻间所用木方不做隔间上下相闪，且不采用与枓栱等做连栱对隐等做法的连续长条木方之意。

【译文】

如殿阁或厅堂之内为彻上露明造做法，就要在屋顶梁架中所施蜀柱的顶端安枓。如果在脊槫之下的叉手上角内施安枓栱，则与栱相交的两侧出头，可斫为耍头状，这种做法称为“丁华抹颏栱”。在蜀柱上端所安枓之上，随房屋开间施安襻间,襻间的施用高度可以为其屋所用材的1材之高,也可以为其屋所用材的2材之高;襻间本身的截面高度与厚度,都恰为其屋所用材之1材的断面高厚尺寸,襻间的长度随开间间广而定,超出其间广部分的襻间,在槫缝之外的相邻一间,应刻为半栱形式,间内与间外半栱相对应的襻间表面也应隐刻出连身对隐的形式。如果其襻间高为2材,则每一间各用1材的高度以施襻间,隔间则施另外1材标高的襻间,应使相邻两间所施上下两材襻间在标高上上下相错;在这种情况下,所出半栱及连栱对隐的做法,仍应以慢栱在上、瓜子栱在下的方式处理。如果其所施襻间高度仅为1材,就只用令栱,隔间施用1材即可。如果室内屋顶所有屋内槫下皆施用襻间,其所用襻间高度或为1材,或为2材,都应与屋顶梁架中各层梁的梁头相交。或也会与两际出际缝梁架相交,出际外襻间则随槫外挑,并在其槫之下斫为楮头形式,襻间之上施替木,以承出际槫头。

凡所用襻间,如果是施于殿屋之内的平綦以上者,则称之为"草襻间",这种襻间都采用不施枓栱的全条方的形式,贴附于屋顶诸槫之下。

(顺脊串)

凡蜀柱量所用长短①,于中心安顺脊串②;广厚如材③,或加三分°至四分°;长随间,隔间用之④。若梁上用矮柱者⑤,径随相对之柱⑥;其长随举势高下⑦。

【注释】

①蜀柱:从上下文看,这里的"蜀柱",仍特指施于平梁之上,承托脊槫的蜀柱。

②顺脊串:梁注:"顺脊串和襻间相似,是固定左右两缝蜀柱的相互联系构件。"因顺脊串施于蜀柱中心,故其方虽施于脊槫下,但不同于襻间的是,这一长条形木方并不会紧贴脊槫,而是与脊槫之间有一个明显的空间高度差。

③广厚如材：指顺脊串的截面高度与厚度，与其屋所用材的高度与厚度相同。这一点与襻间的特征也十分接近。

④隔间用之：顺脊串并非一个连续的长条木方，而是每隔一间施用一条顺脊串，故其串为隔间用之。

⑤矮柱：其义亦为蜀柱，即施于室内屋顶梁架之上，能够起到承托屋槫作用的短柱。从上下文观察，很可能矮柱的位置与其下承梁屋柱呈上下对应之势，有如在屋内柱顶所承梁上接续了其屋内柱的效果，故用了“矮柱”一词。

⑥径随相对之柱：指屋架内所施矮柱的直径，与其下所用承梁之屋柱的直径相同。

⑦其长随举势高下：指室内屋顶梁架上所施矮柱的长度，是由屋顶举折曲线所推算出的其柱之上所承平槫的标高确定的。

【译文】

凡是在屋顶平梁上施用蜀柱以承脊槫时，应量其所用蜀柱的长短，在其蜀柱的中心点上施安顺脊串；顺脊串的截面高度与厚度，与其屋所用材之断面的高度与厚度相同，或者在1材之高度尺寸上，再增加3分°（18分°）至4分°（19分°）的高度；顺脊串的长度随房屋开间的间广尺寸，且每隔一间才会施用一根。如果在屋内梁栿之上施用矮柱时，其柱的直径与其下所对应之屋内柱的直径相同；梁上所施矮柱的长度，则应根据其柱所承之平槫随屋顶举折之势推算出的槫底标高确定其长短尺寸。

（顺栿串）

凡顺栿串①，并出柱作丁头栱②，其广一足材③，或不及，即作楷头④；厚如材。在牵梁或乳栿下⑤。

【注释】

①凡顺栿串：原文“凡顺脊串”，梁注本改为“凡顺栿串”。陈注：改

“脊”为“栿”。傅合校本：改“脊”为“栿”，并注：“栿，顺栿串。丁本作‘顺压串’，陶本作‘顺脊串’，皆误。故宫本、四库本均作‘顺栿串’。”“顺栿串”与“顺脊串”的不同处在于，顺脊串与屋顶正脊脊槫平行设置，顺栿串与房屋梁栿平行设置。

②出柱作丁头栱：丁头栱，又称“插栱”，一般是将一枚独立的栱插入柱身之上。这里则是将隔间所施顺栿串，在穿过屋内柱柱身之上的延长部分，修斫为丁头宫殿形式。

③广一足材：指顺栿串的截面高度，为其屋所用材的一个足材（1材1栔，即21分°）之高。

④或不及，即作楷头：其意似为，如果其串截面高度不足其屋所用材的一个足材高度，则不用制成丁头栱形式，只需修斫成楷头的形式即可。

⑤牵梁：这里的“牵梁”，似指屋顶梁架中的“劄牵”。

【译文】

凡是在屋内柱间施用顺栿串时，其串穿过柱身之后，都可修斫为丁头栱的形式；顺栿串的截面高度为其屋所用材之一个足材（21分°）的高度，如果其串截面高度达不到这一尺寸，则其出柱部分亦可以雕斫为楷头的式样；其串的厚度则与其屋所用材的厚度（10分°）相同。顺栿串可以用在屋顶梁架中的劄牵或乳栿之下。

栋其名有九：一曰栋，二曰桴，三曰檼，四曰棼，五曰甍，六曰极，七曰槫，八曰檩，九曰櫋。两际附

【题解】

关于“栋”及与其意义相近之字词的讨论，参见卷第二《总释下》“栋”条的相关注释。梁思成先生对本条多个疑难字分别做了注释：

1.桴:音浮。

2.檼:音印。

3.甍:音萌。

4.槫:音团。清式称“檩”,亦称“桁”。

5.櫋:音眠。

但与“栋”相近似的这几个术语中,宋式营造中最为常用者,为“槫”。而清式建筑中常见的“檩”这一称谓,在宋时业已出现。

宋式建筑用槫尺寸,依其建筑的不同类型区分。若等级较高的殿阁,槫径为其屋所用材的1材1栔(21分°)或2材(30分°);若等级适中的厅堂,槫径为其屋所用材的1材3分°(18分°)或1材1栔(21分°);若等级较低的余屋,其槫径为其屋所用材的1材1分°(16分°)或1材2分°(17分°)。

槫的长度,与房屋开间之广相对应。但因槫所用圆木多有头尾粗细的不同,故这里给出一个基本规则:凡位于中轴线上之面南正房,当心间与西间之槫,皆以头东尾西布置;东间之槫,则以头西尾东布置。这样,就将槫之较粗的一端恒置于偏向房屋中心的方向。若是位于中轴线两侧的厢房、廊屋,其屋面向东西方向,则其槫皆头南而尾北,呈一顺布置。

屋槫至两梢间,其槫出挑于两山柱缝之外者,称为“出际”。两山出际做法,又称为“屋废”。出际长短,依房屋进深而定。两个椽架进深者,两际槫端各出柱头长度为2.0～2.5尺;四椽进深者,出3.0～3.5尺;六椽进深者,出3.5～4尺;八椽至十椽进深者,出4.5～5尺。

九脊殿式屋顶会出现殿阁转角造做法,其屋顶两山上部,也如悬山屋顶一样有出际做法。依《法式》规定,九脊殿两际屋槫各出柱头,其长随架。具体做法是,在两侧梢间屋架所用丁栿上,随架立夹际柱子,以承槫梢。《法式》中并未给出殿阁转角造之两山出际梁架缝与其殿两侧梢间梁架(梢间柱头缝)间的彼此距离。这就为宋式九脊殿屋顶形式留下了相当的灵活性。

屋顶出挑部分的椽子，落在外檐铺作最外端所承橑檐方（或橑风槫）之上。橑檐方至角，需随角柱生起而略呈斜置状，且橑檐方背上亦应贴至角生头木，在立面外观上，橑檐方应随柱头及檐口的至角生起做法，而显示为里外齐平、圜和协调的微微圜曲效果。

在殿阁转角造情况下，其梢间最下两椽（或一椽），为转角屋檐做法，这里除了橑檐方（橑风槫）之外，还可能施以牛脊槫，其槫背上亦应加生头木。

牛脊槫的位置可能存在两种情况：一，位于有下昂作外檐枓栱第一跳跳心缝上，用以代替承椽方；但若铺作数超过七铺作，牛脊槫或可安于外檐枓栱第二跳跳心缝上；二，依照《法式》卷第三十一《大木作制度图样下》图31-7至图31-10“殿堂草架侧样”，牛脊槫亦有可能位于柱头方心缝上。无论怎样，牛脊槫都是位于房屋内檐下平槫缝与外檐橑檐方（橑风槫）缝之间的一缝屋槫。

牛脊槫一般施于殿阁建筑的草栿之上。若至房屋转角，牛脊槫则抱角梁而设。若草栿背高度不够，则可在牛脊槫下用矮柱敦桥，以起到支撑牛脊槫槫身作用。

（用槫之制）

用槫之制①：若殿阁②，槫径一材一栔或加材一倍③；厅堂④，槫径加材三分°至一栔⑤；余屋⑥，槫径加材一分°至二分°⑦。长随间广。凡正屋用槫⑧，若心间及西间者⑨，皆头东而尾西⑩；如东间者，头西而尾东。其廊屋面东西者⑪，皆头南而尾北。

【注释】

①槫：在宋式建筑中，槫分为脊槫、上平槫、中平槫、下平槫，此外

还可能会有牛脊槫、橑风槫等。槫在清式建筑中称为“檩”或“桁”，并细分出脊桁（檩）、上金桁、中金桁、下金桁、挑檐桁等。

②殿阁：这里的“殿阁”，又称“殿宇”“殿堂”等，系指宋式营造中的一种高等级的建筑形式。

③槫径一材一栔：意为殿阁式建筑所用槫的直径为其屋所用材之截面高度的1材1栔（21分°）。加材一倍：意为殿阁式建筑所用槫的直径可以达到其屋所用材之截面高度的两倍（30分°）。

④厅堂：指宋式营造中的一种较高等级的建筑类型。

⑤槫径加材三分°至一栔：意为厅堂式建筑所用槫的直径为在其屋所用材之断面高度尺寸的基础上，再增加3分°（18分°）至1栔（21分°）。

⑥余屋：指宋式营造中一种稍低等级的建筑类型。宋式营造中的“余屋”在定义上不是十分确定。有时似指除了殿阁式建筑之外的其他建筑类型，有时又似指除了殿阁式与厅堂式之外的其他建筑类型，有时还会在殿阁式、厅堂式的基础上，再增加亭榭类建筑，指除了上述三者之外的建筑。

⑦槫径加材一分°至二分°：意为除了殿阁式与厅堂式建筑之外的余屋，其所用槫的直径为在其屋所用材之断面高度尺寸的基础上，再增加1分°（16分°）至2分°（17分°）。

⑧正屋：指一组建筑群中位于中轴线上的主要殿堂或屋舍，一般情况下，正屋或正殿、正房等多采用的是坐北朝南的方位形式。

⑨心间：指房屋在面广方向的中央一间，即宋式营造中所称的“当心间”，或清式建筑中的“明间”。

⑩头：槫为自然生长的原木，其直径一般为靠近根部较粗，故将其槫之较粗的一端称为“头”。尾：同理，因原木之距离根部较远的一端较细，故将其槫之较细的一端称为“尾”。

⑪廊屋：疑指一组建筑群中位于中轴线两侧的厢房、配屋，连庑或连

廊，这里泛称为“廊屋”。

【译文】

房屋屋顶梁架上施用槫的制度：如果是殿阁式建筑，其殿屋所用槫的直径为其屋所用材之截面高度的1材1栔（21分°），或亦可以为其屋所用材之截面高度的2倍（30分°）；如果是厅堂式建筑，其厅屋所用槫的直径为在其屋所用材之1材的截面高度尺寸基础上，再增加3分°（18分°）至1栔（21分°）；如果是余屋建筑，其舍屋所用槫的直径是在其屋所用材之1材的截面高度尺寸基础上，再增加1分°（16分°）至2分°（17分°）。而槫的长度，则与其所在房屋开间的间广长度是一样的。凡是在位于房屋中轴线上之正屋的屋顶上施用屋槫，如果是施于当心间及当心间以西的逐间屋顶上之槫，其槫皆以较粗的一端向东，较细的一端向西的方式布置；如果是施于当心间之东的逐间屋顶上之槫，则其槫皆以较粗的一端向西，较细的一端向东的方式布置。位于正屋两厢的左右廊屋，若其正面朝东或朝西者，则皆以较粗的一端向南，较细的一端向北的方式布置。

（出际之制）

凡出际之制[①]：槫至两梢间[②]，两际各出柱头[③]。又谓之屋废[④]。如两椽屋[⑤]，出二尺至二尺五寸[⑥]；四椽屋[⑦]，出三尺至三尺五寸；六椽屋[⑧]，出三尺五寸至四尺；八椽至十椽屋[⑨]，出四尺五寸至五尺。

【注释】

①出际：梁注：“‘出际’即清式‘悬山’两头的‘挑山’。”

②两梢间：这里的“两梢间”，相当于房屋面广方向两个尽端的开间。清式建筑中称“两尽间”，但宋式营造中，无“尽间”这一术

语,故称其为“两梢间”。

③两际:梁注:“两际,清式所谓‘两山’。即厅堂廊舍的侧面,上面尖起如山。”柱头:这里的“柱头”,当指房屋两个山面上之外檐柱的柱头缝。

④屋废:指屋顶所覆之槫在屋之两山出挑的部分;似与“两际”相近。卷第二《总释下》“两际”条:“《义训》:屋端谓之柍桭。(今谓之废。)”又卷第十三《瓦作制度》“结宽・燕颌版与狼牙版”条中提到了“华废”,乃系经过装饰之“屋废”,类似清式建筑两山垂脊外用瓦铺砌的“排山沟滴”做法。

⑤两椽屋:指进深为2个椽架的屋舍,一般为门屋。

⑥出二尺至二尺五寸:出际的长短,是依据房屋进深而确定的。若其进深为2个椽架,则其屋平槫出际的长度为2尺至2.5尺。这里给出的都是绝对尺寸。本条下同。

⑦四椽屋:指进深为4个椽架的屋舍,一般为较大的门房或等级较低的廊屋。

⑧六椽屋:指进深为6个椽架的屋舍,可以是房屋的厅堂、正屋或等级较高的厢房、配庑等。

⑨八椽至十椽屋:指进深为8个椽架至10个椽架的殿屋或厅舍,一般可能系等级较高殿阁或厅堂,多用于建筑群中轴线上布置的主要殿堂。

【译文】

关于房屋两山出际的做法:其屋顶之槫延至两梢间,到了两山外檐柱之柱头缝,即两际的位置上分别出挑到两山柱头缝之外。这种向两山柱头缝之外悬挑屋槫的做法,又称之为“屋废”。如果是进深为2个椽架的舍屋,其槫在两山出际的长度为2尺至2.5尺;如果是进深为4个椽架的屋舍,其槫在两山出际的长度为3尺至3.5尺;如果是进深为6个椽架的房屋,其槫在两山出际的长度为3.5尺至4尺;如果是进深为8个椽架乃至10个椽架的殿屋或厅堂，其槫在两山出际的长度为4.5尺至5尺。

（殿阁转角造）

若殿阁转角造①，即出际长随架②。于丁栿上随架立夹际柱子③，以柱槫梢④；或更于丁栿背上⑤，添阔头栿⑥。

【注释】

①殿阁转角造：梁注："'转角造'是指前后两坡最下两架（或一架）椽所构成的屋盖和檐，转过90°角，绕过出际部分，延至出际之下，构成'九脊殿'（即清式所谓'歇山顶'）的形式。"

②出际长随架：这里的"出际"指九脊殿两山屋槫伸出出际梁架，即后文所言"夹际柱子"缝的出挑长度。所谓"随架"，其意疑为其出际长度相当于1个椽架的距离。

③夹际柱子：承托出际屋槫的矮柱，多少与清式营造中歇山式屋顶结构中，立于两山采步金梁上的踏脚木上所施之"草架柱子"有一些类似。其柱一般会立在施于两山梢间丁栿背上的阔头栿之上，以形成一缝承托其上短柱的出际梁架。

④以柱槫梢：这里的"柱"，似为动词，相当于"以其柱承托"的意思；"槫梢"即两山屋槫的出际部分的槫身及端头部位。

⑤于丁栿背上：原文"于丁栿背方"，梁注本改为"于丁栿背上"。并注："原文作'方'，是'上'字之误。"陈注：改"方"为"上"。

⑥阔（qì）头栿：梁注："阔头栿，相当于清式的'采步金梁'。'阔'音契。"阔，门。

【译文】

如果是采用了九脊殿式屋顶的殿阁式建筑，其转角会采用殿阁转角造的形式，即其两山屋槫出际的长度随其椽架的距离而定。在两山梢间所施丁栿上，随诸椽架缝施立夹际柱子，以其柱承托屋槫的出际槫稍；或还可进一步在丁栿背上，添施阑头栿，以承两山出际之柱与槫。

（橑檐方橑风槫）

凡橑檐方①，更不用橑风槫及替木②。当心间之广加材一倍③，厚十分°，至角随宜取圜，贴生头木④，令里外齐平。

【注释】

①橑檐方：宋式营造中施于外檐铺作最外端，用以承托出挑檐椽的长条形木方。

②橑风槫：梁注："橑檐方是方木；橑风槫是圆木，清式称'挑檐桁'。《法式》制度中似以橑檐方的做法为主要做法，而将'用橑风槫及替木'的做法仅在小注中附带说一句。但从宋、辽、金实例看，绝大多数都'用橑风槫及替木'，用橑檐方的仅河南登封少林寺初祖庵大殿（宋）等少数几处。"替木：宋式营造中，施于枓栱之上的短木方，以作为其下枓栱所承托之圆形截面构件的过渡。

③当心间之广加材一倍：这句话的意思不是很明确，似乎是说，因为当心间的间广较大，故其橑檐方的截面高度应加材一倍，即橑檐方截面高度为2材（30分°）。但并未说明次间或梢间的橑檐方截面高度是否与当心间保持一致。

④生头木：宋式营造中形成屋顶曲线生起的一种手段，是在靠近房屋两山或屋檐翼角处的屋槫，包括脊槫、各层平槫及橑风槫，或橑檐方之上，施加渐次生高的斜长形木垫方，以造成两山屋面及屋檐翼角渐渐提升的曲圜感。

【译文】

凡房屋外檐铺作最外端之檐口处施用橑檐方，而不是施用橑风槫及替木的做法。因当心间间广较大，其方的截面高度为其屋所用材的2倍（30

分°),橑檐方的截面厚度为10分°,其方延伸至翼角处,要因其下柱子生起等因素而做随宜取圜的处理,并在其方背上贴以生头木,生头木的内外与橑檐方应彼此齐平。

(槫背上安生头木)

凡两头梢间,槫背上并安生头木①,广厚并如材,长随梢间②。斜杀向里③,令生势圜和④,与前后橑檐方相应⑤。其转角者⑥,高与角梁背平,或随宜加高,令椽头背低角梁头背一椽分⑦。

【注释】

①槫背上并安生头木:梁注:"梢间槫背上安生头木,使屋脊和屋盖两头微微翘起,赋予宋代建筑以明清建筑所没有的柔和的风格。这做法再加以角柱生起,使屋面的曲线、曲面更加显著。这种特征和风格,在山西太原晋祠圣母庙大殿上特别明显。"

②长随梢间:指槫背上所施生头木的长度与房屋梢间的间广尺寸是一致的。

③斜杀向里:生头木为一斜长条方,"斜杀向里",意为其朝向房屋内侧的那一端较低,朝向房屋两侧的那一端渐渐生高。

④生势圜(yuán)和:指生头木与渐次生起的屋槫所造成的屋顶曲面形势要处理得自然圆和。圜,同"圆"。

⑤与前后橑檐方相应:屋顶两侧梢间诸槫槫背上所施的生头木应与前后橑檐方上所施的生头木,在生起的曲线走势上彼此一致,相互协调。

⑥其转角者:指若为殿阁转角造的做法,其屋前后屋槫背上所施的生头木,与其两山檐椽部位之槫背上所施的生头木,会在各个转

角处相接，形成屋槫与生头木的转角处理。

⑦一椽分：疑即相当于将其屋所用椽之直径分为10份中的其中1份，即1/10椽径的尺寸。椽头背比角梁背低一椽分的高度，疑即为椽背上所施望板留出的高度差。

【译文】

凡房屋两山梢间屋顶之上所施屋槫，其槫背上都要施安生头木，生头木的截面高度与厚度，与其屋所用材的高度与厚度相同，长度与其屋两侧梢间的间广长度相同。生头木为一斜长条方，其向屋内方向斜杀，其方上皮形成内低外高的斜面，应使其生起的斜势自然圆和，并要将梢间诸槫槫背上的生头木，与前后橑檐方上所施的生头木彼此相应，其曲圆之势要协调一致。如果是殿阁转角造，会出现前后檐屋槫及橑檐方背上所施生头木与两山屋槫及橑檐方背上所施生头木呈交角相汇的做法，这时生头木上皮标高应与角梁背标高找平；或将生头木做随宜的加高，但应使翼角处椽头背的标高比角梁头背的标高低1个椽分的高度。

（牛脊槫）

凡下昂作，第一跳心之上用槫承椽①，以代承椽方②。谓之牛脊槫③；安于草栿之上，至角即抱角梁④；下用矮柱敦桥⑤。如七铺作以上，其牛脊槫于前跳内更加一缝⑥。

【注释】

①第一跳心之上：指牛脊槫施于其屋外檐铺作出跳科栱第一跳华栱跳头缝之上。但依梁注："《法式》卷三十一'殿堂草架侧样'各图都将牛脊槫画在柱头方心之上，而不在'第一跳心之上'，与文字有矛盾。"

②承椽方：指位于柱头方心缝最上一根长条形木方，其作用是承托

出挑的檐椽，大略相当于清式建筑中的“正心桁”。

③牛脊槫：位于房屋屋顶接近檐口处的一个屋槫。其位置似应在下平槫缝与橑檐方（或橑风槫）缝之间，按照《法式》的说法，似在外檐铺作第一跳出跳华栱缝之上，但从梁先生的质疑中可知，其槫位置亦有可能是在外檐铺作柱头方心缝之上。

④至角即抱角梁：指殿阁转角造或五脊殿造的情况下，其前后檐与两山的牛脊槫延伸至转角处时，会将其转角处的角梁抱住。

⑤矮柱敦㮇（tiàn）：指在牛脊槫下，若其铺作之罗汉方上皮高度与其槫下皮标高仍存距离时，或可施用短柱或粗短木方以承其上的牛脊槫。敦㮇，为“粗短木方”之意。

⑥于前跳内更加一缝：其意似为，在其屋外檐铺作出跳数为七铺作及以上的情况下，铺作上所施牛脊槫，应施于出跳华栱第二跳跳头缝之上。

【译文】

凡外檐铺作为下昂造做法，可与其跳科栱的第一跳华栱跳头栱心缝之上施安屋槫以承出挑檐椽，其作用是取代一般屋顶檐部所采用的承椽方的做法。这一位于外檐铺作出跳缝上的槫，称为“牛脊槫”；牛脊槫一般施安于伸入铺作中的草栿之上，其槫至转角处，则与角梁相交并抱住角梁；槫下可施用短柱或粗短的木方承托。如果其外檐铺作为出跳数较多的七铺作或以上的做法，其牛脊槫的位置则是在前文所说的第一跳栱心缝上，再向外移一缝，即在外檐铺作第二跳跳心缝之上施之。

搏风版其名有二：一曰荣，二曰搏风

【题解】

关于“搏风版”的讨论，参见卷第二《总释下》“搏风”条。

搏风版施于两际式（清式建筑中的悬山式）或厦两头造式（清式建

筑中的歇山式）房屋两际所出槫头之外。搏风版为一长条形薄木版，其广为其屋所用材的2材（30分°）至3材（45分°）；其厚为3分°至4分°。若九脊殿用一等材，其分°值为0.06尺，其博风版的宽度（广）为1.8尺至2.7尺；但若是两际式屋舍，用四等材，其分°值为0.048尺，搏风版的宽度（广）为1.44尺至2.16尺。余可推之。

搏风版的长度，随其出挑平槫之椽架的架道之长。这里的“架道长”指的是椽架之间的斜长，而非投影长度。外观为一条整版的搏风版，其实是由若干段版连接而成的，每两段版之间的相互连接方式，称为“搭掌”，也就是将两块版的相接部分各自延长出一段，这一段仅为其版厚度的一半，以与相对之版相黏接（或钉合）。其中架版与上架版的两端都要有所搭接，故中、上架版彼此相接处应各出搭掌。

造搏风版之制[①]：于屋两际出槫头之外安搏风版，广两材至三材[②]；厚三分°至四分°[③]；长随架道[④]。中、上架两面各斜出搭掌[⑤]，长二尺五寸至三尺[⑥]。下架随椽与瓦头齐[⑦]。转角者至曲脊内[⑧]。

【注释】

①搏风版：傅合校本：“搏，应作‘博’。初校此籍，曾与陶兰泉争之，惜不能改也。”又注：“故宫本、四库本、张蓉镜本均作‘搏’，故不改。”“搏风版”是施于房屋两山出际槫端的长条状薄版，其作用既起到保护出际槫头的作用，也起到山面屋顶的装饰作用。

②广两材至三材：指搏风版的截面宽度是其屋所用材的2倍（30分°）至3倍（45分°）。

③厚三分°至四分°：指搏风版的厚度为其屋所用材之分°的3分°至4分°。

④长随架道：这里的“架道”，指屋顶平槫之间的椽架架道，其长度

是自上而下的椽架道之间随屋顶举折曲线而延展的斜长。

⑤斜出搭掌：上一椽架上的搏风版与中一椽架上的搏风版之间的接缝，是通过两版之间相接部分各去除一半的厚度，使相接部分合为一版之厚而形成的，其接缝处各为斜向切割的厚度为半版的相接部分，即为“斜出搭掌”。

⑥长二尺五寸至三尺：这里所言的斜出搭掌的长度尺寸为绝对尺寸。

⑦随椽与瓦头齐：搏风版的下端与前后檐所覆瓦的端头找齐。

⑧转角：梁注：“‘转角’此处是指九脊殿的角脊。”曲脊：指九脊殿式屋顶的两山搏风版下之两山坡瓦与出际山花之间接缝处所施的瓦脊，这一瓦脊会随其坡向内的延伸而呈曲折状。清式建筑歇山屋顶两山所施“博脊”与此有一点相类。陈注：“卷八，‘井亭子’作‘曲阑搏脊’。”疑“曲脊”与“曲阑搏（博）脊”在意义上有似相通之处。

【译文】

营造两山出际榑头所施搏风版的制度：于房屋两际出挑榑头的外端施安搏风版，版的截面宽度为其屋所用材的2材（30分°）至3材（45分°）；版的截面厚度为其屋所用材的3分°至4分°；搏风版的长度随其屋屋顶椽架架道的斜长设置。搏风版在中、上架道上，版的上、下两面各自切割出一个斜状的薄版作为两版搭接的搭掌，搭掌的长度为2.5尺至3尺。最下一架椽架上所施搏风版的下端，随椽子的坡向与檐口处所覆之瓦的瓦头找齐。若为殿阁转角造，即九脊殿屋顶做法，其两山搏风版的下缘则延至角脊处，并插入曲脊之内。

柎其名有三：一曰柎，二曰复栋，三曰替木

【题解】

关于“柎”之讨论，参见卷第二《总释下》“柎”条。柎，在宋式营造

中，更为常见的术语为“替木”。

替木的断面高度尺寸为其屋所用材之分°的12分°，厚为10分°；长度随其所用位置有所不同。单枓上用者，其长96分°；令栱上用者，其长104分°；重栱上用者，其长126分°。以殿阁或厅堂建筑用二等材推之，其分°值为0.055尺，则其槫下所用替木，断面高0.66尺，厚0.55尺。其用于单栱、令栱、重栱之上的长度，分别为5.28尺、5.72尺、6.93尺，以此类推。替木若在出际槫下，则其长度与出际槫头长度相同；且随槫齐出不做卷杀。

栱上所用替木，如与补间铺作相近，可将邻近两栱之上替木相连为一而用。替木两头需做卷杀，其卷杀形式略近栱头。

造替木之制[①]：其厚十分°，高一十二分°[②]。

单枓上用者[③]，其长九十六分°；

令栱上用者[④]，其长一百四分°；

重栱上用者[⑤]，其长一百二十六分°。

凡替木两头，各下杀四分°，上留八分°，以三瓣卷杀[⑥]，每瓣长四分°[⑦]。若至出际，长与槫齐[⑧]。随槫齐处更不卷杀。其栱上替木，如补间铺作相近者，即相连用之。

【注释】

①替木：梁注：“替木用于外檐铺作最外一跳之上，橑风槫之下，以加强各间橑风槫相衔接处。”宋式营造中，替木还会出现在屋内的平槫之下，或其他由栱与枓与圆形截面构件相衔接的部位。

②其厚十分°，高一十二分°：替木的截面厚度为其屋所用材之分°的10分°，截面高度为其屋用材的12分°。本条以下所言“分°”者，皆为其屋所用材之分°的长度。

③单枓上用者：仅由一只枓之枓口上所承托的替木，如外檐枓栱为枓口跳做法时，其出跳栱头上仅有一枓，枓口之上可施替木，以承橑风槫。

④令栱上用者：这种情况比较常见，宋式营造中在外檐铺作最外一跳跳头的令栱之上，可施替木，以承其上的橑风槫。

⑤重栱上用者：这种情况似乎可以见于高为2材的襻间，在隔间上下相闪，出现慢栱在上、瓜子栱在下的情况时，可在慢栱之上施以替木以承屋槫。

⑥以三瓣卷杀：这里的"三瓣卷杀"，未知是将替木的完整截面高度做卷杀，还是仅将其下所杀的4分°高度做卷杀。其卷杀为斜杀的直线，还是卷瓣式的曲线，未可知。

⑦每瓣长四分°：以每瓣的长度，似乎是将替木的完整高度斫为三瓣卷杀，每瓣各4分°高；但从其特别提出"下杀四分°，上留八分°"的说法来看，其卷杀似应限定在其下所杀的4分°高度范围内，则其每瓣4分°有可能是三卷瓣的曲线长度。

⑧长与槫齐：凡出际屋槫下所施替木，替木的外端应与屋槫的端头找齐，并将两者都与紧贴其外的搏风版发生联系。

【译文】

营造屋槫下所施替木的制度：替木的截面厚度与其屋所用材的厚度相当，即其厚为10分°，替木的截面高度为其屋所用材的12分°。

如果在单枓之上施以替木，其长度为其屋所用材的96分°；

如果在令栱之上施以替木，其长度为其屋所用材的104分°；

如果是在重栱之上使用替木，则替木由慢栱之上所施之枓承托，替木的长度则为其屋所用材的126分°。

凡替木者，其两个端头各向下杀入4分°，上留8分°，其端头做3瓣卷杀，每瓣的长度为4分°。若至两山出际处的出挑屋槫之下所施替木，其替木外端的长度当与其上所承槫之端头的长度相当。在与出际槫头找齐的位置上，替木的端头不再做卷杀的处理。如果是在外檐铺作的出跳栱之上施以替木，且其铺作与相邻的补间铺作之间的距离比较接近，则可以将两朵铺作最外跳上所施的两枚替木，相连为一条完整的替木使用。

椽其名有四：一曰桷，二曰椽，三曰榱，四曰橑。短椽其名有二：一曰楝，二曰禁楄

【题解】

关于"椽"之讨论，可参见卷第二《总释下》"椽"条。

其异名之一，"榱"，梁注："榱，音衰。"即椽，放在檩上支持屋面和瓦片的木条。《说文·木部》："榱，秦名为屋椽，周谓之榱，齐鲁谓之桷。"

关于短椽，梁先生举出了福建福州涌泉寺宋代陶塔翼角檐下所用短椽的例子。梁注："楝，音触，又音速。"《说文·木部》："楝，短椽也。从木，束声。"徐锴《系传》："今大屋重橑下四隅多为短椽，即此也。"

梁注："楄，音边。""楄"，本义为方木，这里之"禁楄"则意为"短椽"。

椽，又称"椽子"，是房屋屋顶结构最上一层即屋盖的主要组成部分，屋顶梁架承以诸椽架，即槫，槫上施椽，椽上则施望板、泥背及覆瓦，形成了一个完整的防雨、保温与隔热的屋盖体系。

宋式营造中，每架屋椽的水平投影距离最大不应超过6尺。这应是一个基本控制长度。若是殿阁建筑，椽架水平距离可达6.5尺至7.5尺。椽架的实际长度，随屋顶由举折所确定的两个椽架间的斜长而定，即所谓"长随架斜"。最下一架的椽长，即檐椽椽长，还要加上出檐的长度。

椽子直径，根据房屋等级及规模大小而定。高等级殿阁式建筑，椽径为其屋所用材的9分°至10分°；厅堂式建筑，椽径为其屋所用材的7分°至8分°；等级较低的余屋建筑，椽径为其屋所用材的6分°至7分°。

以殿阁用一等材计，分°值为0.06尺，椽径约为0.54尺至0.6尺；若用三等材的厅堂，分°值为0.05尺，椽径约为0.35尺至0.4尺；用五等材

的余屋，其分°值为0.044尺，椽径约为0.26尺至0.31尺。以此类推。

椽子分布的稀密，以相邻两椽椽心距离为则，又随房屋等级规模而定。殿阁建筑，相邻两椽心距离稍大；厅堂建筑，相邻两椽心距离较为适中；余屋类建筑，如廊屋、库屋等，其相邻两椽心距离则稍小。《法式》行文中给出了各自相应的椽心距尺寸。

如屋内为彻上明造，其椽为“每槫上为缝，斜批相搭钉之”，使得其椽从室内向上望去，犹如一根连续的长木椽；但若屋内有平棊（或平闇），则其椽不论长短，仅在一头（下架缝）取齐，另外一头放过上架，当槫钉之，不用裁截。

（用椽之制）

用椽之制：椽每架平不过六尺①。若殿阁，或加五寸至一尺五寸②，径九分°至十分°③；若厅堂，椽径七分°至八分°；余屋，径六分°至七分°。长随架斜④；至下架⑤，即加长出檐。每槫上为缝⑥，斜批相搭钉之⑦。凡用椽，皆令椽头向下而尾在上⑧。

【注释】

①椽每架平不过六尺：指每步椽架的水平投影距离，不超过6尺的长度。这里的6尺为绝对尺寸。梁注：“在宋《法式》中，椽的长度对于梁栿长度和房屋进深起着重要作用。不论房屋大小，每架椽的水平长度都在这规定尺寸之中。梁栿长度则以椽的架数定，所以主要的承重梁栿亦称‘椽栿’。至于椽径则以材分°定。匠师设计时必须考虑椽长以定进深，因此它也间接地影响到正面间广和铺作疏密的安排。”

②加五寸至一尺五寸：这里所给出的尺寸为绝对尺寸。

③径九分°至十分°：指殿阁式建筑所施殿屋椽的直径为其屋所用材之分°的9分°至10分°。

④长随架斜：这里的“长”，指一步椽架中所施椽子的长度，其长是以上下两个椽架上所施平槫上皮的中心线间的斜长距离计算的。

⑤下架：指房屋屋顶结构中最靠近檐口部位的一步椽架，这步椽架一般施于下平槫缝与橑檐方缝之间（有时还会在两缝之间施有牛脊槫或承椽方），其椽过橑檐方缝后还会继续向外悬挑。

⑥每槫上为缝：每一椽架之上承以平槫，其槫上皮中心即为椽架的中心线。这里的“缝”，指槫缝，即槫之中心线的意思。

⑦斜批相搭钉之：意为上下两架屋椽在其相接的架缝处，即两者相接的槫之上皮，各自批出一个斜面，上下相搭接，以保持椽子的连续感。这种情况尤其会出现在室内为彻上明造的情况下。

⑧令椽头向下而尾在上：自然的原木条，若以树木的枝条或较细的树干制作，则其上下两端仍有粗细的差别，一般称其粗端为“头”，细端为“尾”。屋椽的施设，以粗端向下、细端在上的方式排布。

【译文】

房屋屋顶营造中施用椽子的制度：椽子以其屋顶所施平槫分为若干椽架，每一步椽架之上下平槫缝间的水平距离不超过6尺。如果是殿阁式建筑，其水平距离还可在这一基础上增加0.5尺至1.5尺的长度，其所用椽的直径为其殿屋所用材之分°的9分°至10分°；如果是厅堂式建筑，其所用椽的直径为其堂舍所用材之分°的7分°至8分°；如果是余屋类建筑，其所用椽的直径则为其舍屋所用材之分°的6分°至7分°。椽子的长度以其屋屋顶上下两缝椽架之间的斜长而定；屋椽延至下架时，其最下一架屋椽的长度，在上下两个架缝之斜长的基础上还应加上其跨过橑檐方（或橑风槫）后的出檐长度尺寸。每一根屋槫上皮的中心线即为其椽架的架缝，上下屋椽在这条缝上应各自斜批出一个斜面，两者相搭接后，用钉子固定在槫身之上。无论何种类型的建筑，凡在屋顶施用屋椽，都应以较粗的一端向下、较细的另外一端向上的方式布置。

（布椽）

凡布椽，令一间当间心[①]；若有补间铺作者，令一间当耍头心[②]。若四裴回转角者[③]，并随角梁分布[④]，令椽头疏密得所，过角归间[⑤]，至次角补间铺作心[⑥]。并随上、中架取直[⑦]。其稀密以两椽心相去之广为法：殿阁，广九寸五分至九寸[⑧]；副阶，广九寸至八寸五分；厅堂，广八寸五分至八寸；廊库屋[⑨]，广八寸至七寸五分。

若屋内有平棊者，即随椽长短，令一头取齐，一头放过上架[⑩]，当榑钉之，不用裁截。谓之雁脚钉[⑪]。

【注释】

①一间当间心：梁注："就是让左右两椽间空当的中线对正每间的中线，不使一根椽落在间的中线上。"

②一间当耍头心：在有补间铺作时，需将两椽空当的中线对正每间所用补间铺作所施的耍头心上，勿将一根椽落在耍头心之上。补间铺作上之耍头心，亦即该补间铺作的中线。如果这一间为单补间，则其补间铺作耍头心，即为一间的中线，但如果是双补间，仍需将每一补间耍头心与其上两椽的空当相对应，同时亦应保持其间的中心线与其上两椽的空当在一条线上。

③四裴回转角：梁注："'四裴回转角'，'裴回'是'徘徊'的另一写法，指围廊。'四裴回转角'即四面都出檐的周围廊的转角。"事实上，如果是五脊殿或九脊殿之翼角椽，也会出现四徘徊转角的屋顶做法。裴回，即徘徊。

④随角梁分布：即与清式建筑中的翼角椽做法相类似，将角梁附近

所布之椽的椽尾，沿角梁两侧分布，其椽头略呈斜置状。

⑤过角归间：随角梁分布的椽子，在其椽尾满足随角梁分布的椽子数量之后，即回归到普通开间的椽子分布方式，即与其上椽架之椽子走向取直的布椽方式。这一转折点，多在距离转角最近的补间铺作的中心线上。

⑥至次角补间铺作心：陈注："次角柱，见下条。"傅合校本：增"柱"字，即"至次角柱补间铺作心"，并注："次角柱，脱'柱'字，依下条增入。"译文从改。

⑦随上、中架取直：下架屋椽之翼角椽的分布，在过了次角补间铺作心后，改为"过角归间"的做法，故其椽的布置应与其上、中椽架上所施椽子布置在一条直线上。

⑧广九寸五分至九寸：这里给出的椽间距尺寸，为绝对尺寸。本条中所给出的其他椽间距尺寸亦然。

⑨廊库屋：疑即前文中除了殿阁式与厅堂式两类建筑之外的"余屋"建筑中的一种类型。

⑩令一头取齐，一头放过上架：若屋内有平綦（或平闇）者，其椽不论长短，仅在一头（下架缝）取齐，另外一头放过上架，当榑钉之，不用裁截。

⑪雁脚钉：如上文所言的钉椽之法，其所用之钉称为"雁脚钉"。疑因每一榑缝处有上下两条椽的椽头与椽尾相交于其榑上皮，每椽各需一枚钉子固定，如雁脚之有两足而得名。

【译文】

凡为房屋屋顶分布屋椽，应使得两椽之间的空当与每一开间的中心对应在一条直线上；如果其屋檐下有补间铺作，则应使两椽之间的空当与其下补间铺作上所施耍头的中心对应在一条直线上。如果屋顶为四徘徊周围廊转角的情况，翼角椽都应随角梁分布，其椽尾沿角梁布置，但应使翼角檐部位的椽头分布得疏密得当，椽的分布超过与角梁相接的部分之后，就应回归到普通开间的椽子分布方式上来，这一转折点一般是在临近转角柱的补间铺作中心线上。这时的椽子都要与其上的上、中椽架上所布置的椽子走向取直。至于椽子之间的稀密程度，则以两椽中心线之间的距离为原则：殿阁式建筑屋椽，两椽中心线的距离为9.5寸至9寸；殿阁之下的副阶椽，两椽中心线的距离为9寸至8.5寸；厅堂式建筑屋椽，两椽中心线的距离为8.5寸至8寸；其他如廊库屋的屋椽，两椽中心线的距离为8寸至7.5寸。

如果其屋之内有平棊（或平闇），屋顶所覆屋椽则随椽子本身的长短，将椽的下端取齐，另外一端跨过上一椽架，在椽架上承的平槫背上，用钉子将其椽固定，无须将其跨过椽架的延长部分加以裁截。这种固定交汇于其槫之上的上下架椽子所用的钉法，称为"雁脚钉"。

檐其名有十四：一曰宇，二曰檐，三曰樀，四曰楣，五曰屋垂，六曰梠，七曰棂，八曰联櫋，九曰樟，十曰房，十一曰庑，十二曰槾，十三曰槐，十四曰庮

【题解】

关于"檐"的讨论，参见卷第二《总释下》"檐"条。

关于檐之异名中的疑难字，梁先生有注：1."樀，音的。"2."樟，音潭。"3."房，音雅。"4."槾，音慢。"5."槐，音琵。"6."庮，音酉。"此外，还有疑难字，如梠、櫋，对于今日之人，也都属疑难字。梠，其音lǚ（旅）；櫋，其音mián（免）。

这些与"檐"相关的疑难字，其义与檐密不可分。

樀，《说文·木部》："樀，户樀也，从木，啻声。"《尔雅·释宫》曰："檐谓之樀。读若滴。"可知，"樀"有两个发音，表屋檐之意时，音"滴"。

梠，屋檐。《说文·木部》："梠，楣也。从木，吕声。"《方言》卷十三：

“屋梠谓之梍。”郭璞注：“雀梠，即屋檐也。”又唐代《通典·沿革》：“大梠两重，重别三十六条，总七十二。”这里的“梠”，似可理解为房屋檐口处之大、小连檐。

橝，在表“檐”意时，似应读为diàn。读此音时，其义有二，一为屋檐，二为门闩。屋檐，《说文·木部》：“橝，屋梠前也。”段玉裁注：“梠与霤之间曰橝。”《广韵·忝韵》：“橝，屋梠名。”其第二义在这里不做进一步讨论。

櫋（mián），屋檐板，即楣。《释名·释宫室》：“梠或谓之櫋。櫋，绵也，绵连榱头使齐平也。”故“联櫋”亦有连绵之意，疑仍可能是指大、小连檐。

庌，屋檐之义。

庑，“廡”之简化字。其有屋檐义。唐王勃《益州绵竹县武都山净惠寺碑》：“桂庑松楹。”

槾，其义较广，其中与屋檐相关者：《释名·释宫室》：“梠……或谓之槾。槾，緜也，绵连榱头使齐平也。”

槐，《说文·木部》：“槐，梠也。从木，毘声，读若枇杷之枇。”屋檐前版。徐锴《系传》：“槐，即连檐木也，在檐之耑际。”

庮，《说文·广部》：“久屋朽木，从广，酉声。”《集韵·尤韵》：“庮，檐槐谓之庮。”

依“造檐之制”，若椽径为5寸，则檐出在4～4.5尺。殿阁建筑的椽径在其屋所用材的9～10分°；以其用一等材计，分°值0.06尺，椽径为5.4～6寸。因其椽径略粗于5寸，故其檐出似可略超4.5尺。由此推测，宋式最高等级殿阁建筑的最大檐出亦不会超过4.8～5尺。

另若椽径3寸，檐出3.5尺。等级较低之余屋用五等材，其分°值为0.044尺，其椽径约在2.6～3.1寸，符合檐出3.5尺范畴。用五等材的余屋，已是用材相当小的实用性房屋了，其檐出3.5尺，似已归在宋式建筑檐椽出挑最小之列。由此可知，宋式建筑之檐椽自橑檐方心向外伸出的长度，依据建筑物的不同等级与规模，约在3.5～4.8尺（或5尺）。

宋式建筑所用飞子，与其屋所用椽子有所关联：设椽径为10分，则飞子的断面尺寸为高（广）8分，厚7分。随着椽径的大小不同，飞子的断面大小亦应随之变化。这里的“分”实际上是将椽径10等分所得的1/10椽径分，不禁令人联想到前文“隐角梁”条中提到的“上两面隐广各三分，深各一椽分”中的“一椽分”。它很可能是在房屋屋顶造檐做法及角梁、隐角梁等构件处理中，常常会用到的计量单位。或可推知，将椽子直径分为10份，以其径1/10为“一椽分”，即本条所云飞子广厚之“分”。

前文提到，椽径为3寸时，一椽分为0.3寸，则其上所用飞子断面高度（8分）为2.4寸，厚度（7分）为2.1寸。椽径为5寸时，一椽分为0.5寸，则其上所用飞子断面高度（8分）为4寸，厚度（7分）为3.5寸。以此类推。

飞子之斜杀、卷瓣等所用“分”，似与“一椽分”之“分”又有不同。其当如《法式》文本中所云：“各以其广厚分为五分，……此瓣分谓广厚所得之分。”即将飞子之广（断面高）、厚（断面厚）分为5份，其所杀、所留及所刻卷瓣，均以广、厚尺寸的1/5为1分而推算出来的。

飞子的尾部长度是通过结角解开做法得出的飞子尾部的斜面长度。这一斜长长度随檐椽挑出橑檐方之长度而定。接近屋檐翘角处的飞子，需要随势上曲，即随着翼角的起翘略向上弯曲，要使飞子的上皮（背）与小连檐找平。

飞魁（大连檐）的断面高（广）厚不超过1材，即其高不超过15分°，其厚不超过其屋所用材之分°的10分°。小连檐之高（广）为1栔加上2分°至3分°，约为8～9分°；小连檐之厚，则不超过1栔，即不超过6分°。

若殿阁用一等材，分°值为0.06尺，则大连檐断面高（广）约9寸，厚约6寸；小连檐断面高（广）4.8～5.4寸，厚约3.6寸。厅堂用四等材，分°值为0.048尺，大连檐断面高（广）约7.2寸，厚约4.8寸；小连檐断面高（广）约3.84～4.32寸，厚约2.88寸。以此类推。

（造檐之制）

造檐之制[①]：皆从橑檐方心出[②]，如椽径三寸，即檐出三尺五寸[③]；椽径五寸，即檐出四尺至四尺五寸。檐外别加飞檐[④]。每檐一尺，出飞子六寸[⑤]。其檐自次角补间铺作心[⑥]，椽头皆生出向外[⑦]，渐至角梁。若一间生四寸；三间生五寸；五间生七寸[⑧]。五间以上，约度随宜加减。其角柱之内，檐身亦令微杀向里[⑨]。不尔恐檐圜而不直。

【注释】

①造檐之制：梁注："'大木作制度'中，造檐之制，檐出深度取决于所用椽之径；而椽径又取决于所用材分°。这里面有极大的灵活性，但也使我们难于掌握。"

②从橑檐方心出：即所谓"檐出"，是指檐椽头与橑檐方心之间的距离。梁注："意思就是：出檐的宽度，一律从橑檐方的中线量出来。"

③椽径三寸，即檐出三尺五寸：这里给出的是相对尺寸，即"檐出"的长度尺寸是由椽子的直径尺寸决定的。如梁先生所言，因椽径取决于其屋所用材分°，故檐出的尺寸，需要在先确定椽径之后，才能得出。这里的"檐出"长度，究竟是投影长度，还是出挑椽子的斜长，亦未给出解释。从《法式》的行文习惯分析，这里的"檐出"尺寸，较大可能是其檐椽出挑的投影长度。

④飞檐：由施于椽头之上并向外出挑的飞子所形成的屋檐部分，飞檐会使屋檐口部位向上起翘的反宇效果得到进一步加强。

⑤每檐一尺，出飞子六寸：这里给出的是相对尺寸。因出檐尺寸由椽径推出，而椽径又由其屋所用材等决定，故房屋飞子的出挑长度，也是一个较为复杂的计算过程。

⑥其檐自次角补间铺作心：原文为“其檐自次角柱补间铺作心”，梁注本改为“其檐自次角补间铺作心”，但未解释。本卷前文“布椽”条小注中有：“至次角补间铺作心”，其中并无“柱”字，疑梁先生即以此为据做了修改。从文意上理解，“次角补间铺作心”，意思已很明确，而“次角柱补间铺作心”，反而有令人费解之处。从梁先生所改。

⑦椽头皆生出向外：宋式营造中的“翼角椽”，除了有向角梁缝渐次生起的做法，也有向角梁缝渐次向外生出的做法，使得其檐口翼角部分的椽头连线在平面投影上有微微向外张出的感觉。

⑧五间生七寸：这里仍是一种相对尺寸，但这里的生出尺寸仍未知是其椽的出挑长度，还是水平投影距离。从行文习惯分析，这里的生出尺寸，较大可能为檐椽头距离其檐之檐口基准线（檐椽椽头线及飞椽椽头线）的水平投影距离，即翼角檐向外生出的最大水平投影值，这是与房屋的开间数有所关联的，开间数越多的房屋，翼角部分向外生出的最大值也越大。

⑨檐身亦令微杀向里：其意似为，房屋翼角檐口虽有向外生出的做法，但不能处理成一条简单生硬的弯折线，而应在依据开间数控制好其生出的最大值的基础上，使其生出向外的椽头线呈微微向外的连续线。梁注：“这种微妙的手法，因现存实例多经后世重修，已难察觉出来。”

【译文】

房屋檐口的营造制度：屋檐椽向外的出挑长度都是以外檐铺作最外端所承橑檐方的中心线为基础进行推算的，例如，若椽子的直径为3寸，则其椽头伸出橑檐方心的距离为3.5尺；若椽子的直径为5寸，则其椽头伸出橑檐方心的距离为4尺至4.5尺。在檐椽之外，还应再加上飞子的出挑长度。檐椽每从橑檐方心向外出挑1尺，其上所施飞子的出挑长度为6寸。自紧邻其屋转角的补间铺作中心，其檐之檐椽与飞子的椽头都要开始向外生出,生出的斜线渐渐延至角梁处。如果其屋仅为1个开间,则翼角椽头向外生出的最大水平距离为4寸;若其屋为3个开间,则其翼角椽头向外生出的最大水平距离为5寸;若其屋为5个开间,则其翼角椽头向外生出的最大水平距离为7寸。如果其屋为5个开间以上,则应估计其翼角椽头向外生出的最大水平距离做随宜的加减。虽然有翼角檐口的向外生出,但在角柱之翼角范围内的檐口水平投影,仍应作微微向里的处理。若不做这样的处理,则其檐恐怕会出现圜曲的感觉,从而显得檐口不在一条连续的直线上。

(飞子与飞魁、结角解开与交斜解造)

凡飞子①,如椽径十分,则广八分,厚七分②。大小不同,约此法量宜加减③。各以其广厚分为五分④,两边各斜杀一分,底面上留三分,下杀二分;皆以三瓣卷杀,上一瓣长五分,次二瓣各长四分⑤。此瓣分谓广厚所得之分⑥。尾长斜随檐⑦。凡飞子须两条通造⑧;先除出两头于飞魁内出者⑨,后量身内,令随檐长,结角解开⑩。若近角飞子,随势上曲,令背与小连檐平⑪。

凡飞魁,又谓之大连檐⑫。广厚并不越材⑬。小连檐广加栔二分°至三分°⑭,厚不得越栔之厚⑮。并交斜解造⑯。

【注释】

①飞子:类如清式建筑中的“飞椽”。《清式营造则例》:“檐椽的外端上,除非是极小的建筑物,多半加一排飞椽。”

②如椽径十分,则广八分,厚七分:这里是比例尺寸,即将檐椽直径分为10椽分,其飞子的截面高度为8椽分,截面厚度为7椽分。

③约此法量宜加减:原文为“纳此法量宜加减”,梁注本改为“约此法量宜加减”。傅合校本:“约,据上条校正。故宫本亦作

'约'。"并注:"晁载之《续谈助》本、四库本亦作'约',当从'约'。"

④以其广厚分为五分:这里的"分",仍为比例之"份",即将飞子的截面高度与厚度各分为5份。其后文中的两侧斜杀各1分,上留3分,下杀2分,其中的"分"即为其按本身高、厚所分之每一"份"的长度。

⑤上一瓣长五分,次二瓣各长四分:这里的每一"分",仍为将飞子之截面高度与厚度分为5份之后,每份的长度。

⑥此瓣分谓广厚所得之分:此即对分瓣之"分"的度量单位之解释。

⑦尾长斜随檐:飞子分首尾,其首出挑于椽头之外,其尾贴伏于椽头背上;其尾与椽背相贴的长度,即为檐椽自橑檐方心向外出挑的斜长。

⑧飞子须两条通造:因飞子的尾部为一斜面,故每两枚飞子可由一条木方依据椽子的出挑斜长,通过结角解开的方式同时制作出来。

⑨飞魁:又称"大连檐",是檐口处位于檐椽端头之上的三角形木条,其作用是将出挑檐椽连接成一个整体,并将檐椽上的飞子加以固定。陈注:"飞魁,又名'大连檐'。当清式:里口木、小连檐及闸挡板。"

⑩结角解开:用于飞子加工制作的方法。梁注:"'结角解开''交斜解造'都是节约工料的措施。将长条方木纵向劈开成两条完全相同的、断面作三角形或不等边四角形的长条谓之'交斜解造'。将长条方木,横向斜劈成两段完全相同的、一头方整、一头斜杀的木条,谓之'结角解开'。"

⑪小连檐:檐口处位于飞子端头之上的三角形木条,以起到将飞子连接成一个整体的作用。

⑫大连檐:即飞魁。

⑬广厚并不越材:指大连檐的截面高度与厚度,不超过其屋所用材

的高度与厚度。

⑭小连檐广加栔二分°至三分°：指小连檐的截面高度是在其屋所用材之栔的基础上，再增加其屋所用材之分°的2分°（为8分°）至3分°（为9分°）。

⑮厚不得越栔之厚：指小连檐的厚度不得超过其屋所用栔的厚度，以栔之厚为其屋所用材之分°的6分°，则小连檐的厚度亦不得超过其屋所用材之分°的6分°。

⑯交斜解造：用于飞魁（大连檐）与小连檐加工制作的方法。参见本条上文"结角解开"所引梁先生注。

【译文】

凡在外檐椽头之上施飞子，若椽子直径定为10分，则其上所施飞子的截面高度应为8椽分，厚度为7椽分。因屋椽的粗细大小不同，其上飞子的截面尺寸大约以这一方法量宜加减。再各以飞子的截面高度与厚度尺寸定为5分，将其两个侧边各斜杀1分（中留3分），飞子端头之面亦即其底面，上留3分，下杀2分；飞子端头下部均应以3瓣卷杀，第一瓣长5分，次二瓣各长4分。这里的瓣长之"分"，指的是将飞子截面的高度与厚度定为5分之后所得出的每分之长。飞子的尾部为斜面，其斜长随其与檐椽相贴附部分的长度而定。凡飞子均应两条同时制作出来；先将飞子中段飞魁内所出长度留出后的所余两头保留在外，然后量其所留中段身内，使其长度与出挑屋檐相接部分长度相当，将其结角解开。如果是接近转角部位的飞子，应随其檐生起之势向上微曲，以将飞子的上皮与小连檐找平。

凡施造飞魁，又称之为"大连檐"。其截面的高度与厚度不应超过其屋所用材的高、厚尺寸。小连檐的截面高度，则是在其屋所用材之栔的基础上再增加2分°（8分°）或3分°（9分°）；小连檐的截面厚度，不得超过其屋所用材之栔的厚度（6分°）尺寸。大、小连檐都应采用交斜解造的做法制作。

举折其名有四：一曰陠，二曰峻，三曰陠峭，四曰举折

【题解】

关于“举折”之讨论，参见卷第二《总释下》“举折”条。

“举折”一节，讲述的是确定宋式营造中屋顶起举高度与下折曲线的基本方法。了解“举折”的原理与方法，是学习与了解宋代营造极其重要的一环。

举折的推算过程，其实是一个设计与绘图的过程，即“侧画所建之屋于平正壁上”，所绘房屋侧样图，取1∶10的比例，其目的是确定房屋起举的高度（定其举之峻慢），然后确定每一步架槫缝的空间位置与标高（折之圜和），从而确定房屋大木结构侧样图，即确定“屋内梁柱之高下，卯眼之远近”。

《法式》中关于“举折”的阐述，恰好印证了唐人柳宗元《梓人传》中所描绘的唐代工匠“画宫于堵，盈尺而曲尽其制，计其毫厘而构大厦，无进退焉”的房屋设计与建造方法。宋人将推算房屋举折、绘制房屋侧样的设计过程称为“定侧样”，或“点草架”。

举屋之法，是确定房屋屋顶起举高度的基本规则。宋式建筑屋顶起举高度的确定，基于两点：一，房屋等级；二，房屋进深。其中房屋进深的确定，也有两种基础算法：一是，若有枓栱者，以前后橑檐方心距离为房屋进深的计算基础；二是，若不设枓栱的柱梁作，或虽有枓栱但不出跳者，则以前后檐柱心为房屋进深的计算基础。

关于房屋等级，《法式》文本在这里表述得似乎更为明晰。仅仅就屋顶起举高度，其文就给出了多个不同的房屋等级，并给出了与各个等级相应的房屋起举高度比例。

从《法式》文本中可以大致了解到，宋式房屋大略分为：

1.殿阁式（这里所称“殿阁楼台”）；

2.厅堂式；

3.余屋类。

根据其文描述，还可以有进一步的分类方式：

1.殿阁楼台；

2.副阶或缠腰；

3.甋瓦厅堂；

4.瓪瓦厅堂；

5.甋瓦廊屋；

6.瓪瓦廊屋；

7.两椽廊屋。

这些分类，对于理解宋代营造中的房屋等级的分划与界定，有较为重要的参考意义。

如果说本段文字中的“举屋之法”是确定房屋屋顶脊槫上皮的标高，那么“折屋之法”，就是以脊槫上皮与橑檐方上皮标高之间的高度差为基础，逐一推算出每一缝屋槫，包括上平槫、中平槫、下平槫以及牛脊槫等的上皮标高，从而确定房屋屋顶的举折曲线。这既是一个设计过程，也是一个施工过程。

宋式营造中房屋屋顶的起举高度，是根据其屋的等级类型而确定的。简而言之，等级较高的殿阁类房屋，其屋顶起举就会稍显陡峻一些，达到了其屋前后橑檐方（或前后檐柱心）距离的1/3；但如果是等级稍低的厅堂类建筑，其屋顶起举就会稍显低缓，约在其前后橑檐方（或前后檐柱心）距离的1/4强；当然，等级更低的余屋类建筑，其屋顶起举就会更为低缓。

折屋之法的基本规则是：第一折，即上平槫标高，是以举高尺寸的每1尺折1寸，即下折总举高尺寸的1/10；第二折，如从中平槫始，自上一折尺寸递减半，故第二折，中平槫标高，自上一缝槫（上平槫）背取平，下至橑檐方背，下折上平槫与橑檐上皮标高差的1/20；第三折，自中平槫背取平，下至橑檐方背，下折中平槫与橑檐方上皮高差的1/40。以此类推。

每一槫缝所折尺寸，各减其上一缝所折尺寸之半，恰如《法式》本节所言："如第一缝二尺，第二缝一尺，第三缝五寸，第四缝二寸五分之类。"

所谓"取平"，指的是两个不同标高点，如脊槫背与橑檐方背、上平槫背与橑檐方背、中平槫背与橑檐方背等之间的连线。因在实际操作中用绳拉线，故应"从槫心抨绳令紧为则"。

《法式》提到，"若架道不匀，即约度远近，随宜加减"，是指在每一槫缝所折尺寸为各减其上一缝所折尺寸之半的这一基础上，对槫缝架道距离不匀情况的某种随宜处理。例如，若架道过远，可略微增加应折减之尺寸；反之，若架道稍近，亦可略微减少应折减之尺寸。如此类推。

概而言之，折屋之法，是以脊槫上皮标高与橑檐方上皮标高之间的高度差为基础，将各缝槫架上皮标高逐一推算而出的。

斗尖，清代称为"攒尖"。八角或四角斗尖，应是以八面坡或四面坡，簇向中央尖顶的建筑形式。斗尖亭榭的起举方式，不同于四坡或两坡有正脊房屋的起举方式。

斗尖亭榭起举方式，不像两坡或四坡屋顶那样，以确定脊槫与上、中、下平槫的标高为主旨，而是以确定四角或八角之角梁起举斜度为主旨。故斗尖亭榭起举分为两步：

第一步，先量橑檐方心至角梁尾（中心枨杆心）长度，取其长度的1/5为角梁尾端底部标高与橑檐方背标高之间的高度差；

第二步，用簇角梁方式，在各角梁背上施折簇梁，四根或八根折簇梁汇于中心枨杆上，其起举高度则取橑檐方心至中心枨杆卯心距离的1/2。

但如果是等级较低的亭榭，即只用瓪瓦的亭榭，其簇角梁起举高度则取橑檐方心至中心枨杆卯心距离的4/10。

从《法式》所云"其折分并同折屋之制"可知，所谓"簇角梁之法"相当于四角或八角斗尖亭榭的"折屋之法"。

以前文所述的两个步骤，已确定斗尖亭榭之举高，即完成了屋顶

“举屋之法”的环节；簇角梁之法则是将这一举高通过类似“折屋之法”的处理，找出斗尖亭榭的屋顶反宇曲线。

具体方法是，将橑檐方心至大角梁尾端1/2处作为上折簇梁下限，其上限为“枨杆举分尽处”，即中心枨杆上所定屋顶举高之点；需在上折簇梁两端出卯，使上折簇梁斜安于角梁背中点与枨杆举分尽处之枨杆卯心上。

再取橑檐方心至上折簇梁尽处（大角梁背一半处）长度的1/2处作为中折簇梁下限，其上限为上折簇梁当心之下，即上折簇梁背的中点，并在中折簇梁两端出卯，使中折簇梁斜安于橑檐方心至上折簇梁尽处之角梁背长度的中点与上折簇梁背的中点上。其中的一个控制性要素是，要使中折簇梁的上一半与上折簇梁的一半，长度相同。

同样的做法，下折簇梁的下限是橑檐方心，其上限在中折簇梁背的中点，故应将下折簇梁斜安于橑檐方心至中折簇梁的中点上。

四角或八角斗尖亭榭屋顶的如此做法，与两坡或四坡屋顶中所采用的“折屋之法”所形成的屋顶反宇曲线大体上相当。具体实施，是“以曲尺于弦上取方量之”。

此外，使用瓪瓦的斗尖亭榭，亦用簇角梁之法确定屋顶曲线。换言之，甋瓦斗尖亭榭与瓪瓦斗尖亭榭的差别，主要是在枨杆心上所定举高点的不同。

（举折之制）

举折之制[①]：先以尺为丈，以寸为尺，以分为寸，以厘为分，以毫为厘，侧画所建之屋于平正壁上[②]，定其举之峻慢[③]，折之圜和[④]，然后可见屋内梁柱之高下，卯眼之远近。今俗谓之定侧样[⑤]，亦曰点草架[⑥]。

【注释】

①举折:梁注:“举折是取得屋盖斜坡曲线的方法,宋称‘举折’,清称‘举架’。这两种方法虽然都使屋盖成为曲面,但‘举折’和‘举架’的出发点和步骤却完全不同。宋人的‘举折’先按房屋进深,定屋面坡度,将脊槫先‘举’到预定的高度,然后从上而下,逐架‘折’下来,求得各架槫的高度,形成曲线和曲面。”

②侧画所建之屋于平正壁上:此正如唐人柳宗元《梓人传》中所言:“画宫于堵,盈尺而曲尽其制,计其毫厘而构大厦,无进退焉。”所谓“侧画”,当指房屋梁架图之侧面,类似于今日建筑图的“横剖面”。其意是将拟建之房屋之柱额、梁槫等横剖面诸关系,按比例绘制于一面既有的平正墙面上,以作为推敲与确定该屋各部分构件尺寸的依据。

③举之峻慢:屋顶举折之法,先举后折,即先确定该屋屋顶正脊脊槫上皮的标高。举,指房屋屋顶最高点的起举高度,这一高度以房屋等级与类型确定,如殿阁式房屋屋顶,其举高多为前后橑檐方距离的1/3,而厅堂式房屋屋顶的举高,则为其前后橑檐方距离的1/4强。如梁先生注:“从宋《法式》举折制度的规定中可以看出:建筑物愈大,正脊举起愈高;也就是说在一组建筑群中,主要建筑物的屋顶坡度大,而次要的建筑物屋顶坡度小,至于廊屋的坡度就更小,保证了主要建筑物的突出地位。”

④折之圜和:折,是按照一定的方法将屋顶各平槫的上皮标高确定下来,每向下降一层平槫,其槫标高就要比脊槫上皮与橑檐方上皮标高连线在其点位上的高度降下一个高度,如此则形成圜和的反宇曲线。如梁先生注:“宋人的‘举折’先按房屋进深,定屋面坡度,将脊槫先‘举’到预定的高度,然后从上而下,逐架‘折’下来,求得各架槫的高度,形成曲线和曲面。”

⑤定侧样:意为在一平正墙壁上,大约按照1/10的比例,绘制拟造房

屋的剖面柱、额、梁、槫等图，以确定其屋各部分大木作构件的形式与尺寸。

⑥点草架：其意与定侧样相同。由此或可知，宋式营造中的侧样图或草架图所绘制的内容，主要是房屋的木构架，其细部墙体、门槛、屋瓦等建筑构造，不一定全部画出，似主要由工匠按照传统做法与规则，依据既有经验施工即可。

【译文】

确定房屋屋顶举折的制度：先以1/10的比例，即以尺为丈，以寸为尺，以分为寸，以厘为分，以毫为厘，在一堵平正的墙壁上绘制出所拟建造之房屋的横剖面图，在图中确定屋顶正脊的起举高度，求出每一平槫下折后的空间点位，以使屋顶的举折线既曲圜又柔和，然后依据屋顶诸平槫的高低远近，求出屋内梁栿的长短，屋柱柱顶的高下，以及屋内柱额、梁栿、铺作、屋槫之间相互连接的榫卯交接关系。今日将这种做法俗称为“定侧样”，亦可以称为“点草架”。

（举屋之法）

举屋之法[①]：如殿阁楼台[②]，先量前后橑檐方心相去远近，分为三分[③]，若余屋柱梁作[④]，或不出跳者[⑤]，则用前后檐柱心。从橑檐方背至脊槫背，举起一分[⑥]，如屋深三丈，即举起一丈之类。如甋瓦厅堂[⑦]，即四分中举起一分[⑧]。又通以四分所得丈尺，每一尺加八分[⑨]；若甋瓦廊屋及瓪瓦厅堂[⑩]，每一尺加五分[⑪]；或瓪瓦廊屋之类[⑫]，每一尺加三分[⑬]。若两椽屋不加。其副阶或缠腰[⑭]，并二分中举一分[⑮]。

【注释】

①举屋之法：举屋之法是确定房屋屋顶起举高度的基本规则。宋式

建筑屋顶起举高度的确定,基于两点:一,房屋等级;二,房屋进深。其中房屋进深的确定,也有两种基础算法:一,若有枓栱,则以前后橑檐方心距离为房屋进深的计算基础;二,若为不设枓栱的柱梁作,或虽有枓栱但不出跳者,则以前后檐柱心为房屋进深的计算基础。

②殿阁楼台:这里指宋式营造中高等级的"殿阁"式或"殿堂"式建筑与结构类型。

③分为三分:其意是将房屋前后橑檐方的距离长度做3段划分,而取其中的1段长度,为其屋顶举高。

④余屋:指等级较低的舍屋。柱梁作:指房屋外檐柱头之上不施枓栱、仅以柱额与梁栿形成房屋构架的结构做法。

⑤不出跳者:指房屋外檐柱头虽施用了枓栱,但其枓栱为不出跳的形式,如枓子蜀柱,或一枓三升的枓栱做法等,其出挑檐椽由柱头缝上的挑檐椽承托。

⑥举起一分:梁注:"等腰三角形,底边长3,高1,每面弦的角度为1∶1.5。"

⑦甋(tǒng)瓦厅堂:房屋构架为屋内柱生起的厅堂式结构,但其屋顶覆瓦却采用了等级较高的甋瓦形式,故称"甋瓦厅堂"。

⑧四分中举起一分:意为将前后橑檐方心(若枓栱不出跳,则为前后檐柱心)距离分为4段,取其中的1段为房屋举高的基数。梁注:"这里所谓'四分所得丈尺'即前后橑檐方间距离的1/4。"

⑨每一尺加八分:在四分中举起一分所得出的基数之上,按照每1尺加0.08尺,即按照基数的8%,添加在基数之上,以两者之和作为甋瓦厅堂屋顶起举高度的终值。

⑩甋瓦廊屋:廊屋系较厅堂建筑等级更低一些的房屋类型,但若其屋顶覆以甋瓦,即为甋瓦廊屋时,则其房屋似可与覆以瓪瓦的厅堂置于同一等级上。瓪(bǎn)瓦厅堂:即覆盖以瓪瓦的厅堂式建

筑，其屋顶起举高度的比例与瓪瓦廊屋保持一致。

⑪每一尺加五分：在四分中举起一分所得出的基数之上，按照每1尺加0.05尺，即按照基数的5%添加在基数之上，以两者之和作为瓪瓦廊屋或瓪瓦厅堂屋顶起举高度的终值。

⑫瓪瓦廊屋：瓪瓦廊屋似为厅堂与廊屋这一等级系列中最低的一种建筑类型，其结构为廊屋形式，屋顶所覆屋瓦为瓪瓦。

⑬每一尺加三分：在四分中举起一分所得出的基数之上，按照每1尺加0.03尺，即按照基数的3%，添加在基数之上，以两者之和作为瓪瓦廊屋屋顶起举高度的终值。

⑭缠腰：施于房屋屋身之外的腰檐或披檐。

⑮二分中举一分：副阶进深多为2个椽架，缠腰则从其橑檐方至屋身外檐檐柱的距离也常仅为1个椽架，因其进深很浅，故以檐口最外端的橑檐方心（或挑檐方心）与殿身檐柱心（或外檐檐柱心）之间距离的1/2作为副阶或缠腰的起举高度。

【译文】

确定房屋屋顶起举高度的方法：如果是高等级的殿阁楼台式建筑，先量其前后橑檐方心之间的距离长度，将这一长度尺寸定为3分，如果是低等级的余屋，其屋为不施枓栱的柱梁作构架，或是虽有枓栱却不出跳者，则以前后檐柱心的距离长度推算。从橑檐方背起举至脊槫背，两者之间的高度差为前后檐方距离之3分中的1分，例如，其屋前后檐方的距离若为3丈，则其屋顶的起举高度为1丈，如此类推。如果是覆以瓪瓦的厅堂式建筑，则将其前后橑檐方心距离长度定为4分，以其1分为起举高度的基数。然后，全部在四分之一尺寸这一基数的基础上，以每1尺加8分的做法，即在这一基础上，再增加基数的8%，以两者之和作为其屋的起举高度；如果是瓪瓦廊屋或瓪瓦厅堂，则在如前法所得出基数的基础上，以每1尺增加5分的做法，即在这一基础上，再增加基数的5%，以两者之和作为其屋的起举高度；如果是等级更低的瓪瓦廊屋之类，则在如前法所得出基数的基础上，以每1尺增加3分的做法，即在这一基础上，再增加基数的3%，以两者之和作为其屋的起举高度。如果其屋进深仅为2个椽架，则依前法求出前后橑方距离之1/4的尺寸，即为起举高度，不再有任何增加。如果是殿阁之周的副阶，或屋身之外的缠腰，则应采用将其进深定为2分，取其1分之长为其起举高度的做法。

（折屋之法）

折屋之法[①]：以举高尺丈[②]，每尺折一寸[③]，每架自上递减半为法[④]。如举高二丈，即先从脊槫背上取平，下至橑檐方背，其上第一缝折二尺；又从上第一缝槫背取平，下至橑檐方背，于第二缝折一尺。若椽数多，即逐缝取平[⑤]，皆下至橑檐方背，每缝并减上缝之半。如第一缝二尺，第二缝一尺，第三缝五寸，第四缝二寸五分之类。如取平，皆从槫心抨绳令紧为则[⑥]。如架道不匀[⑦]，即约度远近[⑧]，随宜加减。以脊槫及橑檐方为准[⑨]。

【注释】

①折屋之法：就是以脊槫上皮与橑檐方上皮标高之间的高度差为基础，逐一推算出每一缝屋槫，包括上平槫、中平槫、下平槫以及牛脊槫等的上皮标高，从而确定房屋屋顶举折曲线的方法。

②举高尺丈：以前文“举屋之法”所确定的房屋屋顶脊槫上皮与房屋橑檐方上皮（或房屋前后檐挑檐方上皮）之间的高度差值。

③每尺折一寸：即以举高尺寸的1/10计算其第一折的下折尺寸。

④每架自上递减半为法：即每下一椽架的下折尺寸，是其上一椽架下折尺寸的1/2。

⑤逐缝取平：梁注：“‘取平’就是拉成一条直线。”

⑥从槫心抨绳令紧为则：其意与“取平”相类。

⑦架道不匀：指屋顶椽架的分布距离不均匀。

⑧约度：大致地估算。

⑨以脊槫及橑檐方为准：屋顶椽架的分布及举折曲线的确定，都是以脊槫上皮中心线与橑檐方上皮中心线的标高与相互距离为基准推算出来的。

【译文】

确定房屋屋顶举折曲线的方法：以“举高之法”所推算出的屋顶起举高度尺寸，按照每1尺折1寸，即举高尺寸的1/10为比例，作为屋顶举折第一折的下折尺寸，之后，每一椽架的下折尺寸都以比上一椽架的下折尺寸减少一半来推算。例如，若举高为2丈，就先从脊槫背上取平，下至橑檐方背中心线，其上第一缝椽架的平槫上皮下折2尺；又从第一缝槫背上取平，下至橑檐方背中心线，在第二缝椽架的平槫上皮下折1尺。如果因房屋进深较大，椽架数较多，则在每一缝椽架的平槫上皮取平，每一次取平，都是从其椽架的平槫上皮中心线下至橑檐方背中心线做连线，且每一缝都减去上一缝所下折尺寸的一半。如第一缝下折2尺，第二缝下折1尺，第三缝下折0.5尺，第四缝下折0.25尺，以此类推。如取平，都是从其椽架上的槫上皮中心线向下至橑檐方背中心线连以直线绳，应使其绳绷紧以使其直线直挺为原则。如果屋顶诸椽架之间的相互距离不均匀，则应大略地估算其椽架架道距离的长短，在下折尺寸上，做随宜的加减。应以脊槫背中心线与橑檐方背中心线为推算诸槫标高与距离的基准线。

（八角或四角斗尖亭榭）

若八角或四角斗尖亭榭[①]，自橑檐方背举至角梁底[②]，五分中举一分[③]；至上簇角梁[④]，即两分中举一分[⑤]。若亭榭只用瓪瓦者，即十分中举四分[⑥]。

【注释】

①八角或四角斗尖：指斗尖式屋顶，清代称为"攒尖"式屋顶。八角或四角斗尖，应是以八面坡或四面坡的屋顶形式，簇向中央最高处，并形成一个圆尖状屋顶的建筑形式。

②橑檐方背举至角梁底：斗尖亭榭的屋顶起举首先要确定橑檐方背中心线至角梁尾的水平距离。

③五分中举一分：以橑檐方背中心线至角梁尾水平距离的1/5，作为角梁尾端底部标高与橑檐方背中心线标高之间的高度差，即第一步起举做法的举高。

④上簇角梁：自亭榭诸转角的角梁尾向斗尖式屋顶最高点施设的斜梁，称"上簇角梁"。其屋顶最高点可能是一个位于斗尖位置的中心枨杆。

⑤两分中举一分：指一般情况下，斗尖亭榭上簇角梁的起举高度是自角梁尾（即上簇角梁的下端）至斗尖屋顶中心线（即中央枨杆的中心线）距离的1/2。

⑥十分中举四分：指在瓪瓦式斗尖亭榭情况下，其上簇角梁的起举高度是自角梁尾（即上簇角梁的下端）至斗尖屋顶中心线（即中央枨杆的中心线）距离的4/10。

【译文】

如果是营造八角或四角斗尖式屋顶的亭榭，其起举方式是，先从外檐橑檐方背起举至诸转角处所施角梁尾端的底部，其起举高度是自橑檐方背中心线至角梁尾端水平距离的1/5；然后再自角梁尾端至上簇角梁上端，其起举高度是自角梁尾至斗尖亭榭中央枨杆中心线距离的1/2。如果是等级较低的瓪瓦亭榭，则自角梁尾至簇角梁上端的起举高度为自角梁尾至斗尖亭榭中央枨杆距离的4/10。

（簇角梁之法）

簇角梁之法[1]：用三折[2]。先从大角梁背[3]，自橑檐方心量，向上至枨杆卯心[4]，取大角梁背一半，立上折簇梁[5]，斜向枨杆举分尽处[6]。其簇角梁上下并出卯[7]。中、下折簇梁同。次从上折簇梁尽处量至橑檐方心[8]，取大角梁背一半立中折簇梁[9]，斜向上折簇梁当心之下[10]。又次从橑檐方心立下折簇梁[11]，斜向中折簇梁当心近下[12]。令中折簇角梁上一半与上折簇梁一半之长同。其折分并同折屋之制[13]。唯量折以曲尺于弦上取方量之[14]。用瓪瓦者同[15]。

【注释】

①簇角梁之法：一种用于等边多角形斗尖亭子上的屋顶结构方法。梁注：其法“用于平面是等边多角形的亭子上。宋代木构实例已没有存在的”。

②用三折：其意似为将簇角梁分为3个折段，以形成簇角梁式亭子的屋顶折曲线。

③先从大角梁背：原文为“先从大角背”，梁注本改为“先从大角梁背”。傅合校本：在“大角”处加“梁”字，并注：“梁，脱落。”

④向上至枨杆卯心：以簇角梁法营造的亭子，其核心结构是等边多角形诸个转角上所施的角梁。其角梁下端与一般房屋的做法相同，仍有大角梁与子角梁之分，但大角梁则自橑檐方背斜举向中央枨杆的中心，即其卯心，形成一个以中央枨杆与诸角角梁组合的基础性屋顶结构，然后会在角梁之上施加三折簇角梁。

⑤上折簇梁：相当于屋顶举折自脊槫标高向下求屋顶折曲线的第一折。

⑥枨杆举分尽处：指将上折簇梁的上端，举至其斗尖屋顶上端的最

高点，即通过计算得出的中央枨杆中心线上的起举最高点，即所谓“枨杆举分尽处”。

⑦簇角梁上下并出卯：簇角梁的上下两端都应出卯，其上折簇梁的上端卯入中央枨杆举分尽处的杆身之内，下端卯插入大角梁背上之角梁身内。

⑧上折簇梁尽处：指上折簇梁下端的端头。

⑨取大角梁背一半：指自橑檐方背中线至上折簇梁下端与角梁背相接处，即上折簇梁尽处，两者间距离的1/2。中折簇梁：相当于屋顶举折自脊槫标高向下求屋顶折曲线的第二折所用的折簇梁。

⑩上折簇梁当心：指上折簇梁梁身长度的中点。

⑪下折簇梁：相当于屋顶举折自脊槫标高向下求屋顶折曲线的第三折所用的折簇梁。

⑫中折簇梁当心：指中折簇梁梁身长度的中点。

⑬折分：即斗尖式屋顶每一折簇梁下折的程度与尺寸。

⑭曲尺：古代工匠施工时所用的尺，为“L”形，其长边与短边之比为$\sqrt{2}$:1，两条边的夹角为90°。于弦上取方：这里的“弦上”，指大角梁或折簇梁的梁背斜线，在其上取卯接点时，应以曲尺的一面垂直于梁背，使所取之点及所施之卯与角梁或折簇梁背呈90°的垂直相交关系。

⑮用瓪瓦者同：意为这些等边多角形亭子的屋顶无论是覆以瓪瓦还是覆以瓪瓦，其构成屋顶举折的角梁与折簇梁等的做法都是相同的。

【译文】

使用簇角梁搭构等边多角形平面亭子斗尖式屋顶的方法：其屋顶采用三折簇角梁。先从等边多角形诸转角处的大角梁背，自橑檐方背的中心线向上连至亭子屋顶中央枨杆的卯心处，取大角梁背自橑檐方心至中央枨杆卯心之间距离的一半处，立上折簇梁，其梁的上端斜向亭子屋顶中心结构的举分尽处，即在中央枨杆上所求出的屋顶起举的结束点。其簇角梁的上下两端都应出卯。中、下折簇梁也是一样。然后，从上折簇梁的最下端，量至橑檐方背的中心线缝，在大角梁背上取两点之间连线的中点，立中折簇梁，斜向上折簇梁中点之下。然后，再从与橑檐方背中心线相叠合的角梁背上，立下折簇梁，斜向中折簇梁中点之下。要使中折簇梁的上一半与上折簇梁的一半，在长度上相同。其每一折的下折比例与尺寸推算，与折屋之制中提到的四角或八角斗尖屋顶的做法相同。唯其量折的方式，是以曲尺在角梁或折簇梁之背的斜面上，以垂直相交的方式量之。屋顶覆以瓪瓦的亭子的做法与之相同。

卷第六　小木作制度一

版门双扇版门、独扇版门　乌头门　软门牙头护缝软门、合版软门

破子棂窗　睒电窗　版棂窗　截间版帐

照壁屏风骨截间屏风骨、四扇屏风骨　隔截横钤立旌　露篱

版引檐　水槽　井屋子　地棚

【题解】

本卷的标题为"小木作制度一",其内容包括房屋室内外门窗、室内隔断、照壁、版引檐,以及井屋子、露篱、水槽、地棚等木制房屋配件与设施。

所谓"小木作",指的是宋式营造中,除了主要房屋大木构架与大木作枓栱之外的几乎一切木造工程,其中既有房屋的门窗、房屋室内的隔断设施、房屋室内的天花吊顶、房屋外部的装饰性构件(如搏风版、垂鱼、惹草等),还有尺度较小的类房屋(如井亭子),以及房屋外观上所施的配件(如牌匾之类),或者还有一些室外设施(如露篱、棵笼子等)。其实,一些类房屋形式,如井亭子或转轮经藏等小木作中的枓栱,也应归在小木作的范畴之中,虽然其做法与构造似与大木作檐下铺作中枓栱的做法无多差异,但其所用的材分°尺寸,与大木作的材分°等级,似已了无关系。

由此可知,宋式建筑中的小木作制度部分,其内容十分驳杂,《法式》作者将"小木作制度"的内容分为6个部分,每个部分中又有诸多的室

内外小木作名件与做法，虽然各部分或各种名件之间，彼此可能存在某种程度的关联性，但这就像中药铺里的药名标识一样，人们很难对这些与房屋有所关联或关联不切的林林总总的名件术语，给出一个合乎逻辑的分类方式。

本卷为《小木作制度一》，其内容包括版门、乌头门、软门等及各式窗子在内的房屋门窗部分；包括截间版帐、照壁屏风骨等在内的室内隔断设施；包括露篱、井屋子等在内的房屋室外空间或水源围护设施；也包括版引檐、水槽等在内的与房屋遮阳或排雨水有关的附属配件；甚至还包括仓廒室内保持库室清洁与干燥的地棚。

如上所言，从这简短的描述中，我们对这一整卷所叙述的内容，似乎难以用一个简单的范畴归类加以标识。

本卷图样参见卷第三十二《小木作制度图样》图32-1至图32-13。

版门双扇版门、独扇版门

【题解】

版门是宋式营造中规格较高的门，可以是建筑群前的大门，抑或是重要建筑物的入口之门，其高度从7尺至24尺不等，多数情况下，版门的宽度与高度相当。

版门，依其门扇，可分为双扇版门与独扇版门。如果是两扇开启之门，则每扇门的宽度可能是其门高度的一半。如果为独扇版门，则其门的高度就应有所限制，一般不应超过7尺。

版门主要由两个部分组成：一是门版，二是门框。门版主要包括肘版、副肘版、身口版，以及用以固定肘版、副肘版和身口版的楅。

肘版的尺寸以其门每高1尺，其版应取的相应比例尺寸推算：如门高1尺，肘版宽0.1尺，肘版厚0.03尺，长度与门高相当；以此推算，即门高10尺，肘版长亦10尺，肘版宽1尺，肘版厚0.3尺。以此类推，则不同高度的门，其肘版尺寸很容易推算出来。副肘版是版门门扇外侧的边版，其长宽尺寸与肘版的长宽尺寸相同，厚度略薄于肘版。

肘版与副肘版在宽度上都有一个限度。如果门的高度高过12尺，则肘版与副肘版的长度虽然仍应与门高相当，但其宽度最多不能超过1.5尺。但这里并未给出肘版与副肘版的厚度上限。

版门之内，嵌以身口版。身口版的长度，与同一版门高度下之肘版、副肘版的长度相同。其宽度，可随所用木料本身既有的宽度确定。基本原则是，使肘版、副肘版、身口版的宽度总和，恰好能够满足一扇门的宽度。

楅是衬贴于版门背面，起到加强版门整体结构性能的条形构件，其长、广、厚尺寸随版门的宽度确定。每门的用楅数量，是根据门的高度确定的。

（造版门之制）

造版门之制[①]：高七尺至二丈四尺[②]，广与高方[③]。谓门高一丈，则每扇之广不得过五尺之类。如减广者，不得过五分之一[④]。谓门扇合广五尺[⑤]，如减不得过四尺之类。其名件广厚，皆取门每尺之高，积而为法[⑥]。独扇用者[⑦]，高不过七尺[⑧]，余准此法。

【注释】

①版门：梁注："版门是用若干块板拼成一大块板的门，多少有些'防御'的性质，一般用于外层院墙的大门以及城门上，但也有用作殿堂门的。"

②高七尺至二丈四尺：这里给出的是不同高度的版门尺寸范围，其门高度可以从7尺到24尺不等。

③广与高方：梁注："'广与高方'的'广'是指两扇合计之'广'，一扇就成'高二广一'的比例。"

④每扇之广不得过五尺之类。如减广者，不得过五分之一：梁注："这两个'不得过'，前一个是'不得超过'或'不得多过'，后一个是'不得少于'或'不得少过'。"

⑤门扇合广五尺：梁注："'合'作'应该是'讲。"

⑥取门每尺之高，积而为法：梁注："'取门每尺之高，积而为法'就是以门的高度为一百，用这个百分比来定各部分的比例尺寸。"

⑦独扇用者：指其门仅有一扇，为单扇门。

⑧高不过七尺：单扇版门的高度不超过7尺。故可知上文中所给出的版门高度范围中，凡高度超过7尺的，都应该是双扇版门。

【译文】

营作版门的制度：版门的高度应在7尺至2.4丈之间，其门的总宽度与其门的高度保持一致。也就是说，如果其门高为1丈，则其每扇版门的宽度不得超过5尺，如此类推。如果确实需要将门的宽度减少一点，其减少的程度也不得超过其门应有宽度的1/5。换言之，若其门扇的宽度应该为5尺，则减少尺寸之后的门扇宽度不得少于4尺，如此类推。其门上各种构件的截面广厚尺寸，都应以其与门每尺之高的比例，按照门的实际高度尺寸推算出来。若版门仅作独扇使用，其高度不得超过7尺，其余的版门以如上所述的方法为准。

（肘版）

肘版[①]：长视门高[②]。别留出上下两镰[③]；如用铁桶子或靴臼[④]，即下不用镰。每门高一尺，则广一寸，厚三分[⑤]。谓门高一丈，则肘版广一尺，厚三寸。丈尺不等，依此加减[⑥]。下同。

【注释】

①肘版：梁注："肘版是构成版门的最靠门边的一块板，整扇门的重量都悬在肘版上，所以特别厚。清代称'大边'。"

②长视门高：梁注："'视'作'按照'或'根据'讲。"指肘版的长度是依据版门的高度尺寸确定的。

③上下两鐏（zuǎn）：梁注："'鐏'字不见于字典，读音不详，可能读'纂'。这里是指肘版上下两头延伸出去的转轴。清代就称'转轴'。"据《字汇补·金部》："鐏，音纂。"这里是指包裹（或安装）在木制肘版上下两头延伸出去部分上的铁制附件，以起到版门转轴的作用。另据明茅元仪《武备志·阵练制·教艺七》："杆后不宜安鐏，恐自击腹胁。"推测，"鐏"指安于杆状物端头的铁制品。

④铁桶子：疑指在版门肘版底部施安的、用以包裹其肘版与门砧所接触部分的铁制圆桶状附件，以减少其与门砧摩擦造成的损耗。鞾臼：梁注："门砧上容纳并承托鐏的碗形凹坑。"

⑤每门高一尺，则广一寸，厚三分：此为比例尺寸，即前文所言"取门每尺之高，积而为法"的具体表述之一。其意为，若版门高1尺，则其肘版的截面宽度为0.1尺，厚度为0.03尺。换言之，其肘版的截面高度尺寸，为其门高度的10%，厚度尺寸为其门高度的3%。

⑥丈尺不等，依此加减：意即版门高度的尺寸不同，其肘版的截面广厚尺寸就依照如上的比例推算而出。

【译文】

施于版门贴近门框一侧之侧边的肘版：其长度是依据这一版门的高度而定的。除了与门高相同的尺寸之外，还应该在肘版的上下两端各留出一个用于转动门的门鐏；如果在门下施用了铁桶子或在门砧中凿有鞾臼，则肘版的下端就不用门鐏了。**肘版的截面广厚尺寸，以其门每高1尺，肘版截面宽为0.1尺，厚为0.03尺推算。**也就是说，若版门高为1丈，则其肘版的截面宽度为1尺，厚度为3寸。若门高尺寸不同，则依据这一比例推算而出。以下所言诸构件，亦采用相同规则。

（副肘版）

副肘版①：长广同上②，厚二分五厘③。高一丈二尺以上用，其肘版与副肘版皆加至一尺五寸止④。

【注释】

①副肘版：梁注："副肘版是门扇最靠外，亦即离肘版最远的一块版。"由其文所言肘版与副肘版"皆加至一尺五寸止"，可知副肘版的截面宽度与肘版是对应相同的。

②长广同上：副肘版的长度与截面宽度，与上文提到的肘版相同，即其长视门高而定，而其截面宽度（广）为门高尺寸的10%。

③厚二分五厘：这里仍是比例尺寸，即以其版门高1尺，其副肘版的截面厚度为0.025尺，换言之，副肘版厚度为其门高度的2.5%，则副肘版的厚度略低于肘版的厚度。

④高一丈二尺以上用，其肘版与副肘版皆加至一尺五寸止：梁注："这是肘版和副肘版广（宽度）的最大绝对尺寸，不是'积而为法'的比例尺寸。"虽然肘版与副肘版的截面宽度，都随着门的高度尺寸按10%的比例确定，但若门高尺寸超过1.2丈之后，肘版与副肘版的截面宽度就不再增加了。这里的1.5尺是版门上所施肘版与副肘版的最大宽度尺寸。

【译文】

施于版门另外一侧之侧边的副肘版：其长度与截面宽度的尺寸确定，都与肘版的做法一样，即其长与门高尺寸相当，截面宽度为门高尺寸的10%，但厚度仅为门高尺寸的2.5%。若用于门高超过1.2丈的情况，肘版与副肘版的截面宽度，在增至1.5尺之后，就不再随其门高尺寸的增加而增加了。

（身口版）

身口版①：长同上，广随材②。通肘版与副肘版合缝计数③，令足一扇之广。如牙缝造者④，每一版广加五分为定法⑤。厚二分⑥。

【注释】

①身口版：梁注："身口版是肘版和副肘版之间的板，清代称'门心版'。"

②广随材：梁注："这个'材'不是'大木作制度'中'材分°'之'材'，指的只是木料或木材。"

③通肘版与副肘版合缝计数：梁注："'通'就是'连同'。"也就是其宽度尺寸是将肘版与副肘版连同在一起，合缝计算的。

④牙缝造：梁注："'牙缝'就是我们所谓的'企口'或'压缝'。"

⑤定法：所谓"定法"，意为一般规则。

⑥厚二分：这里的尺寸为以"每尺之高，积而为法"的比例尺寸，意为身口版的厚度尺寸为其门高度尺寸的2%。

【译文】

施于版门之肘版与副肘版之间的身口版：其长度与肘版与副肘版一样，都与门的高度尺寸相当，其截面的宽度依据所用木材的宽度随宜使用。应将身口版与肘版、副肘版的宽度尺寸连同在一起合缝计算，以确保其宽满足一扇门的宽度为要求。如果身口版间用企口或做压缝造，则每一身口版再增加0.05尺的宽度即可，以与其企口或压缝尺寸相合。身口版的厚度为其门高度尺寸的2%。

（楅）

楅①：每门广一尺，则长九寸二分，广八分，厚五分②。

衬关楅同③。用楅之数，若门高七尺以下，用五楅；高八尺至一丈三尺，用七楅；高一丈四尺至一丈九尺，用九楅；高二丈至二丈二尺，用十一楅；高二丈三尺至二丈四尺，用十三楅。

【注释】

①楅（bī）：梁注："楅是钉在门板背面使肘版、身口版和副肘版连成一个整体的横木。""楅"是衬贴于版门背面，起到加强版门整体结构性能的条形构件，其长、广、厚尺寸随版门之广（宽）确定。

②每门广一尺，则长九寸二分，广八分，厚五分：梁注："'每门广一尺，则长九寸二分'十一个字，《营造法式》各版本都印作小注，按文义及其他各条体制，改为正文。但下面的'广八分，厚五分'则仍是按'门每尺之高'计算。"

③衬关楅：当是其中的一根楅，但未知其准确位置，疑可能是与关闭其门所用之门栓的位置接近、以起到加强门栓处结构作用的楅。衬关楅的长、广、厚尺寸，与其他楅是相同的。

【译文】

楅：以门之宽度每宽1尺，其楅之长0.92尺，楅之截面宽0.08尺，楅之截面厚0.05尺计。衬关楅的尺寸相同。用楅的数量，如果门的高度在7尺以下，用5条楅；如果门的高度为8至13尺，用7条楅；若门高为14尺至19尺，用9条楅；门高若为20尺至22尺，用11条楅；门的高度为23尺至24尺，用13条楅。

（门额、立颊与地栿）

【题解】

构成版门外框的构件，主要包括门额、鸡栖木、门簪、立颊、地栿等。版门上的"额"，相当于版门的上框，额两端出卯，插入门两侧的立柱之中。额上施以鸡栖木，鸡栖木的长和厚与额相同。额上还安有门簪，将其额居中3/4的长度,再匀分为3段,如此则有4个分界点,每一点可安装一枚门簪。

门两侧为立颊,立颊的长度与肘版的长度相同,或者说,立颊之长与门的高度相当;立颊厚度亦与额的厚度相当。立颊之宽可由门每1尺之高及其相应的比例尺寸推算而出。

这里提到的"断砌门",亦即石作制度中所说的"阶断砌",主要用于通行车马和临街的外门。其两侧会施立柣与卧柣。

额①:长随间之广,其广八分,厚三分②。双卯入柱。

鸡栖木③:长厚同额,广六分④。

门簪⑤:长一寸八分,方四分⑥,头长四分半。余分为三分,上下各去一分,留中心为卯⑦。颊内额上⑧,两壁各留半分,外匀作三分⑨,安簪四枚。

立颊⑩:长同肘版,广七分⑪,厚同额。三分中取一分为心卯⑫。下同。如颊外有余空⑬,即里外用难子、安泥道版⑭。

地栿⑮:长厚同额,广同颊。若断砌门⑯,则不用地栿,于两颊下安卧柣、立柣⑰。

【注释】

①额:梁注:"额就是门上的横额,清代称'上槛'。"

②其广八分,厚三分:额的截面高度(广)与厚度,以其门每尺之高,积而为法,即以门每高1尺,额高(广)0.08尺,额厚0.03尺推计。

③鸡栖木:梁注:"鸡栖木是安在额的背面,两端各凿出一个圆孔,以接纳肘版的上鑣。清代称'连楹'。鸡栖木是用门簪'簪'在额上的。"

④广六分:这里是以"门每尺之高,积而为法"的比例尺寸,以门高

10尺计，其额的截面高度（广）为6寸。

⑤门簪：梁注："门簪是把鸡栖木系在额上的构件，清代也称'门簪'。"

⑥长一寸八分，方四分：此为以"门每尺之高，积而为法"的比例尺寸，以门高10尺计，其门簪长1.8尺，方4寸。

⑦余分为三分，上下各去一分，留中心为卯：梁注："'余分为三分，上下各去一分，留中心为卯'，是将'长一寸八分'中，除去'头长四分半'所余下的一寸三分五厘的一段，将'方四分'的'断面'，匀分作三等分，每分为一分三厘三毫，将两侧的各一分去掉，留下中间一片长一寸三分五厘，宽四分，厚一分三厘三毫的板状部分就是门簪的卯。"也就是说，门簪尺寸：长1.8寸，方0.4寸，其头长0.45寸；其卯长1.35寸，宽0.4寸，厚0.133寸。这里的尺寸均为以"门每尺之高，积而为法"的比例尺寸。

⑧颊内额上：指两颊之内的门额长度。

⑨两壁各留半分，外匀作三分：梁注："这里所说，是将两颊间额的长度，匀分作四分，两端各留半分，中间匀分作三分，以定安门簪的位置。各版本'外匀作三分'都是'外均作三分'，按文义将'均'字改作'匀'字。"意即四枚门簪彼此之间的距离，为额长的1/4；两端门簪与两颊的距离，各为额长的1/8。

⑩立颊：梁注："立颊是立在门两边的构材，清代称'抱框'或'门框'。"徐伯安先生对这一观点提出不同意见："立颊并非清代'抱框'，只是门扇的门框。《营造法式》中相当'抱框'的似乎应是'榑柱'。"这里将两位先生的观点列出，可做进一步研究的参考。关于"榑柱"，参见本卷"截间版帐"节。

⑪广七分：此亦为以"门每尺之高，积而为法"的比例尺寸，以门高10尺计，其门的立颊截面宽度为7寸。

⑫三分中取一分为心卯：梁注："按立颊的厚度匀分作三分，留中心

一分为卯。”

⑬颊外有余空：梁注：“‘颊外有余空’是指门和立颊加在一起的宽度（广）小于间广两柱间的净距离，颊与柱之间有‘余空’。”

⑭里外用难子：梁注：“这个‘外’是指门里门外的‘外’，不是‘颊外有余空’的‘外’。”梁先生又注：“‘难子’是在一个框子里镶装木板时，用来遮盖框和板之间的接缝的细木条。清代称‘仔边’。现在我们叫它做‘压缝条’。”泥道版：梁注：“泥道版清代称‘余塞板’。按‘大木作制度’，铺作中安在柱和阑额中线上的最下一层栱称‘泥道栱’，因此‘泥道’一词可能是指在这一中线位置而言。”

⑮地栿（fú）：梁注：“地栿清代称‘门槛’或‘下槛’。”

⑯断砌门：即如石作制度中的“阶断砌”做法。梁注：“‘断砌门’就是将阶基切断，可通车马的做法，见‘石作制度’及图样。”

⑰卧柣（zhì）、立柣：用于断砌门中的石构件，参见卷第三《壕寨及石作制度》“石作制度·门砧限”条相关注释。

【译文】

版门上的额：额的长度随其门所设之房屋开间的间广而定，额的截面高度与厚度，以其门每尺之高，积而为法，即门每高1尺，其额高0.08尺，其额厚0.03尺推计。其额两端均留出入柱之卯。

鸡栖木：其长度与厚度均与其门之额的长度与厚度相同，其截面宽度以门每高1尺，宽为0.06尺推计。

门簪：以门每高1尺，其门簪的长度为0.18尺，门簪的截面为0.04尺见方，门簪的头部长0.045尺。将方0.04尺的门簪断面定为三分，上下各斫去一分，留中心的一分为卯。在两颊之内的门额之上，靠近两个侧壁各留出半分，所余的部分再匀分作三分，按照这一划分，施安4枚门簪。

立颊：门两侧的立颊，其长与版门的肘版长度相同，立颊的截面宽度，以门每高1尺，其宽0.07尺计，立颊的截面厚度与门额的厚度相同。

将其立颊的厚度定为3分,取其中的1分为心卯,与门上之额与门下之地栿相接。如下的做法与之相同。如立颊之外,其开间左右两柱之内还有余空,即在门之里外用难子,并施安泥道版。

版门下的地栿:地栿的长度与厚度与门上所用额的尺寸相同,地栿的截面高度与其门所用的立颊之宽度相同。若为断砌门,则门下不用施地栿,只于两颊之下施安用石头雕制的卧柣与立柣。

(门扇启闭名件:门砧、门关与透栓)

【题解】

门扇启闭构件,为具有开启或闭锁门扇之功能的部件。

与门扇启闭有关的构件,随门高不同而不同。如透栓,门高10尺以上用4栓,门高不足10尺,用2栓。不同门高,透栓及劄尺寸,均随门之高度尺寸大小而有所增加或减少。

此外,用于门扇启闭的构件中,还有门关、柱门柺、搕锁柱、伏兔、手栓等。一般说来,若版门的高度超过10尺,则应施用门关、柱门柺、搕锁柱等;但若版门的高度不足10尺,则只需用伏兔、手栓。

其文还给出了7尺以下、7尺以上、12尺以上及20尺以上不同门高尺度下,启闭构件的相应变化。若门高7尺以下,则门之上下均用伏兔;门高7尺以上,门之上下用鸡栖木与门砧;门高12尺以上,门砧改用铁桶子鹅台石砧;门高20尺以上,门的上枢安铁锏,其上鸡栖木安铁钏,门的下枢安铁靴臼,并采用石质的地栿、门砧与铁鹅台。

门砧[①]:长二寸一分,广九分,厚六分[②]。地栿内外各留二分[③],余并挑肩破瓣[④]。

凡版门如高一丈,所用门关径四寸[⑤]。关上用柱门拐[⑥]。搕锁柱长五尺,广六寸四分,厚二寸六分[⑦]。如高一丈以下者,只用伏兔、手栓[8]。伏兔广厚同楅，长令上下至楅。手栓长二尺至一尺五寸[9]，广二寸五分至二寸，厚二寸至一寸五分。缝内透栓及劄[10]，并间楅用。透栓广二寸，厚七分[11]。每门增高一尺，则关径加一分五厘[12]，搕锁柱长加一寸，广加四分，厚加一分；透栓广加一分，厚加三厘。透栓若减，亦同加法。一丈以上用四栓[13]，一丈以下用二栓。其劄，若门高二丈以上，长四寸[14]，广三寸二分，厚九分；一丈五尺以上，长同上，广二寸七分，厚八分；一丈以上，长三寸五分，广二寸二分，厚七分；高七尺以上，长三寸，广一寸八分，厚六分。若门高七尺以上，则上用鸡栖木，下用门砧。若七尺以下，则上下并用伏兔。高一丈二尺以上者，或用铁桶子鹅台石砧[15]。高二丈以上者，门上镶安铁锏[16]，鸡栖木安铁钏[17]，下镶安铁鞾臼[18]，用石地栿、门砧及铁鹅台[19]。如断砌[20]，即卧柣、立柣并用石造。地栿版长随立柣间之广[21]，其广同阶之高[22]，厚量长广取宜；每长一尺五寸用楅一枚。

【注释】

①门砧：梁注："门砧是承托门下镶的构件，一般多用石造。清代称'门枕'。"卷第三《壕寨及石作制度》"石作制度·门砧限"："长三尺五寸；每长一尺，则广四寸四分，厚三寸八分。"

②长二寸一分，广九分，厚六分：这里给出的尺寸应是"每门高一尺，积而为法"的比例尺寸，如其门高1丈，则其门砧长2.1尺，宽0.9尺，厚0.6尺。这里所给出的门砧的长、广、厚比约为：1∶0.43∶0.285；而前文石作制度中门砧的长、广、厚比约为1∶0.44∶0.38。从比例上看，这两套尺寸，长与广之比似乎比较接近，厚度上差别较大。似可推知，这里的"门砧"疑为木质门

砧，故其厚度比例，比石质门砧略薄。

③地栿内外各留二分：这里的“分”与上文依据比例所言之“分”似不同，其意疑为将门砧之长定为10分，其门内外各留2分，余6分，作为与门之立颊的结合部分。以其门高1丈计，门砧长2.1尺，则其内外各留4.2寸，中间所余1.26尺为挑肩破瓣以与地栿、立颊相衔接的部分。

④余并挑肩破瓣：意为将门砧中段与立颊相衔接的部分开凿出与立颊相连接的接口。

⑤门关：梁注：“门关是大门背后，在距地面约五尺的高度，两头插在搕锁柱内，用来挡住门扇使不能开的木杠。”若门高1丈，其径4寸。

⑥柱门拐：梁注：“柱门拐是一块楔形长条木块，塞在门关和门扇之间的空当里，使门紧闭不动。”

⑦搕锁柱：梁注：“搕锁柱是安在门内两边的立颊上，凿留圆孔以承纳门关的构件。后世所见，有许多不用搕锁柱而代以活动半圆形铁环的做法。搕音‘合’，……读如‘合锁柱’。”据《广韵·合韵》：“搕，以手盍也。”《集韵·盍韵》：“搕，以手覆也。”从字义理解，这里的“搕”，为以手覆盖之意。长五尺，广六寸四分，厚二寸六分：此为门高1丈情况下，搕锁柱的长、广、厚尺寸。随门高变化，其尺寸亦有所变化。

⑧伏兔：梁注：“伏兔是小型的搕锁柱，安在版门背面门板上。”手栓：梁注：“手栓是安在伏兔内可以横向左右移动，但不能取下来的门栓；清代称‘插关’。”

⑨手栓长二尺至一尺五寸：文中给出的手栓长、广、厚尺寸，是其门高度在1丈以下时的尺寸变化幅度范围，既非简单的比例尺寸，也非确定的绝对尺寸，仍是一个随门高变化而有所变化的尺寸。

⑩缝内：指版门“缝”内，即版门之门版的中心线内。透栓：梁注：“透栓是在门板之内，横向穿通全部肘版、身口版和副肘版以固定

各条板材之间的连接的木条。”劄（zhā）：梁注：“劄是仅仅安在两块板缝之间，但不像透栓那样全部穿通，使板缝不致凸凹不平的连系构件。”

⑪透栓广二寸，厚七分：这里的透栓尺寸，仍为其门高为1丈时的广、厚尺寸，并非“每门高一尺，积而为法”的比例尺寸，但其尺寸随门高变化，亦有所增减。

⑫关：梁注：“指门关。”其径随门高增加而有所增大。

⑬一丈以上用四栓：这里的“一丈以上”指门高尺寸。若门高在1丈以上，其门用4根透栓；门高在1丈以下，只用2根透栓。

⑭长四寸：《法式》原文在这里为“长四尺”，从上下文看，其“尺”为“寸”之误。梁注本改为“长四寸”。陈注：改“长四尺”为“长四寸”，并注：“寸，竹本。”

⑮铁桶子鹅台石砧：疑即后文所言的“铁鹅台”，或与卷第十《小木作制度五》“转轮经藏”节中提到的“铁鹅台桶子”亦有某种相似之处。其意似为在石砧上施铁质碗状凹坑，上承端头包有铁桶子的门肘版。故铁桶子鹅台石砧，当是在门枢底部用圆形铁包裹，以形成铁制门轴（铁桶子）；门枢端头由半圆形铁碗（鹅台）支承，以减少门轴转动时与石质门砧产生摩擦。这种“铁桶子鹅台石砧”，似亦可称为“铁鹅台”。

⑯铁锏（jiān）：梁注：“原义是‘车轴铁’，是紧箍在上镶上的铁箍。”

⑰铁钏（chuàn）：梁注：“钏，音‘串’，原义是‘臂环’‘手镯’，是安在鸡栖木圆孔内，以利上镶转动的铁环。”钏，女子手腕上佩戴的装饰品。

⑱铁靴臼：梁注：“铁靴臼是安在下镶下端的‘铁鞋’。”

⑲铁鹅台：梁注：“铁鹅台是安在石门砧上，上面有碗形圆凹坑以承受下镶铁靴臼的铁块。”

⑳断砌：即石作制度中的“阶断砌”及本节前文所谓“断砌门”。

㉑地栿版：梁注："地栿版就是可以随时安上或者取掉的活动门槛，安在立株的槽内。""地栿版"即与石作制度中的"阶断砌"，或本节所谓"断砌门"相结合的一种活动的地栿。傅合校本：改"地栿版"为"地株版"，其注："株，据四库本改。"长随立株间之广：梁注："各版本原文是'长随立株之广'，按文义加一'间'字，改成'长随立株间之广'。"其意为，地栿（株）版的长度是根据立株之间的距离确定的。

㉒广同阶之高：这里的"阶"，疑或即石作制度中的殿阶基，即殿屋的台基。未知是否是指房屋或门殿的台基之高。因其后文提到"每长一尺五寸用楅一枚"，则地栿（株）版不同于一般的地栿，而是有一定的高度，其版后应施楅，故其意似指地栿（株）版的高度（广），与其屋之台基高度相当。

【译文】

门砧：以门每尺之高，其长2.1寸，宽0.9寸，厚0.6寸推计。以门砧之长为10分，地栿内外各留出2分，所余6分并挑肩破瓣，与门两颊相接合。

凡版门若其高度为1丈，其门所用门关的直径则为4寸。门关和门扇之间的空当里用柱门拐。门内两边立颊上所安搕锁柱长5尺，其柱的截面宽度为6.4寸，截面厚度为2.6寸。如果门高在1丈以下，则只用伏兔、手栓。伏兔的宽度与厚度与其门所用楅的宽度与厚度相同，伏兔的长度要使其上下端抵至其上下楅之侧边。在门高低于1丈时，手栓的长度为2尺至1.5尺；其栓的截面宽度为2.5寸至2寸，截面厚度为2寸至1.5寸。其版门中心线内，以条状的透栓及劄横向穿通全部肘版、身口版和副肘版，以将版门内诸板材连接与固定为一体，这些透栓与劄，都应与版门上所施的楅间隔施用。在门高为1丈时，透栓的截面宽度为2寸，截面厚度为0.7寸。门的高度每增高1尺，其门关的直径要增加0.15寸，搕锁柱的长度增加1寸，搕锁柱的截面宽度增加0.4寸，截面厚度增加0.1寸；透栓的截面宽度增加0.1寸，截面厚度增加0.03寸。透栓的尺寸若因门高尺寸变化而有所减少，其方法与尺寸增加时的做法相同。门高1丈以上时，其门用4条透栓；门高1丈以下时，其门仅用2条透栓。门上所用劄，若门高为2丈以上，其劄长4寸，门劄的截面宽度为3.2寸，截面厚度为0.9寸；若门高为1.5丈以上，其劄的长度与上相同，仍为4寸，其截面宽度为2.7寸，截面厚度为0.8寸；若门高为1丈以上，其劄长3.5寸，截面宽度为2.2寸，截面厚度为0.7寸；若门高为7尺以上，其劄长3寸，截面宽度为1.8寸，截面厚度为0.6寸。**如果门高为7尺以上，其上则施用鸡栖木，其下用门砧。**若门高为7尺以下，则门之上下只用伏兔即可。**若门高1.2丈以上，可能需要用铁桶子鹅台石砧。若其门高2丈以上，门之肘版上端应镶安铁锏，门上的鸡栖木亦需施安铁钏，门之肘版下端需镶安铁靴臼，这时需用石头制作的地栿、门砧及铁鹅台。**如果是阶断砌的做法，则其门两侧的卧柣、立柣都要用石头造作。**地栿版的长度依据两侧立柣之间的距离而定，高度与其屋之阶基的高度相同，厚度应根据版的长度与高度相宜而定；在每长1.5尺的间隔，应在地栿版之内施榻一枚。**

乌头门其名有三：一曰乌头大门，二曰表楬，三曰阀阅；今呼为棂星门

【题解】

以其采用了诸如“表楬”“阀阅”等别称，可以推知，“乌头门”是一种能够表明其门之内房屋所有者所具有的高贵身份的门。至迟在唐代时，乌头门已经出现，且成为一种代表某种身份的门。如《唐会要·舆服》中提到：“五品已上堂舍，不得过五间七架，厅厦两头门屋，不得过三间两架，仍通作乌头大门。”可知，唐时乌头门只能用于五品以上官员的堂舍门前。

据梁思成先生的解释：“‘乌头门’是一种略似牌楼样式的门。牌楼上有檐瓦，下无门扇，乌头门恰好相反，上无檐瓦而下有门扇。乌头门是这种门在宋代的‘官名’。”

宋代乌头门的大致形象，是将两根挟门柱伸出门额之上，形成两根冲天柱，柱顶之上再安乌头。在其柱、额之间，安设门扇。门之前后，则斜撑以抢柱，保持其稳定性。

乌头门的高度，在8～22尺；一般情况下，门的宽度与高度相同；也就是说，乌头门的门高与门宽，恰好是一个正方形。也可能有将门之宽度略小于门高的做法，但这需要有一定的比例控制：如门高15尺以上时，其宽在尺寸上的缩减不能超过高度的1/5。例如，其高15尺，其宽不能少于12尺。以此类推。

乌头门之肘、桯、腰串等主要构件的长度，是依据其门的高度尺寸确定的，如门高10尺，其肘亦长10尺；桯亦与门高尺寸相同，而横桯则依门宽尺寸推算，腰串亦如之。其广厚尺寸，亦按比例推算。

其余腰华版、锃脚版、子桯等细部构件的断面尺寸，均应以门高尺寸为1尺时，相应的比例尺寸推算而出，即以"其名件广厚，皆取门每尺之高，积而为法"而推算之。

作为乌头门之外框的额、立颊、挟门柱、日月版、抢柱等尺寸，亦是"取门每尺之高"，以其相应的比例尺寸，积而为法，推算而出的。其挟门柱，在以门高算出的长度基础上，还应加长若干尺，埋入地下。大略言之，宋代乌头门挟门柱埋入地下的长度，是其露出地面长度的4/5。抢柱亦应在计算出的尺寸基础上有所加长，以埋入地下。

宋代乌头门之安装、启闭、关锁等所需要的一些相应构件，与版门中的相应部件，大体上是一样的。

（造乌头门之制）

造乌头门之制[①]：俗谓之棂星门[②]。高八尺至二丈二尺，广与高方[③]。若高一丈五尺以上，如减广不过五分之一[④]。用双腰串[⑤]。七尺以下或用单腰串；如高一丈五尺以上，用夹腰华版[⑥]，版心内用桩子[⑦]。每扇各随其长，于上腰中心分作两分[⑧]，腰上安子桯、棂子[⑨]。棂子之数须双用[⑩]。腰华以下[⑪]，并安障水版[⑫]。或下安锭脚[⑬]，则于下桯上施串一条[⑭]。其版内外并施牙头护缝[⑮]，下牙头或用如意头造[⑯]。门后用罗文楅[⑰]。左右结角斜安[⑱]，当心绞口[⑲]。其名件广厚，皆取门每尺之高，积而为法。

【注释】

①造乌头门之制：梁注："'造乌头门之制'这一段说得不太清楚，有必要先说明它的全貌。乌头门有两个主要部分：一，门扇；二，安装门扇的框架。门扇本身是先做成一个类似'目'字形的框子：左右垂直的是'肘'（相当于版门的肘版）和桯（相当于副肘版，肘和桯清代都称"边挺"）；上下两头横的也叫'桯'，上头的是上桯，下头的是下桯，中间两道横的是'串'，因是半中腰，所以叫'腰串'；因用两道，上下相去较近，所以叫'双腰串'（上桯、下桯、腰串清代都称'抹头'）。腰串以上安垂直的木条，叫做'棂子'；通过棂子之间的空当，内外可以看通。双腰串之间和腰串以下镶木版；两道腰串之间的叫'腰华版'（清代称'绦环版'）；腰串和下桯之间的叫'障水版'（清代称"裙版"）。如果门很高，就在下桯之上，障水版之下，再加一串，这道串和下桯之间也有一定距离（略似双腰串间的距离），也安一块板，叫做'锭脚版'。以上是门扇的构造情况。安门的'框架'部分，以两根挟门柱和上边的一道额组成。额和柱相交处，在额上安日月版。柱头上用乌头扣在上面，以防雨水渗入腐蚀柱身。乌头一般是琉璃陶制，清代叫'云罐'。为了防止挟门柱倾斜，前后各用抢柱支撑。抢柱在清代叫做'戗柱'。"

②俗谓之棂星门：梁注："到清代，它就只有'棂星门'这一名称；'乌头门'已经被遗忘了，北京天坛圜丘和社稷坛四周矮墙每面都设棂星门，但都是石造的。"

③广与高方：意为其门的宽度与高度的尺寸相同，为一个正方形。

④如减广不过五分之一：意为如果门的宽度要减小一些，那么减小的幅度不能超过其门高度的五分之一。"如减广不过五分之一"，傅合校本：在"广"后加"者"，其文为"如减广者不过五分之一"。暂从原文。

⑤双腰串：在其门腰间有2枚腰串。腰串，系位于门之高度适中位置的条状木方。

⑥夹腰华版：梁注："夹腰华版和腰华版有什么区别还不清楚。"从行文猜测，"夹腰华版"疑指在上下两枚腰串之间所嵌的雕有华文的木版。

⑦桩子：梁注："也不明了桩子是什么，怎样用法。"从行文看，"桩子"始于夹腰华版的版心，似为连接两枚腰串的直立的木条。

⑧于上腰中心分作两分：陈注：加一"串"字为"腰串"。傅合校本：在"腰"后加"串"，其文改为"于上腰串中心分作两分"。如此，则可以理解为，在上腰串中心将其门分为两部分。译文从陈、傅二先生注。

⑨子桯（tīng）：梁注："子桯是安在腰串的上面和上桯的下面，以安装棂子的横木条。"棂子：指乌头门门扇腰串之上所施安的竖直方向的木条。

⑩棂子之数须双用：傅注：改"双（雙）"为"只（隻）"，并注："只（隻），据故宫本、四库本、张蓉镜本改。"则此句或意为棂子之数须单用。暂从原文。

⑪腰华：疑即指腰华版。

⑫障水版：施于腰华版之下的木版，似起到遮挡雨水冲刷的作用。

⑬锭（zhuó）脚：施于乌头门门扇底部，起到承托其上门扇荷重作用的木版。

⑭串：疑为施于锭脚之下的一枚类似腰串的条状木版。

⑮牙头护缝：梁注："护缝是掩盖板缝的木条。有时这种木条的上部做成形的牙头，下部做成如意头。"

⑯如意头造：指木制牙头护缝的下端，刻为如意头式样的轮廓。

⑰罗文楅：梁注："罗文楅是门扇障水版背面的斜撑，可以防止门扇下垂变形，也可以加固障水版，是斜角十字交叉安装的。"

⑱结角斜安：即为梁先生所说的"斜角十字交叉安装"之意。

⑲当心绞口：指呈交叉状安置的罗文楅在中心点上形成结角斜安的接口。

【译文】

营造乌头门的制度：乌头门，俗语中又称为"棂星门"。乌头门的高度在8尺至2.2丈之间，门的宽度与其高度相当，其高与宽恰为一个方形。如果门的高度在1.5丈以上，若要将门的宽度减小一点，其减小的幅度不得超过其高度的1/5。乌头门门扇的中部要施用2枚腰串。如果门的高度为7尺以下，则只用1枚腰串即可；如果门的高度超过1.5丈，则要用夹腰华版，版心内用桩子。乌头门的每个门扇各随其门的长度，在上腰串的中心处分为两部分，腰串的上部安子桯和棂子。棂子的数量应该是双用。在两扇门扇的腰华版之下，都要安装障水版。也可以在障水版之下施安锭脚，如果安锭脚，就要在下桯之上再加施一条串。在门扇下部的障水版内外都要施以牙头护缝，其护缝的下牙头或可以采用如意头造的式样。门扇的后部要用罗文楅。罗文楅为左右结角斜安，在中心点上绞口相接。乌头门各部分组成构件的长短厚薄尺寸，都应依据其门的每尺之高时各构件的相应比例尺寸，按照实际尺寸累积推算而出。

（门扇）

肘[①]：长视高。每门高一尺，广五分，厚三分三厘[②]。

桯[③]：长同上，方三分三厘[④]。

腰串：长随扇之广。其广四分[⑤]，厚同肘。

腰华版：长随两桯之内[⑥]，广六分，厚六厘[⑦]。

锃脚版[⑧]：长厚同上。其广四分[⑨]。

子桯：广二分二厘，厚三分[⑩]。

承棂串[⑪]：穿棂当中，广厚同子桯。于子桯之内横用一条或二条。

棂子：厚一分[⑫]。长入子桯之内三分之一[⑬]。若门高一丈，则广一寸八分。如高增一尺，则加一分，减亦如之。

障水版：广随两桯之内，厚七厘。

障水版及锃脚、腰华内难子[⑭]：长随桯内四周，方七厘[⑮]。

牙头版：长同腰华版[⑯]，广六分，厚同障水版。

腰华版及锃脚内牙头版[⑰]：长视广，其广亦如之[⑱]，厚同上。

护缝[⑲]：厚同上。广同棂子。

罗文楅：长封角[⑳]，广二分五厘，厚二分[㉑]。

【注释】

①肘：相当于版门中的肘版，是构成乌头门之门扇最靠两个侧边的版，起到门扇主要框架的作用。

②每门高一尺，广五分，厚三分三厘：此即上文“其名件广厚，皆取门每尺之高，积而为法”的具体化，即以其门每高1尺，肘的截面宽度为0.5寸，截面厚度为0.33寸计；若门高为1丈，则肘宽为5

寸,厚为3.3寸。

③桯:本义为横木、木杆、短木等,这里的意思是施于门肘内侧的方木条。

④方三分三厘:以门每尺之高给出的比例尺寸,若门高1丈,则桯的截面为3.3寸见方。

⑤其广四分:仍为比例尺寸,以门每高1尺,腰串的截面宽度(广)为0.4寸计;若门高为1丈,则腰串的宽度为4寸。

⑥长随两桯之内:由此可知,腰华版是施于双腰串之间、左右两桯之内的一块薄版。其版的长度即为两桯之间的距离。

⑦广六分,厚六厘:比例尺寸,即以门每高1尺,腰华版宽0.6寸,厚0.06寸计;若门高为1丈,则版宽为6寸,厚为0.6寸。

⑧锃脚版:与上文"造乌头门之制"中的"锃脚"为同一义,指施于门扇底部,起到承托其上门扇荷重作用的一块条状木版。

⑨其广四分:指以门每高1尺,锃脚版的宽度为0.4寸计;若门高1丈,则其宽应为4寸。

⑩广二分二厘,厚三分:比例尺寸。以门每尺之高,其子桯的截面高度(广)为0.22寸,截面厚度为0.3寸计;以其门高1丈计,则子桯高为2.2寸,厚为3寸。

⑪承棂(líng)串:施于乌头门门扇的上桯与腰串之间的一枚条状木构件。梁注:"因为棂子细而长,容易折断或变形,用一道或两道较细的串来固定并加固棂子,叫做'承棂串'。"

⑫厚一分:指以门每高1尺,棂子的截面厚度为0.1寸计;若门高1丈,则其门所施之棂的厚度为1寸。

⑬长入子桯之内三分之一:指棂子的实际长度,当为上下子桯之间的净距,再加上棂子上下各伸入子桯之内(即子桯厚度的)1/3的长度。

⑭障水版及锃脚、腰华内难子:由这句话可知,障水版、锃脚版、腰华

版，都是嵌在诸如门肘版、腰串等较为厚实的木构件之间的薄木版，其四周需要用难子，即细木条，对其周边的缝隙加以处理。

⑮方七厘：指以门每高1尺，难子的截面为0.07寸见方计；若门高1丈，则难子的截面当为0.7寸见方。

⑯长同腰华版：这里或可将牙头版理解为一块整版，其长度与腰华版的长度相同。

⑰腰华版及锃脚内牙头版：未知这里的"牙头版"与上文的"牙头版"是否是两个不同的构件。或可以将这里的"牙头版"理解为施于环绕腰华版与锃脚版的外框，即肘、腰串或桯之内的牙头版。

⑱长视广，其广亦如之：梁注："这个'长视广'的'广'，是指门扇的肘和桯之间的'广'，'其广亦如之'的'之'，是说也像那样'视'两道腰串之间的广或障水版下面所加的那道串和下桯之间的空当的距离。"

⑲护缝：这里的"护缝"没有给出具体位置，从下文所述"罗文楅"推测，疑为乌头门门扇上部棂子周围边框的护缝。

⑳长封角：梁注："这是指障水版的斜对角。"或也可以指门扇上方所施棂子部位之内框的斜对角。

㉑广二分五厘，厚二分：以门每高1尺，罗文楅的截面宽度为0.25寸，厚度为0.2寸计；若门高1丈，则其宽为2.5寸，厚为2寸。

【译文】

肘：门扇两侧肘版的长度依据其门的高度而定。以门每高1尺，肘的截面宽度为0.5寸，厚度为0.33寸计。

桯：施于肘版内侧的桯，其长度与肘相同，以门每高1尺，桯的截面尺寸为0.33寸见方计。

腰串：长度随门扇的宽度而定。以门每高1尺，腰串的截面宽度为0.4寸计，其截面厚度与两侧肘版的厚度相同。

腰华版：其版的长度随左右两桯之间的距离而定，以门每高1尺，其版的截面宽度为0.6寸,厚度为0.06寸计。

锃脚版:其版的长度与厚度与腰华版相同。以门每高1尺,其版截面宽度为0.4寸计。

子桯:以门每高1尺,子桯的截面宽度为0.22寸,厚度为0.3寸计。

承棂串:要将棂子穿过其串中心,承棂串的截面宽度与厚度与子桯的截面宽度与厚度相同。一般要在上下子桯之间,横向施用1条或2条承棂串。

棂子:以门每高1尺,棂子的厚度为0.1寸计。棂子的长度,是在上下子桯距离之长度的基础上,再加上两端各自伸入上下子桯之内1/3的长度。如果门的高度为1丈,则棂子的宽度为1.8寸。若门的高度每增加1尺,则棂子的宽度应增加0.1寸;若门的高度有所减少,棂子宽度减少的幅度亦如其增加时的幅度一样。

障水板:其版的宽度随上下两桯之间的距离而定,其版的厚度以门每高1尺,厚0.07寸计。

障水版、锃脚版、腰华版内四周所施难子:难子的长度随由上下桯与左右桯所围合而成的四周边棱周长而定,以门每高1尺,难子的截面为0.07寸见方计。

牙头版:其版的长度与腰华版的长度相同,以门每高1尺,牙头版的宽度为0.6寸计,牙头版的厚度与障水版相同。

腰华版与锃脚版内所施的牙头版:其版的长度要根据门扇两侧肘版及桯之间所余出的宽度而定,其版的宽度同样要根据上下腰串或腰串与下桯之间的距离而定,其版的厚度与上文所说的牙头版或障水版的厚度相同。

护缝:这种类如难子的条状细木,其厚度与牙头版或障水版的厚度相同。其截面宽度则与棂子的截面宽度相同。

罗文楅:其长度当以障水版或棂子内框的斜对角的长度为准,以门每高1尺,其截面宽度为0.25寸,厚度为0.2寸计。

（门框、门柱及门之启闭构件）

额：广八分，厚三分①。其长每门高一尺，则加六寸②。

立颊：长视门高，上下各别出卯③。广七分④，厚同额。颊下安卧柣、立柣⑤。

挟门柱⑥：方八分⑦。其长每门高一尺，则加八寸⑧。柱下栽入地内⑨，上施乌头⑩。

日月版⑪：长四寸，广一寸二分，厚一分五厘⑫。

抢柱⑬：方四分⑭。其长每门高一尺，则加二寸⑮。

凡乌头门所用鸡栖木、门簪、门砧、门关、搕锁柱、石砧、铁鞾臼、鹅台之类⑯，并准版门之制。

【注释】

①广八分，厚三分：这里给出的是比例尺寸，以门每高1尺，其额的截面高度（广）为0.8寸，厚为0.3寸计；若门高1丈，则额高为8寸，厚为3寸。

②其长每门高一尺，则加六寸：这也是基于"以每尺之高，积而为法"的一种比例尺寸，即门每高1尺，其额的长度应在1尺的基础上再增加6寸。以此推之，若门高1丈，则其额的长度当为1.6丈。长出门高（亦即门之宽度）的部分，当为与两旁立柱相接及伸出立柱之外的部分。

③上下各别出卯：指乌头门立颊在以门高确定的尺寸基础上，再分别在其上下各留出与额及卧柣和立柣相接的榫卯的尺寸。

④广七分：比例尺寸。以门每高1尺，立颊的截面宽度为0.7寸计；若门高1丈，则立颊宽为7寸。

⑤颊下安卧柣、立柣：梁注："乌头门下一般都要让车马通行，所以要用卧柣、立柣，安地栿版（活门槛）。"这里的"卧柣"与"立柣"

当为石制构件。

⑥挟门柱：乌头门为独立支撑的结构体，没有房屋的柱楹为依托，故其立颊之外要施立挟门柱，即支撑乌头门的左右立柱。

⑦方八分：比例尺寸。以门每高1尺，其柱截面为0.8寸见方计；若门高1丈，则其柱截面为8寸见方。

⑧其长每门高一尺，则加八寸：即其门每高1尺，在其柱高1尺的基础上再增加8寸；若其门高为1丈，则挟门柱的高度为1.8丈。这除了伸出额以上的长度之外，似应包括了埋入地下的柱子深度。

⑨柱下栽入地内：梁注："栽入的深度无规定，因为挟门柱上端伸出额以上的长度无规定。"

⑩乌头：指挟门柱上端涂为乌黑颜色，或其柱上端用金属皮包裹并将之涂为乌黑之色，以做标识。

⑪日月版：疑指其柱上端与额相接处的左右两侧所施之版。梁注："日月版的长度四寸，是指日版、月版再加上挟门柱的宽度而言。"

⑫长四寸，广一寸二分，厚一分五厘：仍为比例尺寸。以门每高1尺，其版长4寸，宽1.2寸，厚0.15寸计；若门高为1丈，则其版长4尺，宽1.2尺，厚1.5寸。

⑬抢柱：即"戗柱"。指乌头门挟门柱前后所立的斜柱。梁注："抢柱的长度并不很长，用什么角度撑在挟门柱的什么高度上，以及抢柱下端如何，交代都不清楚。"

⑭方四分：比例尺寸。以门每高1尺，抢柱截面为0.4寸见方计；若其门高为1丈，则抢柱截面为4寸见方。

⑮其长每门高一尺，则加二寸：指抢柱的长度，以门每高1尺，其长在1尺的基础上再增加2寸计；若门高为1丈，则抢柱的长度为1.2丈。

⑯石砧：本条中所提到的"门砧"疑亦为石质构件，故这里的"石砧"，未知与"门砧"有什么不同。在"版门"条提到"鹅台石

砧”，不知这里的“石砧”是否就是指这种“鹅台石砧”；或这条文字中所说的“门砧”，为木质构件，而这里的“石砧”为石质构件，故而用了两个名词，以示区别。

【译文】

乌头门之额：以门每高1尺，其额的截面高度为0.8寸，厚度为0.3寸计。额的长度，在门每高1尺，额长为1尺的基础上，再增加6寸的长度计；即以门每高1尺，额之长为1.6尺计。

门之两侧的立颊：其长依据门的高度而定，在立颊的上下还应分别留出与额及卧柣、立柣等相接的榫卯长度。以门每高1尺，立颊的截面宽度为0.7寸计，立颊的厚度与额的厚度相同。立颊之下应施安卧柣、立柣。

门两侧所立挟门柱：以门每高1尺，其柱截面为0.8寸见方计。其柱的长度，是在门每高1尺，其柱亦长1尺的基础上，再加8寸计；即以门每高1尺，其柱之长为1.8尺计。挟门柱的下端栽入地下土中，柱之上端施以标志性的乌头。

门额之上，左右挟门柱两侧各施以日月版：以门每高1尺，日月版两个端头（其中似含挟门柱）的距离总长为4寸，其版的截面高度为1.2寸，厚度为0.15寸计。

斜戗于左右挟门柱前后的抢柱：以门每高1尺，其柱的截面为0.4寸见方计。抢柱的长度，是在门每高1尺，其长亦为1尺的基础上，再增长2寸计；即以门每高1尺，抢柱之长为1.2尺计。

凡是乌头门上所用的鸡栖木、门簪、门砧、门关、搕锁柱、石砧、铁靴臼、鹅台之类与门之启闭相关的构件，都与版门中所用同类构件的制度相同。

软门牙头护缝软门、合版软门

【题解】

标题所附之原文为“合扇软门”，梁注本改为“合版软门”。相较于版门，软门是一种在构造上相对比较轻巧的门。

软门的高与宽，一般亦为一个方形。也有宽度略小于高度的长方造型软门，但原则上，若门高15尺以上，则门的宽度不宜小于门高的4/5。

为了保证软门的结构强度，在门扇的中部应施腰串。若为牙头护缝软门，一般用双腰串，亦可用单腰串。腰串施于门扇的三分之一高处，腰上留二分，腰下留一分。腰串的上下安以身内版，扇之内外则施以牙头护缝。身内版与牙头护缝版随门的高度变化而有所变化。文中所给出的厚度尺寸，当为绝对尺寸，即所谓"皆为定法"。如门高7～12尺时，其厚为0.06尺；门高13～16尺时，其厚为0.08尺；门高小于7尺时，其厚为0.05尺。腰华版的厚度取值，与身内版、牙头护缝版相同。

构成软门诸构件，如肘、腰串、腰华版等，其长度与软门的长宽尺寸相关，而其截面尺寸则以软门每尺之高，按相应的比例尺寸，积而为法。身口版的长度与肘版相同，其宽则随所用之材，身口版与肘版的宽度总和，应与一扇门扇的宽度相当。

合版软门上的用楅数，随门的高度而变：门高不足8尺者，用5楅；门高8～13尺，用7楅。

牙头护缝软门，其上下出牙头，通身护缝。

手栓、伏兔，已如前文所述。承枴楅，疑是承托柱门枴的横木条（楅）。其余构件与版门、乌头门相类。

换言之，软门的安装、启闭、关锁等所必需的一些相应构件，与版门中的相应部件，大体上是一样的。

（造软门之制）

造软门之制[①]：广与高方；若高一丈五尺以上，如减广者，不过五分之一[②]。用双腰串造。或用单腰串。每扇各随其长，除桯及腰串外[③]，分作三分[④]，腰上留二分，腰下留一分[⑤]，上下并安版，内外皆施牙头护缝。其身内版及牙头护缝所用版[⑥]，如门高七尺至一丈二尺，并厚六分[⑦]；高一丈三尺至一丈六尺，并厚八分[⑧]；高七尺以下，并厚五分[⑨]，皆为定法。腰华版厚同[⑩]。下牙头或用如意头。其名件广厚，皆取门每尺之高，积而为法。

【注释】

①软门：梁注："'软门'是在构造上和用材上都比较轻巧的门。"

②如减广者，不过五分之一：梁注："'造软门之制'这一段中，只有这一句适用于两种软门。从'用双腰串'这句起，到小注'下牙头或用如意头'止，说的只是牙头护缝软门。"

③桯：梁注："这个'桯'是指横在门扇头上的上桯和脚下的下桯。"

④分作三分：即将软门高度方向除了上下桯及腰串之外的其他部分长度尺寸，等分为3段。

⑤腰上留二分，腰下留一分：将软门腰串之上的部分，留为3分中的2分；将腰串以下部分，留为3分中的1分。

⑥身内版：与版门制度中施于肘版与副肘版之间的"身口版"相类似，当是施于门之左右两立桯之间的版。

⑦并厚六分：梁注："这段小注内的'六分''八分''五分'都是门版厚度的绝对尺寸，而不是'积而为法'的比例尺寸。"其文中的"并"，包括了身内版与牙头护缝所用版，这两种版在门高为7尺至1.2丈时，厚度均为0.6寸。

⑧并厚八分：意为身内版与牙头护缝所用版，在门高为1.3丈至1.6丈时，厚度均为0.8寸。

⑨并厚五分：意为身内版与牙头护缝所用版，在门高不足7尺时，厚度均为0.5寸。

⑩腰华版厚同：意即软门中腰华版的厚度，与身内版和牙头护缝所用

版的厚度一致，即门高为7尺至1.2丈时，其厚为0.6寸；门高为1.3丈至1.6丈时，其厚为0.8寸；门高不足7尺时，其厚为0.5寸。

【译文】

营造软门的制度：软门的宽度与高度相同，为一个方形；如果软门的高度在1.5丈及以上时，若将门的宽度减小一些，则减小的幅度在尺寸上不能超过门高度的1/5。软门一般使用双腰串造的做法。也可以用单腰串造的做法。每扇软门在高度方向上，各随其门扇之高，除了上下桯及腰串外，将其高定为3分，腰串的上部留为2分，腰串的下部留为1分，在腰串的上与下，都要施安身内版，在其版内外都要施以牙头护缝。至于身内版及牙头护缝所用版的厚度，视门高尺寸而定，如果门高为7尺至1.2丈时，上面所说的两种版的厚度均为0.6寸；如果门高为1.3丈至1.6丈时，两种版的厚度均为0.8寸；但如果门的高度不足7尺时，两种版的厚度均仅为0.5寸，这几个厚度尺寸都是绝对尺寸。门扇上之双腰串间所施的腰华版厚度，也随着门的高度尺寸而有所变化，其厚度尺寸与相应高度之门所施身内版与牙头护缝版的厚度一样。门扇上之牙头护缝版的下牙头，或也可以采用如意头的做法。组成软门各部分构件的实际截面广厚尺寸，都是按照门每尺之高，根据相应的比例尺寸推算出来的。

（牙头护缝软门）

拢桯内外用牙头护缝软门①：高六尺至一丈六尺。额、栿内上下施伏兔②，用立㯰③。

肘：长视门高。每门高一尺，则广五分，厚二分八厘④。

桯：长同上，上下各出二分⑤。方二分八厘⑥。

腰串：长随每扇之广，其广四分，厚二分八厘⑦。随其厚三分，以一分为卯⑧。

腰华版：长同上，广五分⑨。

【注释】

①挟程：梁注："'挟程'大概是'四面用程挟或框框'的意思。这种门就是'用程和串挟成框架、身内版的内外两面都用牙头护缝的软门'。"挟，意为收挟，归挟。内外：这里的"内外"，似指门的里与外两个面。牙头护缝软门：梁注："牙头护缝软门在构造上与乌头门的门扇类似——用程和串先做成框子，再镶上木板。"

②楸：梁注："这个'楸'就是地楸或门槛。"伏兔：梁注："这个'伏兔'安在额和地楸的里面，正在两扇门对缝处。"

③立标（tiàn）：梁注："立标是一根垂直的门关，安在上述上下两伏兔之间，从里面将门拦闭。"

④广五分，厚二分八厘：比例尺寸。以门每高1尺，肘的截面宽度为0.5寸，厚度为0.28寸计；若门高1丈，则肘宽5寸，厚2.8寸。

⑤上下各出二分：这里的"二分"，疑亦为比例尺寸。以门每高1尺，程的上下各出0.2寸，作为出卯长度；若门高1丈，则程上下所出卯的长度各为2寸。

⑥方二分八厘：比例尺寸。以门每高1尺，程的截面为0.28寸见方计；其门高1丈，则程的截面为2.8寸见方。

⑦其广四分，厚二分八厘：比例尺寸。以门每高1尺，腰串宽（广）0.4寸，厚0.28寸计；若门高1丈，则腰串广4寸，厚2.8寸。

⑧随其厚三分，以一分为卯：原文为"随其后三分"，梁注本改为"随其厚三分"。傅合校本注：改"后"为"厚"，并注："厚，据故宫本、四库本改。"这里的"三分"，是将腰串之厚三等分，以其中的"一分"即为其所留卯的厚度。

⑨广五分：比例尺寸。以门每高1尺，腰华版宽（广）为0.5寸计；若门高1丈，则腰华版宽为5寸。

【译文】

由挟程所框围、门之里外皆采用牙头护缝的软门：门高6尺至1.6

丈。在门之上下的门额与地栿之内都施以伏兔,并用立㮰作为关闭其门的门关。

门肘:其长度依据门的高度确定。以门每高1尺,肘的截面宽度0.5寸,厚0.28寸计。

门肘之内所施桯:其长与门肘的长度相同,门每高1尺,桯的上下各长出0.2寸以为其榫卯长度。以门每高1尺,桯的截面为0.28寸见方计。

腰串:腰串的长度随每扇门的宽度而定,腰串的截面尺寸以门每高1尺,宽0.4寸,厚0.28寸计。将腰串的厚度定为3分,以其中的1分为其伸入两侧桯中之卯的厚度。

双腰串之间所施腰华版:其版长度与腰串相同,以其门每高1尺,腰华版宽为0.5寸计。

(合版软门)

合版软门①:高八尺至一丈三尺,并用七楅②;八尺以下用五楅。上下牙头,通身护缝③,皆厚六分④。如门高一丈,即牙头广五寸,护缝广二寸⑤;每增高一尺,则牙头加五分,护缝加一分⑥。减亦如之⑦。

【注释】

①合版软门:梁注:"合版软门在构造上与版门类似,只是门板较薄,只用楅而不用透栓和劄。外面则用牙头护缝。"

②并用七楅:这里的"并",意为"都",即在门的高度为7尺至1.3丈时,门扇上都施用7枚楅。

③通身护缝:意为其门扇上所施的护缝是上下贯通为一体的。通身,即上下相通。

④皆厚六分:梁注:"这个小注中的尺寸都是绝对尺寸。"

⑤牙头广五寸,护缝广二寸:这里给出的也是在门高1丈时,牙头与

护缝之宽度的绝对尺寸。

⑥牙头加五分，护缝加一分：这也是《法式》注尺寸的一种方式，即在一个基本长度下，给出一个构件之广厚的绝对尺寸基数，然后随其长度的增减，对构件广厚给出相应的增加值与减少值。这里是说，门的高度每增加1尺，牙头的宽度增加0.5寸，护缝的宽度增加0.1寸。

⑦减亦如之：若门的尺寸低于1丈，则每减低1尺，牙头的宽度减少0.5寸，护缝的宽度减少0.1寸。

【译文】

合版软门：若门高为8尺至1.3丈，则门扇上都应施用7枚楅；门高8尺以下，都用5枚楅。门之上下皆施牙头，采用通身护缝的做法，牙头护缝所用版的厚度均为0.6寸。如果其门的高度为1丈，则牙头的宽度为5寸，护缝的宽度为2寸；门的高度每增加1尺，则牙头的宽度增加0.5寸，护缝的宽度增加0.1寸。若门的高度低于1丈，则门的高度每减少1尺，牙头与护缝宽度减少的尺寸，与门增高时其宽度增加的尺寸相同。

（门扇）

肘版[①]：长视高，广一寸，厚二分五厘[②]。

身口版：长同上，广随材[③]，通肘版合缝计数[④]，令足一扇之广。厚一分五厘[⑤]。

楅：每门广一尺，则长九寸二分[⑥]。广七分，厚四分[⑦]。

【注释】

①肘版：与上文牙头护缝软门中的“肘”为同一义，且软门不再有肘版与副肘版之分，门扇两侧之主体结构性木方，均称“肘版”。

②广一寸，厚二分五厘：比例尺寸。以门每高1尺，肘版的截面宽度为

1寸，厚度为0.25寸计；若门高1丈，则肘版宽为1尺，厚为2.5寸。

③广随材：这里的“材”不是大木作材分°制度的“材”，而是“木材”的“材”，即软门身口版所用板材，随其板材自身的宽度使用。

④通肘版合缝计数：在营作合版软门门扇时，其门扇的宽度应是将肘版与身口版合在一起计算的尺寸。

⑤厚一分五厘：比例尺寸。以门每高1尺，身口版的厚度为0.15寸计；若门高为1丈，则身口版厚1.5寸。

⑥每门广一尺，则长九寸二分：这是一个相对尺寸，即门扇上所施楅的长度为门扇宽度的0.92；若门扇宽为5尺，则楅的长度为4.6尺。

⑦广七分，厚四分：比例尺寸。以门每高1尺，门上之楅的截面宽度为0.7寸，厚度为0.4寸计；若门高为1丈，则楅宽为7寸，厚为4寸。

【译文】

合版软门门扇两侧的肘版：其版的长度依据门的高度而定，版的广与厚，以门高1尺，肘版的截面宽度为1寸，厚度为0.25寸计。

软门内所嵌身口版：版的长度与肘版相同，版的宽度随用作身口版之板材本身的宽度使用，应将门扇之左右肘版与身口版的宽度合在一起计算，应使二者的尺寸之和恰为一扇门扇的宽度。身口版的厚度，以门每高1尺，厚为0.15寸计。

软门门扇上所施楅：楅的长度，以每扇门的宽度为1尺，其楅之长为0.92尺计算。楅的广厚尺寸，以门每高1尺，楅的截面宽度为0.7寸，截面厚度为0.4寸推算而出。

（门之启闭构件）

凡软门内或用手栓、伏兔①，或用承枴楅②，其额、立颊、地栿、鸡栖木、门簪、门砧、石砧、铁桶子鹅台之类并准版门之制③。

【注释】

①或用手栓、伏兔：由本卷上文所言："如高一丈以下者，只用伏兔、手栓。"故这里使用手栓与伏兔的软门，其门的高度应在1丈以下。

②承柺楅：这里的"柺"，疑指"柱门柺"，即梁先生所释，塞在门关与门扇之间空当中，使门紧闭不动的一块楔形长条木块，而"承柺楅"则应是用以承托并固定这一柱门柺的横木条（楅）。

③门砧、石砧：这里将"门砧"与"石砧"并列，未知二者的区别。疑可能的区别是，门砧采用的是木质材料，而石砧为石质材料。铁桶子鹅台：如前文所释，铁桶子，应是施于门扇的肘版下端，使门轴转动时减少对木质门轴的摩擦；鹅台，则似施于门砧或石砧之上，以承用铁桶子包裹的门轴。这里没有提到"铁鹅台"，未知这里的"鹅台"究竟是铁制的还是石制的。

【译文】

凡是软门之内，若其门较低，可以用手栓、伏兔；若其门较高，则需施用承柺楅；软门之上的门额，两侧的立颊，底部的地栿，软门上的鸡栖木、门簪和门下两侧所施的门砧、石砧，门之肘版根部所施的铁桶子、承托门肘版的鹅台等构件，与版门中相类似的构件，在制度上都是相同的。

破子棂窗

【题解】

破子棂窗、睒电窗、版棂窗三种窗的基本做法，都是在窗框之内安以窗棂，以窗棂分隔内外空间，并以窗棂间的空隙为室内采光通风，只是棂子的形式不同而已。

破子棂窗，高度为4尺至8尺。其窗的宽度随其所在房屋的开间间广而定。一般说来，若间广10尺，用17棂。间广每增1尺，其窗增加2棂。棂与棂之间的空当为1寸。破子棂窗各部分构件的广、厚尺寸，则依据其窗每尺之高，按照其相应的比例尺寸，积而为法。

破子棂窗，由破子棂、上下子桯、额、腰串、立颊、地栿等组成。破子棂长为窗子高度的0.98。棂之上下伸入上下桯中2/3深。子桯之长，为窗棂与空当距离的总和。横桯与立桯围合成一方形，在转角处呈斜叉合角榫接。

窗之外框，上为额，下为腰串。额与腰串的长度随其开间之广。立颊的长随其窗之高，广厚则与额相同。

窗下所施地栿的长、厚与额同。若地栿的尺寸与大木作中地栿所规定之尺寸有冲突，则以大木作中所定尺寸为准。

心柱，是施于其所在开间当心的腰串与地栿之间的短立柱。其长约在3尺至4尺。

（造破子棂窗之制）

造破子棂窗之制[①]：高四尺至八尺。如间广一丈，用一十七棂。若广增一尺，即更加二棂。相去空一寸。不以棂之广狭，只以空一寸为定法[②]。其名件广厚皆以窗每尺之高，积而为法。

【注释】

①造破子棂窗之制：原文为“造破子窗之制”，梁注本改为“造破子棂窗之制”。傅合校本：在“破子窗”处加“棂”，并注：“诸本均无‘棂’字。‘棂’，依本节前后文及小木作功限改。”又注：“晁载之《续谈助》摘钞北宋本《法式》有‘棂’字，故应增。”破子棂窗，梁注：“‘破子棂窗’以及下文的‘睒电窗’‘版棂窗’，其实都是棂窗。它们都是在由额、腰串和立颊所构成的窗框内安上下方向的木条（棂子）做成的。所不同者，破子棂窗的棂子是将断面正

方形的木条，斜角破开成两根断面作等腰三角形的棂子，所以叫'破子棂窗'；睒电窗的棂子是弯来弯去，或作成'水波纹'的形式，版棂窗的棂子就是简单的'广二寸、厚七分'的板条。"可知，"棂"指窗棂；"破子"指将方形截面木条做斜角破开形式，使每根棂子的截面为一等腰三角形。

②只以空一寸为定法：即无论棂子的断面宽窄有什么不同，破子棂窗之棂与棂之间的距离应保持为1寸。这里的"一寸"，为绝对尺寸。

【译文】

营作破子棂窗的制度：其窗的高度为4尺至8尺。如果其窗所在的房屋开间间广尺寸为1丈，则其窗用17枚棂子。如果间广尺寸增加1尺，就应同时再增加2根棂子。棂与棂之间留出1寸的空当距离。不论棂子的截面宽窄如何，两根棂子之间的距离都应保持在1寸，此为这种窗子的规则性做法。至于破子棂窗的各种组成构件的截面广、厚尺寸，都应依据窗子的高度按其与窗每高1尺的比例累积推算而出。

（窗扇与窗框）

破子棂①：每窗高一尺，则长九寸八分②。令上下入子桯内，深三分之二③。广五分六厘，厚二分八厘④。每用一条，方四分⑤，结角解作两条⑥，则自得上项广厚也⑦。每间以五棂出卯透子桯⑧。

子桯：长随棂空⑨。上下并合角斜叉立颊⑩。广五分，厚四分⑪。

额及腰串：长随间广，广一寸二分⑫，厚随子桯之广⑬。

立颊：长随窗之高，广厚同额。两壁内隐出子桯⑭。

地栿：长厚同额，广一寸⑮。

【注释】

①破子棂：即破子棂窗的窗棂，其截面为一等腰三角形。

②每窗高一尺，则长九寸八分：指窗棂的长度与窗高尺寸的比例为9.8∶10；若以窗高5尺，则棂长为4.9尺。

③深三分之二：指棂子伸入上下子桯榫卯的长度为子桯厚度的2/3。

④广五分六厘，厚二分八厘：此为比例尺寸。以窗每高1尺，棂的斜面宽度为0.56寸，截面厚度为0.28寸计；若以窗高5尺，则棂的斜面宽度为2.8寸，截面厚度为1.4寸。

⑤方四分：仍为比例尺寸。以窗每高1尺，制作其窗破子棂的木方截面宽度为0.4寸见方计；若窗高5尺，则其木方截面为2寸见方。

⑥结角：梁注："'结角'就是'对角'。"即将方木条对角解成两条。

⑦自得上项广厚：意为只要将其做结角斜割，自然就能够得出如上所说的广、厚比例。

⑧每间以五棂出卯透子桯：意为在间广为1丈时，其窗所施的17枚棂子中的5根，其上下之卯应该穿透上下桯。其余的12枚棂子，则只需伸入桯中厚度的2/3即可。

⑨长随棂空：梁注："'长随棂空'可理解为'长广按全部棂子和它们之间的空当的尺寸总和而定'。"

⑩合角斜叉立颊：梁注："'合角斜叉立颊'就是水平的子桯和垂直的子桯转角相交处，表面做成45°角，见'小木作图样'。"

⑪广五分，厚四分：比例尺寸。以窗每高1尺，子桯的截面宽度为0.5寸，厚度为0.4寸计；若窗高5尺，则子桯截面宽为2.5寸，厚为2寸。

⑫广一寸二分：比例尺寸。以窗每高1尺，其额与腰串的截面宽度为1.2寸计；若窗高5尺，则其额与腰串的截面宽度为6寸。

⑬厚随子桯之广：指其窗的额与腰串的截面厚度，与子桯的宽度尺寸相同。即以窗每高1尺，额及腰串的截面厚度为0.5寸计；若窗高5尺，则其厚为2.5寸。

⑭两壁内隐出子桯：其左右立桯，是在窗两侧的立颊上隐刻出来的，而非独立的构件。

⑮广一寸：梁注："地栿的广厚，大木作也有规定，如两种规定不一致时，似应以大木作为准。"这里给出的地栿尺寸，是以窗每高1尺，地栿的截面宽度为1寸计；若窗高5尺，则地栿的截面宽度为5寸。

【译文】

破子棂：以窗每高1尺，其棂子的长度为9.8寸计。要使棂子的上下伸入窗的上下桯之内，伸入的深度为子桯厚度的2/3。窗每高1尺，破子棂的斜面广为0.56寸，截面厚度为0.28寸。制作破子棂，每用1条方木条，以窗每高1尺，其截面尺寸为0.4寸计，将其方结角分解为2枚三棱木条，就自然可以得出上面所说的斜面之宽度与截面之厚度。在每1个开间所设的窗中，要将其窗棂中的5枚棂子在长度上穿透上下子桯。

子桯：子桯的长度应按全部棂子和它们之间空当尺寸的总和而确定。其上下子桯都应以合角斜叉的方式与两侧的立颊相接。窗每高1尺，子桯的截面宽度为0.5寸，厚度为0.4寸。

窗上所施的额及中间所施的腰串：额与腰串的长度都随其窗所在房屋的开间间广而定，窗每高1尺，其额及腰串的截面宽度为1.2寸，厚度与子桯的宽度相同。

窗两侧的立颊：立颊的长度随窗子的高度而定，立颊的截面宽度和厚度与额的宽度和厚度相同。立颊两壁内侧要隐刻出子桯的形式。

设有棂窗的房屋开间内之地栿：其长度与厚度尺寸与该棂窗上所施的额相同，地栿的宽度以窗每高为1尺，宽1寸计之。

（破子棂窗一般）

凡破子窗[①]，于腰串下、地栿上安心柱、槫颊[②]。柱内或用障水版、牙脚牙头填心难子造[③]，或用心柱编竹造[④]；或于腰串下用隔减窗坐造⑤。凡安窗，于腰串下高四尺至三尺⑥。仍令窗额与门额齐平。

【注释】

①破子窗：梁注："在本文中，'破子棂窗'都写成'破子窗'，可能当时匠人口语中已将'棂'字省掉了。"

②心柱：指施于腰串与地栿之间，位于该间房屋开间的中心线上的立柱。榑（tuán）颊：棂窗两侧紧贴房屋屋柱的立颊。梁注："榑颊是靠在大木作的柱身上的短立颊。"

③牙脚牙头填心难子造：在棂窗下的槛墙内填心，墙面施牙脚、牙头，槛墙四周边缘处施难子。但这里未说明用什么材料填心。牙脚，梁注："'牙脚'就是'造乌头门之制'里所提到的'下牙头'。"

④心柱编竹造：在棂窗下的槛墙内施心柱，柱两侧用编竹墙。梁注："'编竹造'可能还要内外抹灰。"

⑤隔减：梁注："'隔减'可能是腰串（窗槛）以下砌砖墙，清代称'槛墙'。从文义推测，'隔减'的'减'字可能是'堿'字之讹。"窗坐：指棂窗下的槛墙。

⑥于腰串下高四尺至三尺：梁注："这是说：腰串（窗槛）的高度在地面上四尺至三尺；但须注意，'窗额与门额齐平'。所以，首先是门的高度决定门额和窗额的高度，然后由窗额向下量出窗本身的高度，才决定腰串的位置。"

【译文】

凡营造破子棂窗，应于腰串之下，地栿之上，在其窗所在的房屋开间的当心位置施安心柱，在棂窗的两侧施安榑颊。左右两屋柱之间的窗下槛墙上，或施以障水版，或采用牙脚牙头填心，周边以难子压边缝的做法；或者在心柱的左右两侧施用编竹墙，内外抹泥；或者在腰串之下的槛墙上采用隔减窗坐造的形式。凡安装棂窗，应在腰串之下留出3尺至4尺的高度作为窗下的槛墙。但是窗子上部的窗额仍应与门额的高度取平。

睒电窗

【题解】

睒电窗之构成，包括棂子、上下串与左右立颊。棂子长度，以窗子高度的0.87推算。

上下串，大概接近破子棂窗的上下桯，只是尺寸小一些。

两立颊之长，随窗之高。其广厚亦随上下串之广厚。

关于"睒电窗"，从《法式》文本中，还能够得到如下信息：

一，睒电窗一般刻作三或四曲；这大致规定了其棂的形式。

二，其曲线也可以采用水波纹的形式。

三，睒电窗一般用于殿堂后壁或房屋山墙高处，但也有可能用于房屋较低位置，作为普通的看窗。在用作看窗时，窗下需用横钤、立旌。横钤、立旌的广厚尺寸，与下文版棂窗中的横钤、立旌的广厚是一样的。

（造睒电窗之制）

造睒电窗之制①：高二尺至三尺。每间广一丈，用二十一棂。若广增一尺，则更加二棂，相去空一寸②。其棂实广二寸③，曲广二寸七分④，厚七分。谓以广二寸七分直棂，左右剜刻取曲势，造成实广二寸也。其广厚皆为定法⑤。其名件广厚，皆取窗每尺之高，积而为法。

【注释】

①睒（shǎn）电窗：梁注："'睒'读如'闪'。'睒电窗'……是开在后墙或山墙高处的窗。"睒，闪烁。

②相去空一寸：指每两条曲线状条形棂子之间的空当距离，这一距离的形式，也呈曲线的状态。

③实广：睒电窗的窗棂为曲线状的条形棂子，“实广”即其条形棂子的截面宽度。

④曲广：每一枚曲线状条形棂子的两侧曲线，有一个左右摆动的幅度，“曲广”当指其曲线左右边缘的水平距离。

⑤其广厚皆为定法：梁注：“棂子广厚是绝对尺寸。”

【译文】

营造睒电窗的制度：其窗的高度为2尺至3尺。若施用睒电窗的房屋开间间广尺寸为1丈，其窗内可用21枚窗棂。如果其开间间广增加1尺，就要再增加2枚窗棂，窗棂与窗棂之间的空当距离为1寸。睒电窗曲线状条形窗棂的截面宽度为2寸，其外观由曲线的左右波动造成的曲线两个侧边实际宽度为2.7寸，窗棂的厚度为0.7寸。也就是说，以截面宽度为2.7寸的直棂，将其左右两侧加以剜刻取其弯曲的态势，造成其截面宽度仅为2寸的弯曲条状形式。这里给出的棂条的宽度与厚度尺寸，都是绝对尺寸。组成睒电窗各部分构件的广厚尺寸，都是依据每1尺窗高，其构件所应取的比例尺寸，按照窗子的实际高度，累积推算而出的。

（窗扇与窗框）

棂子①：每窗高一尺，则长八寸七分②。广厚已见上项③。

上下串④：长随间广，其广一寸⑤。如窗高二尺，厚一寸七分⑥；每增高一尺，加一分五厘⑦；减亦如之。

两立颊：长视高⑧，其广厚同串。

【注释】

①棂子：睒电窗的棂子与破子棂窗的三棱形棂子不同，是一种弯曲

条状木片的形式。

②每窗高一尺，则长八寸七分：意为其棂子的长度相当于其窗高度的0.87，若窗高为3尺，则其棂子的长度为2.61尺。

③广厚已见上项：即如上文“其棂实广二寸，曲广二寸七分，厚七分”，这一尺寸为绝对尺寸。

④上下串：相当于窗的上下框，上串与破子棂窗的额及上程相类似，下串则与破子棂窗的腰串及下程相类似。因睒电窗高度较小，故其上下框做了简化，且尺寸较小。

⑤其广一寸：比例尺寸。以窗高1尺，其上下串截面高度为1寸计；若窗高3尺，则其上下串截面高度为3寸。

⑥如窗高二尺，厚一寸七分：指其上下串的截面厚度在一个基本尺度的基础上，随窗的高度变化，窗高2尺时，串厚1.7寸。

⑦每增高一尺，加一分五厘：其上下串的厚度在离窗2尺的基础上，窗每增高1尺，其串厚增加0.15寸；如窗高3尺，则其串的截面厚度为1.85寸。

⑧长视高：两立颊的长度，依据窗的高度而定。

【译文】

睒电窗的窗棂：以窗每高1尺，窗棂的长度为8.7寸计算。窗棂的实广、曲广及厚度，均已见于上文所述。

窗子的上下串：其长度依据施设其窗之房间的开间间广尺寸确定，其截面高度以窗每高1尺，串高1寸计。串的截面厚度，若窗高2尺，其厚1.7寸；窗的高度每增加1尺，串的厚度增加0.15寸；若窗高尺寸减少，其串的厚度也随相应的尺寸幅度减少。

窗两侧的立颊：立颊的长度是依据其窗的高度确定的，立颊的截面宽度与厚度，与其窗上下串的截面高度与厚度相同。

（睒电窗一般）

凡睒电窗，刻作四曲或三曲[①]；若水波文造[②]，亦如之。施之于殿堂后壁之上[③]，或山壁高处[④]。如作看窗[⑤]，则下用横钤、立旌[⑥]，其广厚并准版棂窗所用制度[⑦]。

【注释】

①刻作四曲或三曲：指睒电窗的窗棂，在其窗高度（即2尺至3尺）的范围内，弯曲的形式可以有三曲至四曲的变化幅度。

②水波文造：未知水波文与睒电文的差别是什么，推测应该都是弯曲片状的条形木棂。文，纹理，纹路。

③殿堂后壁之上：北方地区的宋式殿堂，其后墙一般为厚重的墙体，在后墙的高处施以睒电窗，主要起到殿堂内的前后通风及殿内后部少量采光的作用。

④山壁高处：如殿堂后壁一样，宋式殿堂的两侧山墙亦为厚重的墙体，在山墙上的高处施睒电窗，亦起到殿堂内的通风及局部采光的作用。

⑤看窗：梁注："'看窗'大概是开在较低处，可以往外看的窗。"这里的"看窗"，未给出具体位置，但一般殿堂前部多为木门窗，则其有可能施于两山或后壁上的较低位置处；也有可能施于四面较为封闭的具有功能性的房屋的某一面上。

⑥横钤（qián）：梁注："横钤是一种由柱到柱的大型'串'。"立旌：梁注："立旌是较大的'心柱'。参阅下文'隔截横钤立旌'篇。"

⑦版棂窗：其窗棂为条状木版的窗。参见下文"版棂窗"条及相关注释。

【译文】

凡营造睒电窗，其窗棂应随窗子的高度不同而刻为四曲或三曲的弯曲形式；如果用水波文的造型，也应采取同样的弯曲幅度。睒电窗一般施于殿堂后墙的上部，也可以将其施于两侧山墙的高处。如果将睒电窗用作看窗，则其窗下应施用横钤、立旌，至于横钤、立旌的截面宽度与厚度，则均应参照版棂窗中所用横钤与立旌的做法。

版棂窗

【题解】

相比较之，破子棂窗，是尺度较大之窗，其窗高为4～8尺，当为较大殿阁、厅堂之外窗。睒电窗，尺寸最小，其高仅为2～3尺，可作为殿阁、厅堂之后墙或山墙上的高窗。

版棂窗，尺寸较为适中，其高可为2～6尺。似可推知，这种窗的用途应该较广，可以用于较大房屋之外窗，亦可以用于较小房舍之看窗。

如果间广为10尺，则版棂窗用21棂；窗广每增1尺，增加2棂。

版棂窗两侧立颊的长度与窗高相同。窗下地栿的长度与窗之上下串相同。立颊与地栿的截面尺寸，依其房屋开间间广每广1尺，根据相应的比例尺寸推算而出。但若推算的地栿尺寸与大木作制度中的地栿尺寸有冲突，则仍以大木作制度中的地栿尺寸为准。

立旌，其长依据窗上下串的距离而定。其宽依房屋间广每广1尺，相应的宽度比例尺寸推计，其厚则与地栿同。

横钤，长度依两侧立旌之内长度而定；其广厚亦与立旌相同。

版棂窗下串之下的部分，可以是编竹造槛墙，墙内立心柱或立旌；亦可为用砖砌筑的隔减窗坐墙，即砖砌下槛墙。从上下文看，若版棂窗高不足3尺，可直接安于窗下槛墙之上，其窗的下串之下无须施心柱与地栿。

无论版棂窗的高度如何，其上串所处的高度，都应与其屋所施门的门额高度处在同一个水平位置上。

（造版棂窗之制）

造版棂窗之制[①]：高二尺至六尺。如间广一丈，用二十一棂。若广增一尺，即更加二棂。其棂相去空一寸[②]，广二寸，厚七分[③]。并为定法。其余名件长及广厚[④]，皆以窗每尺之高积而为法。

【注释】

①版棂窗：窗棂为条状木版的窗。相比于尺度较大的破子棂窗及尺度较小的睒电窗，版棂窗的尺度较为适中，其高可为2～6尺。版棂窗的用途似较为广泛，可用于较大房屋的外窗，亦可用于较小房舍的看窗或通风用的高窗。

②空一寸：指两枚版棂之间的空当距离为1寸。此为绝对尺寸。

③广二寸，厚七分：指一枚版棂的截面宽度为2寸，厚度为0.7寸。两者皆为绝对尺寸。

④其余名件：指版棂窗上除了窗棂之外的其他构件。这些构件的尺寸，《法式》行文中给出的都是比例尺寸。

【译文】

营造版棂窗的制度：其窗的高度为2尺至6尺。如果施设其窗的房屋开间间广尺寸为1丈，则窗中施用21枚版棂。如果施设版棂窗的房屋开间间广大于1丈，则开间间广每增加1尺，应增加2枚版棂。窗内每两枚窗棂之间的空当距离为1寸，每一枚窗棂的截面宽度为2寸，厚度为0.7寸。这几个尺寸都为绝对尺寸。除了窗棂之外，构成版棂窗的其他构件的长度及其截面广、厚尺寸，所给出的都是以窗每高1尺的比例尺寸，应按照窗子的实际高度累积推算而出。

（窗扇与窗框）

版棂[1]：每窗高一尺，则长八寸七分[2]。

上下串[3]：长随间广，其广一寸[4]。如窗高五尺，则厚二寸[5]；若增高一尺，加一分五厘[6]；减亦如之。

立颊：长视窗之高，广同串。厚亦如之。

地栿[7]：长同串。每间广一尺，则广四分五厘[8]；厚二分[9]。

立旌[10]：长视高。每间广一尺，则广三分五厘[11]，厚同上。

横钤[12]：长随立旌内[13]。广厚同上。

【注释】

①版棂：即构成版棂窗的窗棂，其形式为条状的直方版条。

②窗高一尺，则长八寸七分：指窗棂的长度尺寸为其窗高度的0.87，窗高5尺时，窗棂的长度为4.35尺。

③上下串：与睒电窗的上下串意义相同，即为窗的上下框，相当于破子棂窗的上桯与额及下桯与腰串。

④其广一寸：这是比例尺寸。以窗高1尺，其上下串的截面高度尺寸为1寸计；若窗高5尺，则其上下串分别高5寸。

⑤如窗高五尺，则厚二寸：意为若其窗高5尺，则其上下串的截面厚度分别为2寸。

⑥若增高一尺，加一分五厘：以窗高5尺时，其上下串的截面厚度各为2寸作为一个基础，若窗高增加1尺，则其串的厚度应增加0.15寸；若窗高为6尺，则其上下串的截面厚度应为2.15寸。

⑦地栿：版棂窗的地栿，指其窗所在房屋开间最下侧两根屋柱之间所连的横木。

⑧间广一尺，则广四分五厘：指地栿的截面高度尺寸与其窗所在房屋的开间间广尺寸成比例，若其间间广为1尺，则地栿的截面高度

为0.45寸；若其间间广为1丈，则地栿的截面高度应为4.5寸。

⑨厚二分：同样，地栿的截面厚度尺寸与其窗所在房屋的开间间广尺寸成比例，若其间间广为1尺，则地栿的截面厚度为0.2寸；若其间间广为1丈，则地栿的截面厚度为2寸。

⑩立旌：施于版棂窗两侧上下串之间的方形立木。

⑪间广一尺，则广三分五厘：指屋额与上下串之间所施立旌的截面宽度尺寸，与其窗所在房屋的开间间广尺寸成比例，若间广为1尺，则立旌宽为0.35寸；若间广为1丈，则立旌的宽度应为3.5寸。

⑫横钤：此指施于版棂窗两立旌之间的横长木条，与破子棂窗的上下子桯有些相似。

⑬长随立旌内：横钤施于两立旌之间且垂直相接，故横钤的长度依左右两立旌之间的距离而定。

【译文】

版棂窗的窗棂：以窗每高1尺，窗棂的长度为8.7寸推计。

施为版棂窗上下框的上串与下串：其串的长度依其窗所在房屋开间的间广尺寸而定，其串的截面高度则以窗高1尺，串高1寸推算而出。上下串的截面厚度，以窗高为5尺时，其厚为2寸为一基数；若窗高增加1尺，串的厚度增加0.15寸；若窗高减少1尺，串的厚度也做相应减小。

版棂窗两侧所施立颊：立颊的长度依据窗的高度而定，立颊的截面宽度与窗上下串的截面高度尺寸相同。立颊的截面厚度也与其上下串的截面厚度相同。

版棂窗下两屋柱柱根处所施地栿：地栿的长度与版棂窗上下所施串的长度相同。地栿的截面高、厚尺寸，由其所在房屋开间的间广尺寸而定；以其屋开间尺寸每1尺，则地栿截面高度为0.45寸，厚度为0.2寸推计。

施于版棂窗两侧上下串之间的立旌：立旌的长度依其窗的高度而定。立旌的截面宽度、厚度尺寸，依据其所在房屋开间的间广而定，以开间间广每1尺，立旌宽0.35寸，厚与地栿同，仍为0.2寸推计。

施于版棂窗内两立旌之间的横钤：横钤的长度依据两立旌之间的距离而定。其截面宽度与厚度，与其窗所施的立旌相同。

（版棂窗一般）

凡版棂窗，于串下、地栿上安心柱编竹造[1]，或用隔减窗坐造[2]。若高三尺以下，只安于墙上[3]。令上串与门额齐平[4]。

【注释】

①串下：指版棂窗下串之下。心柱：施于版棂窗所在房屋开间正中的地栿之上，版棂窗下串之下的方形立木。

②隔减窗坐造：其意义及做法如前文"破子棂窗一般"条注⑤所释。若采用如此做法，则似不需再在下串与地栿之间施用心柱的做法了。

③只安于墙上：梁注："'只安于墙上'如何理解，不很清楚。"从上下文理解，若版棂窗的高度低于3尺，则其下串之下似不用再施安心柱，而直接将下串安于窗下的槛墙之上。

④令上串与门额齐平：无论版棂窗的高度如何，其窗的上串所处标高，都应与其屋所施之门的门额标高找齐。

【译文】

凡营造版棂窗，一般的做法是，在其窗所在开间两柱间的中心，在窗的下串之下、地栿之上施安一枚心柱，心柱两侧的地栿与下串之间则用编竹墙抹泥的做法，其下串之下的窗槛墙，也可以采用隔减窗坐造的做法。如果版棂窗的高度低于3尺，则其窗无须施用地栿与心柱，只需将其窗施安于窗下的槛墙之上即可。无论窗的高低如何，都应将其窗的上串所处标高与其屋所施门的门额高度找齐。

截间版帐

【题解】

截间版帐，大致的意思就是现代房屋室内的隔断墙。按照《法式》的规定，截间版帐的高度为6～10尺；其长随房屋的开间之广。版帐的内与外都施以牙头护缝。

如果截间版帐的高度超过7尺，就需要在其上设额、其下设地栿及在两侧设槫柱，版帐当中则施以腰串。若开间尺寸较大，即两柱的间距较远，还应在两柱之间加施槏柱。

槏柱长度，依截间版帐额之高度而定；槏柱截面为方形，依据房屋开间每间广1尺，其方的比例尺寸而定。

版帐之上额，长度随开间之广而定；额之广、厚亦随其帐每尺之广的相应比例尺寸，积而为法。

版帐中的腰串、地栿，其长同额，其广、厚亦与额同。

版帐两侧槫柱的长度，以上额与下栿间的高度差确定，柱截面亦为矩形，其广、厚，与额之广、厚同。

施于版帐之内的版，长同槫柱，宽随版帐内宽，量宜分布。施于版内外的牙头，长随槫柱之长。护缝施于牙头之间，其长以牙头内高度为准。难子施于截间版帐四周边缘；其长随版帐四周周长。牙头与难子的截面尺寸，仍依其帐每尺之广的相应比例尺寸，积而为法。

截间版帐还可安于梁外乳栿、劄牵之下，若其相对之室内两柱间亦施截间版帐，则乳栿与劄牵下所施版帐与室内两柱间所施版帐相关构件的广厚尺寸应保持一致。

（造截间版帐之制）

造截间版帐之制[①]：高六尺至一丈，广随间之广。内外并施牙头护缝[②]。如高七尺以上者，用额、栿、槫柱[③]，当中用腰串造。若间远则立槏柱④。其名件广厚，皆取版帐每尺之广，积而为法。

【注释】

①截间版帐：梁注："'截间版帐'，用今天通用的语言来说，就是'木板隔断墙'，一般只用于室内，而且多安在柱与柱之间。"

②内外：本为截间版帐所分隔开的内、外两个空间，这里指的是截间版帐的内壁与外壁。

③额：指截间版帐的上额。栿：当指施安截间版帐之房屋开间两柱柱根之间所施的地栿。槫柱：施于截间版帐两侧与其所在开间两屋柱相贴的立柱。

④间远：梁注："'间远'是说'两柱间的距离大'。"槏（qiǎn）柱：梁注："槏柱也可以说是一种较长的心柱。"徐伯安对"槏柱"进一步作注："清式或称'间柱'。"槏柱是在房屋开间间广较大时，施于开间的当心，将其截间版帐分为左、右两个部分的柱子，故槏柱的高度与截间版帐本身的高度相当，是比较长的心柱。槏，本为窗户旁的柱子，这里仍是一种与窗子发生联系的柱子。

【译文】

营造截间版帐的制度：截间版帐的高度为6尺至1丈，版帐的宽度与其所在的房屋开间间广相当。截间版帐的内侧与外侧都应施以牙头护缝。若截间版帐的高度超过7尺，就应在版帐的上部施以额，在其下两柱柱根处施以地栿，并在版帐的左右两侧沿其屋柱施以槫柱，同时在版帐高度上的正中位置，施以腰串。如果截间版帐所在房屋的开间间广尺寸较大，则应在版帐左右两柱的中间立以槏柱。构成截间版帐各部分构件的截面广、厚尺寸，都要以版帐实际宽度，按照其宽每1尺，该构件的相应比例尺寸，累积计算这一构件的实际尺寸。

（截间版帐诸名件）

槏柱：长视高；每间广一尺，则方四分[①]。

额：长随间广；其广五分，厚二分五厘[②]。

腰串、地栿：长及广厚皆同额。

槫柱：长视额、栿内广[③]，其广厚同额。

版[④]：长同槫柱，其广量宜分布[⑤]。版及牙头、护缝、难子[⑥]，皆以厚六分为定法[⑦]。

牙头：长随槫柱内广；其广五分[⑧]。

护缝：长视牙头内高；其广二分[⑨]。

难子：长随四周之广；其广一分[⑩]。

【注释】

①方四分：以版帐所在房屋开间间广尺寸每1尺，该版帐所用槏柱的截面为0.4寸见方的木方计；若开间间广为1丈，则槏柱截面为4寸见方。

②其广五分，厚二分五厘：以版帐所在房屋开间间广尺寸每1尺，该版帐之上所用额的截面高度为0.5寸，厚度为0.25寸计。

③长视额、栿内广：版帐上部所施的额与其所在房屋开间的两柱根部所施的地栿之间的高差距离，即为该版帐两侧所施槫柱的长度。

④版：指截间版帐内所嵌的木版。

⑤其广量宜分布：截间版帐内所嵌版是随所用材料的实际宽窄，量宜分布于版帐之中的，并没有特别规定的宽窄尺寸。

⑥牙头：施于版帐内外表面的装饰性木条，其端头刻为牙头状。牙头似应与护缝相间使用，并似应施于护缝之上。护缝：施于版帐内所施之版的版与版之间的缝隙表面的条状护缝版。护缝似应

在版与牙头之间，并与牙头相间分布。

⑦以厚六分为定法：意为上文提到的版帐中所施木版、版帐内外所施牙头、护缝，及版帐四周边缘所施难子的截面厚度，皆为0.6寸，这是一个绝对尺寸。

⑧广五分：以版帐所在房屋开间间广尺寸每1尺，其版帐内外所施牙头的宽度为0.5寸计；若开间间广为1丈，则其牙头的宽度应为5寸。

⑨广二分：以版帐所在房屋开间间广尺寸每1尺，其版帐缝隙外所施护缝的宽度为0.2寸计；若开间间广为1丈，则其护缝的宽度应为2寸。

⑩广一分：以版帐所在房屋开间间广尺寸每1尺，施于版帐框内四周边缘处的难子，截面宽度为0.1寸计；若开间间广为1丈，则其难子的宽度应为1寸。

【译文】

槏柱：其柱的长度依据截间版帐的高度而定；以版帐所在房屋开间的间广尺寸每1尺，其所施用的槏柱的截面为0.4寸见方计。

截间版帐上所施之额：其额的长度与版帐所在房屋开间的间广尺寸相当；以版帐所在房屋开间的间广尺寸每1尺，其所施用之额的截面高为0.5寸，厚为0.25寸计。

版帐间内所施腰串、地栿：两者的长度、截面高度与厚度，都与版帐之上所施额的相应尺寸相同。

版帐两侧所立榑柱：榑柱的长度依版帐的上额与其下地栿之间的高度差确定，榑柱的截面宽度、厚度与版帐上部所施额的截面高度、厚度尺寸相同。

版帐之内所嵌木版：版的长度与其左右榑柱的长度相当，版的宽度，随所用版的宽窄，量宜分布。版帐内所施版，即版帐内外所施牙头、护缝，版帐内四周边缘所施难子，其厚度均为0.6寸，这一尺寸为绝对尺寸。

版帐内外所施牙头：牙头的长度由左右两榑柱之间的距离确定；牙头的宽度，以版帐所在房屋开间的间广尺寸每1尺，其宽为0.5寸计。

版帐内外所施护缝：护缝的长度，依牙头里侧的高度而定；护缝的宽度，以版帐所在房屋开间的间广尺寸每1尺，其宽为0.2寸计。

版帐内侧四周边缘所施难子：难子的长度，即为版帐内侧四周边长之和；难子的截面宽度，以版帐所在房屋开间的间广尺寸每1尺，其宽为0.1寸计。

（特殊位置的截间版帐）

凡截间版帐，如安于梁外乳栿、劄牵之下①，与全间相对者②，其名件广厚，亦用全间之法③。

【注释】

①安于梁外乳栿、劄牵之下：这里的"梁"指的是房屋内的大梁，如四椽栿、六椽栿等，所谓"梁外乳栿、劄牵之下"，当指其屋的前后檐檐柱与殿身内柱或屋内柱之间的部分。梁注："乳栿与劄牵一般用在檐柱和内柱（清代称'金柱'）之间。这两列柱之间的距离（进深）比室内柱（例如前后两金柱）之间的距离要小，有时要小得多。"

②与全间相对者：梁注："所谓'全间'就是指室内柱之间的'间'。檐柱和内柱之间是不足'全间'的大小的。"这里是说，与前后内柱之间的"全间"相对应的前后檐柱与内柱之间的较小之间，大概类似于其屋的前后檐廊。

③全间之法：当指与全间相对的前后间所施截间版帐各组成构件的截面广厚，即上文"造截间版帐之制"中所说，依据其屋开间间广每1尺所给出的比例尺寸，按照实际的间广尺寸，累积推算而出。

【译文】

凡截间版帐，如果是施于房屋之内前后内柱之间的主梁之外，即施安在前后檐柱与内柱之间的乳栿、劄牵之下，而与前后内柱所构成的室内主间相对应的前后间的，这种施于前后间的截间版帐，其所用构件的截面广、厚，仍然按照屋内全间时所规定的比例尺寸推算而出。

照壁屏风骨截间屏风骨、四扇屏风骨。其名有四：一曰皇邸，二曰后版，三曰扆，四曰屏风

【题解】

关于照壁屏风骨，梁思成先生在《〈营造法式〉注释》中做了比较详细的诠释："'照壁屏风骨'指的是构成照壁屏风的'骨架子'。'其名有四'是说照壁屏风之名有四，而不是说'骨'的名有四。从'二曰后版'和下文'额，长随间广，……'的文义可以看出，照壁屏风是装在室内靠后的两缝内柱（相当于清代之"金柱"）之间的隔断'墙'。照壁屏风是它的总名称；下文解说的有两种：固定的截间屏风和可以开闭的四扇屏风。后者类似后世常见的屏门。从'骨'字可以看出，这种屏风不是用木版做的，而是先用条桱做成大方格眼的'骨'，显然是准备在上面裱糊纸或者绢、绸之类的纺织品的。本篇只讲解了这'骨'的做法。由于后世很少（或者没有）这种做法，更没有宋代原物留存下来，所以做了上面的推测性的注释。"

标题中所附"皇邸"一词，出于《周礼·天官·掌次》："王大旅上帝，则张毡案，设皇邸。（大旅上帝，祭天于圆丘。国有故而祭亦曰旅。此以旅见祀也。张毡案，以毡为床于幄中。郑司农云：'皇，羽覆上。邸，后版也。'玄谓后版，屏风与？染羽象凤皇羽色以为之。）"则"皇邸"是一种以羽毛覆盖的后版，置于天子祭天时所处的帷幄之中。

其后所附的几个相关术语，如后版、扆或屏风，显然指的也都是位于室内空间后部的一种空间隔版。

照壁屏风骨，是用条桱做成的大方格眼的“骨”架，一间照壁屏风可分为四扇，这有可能是为了方便移动或开闭。

截间屏风骨与截间版帐类似，由上额、立桯、左右榑柱、地栿构成一个框架，再以条桱在桯内构成的四直方格屏风骨。桯长随屏风之高，榑柱与桯同长；额与地栿的长度，随开间之广。

从行文看，四扇屏风骨诸名件的尺寸，似比截间屏风骨的尺寸要略小一些，应是具有较为方便的移动可能。《法式》文本中还给出了与四扇屏风骨开闭相关的名件，即若为四扇开闭者，应加立㮇、搏肘，如此才有可能分成尺寸更小的“扇”。

（造照壁屏风骨之制）

造照壁屏风骨之制①：用四直大方格眼②。若每间分作四扇者，高七尺至一丈二尺。如只作一段③，截间造者④，高八尺至一丈二尺。其名件广厚，皆取屏风每尺之高⑤，积而为法。

【注释】

①照壁屏风骨：梁注：“‘照壁屏风骨’指的是构成照壁屏风的‘骨架子’。”梁先生又进一步指出：“从‘骨’字可以看出，这种屏风不是用木板做的，而是先用条桱做成大方格眼的‘骨’，显然是准备在上面裱糊纸或者绢、绸之类的纺织品的。本篇只讲解了这‘骨’的做法。由于后世很少（或者没有）这种做法，更没有宋代原物留存下来，所以做了上面的推测性注释。”

②四直大方格眼：指照壁屏风是由若干横竖木方构成的四面方直的

方格眼。但如梁先生注："大方格眼的大小尺寸，下文制度中未说明。"

③只作一段：如梁先生所释，本段文字中描述的照壁屏风分为两种："固定的截间屏风和可以开闭的四扇屏风。"这里的"只作一段"，指的就是这种"固定的截间屏风"，故其不分扇，只在其间内做出完整的一段。

④截间造：这里指的是只作一段的"截间屏风"。

⑤屏风：这里的"屏风"，即指本条所言的"照壁屏风"。梁注："照壁屏风是装在室内靠后的两缝内柱（相当于清代之"金柱"）之间的隔断'墙'。照壁屏风是它的总名称；下文解说的有两种：固定的截间屏风和可以开闭的四扇屏风。"

【译文】

营造照壁屏风骨的制度：照壁屏风骨采用四直大方格眼的形式。如果是采用每间分为四扇的屏风门的形式，其高为7尺至1.2丈。如果是采用截间屏风，即在其间内只作一段的截间造做法，其高为8尺至1.2丈。照壁屏风骨的各组成构件的截面广、厚尺寸，都应依据屏风每1尺的高度所给出比例尺寸，按屏风实高累积推算而出。

（截间屏风骨）

截间屏风骨[①]：

桯[②]：长视高，其广四分，厚一分六厘[③]。

条桱[④]：长随桯内四周之广[⑤]，方一分六厘[⑥]。

额：长随间广，其广一寸，厚三分五厘[⑦]。

槫柱：长同桯，其广六分[⑧]，厚同额。

地栿：长厚同额，其广八分[⑨]。

难子[⑩]：广一分二厘，厚八厘[⑪]。

【注释】

①截间屏风骨：照壁屏风骨中的一种，即上文所说的“只作一段，截间造”的屏风做法。

②桯：施于截间屏风骨两侧，并与槫柱相贴接的条形木方。

③广四分，厚一分六厘：以屏风每高1尺，桯的截面宽度为0.4寸，厚为0.16寸计；若屏风高1丈，则桯的截面宽度为4寸，厚为1.6寸。

④条桱（jìng）：构成四直大方格眼的木方条。

⑤长随桯内四周之广：梁注：“从这里列举的其他构件——桯、额、槫柱、地栿、难子——以及各构件的尺寸看来，条桱应该是构成方格眼的木条，那么它的长度就不应该是‘随桯内四周之广’，而应有两种：竖的应该是‘长同桯’，而横的应该是‘随桯内之广’。”

⑥方一分六厘：以屏风每高1尺，条桱的截面尺寸为0.16寸见方计；若屏风高为1丈，则条桱的截面尺寸为1.6寸见方。

⑦广一寸，厚三分五厘：以屏风每高1尺，额的截面高度为1寸，厚为0.35寸计；若屏风高为1丈，则其上所施之额的截面高度为1尺，厚为3.5寸。

⑧广六分：以屏风每高1尺，槫柱的截面宽度为0.6寸计；若屏风高为1丈，则槫柱的截面宽度为6寸。

⑨广八分：以屏风每高1尺，其地栿的截面高度为0.8寸计；若屏风高为1丈，则地栿的截面高度尺寸为8寸。

⑩难子：梁注：“难子在门窗上是桯和版相接处的压缝条；但在屏风骨上，不知应该用在什么位置上。”

⑪广一分二厘，厚八厘：以屏风每高1尺，屏风内所施难子的截面宽度为0.12寸，厚为0.08寸计；若屏风高为1丈，则难子的截面宽为1.2寸，厚为0.8寸。

【译文】

若为只作一段截间造的截间屏风骨：

屏风两侧的立桯：桯之长依屏风高度而定，桯的截面广、厚，以屏风每高1尺，其桯宽为0.4寸，厚为0.16寸计。

施于屏风内构成四直大方格眼的条桱：竖向条桱的长度与其桯的长度相同；横向条桱的长度，以两枚竖向条桱之间的距离为准；以屏风每高1尺，其屏风内所施条桱的截面为0.16寸见方计。

屏风之上所施额：额的长度与屏风所在房屋开间的间广相同；以屏风每高1尺，上所施额的截面高度为1寸，厚为0.35寸计。

屏风两侧所施榑柱：榑柱的长度与桯的长度相同；以屏风每高1尺，榑柱的截面宽度为0.6寸计，榑柱的厚度与其上额的厚度相同。

屏风之下两柱柱根之间所施地栿：地栿的长度、厚度与额相同；以屏风每高1尺，地栿的截面高度为0.8寸计。

截间屏风内所施难子：以屏风每高1尺，难子的截面宽度为0.12寸，厚为0.08寸计。

（四扇屏风骨）

四扇屏风骨[①]：

桯：长视高，其广二分五厘，厚一分二厘[②]。

条桱：长同上法[③]，方一分二厘[④]。

额：长随间之广，其广七分，厚二分五厘[⑤]。

榑柱：长同桯，其广五分[⑥]，厚同额。

地栿：长厚同额，其广六分[⑦]。

难子[⑧]：广一分，厚八厘[⑨]。

【注释】

①四扇屏风骨：照壁屏风骨中的一种，即上文所说的“每间分作四扇者”的屏风做法。

②广二分五厘，厚一分二厘：指屏风两侧桯的截面尺寸，以屏风每高1尺，桯的截面宽度为0.25寸，厚为0.12寸计；若屏风高1丈，则桯的截面宽为2.5寸，厚为1.2寸。可知，四扇屏风骨两侧所施桯的尺寸要小于截间屏风骨上所施桯的尺寸。

③长同上法：此话本似说屏风内的条桱"长随桯内四周之广"，但仍如梁先生所注，这一说法令人生疑，因条桱当分为立桱与横桱，其长度的确定，各有其法。译文从梁注。

④方一分二厘：以屏风每高1尺，屏风内所施条桱的截面尺寸为0.12寸见方计；若屏风高1丈，则条桱的截面尺寸为1.2寸见方。此一尺寸仍小于截间屏风骨内所施条桱的截面尺寸。

⑤广七分，厚二分五厘：以屏风每高1尺，屏风上所施额的截面高度为0.7寸，厚为0.25寸计；若屏风高1丈，则额的截面高为7寸，厚为2.5寸。

⑥广五分：以屏风每高1尺，屏风两侧所施榑柱的截面宽度为0.5寸计；若屏风高1丈，则榑柱的截面宽为5寸。

⑦广六分：以屏风每高1尺，屏风下所施地栿的截面高度为0.6寸计；若屏风高1丈，则地栿的截面高为6寸。

⑧难子：这里仍不清楚，在四扇屏风骨中作为压缝用的难子，究竟施于何处。

⑨广一分，厚八厘：如果屏风施有难子，以屏风每高1尺，难子的截面宽为0.1寸，厚为0.08寸计；若屏风高1丈，则难子的截面宽为1寸，厚为0.8寸。

【译文】

若为每间分作四扇的四扇屏风骨：

两侧之桯：桯之长依屏风的高度而定；以屏风每高1尺，桯的截面宽度为0.25寸，厚为0.12寸计。

构成屏风四直大方格眼的条桱：其竖向条桱的长度，与桯的长度相同；横向条柽的长度，以两枚竖向条柽之间的距离为准；以屏风每高1尺，屏风内所施条柽的截面为0.12寸见方计。

屏风之上所施额：额的长度与屏风所在房屋开间的间广相同，以屏风每高1尺，其上所施额的截面高度为0.7寸，厚为0.25寸计。

屏风两侧所施榑柱：榑柱的长度与桯的长度相同；以屏风每高1尺，榑柱的截面宽度为0.5寸计，榑柱的厚度与其上额的厚度相同。

屏风之下所施地栿：其长度、厚度尺寸与额相同；以屏风每高1尺，地栿截面高度为0.6寸计。

四扇屏风骨内所施难子：以屏风每高1尺，难子的截面宽度为0.1寸，厚为0.08寸计。

（四扇开闭的照壁屏风骨）

凡照壁屏风骨，如作四扇开闭者[①]，其所用立标、搏肘[②]，若屏风高一丈，则搏肘方一寸四分[③]；立标广二寸，厚一寸六分[④]；如高增一尺，即方及广厚，各加一分[⑤]；减亦如之。

【注释】

①作四扇开闭：与上文所言"四扇屏风骨"相类似，但因其能够"作四扇开闭"，故可能是一种屏风门的做法。

②立标：梁注："立标是一根垂直的门关，安在上述上下两伏兔之间，从里面将门拦闭。"参见上文"牙头护缝软门"条注③。搏肘：原文为"榑肘"，梁注本改为"搏肘"。陈注：改"榑肘"为"搏肘"。梁注："搏肘是安在屏风扇背面的转轴。下面卷七的格子门也用搏肘，相当于版门的肘版的上下镖。其所以不把桯加长为镖，是因为版门关闭时，门是贴在额、地栿和立颊的里面的，而承托两镖的鸡栖木和石砧鹅台也是在额和地栿的里面，位置相适应，而屏

风扇（以及格子门）则装在额、地栿和榑柱（或立颊）构成的框框之中，所以有必要在背面另加搏肘。”

③若屏风高一丈，则搏肘方一寸四分：若屏风高度为1丈，则其搏肘的截面尺寸为1.4寸见方。

④广二寸，厚一寸六分：若屏风高度为1丈，则立桥的截面宽度为2寸，厚为1.6寸。

⑤方及广厚，各加一分：此为在屏风高为1丈时，相应构件广厚尺寸基础上的一个变化分度，若屏风高度增加1尺，则其搏肘的截面见方及立桥的截面广厚，都各增加0.1寸。

【译文】

凡照壁屏风骨，如果是做成四扇开闭的屏风门形式，其屏风中所用立桥、搏肘的截面尺寸，是以屏风高1丈时，其搏肘的截面为1.4寸见方；立桥的截面宽度为2寸，厚为1.6寸计算的；以屏风高1丈时得出的搏肘、立桥尺寸为一个基数，如果屏风的高度超过1丈，其每增高1尺，搏肘的截面见方尺寸及立桥的截面广厚尺寸，都会各自增加0.1寸；如果屏风的高度低于1丈，其每减少1尺，搏肘的截面见方尺寸及立桥的截面广厚尺寸，也会相应各自减少0.1寸。

隔截横钤立旌

【题解】

以《法式》文义，应视隔截上下之高度，量所宜分布，施横钤。钤，有锁之意，如《尔雅注疏·尔雅序》云：“钤，锁也。”则“横钤”，其作用犹如“腰串”，有可能是横置于隔截之上下适中位置的横木，可以将几扇隔截连锁在一起。

隔截，高4～8尺，宽10～12尺。每间需随其广，分为3小间，这时就要用到立旌。立旌，在这里指的是施于隔截中的直立的木方，起到将隔截加以分段并强化其结构的作用。在立旌之间，依据立旌之高，均匀分布横钤。立旌、横钤之广厚尺寸，皆是依据与隔截开间每一尺之广的比例尺寸推算而出的。

隔截之上额与地栿，长随所隔房间开间之广；槫柱与立旌之长，随隔截高度而定；横钤之长，亦与额及地栿同。

凡隔截所用横钤、立旌，可以施之于照壁、门窗或墙之上，说明“隔截”是一个更为广义的概念，在照壁、门窗，甚至墙上，都可能出现“隔截”做法，亦都会施用横钤、立旌等名件。唯墙上如何用“隔截”，因为没有发现宋代同类做法的遗存，所以对其构造与形式尚难厘清。

（造隔截横钤立旌之制）

造隔截横钤、立旌之制①：高四尺至八尺，广一丈至一丈二尺。每间随其广，分作三小间，用立旌②，上下视其高，量所宜分布，施横钤③。其名件广厚，皆取每间一尺之广，积而为法。

【注释】

①隔截横钤（qián）、立旌（jīng）：梁注：“这应译作‘造隔截所用的横钤和立旌’。主题是‘横钤’和‘立旌’，而不是‘隔截’。隔截就是今天我们所称‘隔断’或‘隔断墙’。本篇只说明用额、地栿、槫柱、横钤、立旌所构成的隔截的框架的做法，而没有说明框架中怎样填塞的做法。关于这一点，‘破子棂窗’一篇末段‘于腰串下地栿上安心柱、槫颊。柱内或用障水版、牙脚、牙头填心、难子造，或用心柱编竹造’，可供参考。腰串相当于横钤，心柱相当于立旌；槫颊相当于槫柱。编竹造两面显然还要抹灰泥。”

②立旌：在宋代营造中多指施于不同位置的直立木方。旌，为古代

的一种用彩色羽毛做装饰的旗子。

③横钤：在宋代营造中，横钤多为用于联系左右两侧立木的横向方木条。

【译文】

造房屋室内隔截墙所用的横钤与立旌的制度：隔截墙的高度为4尺至8尺，施以隔截墙的间广距离为1丈至1.2丈。应将施用隔截墙的每一开间分作3个小间，小间与小间之间竖以立旌，再依据隔截墙的高度丈量其上下高低，通过施用横钤对隔截墙在高度方向做适当的分隔。隔截墙上所施用之横钤与立旌等各种构件的广厚尺寸，以其隔截所在开间间广尺寸的每1尺所应取的相应比例尺寸，按照实际开间尺寸，累积推算而出。

（隔截横钤立旌诸名件）

额及地栿[①]：长随间广，其广五分，厚三分[②]。

槫柱及立旌[③]：长视高，其广三分五厘，厚二分五厘[④]。

横钤：长同额，广厚并同立旌。

【注释】

①额：施于营作隔截墙之左右两柱间上部接近柱头部位的木方。地栿：施于营作隔截墙之左右两柱间下部接近柱根部位的木方。

②广五分，厚三分：以隔截墙开间每广1尺，其墙上下所施额与地栿的截面高度为0.5寸，厚为0.3寸计；若开间广1丈，则其额与地栿的截面高为5寸，厚为3寸。

③槫柱：施于营造隔截墙之左右两侧与屋柱相贴接的方形立木，类如隔截墙两侧尽端的立旌。从文中可知，这里的“槫柱”，与立旌在高度尺寸与截面尺寸上是完全相同的。

④广三分五厘，厚二分五厘：以开间广1丈，其隔截墙所用槫柱与立旌的截面宽度为0.35寸，厚为0.25寸计；若开间广1丈，则其槫柱与立旌的截面宽为3.5寸，厚为2.5寸。

【译文】

隔截墙上所施额及墙下所施地栿：额与地栿的长度依据隔截墙所在房屋开间的间广尺寸确定；以开间间广每1尺，其额与地栿所取的相应比例尺寸，即截面高度为0.5寸，厚为0.3寸推计。

隔截墙两侧尽端所施槫柱及小间分隔处所施立旌：槫柱与立旌的长度依据隔截墙的高度而定，以其墙所在开间之间广每1尺，其槫柱与立旌的截面宽度为0.35寸，厚度为0.25寸推计。

在隔截墙高度方向，视其高下，量宜分布而施的横钤：横钤的长度与其上所施额的长度相同，横钤的截面宽度与厚度，都与隔截墙内竖向所施的立旌的截面宽度与厚度相同。

（隔截横钤立旌一般）

凡隔截所用横钤、立旌，施之于照壁①，门、窗或墙之上②；及中缝截间者亦用之③，或不用额、栿、槫柱④。

【注释】

①照壁：独立施设的墙，亦称为“影壁”。可施于建筑组群的大门之外，亦可施于大门之内，起到一定的视线阻隔作用。可以根据不同建筑材料区分为砖石照壁、琉璃照壁及木制照壁。这里所说的应该是木制照壁。

②门、窗或墙之上：指在房屋的门、窗之上或墙体的上部，施用横钤、立旌，以营造在高度上的局部隔截。

③中缝截间：梁注：“‘中缝截间’的含义不明。”从字面意义理解，似

指室内两柱柱缝上所施的隔截，将室内两个空间隔断，似相当于现代的室内隔断墙。

④或不用额、栿、槫柱：这里的"或不用"，与上文中隔截横钤立旌所施的位置有关，若是施于室内两柱之间的隔截墙上，则额、地栿与槫柱似都不可或缺，但若是在独立施设的照壁上，则似乎额、地栿与槫柱都可不用；若是在门、窗及墙之上，则至少可以不用地栿与槫柱。

【译文】

凡营造隔截墙所用的横钤、立旌，可以施之于照壁的结构之中，或施于门、窗以及墙体的上部；也可以施之于房屋内两柱中缝上，用以作为两间房屋之间的隔断墙；因其所施用的位置不同，故在有些情况下可以不使用额、地栿与槫柱等与隔截相关的辅助性构件。

露篱其名有五：一曰㰌，二曰栅，三曰椐，四曰藩，五曰落；今谓之露篱

【题解】

据卷第二《总释下》"露篱"条引《义训》："篱谓之藩。（今谓之露篱。）"则露篱与"藩篱"其义相类，或也可以称为"篱落"。在现代人看来，其大概类似于今日用木或竹搭造的围墙、栅栏或篱笆。

露篱的高度为6～10尺，一般会将露篱分为若干段，每一段可以称为一间，每一间的间广约为8～12尺。在实际结构中，要将每一间再分作三小间，每一小间各有地栿、横钤、立旌，上以榻头木相连。

立旌、横钤、地栿、榻头木，是构成宋式露篱的主要构件。立旌，相当于露篱的立柱。立旌之长依露篱高度而定。立旌插入地下，用地栿连接立旌间之根部，用榻头木连接立旌间之上部，中间施以横钤；横钤之内外，可能覆以竹编等，以形成篱笆墙体；露篱顶上再覆以版屋造式露篱顶。

露篱上所施其余名件之广厚，皆依据露篱每间的开间尺寸推算而出。

露篱相连造时，因其整体结构起到稳定与加固作用，故比一间造露篱可以适当减少立旌。露篱顶部所覆盖之版屋造，应类比于两际式房屋做法，施以小尺度的搏风版及垂鱼、惹草，既起到保护露篱的作用，又使露篱在形式上显得美观。

（造露篱之制）

造露篱之制[1]：高六尺至一丈，广八尺至一丈二尺[2]。下用地栿、横钤、立旌；上用榻头木施版屋造[3]。每一间分作三小间。立旌长视高，栽入地[4]；每高一尺，则广四分，厚二分五厘[5]。曲枨长一寸五分[6]，曲广三分，厚一分[7]。其余名件广厚[8]，皆取每间一尺之广，积而为法。

【注释】

①露篱：梁注："露篱是木构的户外隔墙。"

②广：梁注："这个'广'是指一间之广，而不是指整道露篱的总长度。但是露篱的'一间'不同于房屋的'一间'。房屋两柱之间称'一间'。从本篇的制度看来，露篱不用柱而用立旌，四根立旌构成的'三小间'上用一根整的榻头木（类似大木作中的阑额）所构成的一段叫做'一间'。这一间之广为八尺至一丈二尺。超过这长度就如下文所说'相连造'。因此，与其说'榻头木长随间广'，不如说间广在很大程度上取决于榻头木的长度。"

③榻头木：施于露篱诸立旌之上，将露篱的"三小间"连为一个整间的横长木方。傅注："榻，他卷或作'楷头'，今人'榻'为床榻之通称，似从'楷'较善。"又注："故宫本、四库本、张本均作'榻'。"版屋造：露篱顶部所覆盖如两坡屋顶形式的木制露篱顶盖，起到

防止雨水直接侵蚀露篱的作用。

④栽入地：将露篱中的主要立柱，即立旌，直接栽入地面以下的土中，以防止露篱倾倒。但这里没有给出将立旌栽入地下的深度，也没有给出所栽位置以及对立旌根部周围土基的加固方式。

⑤广四分，厚二分五厘：以立旌每高1尺，其截面宽度为0.4寸，厚度为0.25寸计；若立旌高为8尺，则其截面宽为3.2寸，厚为2寸。

⑥曲枨（chéng）：梁注："曲枨的具体形状、位置和用法都不明确。"未知其是否有"曲折的木方"之意。枨，古人门旁所立的长木柱。长一寸五分：以立旌每高1尺，其上所施曲枨长1.5寸计；若立旌高为8尺，则曲枨长为1.2尺。

⑦曲广三分，厚一分：以立旌每高1尺，其上所施曲枨截面曲广为0.3寸，厚为0.1寸计；若立旌高为8尺，则曲枨截面曲广为2.4寸，厚为0.8寸。

⑧其余名件：本段文字中所提到的立旌、曲枨，都是以立旌每高1尺，其截面应取的相应比例推算的；但除了这两种构件之外，构成露篱的主要构件，其广厚尺寸则是以露篱每间间广的每1尺，其构件所应取的比例尺寸推算的；故这里用了"其余名件"这一说法。

【译文】

营造户外露篱木隔断墙的制度：露篱高为6尺至1丈，每1间露篱的长度为8尺至1.2丈。露篱之下施用地栿，并施以立旌，立旌之间可施横钤；露篱上端用榻头木，榻头木上再覆以版屋造形式顶盖。将每1间露篱细分为3个小间。立旌的长度依据露篱的高度而定，立旌的根部要栽入地面以下的土中；以立旌每高1尺，其截面宽为0.4寸，厚为0.25寸推计。立旌上部所施曲枨，也以立旌每高1尺，其长1.5寸，曲枨的曲广为0.3寸，厚为0.1寸推计。除了立旌、曲枨之外，组成露篱的其余构件，其截面广厚尺寸都应以露篱每一间间广为1尺时，其相应的比例尺寸，按照实际间广，累积推算而出。

（露篱诸名件）

地栿、横钤：每间广一尺，则长二寸八分[1]，其广厚并同立旌。

榻头木：长随间广，其广五分，厚三分[2]。

山子版[3]：长一寸六分，厚二分[4]。

屋子版[5]：长同榻头木，广一寸二分，厚一分[6]。

沥水版[7]：长同上，广二分五厘，厚六厘[8]。

压脊、垂脊木[9]：长广同上，厚二分[10]。

【注释】

①长二寸八分：梁注："这'二寸八分'是两根立旌之间（即"小间"）的净空的长度，是按立旌高一丈，间广一丈的假设求得的。"

②广五分，厚三分：以露篱每一间间广1尺，其上榻头木的截面高度为0.5寸，厚为0.3寸计；若露篱间广为1.2丈，则榻头木截面高为6寸，厚为3.6寸。

③山子版：疑为露篱顶部版屋造做法顶版之下所施与榻头木结合，用以承托其上所覆两侧厦瓦版的三角形立版，其形式与两侧厦瓦版相接，类如山形，故称"山子版"。

④长一寸六分，厚二分：以露篱每一间间广1尺，其上版屋造两侧厦瓦版下所施山子版长为1.6寸，厚为0.2寸计；若露篱间广为1.2丈，则山子版长为1.92尺，厚为2.4寸。

⑤屋子版：疑指构成露篱版屋造顶盖的左右两坡覆版，与《法式》小木作中提到的"厦瓦版"有相似之处。

⑥广一寸二分，厚一分：以露篱每一间间广1尺，其上版屋造顶部两侧所覆屋子版宽为1.2寸，厚为0.1寸计；若露篱间广1.2丈，则屋子版宽为1.44尺，厚为1.2寸。

⑦沥水版：疑为施于版屋造两侧屋子版外缘檐下的条状版，其作用是促使版屋上部雨水向下流淌，防止雨水向版下内侧渗流。

⑧广二分五厘，厚六厘：以露篱每一间间广1尺，其上版屋造两侧厦瓦版檐下所施沥水版高0.25寸，厚0.06寸计；若露篱间广1.2丈，则沥水版高为3寸，厚为0.72寸。

⑨压脊：施于露篱版屋造顶部两侧所覆厦瓦版相接处，类如房屋屋脊处的条状木方。垂脊木：从字义讲，疑指施于露篱版屋造两尽端，沿屋子版两坡所施，与压脊木相交的条状木方，其形式类如大木作两坡屋顶两山所施垂脊。但下文言垂脊木的长度与压脊木、沥水版均相同，则不知这里所说的"垂脊木"究竟施于何处，存疑。

⑩厚二分：以露篱每一间间广1尺，其上版屋造顶部所施压脊及两尽端厦瓦版上所施垂脊木的厚度为0.2寸计；若露篱间广1.2丈，则其压脊及垂脊木的截面厚度为2.4寸。

【译文】

露篱下部立旌间所施地栿及露篱上部立旌间所施横钤：以露篱两立旌之间的距离为一间（一小间），以其间广尺寸每1尺，这一间内所用地栿、横钤的长度为2.8寸计，其地栿与横钤的截面高度、厚度，皆与这一露篱所用立旌的截面广厚尺寸相同。

露篱上部所用榻头木：其长度依据一间（一大间）露篱的长度而定，并以间广每1尺，榻头木的截面高度为0.5寸，厚为0.3寸计。

露篱版屋式顶盖厦瓦版下所施山子版：以一间露篱的间广每1尺，其上所施山子版长1.6寸，厚0.2寸计。

露篱之版屋造顶部所覆屋子版：其版长度与露篱上部所施榻头木相同，以一间露篱的间广每1尺，版宽为1.2寸，厚为0.1寸计。

露篱顶部两侧所覆屋子版外缘檐下的沥水版：其版长与屋子版的长度相同，以一间露篱的间广每1尺，沥水版的截面高度为0.25寸，厚为0.06寸计。

露篱顶部屋子版两坡接缝处所施压脊及露篱顶盖屋子版两尽端处所施垂脊木：压脊与垂脊木的长度、宽度与沥水版相同，二者的厚度以一间露篱的间广每1尺，其厚为0.2寸计。

（露篱一般）

凡露篱若相连造[①]，则每间减立旌一条[②]。谓如五间只用立旌十六条之类[③]。其横钤、地栿之长，各减一分三厘[④]。版屋两头施搏风版及垂鱼、惹草[⑤]，并量宜造。

【注释】

①相连造：指将若干"间"，即若干段（每段三小间，称作"一大间"）露篱连成一体营造，称"相连造"。

②每间减立旌一条：梁注："若只做一间则用立旌四条；若相连造，则只须另加三条，所以说'每间减立旌一条'。"

③谓如五间：原文为"谓加五间"，梁注本改为"谓如五间"。傅合校本：改"加"为"如"，并注："如，故官本、四库本均作'如'。"陈注："加五间，为'加至五间'之义。"只用立旌十六条：按照每间为三小间，需4条立旌，则五间为20条，但每相连两间之间共用1条，则可以省去4条，即五间只用立旌16条。

④各减一分三厘：梁注："为什么要'各减一分三厘'，还无法理解。"从字面上理解，这减除的"一分三厘"，似是在立旌高10尺，其每间间广10尺时，施4根立旌，其立旌之中距离"二寸九分三厘"与立旌之间的空当距离"二寸八分"之间的长度差。但何以要减去这"一分三厘"，令人不解。陈注：改"减"为"加"，并注："加，竹本。"即据陈先生，其文为："其横钤、地栿之长，各加一分三厘。"如此，其意似能够解释通了。译文暂从原文。

⑤版屋两头：露篱顶部所覆两坡屋子版，称“版屋造”，其两端与大木作出际屋顶的两际部分有一些类似。垂鱼、惹草：梁注：“垂鱼、惹草见卷七‘小木作制度二’及‘大木作制度图样’。”垂鱼、惹草，本为宋式营造大木作制度出际屋顶两山搏风处所施的装饰性构件，这里是将大木作制度中的垂鱼、惹草的做法，按比例缩小，施用在露篱的“版屋两头”上了。

【译文】

凡露篱如果是由若干段相连营造的，则每相连两间之间的一条立旌可以省去。例如，若为5间造，只需用立旌16条，诸如此类。立旌之间所施横钤、地栿的长度，应各减去0.13寸。露篱顶部所覆两坡屋子版的两尽端，应施以搏风版及垂鱼、惹草，其搏风版与垂鱼、惹草的尺寸应依版屋造两头尺寸量宜而造。

版引檐

【题解】

尽管宋式房屋的屋檐出挑还是比较深远的，但有时为了遮蔽强烈的阳光直射或减少雨水对墙面和门窗的冲刷，还会在房屋檐口之外，再添加一个附着于房屋檐口之外的延伸部分，这部分外加的出檐，就称为“版引檐”。这种版引檐，在功能上多少类似于今日房屋门窗之上常见的遮阳版，或是悬于门窗上的雨篷。

版引檐本身主要由桯与檐版构成，版引檐内外还会施以护缝。其外缘下沿，也会施以沥水版，以有利于雨水的排放。版引檐诸名件广厚尺寸，以其开间之广尺寸推算而出。

为了将版引檐与房屋出檐拉结固定在一起，还要使用跳椽、阑头木、挑斡等具有结构性作用的构件，并应使版引檐与房屋檐口处的小连檐相接续。但版引檐中所用跳椽、阑头木、挑斡等名件，及版引檐与小连檐相接续的做法，因无实例，尚难厘清。

（造屋垂前版引檐之制）

造屋垂前版引檐之制[①]：广一丈至一丈四尺[②]，如间太广者，每间作两段。长三尺至五尺[③]。内外并施护缝[④]。垂前用沥水版[⑤]。其名件广厚，皆以每尺之广，积而为法。

【注释】

①屋垂前：指屋檐之前。屋垂，屋檐。版引檐：梁注："版引檐是在屋檐（屋垂）之外另加的木板檐。"

②广：这里的"广"，其实是指版引檐檐口之长，亦即房屋的间广。其长10～14尺，这可能是房屋一间之广，若房屋间广太大，则可将每间分作两段。

③长：版引檐的"长"，似为版引檐向房屋檐口之外伸出的宽度，一般向外伸出3～5尺。

④内外并施护缝：这里的"内外"，疑指版引檐的上下，在其接缝处，都应施护缝。

⑤垂前：这里的"垂前"，似指版引檐的檐口前端。沥水版：在版引檐前端的底部所施的长木条，有阻止雨水向版引檐底部渗透的功能，类如现代建筑檐口下所用的滴水版。

【译文】

营造房屋檐口前所施版引檐的制度：版引檐的面宽随间广可为1丈至1.4丈，如果其屋开间过于宽广，亦可每间施作两段版引檐。版引檐向外出挑的长度为3尺至5尺。版引檐的内外都应施护缝。其檐的前端下部，应施用沥水版。组成版引檐各部分构件的截面广厚尺寸，以其檐每1尺之面广，构件应取的比例尺寸，累积推算而出。

(版引檐诸名件)

桯[①]:长随间广,每间广一尺,则广三分,厚二分[②]。

檐版[③]:长随引檐之长,其广量宜分擘[④]。以厚六分为定法[⑤]。

护缝[⑥]:长同上,其广二分[⑦]。厚同上定法。

沥水版:长广随桯。厚同上定法。

跳椽[⑧]:广厚随桯,其长量宜用之。

凡版引檐施之于屋垂之外。跳椽上安阑头木、挑斡[⑨],引檐与小连檐相续[⑩]。

【注释】

①桯:指沿版引檐面广方向所施的条状木方,起到版引檐的框架作用。

②广三分,厚二分:以版引檐面广每1尺,桯的截面宽为0.3寸,厚为0.2寸计;若版引檐面广1丈,则桯的截面宽为3寸,厚为2寸。

③檐版:版引檐框架之内所施之版。

④其广量宜分擘(bò):版引檐内所施檐版,应随所用版材的实际宽度量宜擘画分布,以尽其材用为宜。

⑤以厚六分为定法:版引檐的厚度为0.6寸,此为绝对尺寸。

⑥护缝:指在檐版与檐版之间的接缝处,为避免雨水从缝隙中渗透下去而附加的保护性板条。

⑦广二分:以版引檐广每1尺,其护缝的宽为0.2寸计;若檐广1丈,则护缝的宽度为2寸。

⑧跳椽(chuán):从字面上理解,似指以悬挑方式承托版引檐的椽子。其椽已伸出房屋檐口之外,故称“跳椽”。

⑨阑头木:疑为将跳椽椽身拉结在一起的横长木方,似有加强版引檐结构整体性的功能。挑斡:疑为施于版引檐后部跳椽之上,并固定在屋椽之上,以覆压跳椽,防止其向下倾覆的构件。

⑩引檐与小连檐相续：梁注："引檐本身的做法虽然比较清楚，但是跳椽、阑头木和挑斡的做法以及引檐怎样'与小连檐相续'都不清楚。"

【译文】

沿版引檐面广方向内外所施桯：桯之长度随其所在房屋开间之广而定，以间广每1尺，桯的截面宽度为0.3寸，厚为0.2寸计。

覆于版引檐上的檐版：其版之长与版引檐的长度相同；其宽则以其版之材的实际宽度量宜擘画分布。其版的厚度为0.6寸，此为一绝对尺寸。

檐版与檐版之间接缝处所施的护缝版：护缝长度与檐版长度相同，其宽度以版引檐间广每1尺，护缝宽为0.2寸计。护缝的厚度与檐版的厚度一样，亦为0.6寸。

版引檐前端下部所施沥水版：沥水版的长度及其截面宽度，与其檐所施桯的尺寸一样。其厚度与檐版的厚度相同，亦为0.6寸。

承托出挑版引檐的跳椽：其椽的截面高度与厚度与版引檐所用桯的截面尺寸相同；其椽的长度则应随版引檐出挑之长量宜用之。

凡屋檐处施版引檐，皆施于屋檐檐口之外。在承挑版引檐的跳椽之上应施安阑头木与挑斡，版引檐应与房屋檐口之上所施的小连檐相接续。

水槽

【题解】

《法式》前文石作制度中提到的"水槽子"，是一种生活或生产用具，而小木作制度中的"水槽"，却似为房屋的一种附属构件。以其所用位置及做法推测，水槽可能类似于今日房屋前后檐安装的排雨水天沟。

水槽由厢壁版、底版、罨头版、口襻、跳椽等名件构成。

水槽直高1尺，槽口宽1.4尺。构成水槽诸名件的截面广厚，皆以水槽的高度尺寸推算而出。

施于位于建筑组群中轴线上之正房厅堂前后檐上的水槽，一般是两面开口，且其中段的水槽设置得较高，两侧每间则会降低一层底版的高度，如此则可以使雨水向两侧迅速排出。

但施于正房两侧的挟屋或廊屋檐口处的水槽，则只在一个方向开口，另外一个方向施罨头版。可以推测，这一做法是要使雨水排向远离中间厅堂屋的方向。如此，其水槽在设置高度上，似亦应有一定的斜度。

为将水槽两侧的厢壁版固定在一起，要施用口襻；而若要将水槽牢固地施安在房屋檐口处，则要在檐口屋椽处施以跳椽。跳椽，应是将水槽与房屋檐口拉拽在一起的构件，其长随所用。

（造水槽之制）

造水槽之制[1]：直高一尺[2]，口广一尺四寸[3]。其名件广厚，皆以每尺之高，积而为法。

【注释】

①水槽：从上下文看，这里的“水槽”似指施于房屋檐口处，具有排雨水功能的水槽，现代人或称之为“天沟”。

②直高一尺：这里的“直高”，似指其槽的垂直深度为1尺，而非槽厢壁版的实际高度。

③口广一尺四寸：指水槽上部的开口为1.4尺。从下文可知，其底版的尺寸是依据槽口的开口宽度确定的。

【译文】

制作檐口处排雨水水槽的制度：其槽内的垂直深度为1尺；槽之开口的宽度为1.4尺。构成水槽各部分构件的截面广厚尺寸，皆以其槽直高尺寸之每高1尺，按照构件相应的比例尺寸推算而出。

（水槽诸名件）

厢壁版[1]：长随间广，其广视高，每一尺加六分[2]，厚一寸二分[3]。

底版[4]：长厚同上。每口广一尺，则广六寸[5]。

罨头版[6]：长随厢壁版内，厚同上。

口襻[7]：长随口广，其方一寸五分[8]。

跳椽[9]：长随所用，广二寸，厚一寸八分[10]。

【注释】

①厢壁版：即水槽两侧的壁版，相当于水槽两侧的槽帮版。

②每一尺加六分：指厢壁版的宽度是其高度的1.06倍，以槽直高1尺计，厢壁版的宽度为1.06尺。

③厚一寸二分：以槽直高1尺，厢壁版的厚度为1.2寸计。

④底版：水槽的底版。

⑤每口广一尺，则广六寸：水槽底版的宽度依据其槽开口的宽度确定，以其开口每宽1尺，其底版宽为0.6寸计；若开口为1.4尺，则底版的宽度为8.4寸。

⑥罨（yǎn）头版：似指水槽两端堵版，其长随厢壁版内廓而定，其厚仍为1.2寸。罨，掩盖，覆盖。

⑦口襻（pàn）：似为施之于槽口的条状木方，起到将槽两侧厢壁版拉结在一起的作用。

⑧方一寸五分：口襻的截面尺寸，以其槽直高1尺，其断面为1.5寸见方计。

⑨跳椽：仍为施于檐口处，以承托檐口外之排雨水水槽的出挑椽子。

⑩广二寸，厚一寸八分：以其槽直高1尺，其跳椽的截面高为2寸，厚为1.8寸计。

【译文】

水槽两侧的厢壁版：其版之长随其所在房屋的开间之广，其版之宽依据水槽内的直高而定，其直高每高1尺，其版的宽度增加0.6寸，其版之厚以水槽内直高每1尺，其厚为1.2寸计。

水槽的底版：底版的长度与厚度，与水槽两侧的厢壁版相同。底版的宽度以槽口每宽1尺，其宽0.6寸计。

施于水槽一端尽头的罨头版：其长随厢壁版之内的长度而定，其厚与厢壁版及底版相同。

将水槽两侧厢壁版拉结在一起的口襻：口襻的长度与槽口的宽度相同；口襻的截面以其槽直高1尺，其截面为1.5寸见方计。

施于檐口处以承托水槽的跳椽：其椽的长度随其所需要的长度而定，以水槽直高1尺，跳椽的截面高为2寸，厚为1.8寸计。

（水槽一般）

凡水槽施之于屋檐之下，以跳椽襻拽[①]。若厅堂前后檐用者，每间相接；令中间者最高，两次间以外，逐间各低一版，两头出水。如廊屋或挟屋偏用者[②]，并一头安罨头版[③]。其槽缝并包底荫牙缝造[④]。

【注释】

①以跳椽襻拽：从字面上解释，就是通过施安跳椽将水槽拉拽住，但如何襻拽，未加说明。梁注："水槽的用途、位置和做法，除怎样'以跳椽襻拽'，来'施之于屋檐之下'一项不太清楚外，其余都解说得很清楚，无须赘加注释。"

②廊屋或挟屋偏用者：廊屋或挟屋，是比正屋殿阁厅堂等级要低的房屋。前文中已提到，"厅堂前后檐用者，……两头出水"，但廊

屋与挟屋则不能两头出水，只能将水槽的一头封堵住，仅在一头出水，故称“偏用”。

③并一头安罨头版：如前所释，水槽在廊屋或挟屋偏用者，都要将其一头封堵住，封堵的方法，就是施安罨头版。罨头，就是将水槽的端头封堵住。

④槽缝：如前文所述，不同开间所施水槽，中间者最高，两次间之外，逐间各低一版，廊屋与挟屋若开间较多，似也应有高低相接的做法，这些不同开间水槽相接处的接缝，当为“槽缝”。包底荫牙缝造：在两段水槽之间的接缝处，应采取包覆其底的方式，防止漏水，即为“包底”。但这里未说明包底所用的材料，有可能仍是木版包底。荫牙缝造，似在其包底之外荫覆以牙缝式装饰版。荫，有庇荫、庇护之义。

【译文】

凡房屋檐口处所施排雨水水槽，其槽施之于屋檐之下，在檐口处施安跳椽将水槽襻拉拖拽，加以固定。如果是在正屋厅堂的前后檐下用水槽，每间皆施水槽，间与间之间的水槽相接；应令中间一间的水槽处在最高位置上，两次间之外，每向外一间，都应将槽的高度降低一版之高，至前后檐两侧端头，令其水槽两头出水。如果是在等级较低的廊屋或挟屋中施水槽，其槽应明确水流的方向而后朝一侧偏用，这些地方所施用的水槽都要在一头施安罨头版。房屋逐间所施水槽，间与间之间水槽的连接处皆有槽缝，这些槽缝都要做包底的处理，包底之外再覆以牙缝版，以做装饰。

井屋子

【题解】

古人的日常生活用水，常常依赖于井水，故而对水井的保护就显得十分重要。宋式营造中,特别提到的"井屋子",就是这样一种井口保护设施。井屋子,就是覆盖于井口之上的小尺度房屋,其作用既可以为水井的位置做出明显的标识,也可以为过往之人提供一些必要的防护,还能防止灰土、尘垢或雨水直接落入井中。

井屋子自井阶上皮至屋脊,高8尺;平面为4柱,柱的外皮至外皮为5尺见方;柱头高5.8尺。井屋子四周施以高为1.2尺的护栏,称为"井匮"。井屋子的屋盖,采用类似两际式房屋屋顶形式,用厦瓦版,内外用护缝。

井屋子诸名件广厚尺寸,皆依井屋子高度尺寸推算而出。

井屋子犹如一个房屋模型,其尺寸不大,但名件繁细。井屋子之顶,所用厦瓦版、内外护缝、压脊、垂脊,及两际所施垂鱼、惹草,均与一般两际式房屋做法类似,只是尺度较小。

(造井屋子之制)

造井屋子之制①:自地至脊共高八尺②。四柱,其柱外方五尺③。垂檐及两际皆在外④。柱头高五尺八寸。下施井匮⑤,高一尺二寸。上用厦瓦版⑥,内外护缝⑦;上安压脊、垂脊⑧;两际施垂鱼、惹草。其名件广厚,皆以每尺之高,积而为法。

【注释】

①井屋子:梁注:"明清以后叫做'井亭'。在井口上建亭以保护井水清洁已有悠久的历史。汉墓出土的明器中就已有井屋子。"

②地:梁注:"这'地'是指井口上石板,即本篇末所称'井阶'的上面。但井阶的高度未有规定。"

③外方五尺:梁注:"'外方五尺'不是指柱本身之方,而是指四根柱

子所构成的正方形平面的外面长度。”意当为其井屋子的平面为5尺见方。

④垂檐：由此可知，井屋子上覆以两坡出际式屋顶，“垂檐”即两坡屋顶的前后檐的檐口。两际：指两坡出际式屋顶，即清式建筑中的悬山式屋顶的两山悬挑部分。

⑤井匮（guì）：梁注：“‘井匮’是井的栏杆或栏板。”

⑥厦瓦版：形制较为简单的井屋子屋盖，不用施椽子、望板等构件，亦不施泥背与瓦，仅在井屋子屋顶梁槫之上沿两坡覆以厦瓦版。

⑦护缝：是在厦瓦版的内与外（版下与版上）之版与版的接缝处施以护缝，以确保雨水不会渗漏。

⑧压脊：相当于房屋的正脊，疑为用条状木方所做的压脊。垂脊：相当于出际式（清代悬山式）房屋两山屋顶上所施的垂脊，疑为用条状木方所做的垂脊。

【译文】

营造井屋子的制度：自井口上石板，即井屋子柱根处至其屋脊上皮，总高为8尺。井屋子用4根柱子，以其柱所围合的空间为5尺见方。井屋子前后屋檐及两山出际都不在这5尺见方的范围之内。井屋子内所施柱子的柱头高为5.8尺。井屋子下的井台上施以护栏，栏高1.2尺。井屋子的顶盖覆以厦瓦版，其版的内外版缝处要施以护缝；井屋子正脊处施安压脊木，两山出际处亦施以垂脊木；两际外端施垂鱼、惹草，类如出际式屋顶两际做法。构成井屋子各部分构件的截面广厚尺寸，都以井屋子每1尺的高度，按照构件截面的比例尺寸，累积计算而出。

（井屋子诸名件）

柱：每高一尺则长七寸五分[①]，镲、耳在内[②]。方五分[③]。

额：长随柱内，其广五分，厚二分五厘[④]。

栿：长随方[5]。每壁每长一尺加二寸[6]，跳头在内[7]。其广五分，厚四分[8]。

蜀柱：长一寸三分[9]，广厚同上。

叉手：长三寸，广四分，厚二分[10]。

槫：长随方，每壁每长一尺加四寸，出际在内[11]。广厚同蜀柱[12]。

串[13]：长同上，加亦同上，出头在内[14]。广三分，厚二分[15]。

厦瓦版：长随方，每方一尺，则长八寸[16]，斜长、垂檐在内。其广随材合缝[17]。以厚六分为定法。

上下护缝：长厚同上，广二分五厘[18]。

压脊：长及广厚并同槫。其广取槽在内[19]。

垂脊：长三寸八分，广四分，厚三分[20]。

搏风版：长五寸五分，广五分[21]。厚同厦瓦版。

沥水牙子[22]：长同槫，广四分[23]。厚同上。

垂鱼：长二寸，广一寸二分[24]。厚同上。

惹草：长一寸五分，广一寸[25]。厚同上。

井口木[26]：长同额，广五分，厚三分[27]。

地栿：长随柱外[28]，广厚同上。

井匮版[29]：长同井口木，其广九分，厚一分二厘[30]。

井匮内外难子：长同上。以方七分为定法。

【注释】

①每高一尺：梁注："这个'每高一尺'是指井屋子之高的'每高一尺'，而不是指每柱高一尺。因此，按这规定，井屋子高八尺，则柱高（包括脚下的镶和头上的耳在内）六尺。上文说'柱头高五尺八寸'没有包括镶和耳。"长七寸五分：其意为柱子的长度是井屋

子高度的0.75,若井屋子高8尺,则柱长为6尺。

②镶、耳在内:梁注:"'镶'和'耳'在文中没有说明,但按后世无数实例所见,柱脚下出一榫(镶)。放在柱础上凿出的凹池内,以固定柱脚不移动。耳则如大木作中的枓耳,以夹住上面的栿。"

③方五分:以井屋子每高1尺,其柱的截面尺寸方0.5寸计;若井屋子高8尺,则柱子截面为4寸见方。

④广五分,厚二分五厘:以井屋子每高1尺,其柱头所施之额的截面高0.5寸,厚0.25寸计;若井屋子高8尺,则其额截面高4寸,厚2寸。

⑤长随方:这里的"方",指的是"其柱外方五尺"之方,即井屋子上所施梁栿的长度与井屋子平面广深尺寸相当,其长为5尺。下文"槫""厦瓦版"之"长随方",其意与栿同。

⑥每壁:梁注:"井屋子的平面是方形,'每壁'就是每面。"这里指每面所施之栿,其栿每长1尺,加2寸,则每壁之长,是栿长的1.2倍。

⑦跳头在内:疑指每壁所施之栿向柱子之外的出挑部分。

⑧广五分,厚四分:以井屋子每高1尺,其上所施之栿的截面高0.5寸,厚0.4寸计;若井屋子高8尺,则其栿的截面高4寸,厚3.2寸。

⑨长一寸三分:以井屋子每高1尺,其栿上所施蜀柱长为1.3寸计;若井屋子高8尺,则其栿上蜀柱长为1.04尺。

⑩长三寸,广四分,厚二分:以井屋子每高1尺,其栿上所施叉手长3寸,截面宽0.4寸,厚0.2寸计;若井屋子高8尺,则其叉手长2.4尺,截面宽3.2寸,厚1.6寸。

⑪出际在内:指每壁所施槫,其每长1尺加4寸的长度中,包括了槫在两山出际处的出挑长度。

⑫广厚同蜀柱:指井屋子上所施槫的截面尺寸与蜀柱相同。梁注:"井屋子的槫的断面不是圆的,而是长方形的。"

⑬串:疑指井屋子栿上蜀柱之间所施的条状木方,与房屋屋顶结构

中的“顺脊串”有相类似之处。

⑭出头在内：以串每长1尺，其每壁之串加长4寸所得出的长度中，包括了串向两端蜀柱外皮伸出的部分。

⑮广三分，厚二分：以井屋子每高1尺，其蜀柱间所施串的截面宽0.3寸，厚0.2寸计；若井屋子高8尺，则其串的截面宽2.4寸，厚1.6寸。

⑯每方一尺，则长八寸：梁注“厦瓦版”之长：“井屋子是两坡顶（悬山）；这‘长’是指一面的屋面由脊到檐口的长度。”即每面坡的厦瓦版斜长是井屋子平面尺寸的0.8，若屋柱平面方5尺，则其每面坡上所施厦瓦版长4尺。其长度中包括了出檐部分。

⑰其广随材合缝：指厦瓦版的宽度，依据实际用材的宽度，随宜拼合合缝使用。

⑱广二分五厘：以井屋子每高1尺，其厦瓦版上下护缝宽0.25寸计；若井屋子高8尺，则护缝宽2寸。

⑲广取槽在内：指压脊的宽度，包括了槽的宽度。梁注：“压脊就是正脊，压在前后厦瓦版在脊上相接的缝上，作成‘ㄒ’字形，所以下面两侧有槽。这槽是从‘广厚并同槫’的压脊下开出来的。”

⑳长三寸八分，广四分，厚三分：以井屋子每高1尺，其屋盖上两际所施垂脊长3.8寸，宽0.4寸，厚0.3寸计；若井屋子高8尺，则其上垂脊长3.04尺，宽3.2寸，厚2.4寸。

㉑长五寸五分，广五分：以井屋子每高1尺，井屋子两山出际处所施搏风版长5.5寸，宽0.5寸计；若井屋子高8尺，则搏风版长4.4尺，宽4寸。

㉒沥水牙子：施于井屋子前后檐檐口下的沥水版，其形式疑为“牙子”状。

㉓广四分：以井屋子每高1尺，井屋子前后檐檐口下所施沥水牙子宽0.4寸计；若井屋子高8尺，则沥水牙子宽3.2寸。

㉔长二寸，广一寸二分：以井屋子每高1尺，井屋子两山出际搏风版下所施垂鱼长2寸，宽1.2寸计；若井屋子高8尺，则垂鱼长1.6尺，宽9.6寸。

㉕长一寸五分，广一寸：以井屋子每高1尺，井屋子两山出际搏风版下所施惹草长1.5寸，宽1寸计；若井屋子高8尺，则惹草长1.2尺，宽8寸。

㉖井口木：这里的“井口”，并非指井屋子之下的“井口”，而是指由井屋子柱身下部的四柱之间，即井匮版之上所施木方构成的“井口”。井口木，即指井匮版之上的“井”字形木方，其长与额同。

㉗广五分，厚三分：以井屋子每高1尺，井屋子四柱之上所施井口木截面高0.5寸，厚0.3寸计；若井屋子高8尺，则井口木截面宽4寸，厚2.4寸。

㉘长随柱外：指柱根部所施地栿的长度，包括了柱子的截面宽度，即其地栿长度是从柱子外皮到同一侧相对应之柱子外皮的距离。

㉙井匮版：从其长同井口木推测，井屋子内的井匮版，是施于其屋四根柱子之间的护栏版。

㉚广九分，厚一分二厘：以井屋子每高1尺，井屋子四柱根部所施井匮版高0.9寸，厚0.12寸计；若井屋子高8尺，则井匮版高7.2寸，厚0.96寸。

【译文】

井屋子的立柱：以井屋子每高1尺，其柱的长度为7.5寸，镶、耳的尺寸在这一长度范围之内。**柱的截面尺寸为0.5寸见方计。**

柱头间所施之额：额之长随每侧两根柱子内侧的距离，以井屋子每高1尺，其额的截面高度为0.5寸，厚度为0.25寸计。

柱上所施之栿：栿之长随井屋子平面之方的边长而定。每一面之栿的长度，以井屋子边长之每1尺，增加2寸计，栿向柱外出挑的长度应计在内。**以井屋子每高1尺，其柱截面之宽为0.5寸，厚为0.4寸计。**

栿上所施蜀柱：以井屋子每高1尺，其蜀柱长1.3寸计，蜀柱之截面的宽度与厚度，与栿之截面的宽度与厚度相同。

蜀柱两侧所施叉手：以井屋子每高1尺，其叉手长3寸，叉手截面宽0.4寸，厚0.2寸计。

井屋子屋盖下所施榑：榑之长随井屋子平面之方的边长而定，其每一面所施榑的长度，是在井屋子边长之每1尺的基础上，再加4寸，榑在两山出际的长度包含在内。以井屋子每高1尺，其榑的截面广厚尺寸与蜀柱的截面广厚尺寸相同。

蜀柱之间所施之串：串的长度与井屋子平面之方的边长相同，其增加的长度与榑之所增长度相同，其长也包括两端的出头之长。以井屋子每高1尺，其串的截面宽3寸，厚2寸计。

井屋子屋盖所施厦瓦版：其版之长随井屋子平面之方的边长，其边长每长1尺，其版长8寸，其版随坡度而成的斜长及其版挑出柱头之外的垂檐檐口都包括在内。厦瓦版的宽度，随其所用版材的宽度合缝而成。厦瓦版的厚度为0.6寸，这是一个绝对尺寸。

施于厦瓦版上下接缝处的护缝条：护缝的长度与厚度均与厦瓦版相同，其宽以井屋子每高1尺，其广0.25寸计。

井屋子正脊处所施压脊木：压脊的长度、截面宽度与厚度，都与其屋所用榑的尺寸相同。其宽应将压脊木下所施槽的深度包括在内。

井屋子顶盖两山出际处所施垂脊：以井屋子每高1尺，垂脊长3.8寸，垂脊的截面高为0.4寸，厚为0.3寸计。

井屋子两山出际之外所施搏风版：以井屋子每高1尺，搏风版长5.5寸，版宽0.5寸计。搏风版的厚度与厦瓦版的厚度相同。

井屋子前后檐檐口下所施沥水牙子：牙子之长与其屋所施榑的长度相同，以井屋子每高1尺，牙子宽为0.4寸计。沥水牙子的厚度与搏风版、厦瓦版的厚度相同。

井屋子两山出际搏风版下所施垂鱼：以井屋子每高1尺，垂鱼长2

寸，宽1.2寸计。垂鱼的厚度与搏风版、沥水牙子等的厚度相同。

出际搏风版下所施惹草：以井屋子每高1尺，惹草长1.5寸，宽1寸计。惹草的厚度与搏风版、垂鱼等的厚度相同。

井屋子的井匮版之上四柱之间所施井口木：其木之长与其屋所施额的长度相同，以井屋子每高1尺，井口木宽为0.5寸，厚为0.3寸计。

井屋子屋身四柱间根部所施地栿：地栿的长度与每侧两柱外皮至外皮的距离相等，地栿的截面高度、厚度与柱上所施井口木的截面高度、厚度相同。

井屋子四周柱间所施井匮版：其版之长与井口木的长度相同，以井屋子每高1尺，其版宽为0.9寸，厚为0.12寸计。

井匮版内外接缝处所施难子：难子之长与井匮版的长度相同。难子的截面尺寸为0.7寸见方，这是一个绝对尺寸。

（井屋子一般）

凡井屋子，其井匮与柱下齐①，安于井阶之上②。其举分准大木作之制③。

【注释】

①井匮：这里的“井匮”，应该包括了井匮版上下的井口木与地栿，即井屋子四周柱间所施护栏。与柱下齐：井匮施于四柱之间的根部，其下为地栿，上为井口木，中间施井匮版，版之内外施难子。

②井阶：当指石筑的井台。

③举分：梁注：“‘举分’是指屋脊举高的比例。”意为井屋子屋顶起举的举高推算方法，与大木作制度屋顶起举的举高推算方法一致。

【译文】

凡营造井屋子，应使井匮与其屋四柱的柱根部找齐，将四柱及井匮安于井口处的井台之上。井屋子顶盖的举高度及比例,与大木作制度中屋顶举折的比例相同。

地棚

【题解】

地棚系施于古代仓廒内部一种附属性设施。其长广尺寸随仓廒相应间广尺寸而定,其高1.2～1.5尺,下有矮柱(敦桥)支撑,中施纵横方子拉结为整体结构,上铺地面版。其敦桥、方子、地面版,皆为构成地棚的基本名件,其尺寸自有规则。

遮羞版安于门道之外,或于露地棚处用之。其作用可能是为了遮蔽地棚,使仓库房屋之外观较为整齐美观。

(造地棚之制)

造地棚之制[①]:长随间之广,其广随间之深[②]。高一尺二寸至一尺五寸[③]。下安敦桥[④],中施方子[⑤],上铺地面版[⑥]。其名件广厚,皆以每尺之高,积而为法。

【注释】

①地棚:梁注:"地棚是仓库内架起的,下面不直接接触土地的木地板。它和仓库房屋的构造关系待考。"

②其广随间之深:地棚的长与广,对应的是其上房屋,如仓廒的开间面广与进深,故这里的地棚之广,随其上房屋的进深之深。

③高一尺二寸至一尺五寸:梁注:"这个'高'是地棚的地面版离地的高度。"这里给出的高度尺寸,为地棚的实高尺寸。

④敦桥(tiàn):意为粗短的立柱。敦,立。桥,木杖。

⑤中施方子：这里的“中”，疑敦桥的中部，即在敦桥与敦桥之间施以条状木方，起到将敦桥拉结在一起的作用。

⑥上铺地面版：这里的“上”，指敦桥之上，即地棚的表面。

【译文】

营造仓廒等屋内所施地棚的制度：地棚之长，随其所在之屋的开间间广而定；地棚之宽，随其所在之屋的开间进深而定。地棚距离地面的高度为1.2尺至1.5尺。地棚之下施安矮柱敦桥，其间连以木方，其上铺设地面版。地棚各构件的截面广厚，都是依据地棚每1尺高度其构件所取的比例尺寸，按照地棚的实际高度累积推算而出的。

（地棚诸名件）

敦桥：每高一尺，长加三寸[①]。广八寸，厚四寸七分[②]。每方子长五尺用一枚[③]。

方子[④]：长随间深，接搭用[⑤]。广四寸，厚三寸四分[⑥]。每间用三路[⑦]。

地面版：长随间广，其广随材[⑧]，合贴用[⑨]。厚一寸三分[⑩]。

遮羞版[⑪]：长随门道间广[⑫]。其广五寸三分，厚一寸[⑬]。

【注释】

①每高一尺，长加三寸：梁注：“这里可能有脱简，没有说明长多少，而突然说‘每高一尺，长加三寸’，这三寸在什么长度的基础上加出来的？至于敦桥是直接放在土地上，抑或下面还有砖石基础？也未说明，均待考。”从上下文推测，这里的“每高一尺”，疑指上文所言地棚的高度每高1尺，其敦桥的长度增加3寸；若地棚高为1.5尺，则敦桥的长度似为1.95尺。

②广八寸，厚四寸七分：以地棚每高1尺，敦桥的截面宽为8寸，厚为

4.7寸计；若地棚高为1.5尺，则敦桥截面宽1.2尺，厚7.05寸。

③每方子长五尺用一枚：其意似为，敦桥与敦桥的相互距离为5尺。

④方子：指敦桥之间所施的条状木方。

⑤接搭用：梁注："'接搭用'就是说不一定要用长贯整个间深的整条方子；如用较短的，可以在敦桥上接搭。"

⑥广四寸，厚三寸四分：以地棚每高1尺，方子的截面高为4寸，厚为3.4寸计；若地棚高为1.5尺，则敦桥间所施方子，截面高为6寸，厚为5.1寸。

⑦每间用三路：原文为"每间有三路"，梁注本改为"每间用三路"。陈注：改"有"为"用"。傅合校本：改"有"为"用"，并注："用，故宫本、四库本、张蓉镜本均作'用'。"意为在所施地棚之屋的进深方向，每一间内横施三路方子，即方子顺其屋的面广方向施设。

⑧其广随材：地棚顶面所施版，即地面版的宽度，随所用版材的宽度而定。这里的"材"，非指大木作材分°制度中的"材"，而指"木材"之"材"。

⑨合贴用：即版与版之间合贴相接如一整版般使用。

⑩厚一寸三分：仍以地棚每高1尺，地面版厚为1.3寸计；若地棚高为1.5尺，则地面版厚为1.95寸。

⑪遮羞版：如下文所言："遮羞版安于门道之外，或露地棚处皆用之。"其是遮蔽地棚，免得使地棚暴露于外的遮护版。

⑫长随门道间广：指安于门道之外的遮羞版，其版的长度与门道的开间间广相同。

⑬广五寸三分，厚一寸：以地棚每高1尺，遮羞版宽为5.3寸，厚为1寸计；若地棚高为1.5尺，则遮羞版宽为7.95寸，厚为1.5寸。

【译文】

支撑地棚的敦桥：敦桥之长，以地棚每高1尺，其长度在此基础上再加3寸计。**以地棚每高1尺，敦桥截面宽8寸，厚4.7寸计。**以方子每长5尺，施用一枚敦桥计。

敦桥间所用方子：方子的长度与地棚上所覆房屋开间的进深相同，若方子长度不够，可以搭接使用。以地棚每高1尺，方子的截面高为4寸，厚为3.4寸计。每一间之内，施用3路方子。

地棚上所覆地面版：版长随其上房屋开间间广，版的宽度随所用版材而定，版与版之间可以合贴连用。以地棚每高1尺，地面版厚为1.3寸计。

遮护地棚结构的遮羞版：版长随其屋门道开间的间广而定。以地棚每高1尺，所用遮羞版的宽度为5.3寸，厚为1寸计。

（地棚一般）

凡地棚施之于仓库屋内①，其遮羞版安于门道之外②，或露地棚处皆用之③。

【注释】

①仓库屋内：这里明确说明了地棚是施用于仓库屋内的一种设施，其作用当是将仓库所储之物与地面隔离，以防止潮气对仓库内所存物品的侵蚀。

②门道：因为是仓库，故其房屋的开间，即出入口的设置，与房屋建筑是有区别的。仓库当无门窗格扇之类的设置，只有供人及物品出入的门道。因其门道处的地棚上表面高于地面，有可能露出地棚的下部，故应施安遮护用的遮羞版。

③露地棚处：疑指仓库四周墙基可能存在的未加遮挡处，或特别设置的地棚通风口等，都可能是“露地棚处”。

【译文】

凡地棚都施用于仓库类房屋之内，遮护地棚的遮羞版施安于其屋门道处的外侧，或在其屋四周底部凡有露出地棚的地方都应施以遮羞版。

卷第七　小木作制度二

格子门四斜毬文格子、四斜毬文上出条桱重格眼、四直方格眼、版壁、两明格子

阑槛钩窗　殿内截间格子　堂阁内截间格子

殿阁照壁版　障日版　廊屋照壁版　胡梯　垂鱼、惹草

栱眼壁版　裹栿版　擗帘竿　护殿阁檐竹网木贴

【题解】

本卷包括了具有装饰性意味的房屋门窗，如各式格子门、阑槛钩窗；以及室内隔断，如版壁、殿阁照壁版、廊屋照壁版、障日版；也包括了胡梯、垂鱼、惹草、栱眼壁版、裹栿版、擗帘竿、护殿阁檐竹网木贴等木制房屋配件与设施。

与《小木作制度一》不同的是，本卷《小木作制度二》的内容，基本上都可以归在房屋附属配件的范畴之内。格子门、阑槛钩窗，属于房屋外檐装修中的附属配件；截间格子或照壁版、栱眼壁版，属于房屋内檐装修中的附属配件；垂鱼、惹草，是用于厦两头式房屋两山处的装饰性构件；裹栿版的做法，可能有对室内梁栿加固的功能，但同样也会起到对室内梁栿加以装饰的作用。本卷中提到的"胡梯"，主要是指室内不同楼层之间所施用的升降步梯，虽然是古代楼阁建筑室内不可或缺的基本设施，却又仅仅是附属于木构楼阁大木结构之上的附加性室内构件。

此外，本卷末尾提到的擗帘竿、护殿阁檐竹网木贴，显然并非普通

房屋必备的建筑名件，但从房屋的室内遮阳，或从对房屋外檐檐口之下枓栱加以保护，防止鸟类出入檐下对枓栱及屋顶结构可能造成的破坏而言，也属于古代建筑中比较常见的房屋附属配件。

本卷图样参见卷第三十二《小木作制度图样》图32-14至图32-32。

格子门四斜毬文格子、四斜毬文上出条桱重格眼、四直方格眼、版壁、两明格子

【题解】

本卷第一部分内容是小木作中的“门”，包括了四种格子门，分别是：四斜毬文格眼格子门、四斜毬文上出条桱重格眼格子门、四直方格眼格子门以及两明格子门。门的高度为6～12尺。每间可分为4扇。若梢间或较狭窄之间，可分为2扇；在柱间距较大的檐额下或梁栿下使用时，也可以分为6扇。

不同的格子门，还各自分成不同的等第。如四斜毬文格眼格子门，就有六等的区分，其区分方式主要在门框、门桯、腰串等名件表面上所施或凸曲或平直的线脚上。线脚愈繁多曲细，等第似愈高。第一等，为四混；第二等，破瓣双混；第三等，通混出双线；第四等，通混压边线；第五等，素通混；第六等，方直破瓣。“混”者，截面为凸曲线的线脚；“破瓣”者，切角方直压边棱形线脚。多混者，为密集排列多条的凸曲线脚；通混者，为单一凸曲线脚。名件表面所刻之线脚截面曲直、多寡，决定了格子门的等第。

门扇中除了桯与腰串，及腰串之上所安格眼外，还有搏肘、立标、腰华版、障水版等。门扇之外，格子门的外框中，分别包括了槫柱、立颊，额与地栿等。

桯、子桯、槫柱与立颊的长度，随格子门的高度而定；腰串则随格子门的宽度而定；额与地栿长度，随开间之广而定；腰华版之长、障水版之

长宽（广），以格子门桯内或扇内高宽尺寸而定。桯卯及腰串卯，也因门高变化而变化。

两明格子门，其门框为一整体，只是门框之主要名件，如桯、额、颊、地栿等，较之其他格子门要厚一些。两明格子门之外侧门扇，为固定扇；但其内侧门扇，则为活动扇，故“上开池槽深五分，下深二分”，以便于安装拆卸。

不同于格子门，版壁是将格子门上二分原应安格眼处，改为安装障水版。如此，其榑柱、颊、额、地栿、腰串以及腰华版、障水版等诸名件尺寸，与四直方格眼格子门皆相同，唯其桯的厚度略有减小。

关于本节开篇的文字叙述，阅读者们可能都会感觉到，这一小节的行文与卷内相同小节的叙述方式明显很不一样，读起来有一些拗口，理解上也有一些困难：

> **造格子门之制：有六等；一曰四混中心出双线，入混内出单线；**或混内不出线。**二曰破瓣双混平地出双线，**或单混出单线。**三曰通混出双线，**或单线。**四曰通混压边线；五曰素通混；**以上并撺尖入卯。**六曰方直破瓣，**或撺尖或叉瓣造。**高六尺至一丈二尺，每间分作四扇。**如梢间狭促者，只分作二扇。**如檐额及梁栿下用者，或分作六扇造，用双腰串，**或单腰串造。**每扇各随其长，除桯及腰串外，分作三分；腰上留二分安格眼，**或用四斜毬文格眼，或用四直方格眼，如就毬文者，长短随宜加减。**腰下留一分安障水版。**腰华版及障水版皆厚六分；桯四角外，上下各出卯，长一寸五分，并为定法。**其名件广厚，皆取门桯每尺之高，积而为法。**
>
> **四斜毬文格眼：其条桱厚一分二厘。**毬文径三寸至六寸，每毬文圜径一寸，则每瓣长七分，广三分，绞口广一分；四周压边线。其条桱瓣数须双用，四角各令一瓣入角。

由于其文来自传沿至今的《法式》诸版本，因此学者们多未曾对其行文有过特别的质疑。值得一提的是，当代中国建筑史学者、中国建筑设计研究院建筑历史研究所研究员钟晓青女士，在对《法式》文本的反复阅读中，发现了这一问题，她将这一小节的文字顺序稍加调整，就使其与《法式》中其他与门相关小节的叙述方式取得了一致，其文字内容也显得通顺合理，容易理解了许多。由此，钟研究员撰文将这一发现发表在《建筑史学刊》上，并给出了经过她调整的行文顺序。基于对全书诸多章节之行文逻辑的比对，笔者对钟研究员的研究成果表示认同，故本书亦采纳了她的这一研究成果，并将这一小节文字依据经过了修改、在阅读上比较顺畅的行文，加以注释与翻译。

（造格子门之制）

造格子门之制①：高六尺至一丈二尺，每间分作四扇。如梢间狭促者，只分作二扇。如檐额及梁栿下用者②，或分作六扇造，用双腰串，或单腰串造。每扇各随其长，除桯及腰串外，分作三分；腰上留二分安格眼，或用四斜毬文格眼③，或用四直方格眼④，如就毬文者⑤，长短随宜加减⑥。腰下留一分安障水版⑦。腰华版及障水版皆厚六分；桯四角外⑧，上下各出卯，长一寸五分⑨，并为定法。其名件广厚，皆取门桯每尺之高，积而为法。

【注释】

①格子门：梁注："格子门在清代装修中称'格扇'。它的主要特征就在门的上半部（即乌头门安装直棂的部分）用条桱（清代称"棂子"）做成格子或格眼以糊纸。这格眼部分清代称'槅心'或'花心'；格眼称'菱花'。"

②檐额及梁栿（fú）下用者：若用于檐额下，当是用于房屋前檐较大开间（如较大建筑群前的门殿）情况下的入口格扇；若用于梁栿下，似是用于房屋内部左右两个空间之间的区分与连通。两种情况下的柱间距都比较大，故可能采用"六扇造"的格子门做法。

③四斜毬（qiú）文格眼：格子门中的一种。详见下文“四斜毬文格眼”条行文及相关注释。

④四直方格眼：格子门中的一种。详见下文“四直方格眼”条行文及相关注释。

⑤如就毬文者：从上下文看，意为在使用四直方格眼做法时，若采用与毬文格眼做法一致的情况。

⑥长短随宜加减：梁注：“格眼必须凑成整数，这就不一定刚好与‘腰上留二分’的尺寸相符，因此要‘随宜加减’。”

⑦腰下留一分安障水版：这里的“一分”，是将格子门扇定为三分时，其中的一分。但这里似乎仅给出了“单腰串”的情况，若安格眼部分用了“二分”，若为双腰串，其间再加腰华版，则所余部分不足“一分”，如何保证“腰下留一分安障水版”呢？

⑧桯（tīng）：构成格子门扇基本框架的木方，如下文所说的“门桯”，即格子门门扇的四条边框木方。

⑨长一寸五分：梁注：“这个‘一寸五分’‘三寸’‘六寸’都是‘并为定法’的绝对尺寸。”梁先生提到的“三寸”“六寸”，见后文“四斜毬文格眼”条中的“条桱”尺寸。

【译文】

营造格子门的制度：其门的高度为6尺至1.2丈，将拟施安格子门的房屋开间，每一间按四扇门区分。如果是在房屋的梢间安门，因梢间的开间较为狭促，亦可只将其分作两扇。如果是在施用檐额的前檐处安格子门，或在房屋内之前后屋内柱间的梁栿下安格子门，因为这时两柱的间距往往较大，或也可以将其开间按六扇门的做法区分，格子门扇可用双腰串做法，也可以采用单腰串做法。每扇门各随其门的长度，除了桯及腰串的尺寸之外，将所余尺寸定作三分；腰串以上留二分用以安格眼，或用四斜毬文格眼，或用四直方格眼，如果要将就毬文格眼的尺寸，其腰串上下的长短尺寸可以做随宜的加减。腰串之下留出一分，用以安障水版。腰华版及障水版的厚度，均为

0.6寸；格子门门桯的四角之外，上下各出卯，其卯的长度为1.5寸，这里说到的版厚与卯长尺寸，都是绝对尺寸。**组成格子门各部分构件的截面广厚尺寸，都是以其门之立桯（即门扇）高度的每1尺所给出的构件相应比例，按照实际尺寸累积推算而出的。**

（四斜毬文格眼）

四斜毬文格眼[①]：[其制度]有六等[②]：一曰四混中心出双线[③]，入混内出单线；或混内不出线。二曰破瓣双混平地出双线[④]；或单混出单线。三曰通混出双线[⑤]；或单线。四曰通混压边线[⑥]；五曰素通混；以上并攛尖入卯[⑦]。六曰方直破瓣[⑧]，或攛尖或叉瓣造[⑨]。其条桱厚一分二厘[⑩]。毬文径三寸至六寸[⑪]，每毬文圜径一寸，则每瓣长七分，广三分，绞口广一分[⑫]；四周压边线。其条桱瓣数须双用[⑬]，四角各令一瓣入角[⑭]。

【注释】

①四斜毬文格眼：梁注："格眼基本上只有毬文和方直两种，都用正角相交的条桱组成。……毬文的条桱则以与水平方向两个相反的45°方向相交组成，而且条桱两侧，各鼓出一个90°的弧线……正角相交，四个弧线就组成一个'毬文'（清式称"古钱"）。由于这样组成的毬文是以45°角的斜向排列的，所以称'四斜毬文'。"

②有六等：梁注："这'六等'只是指桯、串起线的简繁等第有六等，越繁则等第越高。"

③四混：梁注："在构件边、角的处理上，凡断面做成比较宽而扁，近似半个椭圆形的；或角上做成半径比较大的90°弧的，都叫做'混' 　　。""四混"指其构件表面刻有四条混线。中心出

双线：梁注："在构件表面鼓出的比较细的，叫做'线'或'出线'。"这里说的是在构件表面四条混线的中间，再刻出两条细线，以形成"四混中心出双线"的做法。

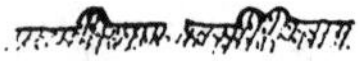

④破瓣：梁注："边或角上向里刻入作'L'形正角凹槽的，叫做'破瓣'。"

⑤通混：梁注："整个断面成一个混的叫做'通混'。"

⑥压边线：梁注："两侧在混或线之外留下一道细窄平面的线，比混或线的表面'压'低一些，叫做'压边线'。"

⑦撺（cuān）尖：梁注："横直构件相交处，以斜角相交的，叫做'撺尖'，以正角相交的，叫做'叉瓣'。"

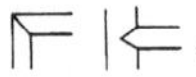

⑧方直破瓣：梁注："断面不起混或线，只是边角破瓣的，叫做'方直破瓣'。"

⑨叉瓣造：参见本条上文注⑦。

⑩条桱（jìng）：这里是指构成格子门格眼的条状细木方。桱，其义与"桯"近。厚一分二厘：以门桯每高1尺，条桱厚为0.12寸计；若门桯高1丈，则条桱的厚度为1.2寸。

⑪毬文径三寸至六寸：指由毬文之四面弧形构成之圜状的内径。

⑫每瓣长七分，广三分，绞口广一分：以毬文径每1寸，构成毬文的每瓣弧线长0.7寸，宽0.3寸，绞口宽0.1寸计；若毬文径为6寸，则其每瓣长4.2寸，宽1.8寸，绞口宽0.6寸。

⑬条桱瓣数须双用：梁注："'须双用'就是必须是'双数'。"

⑭各令一瓣入角：梁注："'令一瓣入角'就是说必须使一瓣正正地对着角线。"

【译文】

四斜毬文格眼格子门：其制度有六等：第一等称为"四混中心出双线"，入混内出单线做法；或混内不出线。**第二等称为"破瓣双混平地出双线"做法；**或单混出单线。**第三等称为"通混出双线"做法；**或单线。**第四等**

称为“通混压边线”做法；第五等称为“素通混”做法；以上五种做法，都应采用其桯四角以斜角相交的撺尖入卯方式。第六等称为“方直破瓣”，这一等做法，其桯四角可以是以斜角相交的撺尖入卯方式，也可以是正角相交的叉瓣式卯接方式。以门桯每高1尺，其门的条桱厚度为0.12寸计。毬文的圆径为3寸至6寸，以毬文圆径每1寸，其每一弧瓣长为0.7寸，宽为0.3寸，弧瓣与弧瓣交接处的绞口宽为0.1寸计；毬文四周压边线。其门扇内所施条桱的数目必须是双数，其毬文格至门扇四角，应令其一瓣入角。

（四斜毬文格眼名件）

桯[①]：长视高，广三分五厘，厚二分七厘[②]，腰串广厚同，桯横卯随桯[③]，三分中存向里二分为广[④]；腰串卯随其广[⑤]。如门高一丈，桯卯及腰串卯皆厚六分；每高增一尺，即加二厘[⑥]；减亦如之。后同。

子桯[⑦]：广一分五厘，厚一分四厘[⑧]。斜合四角，破瓣单混造。后同。

腰华版[⑨]：长随扇内之广，厚四分[⑩]。施之于双腰串之内；版外别安雕华[⑪]。

障水版：长广各随桯[⑫]。令四面各入池槽[⑬]。

额[⑭]：长随间之广，广八分，厚三分[⑮]。用双卯。

槫柱、颊[⑯]：长同桯，广五分[⑰]，量摊擘扇数，随宜加减[⑱]。厚同额。二分中取一分为心卯[⑲]。

地栿[⑳]：长厚同额，广七分[㉑]。

【注释】

①桯：从其下文“长视高”看，这里所说的“桯”，当指格子门两侧的立桯。

②广三分五厘，厚二分七厘：以立桯每长1尺，桯之宽为0.35寸，厚为0.27寸计；若立桯长1丈，则桯宽3.5寸，厚2.7寸。

③桯横卯随桯：这里的前后两个“桯”字，分别指横桯与立桯，其意为横桯两侧之卯随立桯之宽度与厚度而定。

④三分中存向里二分为广：这句话似难理解，未知其“三分”，是将横桯的宽度做“三分”，还是将其厚度做“三分”。结合下文槫柱与颊“二分中取一分为心卯”，这句话不知是否为“三分中取二分为广”之误，即疑是将与立桯相交处之横桯的截面宽度（广）定为三分，其中的二分，为横桯插入立桯中之卯的宽度（广）。

⑤腰串卯随其广：腰串与立桯相交处的卯，其卯之宽（广）随腰串的宽度而定。

⑥每高增一尺，即加二厘：以门高1丈，桯卯与腰串卯厚0.6寸为基数，若门每增高1尺，则卯的厚度增加0.02寸；门高若低于1丈，每降低1尺，则卯的厚度亦减薄0.02寸。

⑦子桯：贴衬格子门之格眼部分的四侧边框，即立桯、横桯、腰串之内的条形木方。

⑧广一分五厘，厚一分四厘：以门桯每高1尺，子桯截面宽0.15寸，厚0.14寸计；若门高1丈，则其子桯截面宽1.5寸，厚1.4寸。

⑨腰华版：指嵌于双腰串及两立桯之间的薄板。

⑩厚四分：傅合校本：“陶本‘广’作‘厚’不误，唯‘四分’应作‘四厘’，始与桯厚相当。”若以“厚四厘”释，意为以门每高1尺，腰华版的厚度为0.04寸计；若门高1丈，则腰华版厚为0.4寸。暂从原文。

⑪版外别安雕华：梁注：“障水版（疑为“腰华版”之误）的装饰花纹是另安上去的，而不是由版上雕出来的。”

⑫长广各随桯：其意为，障水版的长与宽是随其上下左右之桯所围合而成的尺寸决定的。这里的“桯”，其实包括了门扇左右的立

桯、门扇下的横桯及下腰串，也就是说，“腰串”亦可称为“桯”。

⑬令四面各入池槽：当是在安装障水版的四面之桯，包括左、右立桯，下横桯，下腰串，都开有池槽，以安装障水版。梁注：“即要‘入池槽’，则障水版的‘毛尺寸’还须比桯、串之间的尺寸大些。”

⑭额：这里的“额”及下文提到的“槫柱”“颊”“地栿”都不属于格子门门扇本身，而属于其门的外框部分。额，即门之上所施的横向木方，其左右两端应与门所在房屋开间的柱子相接。

⑮广八分，厚三分：以门之立桯每高1尺，门上之额高0.8寸，厚0.3寸计；若门高1丈，则额高为8寸，厚为3寸。

⑯槫（tuán）柱：施安于格子门所在房屋开间左右两柱之侧边上的方形截面立柱。颊：与槫柱相贴衬，起到格子门外框作用的直立木方，亦可称为“立颊”。

⑰广五分：以门之立桯每高1尺，其左右槫柱与颊的截面宽度为0.5寸计；若门高1丈，则其槫柱与立颊的截面宽度为5寸。

⑱量摊擘（bò）扇数，随宜加减：原文“量摊擘扇数，宜随宜加减”，梁注本改为“量摊擘扇数，随宜加减”。傅注：“宜，据四库本，删‘宜’字。”其意为，槫柱与颊的截面宽度尺寸，可以随着开间中所安门之扇数及其宽窄而做适度的增减。

⑲二分中取一分为心卯：指取门两侧槫柱与颊之厚度的1/2，为与其上之额及其下之地栿相接的卯之厚度。

⑳地栿：施于安装格子门之房屋开间两柱间柱根部位的木方，其作用类如其门的门槛。

㉑广七分：以门之立桯每高1尺，地栿的截面高度为0.7寸计；若门高为1丈，则地栿截面高为7寸。

【译文】

格子门门扇两侧门桯：桯之长依门之高度而定，以其门每高1尺，桯的截面宽为0.35寸，厚为0.27寸计，门扇中部所施腰串的宽度、厚度与门桯相同，其门之横桯的横卯随门桯而定，以门桯宽2/3为横桯之卯的宽度；腰串之卯的宽度随腰串之宽而定。如果门高为1丈，其桯之卯与腰串之卯的厚度均为0.6寸；门的高度每增加1尺，则卯的厚度亦增加0.02寸；门的高度低于1丈时，其高度每减少1尺，其卯的厚度亦减少0.02寸。后面类似的情况亦应做同样处理。

贴衬于门桯之里侧的子桯：以门桯每高1尺，子桯截面宽为0.15寸，厚为0.14寸计。子桯的四角斜交相合，桯之表面做破瓣单混造的线脚处理。后面子桯的处理情况亦如之。

腰华版：版长随门扇框内之宽而定，以门桯每高1尺，腰华版厚0.4寸计。版施之于双腰串之内；版之表面另安雕华版。

障水版：其版的长与宽分别随其左右立桯及腰串之下桯与门扇下横桯之间的距离而定。但应将其版四面分别插入上下左右四桯所开的池槽内。

门上两柱间所施门额：其长随房屋开间间广而定，以门桯每高1尺，额高0.8寸，厚0.3寸计。门额与左右柱相接处用双卯。

门左右两侧所施榑柱与颊：其长与门之立桯的长度相同，以门桯每高1尺，其榑柱与颊的截面宽度为0.5寸计，榑柱与颊的宽度，应摊擘其门扇数并量其宽窄，依其开间尺寸随宜加减。榑柱与颊的厚度与门上之额的厚度相同。取其厚度的1/2为榑柱及颊与门额及地栿相接处的心卯厚度。

门下两柱间所施地栿：地栿的长度、厚度与门上之额的长度、厚度相同，以门桯每高1尺，地栿的截面高度为0.7寸计。

（四斜毬文上出条桱重格眼）

四斜毬文上出条桱重格眼①：其条桱之厚，每毬文圜径二寸，则加毬文格眼之厚二分②。每毬文圜径加一寸，则厚又加一分③；桯及子桯亦如之④。其毬文上采出条桱⑤，四撺尖，四混出双线或单线造。如毬文圜径二寸，则采出条桱方三分，若毬文圜径加一寸，则条桱方又加一分⑥。其对格眼子桯⑦，则安撺尖，其尖外入子桯，内对格眼[8]，合尖令线混转过[9]。其对毬文子桯[10]，每毬文圜径一寸，则子桯之广五厘；若毬文圜径加一寸，则子桯之广又加五厘[11]。或以毬文随四直格眼者[12]，则子桯之下采出毬文[13]，其广与身内毬文相应[14]。

【注释】

①四斜毬文上出条桱重格眼：梁注："这是本篇制度中等第最高的一种格眼——在毬文原有的条桱上，又'采出'条桱，既是毬文格眼，上面又加一层相交的条桱方格眼，所以叫做'重格眼'——双重的格眼。"

②每毬文圜（yuán）径二寸，则加毬文格眼之厚二分：其意是指条桱的厚度，在每毬文圜（圆）径2寸时，其条桱上再加毬文格眼0.2寸的厚度。圜，同"圆"。

③每毬文圜径加一寸，则厚又加一分：每毬文格眼在圆径2寸的基础上，若圆径每增加1寸，则条桱再加0.1寸的厚度。

④桯及子桯亦如之：桯与子桯的厚度也应按每毬文圆径尺寸的增加而增加。

⑤采：梁柱："'采'字含义不详——可能是'隐出'（刻出），也可能是另外加上去的。"

⑥若毬文圜径加一寸，则条桱方又加一分：在毬文圆径为2寸，采出条桱为0.3寸见方的基础上，如果毬文圆径每增加1寸，则其采出的条桱之边长再增加0.1寸。

⑦对格眼子桯：其门的子桯与毬文上所出条桱构成的格眼相对应。

⑧尖外入子桯，内对格眼：指由毬文构成的攛尖外端与子桯相接，里端正对着格眼。

⑨合尖令线混转过：构成攛尖的毬文圆形混线转过攒尖，使两端曲

线上混线合为一体。

⑩对毬文子桯：其门的子桯与毬文相对应。

⑪毬文圜径加一寸，则子桯之广又加五厘：在毬文子桯对应的情况下，毬文圆径每增加1寸，子桯的截面宽度亦再增加0.05寸。

⑫以毬文随四直格眼者：在四直格眼的基础上，加以毬文，并使其毬文随四直格眼的方向铺展，从而呈现为四直毬文上出条桱重格眼的格子门形式。

⑬子桯之下采出毬文：在四直毬文条桱重格眼的情况下，其子桯之下亦应采出毬文。

⑭身内毬文：指毬文格子门内，与子桯不相接的毬文。

【译文】

四斜毬文上出条桱重格眼格子门做法：其上所出条桱的厚度与毬文圆径大小有关，以每一毬文的圆径为2寸时，在其上所出条桱格眼的厚度为0.2寸。若每一毬文圆径增加1寸，其上条桱的厚度应再增加0.1寸；其门扇两侧之门桯及毬文格扇四周之子桯的厚度，也应与条桱做同样的增加。这种格子门是在其毬文之上采（隐刻或贴加）出条桱；其毬文为四撺尖的形式，表面为四混出双线或单线造做法。若毬文圆径为2寸，则其上采出的条桱方为0.3寸见方；若毬文圆径增加1寸，则其上采出条桱之边长亦应增加0.1寸。若子桯与格眼相对，则施安由毬文构成的撺尖，撺尖向外与子桯相接，撺尖之内与格眼相对，撺尖处毬文上的混线应沿其圆曲毬文瓣转过，使形成撺尖两瓣毬文上的混线合为一体。与毬文相对应之子桯，若毬文圆径为1寸，则与毬文相对之子桯的宽度为0.05寸；毬文圆径每增加1寸，则子桯的宽度还应再增加0.05寸。或者毬文采用与四直方格眼相顺随的做法，则在子桯之下采出毬文，这时的子桯宽度与格子门门扇之内的毬文宽度是一致的。

（四直方格眼）

四直方格眼[①]：其制度有七等[②]：一曰四混绞双线[③]；或单线。二曰通混压边线[④]，心内绞双线[⑤]；或单线。三曰丽口绞瓣双混[6]；或单混出线。四曰丽口素绞瓣[7]；五曰一混四撺尖[8]；六曰平出线[9]；七曰方绞眼[10]。其条桱皆广一分，厚八厘[11]。眼内方三寸至二寸[12]。

【注释】

①四直方格眼：格子门中的一种。梁注："从本篇制度看来，格眼基本上只有毬文和方直两种，都用正角相交的条桱组成。方直格眼比较简单，是用简单方直的条桱，以水平方向和垂直方向相交组成的。"梁先生所说的"方直格眼"，即包括了这种"四直方格眼"格子门的形式。

②制度有七等：类如四斜毬文格眼所分的六个等第，以其桯及格眼上所起的混与线等的繁简程度划分。梁注："四直方格眼的等第，也像桯、串的等第那样，以起线简繁而定。"

③四混绞双线：在组成格眼的条桱之上，刻有四条混及两条线。梁注："'绞双线'的'绞'是怎样绞法，待考。下面的'绞瓣'一词中也有同样的问题。"

④通混压边线：在组成格眼的条桱之上，刻有一个较大的混线，混线两侧，即条桱的两侧边棱，压以齐整的边线。

⑤心内绞双线：在组成格眼的条桱之中心线上，刻为"绞双线"的形式。

⑥丽口：梁注："什么是'丽口'也不清楚。"绞瓣双混：在其格眼的条桱之上，刻以绞瓣双混的线脚。但如梁先生前注所言，"绞瓣"是怎样绞法，没有实例，难以明确。

⑦丽口素绞瓣：因"丽口"与"绞瓣"的具体做法都不清楚，故这里只能从名词上理解，即组成格眼的条桱上刻有丽口并用较为简单的绞瓣线脚形式。

⑧一混四撺尖：疑在格眼的条桱上刻有一条混线，格眼之条桱的相

交位置上呈现为四条混线相交的做法,但其混线的交点刻为撺尖的形式,故而形成"一混四撺尖"的格眼形式。

⑨平出线:梁注:"'平出线'可能是这样的断面┌─┐。"

⑩方绞眼:梁注:"'方绞眼'可能就是没有任何混、线的条桱相交组成的最简单的方直格眼。"

⑪广一分,厚八厘:以格子门桯每高1尺,条桱的截面宽0.1寸,厚0.08寸计;若门桯高1丈,则条桱宽为1寸,厚为0.8寸。

⑫方三寸至二寸:疑这里的格眼内方尺寸,为绝对尺寸,即四直方格眼的格眼内方,小者,可以为2寸见方,大者,可以为3寸见方。

【译文】

四直方格眼格子门做法:其门做法之制度有七等:第一等是在格眼条桱上出四混绞双线线脚;或单线。第二等是在条桱上出通混压边线,其通混之心内再刻以绞双线线脚;或单线。第三等是将条桱刻为丽口绞瓣并出双混线的线脚;或单混出线。第四等是在条桱上刻丽口出素绞瓣;第五等是在条桱上刻单混,条桱十字交角处为四撺尖做法;第六等则为在条桱上刻平出线做法;第七等是在条桱上刻以方形绞眼。以门桯每高1尺,构成其格眼的条桱宽度为0.1寸,厚度为0.08寸计。格眼内的尺寸则可以控制在3寸至2寸。

(四直方格眼格子门诸名件)

桯:长视高,广三分,厚二分五厘①。腰串同。

子桯:广一分二厘,厚一分②。

腰华版及障水版:并准四斜毬文法。

额:长随间之广,广七分,厚二分八厘③。

槫柱、颊:长随门高,广四分④。量摊擘扇数,随宜加减。厚同额。

地栿：长厚同额，广六分[⑤]。

【注释】

①广三分，厚二分五厘：以格子门每高1尺，构成其门扇边框之桯的截面宽度为0.3寸，厚为0.25寸计；若门高1丈，则桯宽为3寸，厚为2.5寸。

②广一分二厘，厚一分：以格子门每高1尺，格子门之格眼部分四周所施子桯的截面宽度为0.12寸，厚为0.1寸计；若门高1丈，则子桯宽为1.2寸，厚为1寸。

③广七分，厚二分八厘：以格子门每高1尺，其门之上所施额的截面高度为0.7寸，厚为0.28寸计；若门高1丈，则额高为7寸，厚为2.8寸。

④广四分：以格子门每高1尺，其门两侧所施榑柱与颊的截面宽度为0.4寸计；若门高1丈，则榑柱与颊之宽各为4寸。

⑤广六分：以格子门每高1尺，其门之下所施地栿的截面高度为0.6寸计；若门高1丈，则地栿截面高为6寸。

【译文】

四直方格眼格子门之桯：门桯之长依其门高而定，以门每高1尺，其桯截面宽度为0.3寸，厚为0.25寸计。格子门中部所施腰串的截面广厚尺寸与桯相同。

格子门扇之格眼部分四周所施子桯：以门每高1尺，子桯的截面宽为0.12寸，厚为0.1寸计。

双腰串间所施腰华版及腰串下所施障水版的做法：与上文四斜毬文格眼格子门的做法相同。

门之上所施额：额之长随其门所在房屋开间的间广尺寸而定，以门每高1尺，其额的截面高度为0.7寸，厚为0.28寸计。

门之两侧贴附于左右两柱所施之榑柱及立颊：榑柱与颊的长度皆随

门高尺寸而定，以门每高1尺，其槫柱与颊的截面宽度为0.4寸计。其宽度尺寸，应在计算门扇数并将其分摊到一间之内后，依据所余尺寸做随宜的加减。槫柱与颊的厚度与门上之额的厚度相同。

门下两柱间所施地栿：地栿的长度、厚度与门上之额的长度、厚度相同，以门每高1尺，地栿的截面高度为0.6寸计。

（版壁）

版壁①：上二分不安格眼②，亦用障水版者。名件并准前法，唯程厚减一分③。

【注释】

①版壁：梁注："'版壁'是在安格子的位置用版，所以不是格子门。"

②上二分：此处对应前文"造格子门之制"条所言："每扇各随其长，除程及腰串外，分作三分；腰上留二分安格眼。"这里的"上二分"，即格子门腰串之上所留安格眼的门扇2/3部分的高度。

③程厚减一分：版壁门程的厚度应在门每高1尺时，在格子门程厚0.25寸的基础上，减薄0.1寸，即以门每高1尺，程厚为0.15寸计；若门高1丈，则版壁门程之厚当为1.5寸。

【译文】

其门之门扇为版壁的做法：在格子门腰串上所留二分原安格眼的部分不安格眼，也采用与腰串下相同之做法，即施以障水版。构成版壁诸构件的相应尺寸，皆与上文所言格子门相同构件的尺寸相同，只是门程的厚度，以门每高1尺，在格子门程厚0.25寸的基础上减薄0.1寸计。

（两明格子门）

两明格子门①：其腰华、障水版、格眼皆用两重②。程厚更加二分一厘[3]。子桯及条桱之厚各减二厘[4]。额、颊、地栿之厚，各加二分四厘[5]。其格眼两重，外面者安定[6]；其内者，上开池槽深五分，下深二分[7]。

【注释】

①两明格子门：梁注："'两明格子'是前三种的讲究一些的做法。一般的格子只在向外的一面起线，向里的一面是平的，以便糊纸，两明格子是另外再做一层格子，使起线的一面向里是活动的，可以卸下；在外面一层格子背面糊好纸之后，再装上去。这样，格子里外两面都起线，比较美观。"

②皆用两重：因其两面皆为可以作为看面的正面，故除了格眼部分的线脚两面都起线外，其腰华、障水版亦为两重，使两面有同样的装饰效果。

③更加二分一厘：因其门格眼及腰华、障水版均为两重，故其门四周之桯亦当加厚。以门每高1尺，其桯之厚在格子门桯厚0.25寸的基础上再增加0.21寸，即其桯口为0.46寸计；若门高1丈，则桯的厚度为4.6寸。

④子桯及条桱之厚各减二厘：因两明格子门的子桯及条桱在里外面各有一重，故应将二者的厚度减薄。以门每高1尺，在其子桯厚0.14寸，条桱厚0.12寸的基础上，再减薄0.02寸，即两者分别为0.12寸与0.1寸计；若门高1丈，则子桯厚1.2寸，条桱厚1寸。这里未提及立颊两侧所施槫柱，但若立颊厚度增加，则与立颊厚度相同的槫柱，其厚度亦应有相应的增加。

⑤各加二分四厘：随着门桯加厚，其门两侧立颊及门上下的额与地栿亦应有所加厚。以门每高1尺，在其额、颊与地栿各厚0.3寸的基础上，分别增厚0.24寸，即两明格子门的额、颊与地栿厚度均为0.54寸计；若门高1丈，则其门的额、地栿、槫柱与颊，均各厚5.4寸。

⑥外面者安定：施于室外一侧的门上格眼，是一种固定的模式，将其与四周之子桯及门桯固定在一起。

⑦池槽深五分，下深二分：反之，施于室内一侧的格眼，则是可以安装或取下的，故应在其子桯上凿以池槽。疑这里所给的池槽深度尺寸为绝对尺寸。梁注："池槽上面的深，下面的浅，装卸时可能格眼往上一抬就可装可卸。"

【译文】

门之里外两侧均为正面的两明格子门做法：其门的腰华版、障水版、格眼都采用内外两重的做法。门桯的厚度，仍以门每高1尺，在原有比例厚度的基础上再增加0.21寸计。其子桯及条桱的厚度，也仍以门每高1尺，在原有比例厚度的基础上再减薄0.02寸计。而其门上之额、门左右之立颊及门下地栿的厚度，则以门每高1尺，在所给定比例尺寸的基础上再增加0.24寸计。其门上的两重格眼，施于室外一侧者，应加以固定；施于室内一侧者，则应安于上下子桯中所开的池槽之内，上池槽深0.5寸，下池槽深0.2寸。

（格子门一般）

凡格子门所用搏肘、立㮇①，如门高一丈，即搏肘方一寸四分，立㮇广二寸，厚一寸六分；如高增一尺，即方及广厚各加一分②；减亦如之。

【注释】

①搏肘：依梁先生在其注释本的《小木作制度一》"照壁屏风骨·四扇开闭的照壁屏风骨"条所释："搏肘是安在屏风扇背后的转轴。"这里的"搏肘"当是安于格子门门扇背后的转轴。立㮇（tiàn）：另依梁先生在其注本的《小木作制度一》"软门"条所释："立㮇是一根垂直的门关，安在上述上下两伏兔之间，从里面将门拦

闭。”这里的“立桥”当是安于格子门里侧的门关。

②方及广厚各加一分：以门高1丈，其门所施搏肘截面为1.4寸见方，立桥截面宽2寸、厚1.6寸为基础，门高每增加1尺，则搏肘截面之方增加0.1寸，立桥截面之宽与厚亦各增加0.1寸。

【译文】

凡为格子门之启闭而施用的搏肘、立桥，如果门高为1丈，则搏肘的截面尺寸为1.4寸见方，立桥的截面宽度为2寸，厚度为1.6寸；若门的高度每增高1尺，则搏肘的截面方形尺寸及立桥的截面宽度与厚度尺寸，都应相应增加0.1寸；门的高度低于1丈时，其门高每减少1尺，搏肘见方尺寸、立桥的截面广厚尺寸也都要相应减少0.1寸。

阑槛钩窗

【题解】

阑槛钩窗包括了阑槛与钩窗两个部分，总的高度为7～10尺，一般是将施于一间的阑槛钩窗之“窗”的部分分作3扇，其格眼均用四直方格眼。阑槛之内用托柱，槛之外所用云栱鹅项勾阑，对应于窗之三扇四榑柱（及颊）。阑槛钩窗中各构件的截面广厚，都是依据窗高尺寸推算而出的。格眼上所出线脚，亦参照格子门四直方格眼制度。

其文中所列诸名件，是将“阑槛”与“钩窗”看作一个整体的。钩窗高度为5～8尺，若其下阑槛高2尺，则阑槛钩窗通高为7～10尺。

与窗相关的诸名件，如子桯、条桱、心柱、榑柱，皆随窗之高广而定。心柱、榑柱之长，与子桯的长度相同。额长，随间之广。而心柱、榑柱、额及条桱的广厚尺寸，给出的都是绝对尺寸。

其槛面高1.8～2尺；槛外鹅项至寻杖，以每槛面高1尺，另加9寸计，若槛面高2尺，则鹅项至寻杖加高1.8尺。依柱径粗细不同，与之相毗邻之槛面的广厚应量宜加减。

鹅项、云栱、寻杖及与阑槛相关之心柱、槫柱、托柱之长，均依槛面之长；地栿之长，则随窗额之长。诸名件广厚尺寸，当为绝对尺寸，已如《法式》文本中所列。

钩窗开闭，要使用搏肘。锁闭钩窗则要使用卧关。卧关，类如门关，是用来关闭钩窗的一根横长构件。

（造阑槛钩窗之制）

造阑槛钩窗之制[①]：其高七尺至一丈。每间分作三扇，用四直方格眼。槛面外施云栱鹅项勾阑[②]，内用托柱[③]，各四枚[④]。其名件广厚，各取窗、槛每尺之高，积而为法[⑤]。其格眼出线，并准格子门四直方格眼制度。

【注释】

①阑槛钩窗：梁注："阑槛钩窗多用于亭榭，是一种开窗就可以坐下凭栏眺望的特殊装修。现在江南民居中，还有一些楼上窗外设置类似这样的阑槛钩窗的；在园林中一些亭榭、游廊上，也可以看到类似槛面版和鹅项勾阑（但没有钩窗）做成的，可供小坐凭栏眺望的矮槛墙或栏杆。"傅合校本：改"阑槛钩窗"为"钓窗阑槛"，并注："钓窗阑槛，据故宫本、四库本改。"又注："陶本作'钩'，应作'钓'。江南人临水楼房均有钓窗。与陶兰泉初校时，颇有争论。"其文本中凡"钩窗"，傅注：改"钩"为"钓"。这里仍暂用"钩窗"一词。

②云栱：为承托勾阑寻杖的云形托栱。鹅项：施于云栱之下，起承托云栱作用的弯曲状短柱，其勾阑形式与后世水榭栏杆中的"美人靠"式栏杆有一些相似之处。

③托柱：指承托阑槛槛面版的短柱。

④各四枚：梁注："即：外施云栱鹅项勾阑四枚，内用托柱四枚。"

⑤各取窗、槛每尺之高，积而为法：梁注："即：窗的名件广厚视窗之高，槛的名件广厚视槛（槛面版至地）之高，积而为法。"

【译文】

营造阑槛钩窗的制度：阑槛钩窗的高度为7尺至1丈。将每间所施钩窗分作三扇，其窗所用格子为四直方格眼做法。其阑槛槛面之外，施安云栱鹅项勾阑，阑槛内侧则用托柱承托槛面版，外侧所施云栱鹅项勾阑与内侧所施托柱，各为4枚。阑槛钩窗各组成构件的截面广厚尺寸，应各自依据其钩窗及阑槛的高度，以其各自每高1尺时相应构件所应取的比例尺寸，按照实际尺寸累积推算而出。其钩窗格眼条桱上所出线脚，均以格子门四直方格眼条桱上所出线脚诸做法为准。

（钩窗诸名件）

钩窗：高五尺至八尺。

子桯：长视窗高，广随逐扇之广[①]，每窗高一尺，则广三分，厚一分四厘[②]。

条桱：广一分四厘，厚一分二厘[③]。

心柱、榑柱[④]：长视子桯，广四分五厘，厚三分[⑤]。

额：长随间广，其广一寸一分，厚三分五厘[⑥]。

槛[⑦]：面高一尺八寸至二尺。每槛面高一尺，鹅项至寻杖共加九寸[⑧]。

槛面版：长随间心[⑨]。每槛面高一尺，则广七寸，厚一寸五分[⑩]。如柱径或有大小，则量宜加减[⑪]。

鹅项：长视高，其广四寸二分，厚一寸五分[⑫]。或加减同上[⑬]。

云栱：长六寸，广三寸，厚一寸七分[⑭]。

寻杖：长随槛面，其方一寸七分[15]。

心柱及榑柱[16]：长自槛面版下至栿上，其广二寸，厚一寸三分[17]。

托柱：长自槛面下至地，其广五寸，厚一寸五分[18]。

地栿：长同窗额，广二寸五分，厚一寸三分[19]。

障水版：广六寸[20]。以厚六分为定法。

【注释】

①广随逐扇之广：每扇钩窗的子桯各有其立桯与横桯，这里的“广”，指一扇窗之上下所施横向子桯的长度。

②广三分，厚一分四厘：以钩窗每高1尺，子桯截面宽0.3寸，厚0.14寸计；若窗高为5尺，则子桯宽1.5寸，厚0.7寸。

③广一分四厘，厚一分二厘：以钩窗每高1尺，条柽截面宽0.14寸，厚0.12寸计；若窗高为5尺，则条柽宽0.7寸，厚0.6寸。

④心柱、榑柱：钩窗与阑槛各有其心柱与榑柱。这里的“心柱”与“榑柱”，指施于钩窗之间的心柱与施钩窗房屋开间两柱处贴附的榑柱。

⑤广四分五厘，厚三分：以钩窗每高1尺，其心柱与榑柱截面宽为0.45寸，厚为0.3寸计；若窗高为5尺，则其心柱与榑柱宽2.25寸，厚1.5寸。

⑥广一寸一分，厚三分五厘：以钩窗每高1尺，其上额截面高1.1寸，厚0.35寸计；若窗高为5尺，则额高为5.5寸，厚为1.75寸。

⑦槛：指阑槛，即位于钩窗之下，形式、作用与勾阑相类似的那一部分。

⑧鹅项至寻杖共加九寸：其意似为，鹅项至寻杖的高度相当于槛面高度的0.9，即以槛面每高1尺，其上所加鹅项至寻杖的高度为0.9寸计；若槛面面高为2尺，则鹅项至寻杖的高度为1.8尺。

⑨长随间心：这里的“间心”并非“中心”之“心”，而是指一间之心内，即左右两柱之间的空当距离。

⑩广七寸，厚一寸五分：以槛面每高1尺，槛面的宽度为7寸，厚度为1.5寸计；若槛面面高为2尺，则槛面宽为1.4尺，厚为3寸。

⑪如柱径或有大小，则量宜加减：《法式》原文“如柱柽或有大小”，梁注本改为“如柱径或有大小”。傅合校本：改“柽”为“径”。这句话的意思是，其槛面的宽窄厚薄，除了与槛面高度有关之外，还与其阑槛钩窗所在开间两侧柱子的柱径有关，若柱径较大，则应适度将槛面加宽、加厚；反之亦然。

⑫广四寸二分，厚一寸五分：梁注：“鹅项是弯的，所以这‘广’可能是‘曲广’。”以其上文有鹅项之“长视高”，而其高度方向疑为弯曲状；则这里的鹅项之广，似仅指其截面之宽。以槛面每高1尺，其槛面上所施鹅项曲广为4.2寸，厚为1.5寸计；若槛面高为2尺，则鹅项曲广为8.4寸，厚为3寸。如此似可理解为，其鹅项类如一个弯曲的背靠。

⑬加减同上：槛面上所施鹅项的广厚尺寸，亦随两侧柱径大小不同及相应的槛面尺寸大小之增减而有所增减。

⑭长六寸，广三寸，厚一寸七分：以槛面每高1尺，其上云栱长为6寸，高为3寸，厚为1.7寸计；若槛面高2尺，则其云栱长为1.2尺，高为6寸，厚为3.4寸。

⑮方一寸七分：以槛面每高1尺，其上寻杖截面方1.7寸计；若槛面高为2尺，则其寻杖截面方为3.4寸。

⑯心柱及槫柱：这里的“心柱”与“槫柱”，是指施于阑槛槛面版之下中间部位的心柱及槛面版之下阑槛两端的槫柱。

⑰广二寸，厚一寸三分：以槛面每高1尺，其心柱与槫柱截面宽为2寸，厚为1.3寸计；若槛面高为2尺，则其心柱与槫柱截面宽为4寸，厚为2.6寸。

⑱广五寸，厚一寸五分：以槛面每高1尺，其阑槛里侧槛面版之下所施托柱截面宽为5寸，厚为1.5寸计；若槛面高为2尺，则其托柱截面宽为1尺，厚为3寸。

⑲广二寸五分，厚一寸三分：以其槛面高为1尺，其阑槛下所施地栿截面高为2.5寸，厚为1.3寸计；若其槛面高为2尺，则其地栿高为5寸，厚为2.6寸。

⑳广六寸：以槛面每高1尺，其槛面下所施障水版宽为6寸计；若槛面高为2尺，则其障水版宽为1.2尺。

【译文】

阑槛上所施钩窗：窗高5尺至8尺。

窗内子桯：其立桯之长依其窗的高度而定，其横桯之长则随每扇钩窗的宽度而定；以其窗每高1尺，子桯的截面宽为0.3寸，厚为0.14寸计。

窗内条桱：以其窗每高1尺，每一窗内所施条桱的截面宽为0.14寸，厚为0.12寸计。

施于阑槛上之钩窗间的心柱及其窗所在房屋开间两柱之侧的榑柱：心柱和榑柱的长度与钩窗子桯的长度相当；以其窗每高1尺，心柱与榑柱截面宽为0.45寸，厚为0.3寸计。

钩窗上所施额：额之长随其窗所在房屋开间的间广，以其窗每高1尺，其上之额的截面高为1.1寸，厚为0.35寸计。

钩窗下所施阑槛：槛面距其屋基座顶面的高度为1.8尺至2尺。以槛面距地每高1尺，槛面之上所施鹅项至寻杖，在其面之上加高9寸计。

槛面版：版的长度随其所在开间左右两柱间的空当距离而定。以槛面每高1尺，其版之宽为7寸，厚为1.5寸计。如果其左右屋柱的柱径有大小的差异，则其版的宽与厚也应量宜加减。

槛面版上所施鹅项：鹅项之长依其阑槛的高度而定，以槛面每高1尺，鹅项宽为4.2寸，厚为1.5寸计。若阑槛左右屋柱之柱径大小有变，则其鹅项的广厚尺寸，与其槛面版一样，也应量宜加减。

额项上所施云栱：以槛面每高1尺，云栱长为6寸，宽为3寸，厚为1.7寸计。

云栱之上所承寻杖：寻杖之长与阑槛槛面的长度相同，以槛面每高1尺，寻杖的截面尺寸为1.7寸见方计。

槛面之下、地栿之上所施心柱及榑柱：心柱与榑柱的长度均以槛面版底至地栿上皮的高差距离为准，以槛面每高1尺，心柱及榑柱的截面宽为2寸，厚为1.3寸计。

阑槛里侧槛面版下所施托柱：其柱之长自槛面版底至其屋地面，以槛面每高1尺，其柱截面宽为5寸，厚为1.5寸计。

施阑槛之房屋开间两柱间所施地栿：地栿之长与其所在开间钩窗上之额的长度相同，以槛面每高1尺，地栿截面宽为2.5寸，厚为1.3寸计。

槛面版下所施障水版：以槛面每高1尺，其版宽为6寸计。障水版的厚度为0.6寸，这是一个绝对尺寸。

（钩窗一般）

凡钩窗所用搏肘[①]，如高五尺，则方一寸；卧关如长一丈[②]，即广二寸，厚一寸六分。每高与长增一尺[③]，则各加一分。减亦如之。

【注释】

①钩窗：其文“钩窗”，傅合校本：改“钩”为“钓”。这里仍暂用“钩窗”一词。搏肘：是施于钩窗之内侧，用于其窗启闭之用的转轴，与屏风扇或格子门扇后所施搏肘的作用相类。

②卧关：类如格子门内所施立榇，只是立榇是一根垂直的门关，卧关则为一水平设置的木方，可以从室内将钩窗关闭。

③每高与长增一尺：这里说的是两个构件，即搏肘高每增1尺，及卧

关长每增1尺，其相应的搏肘之方或卧关之广、厚尺寸，都应有所增加；若两者之高与长尺寸有所减少，则其截面尺寸亦相应有所减少。

【译文】

凡钩窗上所用搏肘，若窗高5尺，搏肘高也为5尺，则搏肘的截面为1寸见方；若其窗后所用卧关的长度为1丈，则卧关的截面宽为2寸，厚为1.6寸。若搏肘之高与卧关之长，各每增加了1尺，则搏肘的截面见方尺寸与卧关的截面广厚尺寸，都应各增加0.1寸。反之，若其高与长各每减少1尺，则其截面尺寸也各相应减少0.1寸。

殿内截间格子

【题解】

殿内截间格子，大概类似于殿阁建筑室内的隔断墙，截间格子的高度为14～17尺，用单腰串；每间按其长度，除桯及腰串外，定为3分，腰串上部2分安格眼，这部分再用心柱和槫柱分为2间。腰串下部的1分为障水版，其版亦用心柱与槫柱分作3间，其中1间可以做成能够开闭的门子。障水版内用牙脚、牙头填心，也可以用合版拢桯。障水版上下四周，以难子缠贴。

造殿内截间格子，除了额、腰串、地栿、上下槫柱、上下心柱、搏肘等之外，还要有上下桯、条桱、障水子桯、上下左右难子；各部分构件尺寸以截间格子每尺之高所对应的构件比例尺寸，按照截间格子的实际尺寸推算而出。部分构件的截面广厚等小尺寸为绝对尺寸。

截间格子腰串上之2分安格眼，其桯内若用四斜毬文格眼，则圆径为7～9寸。其桯、子桯、条桱等构件的截面广厚尺寸，与格子门制度相同。

（造殿内截间格子之制）

造殿内截间格子之制[1]：高一丈四尺至一丈七尺。用单腰串。每间各视其长，除桯及腰串外，分作三分。腰上二分安格眼；用心柱、槫柱分作二间[2]。腰下一分为障水版，其版亦用心柱、槫柱分作三间[3]。内一间或作开闭门子[4]。用牙脚、牙头填心[5]，内或合版拢桯[6]。上下四周并缠难子。其名件广厚，皆取格子上下每尺之通高[7]，积而为法。

【注释】

①殿内截间格子：梁注："就是分隔殿堂内部的隔扇。"

②用心柱、槫柱分作二间：腰串以上的格子部分，分为两格，类如格扇窗之两扇，两扇之间施中柱，截间格子所在开间两柱之侧施槫柱。

③用心柱、槫柱分作三间：腰串以下的障水版部分，以两枚心柱、两枚槫柱将障水版分为三格，即为三间。

④开闭门子：将障水版下面所分三格中的一格，营作成可以开闭的活动版，即称"开闭门子"。

⑤牙脚、牙头填心：障水版可采用条状牙版形式填心，版之上端刻为牙头状，下端刻为牙脚状。

⑥合版拢桯：指牙版之内所施用的障水版做法，疑其采用以条状拢桯为骨架，拢桯里外两侧贴以合版的形式。

⑦取格子上下每尺之通高：这里的比例尺寸，是以格子上下的每尺之通高计算的，而不像阑槛钩窗，各取其上下之窗、槛每尺之高，积而为法。

【译文】

营造殿阁之内截间格子的制度：截间格子通高1.4丈至1.7丈。中间施用单腰串。在使用截间格子的每一间，应按照其开间的间广与高下尺寸，除了桯及腰串外，将其间之上下定为三分。其中，腰串以上为二分，施安格眼；再将腰上部分用心柱与槫柱分为两个小间。腰下一分是障水版，其版亦用心柱、槫柱分为三个小间。其中的一小间或可以做成能够启闭的开闭门子。在腰下诸心柱、槫柱之间，用牙脚、牙头填心，其内或可以用合版拢桯做法，形成隔版。填心之障水版上下四周都应缠贴难子。组成截间格子各部分构件的广厚尺寸，要以截间格子上下通高的每1尺，构件应取的比例尺寸，按照实际尺寸累积推算而出。

（殿内截间格子诸名件）

上下桯①：长视格眼之高②，广三分五厘，厚一分六厘③。

条桱④：广厚并准格子门法。

障水子桯⑤：长随心柱，槫柱内，其广一分八厘，厚二分⑥。

上下难子⑦：长随子桯。其广一分二厘，厚一分⑧。

搏肘⑨：长视子桯及障水版，方八厘⑩。出镶在外。

额及腰串：长随间广，其广九分，厚三分二厘⑪。

地栿：长厚同额，其广七分⑫。

上槫柱及心柱：长视搏肘⑬，广六分⑭，厚同额。

下槫柱及心柱：长视障水版⑮，其广五分⑯，厚同上。

【注释】

①上下桯：从字面上分析，这里的“上下桯”，当指截间格子腰串以上格扇上下所施的条状木方。

②长视格眼之高：若其长视格眼之高，则似言其桯是指格扇左右之桯。疑这里的“长视格眼之高”为“长视格眼之长”之误。暂从原文。

③广三分五厘，厚一分六厘：以截间格子每通高1尺，其桯截面宽

0.35寸，厚0.16寸计；若截间格子通高1.5丈，则其桯截面宽5.25寸，厚2.4寸。

④条桱：指构成格子的木条。

⑤障水子桯：指截间格子腰串以下心柱与榑柱间所施条状木方，即子桯。其桯与障水版结合使用，故称“障水子桯”。

⑥广一分八厘，厚二分：以截间格子每通高1尺，其障水子桯截面宽0.18寸，厚0.2寸计；若其截间格子通高1.5丈，则障水子桯截面宽2.7寸，厚3寸。

⑦上下难子：从上下文看，这里的“上下难子”似指障水版上下所施难子，但其段首所言障水版“上下四周并缠难子”，这里却未提及左右难子。

⑧广一分二厘，厚一分：以截间格子每通高1尺，其难子截面宽0.12寸，厚0.1寸计；若截间格子通高1.5丈，则难子截面宽1.8寸，厚1.5寸。

⑨搏肘：从其下文“长视子桯及障水版”可知，这里的“搏肘”是施于截间格子腰串以下障水版间的开闭门子之上，其启闭方式为沿搏肘上下转动。

⑩方八厘：以截间格子每通高1尺，其搏肘截面为0.08寸见方计；若截间格子通高1.5丈，则搏肘截面为1.2寸见方。

⑪广九分，厚三分二厘：以截间格子每通高1尺，其额及腰串截面宽0.9寸，厚0.32寸计；若截间格子通高1.5丈，则其额及腰串截面宽1.35尺，厚4.8寸。

⑫广七分：以截间格子每通高1尺，其地栿高0.7寸计；若截间格子通高1.5丈，则地栿高为1.05尺。

⑬长视搏肘：此句令人不解。其上榑柱及心柱之长，宜为“长视额与腰串间”或“长视格眼并上下桯之高”，从行文看搏肘，仅施于腰串下障水版开闭门子处，如何与腰串上的心柱、榑柱发生联

系？译文暂从原文。

⑭广六分：以截间格子每通高1尺，其上槫柱及心柱截面宽0.6寸计；若截间格子通高1.5丈，则其上槫柱及心柱宽9寸。

⑮长视障水版：从上下文看，其下槫柱及心柱之长，当视障水版及其上下子桯之高。这里的"长视障水版"，其意不很明晰。译文暂从原文。

⑯广五分：以截间格子每通高1尺，其下槫柱及心柱截面广0.5寸计；若截间格子通高1.5丈，则其下槫柱及心柱宽7.5寸。

【译文】

截间格子其格子部分之上下桯：桯之长依其格眼之高而定，以截间格子每通高1尺，其桯截面宽为0.35寸，厚为0.16寸计。

构成格眼之条桱：条桱的截面广厚尺寸，与格子门之格眼间所施条桱的计算方法相同。

障水版上下所施子桯：桯之长随心柱与槫柱两者间的内距而定，以截间格子每通高1尺，其桯截面宽0.18寸，厚0.2寸计。

障水版上下所施难子：难子长随障水版上下所施子桯之长而定。以截间格子每通高1尺，其难子截面宽0.12寸，厚0.1寸计。

开闭门子上所施搏肘：其长依其子桯及障水版的长度而定，以截间格子每通高1尺，搏肘截面为0.08寸见方计。搏肘端头所出镶头在其长度之外。

截间格子上之额及中部之腰串：额与腰串的长度随其所在开间的间广而定，以截间格子每通高1尺，其额及腰串的截面宽0.9寸，厚0.32寸计。

截间格子下所施地栿：地栿的长与厚与额的长与厚相同，以截间格子每通高1尺，其地栿截面高为0.7寸计。

截间格子上部的槫柱及心柱：其柱之长依搏肘的长度而定，以截间格子每通高1尺，其上槫柱及心柱截面宽为0.6寸，其柱之厚与额同计。

截间格子下部的榑柱及心柱：其柱之长依障水版而定，以截间格子每通高1尺，其下榑柱及心柱截面宽0.5寸，其柱之厚亦与额同计。

（截间格子一般）

凡截间格子，上二分子桯内所用四斜毬文格眼[1]，圜径七寸至九寸。其广厚皆准格子门之制。

【注释】

①上二分：指截间格子的腰串以上部分，这一部分占其通高（除去桯及腰串外）之三分中的二分。子桯：即上文所言格眼部分的“上下桯”。

【译文】

凡在殿阁内营造截间格子，其通高（除去桯及腰串外）之三分中的上部二分，在上下桯之内所施用的四斜毬文格眼，其毬文圆径为7寸至9寸。其格眼相应构件的广厚尺寸，都应以上文格子门之制中诸构件的尺寸为准。

堂阁内截间格子

【题解】

堂阁内截间格子，相当于厅堂或楼阁之内所施设的隔断墙，堂阁内截间格子的高为10尺，广为11尺。这一尺度似乎是通制。其桯分为三等制度，制度的区分，仍按桯上所出线脚的繁简而定。组成截间格子各构件的截面广厚，仍是依据截间格子的每尺之高所对应的构件比例尺寸，按实际尺寸推算而出的。

堂阁内截间格子，由当心及四周之桯与双腰串、格子外的额与地栿、两边槫柱等构件组合而成；若用毬文格眼，则其格眼毬文径为5寸。既有双腰串，则亦应有腰华版、障水版、难子等。

截间开门格子，应为截间格子的一种，只是其门扇可以启闭。其格子门四周用额、地栿、槫柱；额、栿及槫柱之内四周用桯；桯内的上部用门额，两边留出泥道，并施立颊。额上作两间，施毬文格子。其门为单腰串造。

截间开门格子的腰串、障水版、门肘、门桯、门障水版、难子、上下伏兔、手栓伏兔、手栓等，与格子门诸名件相类，其主要尺寸随门的每尺之高所给出的构件相应比例尺寸，按照实际尺寸推定。其截面广厚等小尺寸应为绝对尺寸。

堂阁内截间格子用四斜毬文格眼及障水版，其上部格眼与下部障水版等尺寸分法及其诸名件长、广、厚诸尺寸，与格子门之制中四斜毬文格眼等格子门尺寸分法与名件制度相同。

（堂阁内截间格子之制）

造堂阁内截间格子之制[①]：皆高一丈，广一丈一尺[②]。其桯制度有三等[③]：一曰面上出心线，两边压线；二曰瓣内双混，或单混。三曰方直破瓣撺尖。其名件广厚，皆取每尺之高，积而为法。

截间格子：当心及四周皆用桯。其外上用额，下用地栿，两边安槫柱，格眼毬文径五寸。双腰串造。

【注释】

①堂阁内截间格子：梁注："本篇内所说的'截间格子'分作两种：'截间格子'和'截间开门格子'。文中虽未说明两者的使用条件和两者间的关系，但从功能要求上可以想到，两者很可能是配合使用的，'截间格子'是固定的。如两间之间需要互通时，就安

上‘开门格子’。从清代的隔扇看,‘开门格子’一般都用双扇。”

②皆高一丈,广一丈一尺:梁注:“‘皆高’说明无论房屋大小,截间格子一律都用同一尺寸。如房屋大或小于这尺寸,如何处理,没有说明。”

③其程制度有三等:堂阁内截间格子,依其桯所分的三等制度,与格子门所分制度相似,仍按桯上所出线脚繁简而定。

【译文】

营造堂阁内截间格子的制度:截间格子的高度皆为1丈,其广亦皆控制在1.1丈。其制度仍按其桯上线脚之繁简分为三等:第一等,是在桯表面之上出心线,两边压线;第二等,是在瓣内出双混线,或出单混线。第三等,是方直破瓣并撺尖的做法。组成堂阁内截间格子诸名件的广厚尺寸,均以其格子每高1尺,构件所取的相应比例尺寸,按实际尺寸累积推算而出。

截间格子的做法:其格子当心及四周都施以桯。格子之外的上部施以额,下部施以地栿,两边施安榑柱,截间格子所用毬文格眼的直径为5寸。截间格子中部施以双腰串。

(堂阁内截间格子诸名件)

桯:长视高①,卯在内。广五分,厚三分七厘②。上下者③,每间广一尺,即长九寸二分④。

腰串:每间广一尺,即长四寸六分⑤。广三分五厘⑥,厚同上。

腰华版:长随两桯内,广同上。以厚六分为定法。

障水版:长视腰串及下桯,广随腰华版之长。厚同腰华版。

子桯:长随格眼四周之广⑦。其广一分六厘,厚一分四厘⑧。

额:长随间广。其广八分,厚三分五厘⑨。

地栿:长厚同额。其广七分⑩。

榑柱：长同桯[11]。其广五分[12]，厚同地栿。

难子：长随桯四周。其广一分，厚七厘[13]。

【注释】

①长视高：这里的“桯”，当指截间格子两侧的立桯，其长视截间格子的高度而定。

②广五分，厚三分七厘：本条原文“厚三分七厘”，傅合校本：改“三”为“二”，并注：“二，据故宫本、张本作‘二’。”以截间格子每高1尺，其桯宽0.5寸，厚0.37寸[或0.27寸]计；若截间格子高1丈，则其桯宽5寸，厚3.7寸[或2.7寸]。

③上下者：这里仍指“桯”，但指的是格子上下的横桯。

④每间广一尺，即长九寸二分：格子横桯的长度，以其格子每间广1尺，其长9.2寸计；若截间格子间广1.1丈，则横桯的长度为1.012丈。

⑤每间广一尺，即长四寸六分：腰串的长度，仍以其格子每间广1尺，其长4.6寸计；若截间格子间广1.1丈，则腰串的长度为5.06尺。

⑥广三分五厘：以截间格子每高1尺，其腰串截面高0.35寸计；若截间格子高1丈，则腰串截面高3.5寸。

⑦长随格眼四周之广：指其子桯的长度随腰串之下障水版四周的周长而定。

⑧广一分六厘，厚一分四厘：以截间格子每高1尺，其腰串之下障水版四周子桯的截面宽0.16寸，厚0.14寸计；若截间格子高1丈，则子桯宽1.6寸，厚1.4寸。

⑨广八分，厚三分五厘：以截间格子每高1尺，其上之额高0.8寸，厚0.35寸计；若截间格子高1丈，则其额高为8寸，厚为3.5寸。

⑩广七分：以截间格子每高1尺，其下地栿高0.7寸计；若截间格子高1丈，则地栿高7寸。

⑪长同桯：这里的"桯"，当指截间格子两侧的立桯，截间格子两侧所施槫柱的高度与其立桯的高度相同。

⑫广五分：以截间格子每高1尺，其左右槫柱的截面宽为0.5寸计；若截间格子高1丈，则槫柱宽5寸。

⑬广一分，厚七厘：以截间格子每高1尺，格子四周所施难子的截面宽为0.1寸，厚为0.07寸计；若截间格子高1丈，则其难子宽1寸，厚0.7寸。

【译文】

堂阁内截间格子所施桯：其左右立桯之长，视其格子的高度而定，其桯上下卯亦应算在其高度之内。以截间格子每高1尺，则其桯截面宽0.5寸，厚0.37寸计。其上下横桯，以截间格子每间广1尺，则其长9.2寸计。

截间格子中部所施腰串：以截间格子每间广1尺，腰串长4.6寸计。以截间格子每高1尺，腰串截面高0.35寸，厚与上文所言桯的厚度相同计。

双腰串之间所施腰华版：版长随格子左右两桯之内的距离而定，版之宽与上文所言腰串之广相同。腰华版厚为0.6寸，此为绝对尺寸。

腰串下所施障水版：版长以其腰串与下桯的距离为准，版宽则与腰华版的长度取齐。其厚与腰华版同，仍为0.6寸。

格眼四周所施子桯：子桯之长随格眼四周的周长而定。以截间格子每高1尺，其子桯截面宽0.16寸，厚0.14寸计。

截间格子上所施额：额之长随截间格子所在房屋开间之广而定。以截间格子每高1尺，其额截面高0.8寸，厚0.35寸计。

截间格子下所施地栿：地栿的长度、厚度与其上所施额之长、厚相同。以其间格子每高1尺，地栿截面高0.7寸计。

截间格子左右所施槫柱：其柱之长与格子左右所施桯的长度相同。以截间格子每高1尺，其槫柱截面宽0.5寸，槫柱的厚度与地栿的厚度相同计。

格子内四周所施难子：其长随格子内四周之桯的周长而定。以截间格子每高1尺,其难子截面宽0.1寸,厚0.07寸计。

(堂阁内截间开门格子)

截间开门格子[1]:四周用额、栿、槫柱。其内四周用桯,桯内上用门额;额上作两间[2],施毬文,其子桯高一尺六寸[3]。两边留泥道施立颊[4];泥道施毬文,其子桯长一尺二寸[5]。中安毬文格子门两扇,格眼毬文径四寸。单腰串造。

【注释】

①截间开门格子:仍如梁先生注,堂阁内所施截间格子,“如两间之间需要互通时,就安上‘开门格子’。从清代的隔扇看,‘开门格子’一般都用双扇”。

②额上作两间:施开门格子时,因其门高度与柱子高度有差距,故在门额之上施以固定的格眼,类如现代屋门之上安装的固定式“亮子”。

③子桯高一尺六寸:这里的“子桯”似指额上所施毬文格眼当心及两侧所施立桯。其所给高度尺寸,即1.6尺,疑为实际尺寸。此尺寸与下文所述门额上所施“心柱”的长度相当,疑这里的“子桯”指心柱两侧及两侧槫柱内侧之子桯。

④两边留泥道:截间开门格子的两边应留出泥道。泥道,指房屋两柱之间的柱缝线上,这里往往是施以隔墙的位置,故称“泥道”。这里所留泥道,疑在立颊之外、槫柱之内。立颊:截间开门格子两侧施立颊,立颊施于槫柱与截间开门格子之间。

⑤子桯长一尺二寸:梁注:“各版原文都作‘子桯广一尺二寸’,‘广’字显然是‘长’字之误。”这里的“子桯”似指截间开门格子两边所留泥道上施用的子桯,其长随泥道之宽而定,子桯长1.2尺,疑

为实际尺寸，以子桯长1.2尺，则其泥道亦宽1.2尺。

【译文】

营造截间开门格子的做法：格子四周用额、地栿、槫柱。格子之内四周用桯，桯内的上部施以门额；将门额之上的部分分作两小间，间内施以毬文格眼，小间内所施子桯的高度为1.6尺。格子门两边留出泥道，并施以立颊；泥道上也施毬文格眼，其格眼上下所施子桯长为1.2尺。截间开门格子中间安装两扇毬文格子门，其门的格眼毬文直径为4寸。格子门为单腰串造做法。

（堂阁内截间开门格子诸名件）

桯：长及广厚同前法。上下桯广同。

门额：长随桯内，其广四分，厚二分七厘[1]。

立颊：长视门额下桯内[2]，广厚同上。

门额上心柱：长一寸六分[3]，广厚同上。

泥道内腰串：长随槫柱、立颊内[4]，广厚同上。

障水版：同前法。

门额上子桯：长随额内四周之广[5]。其广二分，厚一分二厘[6]。泥道内所用广厚同。

门肘[7]：长视扇高，鑳在外。方二分五厘[8]。

门桯[9]：长同上，出头在外。广二分，厚二分五厘[10]。上下桯亦同。

门障水版：长视腰串及下桯内，其广随扇之广。以厚六分为定法[11]。

门桯内子桯：长随四周之广，其广厚同额上子桯。

小难子[12]：长随子桯及障水版四周之广。以方五分为定法。

额[13]：长随间广，其广八分，厚三分五厘[14]。

地栿：长厚同上，其广七分[15]。

槫柱：长视高，其广四分五厘[16]，厚同上。

大难子[17]：长随桯四周，其广一分，厚七厘[18]。

上下伏兔[19]：长一寸，广四分，厚二分[20]。

手栓伏兔[21]：长同上，广三分五厘，厚一分五厘[22]。

手栓[23]：长一寸五分，广一分五厘，厚一分二厘[24]。

【注释】

①广四分，厚二分七厘：以截间开门格子每高1尺，其开门格子之门额截面高0.4寸，厚0.27寸计；若截间开门格子高1丈，则门额高4寸，厚2.7寸。

②长视门额下桯内：指截间开门格子之立颊的长度，与门额与开门格子之下桯间的高差距离相同。

③长一寸六分：以截间开门格子每高1尺，门额上所施心柱的长度为1.6寸计；若截间开门格子高1丈，则其心柱之长为1.6尺。其长与上文所述门额上所施子桯之长相同。

④长随槫柱、立颊内：这里指泥道内腰串之长，是开门格子两侧立颊与截间格子两侧槫柱之间的净距。

⑤长随额内四周之广：门额之上的子桯之长与其额内四周的周长相同。这里的表述，似与前文额上“子桯高一尺六寸”的表述有所关联，但前文仅谈及立桯，这里是包括额上的立桯与横桯的总长。

⑥广二分，厚一分二厘：以截间开门格子每高1尺，其门额上所施子桯的截面宽为0.2寸，厚为0.12寸计；若截间开门格子高1丈，则其门额上所施子桯宽2寸，厚1.2寸。

⑦门肘：即开门格子的搏肘，亦即其门的门轴。

⑧方二分五厘：以截间开门格子每高1尺，其门肘截面方0.25寸计；

若截间开门格子高1丈,则其门肘截面方2.5寸。

⑨门桯:构成开门格子门扇两侧的条状木方。门桯即为开门格子之门扇的结构外框。

⑩广二分,厚二分五厘:以截间开门格子每高1尺,其开门格子门桯的截面宽0.2寸,厚0.25寸计;若截间开门格子高1丈,则其门桯宽2寸,厚2.5寸。

⑪以厚六分为定法:梁注本改为"以广六分为定法","厚"字,徐注:"陶本为'厚'字,误。"傅合校本,仍将此处保留为"厚"字,即"以厚六分为定法"。从上下文看,当"以厚六分为定法"为确。

⑫小难子:施于截间开门格子门扇子桯之内、障水版四周的难子。

⑬额:指截间开门格子之上,其格子所在房屋开间两柱之间的额。

⑭广八分,厚三分五厘:以截间开门格子每高1尺,其上额截面高0.8寸,厚0.35寸计;若截间开门格子高1丈,则其额高8寸,厚3.5寸。

⑮广七分:以截间开门格子每高1尺,其下地栿截面高0.7寸计;若截间开门格子高1丈,则其地栿高7寸。

⑯广四分五厘:以截间开门格子每高1尺,其两侧所施槫柱截面宽0.45寸计;若截间开门格子高1丈,则其槫柱宽4.5寸。

⑰大难子:沿截间开门格子四周之桯所施难子。

⑱广一分,厚七厘:以截间开门格子每高1尺,其桯四周所施大难子截面宽0.1寸,厚0.07寸计;若截间开门格子高1丈,则其大难子宽1寸,厚0.7寸。

⑲上下伏兔:施于截间开门格子之格子门上下的伏兔,用于施安可以转动的门肘。

⑳长一寸,广四分,厚二分:以截间开门格子每高1尺,其门上下所施伏兔长1寸,宽0.4寸,厚0.2寸计;若截间开门格子高1丈,则其上下伏兔长1尺,宽4寸,厚2寸。

㉑手栓伏兔:施于截间开门格子之格子门扇内侧的伏兔,用于安插

手栓。

㉒广三分五厘，厚一分五厘：以截间开门格子每高1尺，其门扇上所施手栓伏兔宽0.35寸，厚0.15寸计；若截间开门格子高1丈，则其手栓伏兔宽3.5寸，厚1.5寸。

㉓手栓：在门的内侧，可以用手抽拉，用以锁闭门的条状木方。

㉔长一寸五分，广一分五厘，厚一分二厘：以截间开门格子每高1尺，其门扇上所用手栓长1.5寸，宽0.15寸，厚0.12寸计；若截间开门格子高1丈，则其手栓长1.5尺，宽1.5寸，厚1.2寸。

【译文】

截间开门格子之桯：桯的长和截面的广厚，与前文堂阁内截间格子所言桯之长及广厚相同。其上下桯的截面之广，亦与堂阁内截间格子上下桯之广相同。

截间开门格子门扇上所施门额：额长随左右两桯之内距，以截间开门格子每高1尺，其门额截面高0.4寸，厚0.27寸计。

截间开门格子门两侧立颊：立颊之长以门额与下桯之间的距离为准，其截面广厚与门额相同。

门额上所施心柱：以截间开门格子每高1尺，心柱长1.6寸计，心柱截面广厚，与门额、立颊之广厚同。

两立颊之外、两侧榑柱之内的泥道内所施腰串：其长随榑柱、立颊之内的净距，其截面广厚与门额、立颊、心柱的广厚同。

截间开门格子腰串下所施障水版：其诸尺寸与前文堂阁内截间格子门所施障水版同。

门额上所施子桯：子桯之长随额内四周的周长而定。以截间开门格子每高1尺，其门额上子桯截面宽0.2寸，厚0.12寸计。泥道内所施子桯的广厚与门额上子桯的广厚尺寸同。

截间开门格子之门扇上所施门肘：其长视门扇之高而定，门肘上下所施鑠在此高度之外。以截间开门格子每高1尺，其门肘截面方0.25寸计。

截间开门格子之门扇上所施门桯：其长与门肘同，门桯的榫卯出头不算在内。以截间开门格子每高1尺，其门桯截面宽0.2寸，厚0.25寸计。门扇之上下桯广厚与之同。

截间开门格子门扇上所施门障水版：版长以腰串与下桯间的净距为准，其版之宽随门扇之宽而定。障水版的厚度为0.6寸，这一尺寸为绝对尺寸。

门桯内所施子桯：子桯的长度随门桯内四周周长而定，子桯的截面广厚与门额上所施子桯的广厚相同。

沿门桯之子桯及障水版四周所施小难子：其长以子桯及障水版四周周长为准。小难子的截面为0.5寸见方，此尺寸为绝对尺寸。

截间开门格子上所施额：额之长随其格子所在房屋开间的间广而定，以截间开门格子每高1尺，其额的截面宽度为0.8寸，厚为0.35寸计。

截间开门格子下所施地栿：地栿的长度、厚度与其上所施额之长厚同，以截间开门格子每高1尺，其地栿截面高度为0.7寸计。

截间开门格子两侧所施榑柱：柱之长以其截间开门格子高度为准，以截间开门格子每高1尺，其榑柱截面宽0.45寸计，榑柱的厚度与地栿之厚同。

沿额、榑柱及地栿之内的桯之四周所施大难子：其长视桯的四周周长而定，以截间开门格子每高1尺，其大难子截面宽0.1寸，厚0.07寸计。

截间开门格子之门扇上下所施伏兔：以截间开门格子每高1尺，其上下伏兔长1寸，宽0.4寸，厚0.2寸计。

截间开门格子门扇上所施手栓伏兔：其长与上下伏兔长相同，以截间开门格子每高1尺，其手栓伏兔宽0.35寸，厚0.15寸计。

截间开门格子门扇上所用手栓：以截间开门格子每高1尺，其手栓长1.5寸，宽0.15寸，厚0.12寸计。

（堂阁内截间格子一般）

凡堂阁内截间格子所用四斜毬文格眼及障水版等分

数[①],其长、径并准格子门之制[②]。

【注释】

①分数:这里的意思大略是指构成堂阁内截间格子的不同构件及其尺寸。

②长:指格子门所用四斜毬文格眼之桯、子桯或条桱之长。径:指格子门所用四斜毬文格眼的毬文圆径。

【译文】

凡堂阁内截间格子所用包括四斜毬文格眼及障水版等在内的各种构件及其尺寸,如桯、子桯或条桱等的长度及格眼之毬文的圆径等,都与上文所述格子门的相应构件及其尺寸制度相同。

殿阁照壁版

【题解】

如果说,截间格子起到的是隔离室内左右两侧空间之作用,大致接近于“间”的分隔(故称“截间),其上部用毬文格眼,以保持左右间之间的联系;那么,照壁版起到的则是隔离室内前后空间的作用,更类似“屏扆”的功能,故其上部不用格眼,而用木版填心。

换言之,殿阁照壁版一般施于殿阁内左右两柱柱心槽上,以起到分隔室内前后空间的屏扆之作用。若用于外墙柱缝,如前檐或前廊柱缝,则仍可用于施有照壁之门窗上。

殿阁照壁版,其正面的宽度为10～14尺,约为殿阁建筑中一个开间的间距;照壁版的高度为5～11尺。若高11尺,则大约相当于房屋内额之下的高度;若高5尺,则可能是与门窗结合而用,并施于门窗之上。照壁版外侧四周应缠以贴,版之内外都要缠施难子,其版采用合版造做法。殿阁照壁版各组成构件的截面广厚尺寸,随照壁版每尺之高所对应的构件比例尺寸推算而出。

文中未述及桯与地栿，也未给出两者的尺寸，但在谈及“贴”的时候，提到了“桯”，并提到“桯内四周之广”，这里的“四周”其实应该包括照壁版之下所施地栿，若为在照壁门或窗之上所施者，则其门窗之额即为照壁版之下桯所依托之处。

（造殿阁照壁版之制）

造殿阁照壁版之制[①]：广一丈至一丈四尺，高五尺至一丈一尺，外面缠贴[②]，内外皆施难子，合版造[③]。其名件广厚，皆取每尺之高积而为法。

【注释】

①照壁版：梁注：“照壁版和截间格子不同之处，在于截间格子一般用于同一缝的前后两柱之间，上部用毬文格眼；照壁版则用于左右两缝并列的柱之间，不用格眼而用木板填心。”照壁版，与清代所说“照壁”“影壁”在概念上有相类之处，其为迎面所施之壁版，如佛殿内佛座之后的壁版，即可施为照壁版。

②缠贴：疑指在照壁版的外侧缠以木贴。

③合版造：将不同尺寸的木版黏合为一块整版后安装于照壁版内，而非采用多版分缝安装的做法。

【译文】

营造殿阁照壁版的制度：照壁版宽为1丈至1.4丈，高为5尺至1.1丈，在照壁版外侧缠以木贴，并在其版内外四周施以难子，照壁内之嵌版为合版造做法。殿阁照壁版诸构件的广厚尺寸，都应以照壁版每1尺之高相对应的各构件比例尺寸，累积推算而出。

（殿阁照壁版诸名件）

额：长随间广，每高一尺，则广七分，厚四分[①]。

槫柱：长视高，广五分[②]，厚同额。

版：长同槫柱，其广随槫柱之内，厚二分[③]。

贴[④]：长随桯内四周之广[⑤]，其广三分，厚一分[⑥]。

难子：长厚同贴。其广二分[⑦]。

【注释】

①广七分，厚四分：以殿阁照壁版每高1尺，其上额截面高度为0.7寸，厚为0.4寸计；若照壁版高1丈，则其上额高7寸，厚4寸。

②广五分：以殿阁照壁版每高1尺，其两侧槫柱截面宽0.5寸，厚与额同仍为0.4寸计；若照壁版高1丈，则其槫柱宽5寸，厚4寸。

③厚二分：以殿阁照壁版每高1尺，其内嵌版厚0.2寸计；若照壁版高1丈，则内嵌版厚为2寸。

④贴：缠贴于四周桯内，以保持其内嵌版不发生松动的薄木条。

⑤长随桯内四周之广：梁注："本篇（以及下面"障日版""廊屋照壁版"两篇）中，名件中并没有'桯'。这里突然说'贴：长随桯内四周之广'，是否可以推论额和槫柱之内还应有桯？"令人不解的是，其文中亦未给出桯的尺寸。且既言"四周"，则照壁版下，或应施地栿，或以照壁门窗上之额为桯之"四周"的下沿，但其文中并未给予交代。

⑥广三分，厚一分：以殿阁照壁版每高1尺，其内所施之贴宽0.3寸，厚0.1寸计；若照壁版高1丈，则其贴宽为3寸，厚为1寸。

⑦广二分：以殿阁照壁版每高1尺，缠绕于照壁版内外的难子截面宽0.2寸，厚仍为0.1寸计；若照壁版高1丈，则其难子宽为2寸，厚为1寸。

【译文】

殿阁照壁版上所施之额：额的长度随照壁版所在房屋开间的间广而定，以照壁版每高1尺，其额高0.7寸，厚0.4寸计。

照壁版两侧所施榑柱：柱的长度视照壁版之高而定，以照壁版每高1尺，其榑柱宽0.5寸，其厚与额同计。

照壁版内所嵌之版：其版之长与榑柱的长度相同，其版之宽则随左右榑柱之间的净距而定，以照壁版每高1尺，其版厚0.2寸计。

照壁版内四周所施之贴：其贴之长，随照壁版左右榑柱与额下所施桯之内的四周周长而定，以照壁版每高1尺，其贴宽0.3寸，厚0.1寸计。

照壁版内外所施难子：难子的长度与厚度均与贴之长、厚相同。以照壁版每高1尺，其内外难子宽0.2寸计。

（殿阁照壁版一般）

凡殿阁照壁版，施之于殿阁槽内[①]，及照壁门窗之上者皆用之[②]。

【注释】

①殿阁槽内：这里的意思是，将殿阁照壁版施于殿阁室内左右两柱的柱心槽或柱缝上，以起到将室内前后空间加以分隔的屏扆作用。槽内，一般指室内。

②照壁门窗之上：疑指将照壁版施于有分隔空间之功能的照壁门或照壁窗之上。

【译文】

凡营造殿阁照壁版，均将照壁版施之于殿阁室内柱子之间的柱缝之上，在照壁门或照壁窗上部，也可以施用照壁版。

障日版

【题解】

障日版的功能，多少类似于现代建筑中的遮阳版。障日版正面的宽度为11尺，版高为3～5尺。障日版是以其上之额及左右榑柱与中心的心柱等为框架的。障日版的内外都应施以难子，其内所嵌版为合版造，亦可以用牙头护缝造，版之四周缠以难子。组成障日版诸构件的截面广厚尺寸，是依据障日版每尺之长所对应的构件比例尺寸推算而出的。

障日版面广长度，大概接近宋式建筑一个开间的距离，其版似可施之于屋檐之下、两柱之间；或施于格子门及门、窗之上，以起到遮蔽强烈阳光的作用。其版之上，亦可能不用额。

（造障日版之制）

造障日版之制①：广一丈一尺，高三尺至五尺。用心柱、榑柱②，内外皆施难子，合版或用牙头护缝造③。其名件广厚，皆以每尺之广，积而为法。

【注释】

①障日版：大致相当于现代人所称的“遮阳板”。在建筑物上设障日版的做法出现得很早，唐人段成式撰《酉阳杂俎·寺塔记》载：“平康坊菩提寺：佛殿东西障日及诸柱上图画，是东廊迹，旧郑法士画。”这里的“佛殿东西障日”，很可能是指“障日版”。

②用心柱、榑柱：这里仅给出了障日版竖直方向的构件，却未给出其版上下所施，如额或方之类的构件，更未给出相关的尺寸。

③合版：即合版造障日版，参见本卷“殿阁照壁版·造殿阁照壁版之制”条相关注释。牙头护缝：从下文看，“牙头”与“护缝”为两种

构件。牙头,似指牙头版。护缝,似在牙头之内、两牙头版之间。

【译文】

营造障日版的制度:障日版之宽为1.1丈,其高为3尺至5尺。障日版当心用心柱,左右用槫柱,版之内外皆缠施难子,其版可以为合版造,也可以采用牙头护缝造的做法。组成障日版诸名件的广厚尺寸,都是以障日版每1尺的宽度,依其构件相应的比例尺寸,累积推算而出。

(障日版诸名件)

额:长随间之广,其广六分,厚三分①。

心柱、槫柱:长视高,其广四分②,厚同额。

版:长视高,其广随心柱、槫柱之内。版及牙头、护缝,皆以厚六分为定法。

牙头版③:长随广④,其广五分⑤。

护缝:长视牙头之内⑥,其广二分⑦。

难子:长随桯内四周之广⑧,其广一分,厚八厘⑨。

【注释】

①广六分,厚三分:以障日版每广1尺,其上额截面高为0.6寸,厚为0.3寸计;若障日版广1.1丈,则其额高为6.6寸,厚为3.3寸。

②广四分:以障日版每广1尺,其心柱与槫柱截面宽为0.4寸计;若障日版广1.1丈,则心柱与槫柱宽为4.4寸。

③牙头版:覆于护缝之外、版之上下斫为牙头、牙脚状的装饰版。

④长随广:这里的"长随广"其意不明。从逻辑上看,牙头版之长当随障日版之高,故这里的"广"其实是"高"之误。

⑤广五分:以障日版每广1尺,牙头版宽为0.5寸计;若障日版广1.1丈,则其牙头版宽为5.5寸。

⑥长视牙头之内：这里的“牙头之内”，似指牙头长度之内，即将牙头版之牙头与牙脚等装饰线部分减除后的长度，为其下所覆护缝的长度。

⑦广二分：以障日版每广1尺，护缝宽为0.2寸计；若障日版广1.1丈，则其护缝宽为2.2寸。

⑧长随桯内四周之广：如本卷“殿阁照壁版·殿阁照壁版诸名件”条行文，这里仍未述及桯与障日版上下之方，却提到“桯内四周之广”，其桯的截面尺寸亦未知。

⑨广一分，厚八厘：以障日版每广1尺，其版四周缠绕之难子宽0.1寸，厚0.08寸计；若障日版广1.1丈，则其难子宽为1.1寸，厚为0.88寸。

【译文】

障日版上之额：额之长随施安障日版房屋开间的间广而定，以障日版每广1尺，其额截面高为0.6寸，厚为0.3寸计。

障日版当心及两侧所施心柱与榑柱：柱之长依据障日版的高度而定，以障日版每广1尺，其柱宽为0.4寸，心柱与榑柱的厚度与额之厚度相同计。

障日版内所嵌之版：其版长依障日版的高度而定，其合版的宽度以心柱与榑柱之间的净距为准。其合版及牙头、护缝，厚度皆为0.6寸，这一厚度为绝对尺寸。

牙头版：其版之长仍应随障日版之高而定，以障日版每广1尺，牙头版宽为0.5寸计。

护缝：护缝之长以牙头版减除牙头、牙尾等装饰后的长度为准，以障日版每广1尺，其护缝宽为0.2寸计。

障日版内外所施难子：难子长度随障日版内四周所施桯的周长而定，以障日版每广1尺，难子宽为0.1寸，厚为0.08寸计。

（障日版一般）

凡障日版，施之于格子门及门、窗之上[①]，其上或更不用额[②]。

【注释】

①格子门及门、窗之上：这里将“格子门”与“门、窗”分别表述，疑这里所说的“门”“窗”，可能指截间开门格子，或钩窗，抑或泛指房屋外檐所设门或窗。显然，障日版可以施于房屋外檐各种门或窗的上部，以起到遮蔽日光的作用。

②或更不用额：上文中提到了障日版所施额，这里是说有可能不用额。其意或为，若施于格子门及外檐门窗之上，其门窗之上有房屋的屋柱间所施之额，故不再需要专为障日版设额。抑或将障日版施于门窗之上、额之下，故障日版上无须施额。

【译文】

凡施设障日版，若施之于格子门之上，或施之于房屋外檐的门、窗之上时，障日版之上也可以不再专门施用额。

廊屋照壁版

【题解】

据梁思成先生的解释，廊屋照壁版与清式建筑中的大额枋与小额枋及其间的由额垫版多少有一些相类之处。这一理解，多少从一定角度体现了自宋至清，房屋外檐柱头位置从单一的阑额做法向大、小额枋及由额垫版等组合做法的某种可能的变迁过程。

廊屋照壁版，版长10～11尺，高为1.5～2.5尺。其广当与房屋开间的间广相同，很可能是施于廊屋两柱之间的上端。版可分为3段，以心柱、榑柱等形成框架，内嵌合版，版的四周内外施难子。其大略接近檐下两柱之间的组合式双层阑额，其心柱、槫柱多少类似于双层阑额之间所施的立旌，只是在立旌之间嵌以版，版四周缠以难子。

组成廊屋照壁版主要构件的广厚尺寸，都是依照壁版每尺之广所给出的构件相应比例尺寸推算而出的。

其心柱与槫柱之长，与廊屋照壁版的高度相同；心柱与槫柱的截面广厚，亦是以照壁版每尺之广相对应的比例尺寸推算而出的。

廊屋照壁版，安于殿廊外檐阑额之下，由额之上。如上所列尺寸，为安于完整一间之数；仅安于半间之内，且与全间相对者，其心柱、槫柱及版等广厚尺寸亦与全间之法相同。

（造廊屋照壁版之制）

造廊屋照壁版之制①：广一丈至一丈一尺②，高一尺五寸至二尺五寸。每间分作三段，于心柱、槫柱之内，内外皆施难子，合版造。其名件广厚，皆以每尺之广积而为法。

【注释】

①廊屋照壁版：梁注："从本篇的制度看来，廊屋照壁版大概相当于清代的由额垫板，安在阑额与由额之间，但在清代，由额垫版是做法中必须有的东西，而宋代的这种照壁版则似乎可有可无，要看需要而定。"

②广一丈至一丈一尺：从上下文看，如下文提到"每间分作三段"，则这里所言的廊屋照壁版之广，疑即其廊屋的开间间广尺寸。

【译文】

营造廊屋照壁版的制度：廊屋照壁版的面广尺寸为1丈至1.1丈，其高为1.5尺至2.5尺。应将每一间廊屋照壁版分作三段，其间施心柱、槫柱，在心柱与槫柱之内嵌版，并在版之内外施难子，其版为合版造做法。

廊屋照壁版诸名件的宽度与厚度尺寸，都是以照壁版面广每1尺，其构件所取的比例尺寸累积推算而出的。

（廊屋照壁版诸名件）

心柱、槫柱：长视高，其广四分，厚三分①。

版②：长随心柱、槫柱内之广，其广视高，厚一分③。

难子：长随桯内四周之广④，方一分⑤。

【注释】

①广四分，厚三分：以廊屋照壁版每广1尺，其心柱、槫柱截面宽0.4寸、厚0.3寸计；若照壁版广1丈，则心柱、槫柱宽为4寸，厚3寸。

②版：指廊屋照壁版内的嵌版，其版为合版造做法。

③厚一分：以廊屋照壁版每广1尺，其版厚0.1寸计；若照壁版广1丈，则其版厚为1寸。

④长随桯内四周之广：上文并未给出桯的相关尺寸，显然在廊屋照壁版的心柱与槫柱及上下框之内侧皆施有子桯，其难子之长，即为其内子桯的周长。

⑤方一分：以廊屋照壁版每广1尺，其内所缠施之难子截面方0.1寸计；若照壁版广1丈，则其难子之方为1寸。

【译文】

廊屋照壁版所施心柱、槫柱：其柱之长依照壁版的高度而定，以照壁版每广1尺，其心柱、槫柱的截面宽0.4寸，厚0.3寸计。

照壁版内所嵌之版：其版为合版造，合版长为心柱与槫柱之间的净距，版之宽依照壁版的高度而定，以照壁版每广1尺，其版厚为0.1寸计。

照壁版之桯内所缠难子：难子之长随其桯内四周的周长而定，以照壁版每广1尺，其难子截面方0.1寸计。

（廊屋照壁版一般）

凡廊屋照壁版，施之于殿廊由额之内[①]。如安于半间之内与全间相对者[②]，其名件广厚亦用全间之法。

【注释】

①殿廊：指附属于殿阁等高等级建筑的廊子，如殿堂建筑的副阶廊，或主要殿阁左右的连廊或廊庑等，从这里的行文看，“殿廊”与“廊屋”在意义上是相通的。由额：在房屋外檐柱头之阑额下所施的一根方子，一般称为“由额”。如清代建筑檐下有大额枋与小额枋，两者之间所嵌版为“由额垫版”，可知小额枋与唐宋建筑中的“由额”有所关联。既然有“由额”，那么其上也应有“阑额”，由此或也可以推知，廊屋照壁版的上下框即是其廊屋檐下柱头的阑额与由额，而其内的心柱与槫柱亦相当于阑额与由额之间所施的立旌。

②半间之内与全间相对者：这句话的意思不是很明确。因为廊屋照壁版不会出现在某一开间的一半处施安的情况，或可以将“半间”理解为廊屋开间中，开间尺寸明显小于正常开间的那一间，如廊屋尽端之梢间，这时其开间尺寸或只有廊屋正常开间尺寸的一半。所谓“与全间相对”，似可理解为，开间较小的“半间”与开间较大的“全间”，都在同一座廊屋檐下，或在同一个立面上，并列而置。由于廊屋照壁版诸名件的广厚尺寸，是以其版每尺之广积而为法的，故而这里的意思是说，在同一座廊屋中所施照壁版诸名件，应采用相同的构件尺寸，不再因间广尺寸的不同而变化。

【译文】

凡造廊屋照壁版，应施安于殿阁之副阶廊及左右廊庑的檐下柱头处所施的阑额与由额之间。如将照壁版施安于开间尺寸较小的半间之内，且这一半间之廊屋又与正常开间的全间之廊屋对应设置在同一座廊屋檐下，则开间较小的半间处照壁版所施诸名件的广厚尺寸，不必按其每尺之广推而计之，而是采用与其屋全间所用构件相同的尺寸。

胡梯

【题解】

梁思成先生将"胡梯"解释为可能是由宋时南方人所说的"扶梯"谐音而来。这一解释，虽然带有一定的推测性，但却非常睿智地厘清了读者可能产生的疑惑。因为，一般理解上，会将"胡梯"与历史上出现的"胡床""胡凳"等相联系，以为"胡梯"也是从西域渐渐影响到中原地区的一种小木做法。但这一理解会使人认为，南北朝之前中原地区的房屋室内不曾使用梯子。这样就很难解释汉代明器与画像石、画像砖中出现的大量楼阁式建筑，及其中表现的楼梯形式。因此以方言读音原因，而将"胡梯"与"扶梯"联系在一起，是一种比较合乎逻辑的解释。

胡梯为古代建筑内一种斜置的步梯，胡梯之高为10尺时，其拽脚长随高，亦为10尺，其梯斜率为45°；拽脚宽（广）为3尺，此亦为两颊外皮距离；将这10尺的高度差，分为12个步阶，每步高差约0.83寸。其两侧用长条状侧版形成两颊，两颊之间用榥连接，用侧立的促版与平置的踏板，形成踏步。两颊之上再以勾阑望柱形成两侧扶手。勾阑斜高3.5尺，并施寻杖、盆唇。在10尺的高差范围内，以蜀柱分为4间（即5根蜀柱），两蜀柱间用卧棂3条。其两颊、榥、促版、踏版尺寸，以胡梯高度推算而定；及勾阑上之各名件尺寸，以勾阑高度推算而定。

两颊之长，以胡梯之高推定，拢颊榥长为两颊内净距，其卯透外，卯以"抱寨"形式将榥锁定。拢颊榥上所施促版、踏版，其长与榥同，其广厚随梯高而定。胡梯两侧所施勾阑，勾阑望柱头上雕破瓣、仰覆莲华或单胡桃子。

胡梯施于楼阁建筑之内，以解决竖向交通。勾阑安于两颊之上，起到上下梯之扶手作用；胡梯之下不用地栿。若楼阁空间高差较大，亦可以采用两盘或三盘造，大致类似于现代之两跑、三跑楼梯做法。依据梁先生的解释，两盘相接处，即两跑楼梯相接处，应设“憩脚台”，即今日楼梯之休息平台。

（造胡梯之制）

造胡梯之制[①]：高一丈，拽脚长随高[②]，广三尺；分作十二级；拢颊榥施促、踏版[③]，侧立者谓之促版，平者谓之踏版。上下并安望柱[④]。两颊随身各用勾阑[⑤]，斜高三尺五寸[⑥]，分作四间[⑦]。每间内安卧棂三条[⑧]。其名件广厚，皆以每尺之高，积而为法。勾阑名件广厚，皆以勾阑每尺之高，积而为法。

【注释】

①胡梯：为古代建筑中一种斜置的木制步梯。梁注：“‘胡梯’应该就是‘扶梯’。很可能在宋代中原地区将‘f’音读作‘h’音，致使‘胡’‘扶’同音，至今有些方言仍如此，如福州话就将所有‘f’读成‘h’音；反之，有些方言都将‘湖南’读作‘扶南’，甚至有‘n’‘l’不分，读成‘扶兰’的。”

②拽脚：即梯道或踏阶、慢道的斜坡，如卷第三《壕寨及石作制度》“石作制度·重台勾阑”条中：“若施之于慢道，皆随其拽脚。”这里指斜向设置的胡梯两颊。

③拢颊榥（huàng）：梁注：“‘拢颊榥’三字放在一起，在当时可能是一句常用的术语，但今天读来都难懂。用今天的话解释，应该说成‘用榥把两颊拢住’。”榥，陈注：“首见于此。”本义为窗棂，屏风之棂等，其形式当为条状木方。促、踏版：指胡梯的促版与踏

版，如其小字注："侧立者谓之促版，平者谓之踏版。"

④上下并安望柱：这里的"上下"指沿着胡梯高度的上与下，"望柱"则指胡梯上所施的勾阑望柱。

⑤两颊：这里的"两颊"，即胡梯两侧的侧帮，与上文的"拽脚"似为同一义；只是"拽脚"强调的是坡度，"两颊"强调的是构件。随身：即沿着胡梯两颊本身。这里的"身"，即指两颊。

⑥斜高：其勾阑施于斜向设置的胡梯两颊之上，但却垂直于地面，这里的"斜高"指其与胡梯两颊上皮的垂直高度。

⑦分作四间："间"这个词，在宋式营造中较为常见。除了房屋开间之"间"外，如露篱的"间"或"小间"，照壁版的分格，也可称为"小间"，这里是将勾阑每两根望柱之间，称为一"间"。

⑧每间内安卧棂三条：傅合校本：在"三条"后添加"为度"二字，即："每间内安卧棂三条为度。"并注："据晁载之《续谈助》摘钞北宋本《法式》补'为度'二字。"卧棂，指胡梯勾阑中的寻杖下、两望柱之间所施与胡梯两颊平行的条状木方，相当于胡梯护栏的棂条。

【译文】

营造胡梯的制度：若要胡梯升高的距离为1丈，胡梯的拽脚长度应随其高度而定，梯的宽度为3尺；将其梯分为12级踏阶；并以棍将胡梯两侧之两颊拢在一起，然后在梯上施促版与踏版，侧立者称之为"促版"，平置者称之为"踏版"。沿胡梯两颊之上下均施安望柱。随梯之两颊的斜度，各自施以勾阑，勾阑的斜高为3.5尺，将勾阑分为4间。每一间内可以施安3条卧棂。构成胡梯的诸名件截面广厚尺寸，都是依据胡梯每高1尺，其构件所取的相应比例尺寸，累积推算而出。胡梯上所施勾阑诸名件的截面广厚尺寸，是以勾阑每高1尺，其构件所取的相应比例尺寸，累积推算而出的。

（胡梯诸名件）

两颊：长视梯[1]，每高一尺，则长加六寸[2]。拽脚蹬口在内[3]。广一寸二分，厚二分一厘[4]。

榥[5]：长随两颊内[6]，卯透外，用抱寨[7]。其方三分[8]。每颊长五尺用榥一条。

促、踏版：长同上，广七分四厘，厚一分[9]。

勾阑望柱：每勾阑高一尺，则长加四寸五分[10]，卯在内。方一寸五分[11]。破瓣、仰覆莲华，单胡桃子造。

蜀柱：长随勾阑之高[12]，卯在内。广一寸二分，厚六分[13]。

寻杖：长随上下望柱内[14]，径七分[15]。

盆唇：长同上，广一寸五分，厚五分[16]。

卧棂：长随两蜀柱内。其方三分[17]。

【注释】

①长视梯：原文"长视梯"，傅合校本：在"长视梯"后加"高"字，即"两颊，长视梯高"，并注："高，四库本同。"译文从傅注。

②每高一尺，则长加六寸：以胡梯每高1尺，其两颊之长为1.6尺计，即两颊之斜长是胡梯高度的1.6倍。

③蹬口：梁注："蹬口是梯脚第一步之前，两颊和地面接触处，两颊形成三角形的部分。"

④广一寸二分，厚二分一厘：以胡梯每高1尺，其两颊截面宽1.2寸，厚0.21寸计；若胡梯高1丈，则两颊截面各宽1.2尺，厚2.1寸。

⑤榥：如前文梁注，指将胡梯两颊拢在一起的条状木方。

⑥长随两颊内：梁注本："长视两颊内。"徐注："陶本为'随'字。"这里从原文。

⑦抱寨：梁注："抱寨就是一种楔形的木栓。"

⑧方三分：以胡梯每高1尺，其两颊之间所施榥的截面为0.3寸见方计；若胡梯高1丈，则其榥截面方3寸。

⑨广七分四厘，厚一分：以胡梯每高1尺，其梯所施促、踏版之截面各宽0.74寸，厚0.1寸计；若胡梯高1丈，则其促、踏版截面各宽7.4寸，厚1寸。

⑩每勾阑高一尺，则长加四寸五分：意为胡梯上所施勾阑望柱的高度，是其勾阑寻杖之高的1.45倍。但这里的"勾阑高"，究竟是勾阑斜高，还是勾阑垂直于两颊的高度，未给出说明。若以其斜高为3.5尺，则其望柱高为5.075尺。

⑪方一寸五分：以勾阑每高1尺，其望柱截面为1.5寸见方计；若以勾阑斜高为3.5尺，则其望柱截面可能为5.25寸见方。

⑫长随勾阑之高：胡梯勾阑中的蜀柱，当分为盆唇之上与盆唇之下两部分，故蜀柱之长应包括了这两个部分的长度，且其长当随勾阑的斜高而推定。

⑬广一寸二分，厚六分：以勾阑每高1尺，其蜀柱截面宽为1.2寸，厚为0.6寸计；若仍以勾阑斜高为3.5尺，则蜀柱宽4.2寸，厚2.1寸。

⑭长随上下望柱内：这里的寻杖之长指其斜长，即与两侧拽脚平行的上下两望柱之间的连线长度。

⑮径七分：以勾阑每高1尺，其寻杖直径为0.7寸计；若勾阑斜高为3.5尺，则寻杖径为2.45寸。

⑯广一寸五分，厚五分：以勾阑每高1尺，其盆唇截面宽1.5寸，厚0.5寸计；若勾阑斜高3.5尺，则盆唇宽5.25寸，厚1.75寸。

⑰方三分：以勾阑每高1尺，胡梯勾阑望柱间所施卧棂截面为0.3寸见方计；若勾阑斜高为3.5尺，则卧棂截面为1.05寸见方。

【译文】

胡梯之两颊：颊之长视其梯之高而定，梯每高1尺，其颊之长在此基础上再加6寸。拽脚的磴口应算在这一长度之内。以其梯每高1尺，其两颊截面各广1.2寸，厚0.21寸计。

将两颊拢在一起的榥：榥之长随两颊之内的净距而定，其卯不计在内，采用抱寨式连接锁定方式。以其梯每高1尺，其榥截面为0.3寸见方计。每颊长5尺用榥1条。

胡梯上的促版与踏版：促、踏版之长与两颊间所施榥的长度相同，以其梯每高1尺，其促、踏版宽0.74寸，厚0.1寸计。

两颊之上所施勾阑望柱：以勾阑每高1尺，其望柱之高在此基础上再加4.5寸计，望柱与其下之颊相连之卯的长度亦计在内。以勾阑每高1尺，望柱截面为1.5寸见方计。望柱四棱破瓣，上刻仰覆莲华，望柱头为单胡桃子造型。

勾阑内所施蜀柱：蜀柱之长随勾阑斜高而定，其卯之长在蜀柱长度之内。以勾阑每高1尺，蜀柱截面宽1.2寸，厚0.6寸计。

勾阑上所施寻杖：寻杖之长随上下望柱间的斜长，以勾阑每高1尺，其寻杖径为0.7寸计。

寻杖下所施盆唇：盆唇之长与寻杖的长度相同，以勾阑每高1尺，盆唇截面宽1.5寸，厚0.5寸计。

勾阑中所施卧棂：卧棂之长随两蜀柱之间斜长。以勾阑每高1尺，卧棂截面为0.3寸见方计。

（胡梯一般）

凡胡梯，施之于楼阁上下道内，其勾阑安于两颊之上，更不用地栿①。如楼阁高远者②，作两盘至三盘造③。

【注释】

①更不用地栿：支撑胡梯的主要结构是梯之两颊，两颊与地面相接处，则用蹬口，故一般情况下，胡梯与地面相接处无须再施地栿。

②如楼阁高远者：指楼阁的层高较高，因其层高高，则胡梯延伸的距

离亦应拉远。

③两盘至三盘造：其意与现代楼梯之两跑、三跑意思接近。梁注："两盘相接处应有'憩脚台'(landing)，本篇未提到。"

【译文】

凡营造胡梯，将胡梯施之于楼阁的上下通道之内，胡梯两侧勾阑则安装于其梯左右两颊之上，胡梯之下无须施用地栿。如果楼阁的层高较高，其梯的走势延伸较远，可以采用将其梯步做两跑至三跑转折的方式营造。

垂鱼、惹草

【题解】

"垂鱼""惹草"是宋式建筑厦两头造屋顶、两际式屋顶两侧屋山搏风版上的重要构件。垂鱼施于搏风版合尖之下，惹草施于搏风版下，既起到连接两搏风版，并将搏风版固定在两山出际槫头上的作用，也起到对两际屋山的装饰性作用。

垂鱼、惹草，可以雕为花瓣、云头等纹样或轮廓。垂鱼与惹草的长度尺寸随房屋大小而变化。垂鱼长为3～10尺，惹草长为3～7尺。垂鱼与惹草的广厚尺寸，则随其长推算而出。

惹草，贴挂于房屋搏风版之下，较易受到风雨冲击，故惹草每长2尺，在其版与搏风版连接处之后各施楅1枚，以增强其本身强度，并加强其与搏风版间的联系。

(造垂鱼、惹草之制)

造垂鱼、惹草之制：或用华瓣[①]，或用云头造[②]，垂鱼长三尺至一丈[③]；惹草长三尺至七尺[④]，其广厚皆取每尺之长积而为法。

【注释】

①华瓣:将垂鱼版或惹草版刻为花瓣式造型。

②云头造:将垂鱼版或惹草版刻为卷云或云文式造型。

③垂鱼长:指垂鱼版自搏风版向下的垂直长度。

④惹草长:惹草之长,指惹草版沿搏风版的斜长。

【译文】

营造垂鱼、惹草的制度:垂鱼或惹草,或采用花瓣造型,或采用云头造型,垂鱼自搏风版向下的悬垂长度为3尺至1丈;惹草沿搏风版的延伸长度为3尺至7尺,两者的截面广厚尺寸,都是以其每长1尺所给出的相应广厚比例尺寸推算而出的。

(垂鱼、惹草名件)

垂鱼版:每长一尺,则广六寸,厚二分五厘[①]。

惹草版:每长一尺,则广七寸[②],厚同垂鱼。

【注释】

①广六寸,厚二分五厘:以垂鱼版每长1尺,其版宽6寸,厚0.25寸计;若垂鱼版长5尺,则其版宽3尺,厚1.25寸。

②广七寸:以惹草版每长1尺,其版宽0.7寸计;若惹草版长5尺,则其版宽3.5寸。

【译文】

垂鱼版:以其版每长1尺,其宽为6寸,其厚为0.25寸计。

惹草版:以其版每长1尺,其宽为7寸,其版的厚度与垂鱼版同计。

(垂鱼、惹草一般)

凡垂鱼施之于屋山搏风版合尖之下[①]。惹草施之于搏风版之下、搏水之外[2]。每长二尺，则于后面施楅一枚[3]。

【注释】

①屋山：宋式营造中的“屋山”，指出际屋顶（类如清式的悬山式屋顶）或厦两头造式屋顶（类如清式的歇山式屋顶）的两山出际部分，其出际屋槫的端头应以搏风版遮护。搏风版合尖：指屋顶山面两坡搏风版的接缝处，这里形成了两坡屋顶山面的山尖。

②搏水：梁注：“‘搏水’是什么，还不清楚。”《法式》行文中仅在此一处提到“搏水”，未知其意是否如版引檐下所施沥水版，在搏风版背面的下沿施一木条，用以防止雨水向搏风版后渗延之用。另据傅合校本：“槫，据四库本改‘搏水’为‘槫’，去‘水’字。”若依傅先生所改为“槫”，其意似指将惹草施于搏风版之下，房屋槫头之外。即惹草的位置，当与出际槫头相对应，且能起到遮蔽并保护槫头的作用。暂从原文。

③楅（bī）：指在搏风版与惹草连接处的背面所施的条状木方，起到将搏风版与惹草拉结在一起的作用。

【译文】

凡垂鱼施之于出际式屋顶，或厦两头造式屋顶之两山出际处所施搏风版的两坡合尖之下。惹草施之于搏风版之下，搏水之外。惹草每长2尺，应于其后施加楅1枚，以确保惹草与搏风版之间有紧固的联系。

栱眼壁版

【题解】

栱眼壁版，是房屋外檐泥道缝上，阑额之上，柱头方之下，两铺作之间的嵌版。

栱眼壁版，分单栱眼壁版与重栱眼壁版。栱眼壁板之长广尺寸，以大木作枓栱材分°制度为准。

（造栱眼壁版之制）

造栱眼壁版之制[1]：于材下额上两栱头相对处凿池槽[2]，随其曲直，安版于池槽之内。其长广皆以枓栱材分°为法。枓栱材分°，在大木作制度内。

【注释】

①栱眼壁版："栱眼壁"一词，出现于小木作、雕作、彩画作中。其位置在阑额之上、泥道缝内柱头方之下、两铺作之栌枓与栱头之间。这部分可称为"栱眼壁"，其间若开槽安版，即为栱眼壁版。

②材下额上：指房屋外檐每相邻两铺作之间，柱头方之下，阑额之上的栱眼壁部分。这里的"材"指组成铺作的栱与方，包括泥道栱、柱头方等之下。"额"，则指阑额。两栱头相对处：指泥道缝阑额之上相邻两铺作之泥道栱（或泥道重栱）的栱头相对之处。

【译文】

营造栱眼壁版的制度：于外檐铺作泥道缝之柱头方及泥道栱之下、阑额之上、相邻两组栱头相对处开凿池槽，随其所余空间的或曲或直，在四周所开池槽之内施安壁版。栱眼壁版的长度与厚度尺寸，都依照枓栱材分°制度的长、广、厚尺寸推定。有关枓栱材分°制度的表述，在大木作制度内。

（栱眼壁版名件）[1]

重栱眼壁版[2]：长随补间铺作[3]，其广五寸四分，厚一寸二分[4]。

单栱眼壁版[5]：长同上。其广三寸四分，厚同上。

【注释】

①依据下文注释中所引梁先生的分析与陈、傅二先生的修改及注释，结合《法式》相类情况下的行文特征推测，疑本条文字原为："重栱眼壁版：长随补间铺作，其广五十四分°；每广一尺，则厚一分二厘。单栱眼壁版：长同上。其广三十三分°，厚同上。"

②重栱眼壁版：疑指在相邻两组泥道重栱铺作之间所施的栱眼壁版。

③长随补间铺作：其意不是很明确，似应理解为其栱眼壁版之长，随补间铺作与柱头铺作之间的净距，或随两组补间铺作之间的净距而定。

④广五寸四分，厚一寸二分：梁注："这几个尺寸——'五寸四分''一寸二分''三寸四分'都成问题。既然'皆以枓、栱材分°为法'，那么就不应该用'×寸×分'，而应该写作'××分°'。假使以'寸'代'十'，亦即将'五寸四分'作为'五十四分°'，那就正好是两材两栔。（一材为十五分°，一栔为六分°）加上栌枓的平和欹的高度（十二分°）。但是，单栱眼壁版之广'三寸四分'（三十四分°）就不对头了。它应该是一材一栔（二十一分°），如栌枓平和欹的高度（十二分°）——'三寸三分'或三十三分°，至于厚一寸二分°更成问题。如果作为一十二分°，那么它就比栱本身的厚度（十分°）还厚，根本不可能'凿池槽'。因此（按《法式》其他各篇的提法），这个'厚一寸二分'也许应该写作'皆以厚一寸二分为定法'才对。但是这个绝对厚度，如用于一等材（版广三尺二寸四分），已嫌太厚，如用于八、九等材，就厚得太不合理了。这些都是本篇存在的问题。"陈注："'寸'应作'十'。"即应为"广五十四分°"。又下文"其广三寸四分"，陈注："'寸四'应作'十三'"，即改为"其广三十三分°"。傅合校本："十，两处误'十'为'寸'，据故宫本、四库本、张本改。"傅先生所指两处是"五寸四分"与"三寸四分"。另傅先生改"三寸四

分”并注:“三十三分°,据故宫本。”依据梁先生注与陈、傅二先生所改及注,上文有关栱眼壁版宽度的两个数字分别应是“五十四分°”“三十三分°”,前者为重栱眼壁版,54分°相当于“两材两栔”(42分°)再加上栌枓之枓平(4分°)与枓欹(8分°)的高度;后者为单栱眼壁版,33分°相当于“一材一栔”再加12分°,即在一材一栔(21分°)的基础上,增加了栌枓之枓平(4分°)与枓欹(8分°)的高度。唯“厚一寸二分”难以匹配,依梁先生思路,结合《法式》相关文字,推测其原文可能是:“每广一尺,则厚一分二厘。”译文从此。

⑤单栱眼壁版:疑指在相邻两组泥道单栱铺作之间所施的栱眼壁版。

【译文】

柱头以上泥道缝内铺作间施重栱眼壁版:壁版之长随补间铺作与柱头铺作之间的净距而定,壁版之高为54分°;其厚以每广1尺,厚0.12寸计。

柱头以上泥道缝内铺作间施单栱眼壁版:壁版之长与重栱眼壁相类,仍取补间铺作与柱头铺作之间的净距。壁版之高为33分°,壁版之厚亦与上法同。

(栱眼壁版一般)

凡栱眼壁版,施之于铺作檐头之上①。其版如随材合缝②,则缝内用劄造③。

【注释】

①铺作檐头之上:其意疑指檐口之下,铺作之间,阑额之上。

②随材合缝:大意是将每两铺作之间栱眼之内的空当加以严丝合缝地封闭。随材,即与铺作之枓、栱、方相随。合缝,与周边诸构件

相合。

③缝内用劄（zhā）造：这里的“缝内”，指栱眼壁版所在的泥道缝。劄，意与“扎”相类，似有扎嵌入泥道缝内周边的池槽之内的意思。

【译文】

凡营作房屋外檐柱头之上泥道缝铺作之间的栱眼壁版，将其版施之于铺作之间，阑额之上。如果其版恰能随左右铺作之材高，合上下留空之缝隙，则将其版扎嵌入泥道缝内周边诸名件之池槽中。

裹栿版

【题解】

裹栿版，就是将经过雕琢的有纹饰的木版，包裹在梁栿的两侧与底面上，既起到加大梁栿截面、增强梁栿结构强度的作用，也能够在一定程度上起到梁栿的雕琢装饰效果。

裹栿版，施于等级较高的殿阁内槽梁栿四周，其下底版与两厢壁版应合缝，即底版所加之广与两厢壁版所加之厚尺寸应相当。两厢壁版与底版上都雕以华文。其雕华做法，见于卷第十二中的“雕作制度”。

（造裹栿版之制）

造裹栿版之制①：于栿两侧各用厢壁版②，栿下安底版③。其广厚皆以梁栿每尺之广④，积而为法。

【注释】

①裹栿版：梁注：“从本篇制度看来，裹栿版仅仅是梁栿外表上赘加的一层雕花的纯装饰性的木板。所谓‘雕梁画栋’的‘雕梁’，就是雕在这样的板上‘裹’上去的。”

②厢壁版：在梁栿两侧的侧壁上所贴之版，以增加梁之厚度。厢，为正房前的左右两侧配房，这里借用其两侧之义。

③底版：施于梁栿底部之版，以增加梁的高度。

④梁栿每尺之广：一般情况下，梁栿的“广”，当指梁栿断面的高度，但从下文所言厢壁版“每长一尺，则厚二分五厘”推测，这里的“每尺之广”，似乎是指梁栿的长度。

【译文】

营作裹栿版的制度：在梁栿的两侧，每侧分别施用厢壁版，并在梁栿之下施安底版。厢壁版与底版的宽度与厚度，都是以梁栿每广1尺，其版所取的相应广厚比例尺寸推算而出的。

（裹栿版名件）

两侧厢壁版：长广皆随梁栿，每长一尺①，则厚二分五厘②。

底版：长厚同上。其广随梁栿之厚，每厚一尺，则广加三寸③。

【注释】

①每长一尺：上文“其广厚皆以梁栿每尺之广，积而为法”，这里却以“每长一尺”，推算其厚度，故二者在意义上应该是相通的，故上文之梁栿“广”，与这里的两栿之“长”，或是意义相同，或是上文之“广”字，当为“长”字之误。

②厚二分五厘：以一椽架平均距离约为5尺至6尺计，若为长30尺的六椽栿，则其两侧厢壁版厚7.5寸；若为长12尺的平梁，则两侧厢壁版厚3寸。相信这里的厚度，当为两侧厢壁版的总厚，即梁长30尺，每侧所加裹栿版之壁版厚为3.75寸；梁长12尺，每侧所加壁版厚为1.5寸。

③每厚一尺，则广加三寸：以其梁每厚1尺，其底版的宽度在此基础上增加3寸计；若平梁厚1尺，则底版宽为1.3尺，其每侧增广1.5寸；若六椽栿厚2.5尺，则底版宽3.25尺，其每侧增广3.75寸。

【译文】

梁栿两侧所加厢壁版：其版的长与宽都随梁栿的长度与高度尺寸而定，以其梁每长1尺，两侧厢壁版的总厚度增加0.25寸计。

梁栿底部所加底版：底版的长度、厚度与其梁所加厢壁版的长度、厚度相同。底版的宽度则随其梁的厚度而定，以其梁每厚1尺，底版之宽在此基础上增宽0.3寸计。

（裹栿版一般）

凡裹栿版，施之于殿槽内梁栿[①]；其下底版合缝，令承两厢壁版[②]，其两厢壁版及底版皆雕华造[③]。雕华等次序在雕作制度内。

【注释】

①殿槽内梁栿：这里给出了两重意思：一是，因为殿阁建筑尺度较大，对梁栿的结构与装饰要求都比较高，故裹栿版主要施用于殿阁建筑的梁栿之上；二是，裹栿版主要施于殿阁建筑的内槽柱头（即殿身内柱柱头）之上所承的梁栿上，因为殿身内柱上所施梁栿，多为该座殿阁的主梁。

②承两厢壁版：意为裹栿版的底版，从底部覆盖了其上梁栿及梁栿两侧所贴的厢壁版。这里的“承”，只是交接关系，未必指结构受力关系，意为底版本身并不具有承载其上梁栿及厢壁版的作用，只是多少起到一点加大梁栿截面、增强梁的承载能力的作用，同时主要是起对梁栿的装饰作用。

③其两厢壁版及底版皆雕华造:《法式》原文:"其两厢壁版及底版者皆雕华造。"梁注本将"者"删除。陈注"者":"衍文,可删。"傅注:"者,衍文可删。"又补注:"'者'字应删。"雕华造,指在裹栿版之厢壁版与底版表面,都雕刻有装饰华文,起到雕梁画栋的装饰作用。其文中未提及梁栿顶部有无盖版,从"裹栿"这一概念推测,梁栿应该是四周都被包裹起来的,但文中未提及梁栿上的盖版。或因梁之顶部,不在人眼所及范围,无须特别加以雕饰,故其梁仅在两壁及梁栿底部施加了雕华版。未可知。

【译文】

凡施造裹栿版,是将其版施之于殿阁内槽的大梁之上;梁栿之下所施底版,应与梁栿底及两侧厢壁版严丝合缝,并使底版之宽能够承托梁栿两侧的厢壁版,其两侧厢壁版及底版,都应采用雕华造的装饰造型处理手法。与雕华造等相关的等第次序,参见本书"雕作制度"中的内容。

擗帘竿

【题解】

梁思成先生对"擗帘竿"做解释说:"这是一种专供挂竹帘用的特殊装修,事实是在檐柱之外另加一根小柱,腰串是两竿间的联系构件,并作悬挂帘子之用。腰串安在什么高度,未作具体规定。"

擗帘竿由左右两竿与腰串组合而成。擗帘竿可以有八混、破瓣、方直三种截面:八混,似为八棱形截面,其棱抹为讹角棱;破瓣,似为四方截面,四角各斫"L"形线脚,即为破瓣;方直,应即四方直棱截面。而腰串仅有方直一种截面。

擗帘竿施于殿堂等外檐出跳栱之下,若无出跳栱,即施安于外檐椽头下。竿长10～15尺,应与房屋外檐铺作出跳华栱下皮(如无出跳枓栱,则与檐口椽头下皮)高度相当。

（造擗帘竿之制）

造擗帘竿之制[①]：有三等，一曰八混[②]，二曰破瓣[③]，三曰方直，长一丈至一丈五尺。其广厚皆以每尺之高，积而为法。

【注释】

①擗（bò）帘竿：这里虽用“竿”字，但其可能是用以悬挂或支撑竹帘的木杆。擗，义与“擘”同。

②八混：意为其杆的截面为八面形，每一面都刻为一道混线。

③破瓣：意为将一个四方截面的木杆表面，凿为“凸”字形的凹角方棱。

【译文】

营作擗帘竿的制度：其做法有三等，第一等称为“八混”，第二等称为“破瓣”，第三等称为“方直”，其竿的长度为1丈至1.5丈。擗帘竿的截面宽厚尺寸，以其竿每高1尺，其截面宽厚应取的相应比例尺寸推算而出。

（擗帘竿名件）

擗帘竿：长视高，每高一尺，则方三分[①]。

腰串[②]：长随间广，其广三分，厚二分[③]。只方直造。

【注释】

①方三分：以擗帘竿每长1尺，其竿的截面为0.3寸见方计；若其竿长1.5丈，则竿之截面为4.5寸见方。

②腰串：依梁先生的分析，擗帘竿为左右两竿与腰串组合而成，两立竿之间连以腰串，可以用来悬挂竹帘。

③广三分，厚二分：以其竿每长1尺，其腰串截面宽0.3寸，厚0.2寸

计；若其竿长1.5丈，则腰串截面宽4.5寸，厚3寸。

【译文】

屋檐下门窗之前所施搟帘竿：竿之长视屋檐之下高度而定，以其竿每高1尺，竿之截面方为0.3寸计。

左右两竿之间所施腰串：腰串之长随其竿所在房屋开间间广而定，以其竿每高1尺，腰串截面宽为0.3寸，厚为0.2寸计。腰串形式，只需采用方直造做法。

（搟帘竿一般）

凡搟帘竿，施之于殿堂等出跳栱之下；如无出跳者[①]，则于椽头下安之[②]。

【注释】

①无出跳者：指其屋檐下无出跳枓栱，房屋檐口出跳檐椽直接从柱头缝向外悬出。

②椽头下：在房屋檐下不施出跳枓栱的情况下，檐下所施搟帘竿，直接施安于屋檐下之出跳檐椽的椽头之下。

【译文】

凡施造搟帘竿，将其竿施之于殿堂等屋室之外檐的出跳栱之下；若其屋无出跳枓栱，则可将其竿施安于屋檐之下出跳檐椽的椽头之下。

护殿阁檐竹网木贴

【题解】

梁先生对护殿阁檐枓栱竹雀眼网作注说：“为了防止鸟雀在檐下枓栱间搭巢，所以用竹篾编成格网把枓栱防护起来。这种竹网需要用木条一贴一钉牢。本篇制度就是规定这种木条的尺寸——一律为

0.2×0.06尺的木条。晚清末年，故宫殿堂檐已一律改用铁丝网。”

这里其实只是给出了压竹网木条，即“木贴”的尺寸。其贴为断面宽（广）0.2尺，厚0.06尺的木条。这一尺寸为绝对尺寸。网之上部，钉于屋檐椽头处；网之下部，钉于柱头檐额或阑额上。

同样需要压以木贴的，还有地衣簟，即铺地竹席，其四周边角处亦应以木贴加以固定。所铺地衣簟，遇到平坐勾阑望柱柱脚，或其他什么贴地而设之构件（如碇）时，应随其根部四周，或圜或曲地施以木贴，并安钉压簟。

造安护殿阁檐枓栱竹雀眼网上下木贴之制①：长随所用逐间之广，其广二寸，厚六分②，为定法。**皆方直造③，**地衣簟贴同④。**上于椽头，下于檐额之上⑤，压雀眼网安钉。**地衣簟贴，若望柱或碇之类⑥，并随四周，或圜或曲，压簟安钉。

【注释】

①护殿阁檐枓栱竹雀眼网：梁注：“为了防止鸟雀在檐下枓栱间搭巢，所以用竹篾编成格网把枓栱防护起来。”竹雀眼网，即是罩在殿阁檐下枓栱之外的竹编网。上下木贴：梁注：“这种竹网需要用木条—贴—钉牢。”其上之贴，施于出跳檐椽的椽头下；其下之贴，施于屋柱柱头檐额或阑额上。

②广二寸，厚六分：固定竹雀眼网的木贴，其截面宽2寸，厚0.6寸，这一尺寸为绝对尺寸。

③皆方直造：原文为“皆直方造”，梁注本改为“皆方直造”。傅注：改“直方”为“方直”，并注：“方直，据故宫本、四库本改。”

④地衣簟（diàn）：梁注：“‘地衣簟’就是铺地的竹席。”簟，竹席。

⑤檐额之上：这里的“檐额”，并非特指檐下柱头上所施通长的檐

额，当是指包括檐额与阑额在内的外檐柱头上所施之额。

⑥碇：梁注："碇，音定，原义是船舶坠在水底以定泊的石头，用途和后世锚一样。这里指的是什么，不清楚。"

【译文】

营造并施安护殿阁檐下枓栱之竹雀眼网上下木贴的做法：其贴之长随施用竹雀眼网及木贴的房屋之开间逐间的间广尺寸而定，其贴的截面宽为2寸，厚为0.6寸，这一截面尺寸为绝对尺寸。木贴的截面形式均采用方直造做法，在铺设于地面上的地衣簟周围所施木贴，其做法及截面尺寸亦与之同。固定竹雀眼网上沿的上贴，施于檐下出跳檐椽的椽头处，网之下沿所用下贴，施于屋柱柱头间所施檐额或阑额之上，其木贴压住雀眼网，以钉子将贴加以固定。若施地衣簟贴，遇到望柱或如柱础等石碇处，都应随其柱及碇之四周，或圜或曲地，用木贴压簟并用钉对木贴加以固定。